STEAM EDUCATION SERIES

융합교육 시리즈 7

# 프랙탈 디자인을 말하다

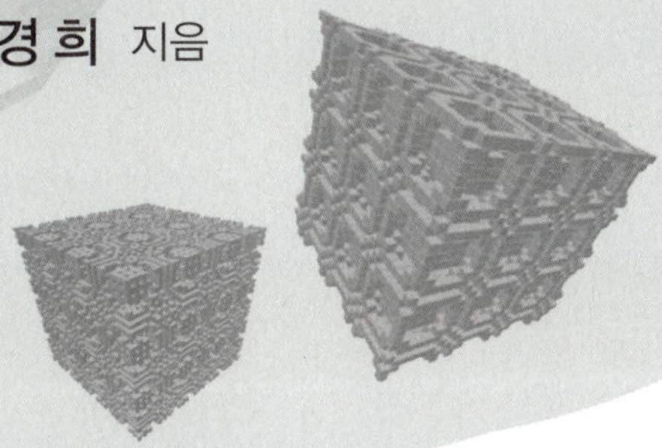

안대영·조경희 지음

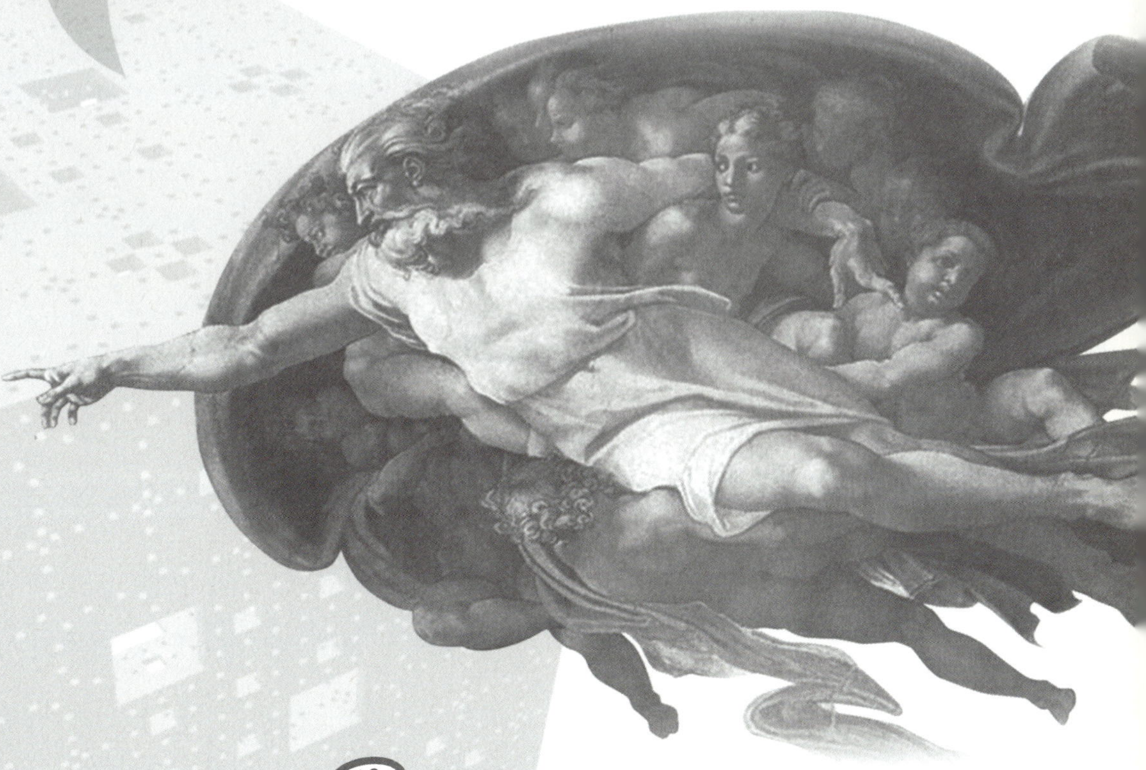

교우사 KYOWOOSA

# 머리말

'너희 가운데 천국이 있다'라는 말은 사람들을 만나는 곳이 바로 천국이라는 뜻이다. 만남의 소중함을 이야기한다. 이 책은 미술교사와 수학교사의 만남을 통해 이루어진다. 수학적인 방식으로 프랙탈 도형을 만들고, 디자인이라는 관점에서 프랙탈 도형이 만든 이미지를 미적 감수성이 풍부한 미술교사의 시각으로 해석하였다.

융합은 서로 다른 성질이 만나서 전혀 새로운 것으로 거듭날 때 더 큰 에너지를 얻을 수 있다. 사람과 사람의 만남도 그렇다. 일단 만나야 이야기할 수 있고, 서로를 알게 되며, 정서를 나누며 교감하면서 행복을 느낀다. 좋은 커피를 친구와 나눌 때 더 향기로운 것처럼 나눔은 기쁨을 더한다. 나눔이란 내가 나누어 줄 것이 있음을 깨닫는 데서 시작한다. 이 책은 프랙탈의 나눔에 대한 이야기다. 하나의 프랙탈이 갖는 전체적 구조에 관심을 두기보다는 프랙탈을 구성하는 다양한 개체와 그 각각의 이미지의 조합과 반복으로 생성된 리듬(율동)이 주는 아름다움에 대해 함께 생각해 보고자 한다.

프랙탈과 프랙탈을 구성하는 부분들이 공감할 때 프랙탈이 하나의 존재로서 더 아름다워질 수 있다. 프랙탈의 구성은 단계별로 이루어진다. 1단계의 프랙탈에 따라서 2단계, 3단계, 그 다음 단계의 프랙탈을 논리적으로 구성할 수 있다. 컴퓨터 프로그램을 이용하면 여러 단계를 진행할 수 있지만 실제로는 이 책에서는 4단계, 5단계, 그 이상 무한의 프랙탈을 만들기는 어렵다. 지면의 크기가 한정되어 있기 때문이다. 프랙탈에 접근하는 새로운 방법을 찾아보자. 덧셈, 뺄셈, 곱셈 그리고 또 다른 방법, 그것은 나눔이다. 분할이다. 시어핀스키 사각형을 몇 개의 프랙탈로 분할할 수 있을지 생각해 보자. 1단계 8개를 가지는 프랙탈에 대해 기본 구성을 4개씩 분할할 수 있다.

1장은 곱셈 프랙탈 분할로 3×3에서 7×7 프랙탈을 다루고 있다. 시어핀스키 카펫이 1단계에서는 2개의 프랙탈로, 2단계에서는 4개의 프랙탈로, 3단계에서는 8개의 프랙탈로 분할되는 것을 알 수 있다. $n$단계에서는 $2^n$개로 분할될 것이다.

2장은 덧셈 프랙탈 분할, 3장은 뺄셈 프랙탈 분할, 4장은 나눗셈 프랙탈 분할을 다룬다. 분할을 통하여 하나의 프랙탈을 구성하는 방법이 여러 가지가 가능함을 알았다. 분할된 프랙탈 도형은 다음 단계에서 어떻게 표현될 수 있을지 상상해 보자. 다양한 프랙탈의 생성 방식은 프랙탈이 지적인 즐거움뿐만 아니라 다른 분야와의 융합으로 인간의 사고의 지평을 넓혀 주고 프랙탈 디자인을 생각하게 한다.

이 책이 프랙탈 이론을 기반으로 수학적 연산을 통하여 '프랙탈 디자인'이라는 새로운 디자인 영역을 만드는 단초가 되기를 기대해본다. 프랙탈의 분할 및 합성으로 만들어진 여러 프랙탈을 감상하면서 디자인의 조형원리와 아름다움을 함께 느껴보기를 바란다. 프랙탈 도형의 형태에서 통일, 변화, 조화, 균형, 강조, 비례, 동세, 반복, 율동(리듬), 점증(gradation), 대비 등 조형의 원리를 대입해 보고 옷, 커텐, 벽지, 제품, 실내 공간 디자인 등 디자인이 어떤 방식으로 우리의 생활을 점령하고 있는지 살펴보자. 그리고 제시된 프랙탈이 우리의 실생활에 적용될 분야에 대해 깊이 생각해보자.

사회가 발전할수록 조직 자체가 커지는 것처럼, 프랙탈의 단계가 진행될수록 단계에서 분할되는 프랙탈의 개수도 커진다. 아름답게 보이는 프랙탈, 이것은 바로 전체를 구성해주는 개체들의 힘이다. 자신을 구성하는 많은 부분이 있다. 이성적 판단, 감성적인 느낌, 신체 모두가 소중하다. 전체와 부분, 부분과 또 그 부분을 이루는 요소들을 보면서 작은 것을 소중히 여기고 나눔의 실천을 통해 더 큰 행복을 가지는 기회가 되기를 바란다. 프랙탈 디자인이라는 새로운 장르를 소개할 수 있는 기회를 주신 오판근 사장님과 편집 관계자 여러분께 감사드립니다.

2015년 4월<br>안대영·조경희

# 차례

## 4장 나눗셈 프랙탈 디자인 / 205

# 제 1 장

# 곱셈 프랙탈 디자인

# 1 3×3 곱셈 프랙탈 분할

## 1. 두 개의 프랙탈로 분할

### (1) 1단계 5개

1단계의 프랙탈은 $f$, g 두 개로 분할해 보자. 2단계의 프랙탈은 $ff$, $fg$, $gf$, $gg$의 네 개로 분할할 수 있다. 3단계는 $fff$, $ffg$, $fgf$, $fgg$, $gff$, $gfg$, $ggf$, $ggg$로 구성된다. 4단계는 16개로 구성된다. $n$단계는 $2^n$개로 분할할 수 있다.

$F_0$는 9개의 1로 구성되어 있다.

$F_0=$ 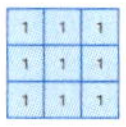


$F_1$은 4개의 2와 1개의 1로 구성되어 있다. 1이 있는 변환을 $f$라고 하자.

$f$: 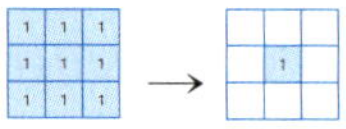


으로 변환한다. 9개의 값 중 중간에 하나의 값만을 남긴다. 변환 $g$는

$g$: 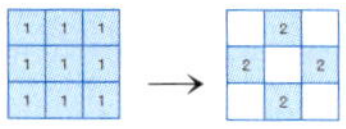


이다. $g$는 $F_0$의 9개 값 중 4개의 값을 남기고, 남은 값은 이전 단계의 2배가 된다.

| $F_1$ : $\log_3 8=1.465$ | $f$ : | $g$ : $\log_3 4=1.262$ |
|---|---|---|
| 5/9=0.556 | 1/9=0.111 | 4/9=0.444 |
| 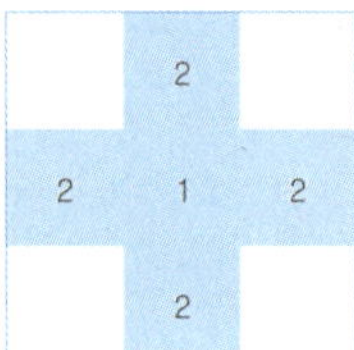 |  | 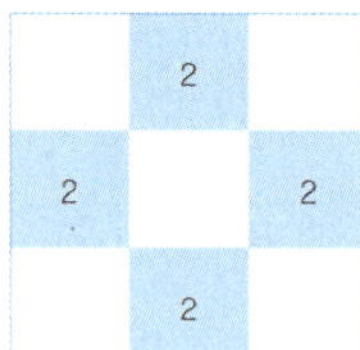 |

$F_1$의 차원은 $\log_3 5=1.465$이다. 가로가 3칸이고, 9개중 8개의 셀이 색이 칠해져 있다. 셀에 있는 숫자의 값은 차원에 포함하지 않았다. 셀에 있는 숫자의 개수만 고려한다. 9개의 셀이 모두 색칠되어 있으면 $\log_3 9=2$이다. $5/9=0.556$는 9개의 셀 중 5개가 칠해져 있고, 채워진 비율이 55.6%이다. $F_1$은 두개의 변환 $f$와 $g$로 구성되어 있다.

$F_2$는 2단계 프랙탈이다. $F_2$를 4개의 변환 $ff$, $fg$, $gf$, $gg$로 구성해 보자. $ff$변환은 $f$변환을 두 번 적용한 것이다. 각각의 변환을 살펴보자.

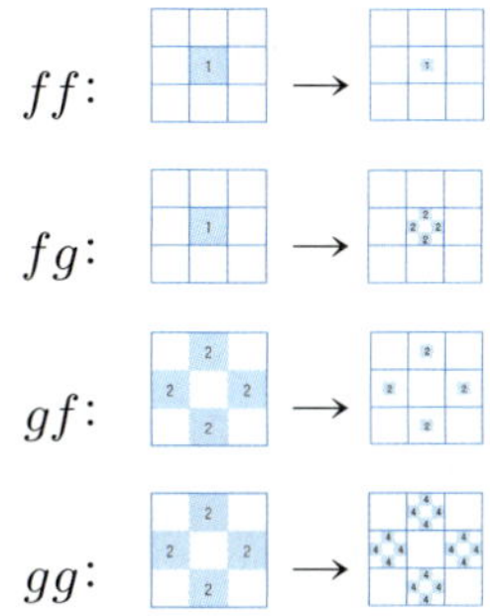


4개 변환의 합으로 이루어진 $F_2$의 차원은 $\log_9 25 = 1.47$이다. 81개의 셀 중 25개를 차지하고 있으므로 평면을 차지하고 있는 비율은 25/81=0.309이다. $F_3$의 프랙탈에 대해서도 생각해보자.

| $F_2$ : $\log_9 25 = 1.47$ | $ff$ : | $fg$ : $\log_9 4 = 0.63$ | $gf$ : $\log_9 4 = 0.63$ | $gg$ : $\log_9 16 = 1.26$ |
|---|---|---|---|---|
| 25/81=0.309 | 1/81=0.012 | 4/81=0.049 | 4/81=0.049 | 16/81=0.198 |
| 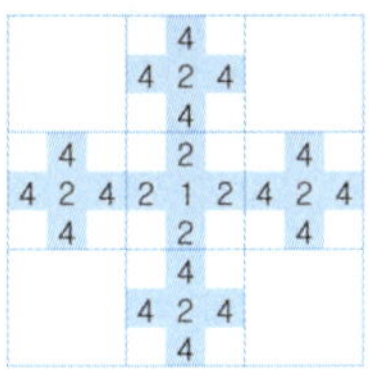 | 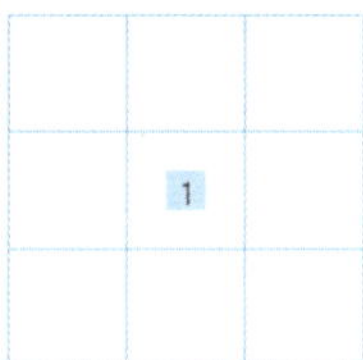 | 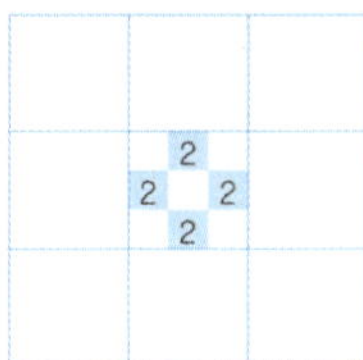 | 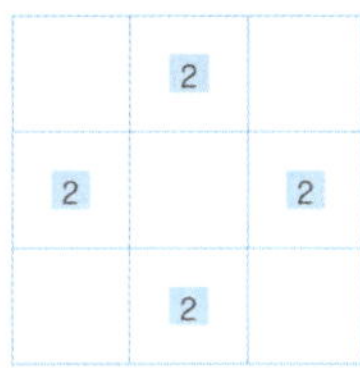 | 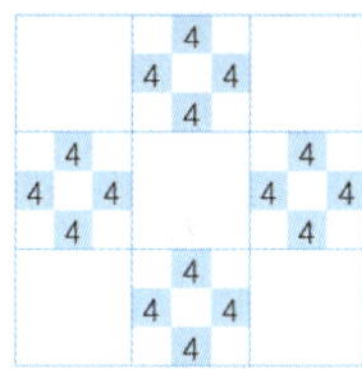 |
| $F_3$ : $\log_{27} 125 = 1.47$ | $fff$ : | $ffg$ : $\log_{27} 4 = 0.421$ | $fgf$ : $\log_{27} 4 = 0.421$ | $fgg$ : $\log_{27} 16 = 0.841$ |
| 125/729=0.171 | 1/729=0.001 | 4/729=0.005 | 4/729=0.005 | 16/729=0.022 |
|  | 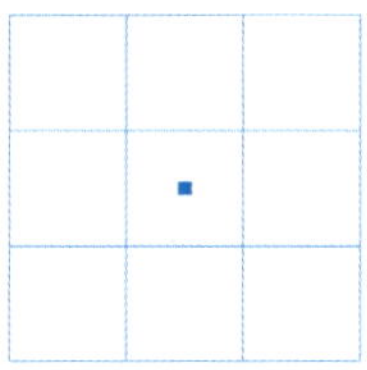 | 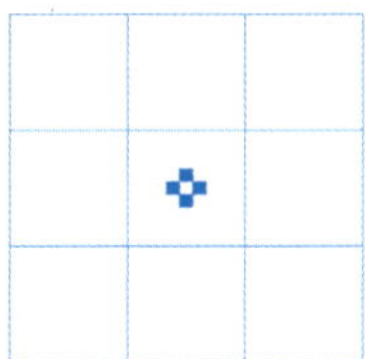 | 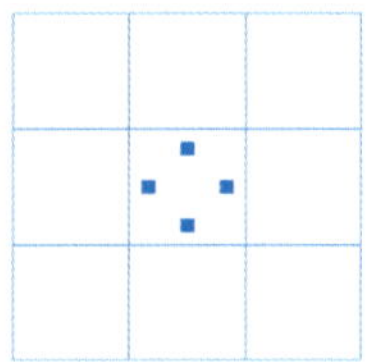 | 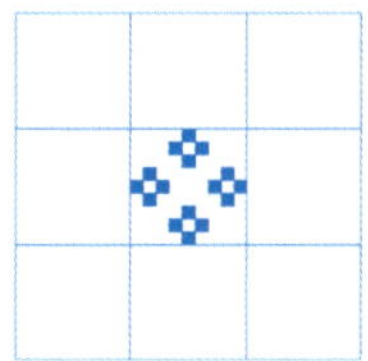 |
|  | $gff$ : $\log_{27} 4 = 0.421$ | $gfg$ : $\log_{27} 16 = 0.841$ | $ggf$ $\log_{27} 16 = 0.841$ | $ggg$ : $\log_{27} 64 = 1.26$ |
|  | 4/729=0.005 | 16/729=0.022 | 16/729=0.022 | 64/729=0.088 |
|  | 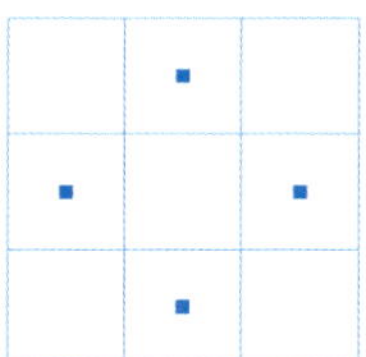 | 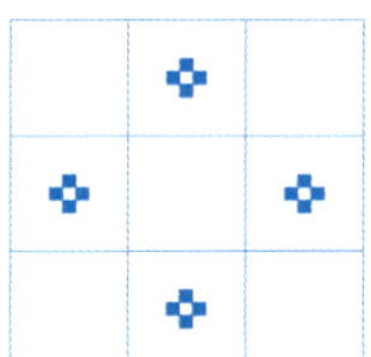 | 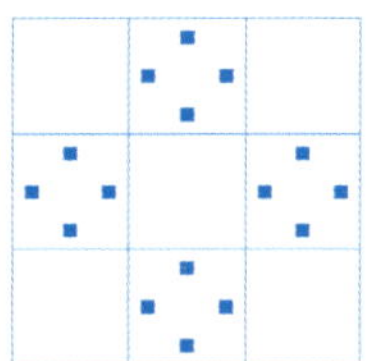 | 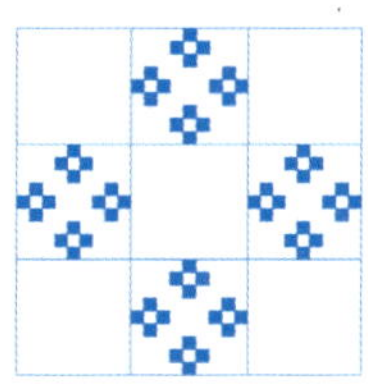 |

(2) 1단계 5개

프랙탈 도형의 차원은 각 단계에서 $\log_3 5 = \log_9 25 = \log_{27} 125 = 1.465$이다. 자기닮음과 프랙탈 차원이 유지된다. $fff$ 변환은 $f(ff)$이다. $ffg$ 변환은 $f(fg)$이다. 같은 방법으로 $fgf$, $fgg$를 생각할 수 있다. $gff$, $gfg$, $ggf$, $ggg$의 변환에 대해서도 생각해보자. 1, 2, 3 단계를 진행하면서 $fg$와 $gf$는 같은 차원을 가진다. 3단계에서 같은 차원을 가지는 변환을 찾아보자.

| $F_1 : \log_3 5 = 1.465$ | $f$ : | $g : \log_3 4 = 1.262$ | | |
|---|---|---|---|---|
| 5/9=0.556 | 1/9=0.111 | 4/9=0.444 | | |
| 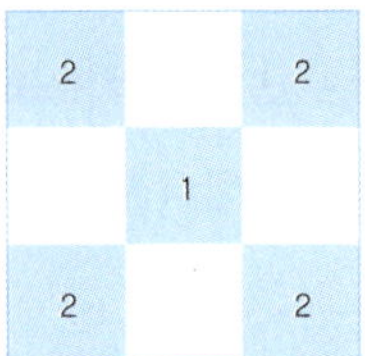 |   | 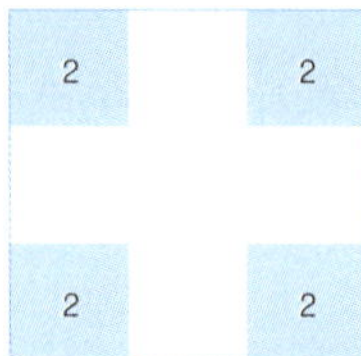 | | |
| $F_2 : \log_9 25 = 1.47$ | $ff$ : | $fg : \log_9 4 = 0.63$ | $gf : \log_9 4 = 0.63$ | $gg : \log_9 16 = 1.26$ |
| 25/81=0.309 | 1/81=0.012 | 4/81=0.049 | 4/81=0.049 | 16/81=0.198 |
| 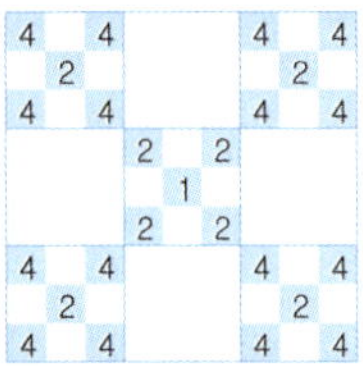 | 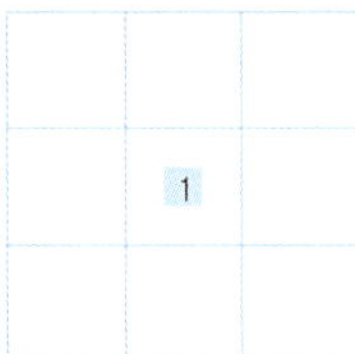 | 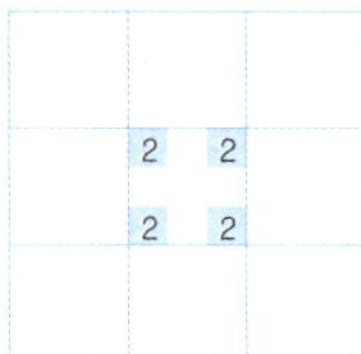 | 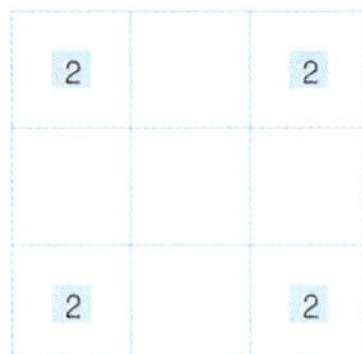 | 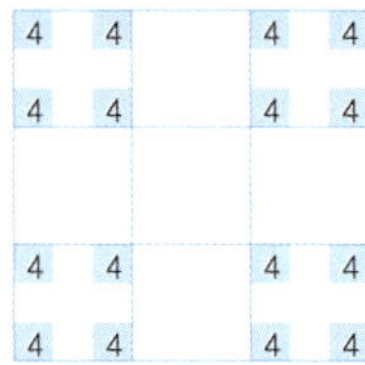 |
| $F_3 : \log_{27} 125 = 1.47$ | $fff$ : | $ffg : \log_{27} 4 = 0.421$ | $fgf : \log_{27} 4 = 0.421$ | $fgg : \log_{27} 16 = 0.841$ |
| 125/729=0.171 | 1/729=0.001 | 4/729=0.005 | 4/729=0.005 | 16/729=0.022 |
|  | 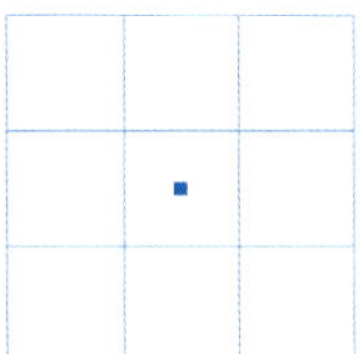 | 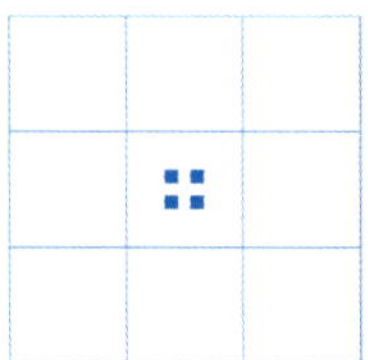 | 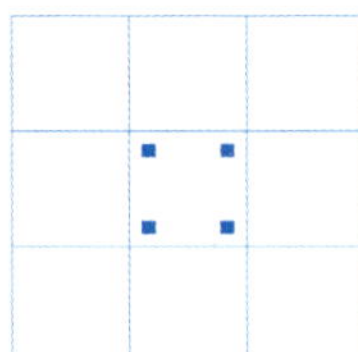 | 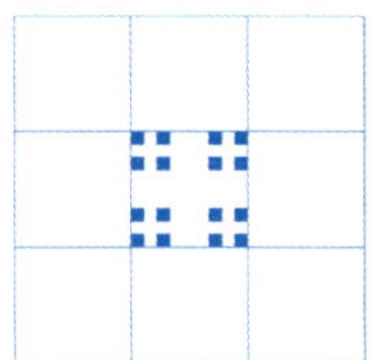 |
| | $gff : \log_{27} 4 = 0.421$ | $gfg : \log_{27} 16 = 0.841$ | $ggf : \log_{27} 16 = 0.841$ | $ggg : \log_{27} 64 = 1.26$ |
| | 4/729=0.005 | 16/729=0.022 | 16/729=0.022 | 64/729=0.088 |
| | 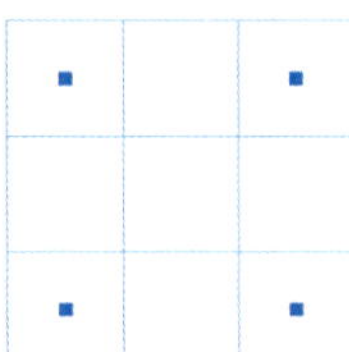 | 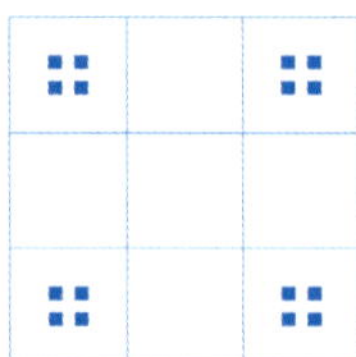 | 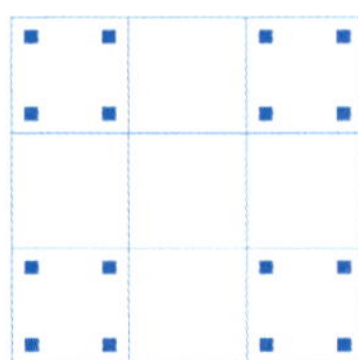 | 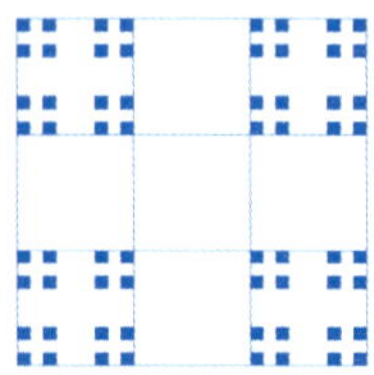 |

### (3) 1단계 8개

1단계의 프랙탈을 8개로 만들어 보자. $f$, g 두 개로 구성하고 각각은 4개의 셀을 가진다. 2단계의 프랙탈은 $ff$, $fg$, $gf$, $gg$의 결과로 만들어진 도형은 $\log_9 16 = 1.26$의 차원을 가진다. 3단계는 $fff$, $ffg$, $fgf$, $fgg$, $gff$, $gfg$, $ggf$, $ggg$로 구성할 수 있고 $\log_{27}64 = 1.26$의 차원을 가진다. 2단계와 3단계에서 각각의 변환이 평면을 차지하는 비율을 살펴보자. 왜 그런지 살펴보자.

| $F_1 : \log_3 8 = 1.893$ | $f : \log_3 4 = 1.262$ | $g : \log_3 4 = 1.262$ | | |
|---|---|---|---|---|
| 8/9=0.889 | 4/9=0.444 | 4/9=0.444 | | |
| 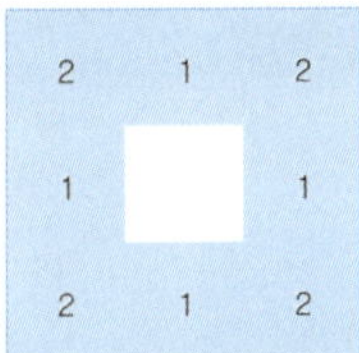 | 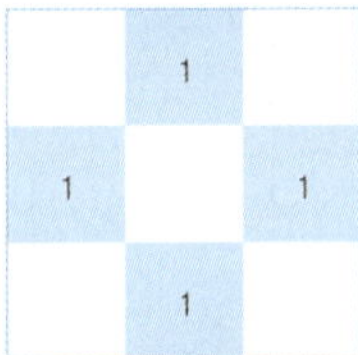 |  | | |
| $F_2 : \log_9 64 = 1.89$ | $ff : \log_9 16 = 1.26$ | $fg : \log_9 16 = 1.26$ | $gf : \log_9 16 = 1.26$ | $gg : \log_9 16 = 1.26$ |
| 64/81=0.79 | 16/81=0.198 | 16/81=0.198 | 16/81=0.198 | 16/81=0.198 |
| 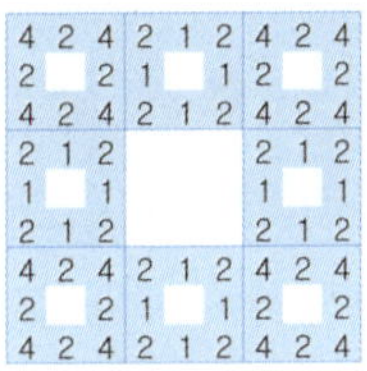 | 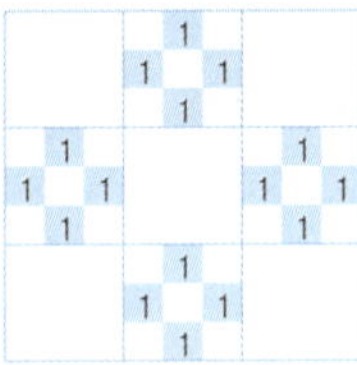 | 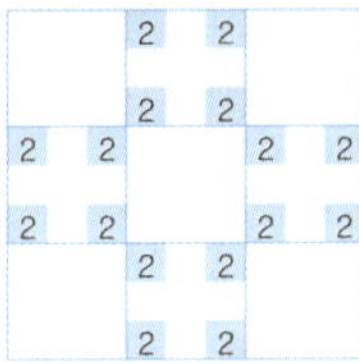 | 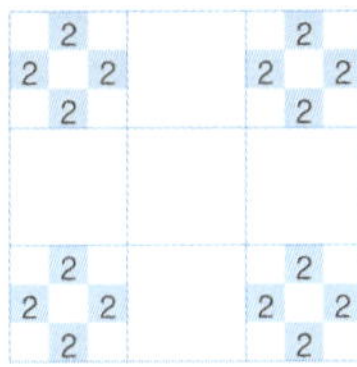 |  |
| $F_3 : \log_{27} 512 = 1.89$ | $fff : \log_{27} 64 = 1.26$ | $ffg : \log_{27} 64 = 1.26$ | $fgf : \log_{27} 64 = 1.26$ | $fgg : \log_{27} 64 = 1.26$ |
| 512/729=0.702 | 64/729=0.088 | 64/729=0.088 | 64/729=0.088 | 64/729=0.088 |
| 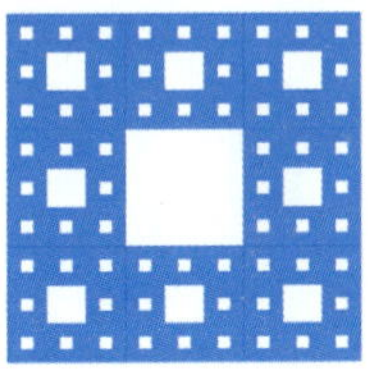 | 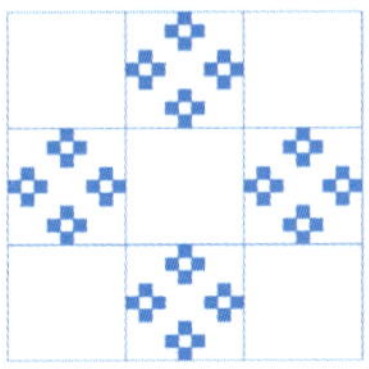 | 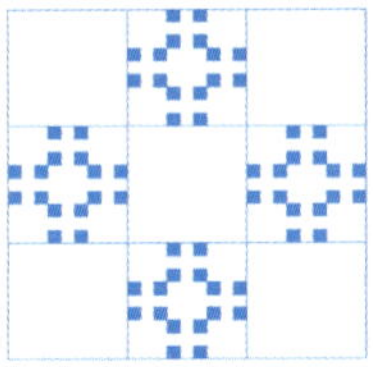 | 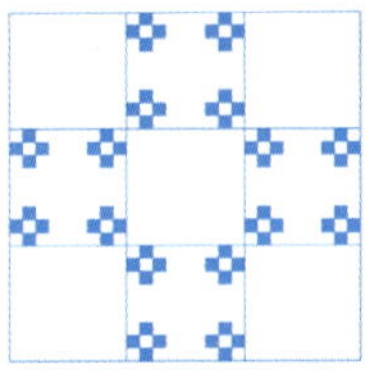 | 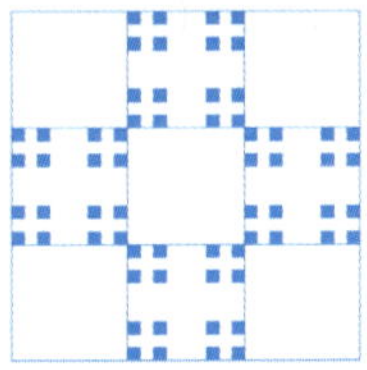 |
| | $gff : \log_{27} 64 = 1.26$ | $gfg : \log_{27} 64 = 1.26$ | $ggf : \log_{27} 64 = 1.26$ | $ggg : \log_{27} 64 = 1.26$ |
| | 64/729=0.088 | 64/729=0.088 | 64/729=0.088 | 64/729=0.088 |
| |  | 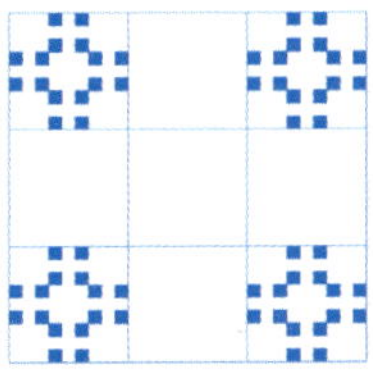 | 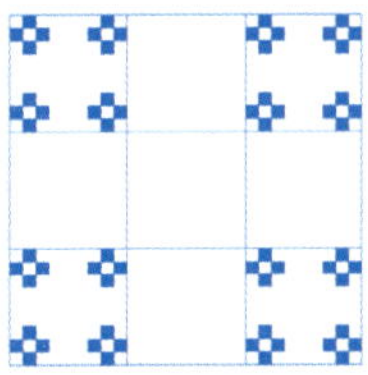 | 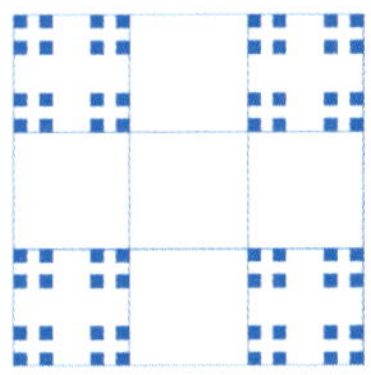 |

# 2 4×4 곱셈 프랙탈 분할

## 1. 두 개의 프랙탈로 분할

### (1) 1단계 8개

$F_1$은 바람개비와 같이 회전에 의한 동적 이미지를 느끼게 한다. $f$도 같은 원리로 움직임을 느끼게 하지만 색칠한 면적이 적어 강한 느낌은 아니다. $g$는 가운데로 집중되며 안정적인 느낌을 주므로 $g$를 원리로 하여 확장하는 프랙탈은 정적인 느낌을 준다.

<table>
<tr><td>$F_1=f \cup g \quad \log_4 8=1.5$</td><td>$f:\log_4 4=1$</td><td>$g:\log_4 4=1$</td></tr>
<tr><td>8/16=0.5</td><td>4/16=0.25</td><td>4/16=0.25</td></tr>
<tr><td>
</td><td>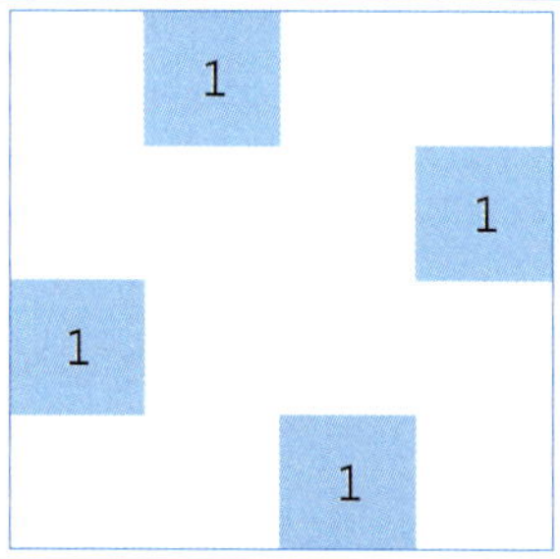
</td><td>
</td></tr>
<tr><td>$F_2:\log_{16}64=1.5$</td><td>$ff:\log_{16}16=1$</td><td>$fg:\log_{16}16=1$</td></tr>
<tr><td>64/256=0.25</td><td>16/256=0.063</td><td>16/256=0.063</td></tr>
<tr><td>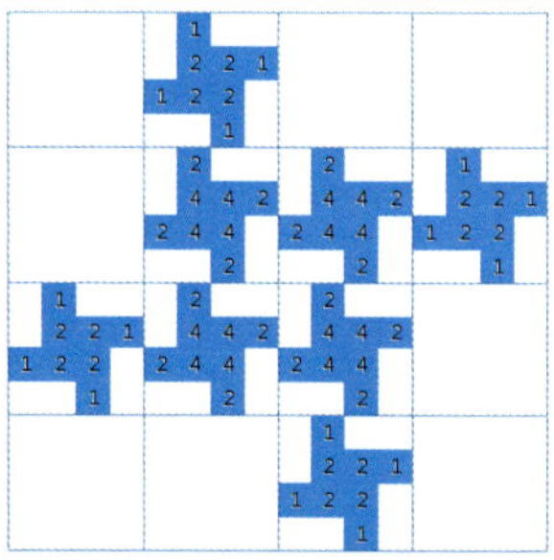</td><td>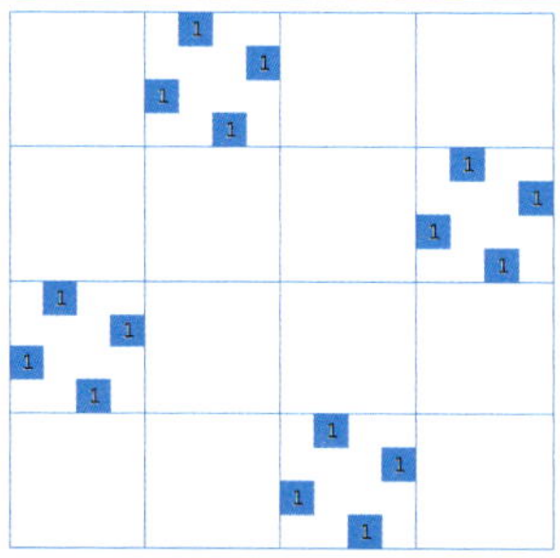</td><td>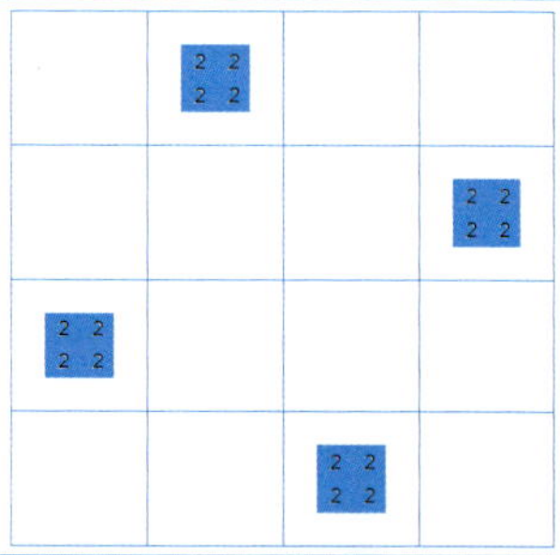</td></tr>
<tr><td></td><td>$gf:\log_{16}16=1$</td><td>$gg:\log_{16}16=1$</td></tr>
<tr><td></td><td>16/256=0.063</td><td>16/256=0.063</td></tr>
<tr><td></td><td>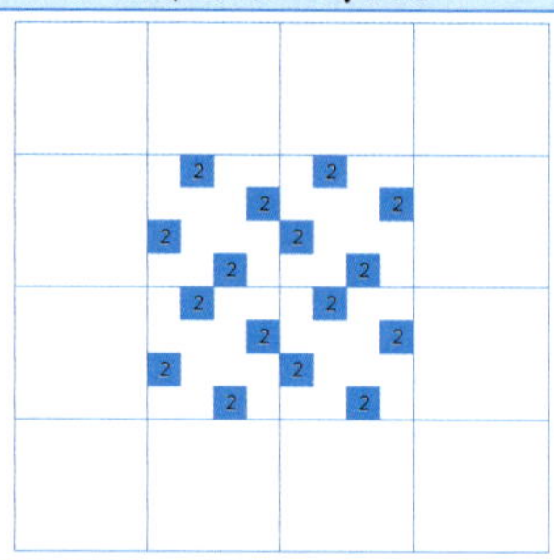</td><td>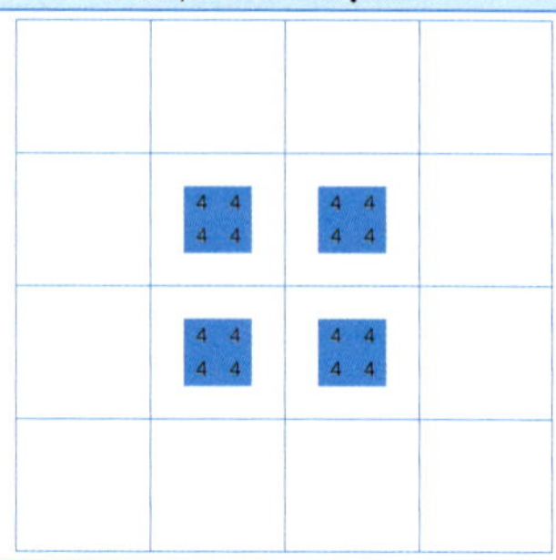</td></tr>
</table>

4×4 프랙탈 도형은 1단계에서 가로 4칸, 세로 4칸을 가진다. 1단계의 프랙탈 $F_1$은 각각 4개를 가진 $f$, $g$로 구성하자. 2단계의 프랙탈 $F_2$는 $f$, $g$의 합성으로 이루어지는 $ff$, $fg$, $gf$, $gg$ 로 구성하자. 3단계의 프랙탈 $F_3$는 $f$, $g$와 $ff$, $fg$, $gf$, $gg$의 합성으로 이루어진 8개의 프랙탈로 구성해 보자.

| $F_3 : \log_{64} 512 = 1.5$ | $fff : \log_{64} 64 = 1$ | $ffg : \log_{64} 64 = 1$ |
|---|---|---|
| 512/4096=0.125 | 64/4096=0.016 | 64/4096=0.016 |
| 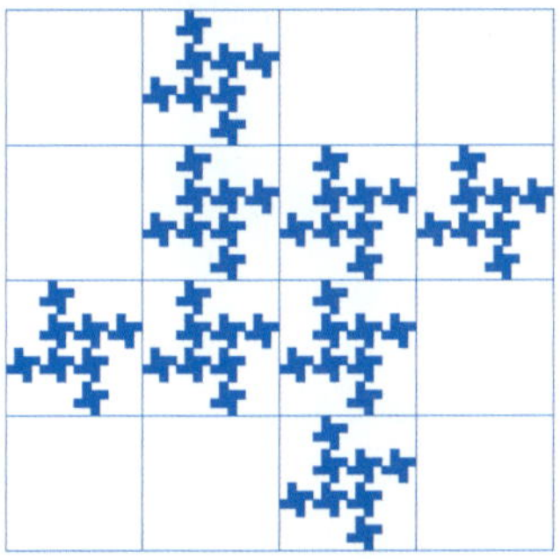 | 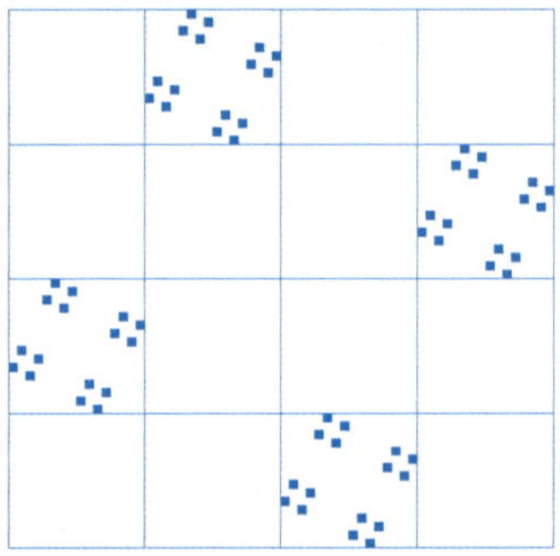 | 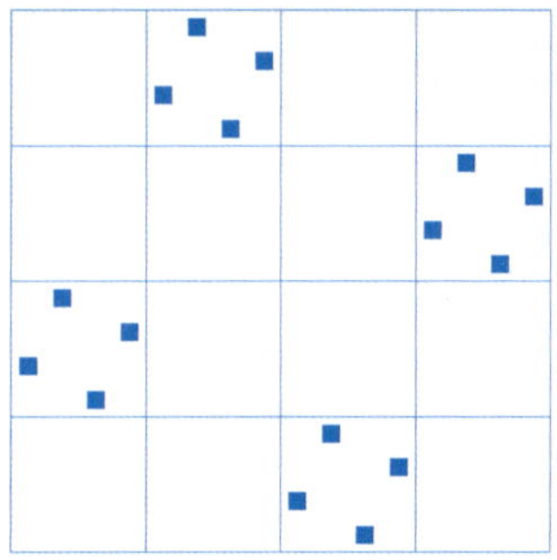 |
| $fgf : \log_{16} 64 = 1.5$ | $fgg : \log_{64} 64 = 1$ | $gff : \log_{64} 64 = 1$ |
| 64/4096=0.016 | 64/4096=0.016 | 64/4096=0.016 |
| 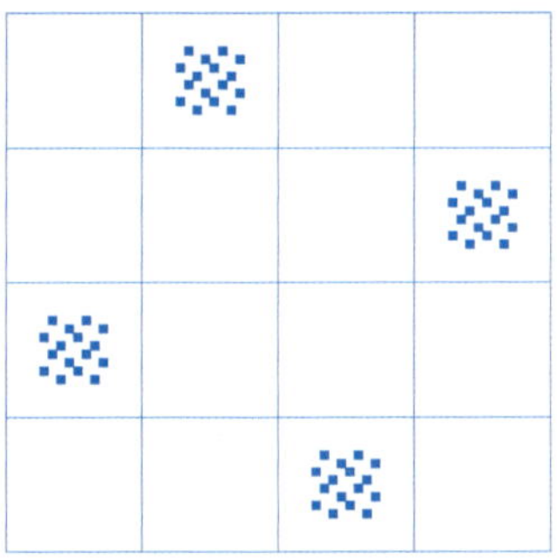 | 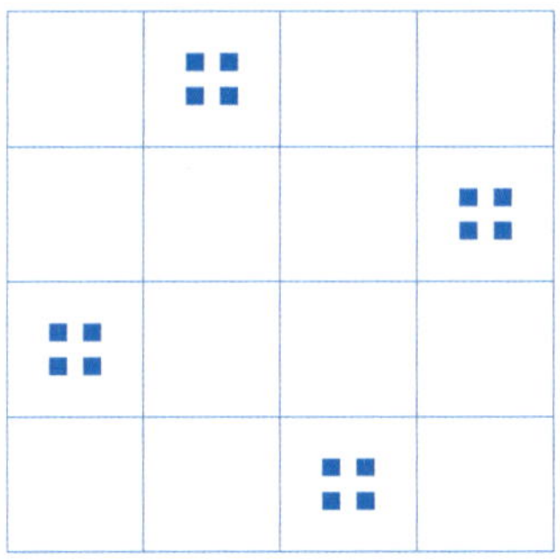 | 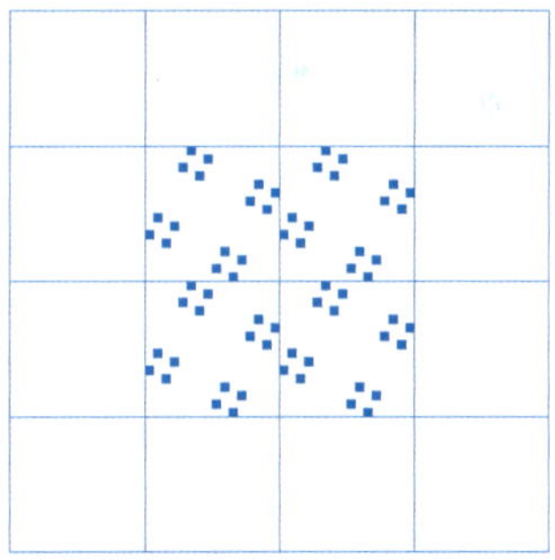 |
| $gfg : \log_{64} 64 = 1$ | $ggf : \log_{64} 64 = 1$ | $ggg : \log_{64} 64 = 1$ |
| 64/4096=0.016 | 64/4096=0.016 | 64/4096=0.016 |
| 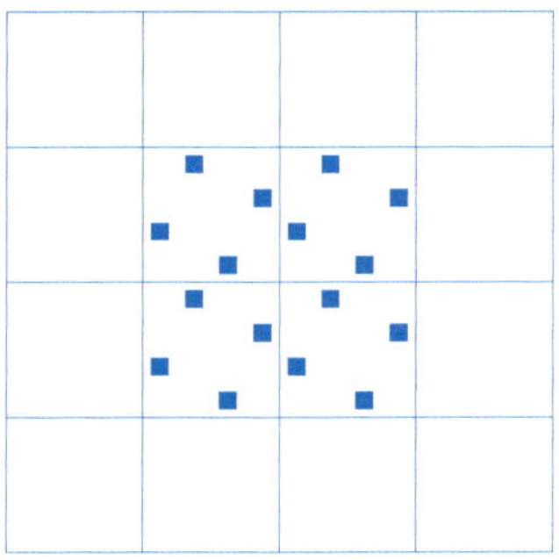 | 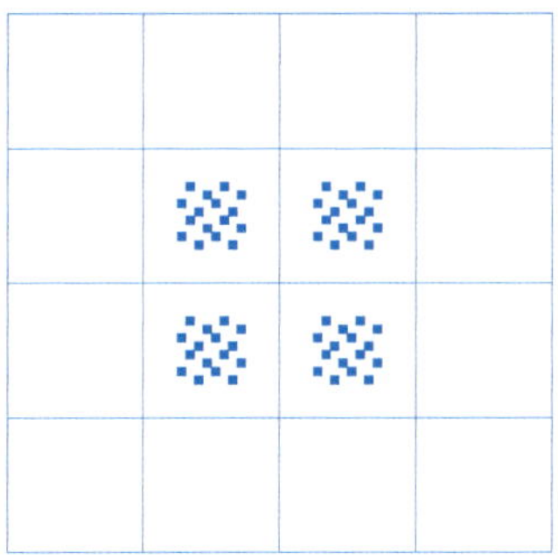 | 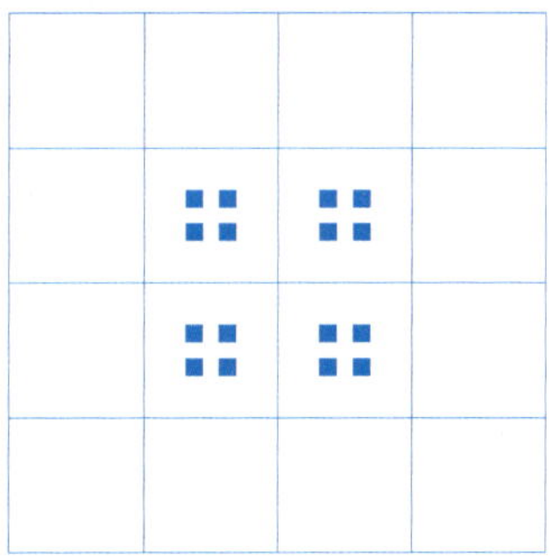 |

(2) 1단계 8개

1단계의 프랙탈을 여러 가지 방법으로 분할 할 수 있다. 여기서는 $f$와 $g$를 다르게 구성해 보자.

$ff$, $fg$의 넓이의 비율을 직관적으로 탐구해보자.

| $F_1 = f \cup g \ \ \log_4 8 = 1.5$ | $f : \log_4 4 = 1$ | $g : \log_4 4 = 1$ |
|---|---|---|
| 8/16=0.5 | 4/16=0.25 | 4/16=0.25 |
|  |  |  |
| $F_2 : \log_{16} 64 = 1.5$ | $ff : \log_{16} 16 = 1$ | $fg : \log_{16} 16 = 1$ |
| 64/256=0.25 | 16/256=0.063 | 16/256=0.063 |
| 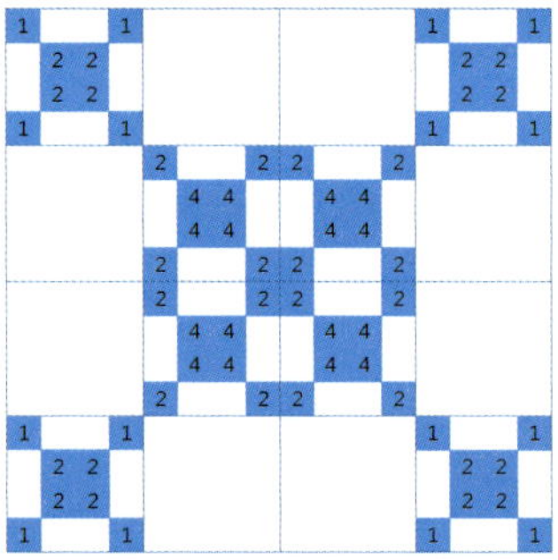 | 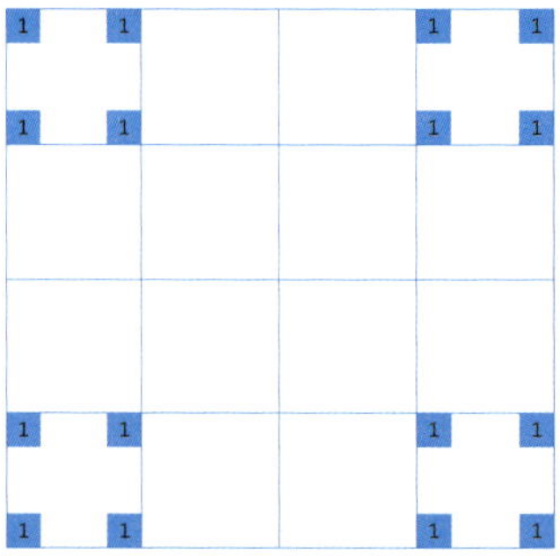 | 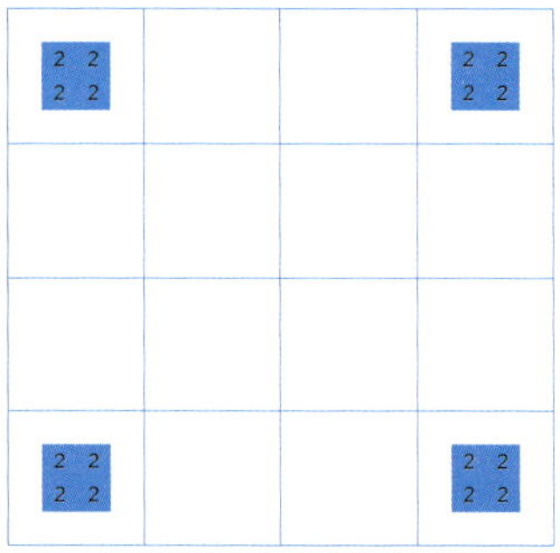 |
| | $gf : \log_{16} 16 = 1$ | $gg : \log_{16} 16 = 1$ |
| | 16/256=0.063 | 16/256=0.063 |
| | 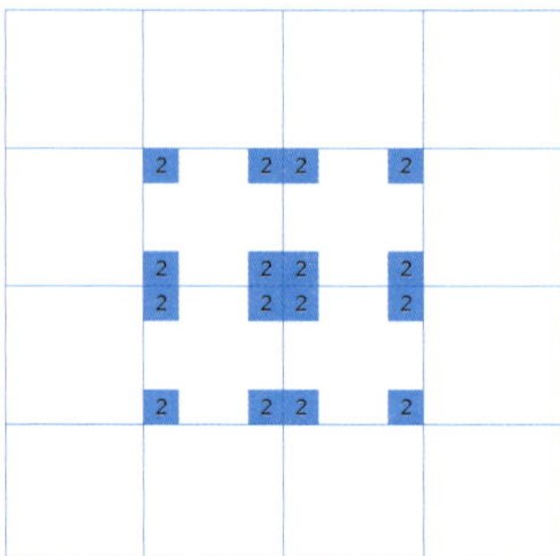 | 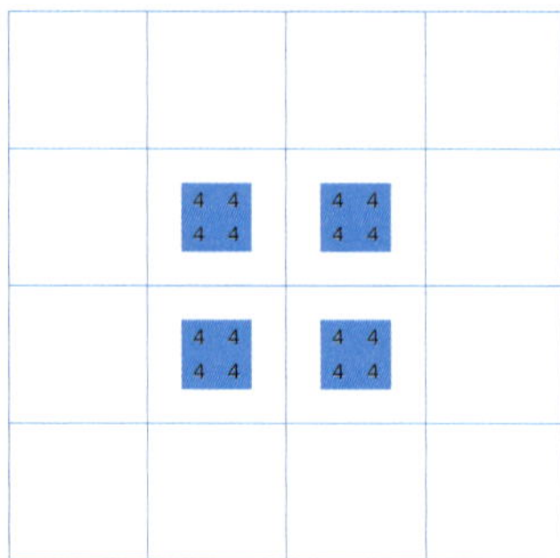 |

1단계 프랙탈 $F_1$은 각각 4개의 블럭을 가진 $f$, $g$로 구성된다. $F_1$의 분할된 변형 $f$, $g$를 혼용하여 2단계 프랙탈 $ff$, $fg$, $gf$, $gg$를 만들어 보면 여러 가지 느낌의 새로운 형태가 만들어진다. 3단계의 프랙탈 $F_3$는 8개로 구성되고 차원은 1이다. $F_3$를 구성하는 8개의 프랙탈은 정적이지만, $F_3$는 헬리콥터의 프로펠러와 같이 안정감을 가지면서도 동적인 느낌을 주고 있다. 혹시 프로펠러가 돌아가는 요란한 소리가 들리지는 않는지.

| $F_3 : \log_{64} 512 = 1.5$ | $fff : \log_{64} 64 = 1$ | $ffg : \log_{64} 64 = 1$ |
|---|---|---|
| 512/4096=0.125 | 64/4096=0.016 | 64/4096=0.016 |
| 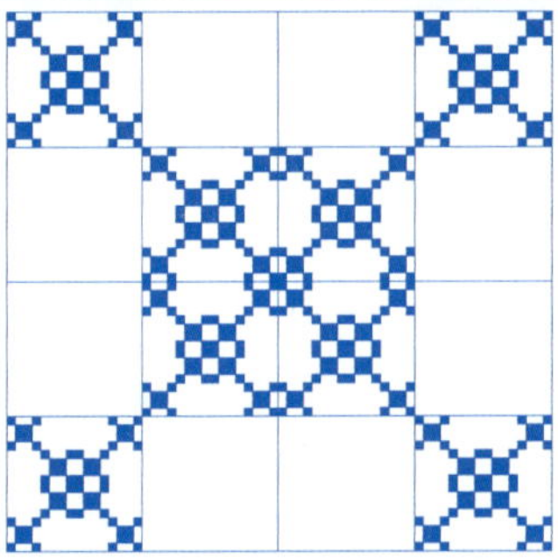 | 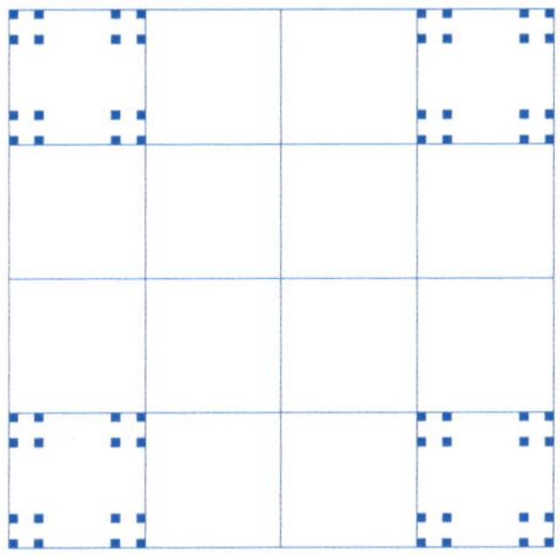 | 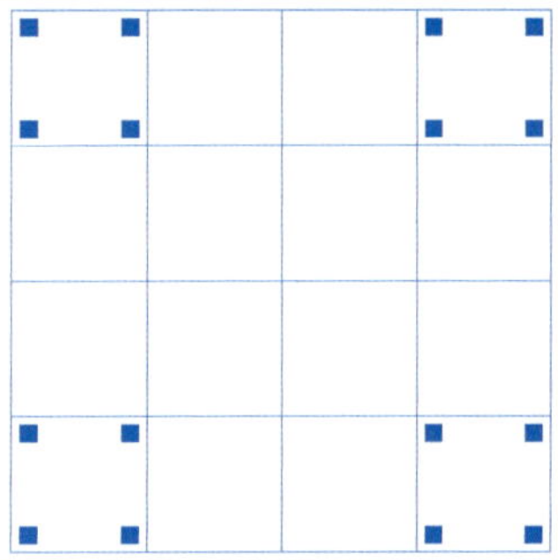 |
| $fgf : \log_{64} 64 = 1$ | $fgg : \log_{64} 64 = 1$ | $gff : \log_{64} 64 = 1$ |
| 64/4096=0.016 | 64/4096=0.016 | 64/4096=0.016 |
| 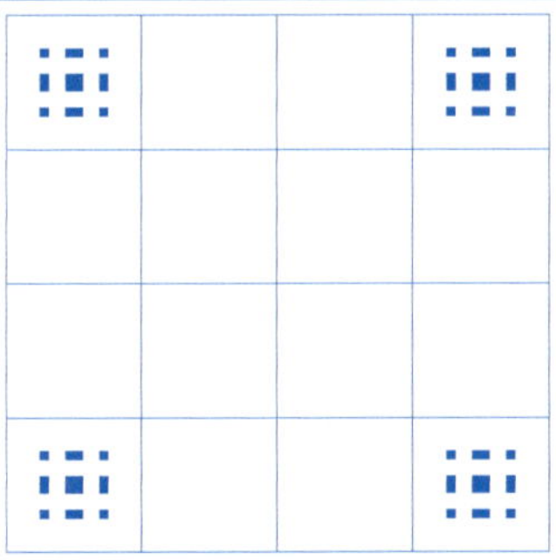 | 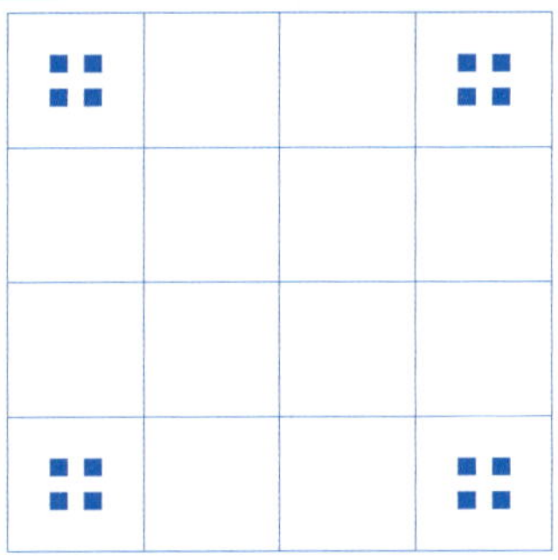 | 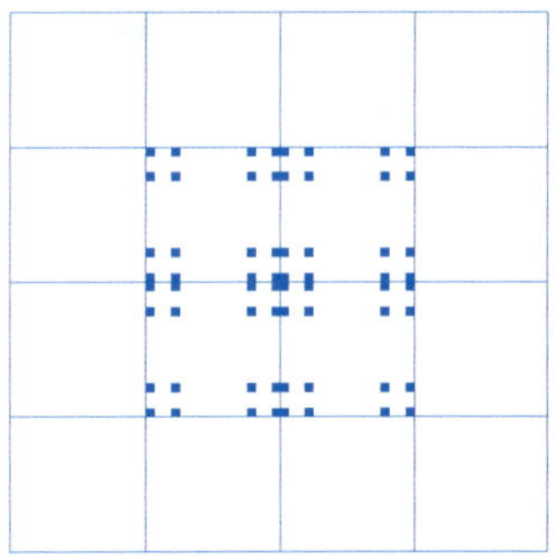 |
| $gfg : \log_{64} 64 = 1$ | $ggf : \log_{64} 64 = 1$ | $ggg : \log_{64} 64 = 1$ |
| 64/4096=0.016 | 64/4096=0.016 | 64/4096=0.016 |
| 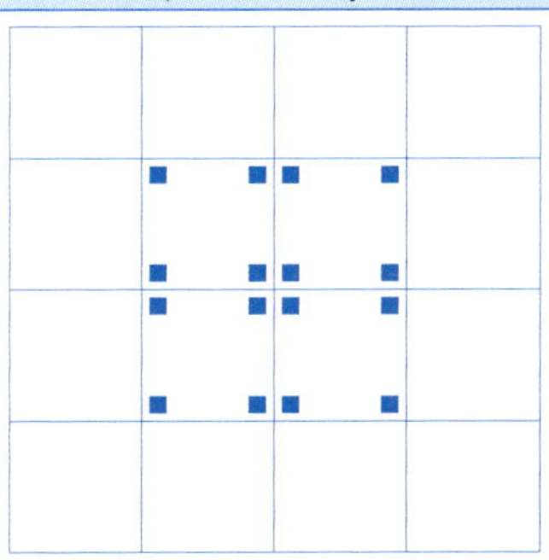 | 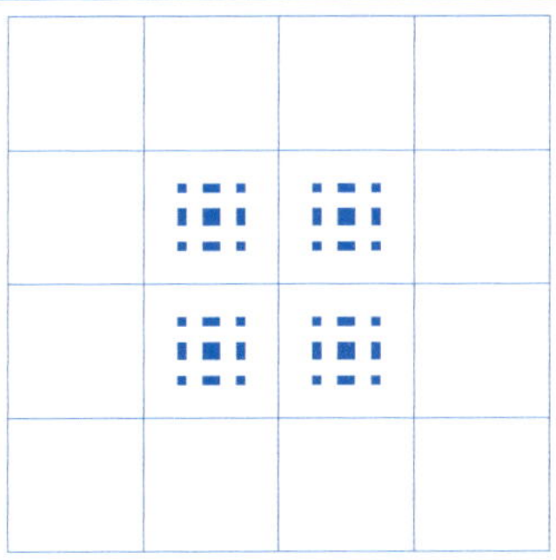 | 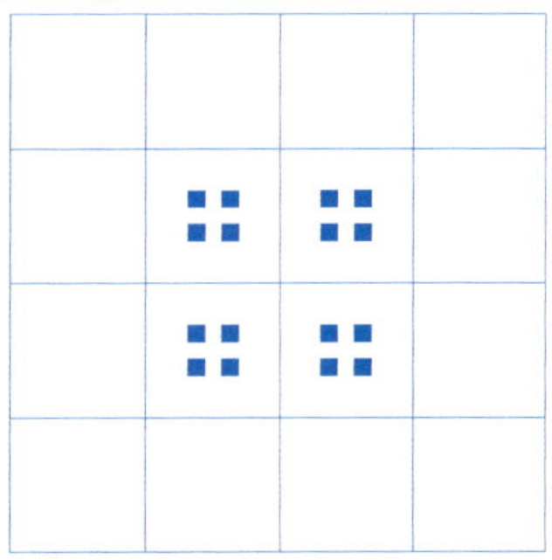 |

(3) 1단계 8개

상대적으로 $f$변환은 $g$변환 보다 동적이다. $g$, $gg$, $ggg$는 안정감과 통일감이 있다. $fff$가 가장 동적인 느낌을 가지게 한다.

| $F_1 = f \cup g \ \ \log_4 8 = 1.5$ | $f:\log_4 4 = 1$ | $g:\log_4 4 = 1$ |
|---|---|---|
| 8/16=0.5 | 4/16=0.25 | 4/16=0.25 |
|  |  |  |
| $F_2:\log_{16} 64 = 1.5$ | $ff:\log_{16} 16 = 1$ | $fg:\log_{16} 16 = 1$ |
| 64/256=0.25 | 16/256=0.063 | 16/256=0.063 |
| 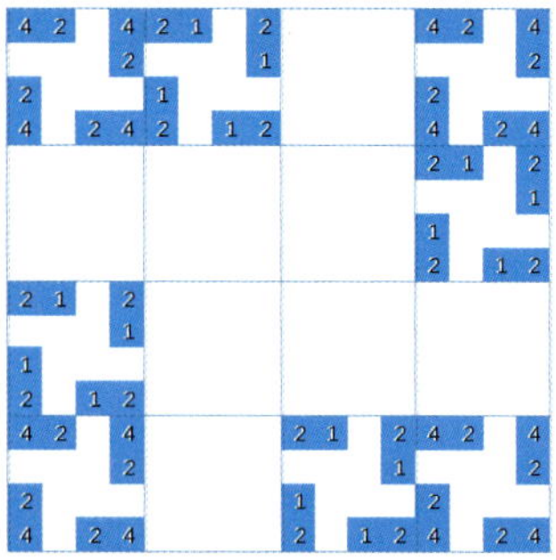 | 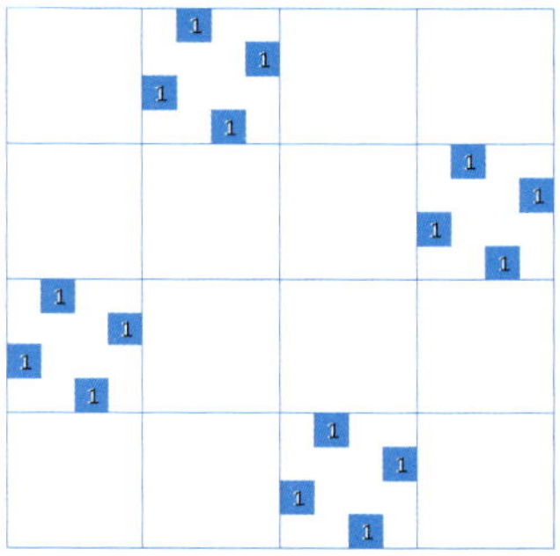 | 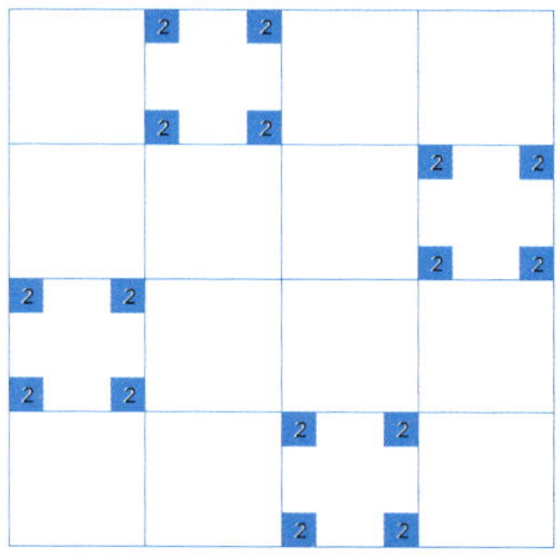 |
| | $gf:\log_{16} 16 = 1$ | $gg:\log_{16} 16 = 1$ |
| | 16/256=0.063 | 16/256=0.063 |
| | 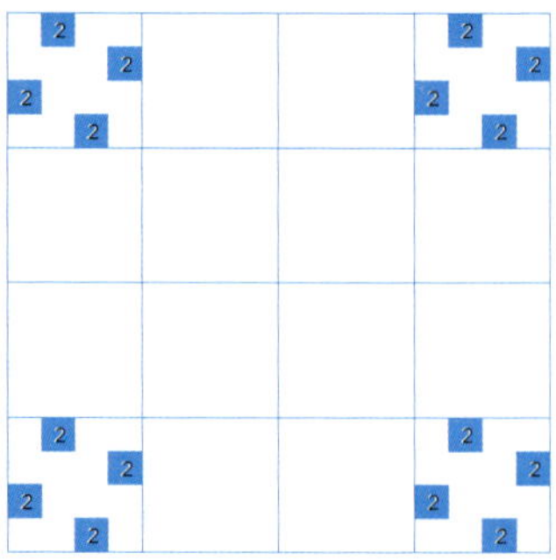 | 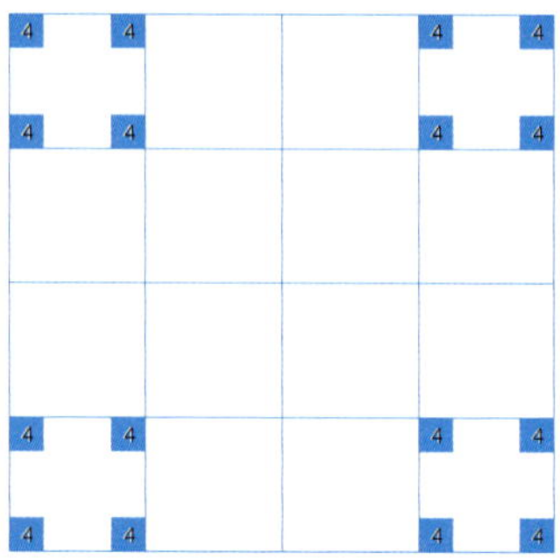 |

3단계의 8개 변환의 결과는 같은 차원을 가진다. $\log_{64}64 = 1$에 대해 생각해보자. 64개를 가지는 것은 직선을 64칸으로 나누고 64개로 채운 것과 같다. 차원이 1차원이 되는 이유를 생각해 보자.

| $F_3:\log_{64}512 = 1.5$ | $fff:\log_{64}64 = 1$ | $ffg:\log_{64}64 = 1$ |
|---|---|---|
| 512/4096=0.125 | 64/4096=0.016 | 64/4096=0.016 |
| 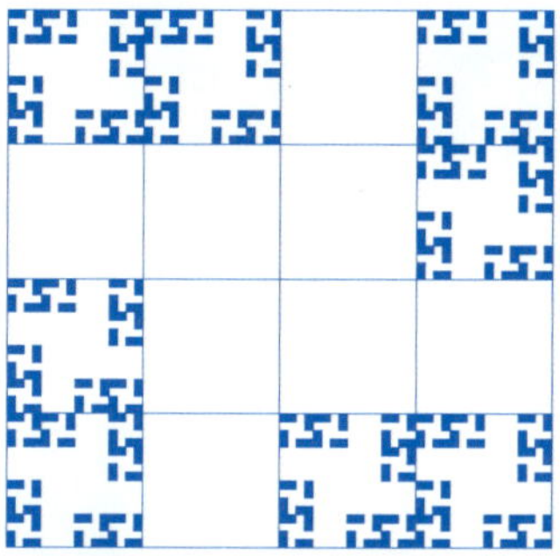 | 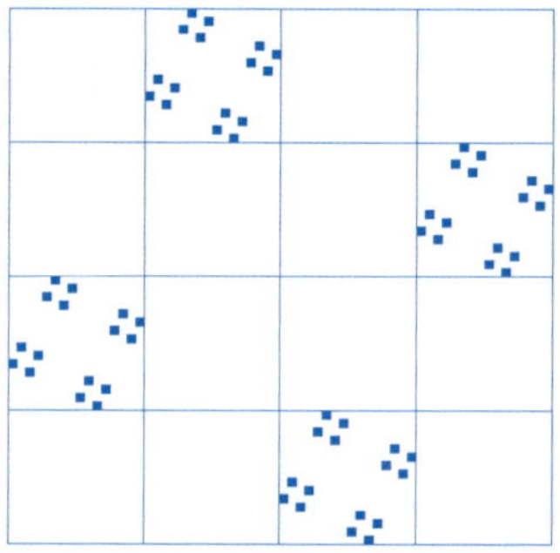 | 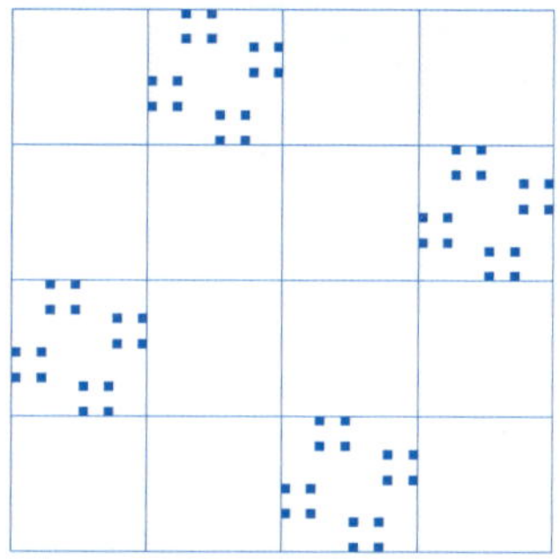 |
| $fgf:\log_{16}64 = 1.5$ | $fgg:\log_{64}64 = 1$ | $gff:\log_{64}64 = 1$ |
| 64/4096=0.016 | 64/4096=0.016 | 64/4096=0.016 |
| 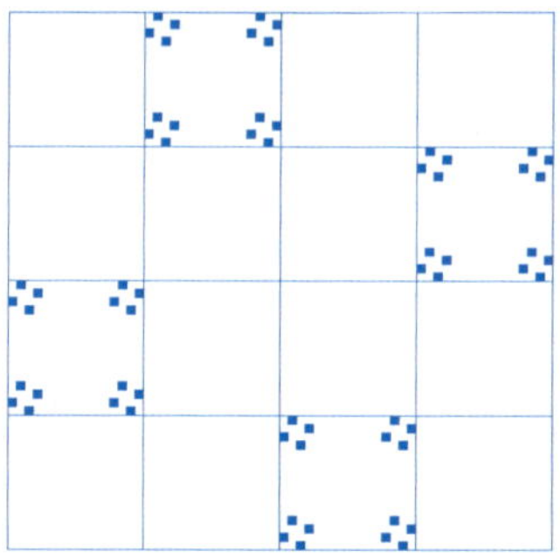 | 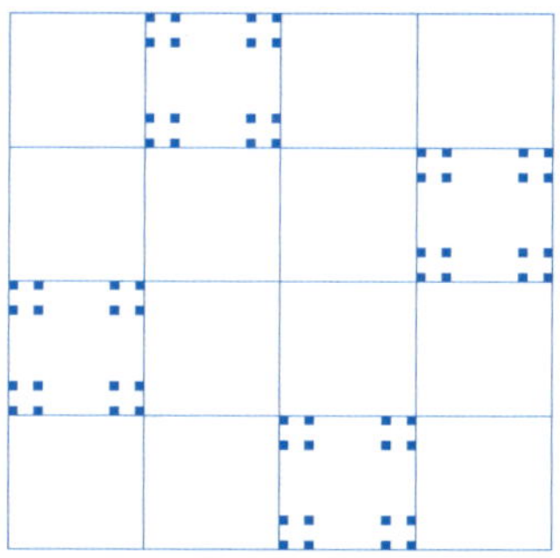 | 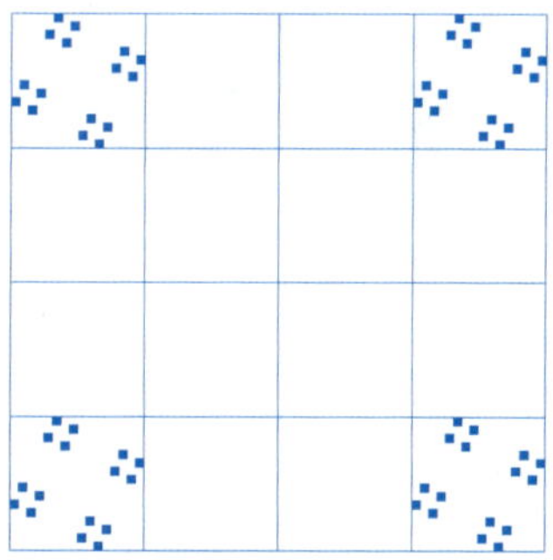 |
| $gfg:\log_{64}64 = 1$ | $ggf:\log_{64}64 = 1$ | $ggg:\log_{64}64 = 1$ |
| 64/4096=0.016 | 64/4096=0.016 | 64/4096=0.016 |
| 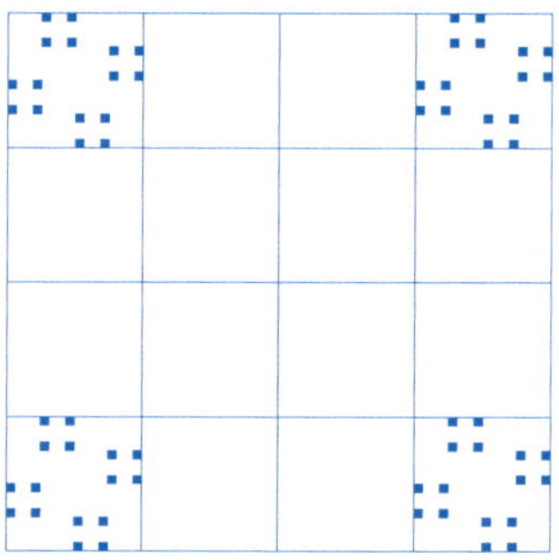 | 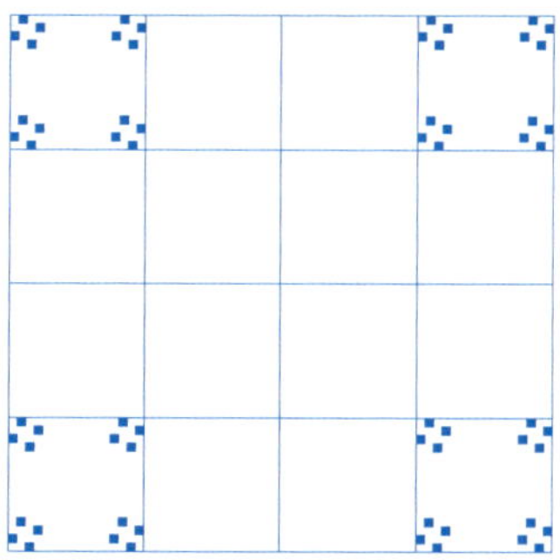 | 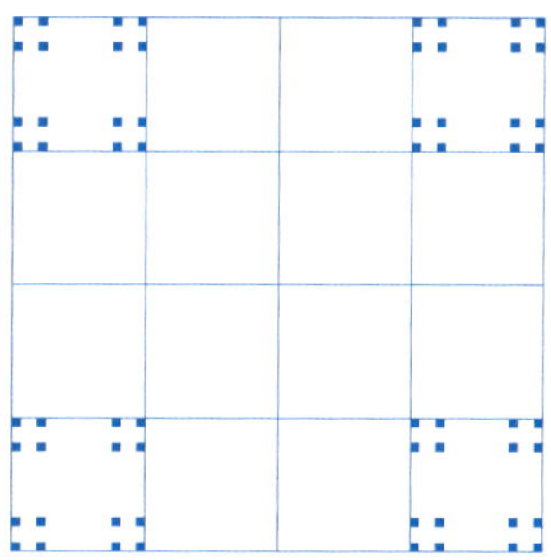 |

### (4) 1단계 12개

1단계 프랙탈 $F_1$은 12개의 도형이다. 프랙탈 $f$와 $g$는 색칠한 6개를 가지고 있다. $g$와 $f$ 모두 사선 형태를 띠고 있고 위쪽에 무게 중심이 실려 있는 모습이 상승감을 느끼게 한다.

| $F_1 = f \cup g : \log_4 12 = 1.792$ | $f : \log_4 6 = 1.292$ | $g : \log_4 6 = 1.292$ |
|---|---|---|
| 12/16=0.75 | 6/16=0.375 | 6/16=0.375 |

| $F_2 : \log_{16} 144 = 1.792$ | $ff : \log_{16} 36 = 1.292$ | $fg : \log_{16} 36 = 1.292$ |
|---|---|---|
| 144/256=0.563 | 36/256=0.141 | 36/256=0.141 |

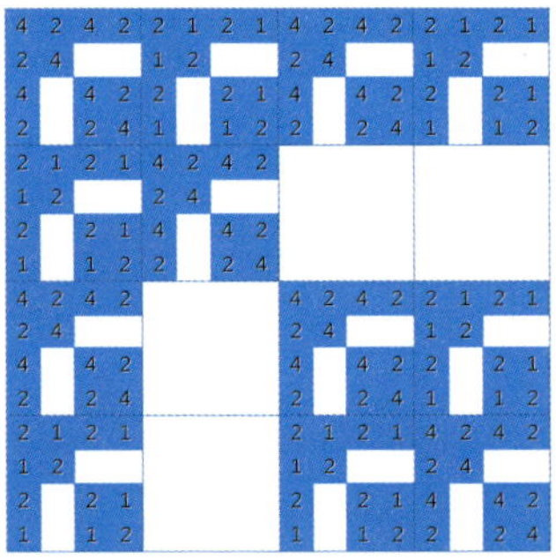

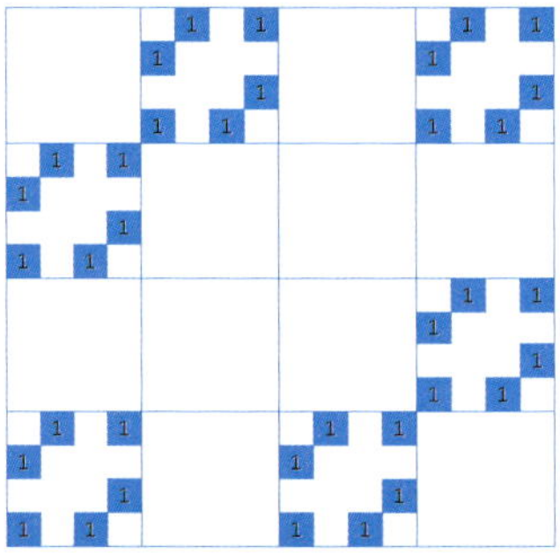

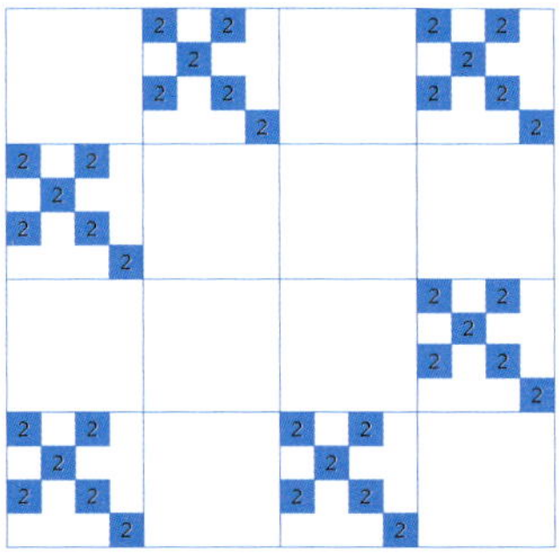

| | $gf : \log_{16} 36 = 1.292$ | $gg : \log_{16} 36 = 1.292$ |
|---|---|---|
| | 36/256=0.141 | 36/256=0.141 |

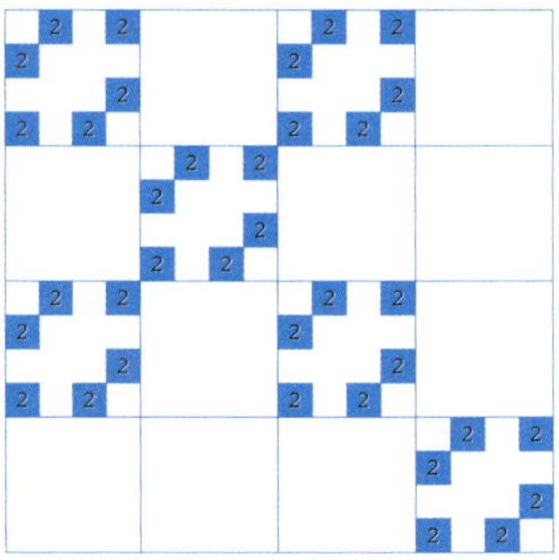

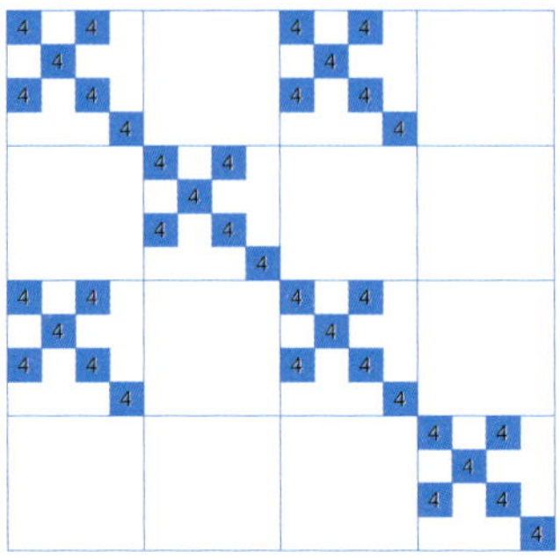

$F_3$의 프랙탈 도형은 V자를 그리며 따뜻한 남쪽으로 날아가는 기러기떼의 비행 대형이 연상되기도 하고, 봉황이 거대한 날개와 꼬리를 날리며 유유히 하늘을 날고 있는 모습 또는 전투용 스텔스기가 비행하는 모습으로 보인다. $fgg$ 는 여러 대의 헬리콥터가 날고 있는 것처럼 느껴진다. 이런 느낌이 드는 것은 사선이 수직이나 수평보다 운동감을 더 강하게 느끼게 하는 동시에 방향감도 강하게 느끼도록 하는 조형의 원리를 가지고 있기 때문이다. 수학적인 논리와 엄밀성에서 벗어나, 자유롭게 각각의 이미지에 이름을 생각해 보자. 수학의 원리에 미적 감성을 덧붙여보자.

| $F_3$ : $\log_{64}1728 = 1.79$ | $fff$ : $\log_{64}216 = 1.292$ | $ffg$ : $\log_{64}216 = 1.292$ |
|---|---|---|
| 1728/4096=0.422 | 216/4096=0.053 | 216/4096=0.053 |
| 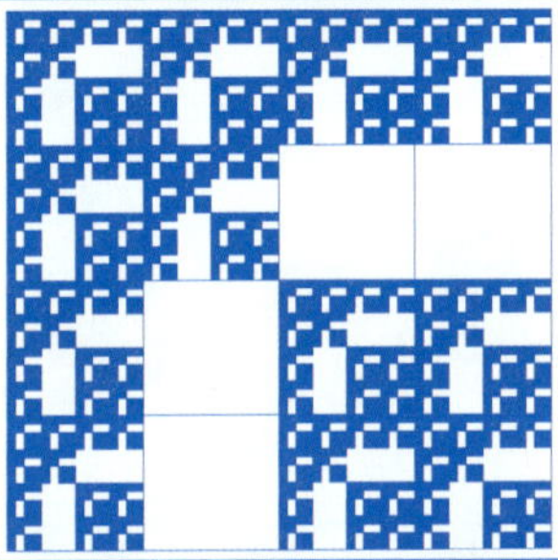 | 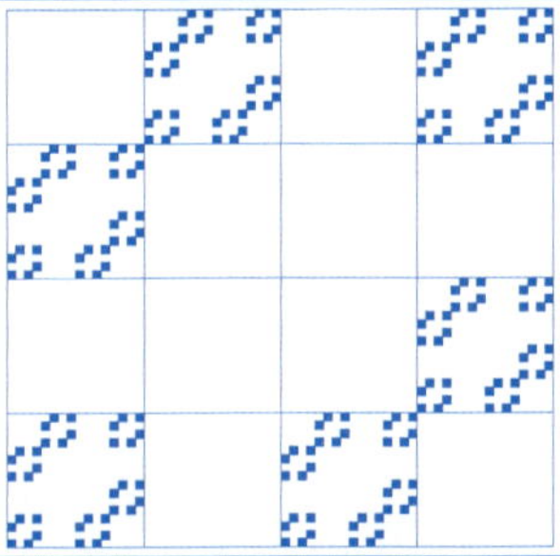 | 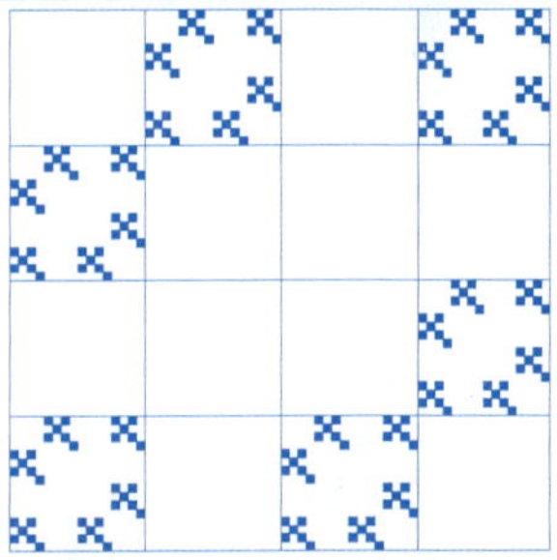 |
| $fgf$ : $\log_{64}216 = 1.292$ | $fgg$ : $\log_{64}216 = 1.292$ | $gff$ : $\log_{64}216 = 1.292$ |
| 216/4096=0.053 | 216/4096=0.053 | 216/4096=0.053 |
| 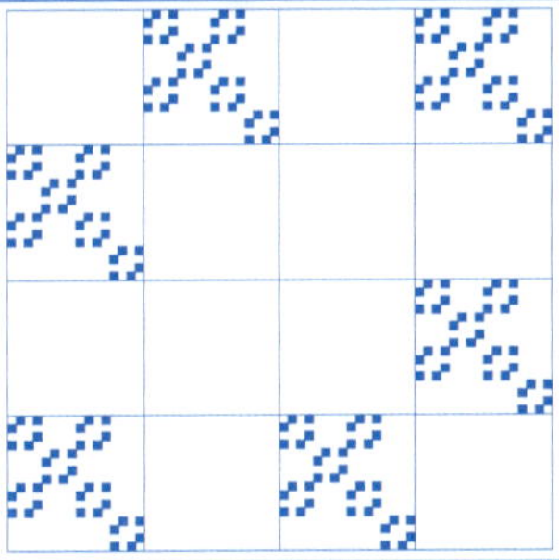 | 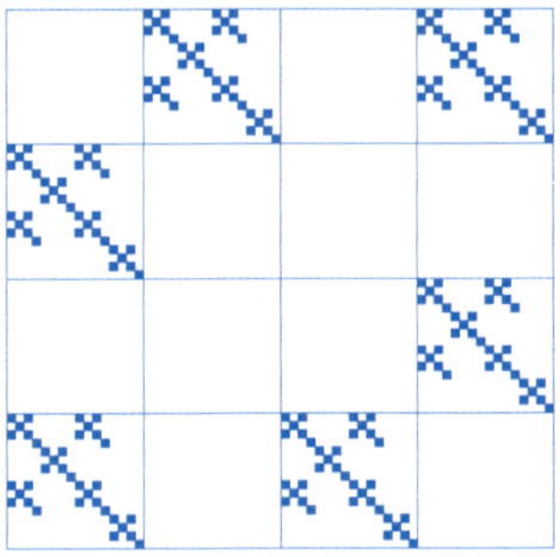 | 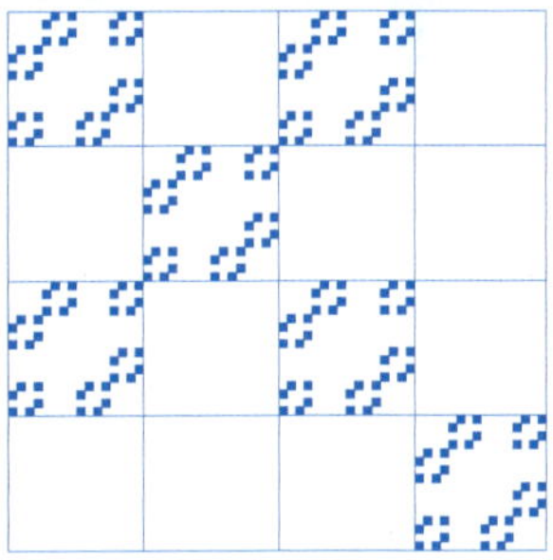 |
| $gfg$ : $\log_{64}216 = 1.292$ | $ggf$ : $\log_{64}216 = 1.292$ | $ggg$ : $\log_{64}216 = 1.292$ |
| 216/4096=0.053 | 216/4096=0.053 | 216/4096=0.053 |
| 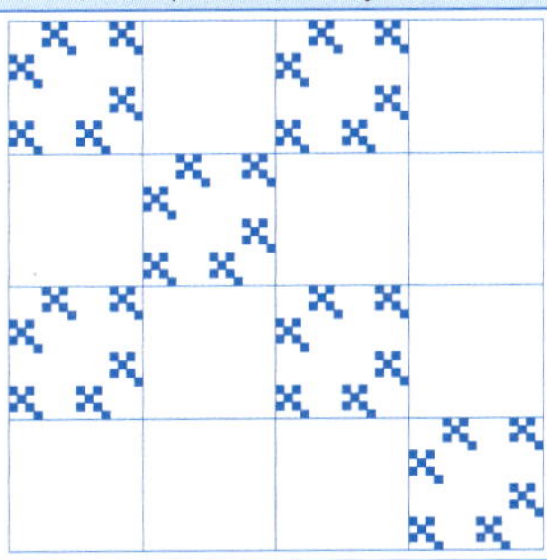 | 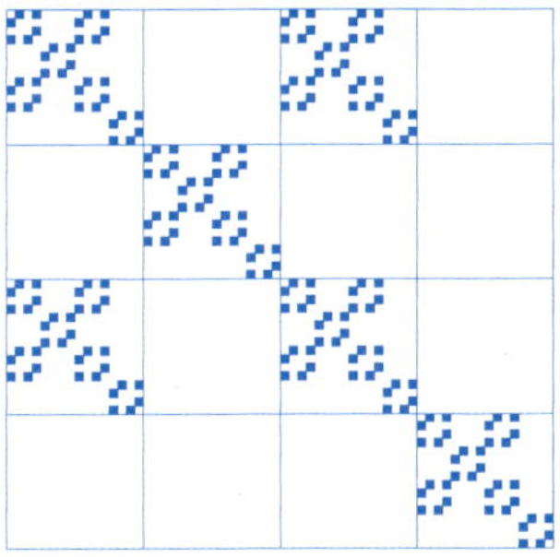 | 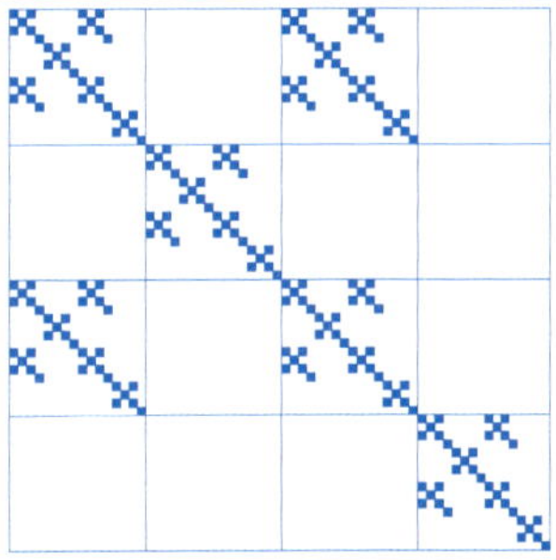 |

(5) 1단계 12개

1단계 프랙탈 $F_1$은 12개의 도형이다. $F_1$을 $f$는 8개, $g$는 4개로 분할해보자. $F_1$와 $F_2$은 꽉 짜여진 구조로서 안정적이지만 계획된 도시의 건축물의 단면을 연상케 하는 밀폐된 공간의 답답함도 느끼게 한다. 반면 $f$는 바람개비처럼 회전에 의한 동세를 강하게 느끼게 하고 $g$는 동적인 느낌이 들기는 하지만 색칠한 면적 25%밖에 안 되어 뚜렷한 동적 이미지 표현엔 다소 부족함이 있다.

| $F_1$: $\log_4 12 = 1.792$ | $f$: $\log_4 8 = 1.5$ | $g$: $\log_4 4 = 1$ |
|---|---|---|
| 12/16=0.75 | 8/16=0.5 | 4/16=0.125 |
|  |  |  |
| $F_2$: $\log_{16} 144 = 1.792$ | $ff$: $\log_{16} 64 = 1.5$ | $fg$: $\log_{16} 32 = 1.25$ |
| 144/256=0.563 | 64/256=0.25 | 32/256=0.125 |
| 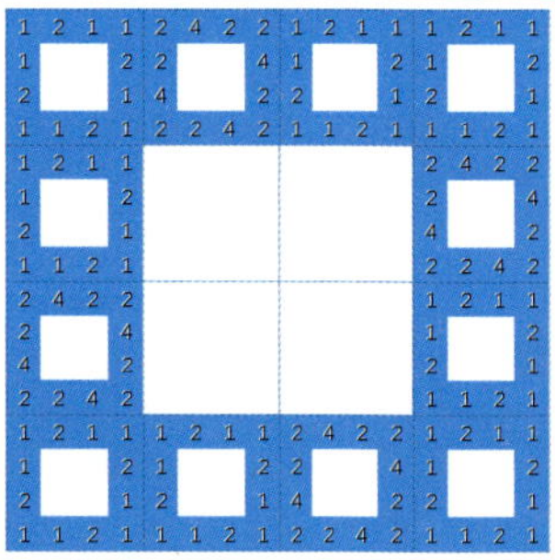 | 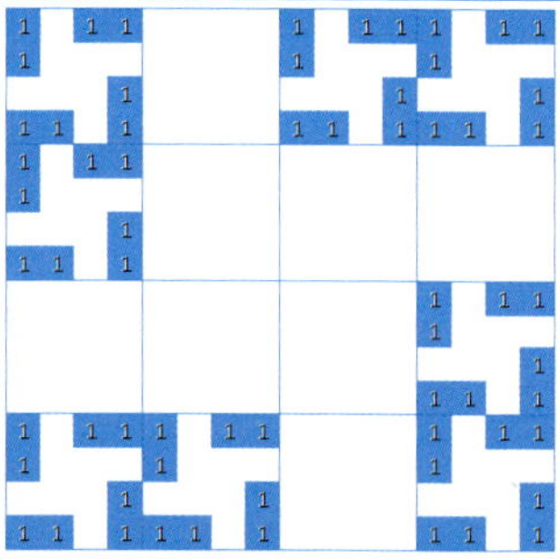 | 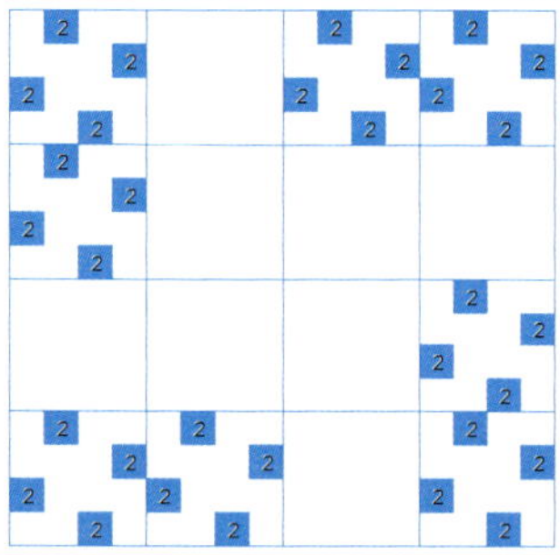 |
| | $gf$: $\log_{16} 32 = 1.25$ | $gg$: $\log_{16} 16 = 1$ |
| | 32/256=0.125 | 16/256=0.0625 |
| | 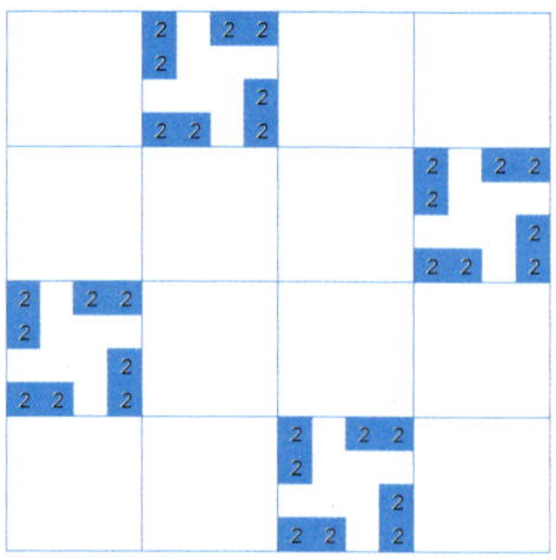 | 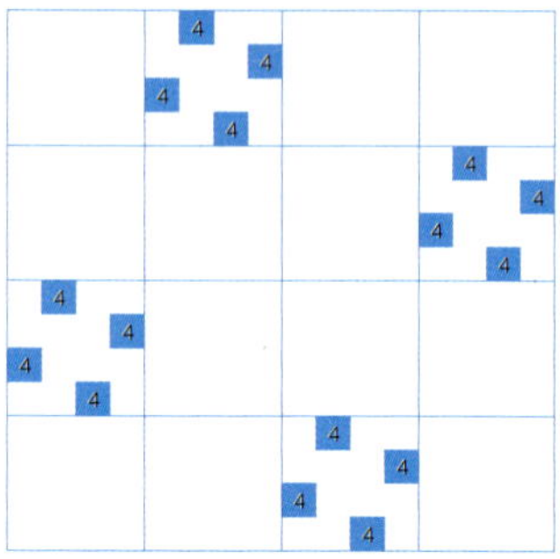 |

3단계의 프랙탈 $fff$, $ffg$, $fgf$, $fgg$, $gff$, $gfg$, $ggf$, $ggg$에서 각각의 개수를 구하는 방법을 생각해 보자. $fff$ 프랙탈에 있는 색칠한 개수는 $8\times8\times8=512$이다. $ffg$에 있는 프랙탈의 개수는 $8\times8\times4=256$이다. $F_3$는 $F_1$과 마찬가지로 꽉 짜여진 구조로 안정감과 밀폐감을 느끼게 하지만 $f$와 $g$는 동적인 느낌을 주는 조형의 원리를 가지고 있으므로, $f$와 $g$를 바탕으로 만들어진 프랙탈은 다시 여러 번 반복해도 회전에 의한 움직임이 느껴지는 동적인 이미지를 만들어낸다. 그러나 $g$의 원리를 계속 확대해 프랙탈을 만들 경우 동적인 느낌보다 가볍고 경쾌한 느낌을 준다.

| $F_3$:$\log_{64}1728 = 1.79$ | $fff$:$\log_{64}512 = 1.5$ | $ffg$:$\log_{64}256 = 1.333$ |
|---|---|---|
| 1728/4096=0.422 | 512/4096=0.125 | 256/4096=0.063 |
| 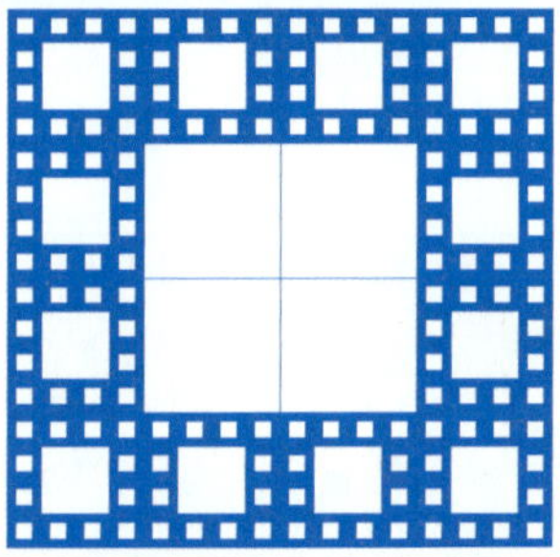 | 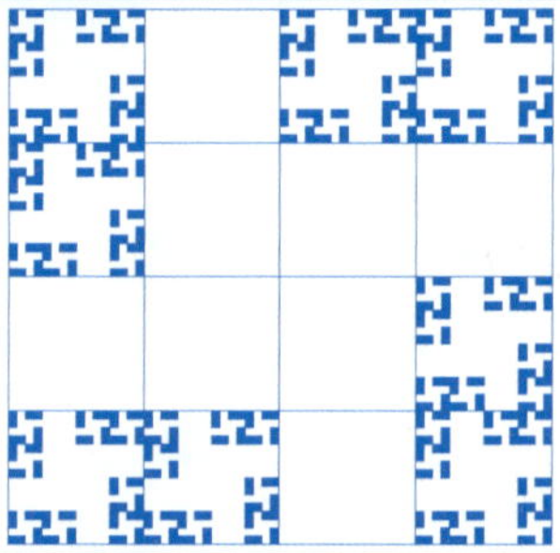 | 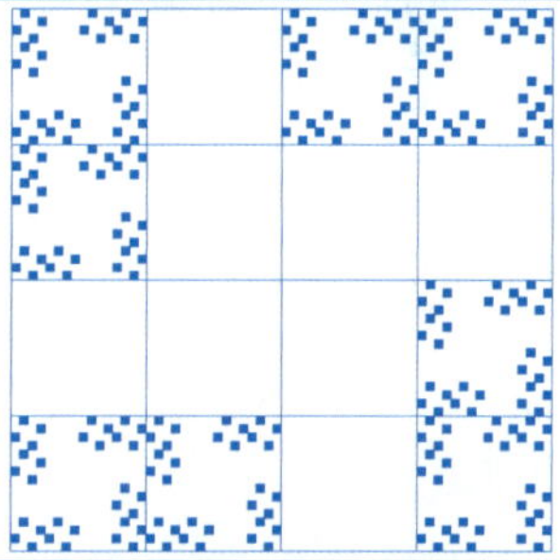 |
| $fgf$:$\log_{64}256 = 1.333$ | $fgg$:$\log_{64}128 = 1.167$ | $gff$:$\log_{64}256 = 1.333$ |
| 256/4096=0.063 | 128/4096=0.031 | 256/4096=0.063 |
| 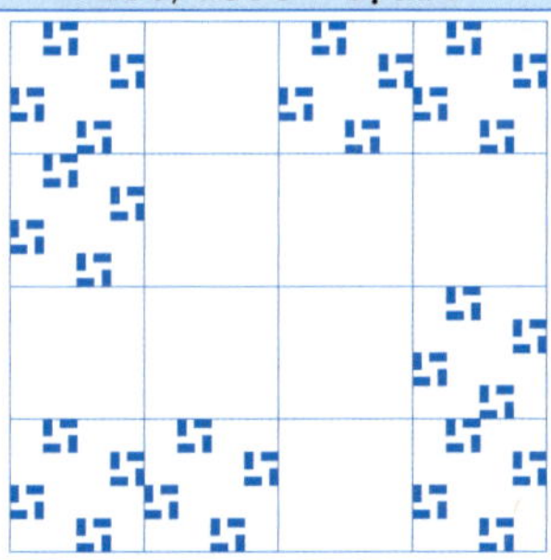 | 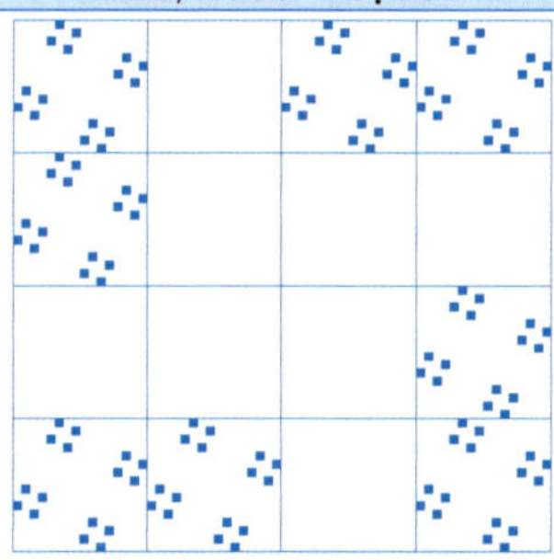 | 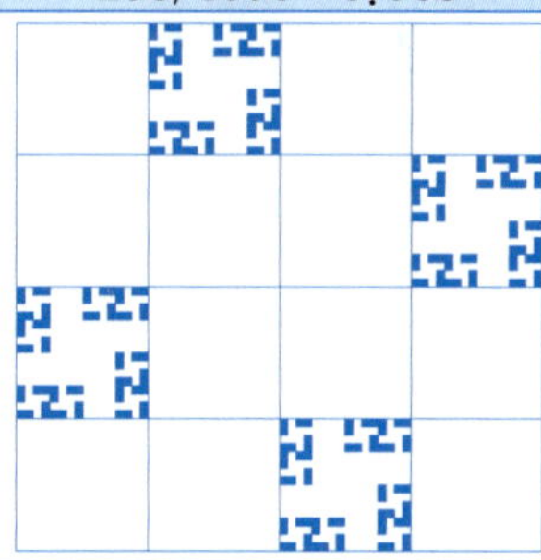 |
| $gfg$:$\log_{64}128 = 1.167$ | $ggf$:$\log_{64}128 = 1.167$ | $ggg$:$\log_{64}64 = 1$ |
| 128/4096=0.031 | 128/4096=0.031 | 64/4096=0.016 |
| 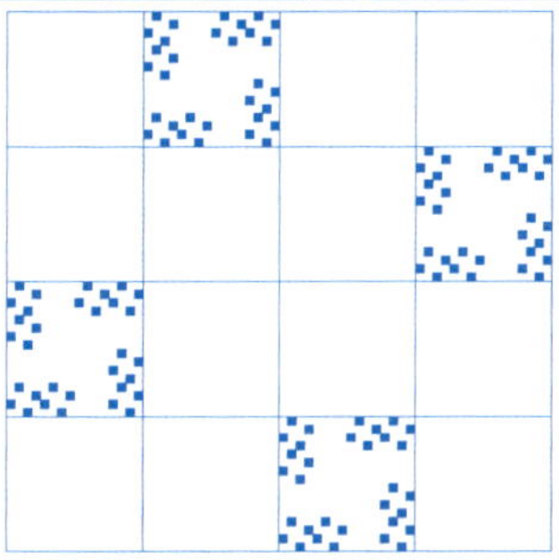 | 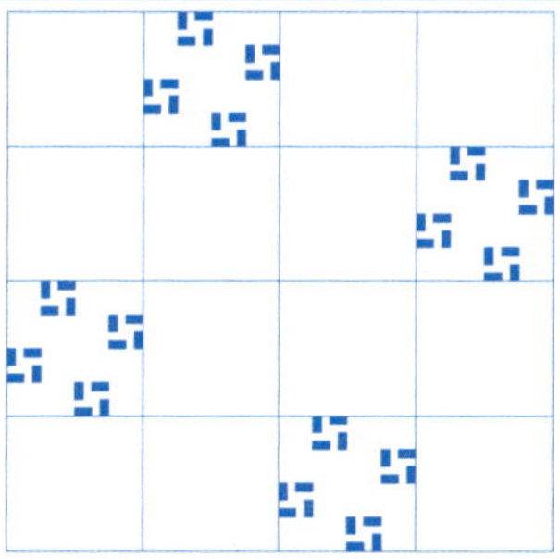 | 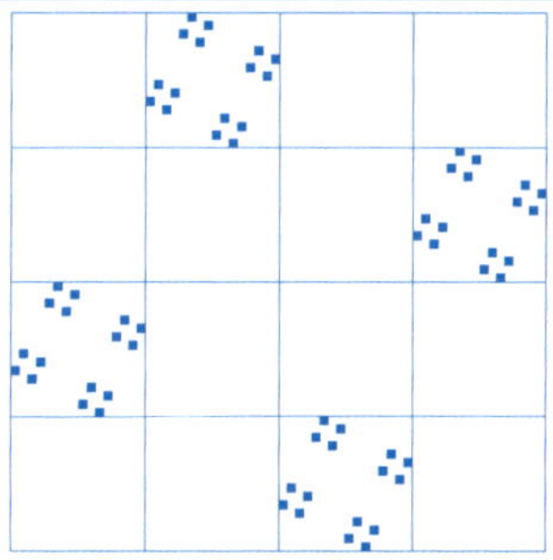 |

## 2. 세 개의 프랙탈로 분할

### (1) 1단계 12개

$f$는 안정감을 가지지만 분산되어 있고, $g$는 안정적이며 집중하는 느낌을 가질 수 있다. $h$의 느낌을 말해보자.

| $F_1$:$\log_4 12 = 1.792$ | $f$:$\log_4 4 = 1$ | $g$:$\log_4 4 = 1$ | $h$:$\log_4 4 = 1$ |
|---|---|---|---|
| 12/16=0.75 | 4/16=0.125 | 4/16=0.125 | 4/16=0.125 |
|  |  | 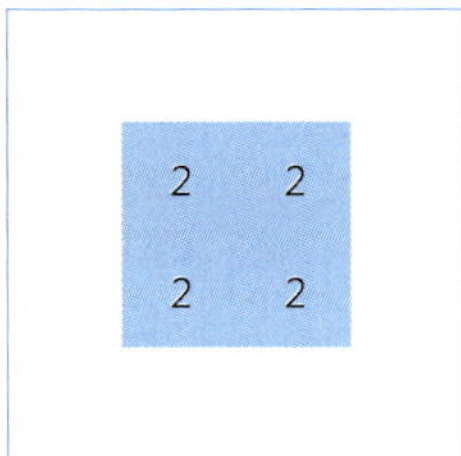 |  |
| $F_2$:$\log_{16} 144 = 1.79$ | $ff$:$\log_{16} 16 = 1$ | $fg$:$\log_{16} 16 = 1$ | $fh$:$\log_{16} 16 = 1$ |
| 144/256=0.563 | 16/256=0.063 | 16/256=0.063 | 16/256=0.063 |
| 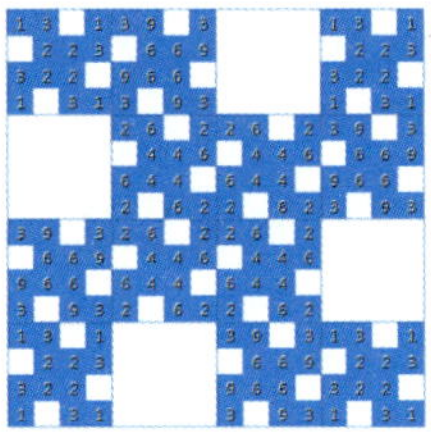 | 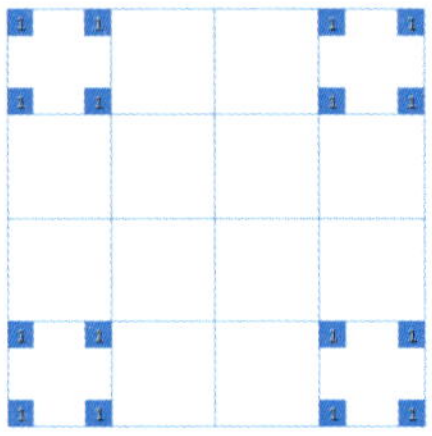 | 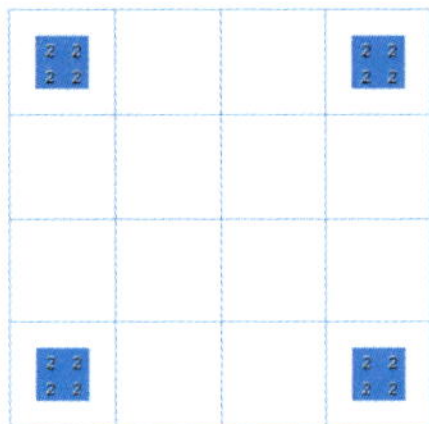 | 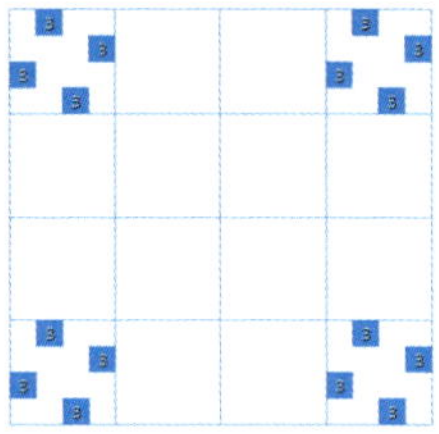 |
| | $gf$:$\log_{16} 16 = 1$ | $gg$:$\log_{16} 16 = 1$ | $gh$:$\log_{16} 16 = 1$ |
| | 16/256=0.063 | 16/256=0.063 | 16/256=0.063 |
| | 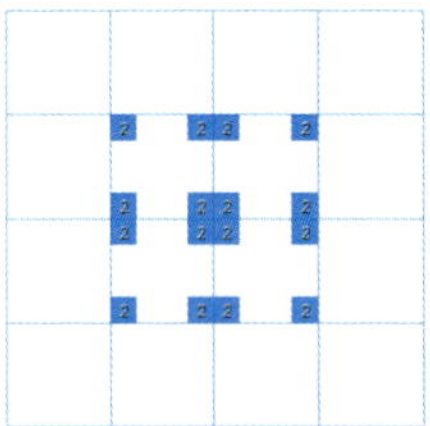 | 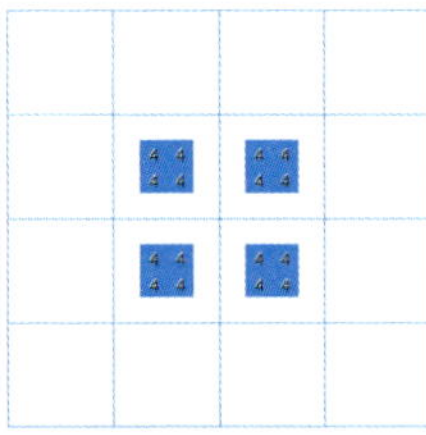 | 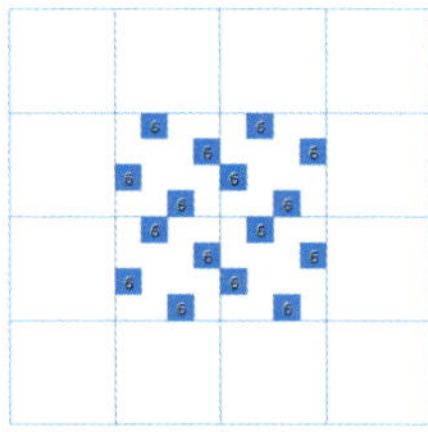 |
| | $hf$:$\log_{16} 16 = 1$ | $hg$:$\log_{16} 16 = 1$ | $hh$:$\log_{16} 16 = 1$ |
| | 16/256=0.063 | 16/256=0.063 | 16/256=0.063 |
| | 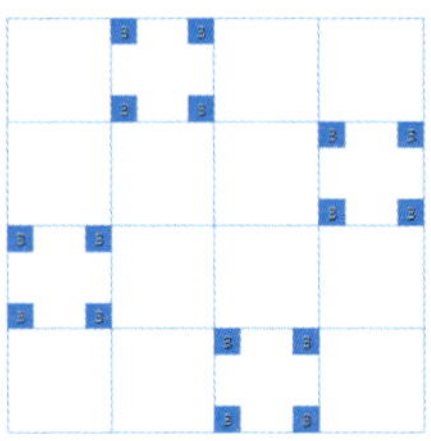 | 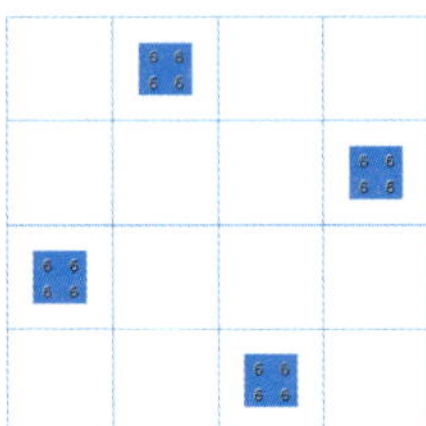 | 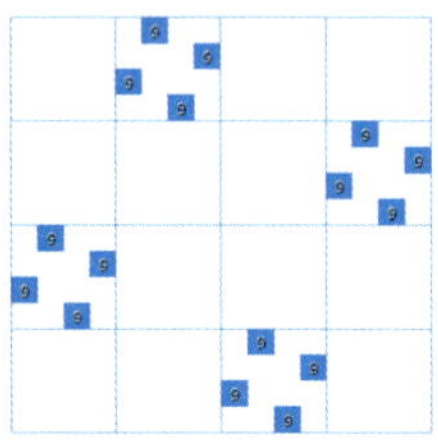 |

(2) 1단계 12개

1단계의 프랙탈 $F_1$은 세 개의 프랙탈 $f$, $g$, $h$의 합으로 이루어진다. 2단계의 프랙탈은 1단계의 두 개의 프랙탈의 합성으로 $ff$, $fg$, $fh$, $gf$, $gg$, $gh$, $hf$, $hg$, $hf$, $hh$의 9개를 만든다.

| $F_1:\log_4 12 = 1.792$ | $f:\log_4 4 = 1$ | $g:\log_4 4 = 1$ | $h:\log_4 4 = 1$ |
|---|---|---|---|
| 12/16=0.75 | 4/16=0.125 | 4/16=0.125 | 4/16=0.125 |
|  |  | 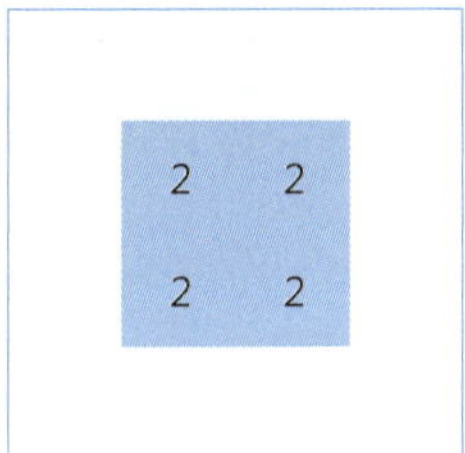 |  |
| $F_2:\log_{16} 144 = 1.79$ | $ff:\log_{16} 16 = 1$ | $fg:\log_{16} 16 = 1$ | $fh:\log_{16} 16 = 1$ |
| 144/256=0.563 | 16/256=0.063 | 16/256=0.063 | 16/256=0.063 |
| 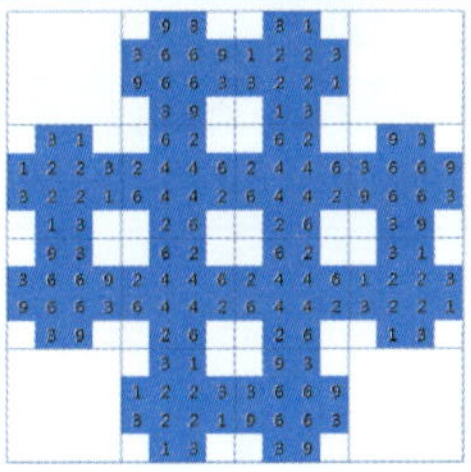 | 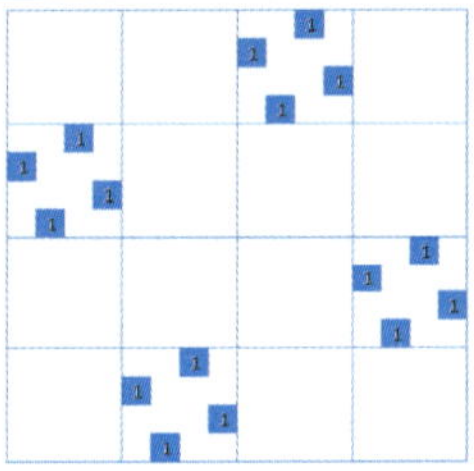 | 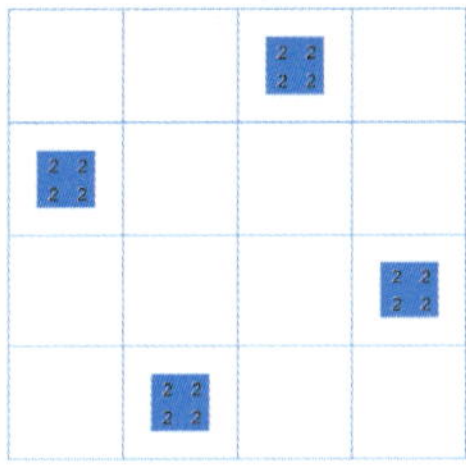 | 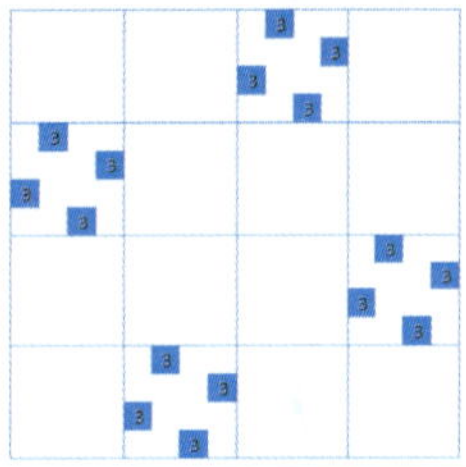 |
| | $gf:\log_{16} 16 = 1$ | $gg:\log_{16} 16 = 1$ | $gh:\log_{16} 16 = 1$ |
| | 16/256=0.063 | 16/256=0.063 | 16/256=0.063 |
| | 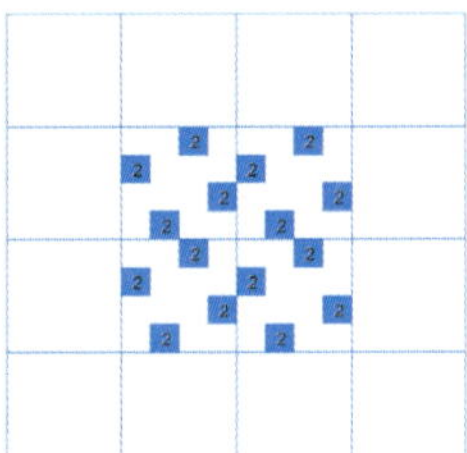 | 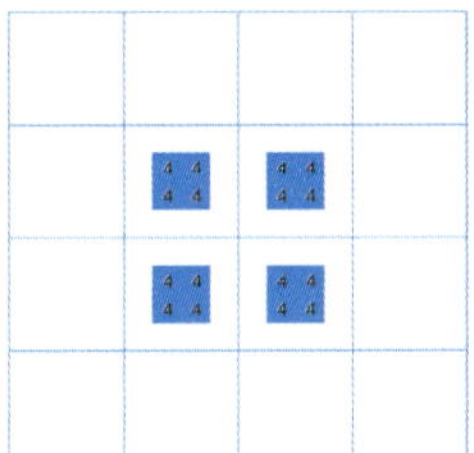 | 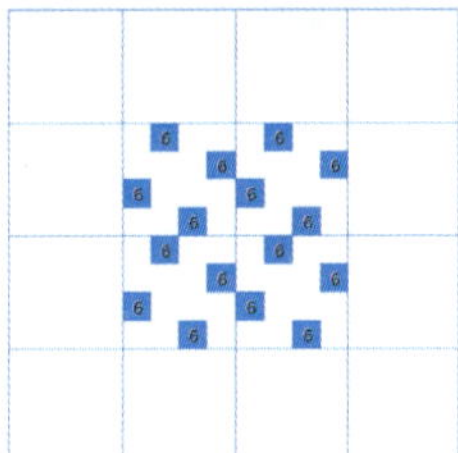 |
| | $hf:\log_{16} 16 = 1$ | $hg:\log_{16} 16 = 1$ | $hh:\log_{16} 16 = 1$ |
| | 16/256=0.063 | 16/256=0.063 | 16/256=0.063 |
| | 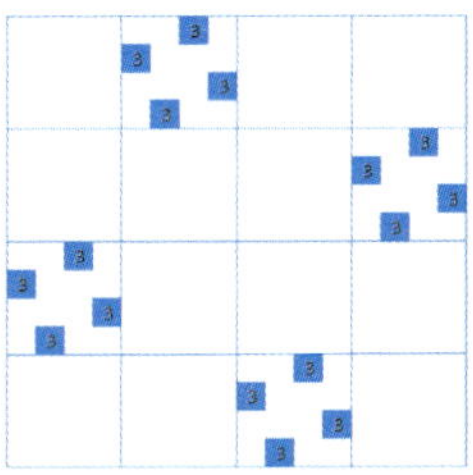 | 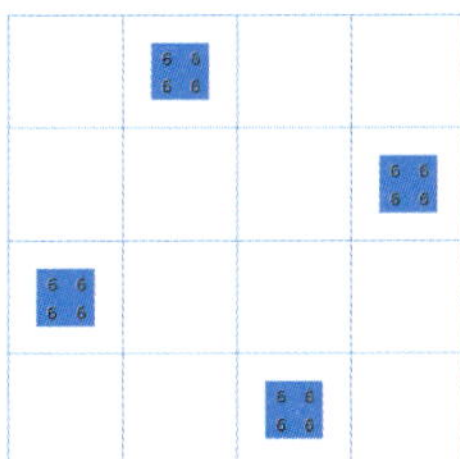 | 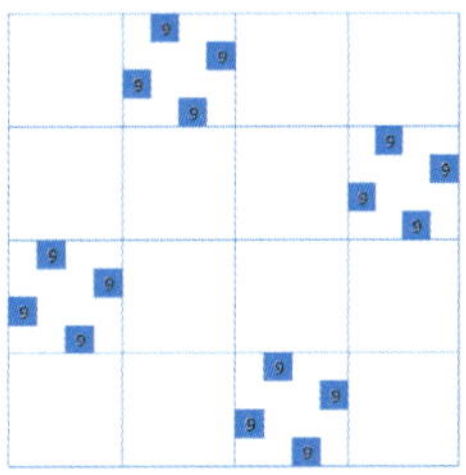 |

# 3 5×5 곱셈 프랙탈 분할

## 1. 두 개의 프랙탈로 분할

### (1) 1단계 8개

| $F_1 = f \cup g : \log_5 8 = 1.292$ | $f : \log_5 4 = 0.861$ | $g : \log_5 4 = 0.861$ |
|---|---|---|
| 8/25=0.32 | 4/25=0.16 | 4/25=0.16 |

$F_1 = f \cup g$

| | | | | |
|---|---|---|---|---|
| 0 | 0 | 2 | 0 | 0 |
| 0 | 1 | 0 | 1 | 0 |
| 2 | 0 | 0 | 0 | 2 |
| 0 | 1 | 0 | 1 | 0 |
| 0 | 0 | 2 | 0 | 0 |

$f$

| | | | | |
|---|---|---|---|---|
| 0 | 0 | 0 | 0 | 0 |
| 0 | 1 | 0 | 1 | 0 |
| 0 | 0 | 0 | 0 | 0 |
| 0 | 1 | 0 | 1 | 0 |
| 0 | 0 | 0 | 0 | 0 |

$g$

| | | | | |
|---|---|---|---|---|
| 0 | 0 | 2 | 0 | 0 |
| 0 | 0 | 0 | 0 | 0 |
| 2 | 0 | 0 | 0 | 2 |
| 0 | 0 | 0 | 0 | 0 |
| 0 | 0 | 2 | 0 | 0 |

| $F_2 : \log_{25} 64 = 1.292$ | $ff : \log_{25} 16 = 0.861$ | $fg : \log_{25} 16 = 0.861$ |
|---|---|---|
| 64/625=0.102 | 16/625=0.026 | 16/625=0.026 |

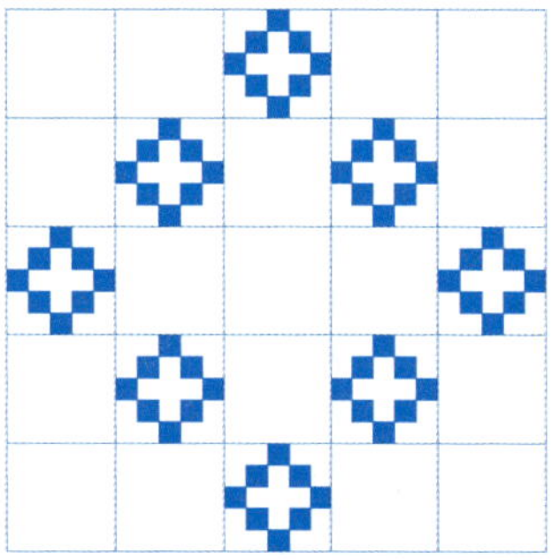

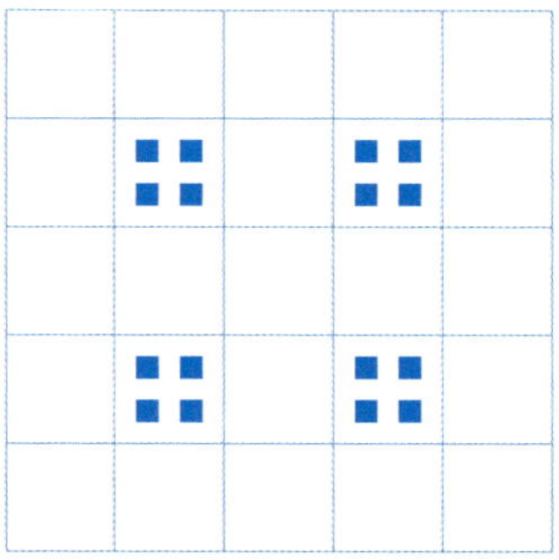

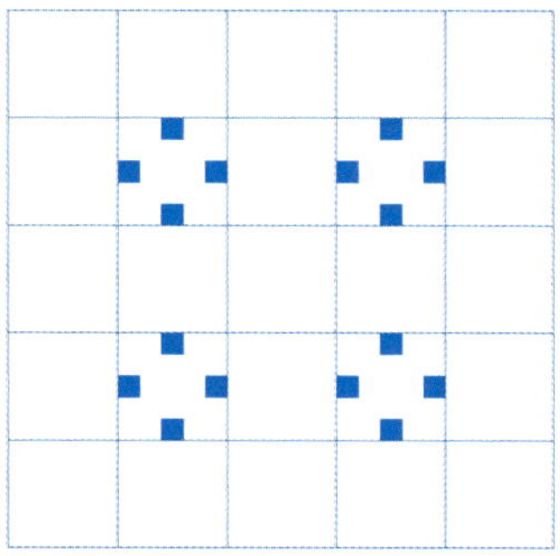

| | $gf : \log_{25} 16 = 0.861$ | $gg : \log_{25} 16 = 0.861$ |
|---|---|---|
| | 16/625=0.026 | 16/625=0.026 |

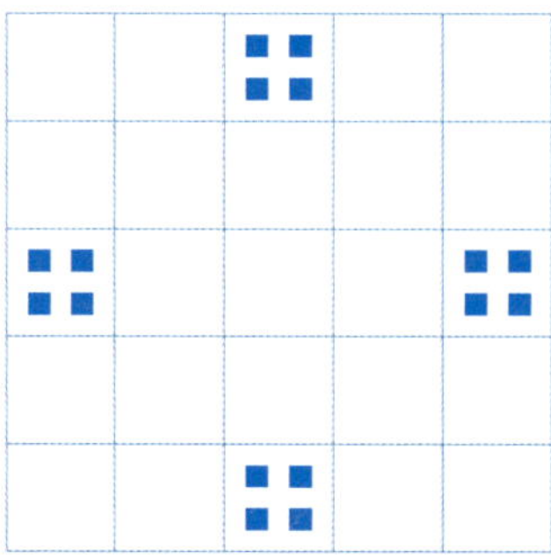

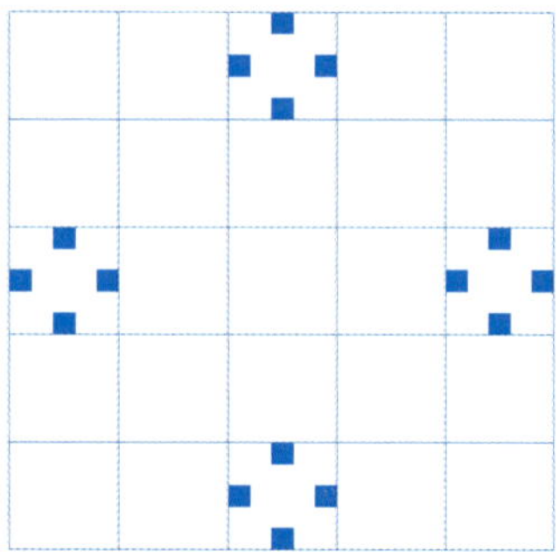

2단계에서 4개의 변환은 각각 16개씩을 가지는 도형이다. 3단계 8개의 변환은 각각 64개씩을 가진다. 8개의 변환에서 평면을 채우는 각각의 비율은 0.004이다. 색채 점유률이 적은 프랙탈 형태는 패턴화 했을 때 가볍고 경쾌한 느낌을 준다. 3단계에서 8개 각각의 변환은 단조롭지만, $F_3$은 안정감과 균형이 나타나는 프랙탈 도형이다.

| $F_3$:$\log_{125}512 = 1.292$ | $fff$:$\log_{125}64 = 0.861$ | $ffg$:$\log_{125}64 = 0.861$ |
| --- | --- | --- |
| 512/15625=0.033 | 64/15625=0.004 | 64/15625=0.004 |
| 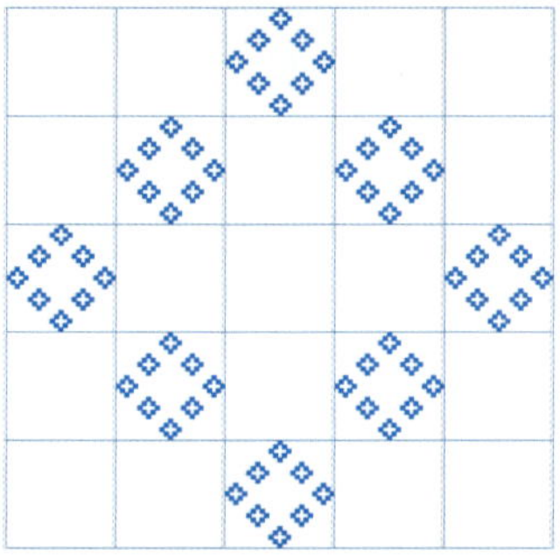 | 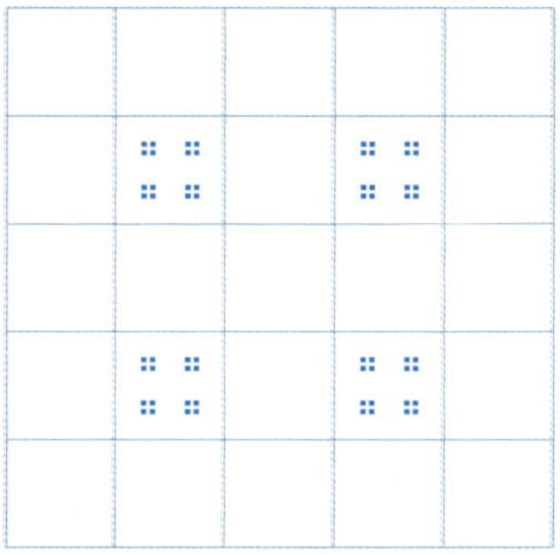 | 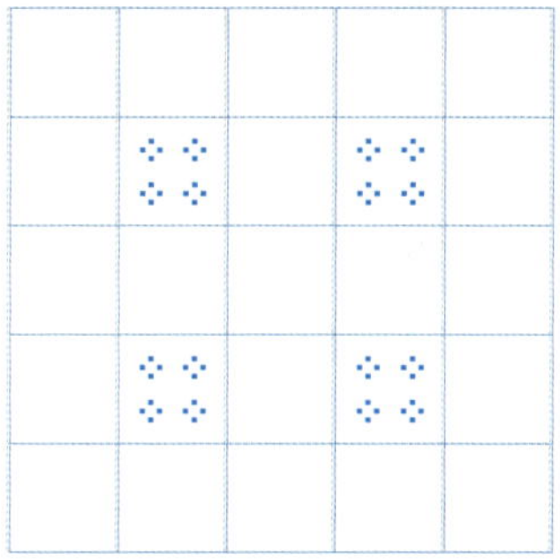 |
| $fgf$:$\log_{125}64 = 0.861$ | $fgg$:$\log_{125}64 = 0.861$ | $gff$:$\log_{125}64 = 0.861$ |
| 64/15625=0.004 | 64/15625=0.004 | 64/15625=0.004 |
| 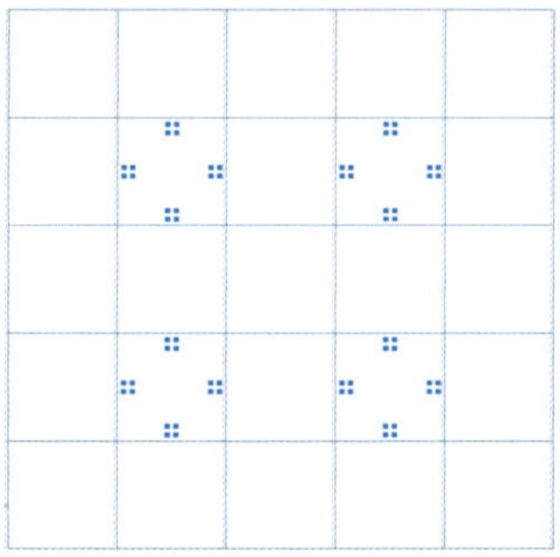 | 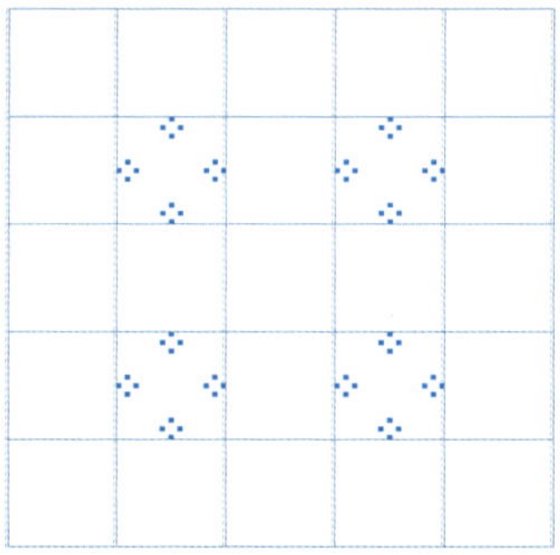 | 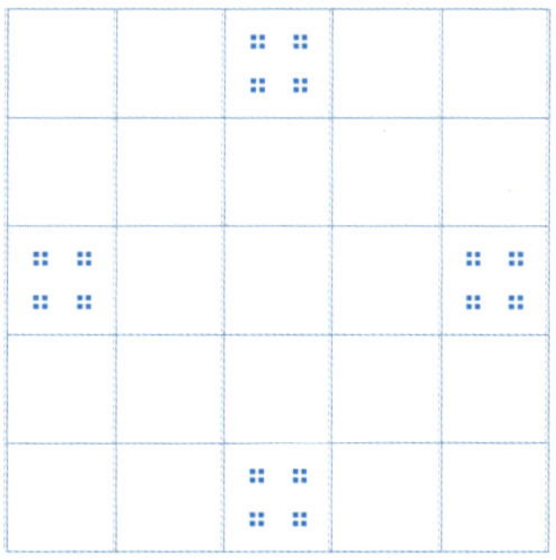 |
| $gfg$:$\log_{125}64 = 0.861$ | $ggf$:$\log_{125}64 = 0.861$ | $ggg$:$\log_{125}64 = 0.861$ |
| 64/15625=0.004 | 64/15625=0.004 | 64/15625=0.004 |
| 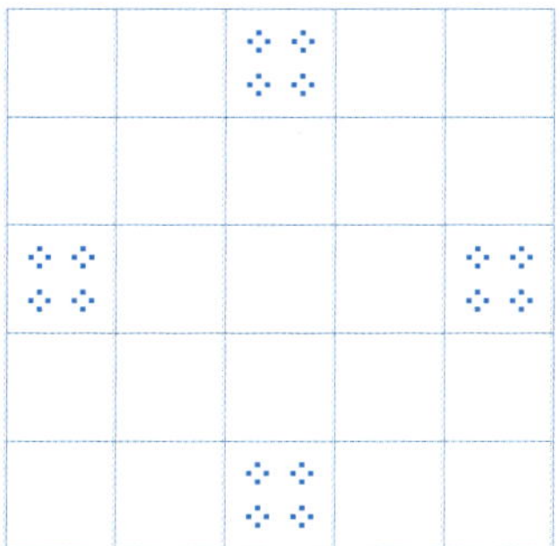 | 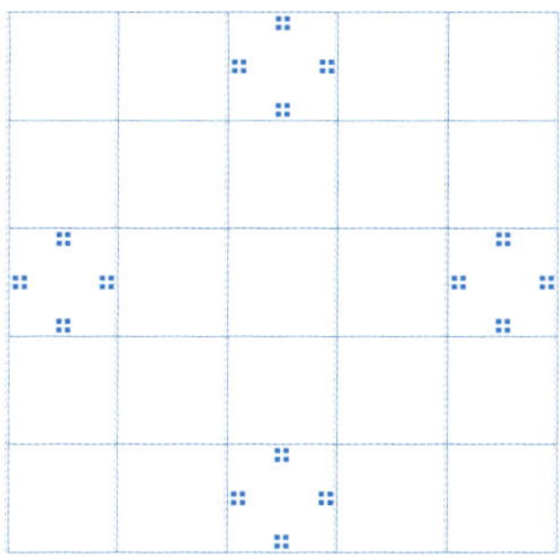 | 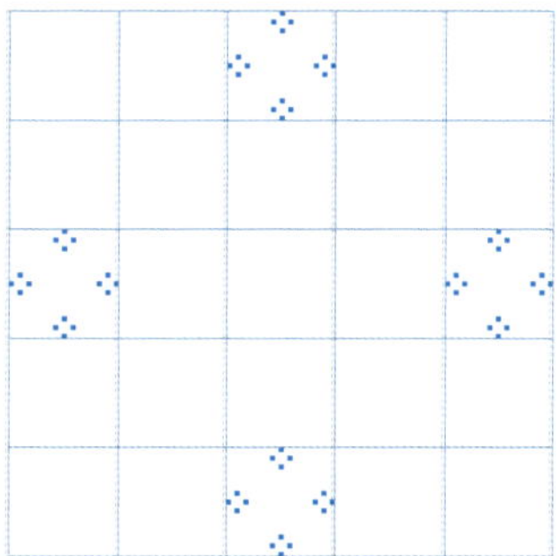 |

(2) 1단계 9개

1단계 프랙탈 도형 $F_1$은 중앙과 주변이 어우러져 잘 짜여진 구성미를 느끼게 한다. 두 개의 변환 $f$와 $g$는 각각 다른 느낌을 준다. $f$의 변환은 분산, $g$의 변환은 중앙에 집중되는 느낌이 들게 한다. 특히 $g$의 변환은 십자가 형태로 기독교 건축의 비잔틴 양식을 떠올리게 한다.

| $F_1 = f \cup g : \log_5 9 = 1.365$ | $f : \log_5 4 = 0.861$ | $g : \log_5 5 = 1$ |
|---|---|---|
| 9/25=0.32 | 4/25=0.16 | 5/25=0.2 |

| | | | | |
|---|---|---|---|---|
| 1 | 0 | 0 | 0 | 1 |
| 0 | 0 | 2 | 0 | 0 |
| 0 | 2 | 2 | 2 | 0 |
| 0 | 0 | 2 | 0 | 0 |
| 1 | 0 | 0 | 0 | 1 |

| | | | | |
|---|---|---|---|---|
| 1 | 0 | 0 | 0 | 1 |
| 0 | 0 | 0 | 0 | 0 |
| 0 | 0 | 0 | 0 | 0 |
| 0 | 0 | 0 | 0 | 0 |
| 1 | 0 | 0 | 0 | 1 |

| | | | | |
|---|---|---|---|---|
| 0 | 0 | 0 | 0 | 0 |
| 0 | 0 | 2 | 0 | 0 |
| 0 | 2 | 2 | 2 | 0 |
| 0 | 0 | 2 | 0 | 0 |
| 0 | 0 | 0 | 0 | 0 |

| $F_2 : \log_{25} 81 = 1.365$ | $ff : \log_{25} 16 = 0.861$ | $fg : \log_{25} 20 = 0.931$ |
|---|---|---|
| 81/625=0.13 | 16/625=0.026 | 20/625=0.032 |

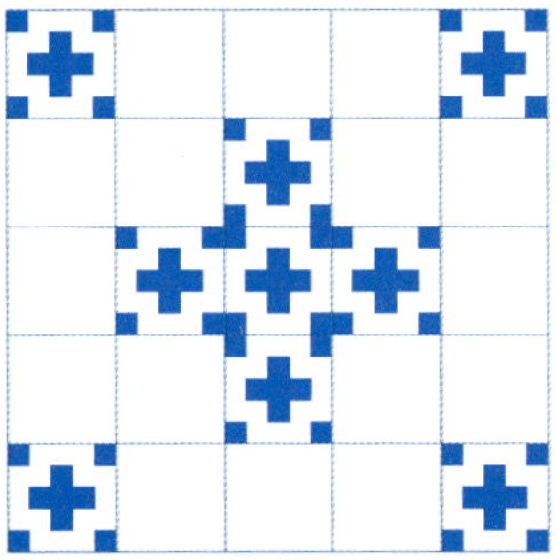

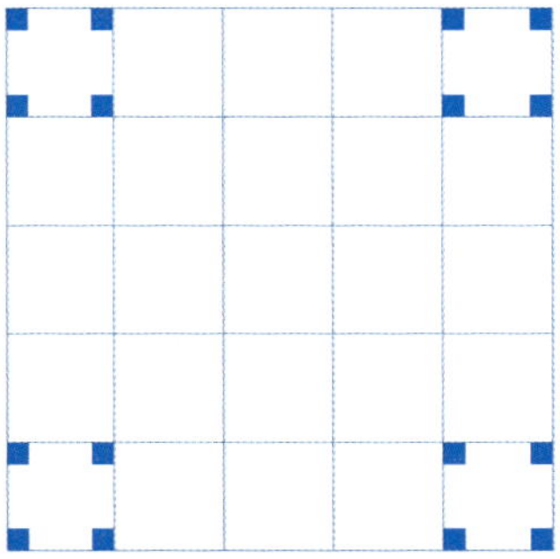

| | $gf : \log_{25} 20 = 0.931$ | $gg : \log_{25} 25 = 1$ |
|---|---|---|
| | 20/625=0.032 | 25/625=0.04 |

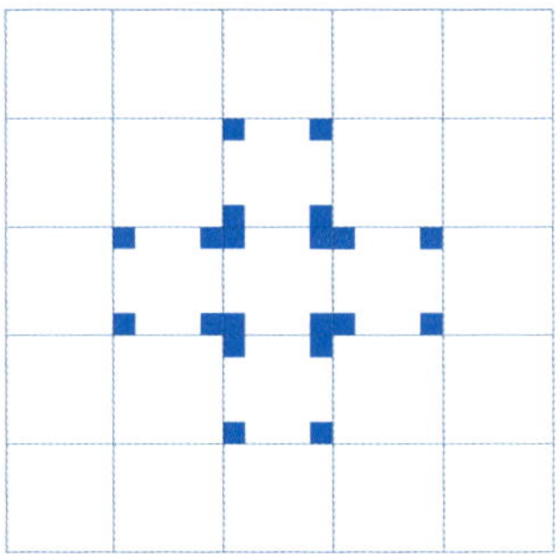

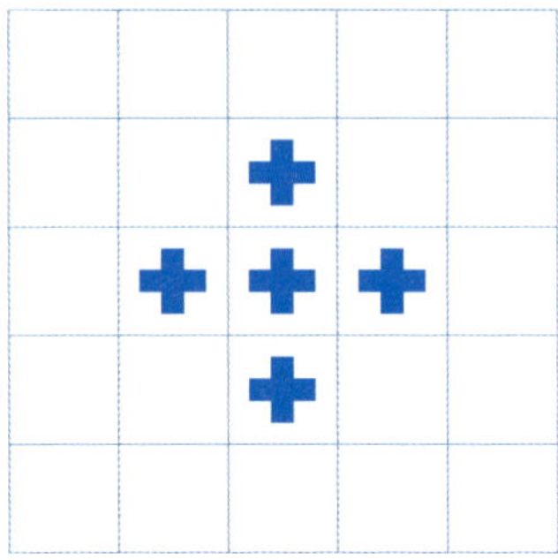

3단계의 변환 $fff$는 4×4×4=64개를 가진다. $ffg$는 4×4×5=80개를 가진다. $fgg$는 4×5×5=100 개를 가진다. $F_3$의 구조는 $F_1$의 원리를 기본으로 점차 확장된 프랙탈 형태로 반짝이는 이미지로 구현할 수 있다.

| $F_3:\log_{125}729=1.365$ | $fff:\log_{125}64=0.861$ | $ffg:\log_{125}80=0.908$ |
|---|---|---|
| 729/15625=0.047 | 64/15625=0.004 | 80/15625=0.005 |
| 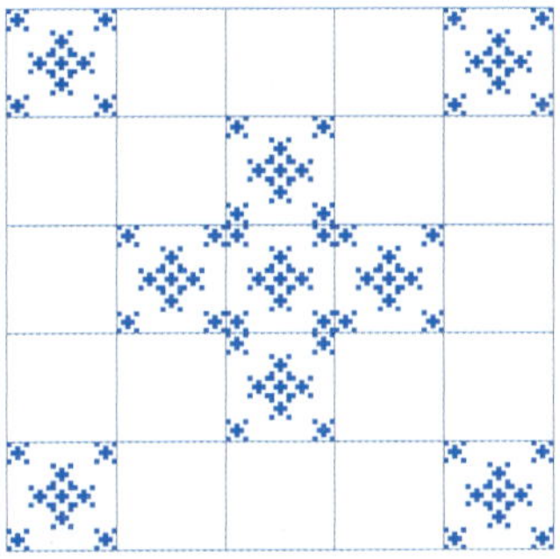 | 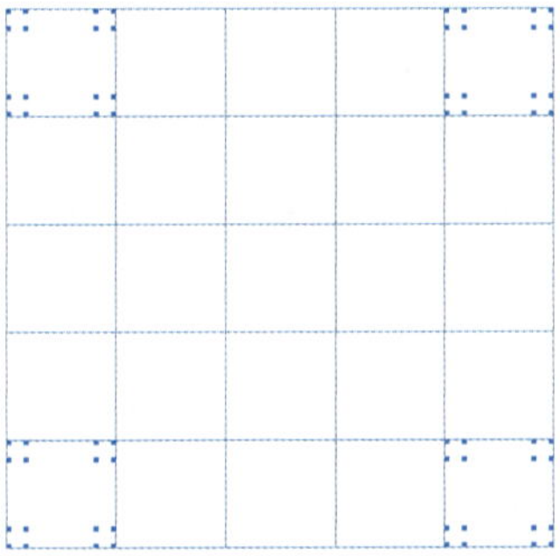 | 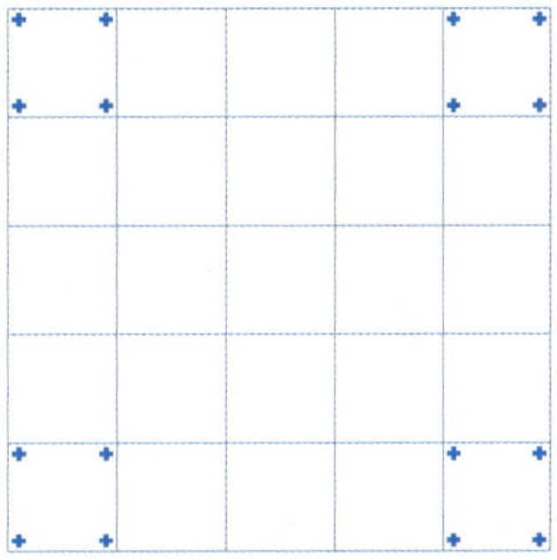 |
| $fgf:\log_{125}80=0.908$ | $fgg:\log_{125}100=0.954$ | $gff:\log_{125}80=0.908$ |
| 80/15625=0.005 | 100/15625=0.006 | 80/15625=0.005 |
| 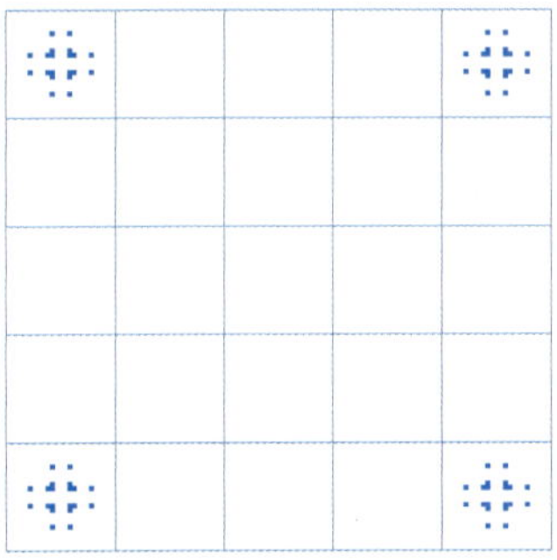 | 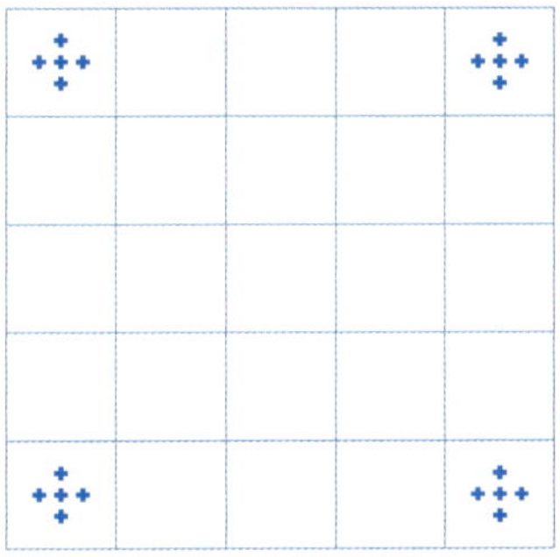 | 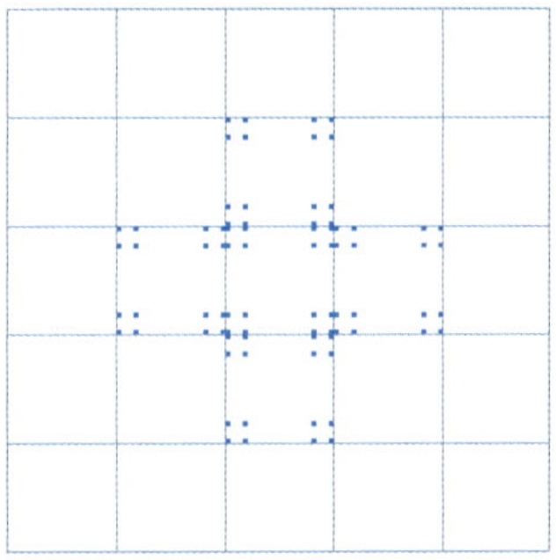 |
| $gfg:\log_{125}100=0.954$ | $ggf:\log_{125}100=0.954$ | $ggg:\log_{125}125=1$ |
| 100/15625=0.006 | 100/15625=0.006 | 125/15625=0.008 |
| 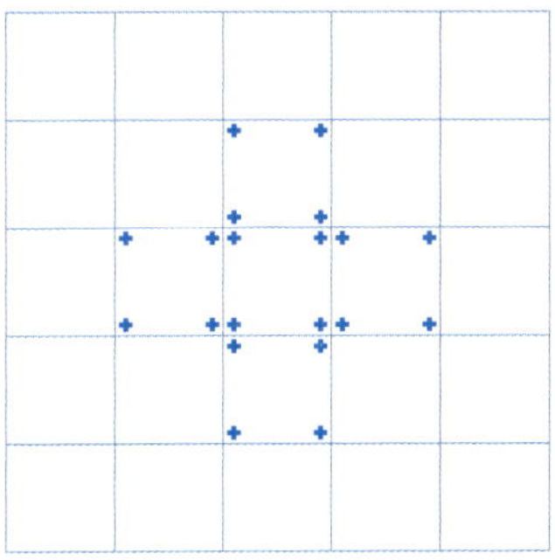 | 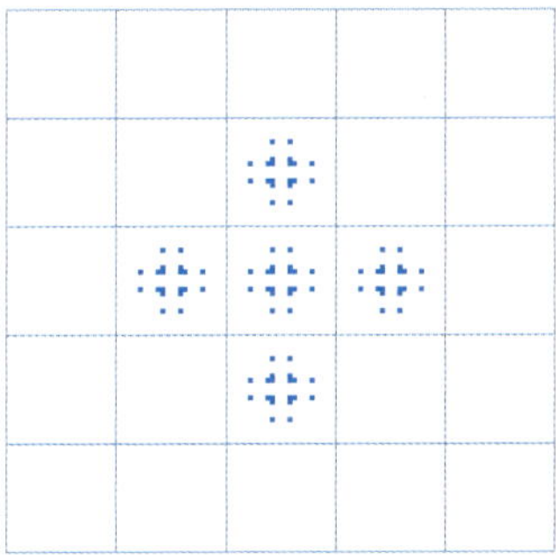 | 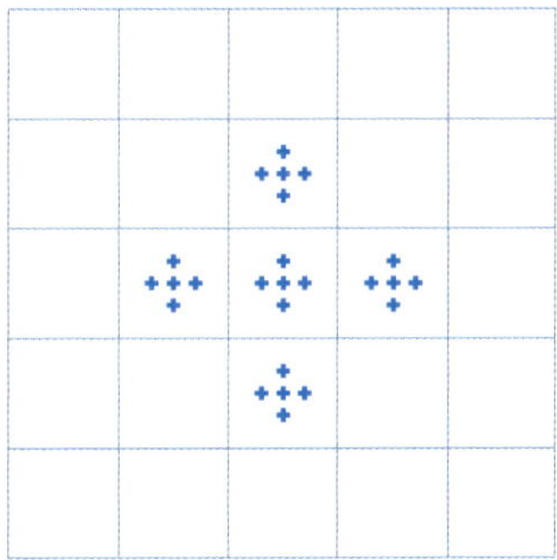 |

### (3) 1단계 12개

$F_2$를 구성할 수 있는 방법에 대해 생각해 보자. $f$의 변환 프랙탈은 라운드 형태를 띄게 되며 따라서 $ff$는 둥근 모양으로 부드럽고 경쾌한 느낌을 준다.

| $F_1=f\cup g:\log_5 12=1.544$ | $f:\log_5 8=1.292$ | $g:\log_5 4=0.861$ |
|---|---|---|
| 12/25=0.48 | 8/25=0.32 | 4/25=0.16 |

| 0 | 1 | 0 | 1 | 0 |
|---|---|---|---|---|
| 1 | 2 | 0 | 2 | 1 |
| 0 | 0 | 0 | 0 | 0 |
| 1 | 2 | 0 | 2 | 1 |
| 0 | 1 | 0 | 1 | 0 |

| 0 | 1 | 0 | 1 | 0 |
|---|---|---|---|---|
| 1 | 0 | 0 | 0 | 1 |
| 0 | 0 | 0 | 0 | 0 |
| 1 | 0 | 0 | 0 | 1 |
| 0 | 1 | 0 | 1 | 0 |

| 0 | 0 | 0 | 0 | 0 |
|---|---|---|---|---|
| 0 | 2 | 0 | 2 | 0 |
| 0 | 0 | 0 | 0 | 0 |
| 0 | 2 | 0 | 2 | 0 |
| 0 | 0 | 0 | 0 | 0 |

| $F_2:\log_{25}144=1.544$ | $ff:\log_{25}64=1.292$ | $fg:\log_{25}32=1.077$ |
|---|---|---|
| 144/625=0.23 | 64/625=0.102 | 32/625=0.051 |

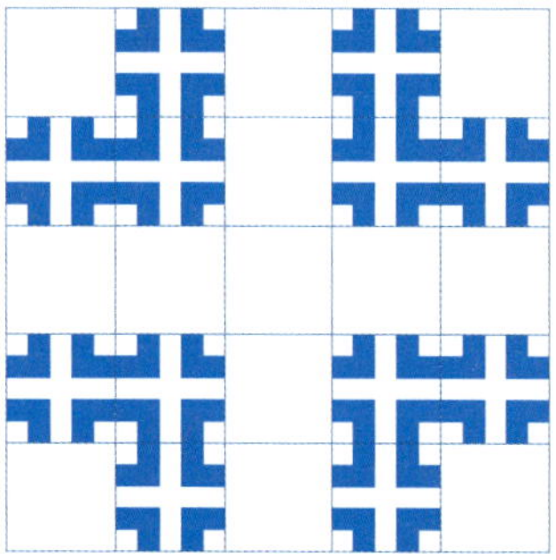

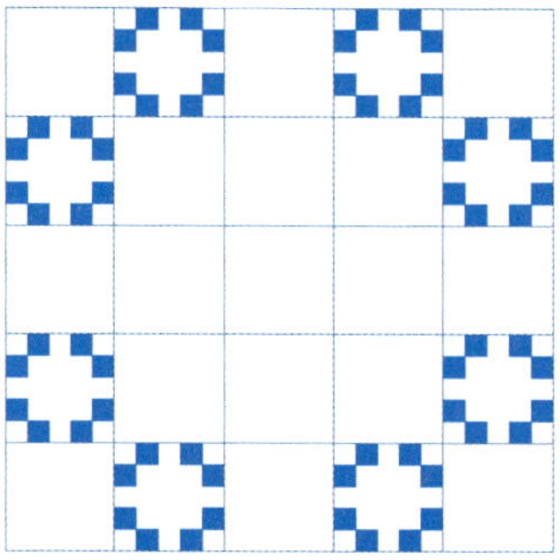

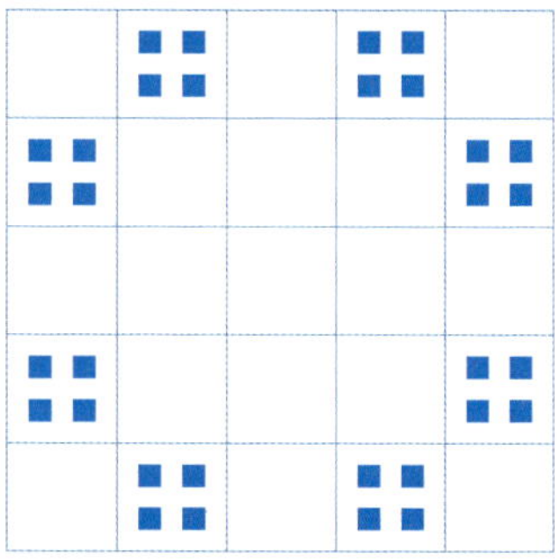

| | $gf:\log_{25}32=1.077$ | $gg:\log_{25}16=0.861$ |
|---|---|---|
| | 32/625=0.051 | 16/625=0.026 |

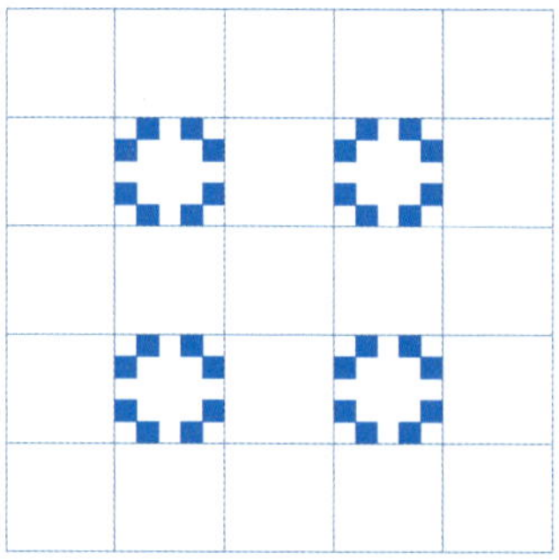

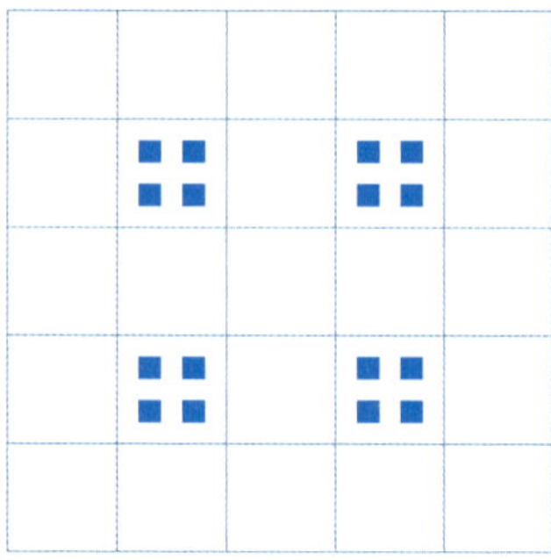

3단계 프랙탈 $F_3$을 살펴보자. $F_1$의 형태는 면적 점유률이 48%로 비교적 선명한 이미지를 얻을 수 있는 조형원리를 갖는다. 반면 $F_1$의 변형인 $f$는 라운드 형태, $g$는 중심에 위치한 균형 잡힌 형태로 이를 확장한 프랙탈은 색채 점유률이 낮기 때문에 가볍고 경쾌한 이미지를 보인다. 4단계 이상에서는 이미지가 점점 흐려질 것으로 예상되어 패턴화 한 옷감이나 벽지로 제작하기엔 부적합하다.

| $F_3:\log_{125}1728 = 1.544$ | $fff:\log_{125}512 = 1.292$ | $ffg:\log_{125}256 = 1.148$ |
|---|---|---|
| 1728/15625=0.111 | 512/15625=0.333 | 256/15625=0.016 |
| 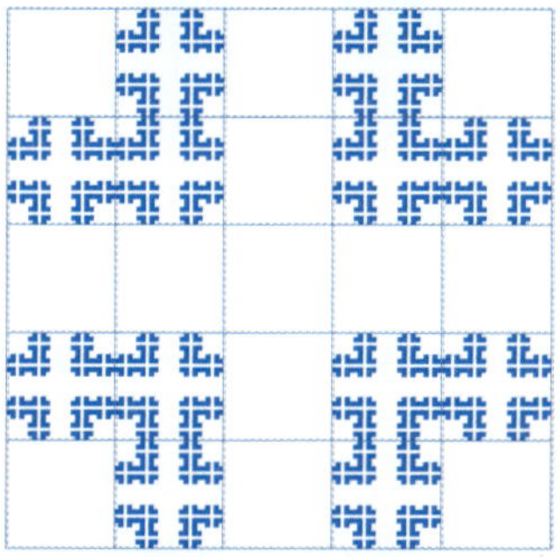 | 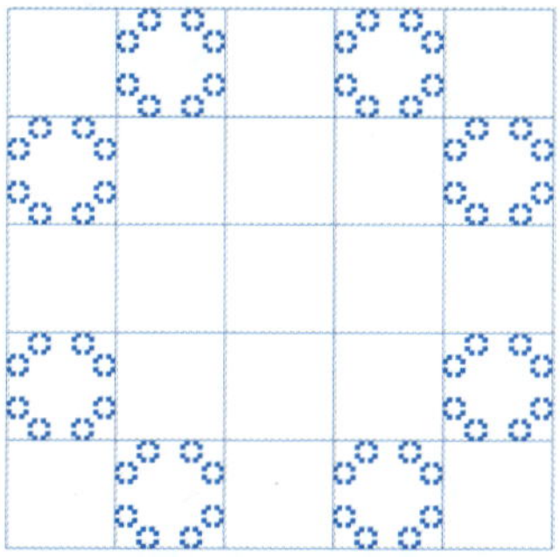 | 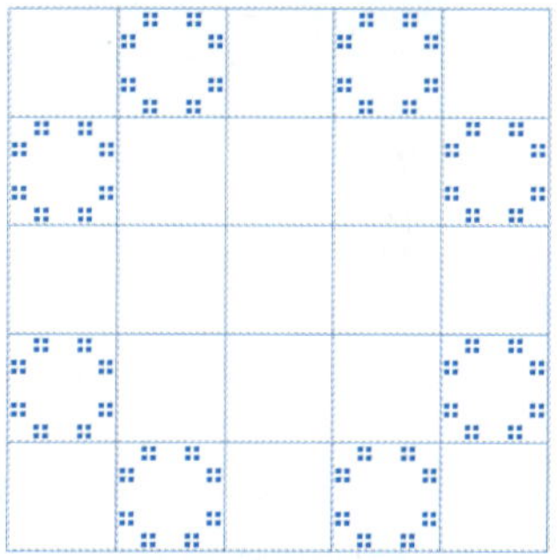 |
| $fgf:\log_{125}256 = 1.148$ | $fgg:\log_{125}128 = 1.005$ | $gff:\log_{125}256 = 1.148$ |
| 256/15625=0.016 | 128/15625=0.008 | 256/15625=0.016 |
| 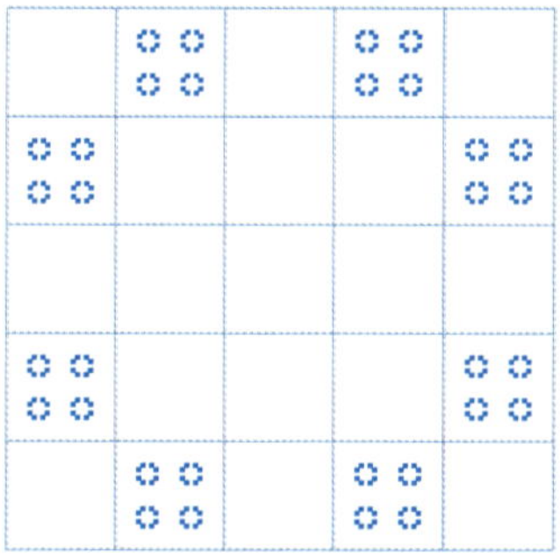 | 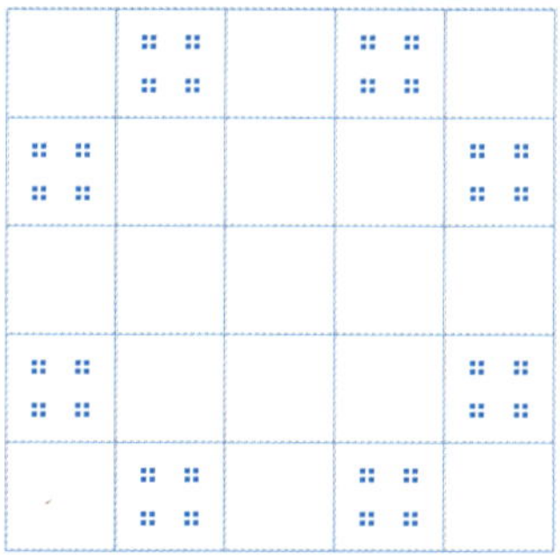 | 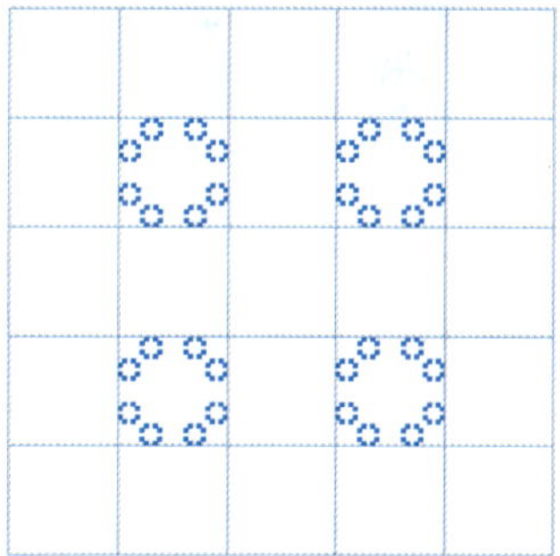 |
| $gfg:\log_{125}128 = 1.005$ | $ggf:\log_{125}128 = 1.005$ | $ggg:\log_{125}64 = 0.861$ |
| 128/15625=0.008 | 128/15625=0.008 | 64/15625=0.004 |
| 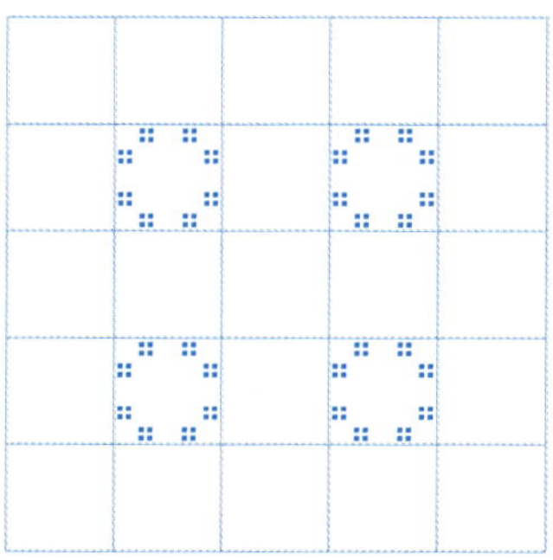 | 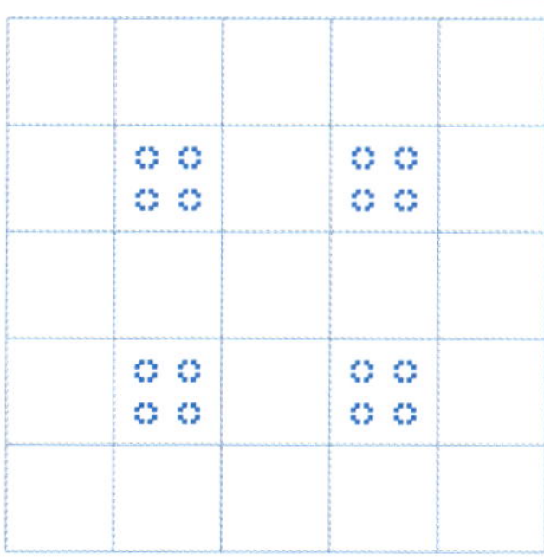 | 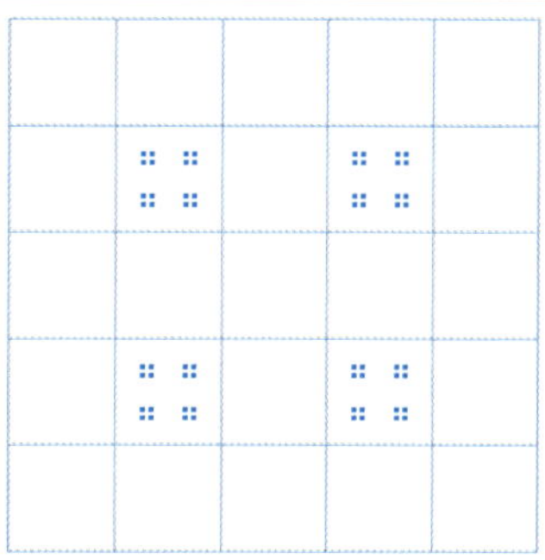 |

(4) 1단계 12개

변형(deformation)이란 여러 가지 형태의 느낌을 강하게 나타내기 위해서 주제의 특성을 간결하게 변형하는 것이다. $F_1$의 변형 이전의 형태에 대해 생각해 보자.

| $F_1 = f \cup g : \log_5 12 = 1.544$ | $f : \log_5 8 = 1.292$ | $g : \log_5 4 = 0.861$ |
|---|---|---|
| 12/25=0.48 | 8/25=0.32 | 4/25=0.16 |

$F_1$:

| | | | | |
|---|---|---|---|---|
| 0 | 1 | 0 | 0 | 0 |
| 0 | 2 | 1 | 2 | 1 |
| 0 | 1 | 0 | 1 | 0 |
| 1 | 2 | 1 | 2 | 0 |
| 0 | 0 | 0 | 1 | 0 |

$f$:

| | | | | |
|---|---|---|---|---|
| 0 | 1 | 0 | 0 | 0 |
| 0 | 0 | 1 | 0 | 1 |
| 0 | 1 | 0 | 1 | 0 |
| 1 | 0 | 1 | 0 | 0 |
| 0 | 0 | 0 | 1 | 0 |

$g$:

| | | | | |
|---|---|---|---|---|
| 0 | 0 | 0 | 0 | 0 |
| 0 | 2 | 0 | 2 | 0 |
| 0 | 0 | 0 | 0 | 0 |
| 0 | 2 | 0 | 2 | 0 |
| 0 | 0 | 0 | 0 | 0 |

| $F_2 : \log_{25} 144 = 1.544$ | $ff : \log_{25} 64 = 1.292$ | $fg : \log_{25} 32 = 1.077$ |
|---|---|---|
| 144/625=0.23 | 64/625=0.102 | 32/625=0.051 |

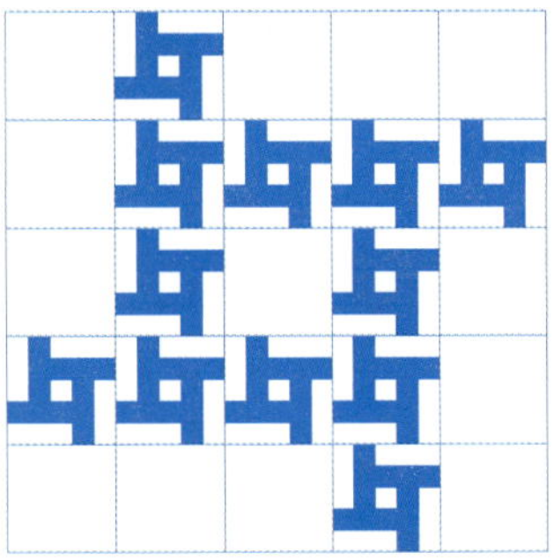

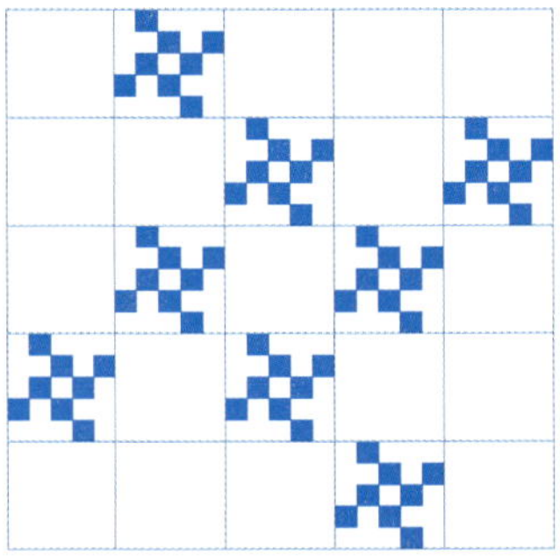

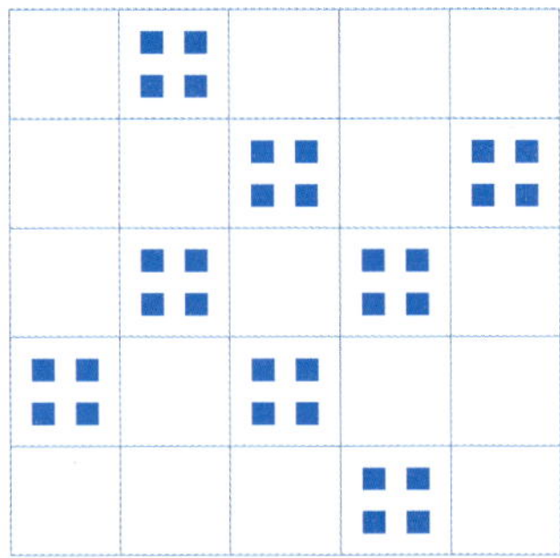

| | $gf : \log_{25} 32 = 1.077$ | $gg : \log_{25} 16 = 0.861$ |
|---|---|---|
| | 32/625=0.051 | 16/625=0.026 |

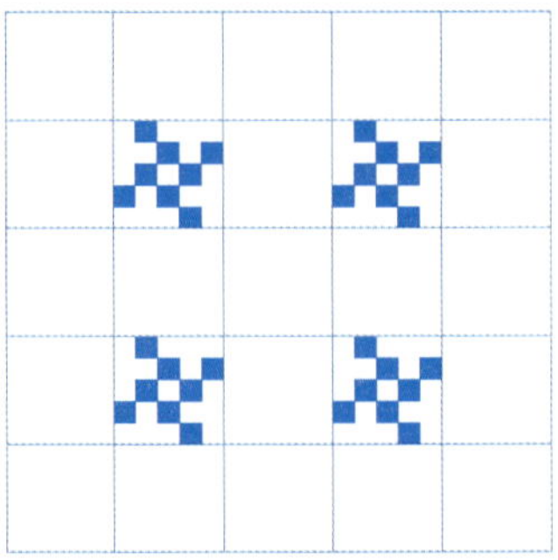

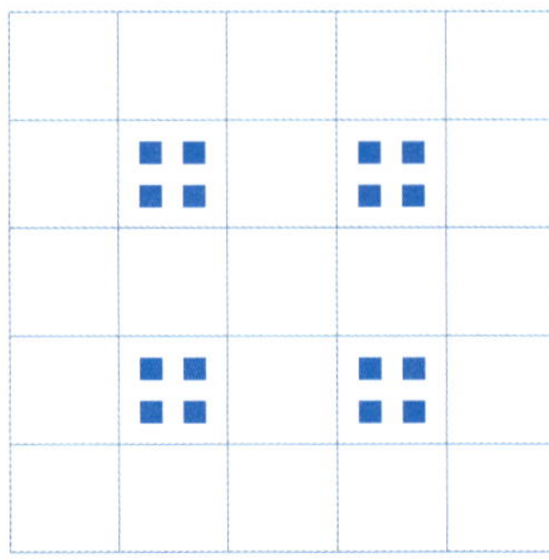

3단계 프래탈 $F_3$은 가로와 세로 모습에서 균형이 있으며 회전하는 동적 이미지를 갖고 있다. $fff$는 $ffg$보다 동적인 느낌이 강하다. $gfg$와 $ggf$은 확장 순서가 바뀌면서 색채 점유률이 달라져 통일감과 변화에 있어서 다른 느낌을 가지게 한다.

| $F_3 : \log_{125}1728 = 1.544$ | $fff : \log_{125}512 = 1.292$ | $ffg : \log_{125}256 = 1.148$ |
|---|---|---|
| 1728/15625=0.111 | 512/15625=0.333 | 256/15625=0.016 |
| 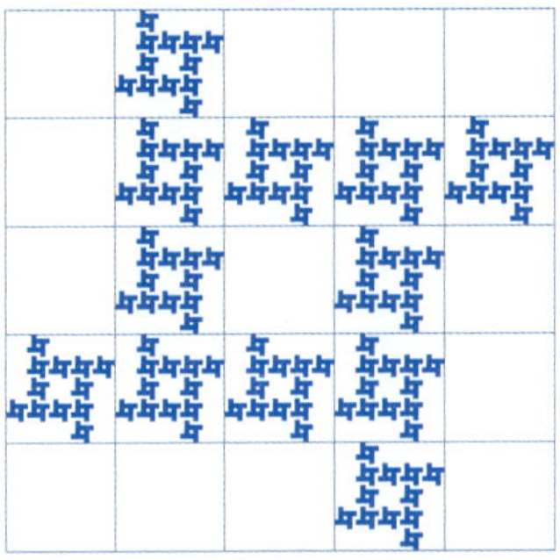 | 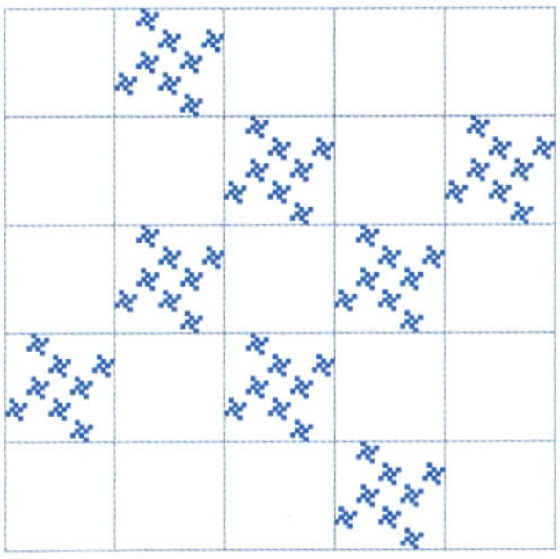 | 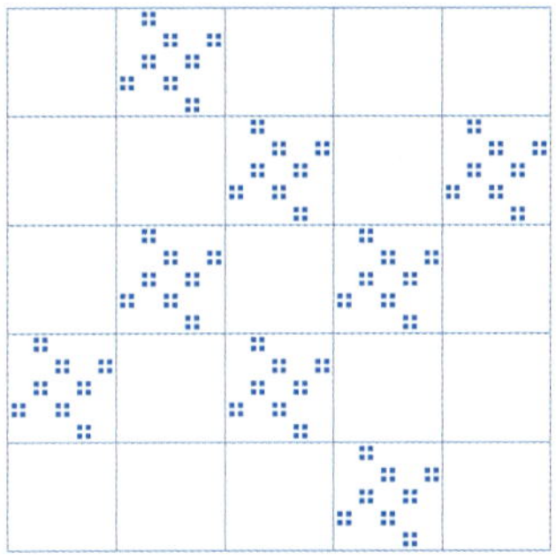 |
| $fgf : \log_{125}256 = 1.148$ | $fgg : \log_{125}128 = 1.005$ | $gff : \log_{125}256 = 1.148$ |
| 256/15625=0.016 | 128/15625=0.008 | 256/15625=0.016 |
| 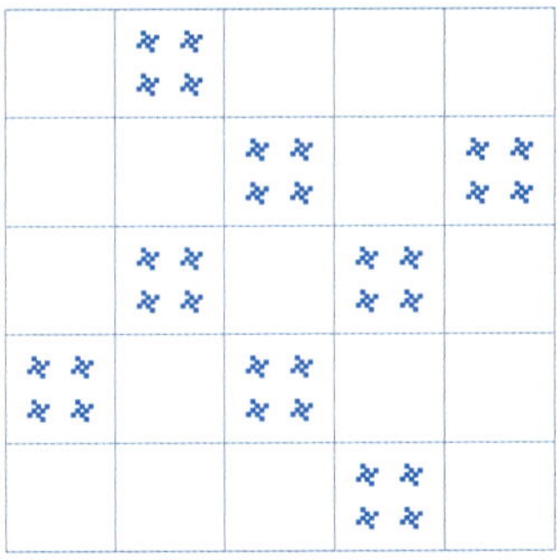 | 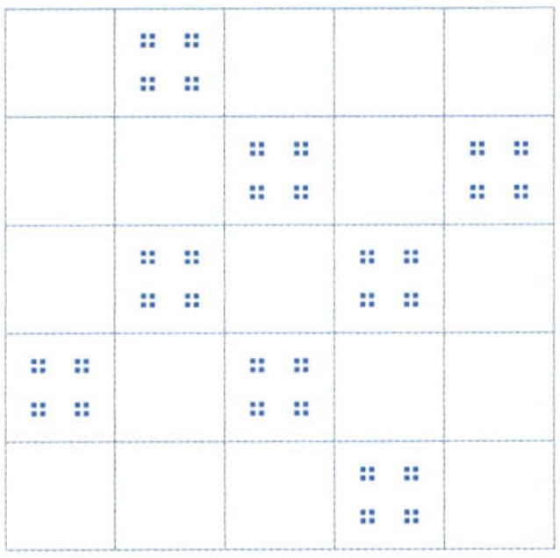 | 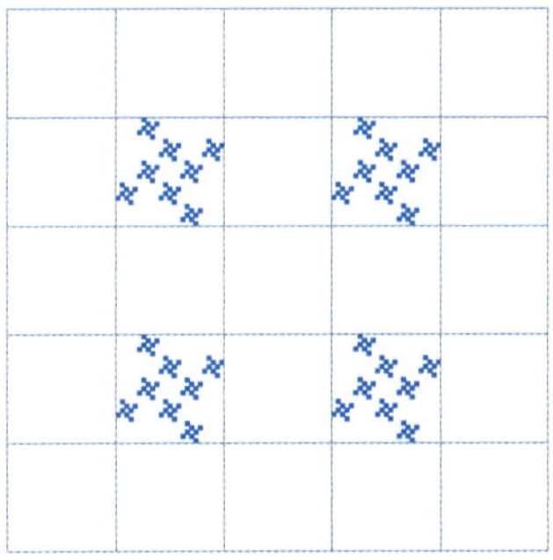 |
| $gfg : \log_{125}128 = 1.005$ | $ggf : \log_{125}128 = 1.005$ | $ggg : \log_{125}64 = 0.861$ |
| 128/15625=0.008 | 128/15625=0.008 | 64/15625=0.004 |
| 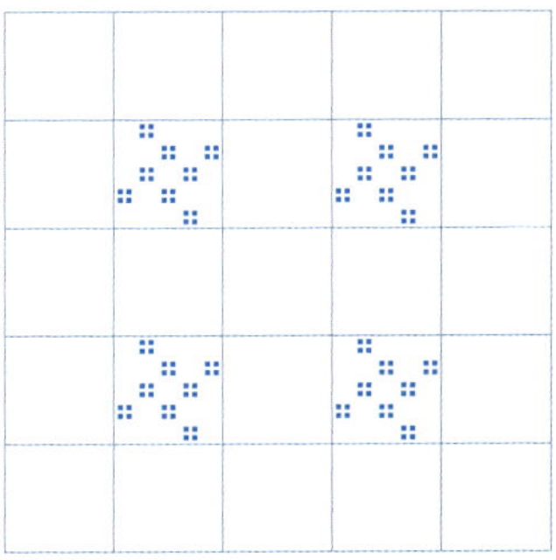 | 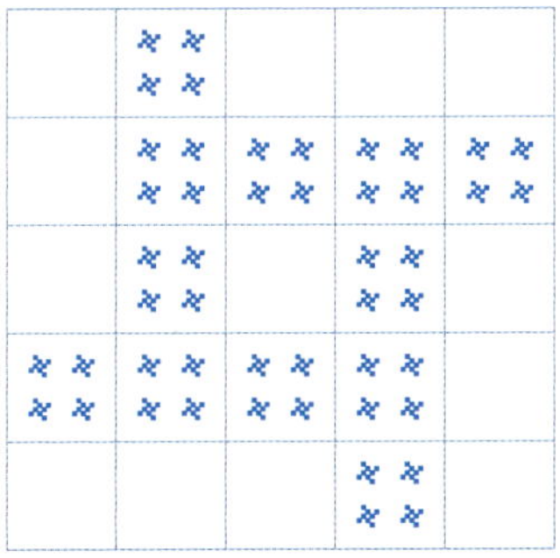 | 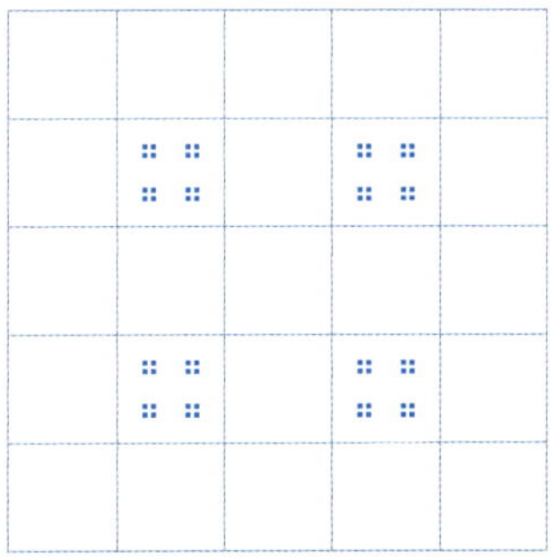 |

### (5) 1단계 13개

통일(unity)은 디자인의 구성 원리 중 가장 먼저 생각할 수 있다. 디자인의 구성에서 많은 요소들은 감정상의 경쟁을 한다. 감정상 가장 우세한 요소가 있음으로 대립은 해결되어 통일을 이룰 수 있다. $F_1$에서 통일에 대해 생각해보자.

| $F_1 = f \cup g : \log_5 13 = 1.594$ | $f : \log_5 9 = 1.365$ | $g : \log_5 4 = 0.861$ |
|---|---|---|
| 13/25=0.52 | 9/25=0.36 | 4/25=0.16 |

$F_1$:

| | | | | |
|---|---|---|---|---|
| 0 | 0 | 1 | 0 | 0 |
| 0 | 1 | 2 | 1 | 0 |
| 1 | 2 | 1 | 2 | 1 |
| 0 | 1 | 2 | 1 | 0 |
| 0 | 0 | 1 | 0 | 0 |

$f$:

| | | | | |
|---|---|---|---|---|
| 0 | 0 | 1 | 0 | 0 |
| 0 | 1 | 0 | 1 | 0 |
| 1 | 0 | 1 | 0 | 1 |
| 0 | 1 | 0 | 1 | 0 |
| 0 | 0 | 1 | 0 | 0 |

$g$:

| | | | | |
|---|---|---|---|---|
| 0 | 0 | 0 | 0 | 0 |
| 0 | 0 | 2 | 0 | 0 |
| 0 | 2 | 0 | 2 | 0 |
| 0 | 0 | 2 | 0 | 0 |
| 0 | 0 | 0 | 0 | 0 |

| $F_2 : \log_{25} 169 = 1.6$ | $ff : \log_{25} 81 = 1.365$ | $fg : \log_{25} 36 = 1.113$ |
|---|---|---|
| 169/625=0.27 | 81/625=0.13 | 36/625=0.058 |
|  | 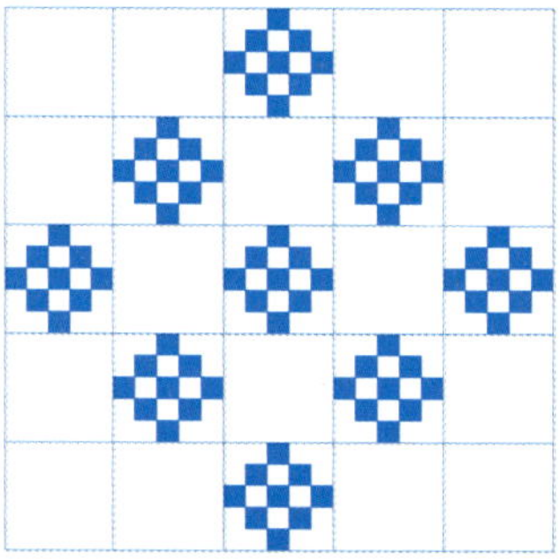 | 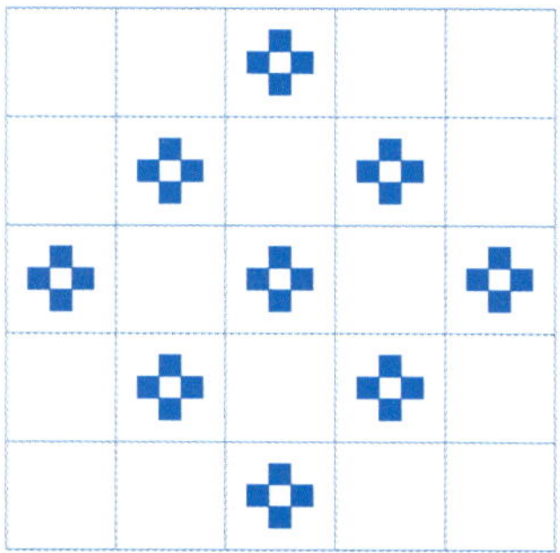 |

| | $gf : \log_{25} 36 = 1.113$ | $gg : \log_{25} 16 = 0.861$ |
|---|---|---|
| | 36/625=0.058 | 16/625=0.026 |
| | 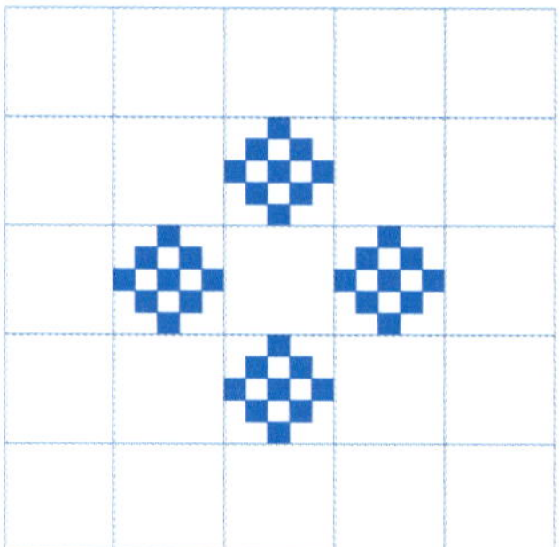 | 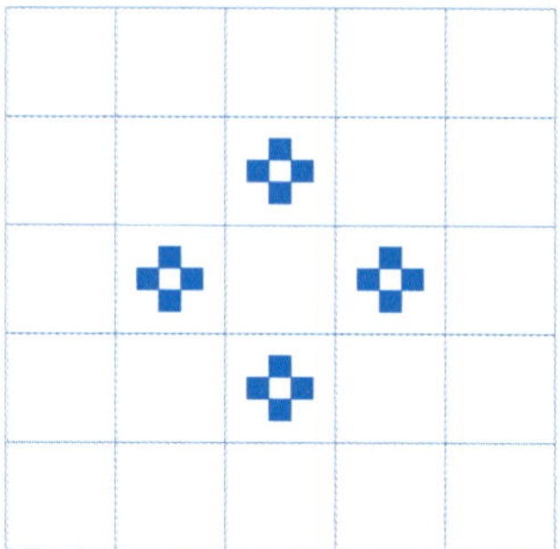 |

3단계 프랙탈 $F_3$는 다른 프랙탈에 비해 탄탄한 구조로 고귀하며 웅장한 느낌을 준다. $fff$ 프랙탈은 논리적인 리듬감을 가지고 공간을 적절하게 차지하여 안정감을 준다. 반면 $ffg$는 같은 도형을 반복하여 균일한 밀도로 평면을 채우고 있으나 전체적으로 분산된 느낌이다. $ggg$를 비롯해 $g$의 변환으로 진행한 프랙탈은 색채 점유율이 낮아 이미지가 뚜렷하지 못하여 4단계 이상의 표현은 디자인을 비롯한 미적 표현에서 자칫 무의미해질 수 있다.

$F_3 : \log_{125}2197 = 1.594$

2197/15625=0.141

$fff : \log_{125}728 = 1.365$

728/15625=0.047

$ffg : \log_{125}324 = 1.197$

324/15625=0.021

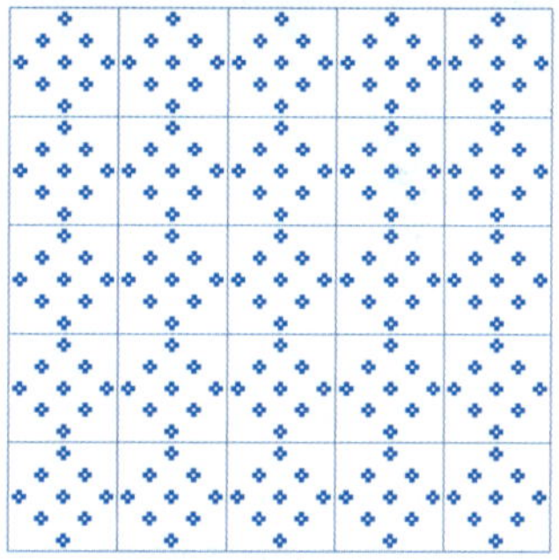

$fgf : \log_{125}324 = 1.197$

324/15625=0.021

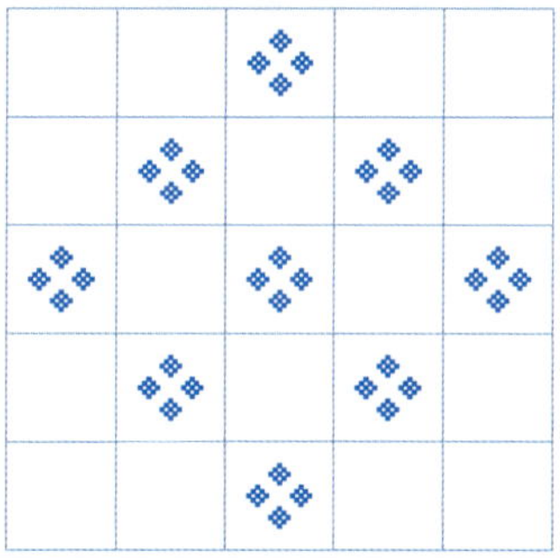

$fgg : \log_{125}144 = 1.029$

144/15625=0.009

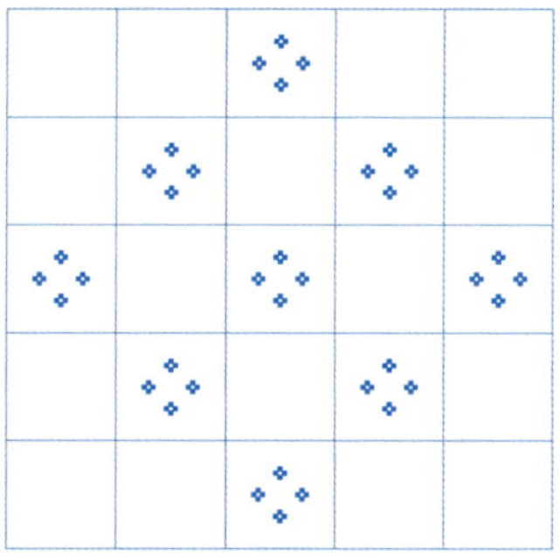

$gff : \log_{125}324 = 1.197$

324/15625=0.021

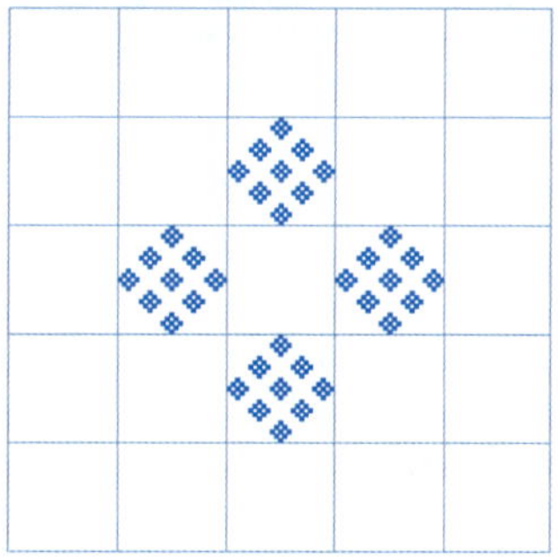

$gfg : \log_{125}144 = 1.029$

144/15625=0.009

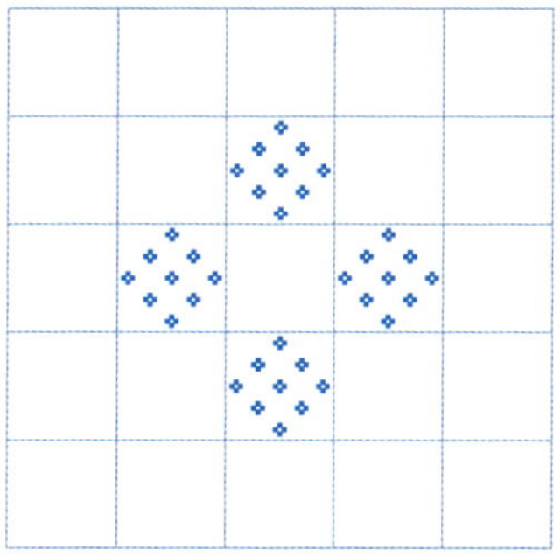

$ggf : \log_{125}468 = 1.273$

468/15625=0.03

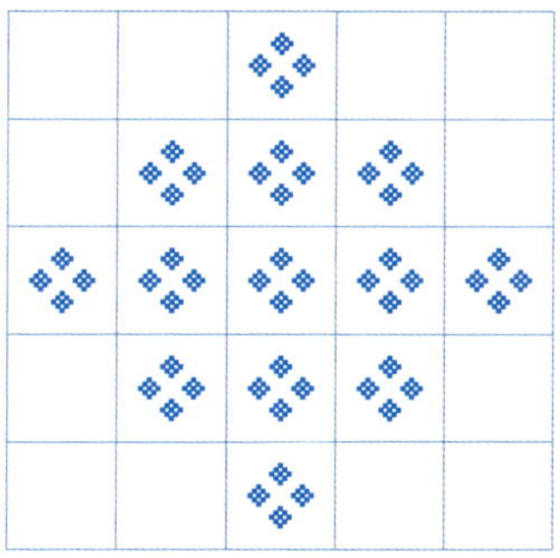

$ggg : \log_{125}64 = 0.861$

64/15625=0.004

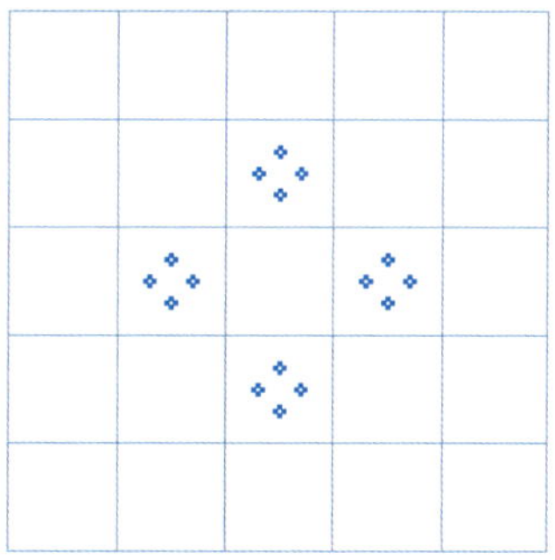

(6) 1단계 16개

$F_1$의 변형인 $f$는 분산된 형태라 뚜렷한 이미지 전달력이 떨어지며 $g$는 가운데에 위치한 균형 잡힌 십자 형태로 안정감을 준다.

| $F_1 = f \cup g : \log_5 16 = 1.723$ | $f : \log_5 8 = 1.292$ | $g : \log_5 8 = 1.292$ |
|---|---|---|
| 16/25=0.52 | 8/25=0.32 | 8/25=0.32 |

$F_1$:

| | | | | |
|---|---|---|---|---|
| 1 | 0 | 2 | 1 | 1 |
| 1 | 0 | 2 | 0 | 0 |
| 2 | 2 | 0 | 2 | 2 |
| 0 | 0 | 2 | 0 | 1 |
| 1 | 1 | 2 | 0 | 1 |

$f$:

| | | | | |
|---|---|---|---|---|
| 1 | 0 | 0 | 1 | 1 |
| 1 | 0 | 0 | 0 | 0 |
| 0 | 0 | 0 | 0 | 0 |
| 0 | 0 | 0 | 0 | 1 |
| 1 | 1 | 0 | 0 | 1 |

$g$:

| | | | | |
|---|---|---|---|---|
| 0 | 0 | 2 | 0 | 0 |
| 0 | 0 | 2 | 0 | 0 |
| 2 | 2 | 0 | 2 | 2 |
| 0 | 0 | 2 | 0 | 0 |
| 0 | 0 | 2 | 0 | 0 |

| $F_2 : \log_{25} 256 = 1.723$ | $ff : \log_{25} 64 = 1.292$ | $fg : \log_{25} 64 = 1.292$ |
|---|---|---|
| 256/625=0.41 | 64/625=0.102 | 64/625=0.102 |

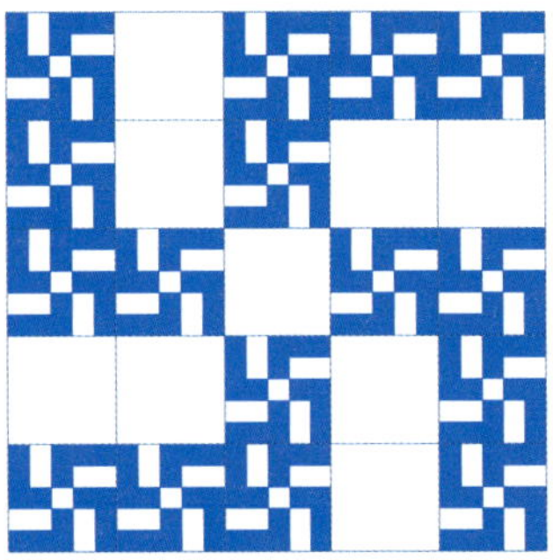

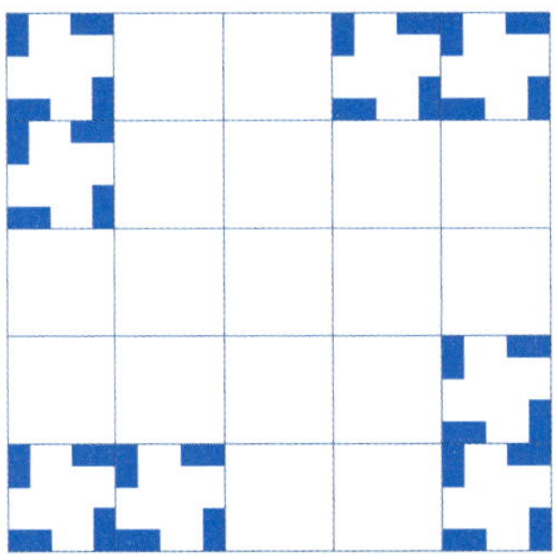

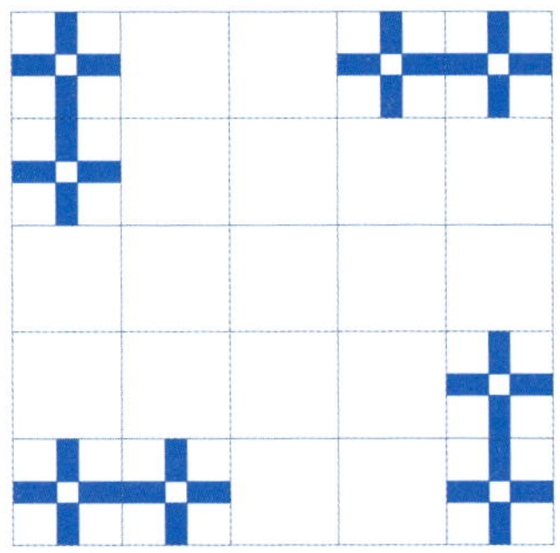

| | $gf : \log_{25} 64 = 1.292$ | $gg : \log_{25} 64 = 1.292$ |
|---|---|---|
| | 64/625=0.102 | 64/625=0.102 |

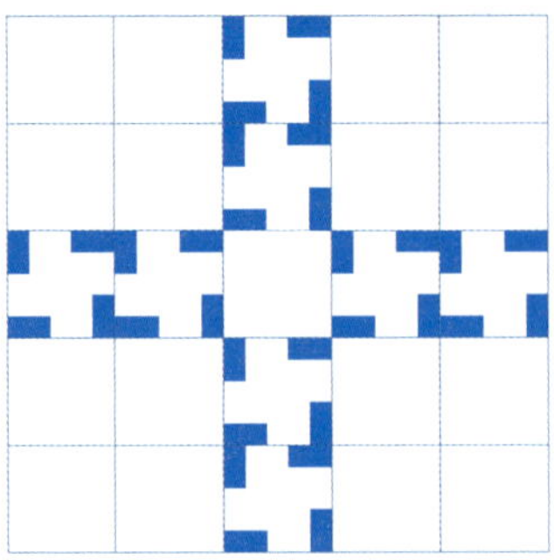

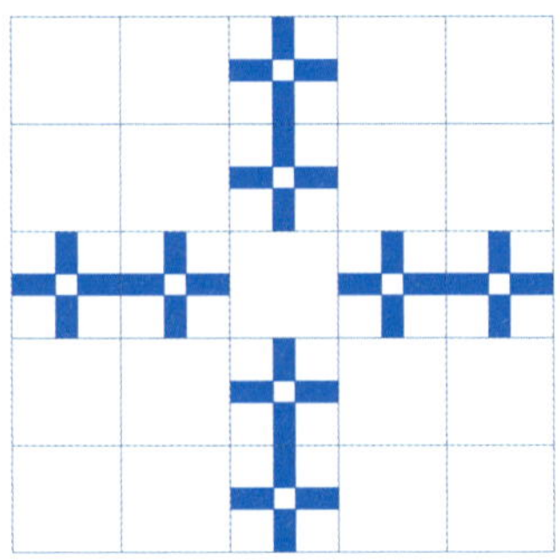

3단계 프랙탈 $F_3$는 거인의 몸짓이다. 거대한 기계가 육중한 몸체를 움직이는 듯한 느낌을 가지게 한다. $F_1$의 변형인 $f$의 변환은 분산되어 보여 통일과 집중감 표현에 어려움이 있는 반면 $g$는 가로 세로의 탄탄한 구조와 시선을 끄는 집중감이 있다. $g$의 변환으로 진행한 프랙탈은 십자가 형태로 통일감이 있다. $gff$는 십자수를 보는 듯 여리고 부드러운 여성적인 느낌이 강하며 이방연속무늬 패턴으로 간결하게 옷소매나 네크라인 같은 가장자리 장식에 어울린다.

| $F_3 : \log_{125} 4096 = 1.723$ | $fff : \log_{125} 512 = 1.292$ | $ffg : \log_{125} 512 = 1.292$ |
|---|---|---|
| 4096/15625=0.262 | 512/15625=0.033 | 512/15625=0.033 |
| 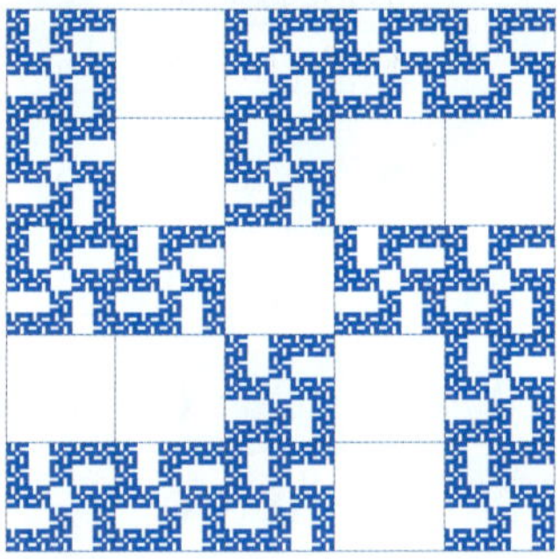 | 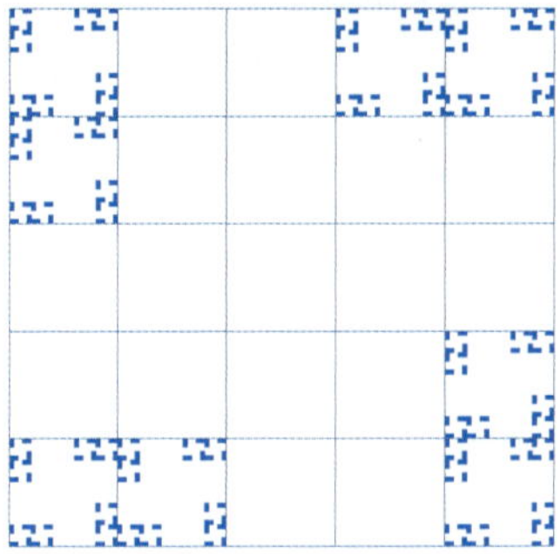 | 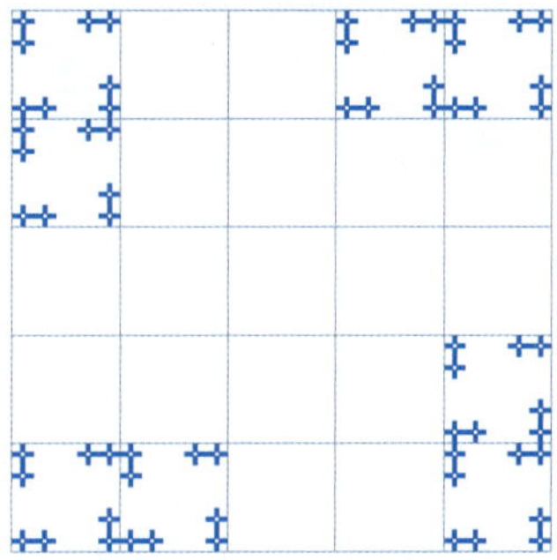 |
| $fgf : \log_{125} 512 = 1.292$ | $fgg : \log_{125} 512 = 1.292$ | $gff : \log_{125} 512 = 1.292$ |
| 512/15625=0.033 | 512/15625=0.033 | 512/15625=0.033 |
| 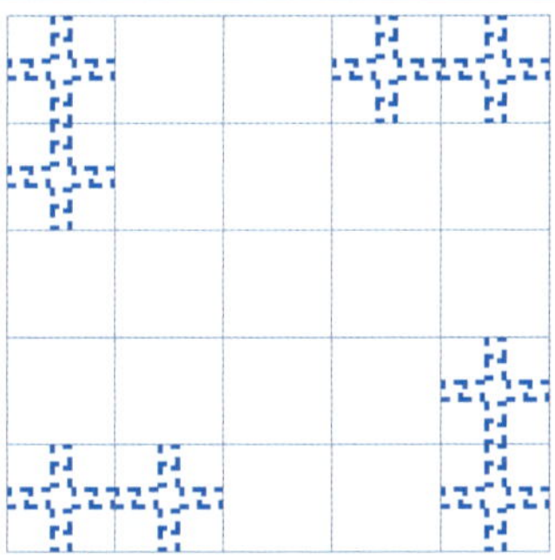 | 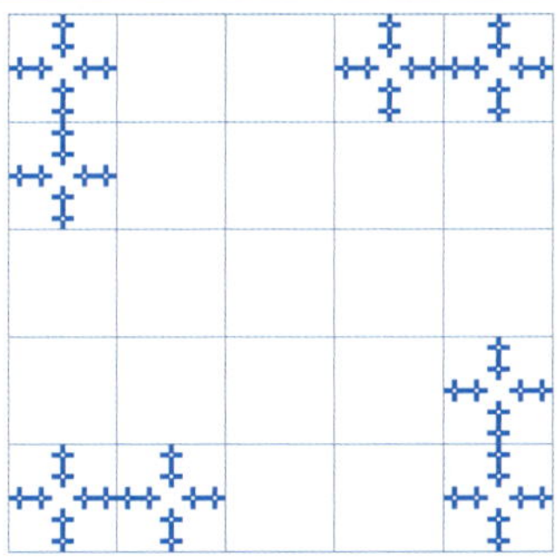 | 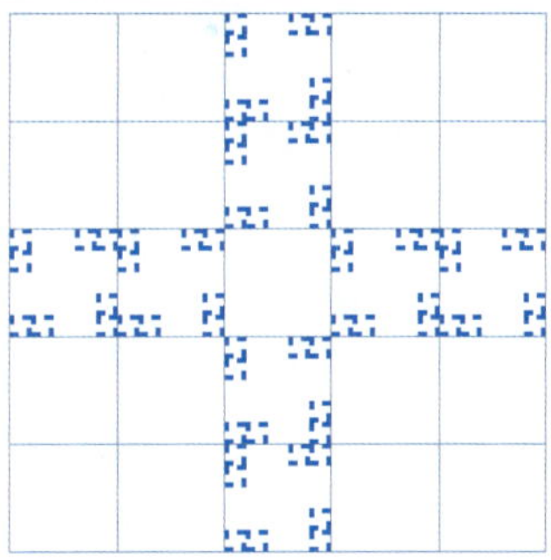 |
| $gfg : \log_{125} 512 = 1.292$ | $ggf : \log_{125} 512 = 1.292$ | $ggg : \log_{125} 512 = 1.292$ |
| 512/15625=0.033 | 512/15625=0.033 | 512/15625=0.033 |
| 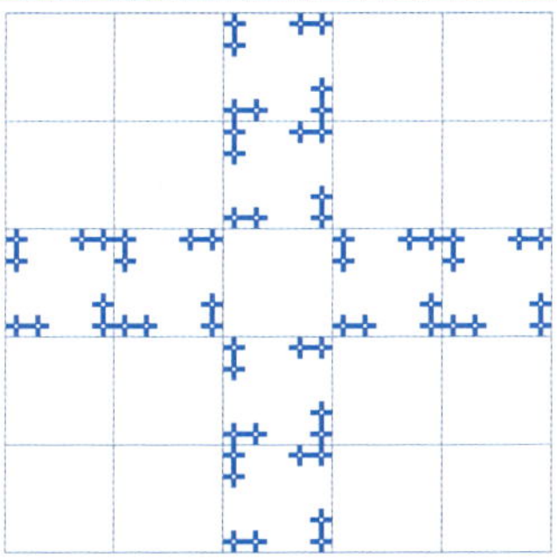 | 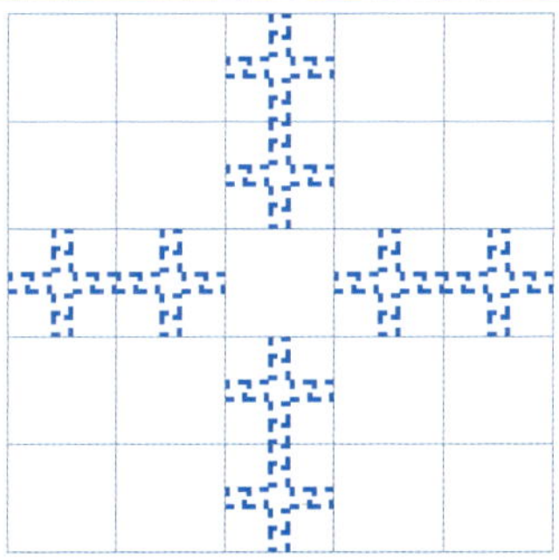 | 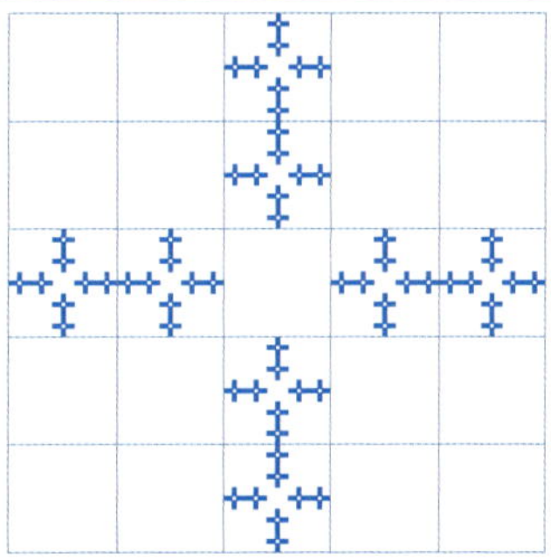 |

### (7) 1단계 16개

$F_2$는 구조가 안정적이고 색채 점유률이 높아 견고한 느낌을 준다. 이는 네 개의 모퉁이가 안정적으로 막혀있고 중심과 주변이 긴밀하게 연관되어 있어 꽉 짜여진 구조로 경직된 느낌을 주기 때문이다. $F_1$의 변형인 $f$의 조형원리는 둥근 라운드의 형태이고, $g$는 $F_1$과 다소 유사한 느낌이지만 중심과 주변이 분리되어 주객이 분명해 보인다.

$F_1 : \log_5 16 = 1.723$

16/25=0.52

| | | | | |
|---|---|---|---|---|
| 2 | 1 | 0 | 1 | 2 |
| 1 | 0 | 2 | 0 | 1 |
| 0 | 2 | 0 | 2 | 0 |
| 1 | 0 | 2 | 0 | 1 |
| 2 | 1 | 0 | 1 | 2 |

$f : \log_5 8 = 1.292$

8/25=0.32

| | | | | |
|---|---|---|---|---|
| 0 | 1 | 0 | 1 | 0 |
| 1 | 0 | 0 | 0 | 1 |
| 0 | 0 | 0 | 0 | 0 |
| 1 | 0 | 0 | 0 | 1 |
| 0 | 1 | 0 | 1 | 0 |

$g : \log_5 8 = 1.292$

8/25=0.32

| | | | | |
|---|---|---|---|---|
| 2 | 0 | 0 | 0 | 2 |
| 0 | 0 | 2 | 0 | 0 |
| 0 | 2 | 0 | 2 | 0 |
| 0 | 0 | 2 | 0 | 0 |
| 2 | 0 | 0 | 0 | 2 |

$F_2 : \log_{25} 256 = 1.723$

256/625=0.41

$ff : \log_{25} 64 = 1.292$

64/625=0.102

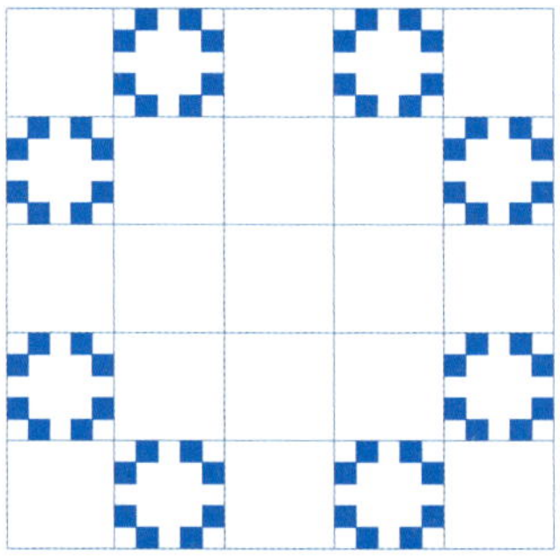

$fg : \log_{25} 64 = 1.292$

64/625=0.102

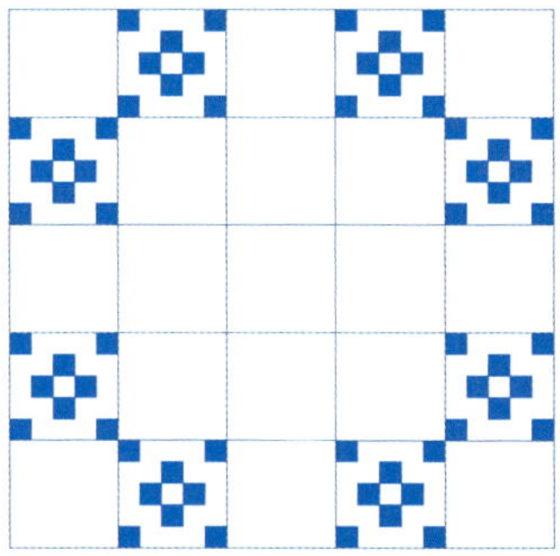

$gf : \log_{25} 64 = 1.292$

64/625=0.102

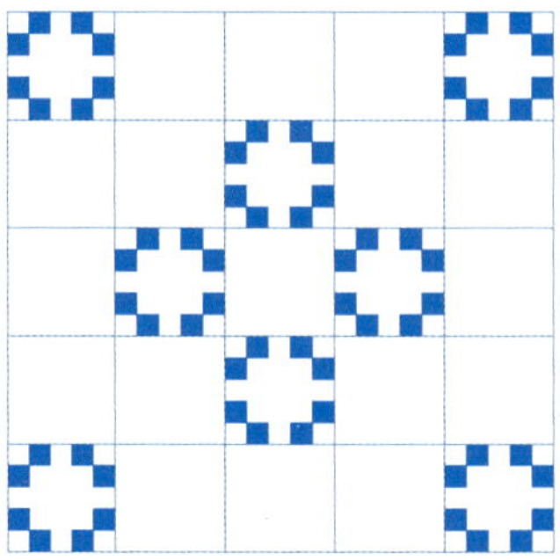

$gg : \log_{25} 64 = 1.292$

64/625=0.102

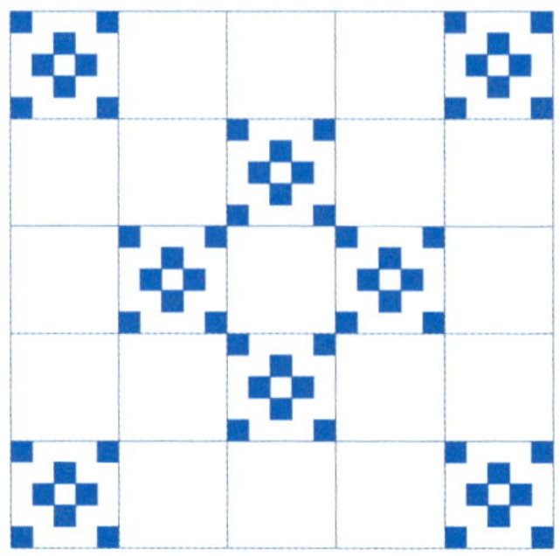

3단계 프랙탈 $F_3$는 네 모퉁이를 모두 채우고 있는 견고한 구조로 중심과 주변이 분리된 듯 하면서도 서로 연관이 있는 $F_1$의 구조를 갖고 있다. 따라서 기하학적 도형과 추상적 도상으로 독특한 아름다움을 표현하는 이슬람의 아라베스크 문양을 떠올리게 만든다. 아라베스크 문양은 그들의 신 알라와 이슬람교의 교주 마호메트의 재현을 허락하지 않는 종교적 특성 상 인간이 도달하기 힘든 불가사의 한 신의 세계를 그들만의 독특한 미의식으로 내세에 구현한 것이다.

| $F_3 : \log_{125}4096 = 1.723$ | $fff : \log_{125}512 = 1.292$ | $ffg : \log_{125}512 = 1.292$ |
|---|---|---|
| 4096/15625=0.262 | 512/15625=0.033 | 512/15625=0.033 |
|  | 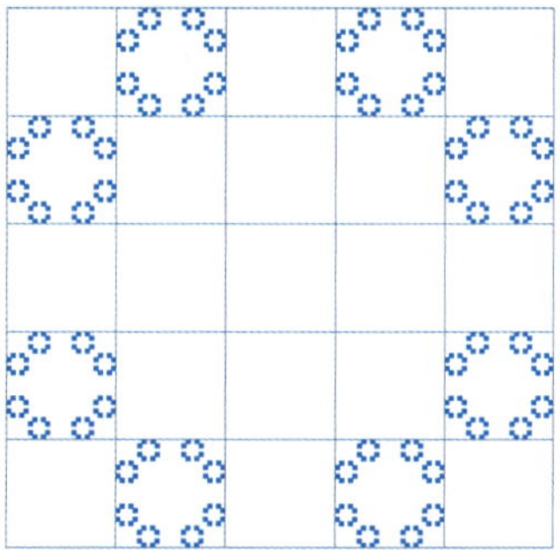 | 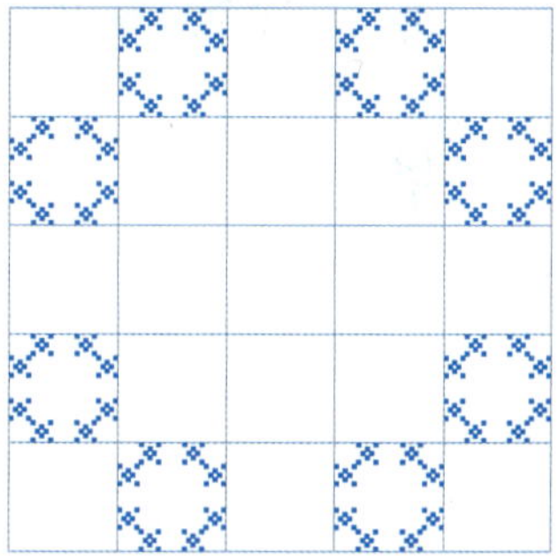 |
| $fgf : \log_{125}512 = 1.292$ | $fgg : \log_{125}512 = 1.292$ | $gff : \log_{125}512 = 1.292$ |
| 512/15625=0.033 | 512/15625=0.033 | 512/15625=0.033 |
| 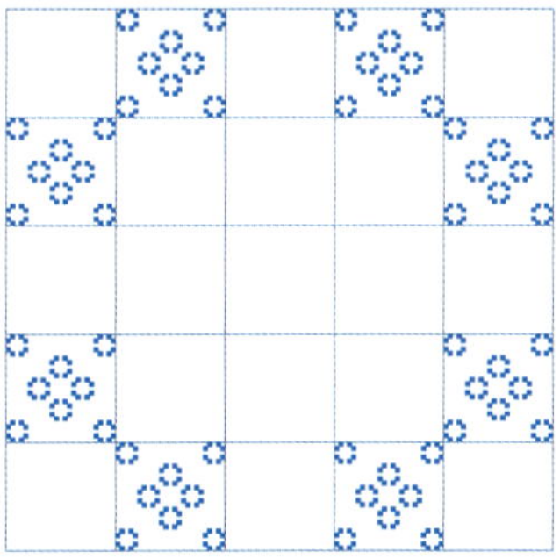 | 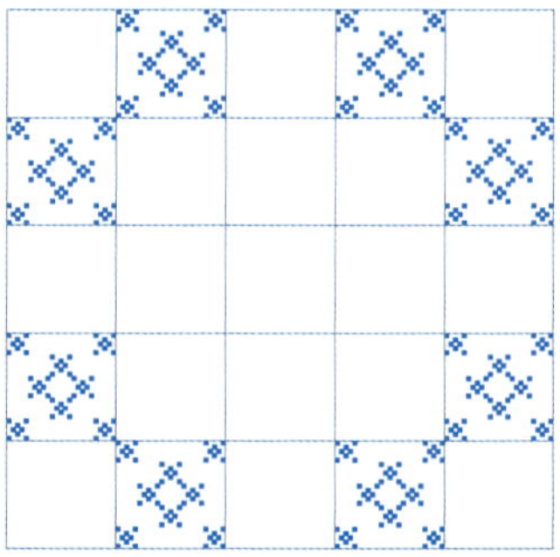 | 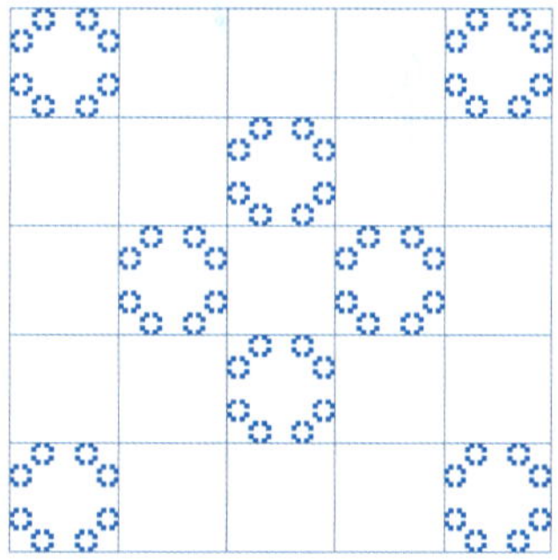 |
| $gfg : \log_{125}512 = 1.292$ | $ggf : \log_{125}512 = 1.292$ | $ggg : \log_{125}512 = 1.292$ |
| 512/15625=0.033 | 512/15625=0.033 | 512/15625=0.033 |
| 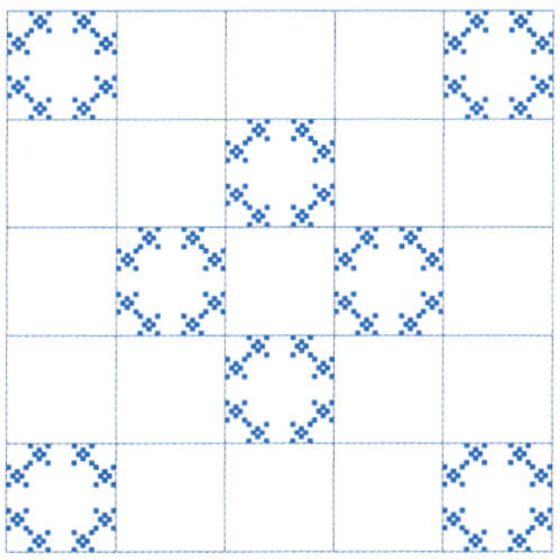 | 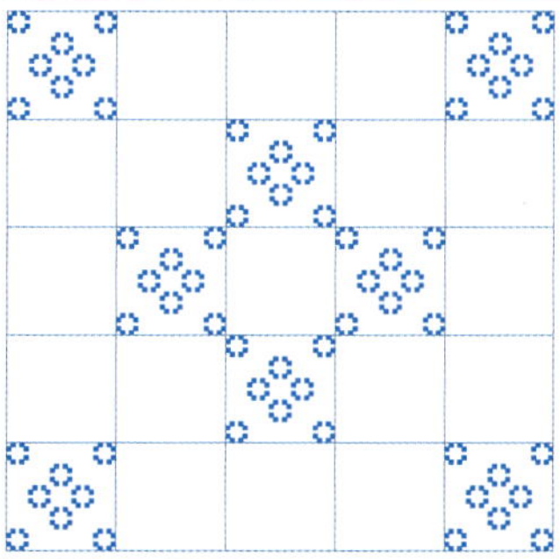 | 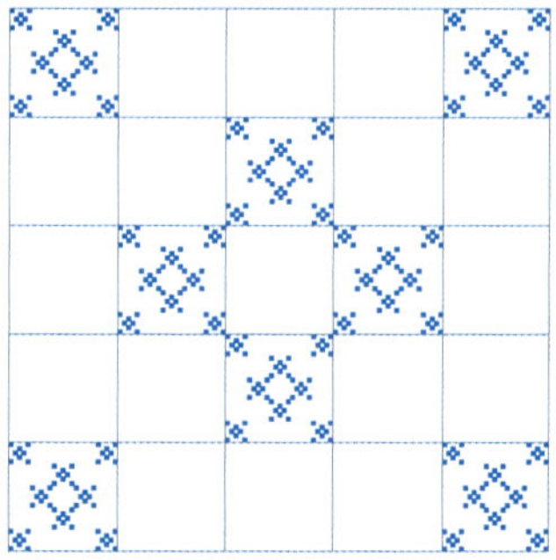 |

# 4 6×6 곱셈 프랙탈 분할

## 1. 두 개의 프랙탈로 분할

### (1) 1단계 8개

1단계 프랙탈 $F_1$는 중심이 비어있어 시선을 집중시키기에 미흡하며, 색칠 부분은 연결된 부분 없이 모두 떨어져 분산 배치된 구조를 가졌으므로 뚜렷한 이미지 전달에 어려움이 있다.

| $F_1 = f \cup g : \log_6 8 = 1.161$ | $f : \log_6 4 = 0.774$ | $g : \log_6 4 = 0.774$ |
|---|---|---|
| 8/36=0.222 | 4/36=0.111 | 4/36=0.111 |

$F_1$:

| 0 | 2 | 0 | 0 | 0 | 0 |
|---|---|---|---|---|---|
| 0 | 0 | 1 | 0 | 0 | 2 |
| 0 | 0 | 0 | 0 | 1 | 0 |
| 0 | 1 | 0 | 0 | 0 | 0 |
| 2 | 0 | 0 | 1 | 0 | 0 |
| 0 | 0 | 0 | 0 | 2 | 0 |

$f$:

| 0 | 0 | 0 | 0 | 0 | 0 |
|---|---|---|---|---|---|
| 0 | 0 | 1 | 0 | 0 | 0 |
| 0 | 0 | 0 | 0 | 1 | 0 |
| 0 | 1 | 0 | 0 | 0 | 0 |
| 0 | 0 | 0 | 1 | 0 | 0 |
| 0 | 0 | 0 | 0 | 0 | 0 |

$g$:

| 0 | 2 | 0 | 0 | 0 | 0 |
|---|---|---|---|---|---|
| 0 | 0 | 0 | 0 | 0 | 2 |
| 0 | 0 | 0 | 0 | 0 | 0 |
| 0 | 0 | 0 | 0 | 0 | 0 |
| 2 | 0 | 0 | 0 | 0 | 0 |
| 0 | 0 | 0 | 0 | 2 | 0 |

| $F_2 : \log_{36} 64 = 1.161$ | $ff : \log_{36} 16 = 0.774$ | $fg : \log_{36} 16 = 0.774$ |
|---|---|---|
| 64/1296=0.049 | 16/1296=0.012 | 16/1296=0.012 |

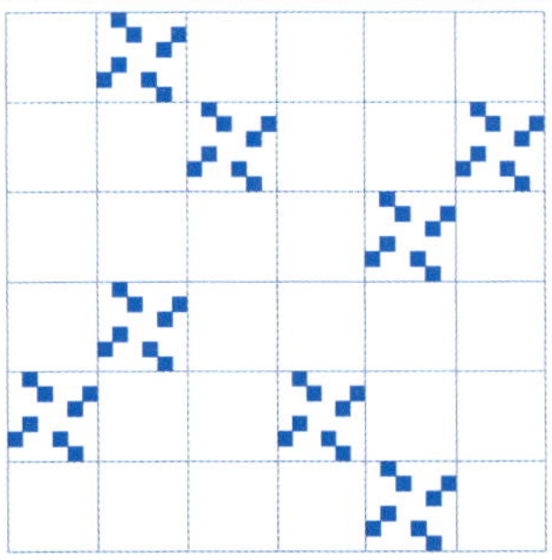

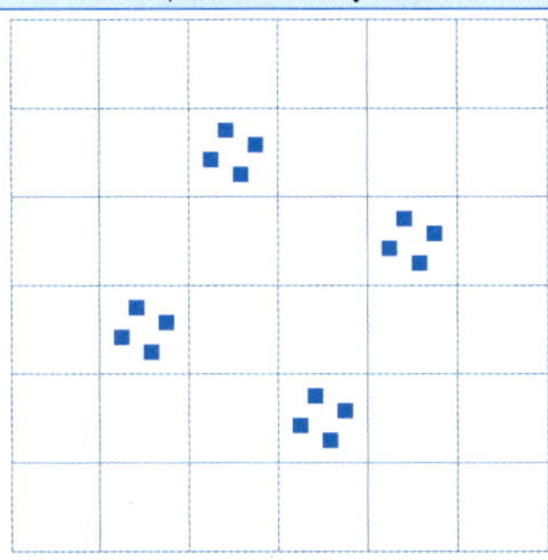

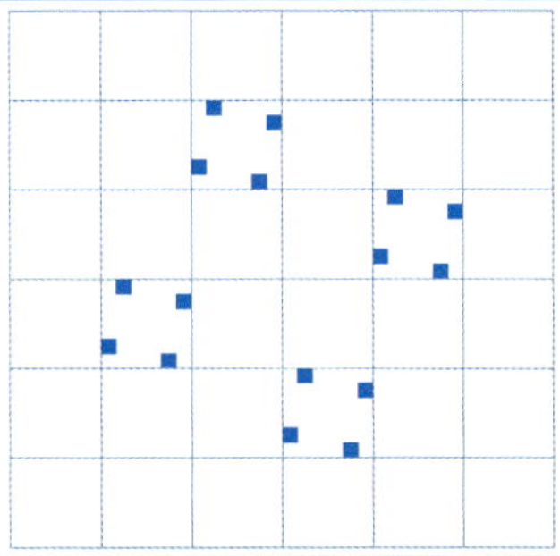

| $F_3 : \log_{216} 512 = 1.161$ | $gf : \log_{36} 16 = 0.774$ | $gg : \log_{36} 16 = 0.774$ |
|---|---|---|
| 512/46656=0.011 | 16/1296=0.012 | 16/1296=0.012 |

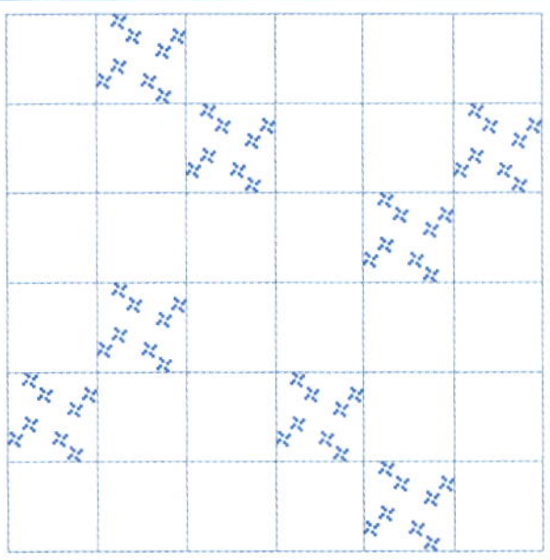

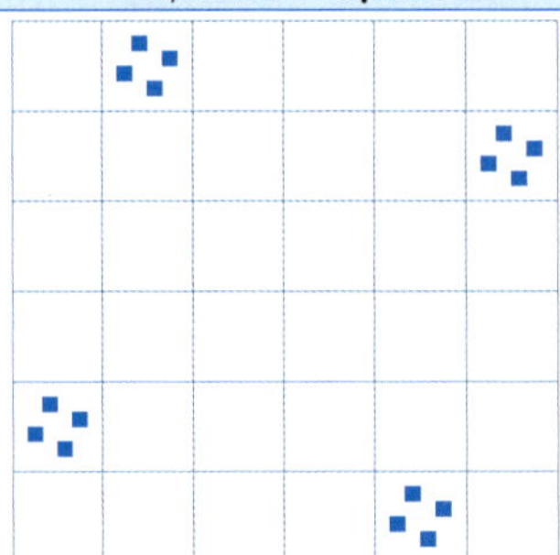

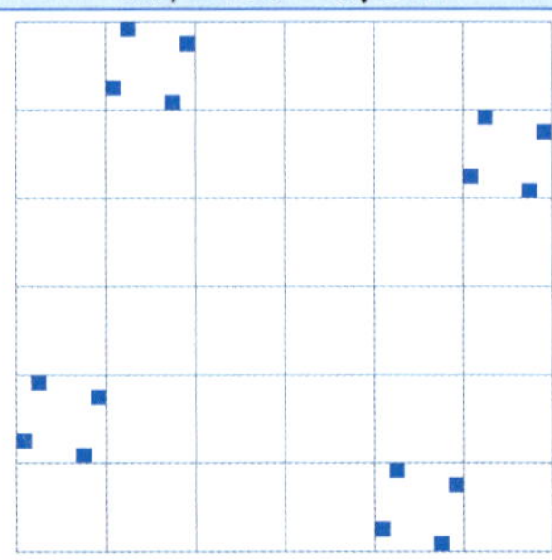

디자이너는 예술가이자 기술자 이어야 한다. 그들은 산업에서 생산성의 향상이나, 제품에서의 기술 개발까지 관심을 갖는다. 디자이너는 제품의 기능성, 편이성, 심미성, 경제성에 대한 고민으로 많은 시간을 보내야 하며 디자인과 기술 개발, 예술을 산업으로 만드는 능력을 길러야 한다.

| $fff:\log_{216}64=0.774$ | $ffg:\log_{216}64=0.774$ |
|---|---|
| 64/46656=0.001 | 64/46656=0.001 |
| 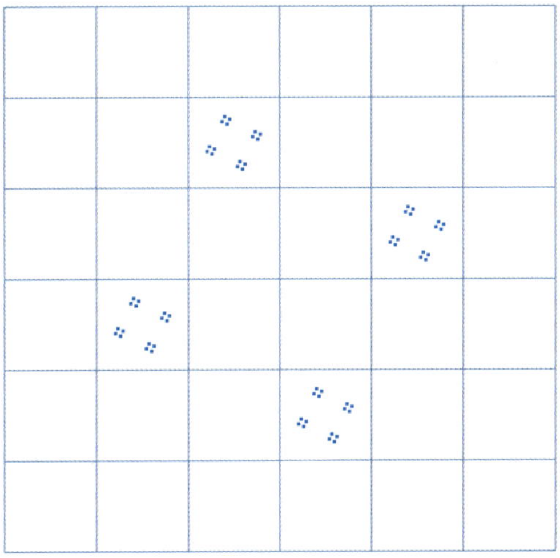 | 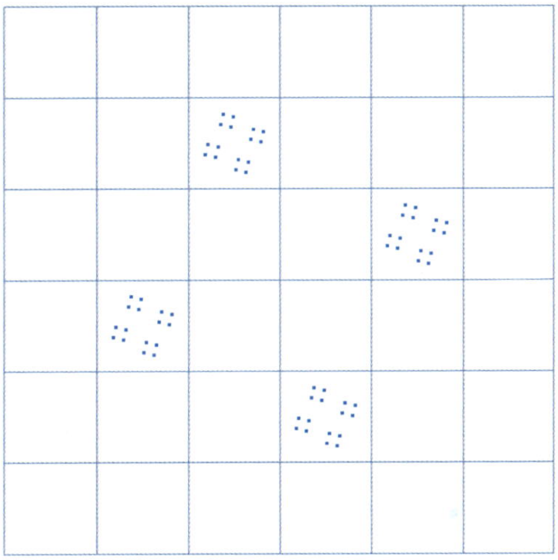 |
| $fgf:\log_{216}64=0.774$ | $fgg:\log_{216}64=0.774$ |
| 64/46656=0.001 | 64/46656=0.001 |
| 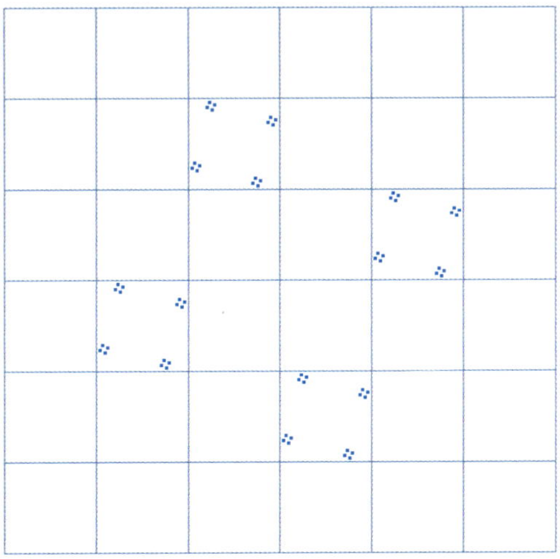 | 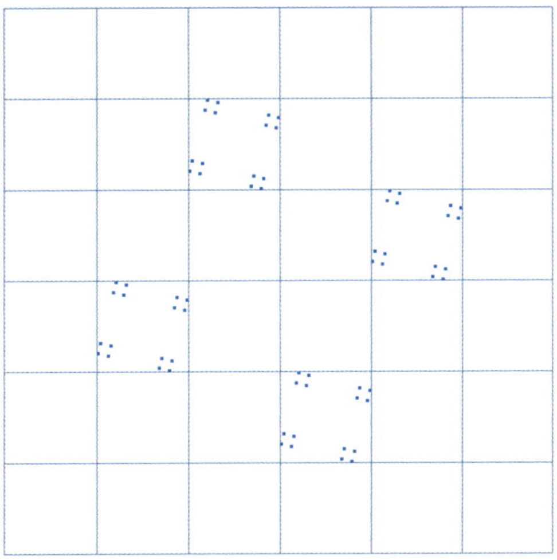 |

디자인은 우리 생활을 보다 편리하고 쾌적하고 아름답게 만들기 위한 조형 계획으로 현대 산업 사회에서 중요성이 확대되고 있다. 디자인의 영역도 다양해지고 있다. 단계별로 나타나는 프랙탈 도형을 우리가 살고 있는 공간에 적용시켜 보자.

| $gff: \log_{216}64 = 0.774$ | $gfg: \log_{216}64 = 0.774$ |
|---|---|
| 64/46656=0.001 | 64/46656=0.001 |

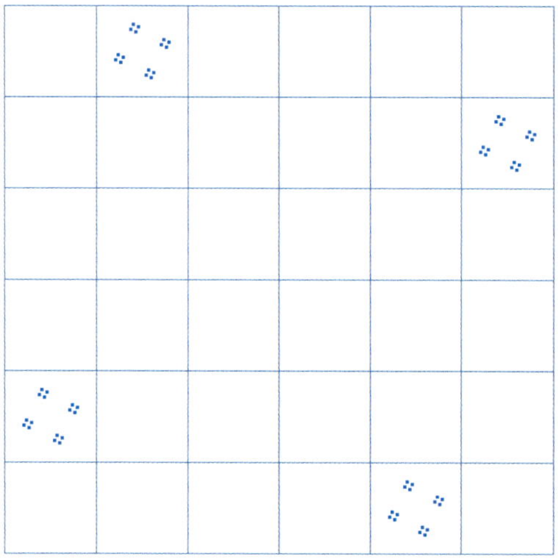

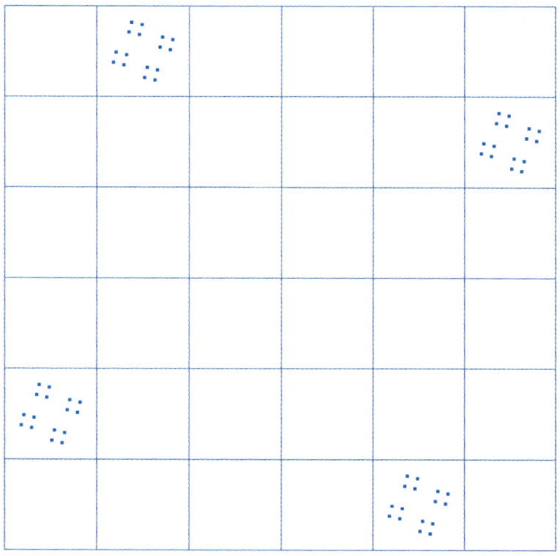

| $ggf: \log_{216}64 = 0.774$ | $ggg: \log_{216}64 = 0.774$ |
|---|---|
| 64/46656=0.001 | 64/46656=0.001 |

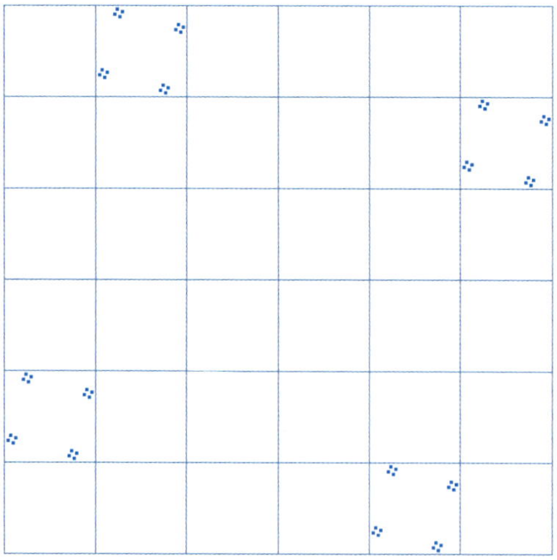

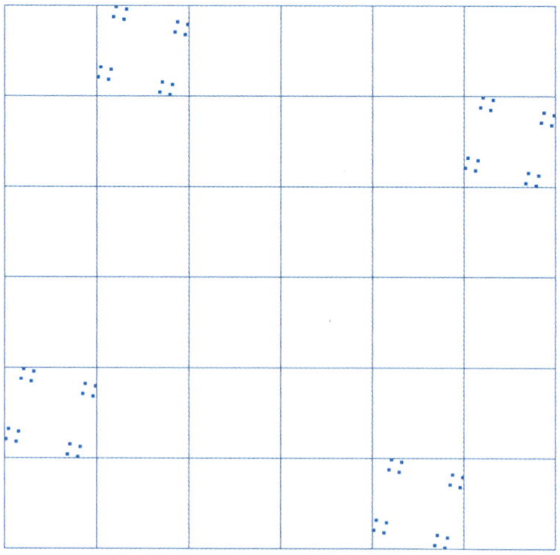

(2) 1단계 16개

$F_2$는 간단한 도형의 반복으로 구성되어 통일감과 안정감을 준다. $F_1$은 색상의 교차 표현으로 패턴화 한 바둑판무늬로 단순한 직조의 느낌을 주겠지만 2단계 $F_2$는 안정된 구조로 화려한 꽃 무늬를 떠올리게 하고, 3단계 $F_3$는 여성미가 풍기는 십자수를 느끼게 한다. $f$를 기본으로 확장한 이미지는 둥근 라운드 형태를, $g$는 다소 분산돼 보이지만 사방에 균일한 색채의 분포로 안정감을 준다.

| $F_1 = f \cup g$ : $\log_6 16 = 1.547$ | $f$ : $\log_6 8 = 1.161$ | $g$ : $\log_6 8 = 1.161$ |
|---|---|---|
| 16/36=0.444 | 8/36=0.32 | 8/36=0.32 |

$F_1$:

| 0 | 0 | 2 | 2 | 0 | 0 |
|---|---|---|---|---|---|
| 0 | 0 | 1 | 1 | 0 | 0 |
| 2 | 1 | 0 | 0 | 1 | 2 |
| 2 | 1 | 0 | 0 | 1 | 2 |
| 0 | 0 | 1 | 1 | 0 | 0 |
| 0 | 0 | 2 | 2 | 0 | 0 |

$f$:

| 0 | 0 | 0 | 0 | 0 | 0 |
|---|---|---|---|---|---|
| 0 | 0 | 1 | 1 | 0 | 0 |
| 0 | 1 | 0 | 0 | 1 | 0 |
| 0 | 1 | 0 | 0 | 1 | 0 |
| 0 | 0 | 1 | 1 | 0 | 0 |
| 0 | 0 | 0 | 0 | 0 | 0 |

$g$:

| 0 | 0 | 2 | 2 | 0 | 0 |
|---|---|---|---|---|---|
| 0 | 0 | 0 | 0 | 0 | 0 |
| 2 | 0 | 0 | 0 | 0 | 2 |
| 2 | 0 | 0 | 0 | 0 | 2 |
| 0 | 0 | 0 | 0 | 0 | 0 |
| 0 | 0 | 2 | 2 | 0 | 0 |

| $F_2$ : $\log_{36} 256 = 1.547$ | $ff$ : $\log_{36} 64 = 1.161$ | $fg$ : $\log_{36} 64 = 1.161$ |
|---|---|---|
| 256/1296=0.198 | 64/1296=0.049 | 64/1296=0.049 |

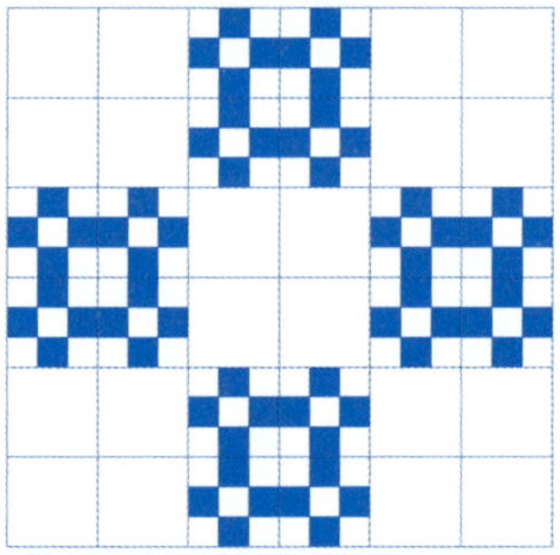
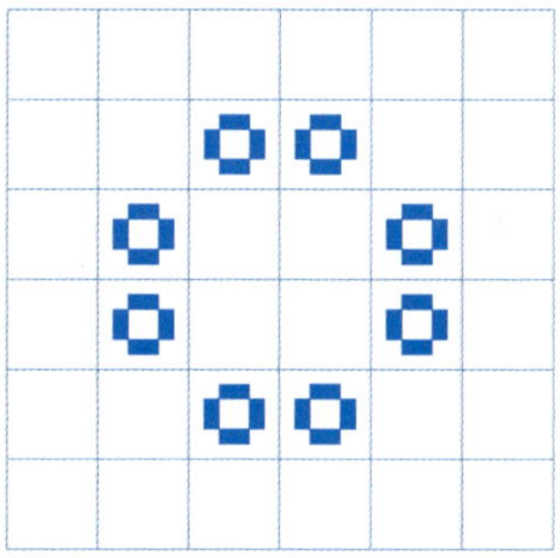
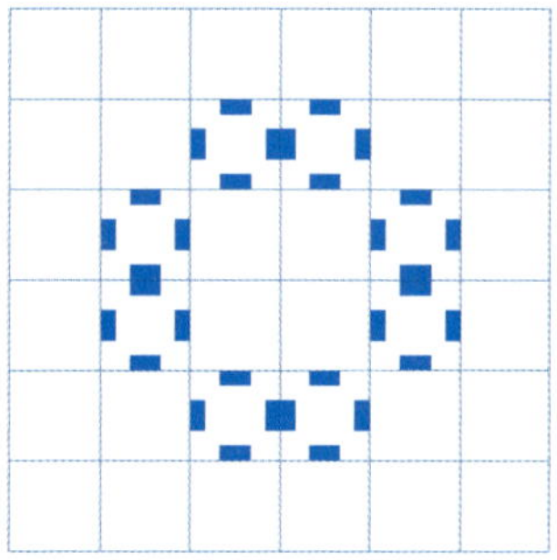

| $F_3$ : $\log_{216} 4096 = 1.547$ | $gf$ : $\log_{36} 64 = 1.161$ | $gg$ : $\log_{36} 64 = 1.161$ |
|---|---|---|
| 4096/46656=0.088 | 64/1296=0.049 | 64/1296=0.049 |

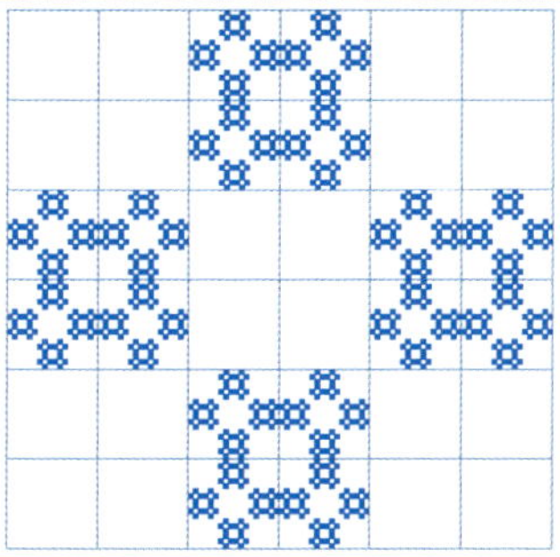
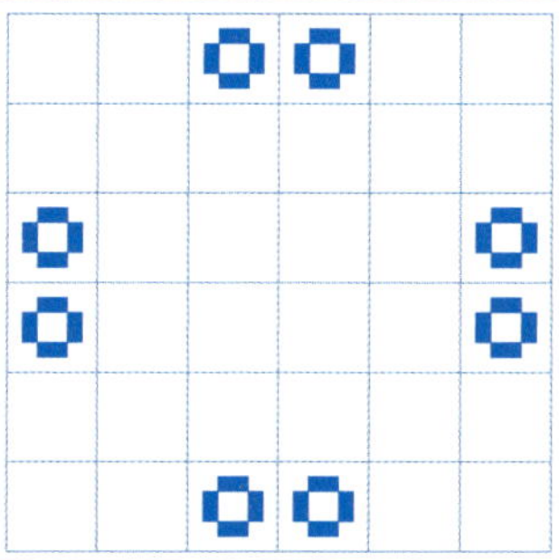
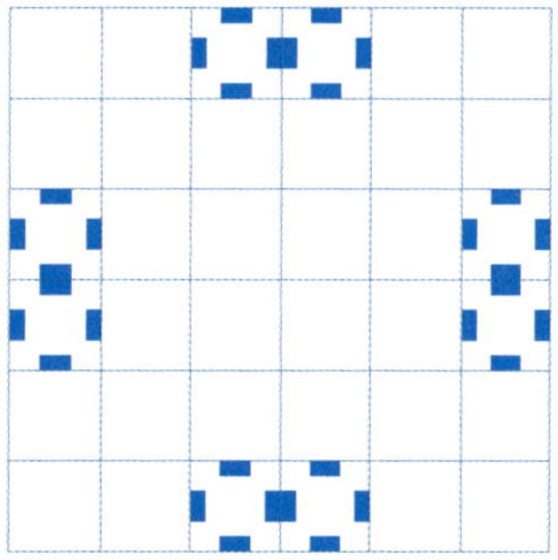

$f$와 $g$의 변환은 모두 둘레를 감싸는 형태이기 때문에 그것을 응용한 3단계 변환은 잔잔한 꽃무늬를 연상시키는 귀여운 느낌을 준다. 귀여운 여자 아기의 보들보들한 옷의 네크라인 장식이나 면소재의 짧은 원피스에 앙증맞게 앉아있을 법한 인상을 준다. 디자인은 우리가 살고 있는 환경을 편리하고 아름답게 꾸며 생활의 질을 향상시킬 수 있다. 옷감의 무늬 패턴이나 공원의 꽃밭 모양, 분수대의 구조, 목욕탕의 타일 등 생활공간에 프랙탈을 이용하여 디자인할 수 있는 부분에 대해 생각해 보자.

| $fff:\log_{216}512 = 1.161$ | $ffg:\log_{216}512 = 1.161$ |
|---|---|
| 512/46656=0.011 | 512/46656=0.011 |
| 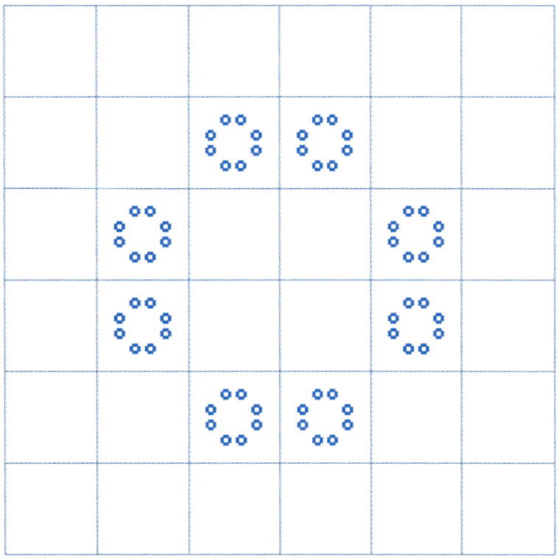 | 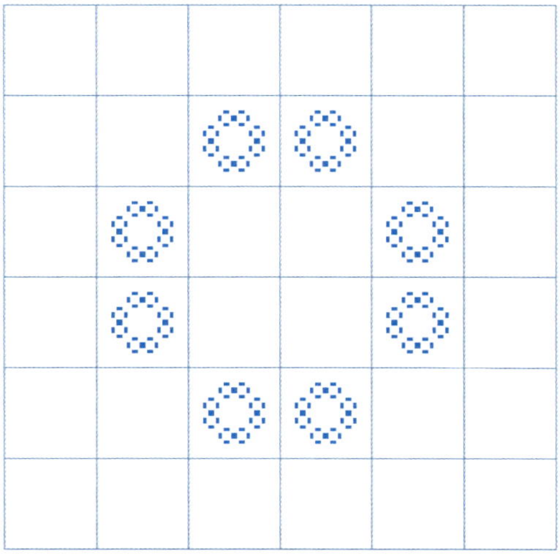 |
| $fgf:\log_{216}512 = 1.161$ | $fgg:\log_{216}512 = 1.161$ |
| 512/46656=0.011 | 512/46656=0.011 |
| 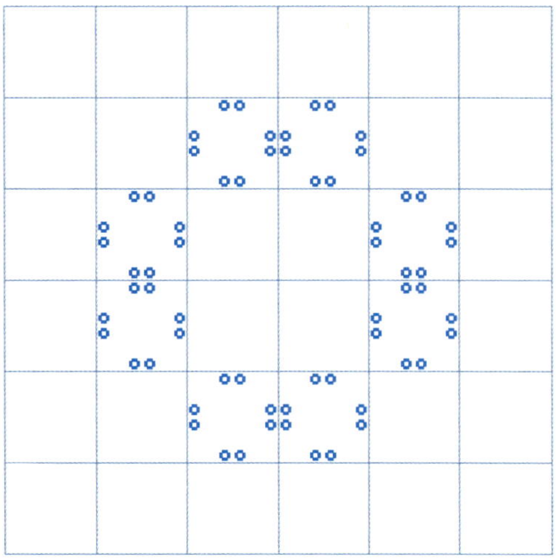 | 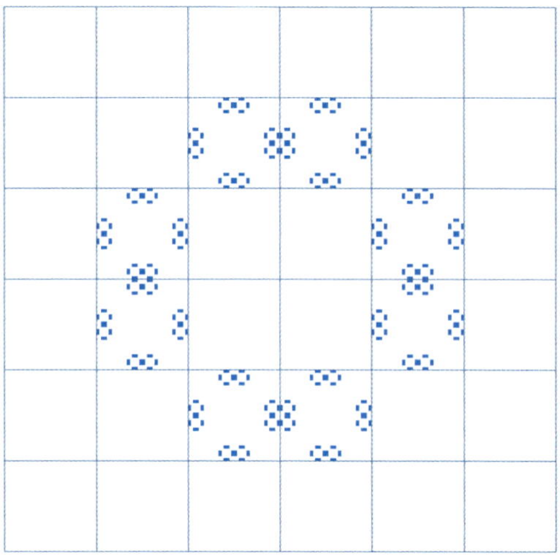 |

$gff$나 $gfg$는 주어진 공간에서 차지하는 비율이 무척 낮은 편으로 색채 분포가 중심에서 벗어나 주변 사방에 같은 간격으로 위치하고 있기 때문에 마치 하늘에서 내려다보는 건축설계 조감도 같기도 하고, 중심이 비어 있어서 특별한 이미지를 나타내기 어려운 면도 있지만 항상 주인공만 주목받는 것에 익숙한 우리들에게 엑스트라 역할의 중요성을 일깨울 수도 있다. 계획적으로 공간을 잘 분리한 꽉찬 구조의 공간보다 미완성의 완성, 무계획의 계획처럼 탁 트인 공간에서 인간들이 한숨 돌리고 쉼을 제대로 느낄 수 있지 않을까. 여백이 많은 공간에서 느껴지는 감정을 말해보자.

$gff : \log_{216} 512 = 1.161$

512/46656=0.011

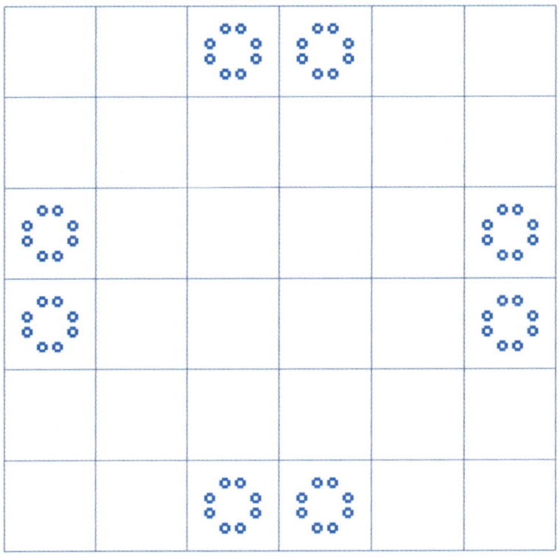

$gfg : \log_{216} 512 = 1.161$

512/46656=0.011

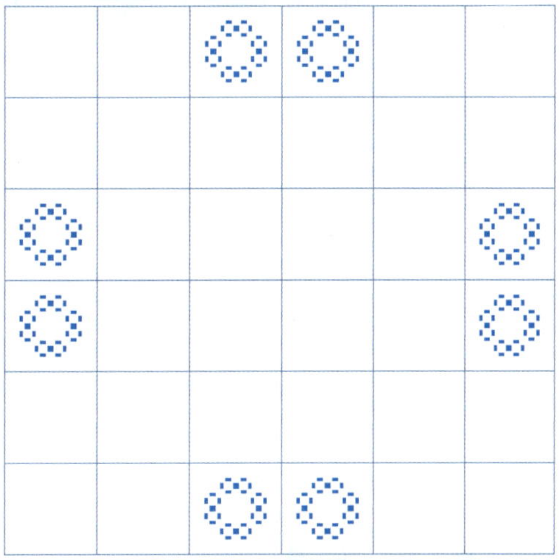

$ggf : \log_{216} 512 = 1.161$

512/46656=0.011

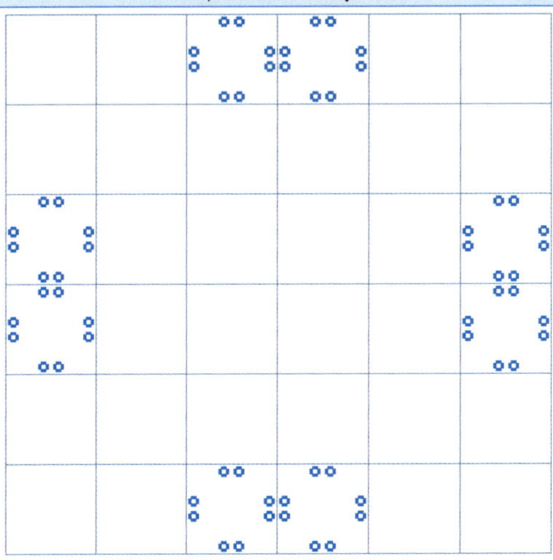

$ggg : \log_{216} 512 = 1.161$

512/46656=0.011

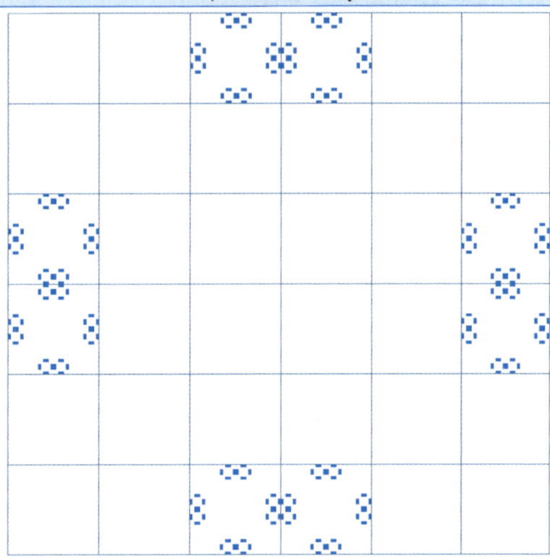

### (3) 1단계 16개

2단계, 3단계 프랙탈 $F_2$, $F_3$는 1단계인 $F_1$보다 단계가 올라갈수록 무게감이 가벼워지고 반짝이며 빛나는 아름다움을 느끼게 한다. $F_1$의 변형인 $f$와 $g$는 각각 발산과 수렴의 조형원리를 가진다. 따라서 2단계나 3단계에서 $f$의 조형원리가 적용된 프랙탈은 발산의 이미지를 기본적으로 가지게 되지만 여기에 $g$의 조형원리를 적용하는 순서에 따라 발산과 수렴의 느낌에 차별을 조장할 수 있게 된다. $ff$와 $fg$에서 나타나는 느낌을 수렴과 발산의 차원에서 생각해보자.

$F_1 = f \cup g : \log_6 16 = 1.547$

16/36=0.64

| 1 | 0 | 0 | 0 | 0 | 1 |
|---|---|---|---|---|---|
| 0 | 0 | 2 | 2 | 0 | 0 |
| 0 | 2 | 1 | 1 | 2 | 0 |
| 0 | 2 | 1 | 1 | 2 | 0 |
| 0 | 0 | 2 | 2 | 0 | 0 |
| 1 | 0 | 0 | 0 | 0 | 1 |

$f : \log_6 8 = 1.161$

8/36=0.32

| 1 | 0 | 0 | 0 | 0 | 1 |
|---|---|---|---|---|---|
| 0 | 0 | 0 | 0 | 0 | 0 |
| 0 | 0 | 1 | 1 | 0 | 0 |
| 0 | 0 | 1 | 1 | 0 | 0 |
| 0 | 0 | 0 | 0 | 0 | 0 |
| 1 | 0 | 0 | 0 | 0 | 1 |

$g : \log_6 8 = 1.161$

8/36=0.32

| 0 | 0 | 0 | 0 | 0 | 0 |
|---|---|---|---|---|---|
| 0 | 0 | 2 | 2 | 0 | 0 |
| 0 | 2 | 0 | 0 | 2 | 0 |
| 0 | 2 | 0 | 0 | 2 | 0 |
| 0 | 0 | 2 | 2 | 0 | 0 |
| 0 | 0 | 0 | 0 | 0 | 0 |

$F_2 : \log_{36} 256 = 1.547$

256/1296=0.198

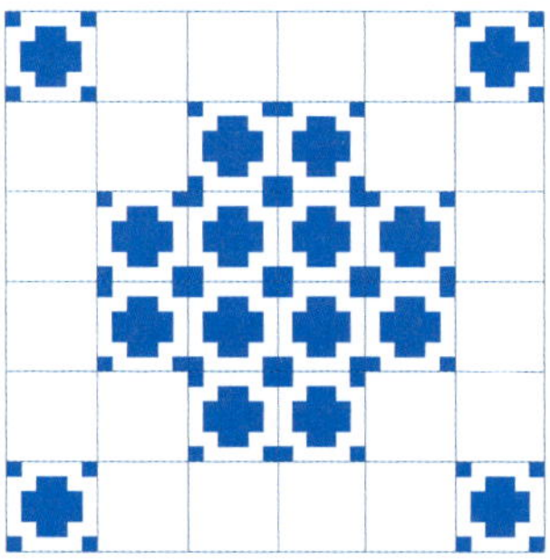

$ff : \log_{36} 64 = 1.161$

64/1296=0.049

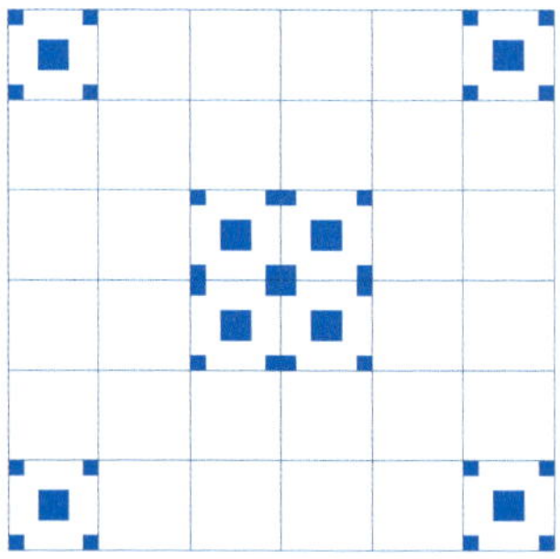

$fg : \log_{36} 64 = 1.161$

64/1296=0.049

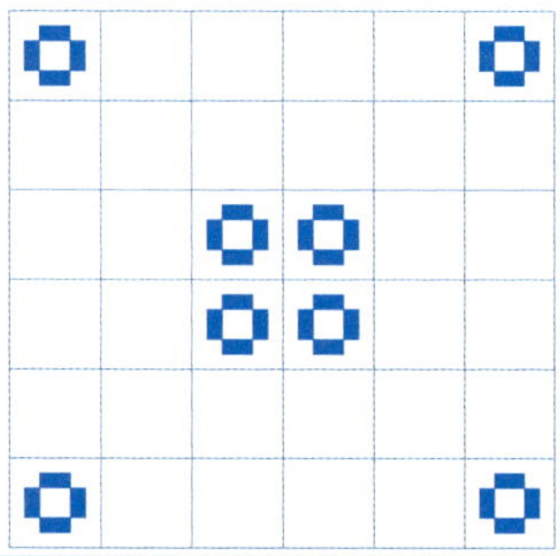

$F_3 : \log_{216} 4096 = 1.547$

4096/46656=0.088

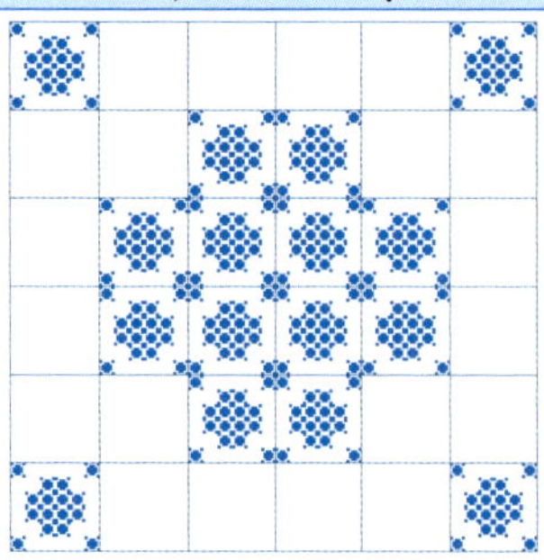

$gf : \log_{36} 64 = 1.161$

64/1296=0.049

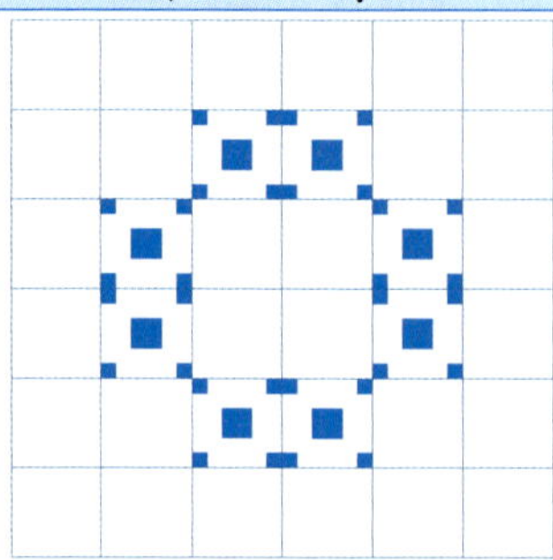

$gg : \log_{36} 64 = 1.161$

64/1296=0.049

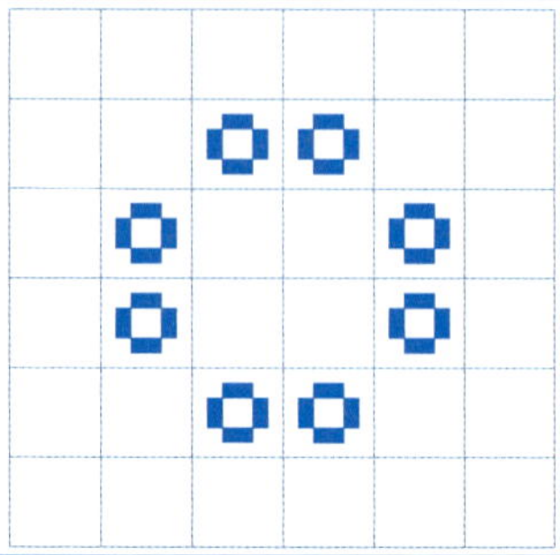

3단계 프랙탈 $F_3$는 색칠하지 않은 부분이 강한 빛을 내뿜는 듯하다. $ffg$와 $fgg$는 같은 면적을 가지지만 전자가 후자보다 전체 크기가 커 보이며 발산되는 이미지가 상대적으로 더 강하게 느껴진다. $fff$와 $fgf$는 $fgg$와 비교하면 무게감이 상대적으로 가볍게 느껴지며 사방으로 뻗어나가는 발산의 느낌도 더 강하다. 아울러 빛이 비치는 반짝임과 움직임도 느끼게 한다. $fgg$는 조용하고 소소하며 가벼움, 산뜻함과 더불어 친근하고 귀여운 정서를 느끼게 한다.

| $fff:\log_{216}512 = 1.161$ | $ffg:\log_{216}512 = 1.161$ |
|---|---|
| 512/46656=0.011 | 512/46656=0.011 |
| 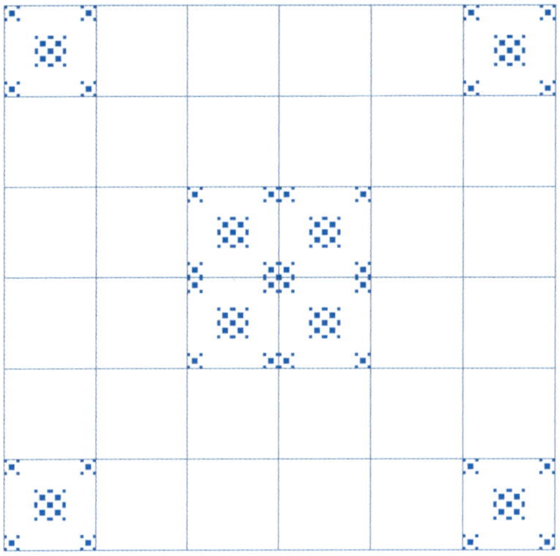 | 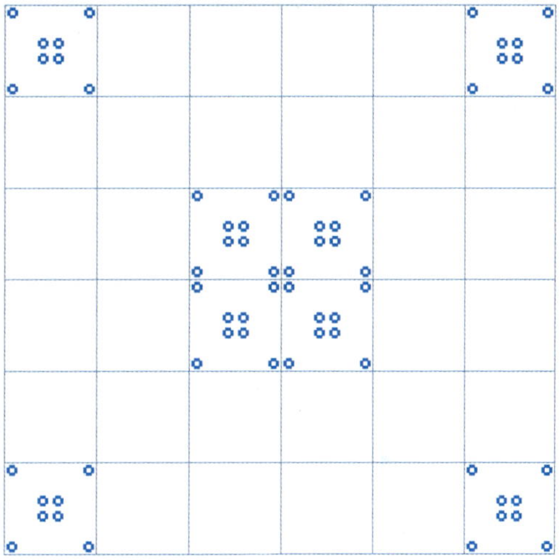 |
| $fgf:\log_{216}512 = 1.161$ | $fgg:\log_{216}512 = 1.161$ |
| 512/46656=0.011 | 512/46656=0.011 |
| 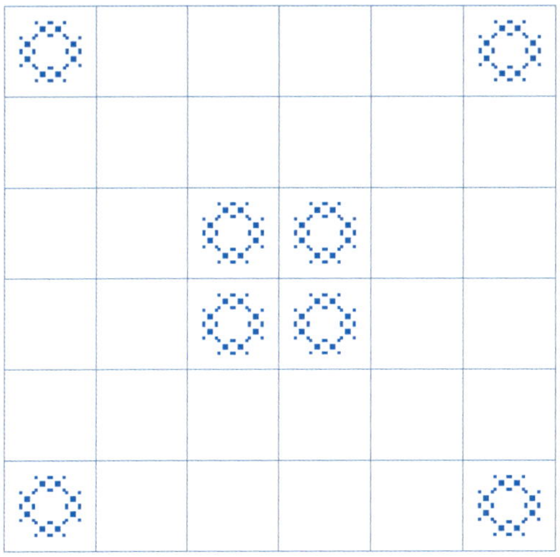 | 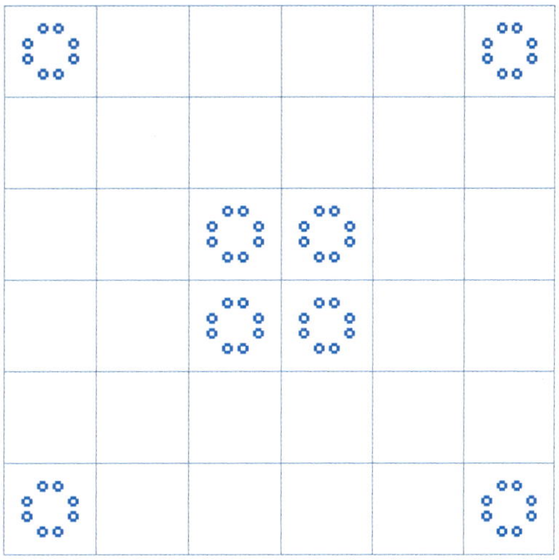 |

주어진 프랙탈은 모두 3단계에서 $g$의 형태를 기본으로 만들어진 프랙탈이다. $g$의 조형원리는 사방으로 대칭형을 이루며 한 칸 한 칸을 들여다 보아도 대칭을 이루는 안정적인 형태를 가지고 있다. 아래의 네 개 프랙탈 모두 이런 성질을 느끼게 하지만 $gff$와 $ggf$는 $ggg$나 $gfg$보다 무감감이 상대적으로 가볍고 반짝이는 이미지다. 그리고 $gfg$는 $ggg$보다 견고하고 커다란 형태로 보인다. 같은 면적을 가지지만 각각 다른 느낌을 가질 수 있다. $gff$와 $gfg$를 비교해 보자.

| $gff$ : $\log_{216}512 = 1.161$ | $gfg$ : $\log_{216}512 = 1.161$ |
|---|---|
| 512/46656=0.011 | 512/46656=0.011 |
| 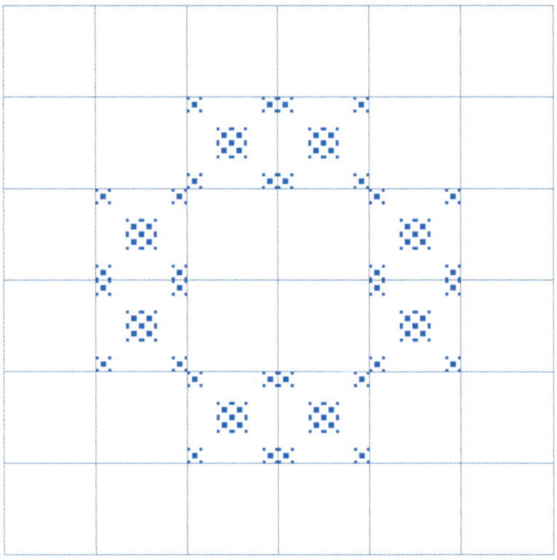 | 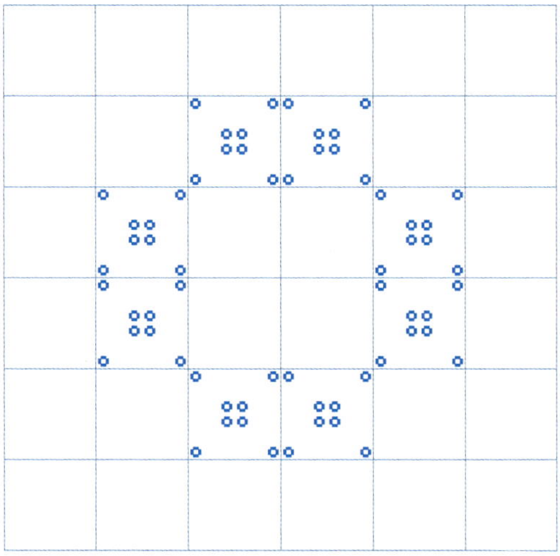 |
| $ggf$ : $\log_{216}512 = 1.161$ | $ggg$ : $\log_{216}512 = 1.161$ |
| 512/46656=0.011 | 512/46656=0.011 |
| 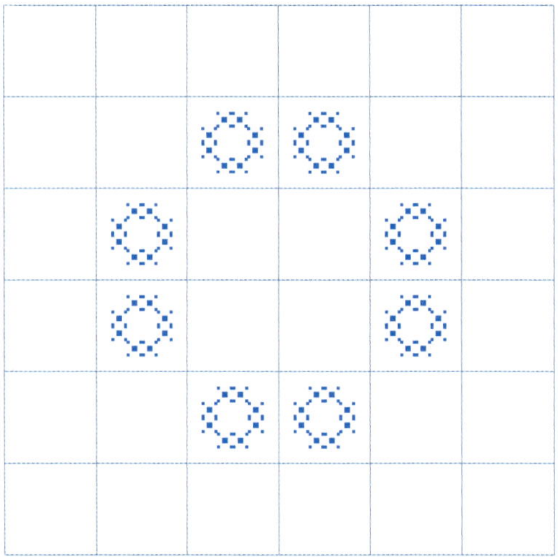 | 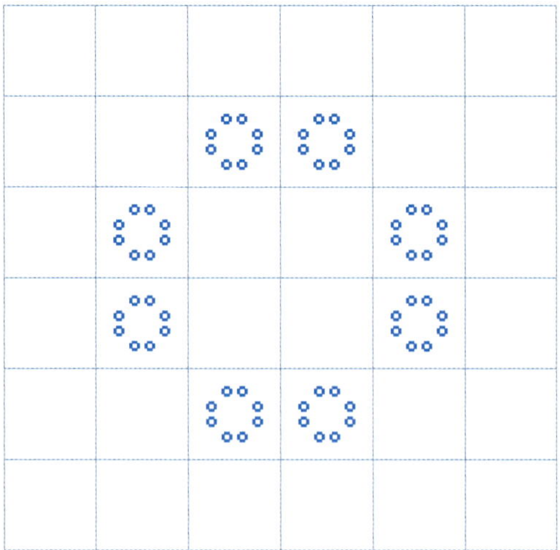 |

(4) 1단계 20개

$F_1$이 井자형으로 무너지지 않는 견고한 구조를 가지기 때문에 $F_2$와 $F_3$ 모두 井자 형을 보이고 있으나 확장될수록 부드럽고 세련된 느낌을 준다. $F_2$는 기차길의 이미지를, $F_3$은 수직선과 수평선으로 추상의 세계를 표현한 네덜란드의 천재화가 몬드리안의 〈브로드웨이의 부기우기〉라는 작품을 떠올리게 한다. 세상만물은 수평선과 수직선으로 환원된다고 했던 그의 철저한 미술 철학이 표현된 그만의 예술세계를 보여준 것이다.

| $F_1 = f \cup g : \log_6 20 = 1.672$ | $f : \log_6 8 = 1.161$ | $g : \log_6 12 = 1.387$ |
|---|---|---|
| 20/36=0.556 | 8/36=0.32 | 12/36=0.33 |

$F_1$:

| | | | | | |
|---|---|---|---|---|---|
| 0 | 1 | 0 | 0 | 1 | 0 |
| 1 | 2 | 2 | 2 | 2 | 1 |
| 0 | 2 | 0 | 0 | 2 | 0 |
| 0 | 2 | 0 | 0 | 2 | 0 |
| 1 | 2 | 2 | 2 | 2 | 1 |
| 0 | 1 | 0 | 0 | 1 | 0 |

$f$:

| | | | | | |
|---|---|---|---|---|---|
| 0 | 1 | 0 | 0 | 1 | 0 |
| 1 | 0 | 0 | 0 | 0 | 1 |
| 0 | 0 | 0 | 0 | 0 | 0 |
| 0 | 0 | 0 | 0 | 0 | 0 |
| 1 | 0 | 0 | 0 | 0 | 1 |
| 0 | 1 | 0 | 0 | 1 | 0 |

$g$:

| | | | | | |
|---|---|---|---|---|---|
| 0 | 0 | 0 | 0 | 0 | 0 |
| 0 | 2 | 2 | 2 | 2 | 0 |
| 0 | 2 | 0 | 0 | 2 | 0 |
| 0 | 2 | 0 | 0 | 2 | 0 |
| 0 | 2 | 2 | 2 | 2 | 0 |
| 0 | 0 | 0 | 0 | 0 | 0 |

| $F_2 : \log_{36} 400 = 1.672$ | $ff : \log_{36} 64 = 1.161$ | $fg : \log_{36} 96 = 1.274$ |
|---|---|---|
| 400/1296=0.309 | 64/1296=0.049 | 96/1296=0.074 |

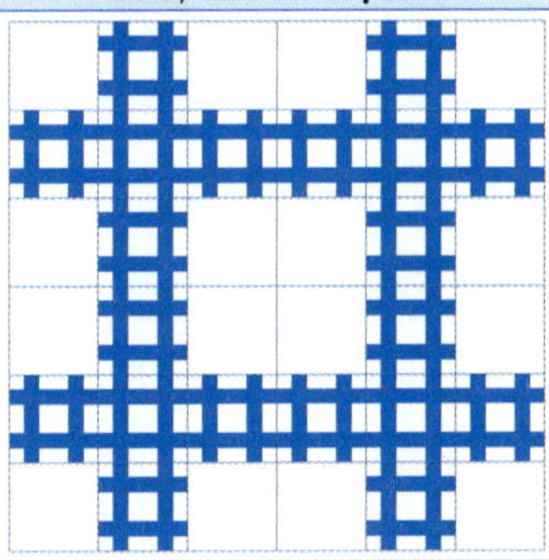
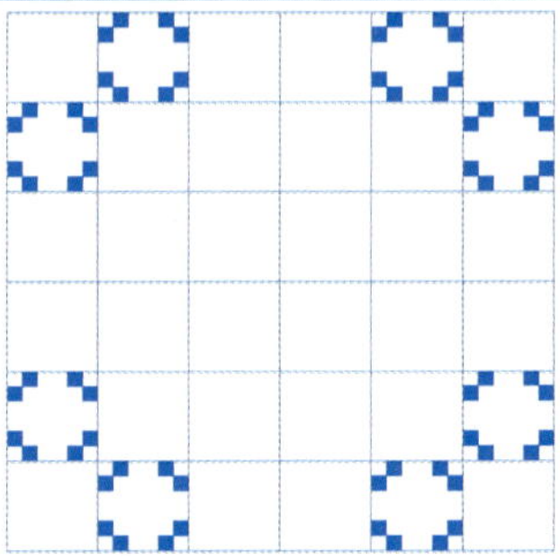
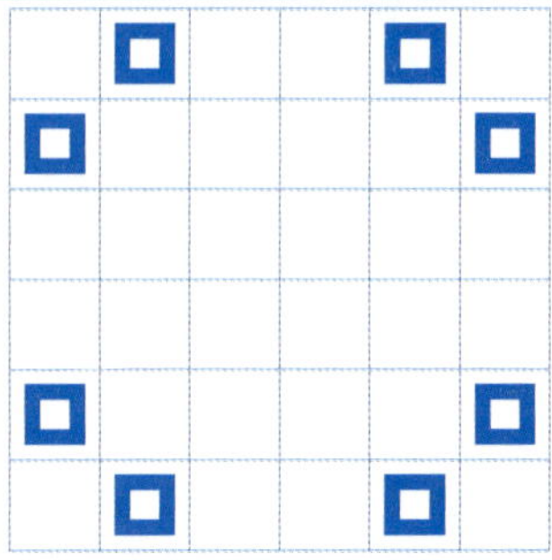

| $F_3 : \log_{216} 8000 = 1.672$ | $gf : \log_{36} 96 = 1.274$ | $gg : \log_{36} 144 = 1.387$ |
|---|---|---|
| 8000/46656=0.171 | 96/1296=0.074 | 144/1296=0.111 |

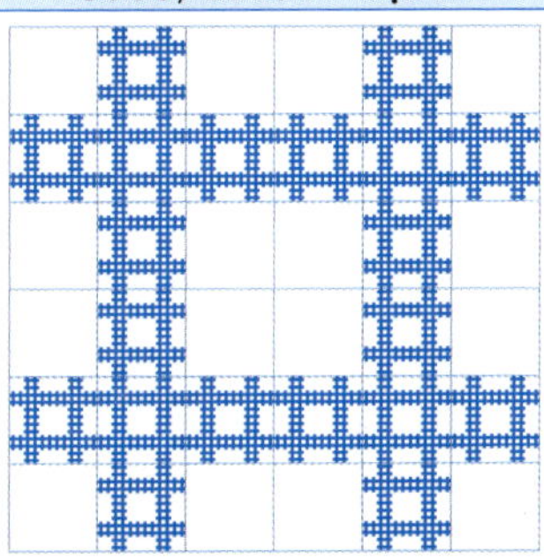
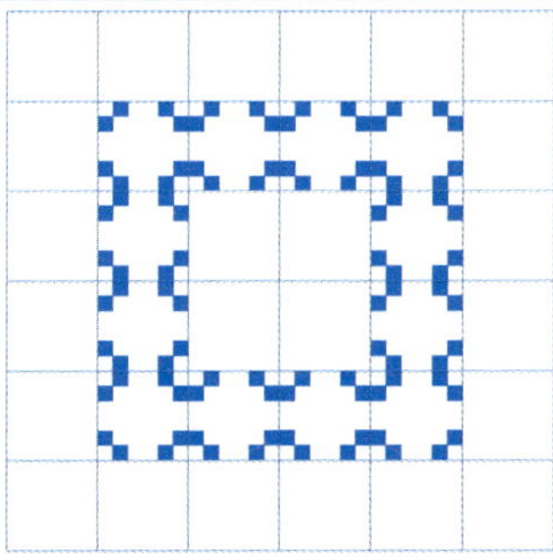
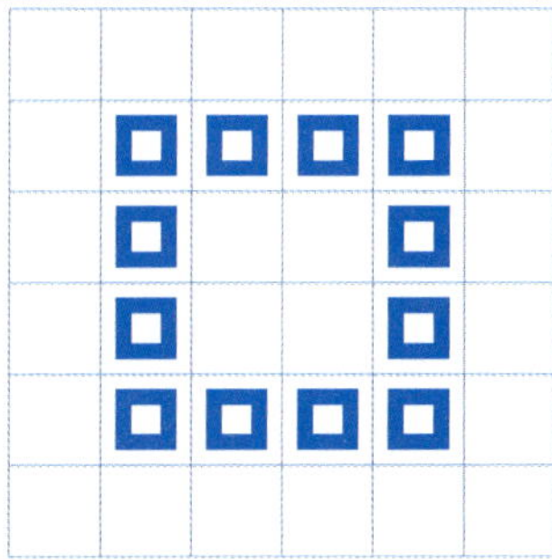

$ffg$와 $fgf$는 같은 면적 비율을 가지면서도 다른 느낌을 가지게 한다. 네 가지 모두 $f$의 조형원리로 확장되었기 때문에 전반적으로 분산된 이미지를 띤다. 하지만 3단계 프랙탈에서 $g$의 형태가 2단계에 적용된 경우 $fgf$가 사각형의 닫힌 도형으로 이루어졌기 때문에 안정된 이미지를 느끼게 하는 반면 $ffg$는 상대적으로 불안정해 보인다. 이는 사방으로 흩어지는 느낌의 $f$의 분산의 원리로 2번 겹쳐서 확장된 이미지이기 때문이다.

| $fff$:$\log_{216}512 = 1.161$ | $ffg$:$\log_{216}768 = 1.236$ |
|---|---|
| 512/46656=0.011 | 768/46656=0.016 |
| 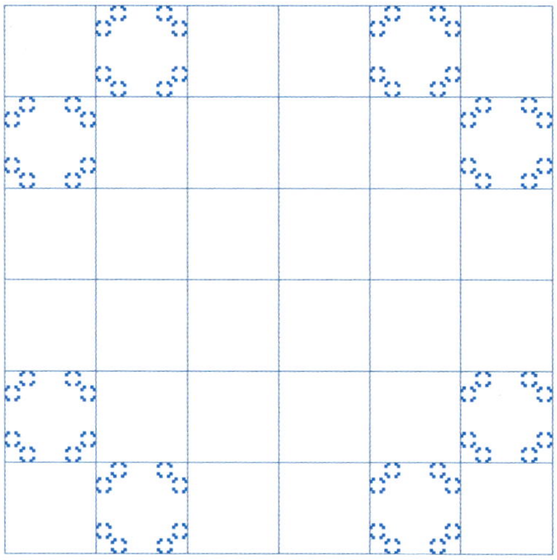 | 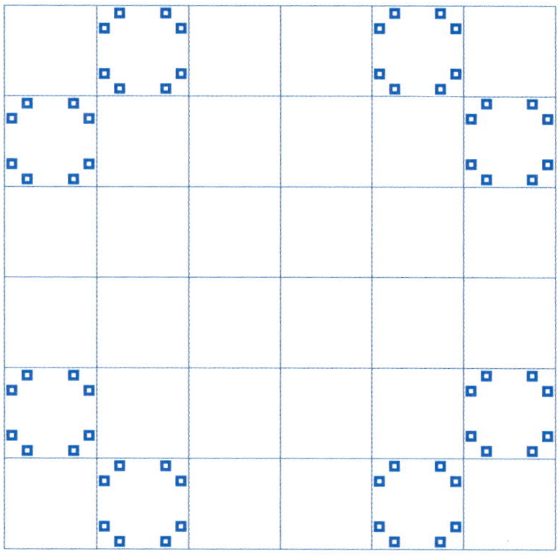 |
| $fgf$:$\log_{216}768 = 1.236$ | $fgg$:$\log_{216}1152 = 1.311$ |
| 768/46656=0.016 | 1152/46656=0.025 |
| 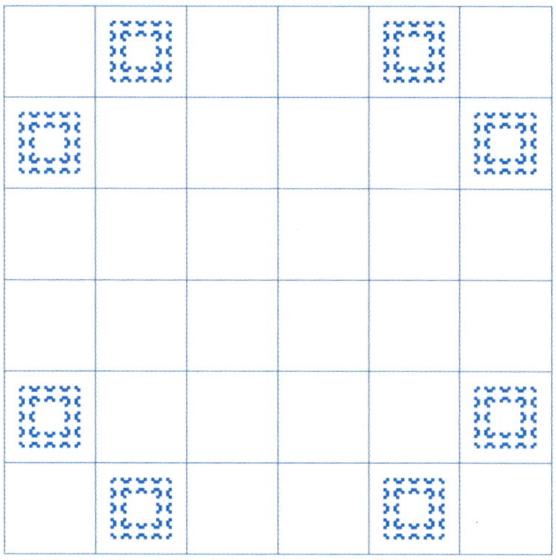 | 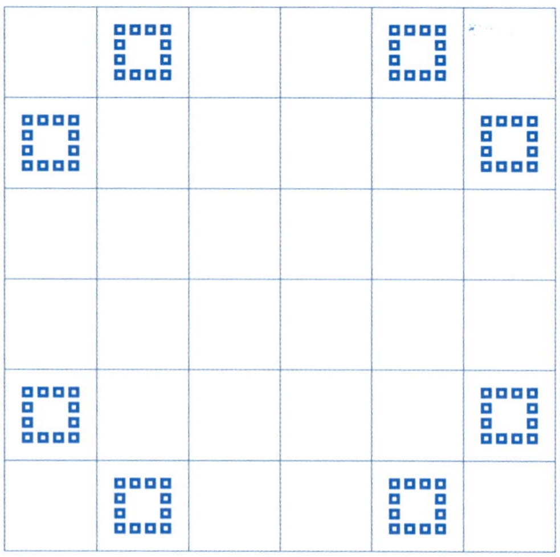 |

프랙탈 이미지를 보며 $ggf$와 $ggg$의 프랙탈에서 느낄 수 있는 디자인의 느낌을 속도 면에서 정리해 보자. $g$의 원리로 3단계 확장한 프랙탈 4가지 모두 전체적으로는 수렴된 안정성을 느끼게 하지만 이중에서 속도감이나 무게감은 각양각색이다. $gff$와 $gfg$는 가벼운 느낌을 주고 상대적으로 $ggf$와 $ggg$는 무게감과 차분한 안정성을 느끼게 한다. $gff$는 닫힌 사각형 구조임에도 불구하고 마치 비단구렁이의 얼룩덜룩한 표피무늬와 탄력있는 굵은 몸체가 꾸불거리며 움직이는 모습를 연상시키기도 하고, $gfg$는 연동운동을 하는 동물의 내장 속 대장을 떠올리게도 한다. 안정감과 불안정감에 대해서도 생각해보자.

| $gff:\log_{216}768 = 1.236$ | $gfg:\log_{216}512 = 1.161$ |
|---|---|
| 768/46656=0.016 | 512/46656=0.011 |
| 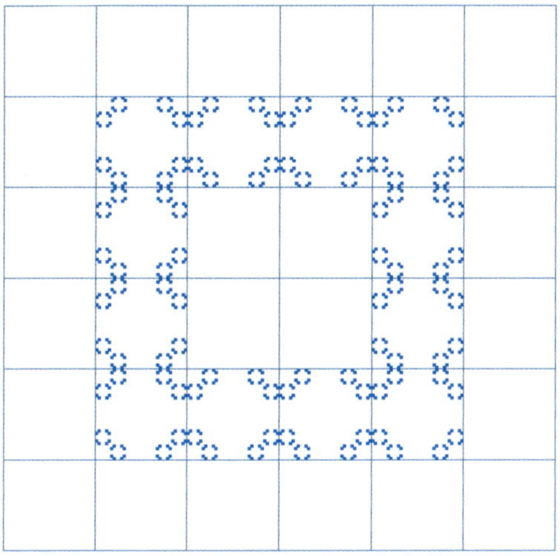 | 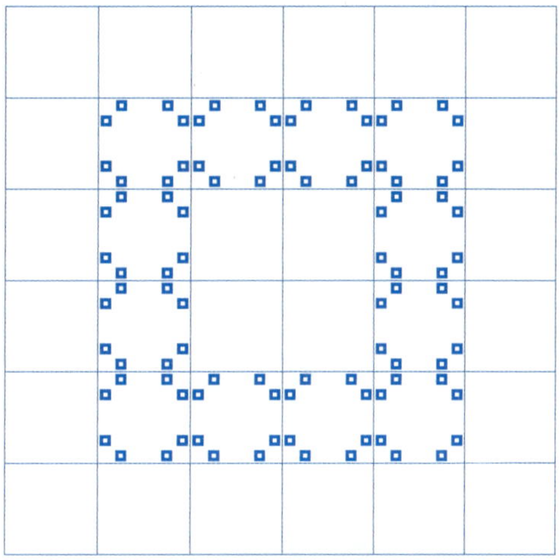 |
| $ggf:\log_{216}1152 = 1.311$ | $ggg:\log_{216}1728 = 1.387$ |
| 1152/46656=0.025 | 1728/46656=0.037 |
| 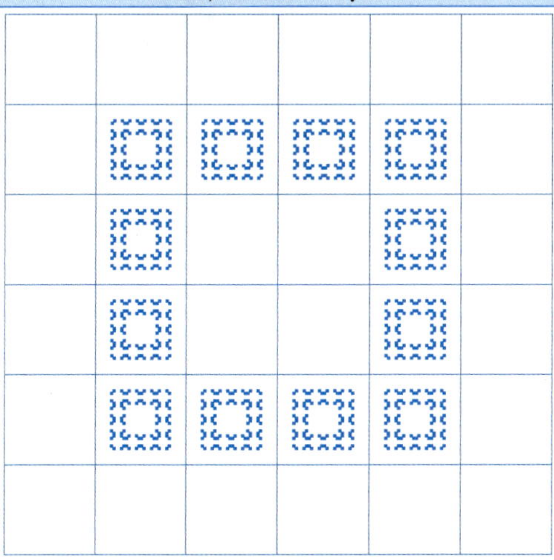 | 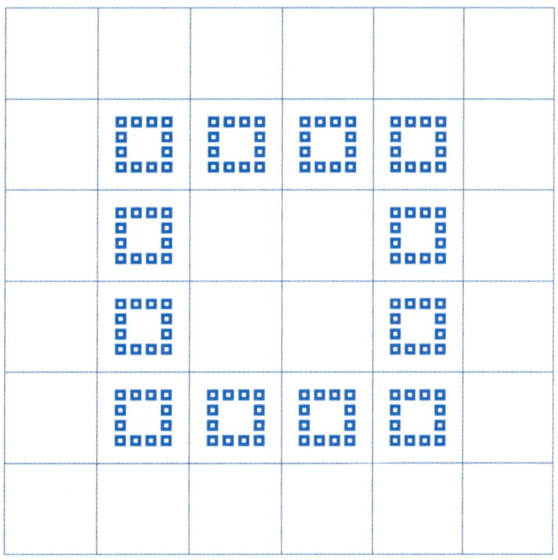 |

(5) 1단계 24개

단계별 프랙탈 $F_1$, $F_2$, $F_3$로 진행하면서 점차 가벼운 느낌을 더 많이 가지게 된다. 3단계 $F_3$는 1980년대 유행하던 H제과의 과자 A크래커를 떠올리게 하고, 더불어 당시 CF모델이던 미모의 여배우 김혜수가 그 과자를 커피에 찍어 먹으며 미소짓는 장면도 우리의 추억에서 꺼내게 만든다. 이렇게 하나의 이미지는 꼬리를 물고 또 다른 이미지를 불러내기도 한다. 2단계 프랙탈 네 가지 모두 1단계보다 회전에 의한 역동성을 가지지만 속도감은 $ff$와 $fg$보다 $gf$와 $gg$가 더 강하게 느껴진다.

| $F_1 = f \cup g : \log_6 24 = 1.774$ | $f : \log_6 12 = 1.387$ | $g : \log_6 12 = 1.387$ |
|---|---|---|
| 24/36=0.667 | 12/36=0.333 | 12/36=0.333 |

| | | | | | |
|---|---|---|---|---|---|
| 0 | 0 | 1 | 2 | 0 | 0 |
| 0 | 2 | 1 | 1 | 2 | 0 |
| 2 | 1 | 2 | 2 | 1 | 1 |
| 1 | 1 | 2 | 2 | 1 | 2 |
| 0 | 2 | 1 | 1 | 2 | 0 |
| 0 | 0 | 2 | 1 | 0 | 0 |

| | | | | | |
|---|---|---|---|---|---|
| 0 | 0 | 1 | 0 | 0 | 0 |
| 0 | 0 | 1 | 1 | 0 | 0 |
| 0 | 1 | 0 | 0 | 1 | 1 |
| 1 | 1 | 0 | 0 | 1 | 0 |
| 0 | 0 | 1 | 1 | 0 | 0 |
| 0 | 0 | 0 | 1 | 0 | 0 |

| | | | | | |
|---|---|---|---|---|---|
| 0 | 0 | 0 | 2 | 0 | 0 |
| 0 | 2 | 0 | 0 | 2 | 0 |
| 2 | 0 | 2 | 2 | 0 | 0 |
| 0 | 0 | 2 | 2 | 0 | 2 |
| 0 | 2 | 0 | 0 | 2 | 0 |
| 0 | 0 | 2 | 0 | 0 | 0 |

| $F_2 : \log_{36} 572 = 1.772$ | $ff : \log_{36} 144 = 1.387$ | $fg : \log_{36} 144 = 1.387$ |
|---|---|---|
| 572/1296=0.441 | 144/1296=0.111 | 144/1296=0.111 |

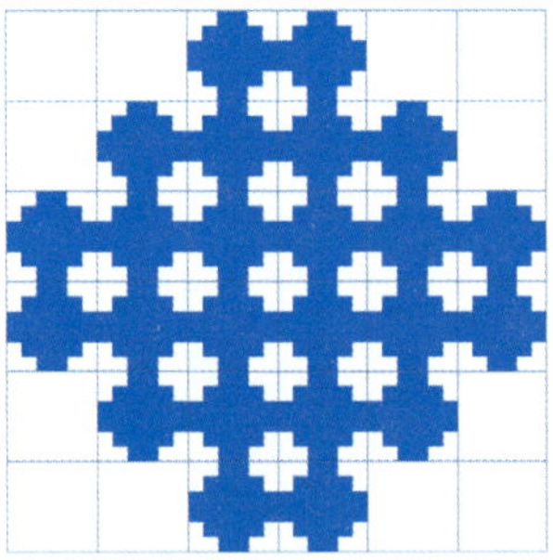

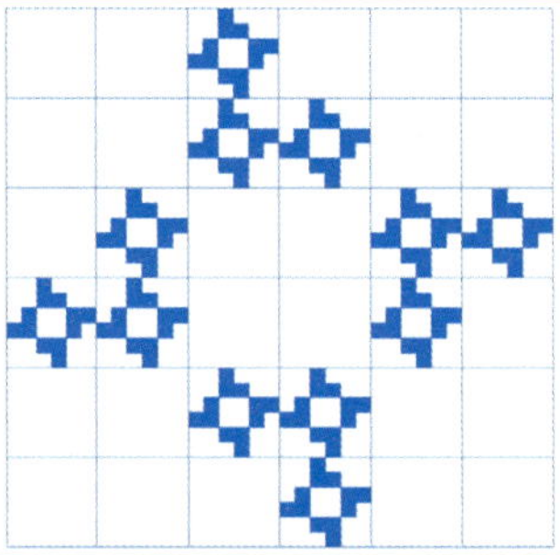

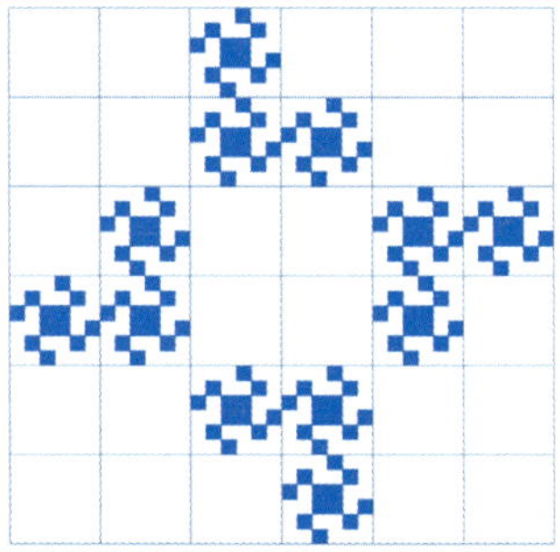

| $F_3 : \log_{216} 13824 = 1.774$ | $gf : \log_{36} 144 = 1.387$ | $gg : \log_{36} 144 = 1.387$ |
|---|---|---|
| 13824/46656=0.296 | 144/1296=0.111 | 144/1296=0.111 |

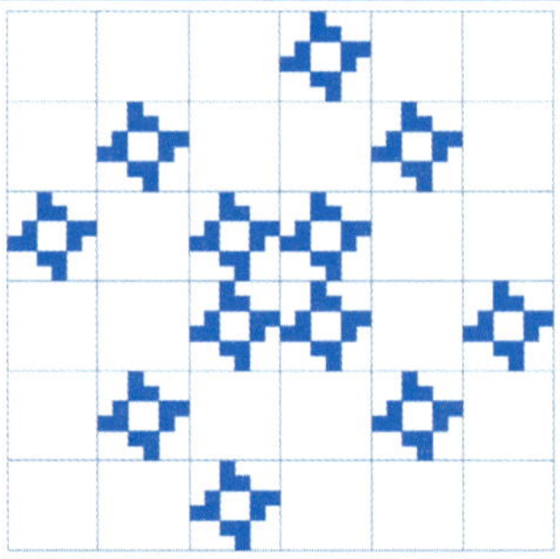

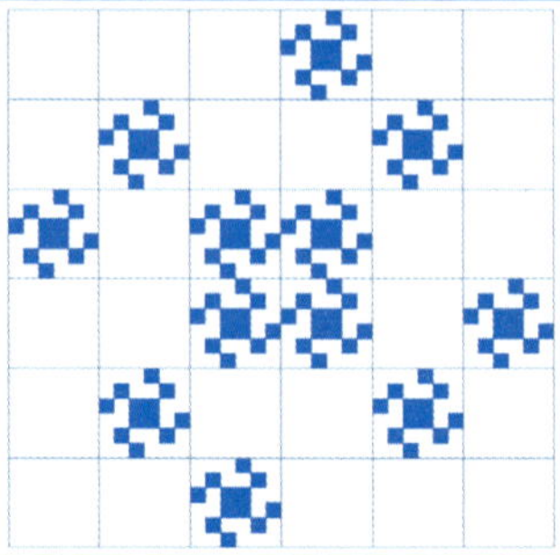

$F_1$의 변형인 $f$와 $g$는 모두 변화가 예측되는 회전에 의한 속도감을 느끼게 하며, 특히 $g$는 부분이 흩어져 있어 안정성보다는 불안감을 더 강하게 전달하고 아울러 변화가능성도 한층 높은 구조이다. 따라서 $fff$와 $ffg$는 부분들이 연결되어 있어 유기적이고 견고한 형태를 만드는데 반해 $fgf$와 $fgg$는 부분들이 연결되어 있지 않아 허공에서 반짝이다가 명멸하는 불꽃놀이를 연상시킨다. 전자들에 비해 후자들은 상대적으로 무게감이 가볍게 느껴지기 때문이다.

| $fff:\log_{216}1728 = 1.387$ | $ffg:\log_{216}1728 = 1.387$ |
|---|---|
| 1728/46656=0.037 | 1728/46656=0.037 |
| 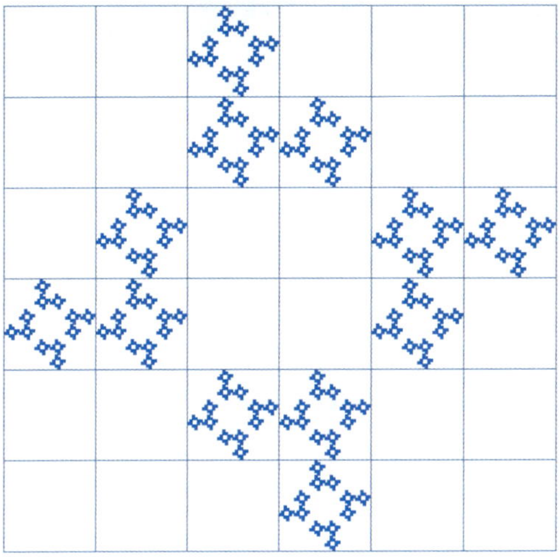 | 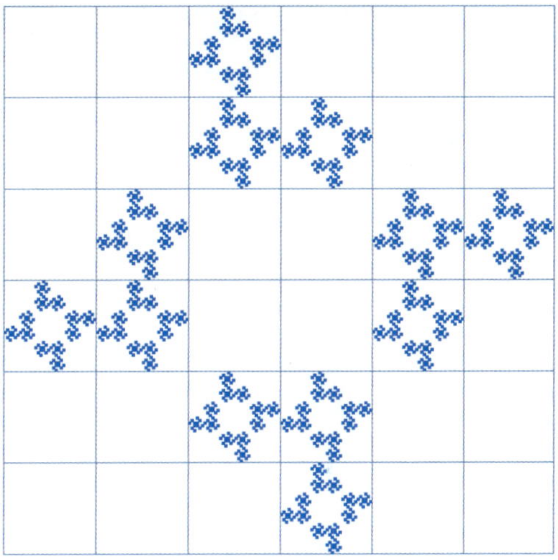 |
| $fgf:\log_{216}1728 = 1.387$ | $fgg:\log_{216}1728 = 1.387$ |
| 1728/46656=0.037 | 1728/46656=0.037 |
| 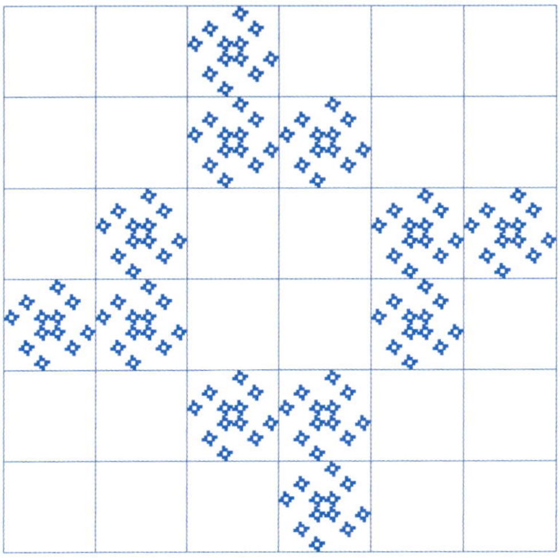 | 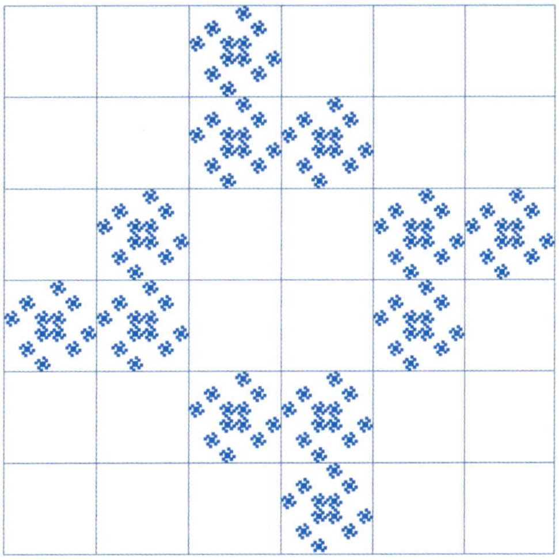 |

앞서 이야기한대로 $g$의 조형원리는 변화가능성이 있는 속도감을 느끼게 하며, 부분들이 연결되어 있지 않아 불안감을 갖게 하는 구조라고 언급하였다. $g$의 형태로 확장시킨 3단계 프랙탈은 네 가지 모두 그런 $g$의 조형원리가 그대로 느껴진다. 기본 구조가 불안정한 구조로 되어있기 때문에 2단계에서 $f$의 조형원리를 접목시켜도 큰 차이는 없어 보인다. 굳이 찾아본다면 $ggf$와 $ggg$가 $gff$와 $gfg$보다 좀 더 가벼워 보이며, 중량감 전혀 없는 반짝임으로 느껴질 만큼 무게감의 차이가 생긴다. 속도감, 운동감, 연결성의 느낌을 정리해 보고 $gfg$와 $ggg$에 대한 느낌을 자신의 생각을 정리하여 말해보자.

| $gff$ : $\log_{216}1728 = 1.387$ | $gfg$ : $\log_{216}1728 = 1.387$ |
|---|---|
| 1728/46656=0.037 | 1728/46656=0.037 |
| 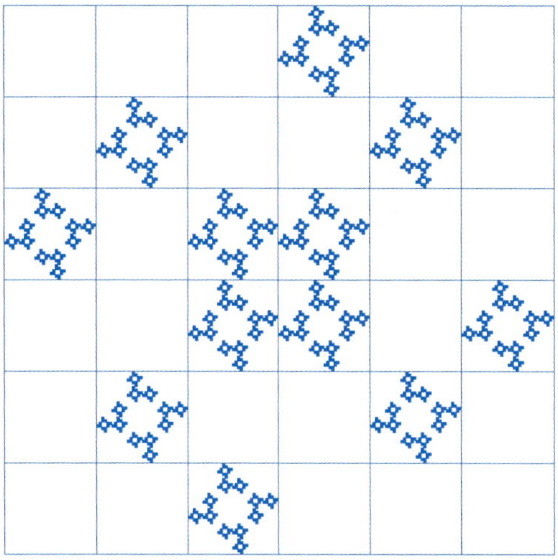 | 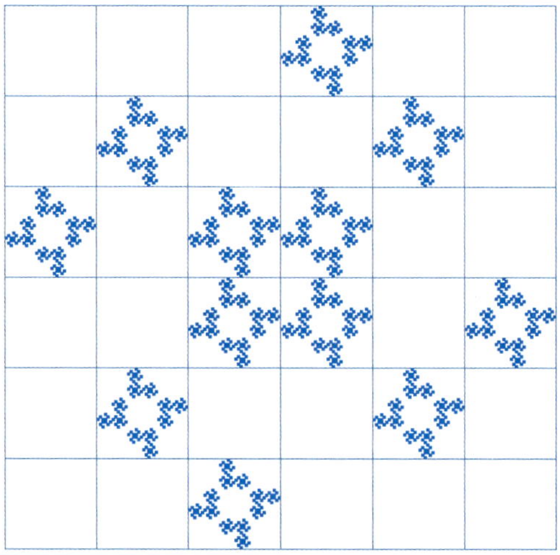 |
| $ggf$ : $\log_{216}1728 = 1.387$ | $ggg$ : $\log_{216}1728 = 1.387$ |
| 1728/46656=0.037 | 1728/46656=0.037 |
| 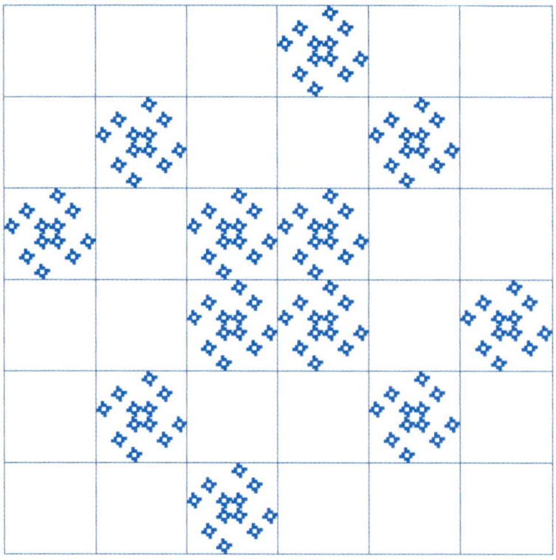 | 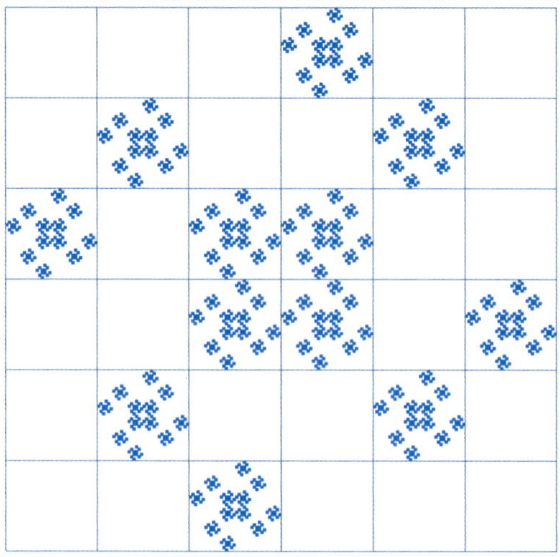 |

### (6) 1단계 24개

1단계 24개의 프랙탈은 각각 12개의 프랙탈로 구분할 수 있다. $F_1$의 변형인 $f$와 $g$는 모두 회전에 의한 속도감을 느낄 수 있는 동적인 이미지다. 특히 $g$는 스와스티카(swastika)와 비슷한 형태를 갖고 있다. 스와스티카는 예로부터 부와 행운의 상징으로 널리 사용되어 왔으며, 흔히 절 표시로 만(卍)자를 사용하는데 서양에선 이를 보고 섬뜩해 한다. 히틀러의 잔인한 유대인학살을 비롯해 인류를 공포에 빠뜨린 2차 세계대전에서 휘날리던 나치당의 깃발을 떠올리게 하기 때문이다.

| $F_1 = f \cup g : \log_6 24 = 1.774$ | $f : \log_6 12 = 1.387$ | $g : \log_6 12 = 1.387$ |
|---|---|---|
| 24/36=0.667 | 12/36=0.333 | 12/36=0.333 |

$F_1$:

| | | | | | |
|---|---|---|---|---|---|
| 0 | 0 | 1 | 2 | 0 | 0 |
| 0 | 2 | 1 | 1 | 2 | 0 |
| 2 | 1 | 2 | 2 | 1 | 1 |
| 1 | 1 | 2 | 2 | 1 | 2 |
| 0 | 2 | 1 | 1 | 2 | 0 |
| 0 | 0 | 2 | 1 | 0 | 0 |

$f$:

| | | | | | |
|---|---|---|---|---|---|
| 0 | 0 | 1 | 1 | 0 | 0 |
| 0 | 0 | 1 | 0 | 0 | 0 |
| 1 | 0 | 0 | 0 | 1 | 1 |
| 1 | 1 | 0 | 0 | 0 | 1 |
| 0 | 0 | 0 | 1 | 0 | 0 |
| 0 | 0 | 1 | 1 | 0 | 0 |

$g$:

| | | | | | |
|---|---|---|---|---|---|
| 0 | 0 | 0 | 0 | 0 | 0 |
| 0 | 2 | 0 | 2 | 2 | 0 |
| 0 | 2 | 2 | 2 | 0 | 0 |
| 0 | 0 | 2 | 2 | 2 | 0 |
| 0 | 2 | 2 | 0 | 2 | 0 |
| 0 | 0 | 0 | 0 | 0 | 0 |

| $F_2 : \log_{36} 576 = 1.774$ | $ff : \log_{36} 144 = 1.387$ | $fg : \log_{36} 144 = 1.387$ |
|---|---|---|
| 576/1296=0.444 | 144/1296=0.111 | 144/1296=0.111 |

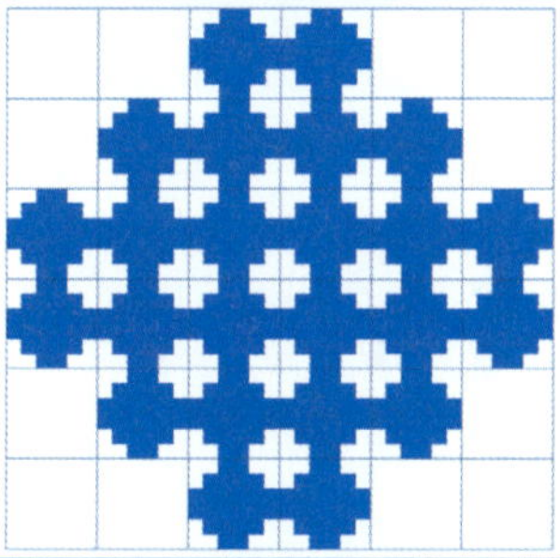
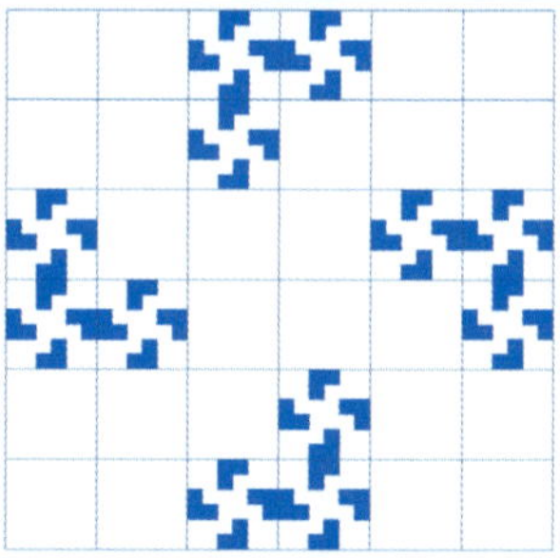
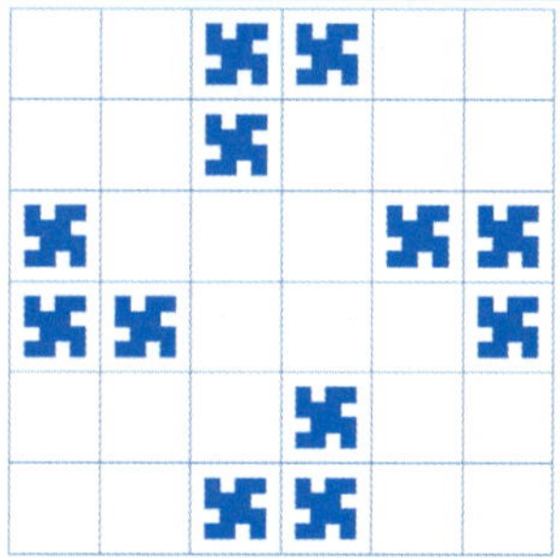

| $F_3 : \log_{216} 13824 = 1.774$ | $gf : \log_{36} 144 = 1.387$ | $gg : \log_{36} 144 = 1.387$ |
|---|---|---|
| 13824/46656=0.296 | 144/1296=0.111 | 144/1296=0.111 |

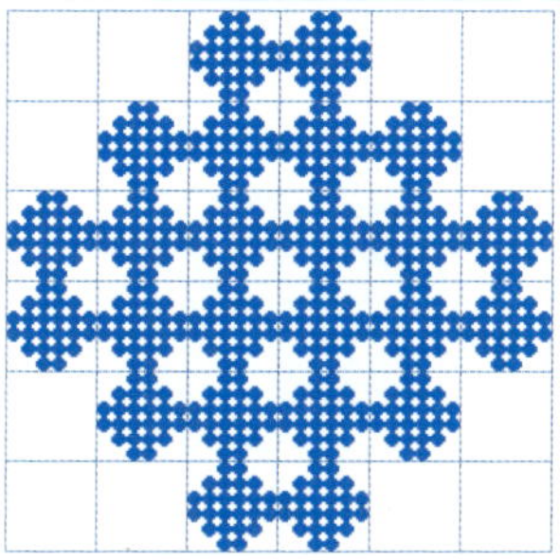
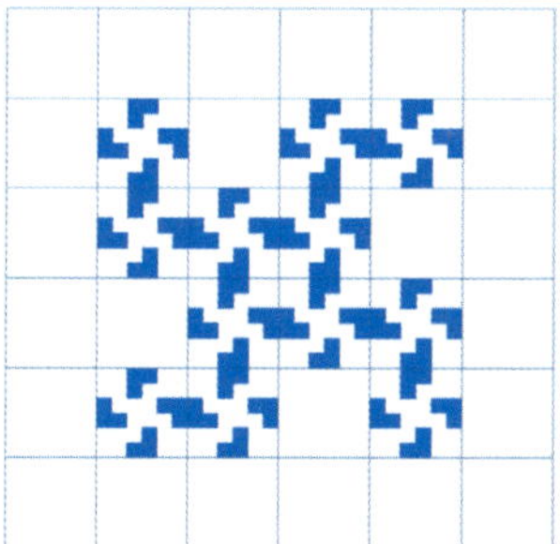
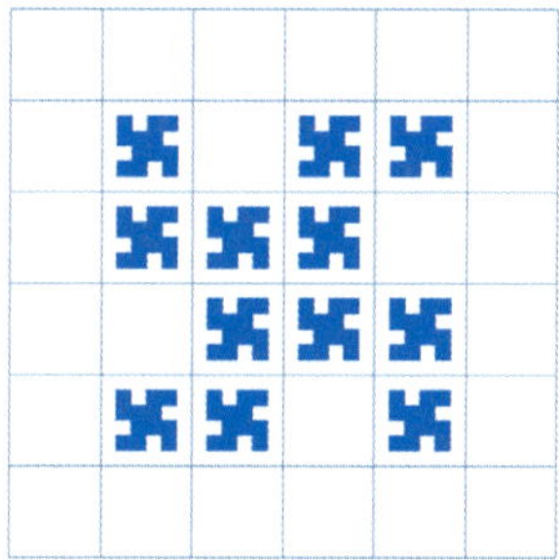

$f$와 $ff$, $fff$를 비교해보자. 자기닮음을 볼 수 있다. 곱셈 프랙탈은 안정적이고 통일감이 있다. 여러 가지 합성변환을 통하여 변화와 리듬이 있는 프랙탈을 만들 수 있다. $fff$, $ffg$, $fgf$, $fgg$는 전체적인 느낌은 비슷하나 크기에 있어 차이가 있다. 그 차이점을 말해보자.

| $fff$: $\log_{216}1728 = 1.387$ | $ffg$: $\log_{216}1728 = 1.387$ |
|---|---|
| 1728/46656=0.037 | 1728/46656=0.037 |
| 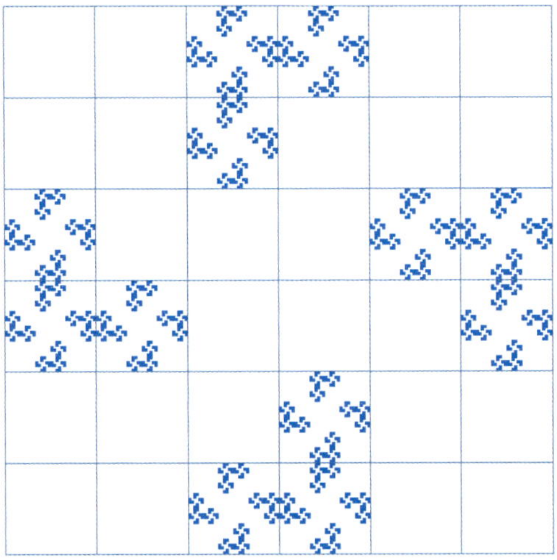 | 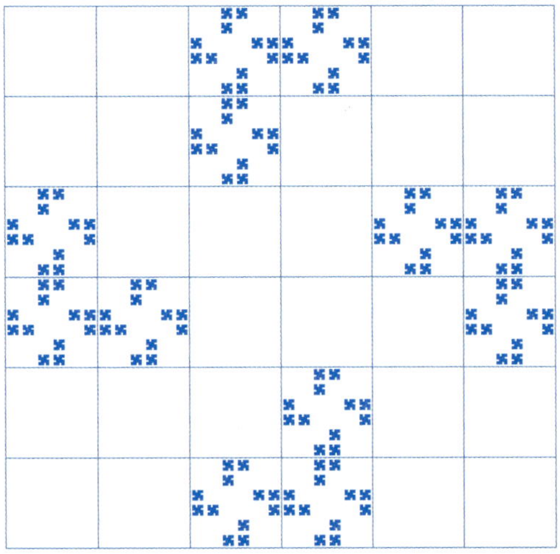 |
| $fgf$: $\log_{216}1728 = 1.387$ | $fgg$: $\log_{216}1728 = 1.387$ |
| 1728/46656=0.037 | 1728/46656=0.037 |
| 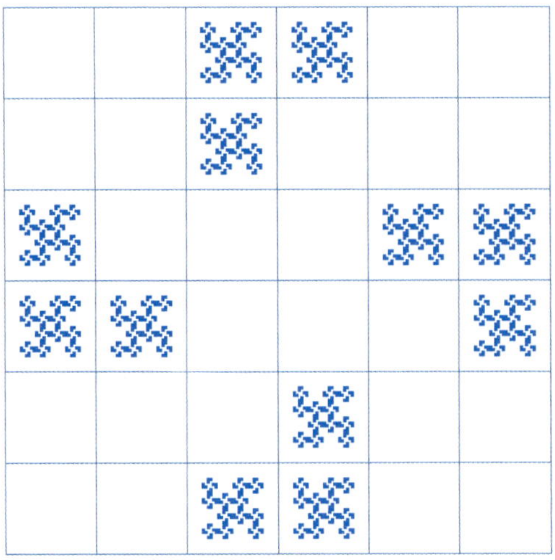 | 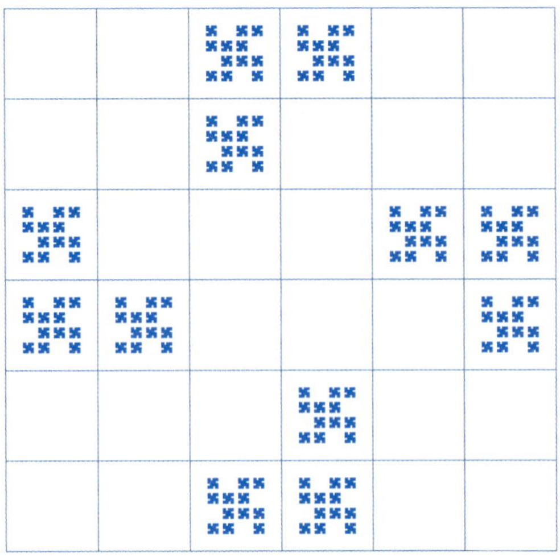 |

$g$와 $gg$, $ggg$의 프랙탈을 비교해 보자. 곱셈 프랙탈을 볼 수 있다. 곱셈 프랙탈에 변화를 줄 수 있는 방법을 생각해 보자.

| $gff$ : $\log_{216}1728 = 1.387$ | $gfg$ : $\log_{216}1728 = 1.387$ |
|---|---|
| 1728/46656=0.037 | 1728/46656=0.037 |

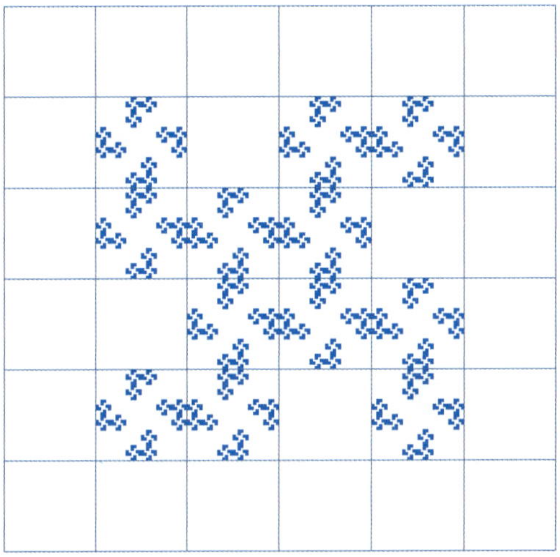

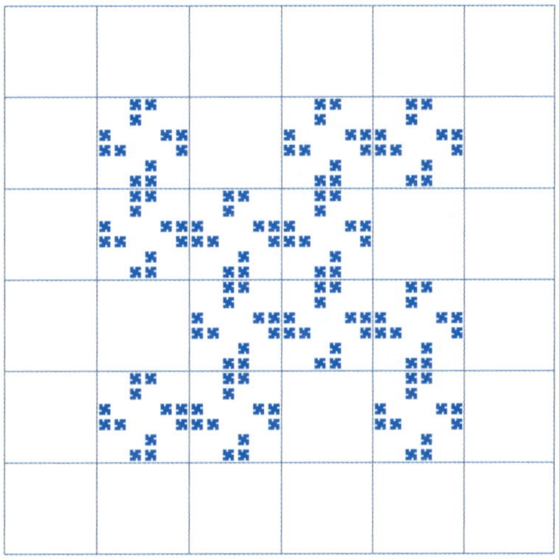

| $ggf$ : $\log_{216}1728 = 1.387$ | $ggg$ : $\log_{216}1728 = 1.387$ |
|---|---|
| 1728/46656=0.037 | 1728/46656=0.037 |

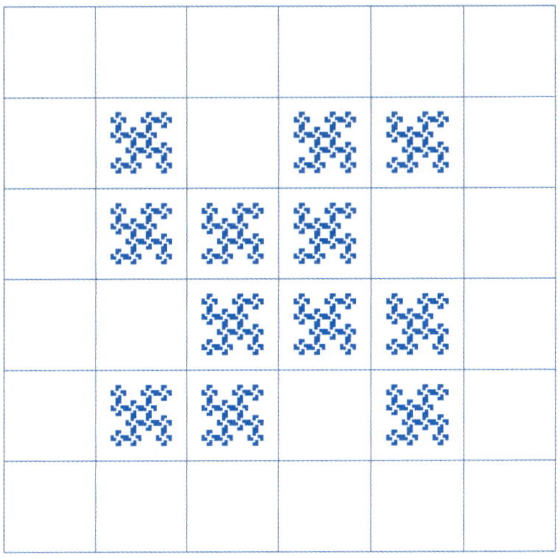

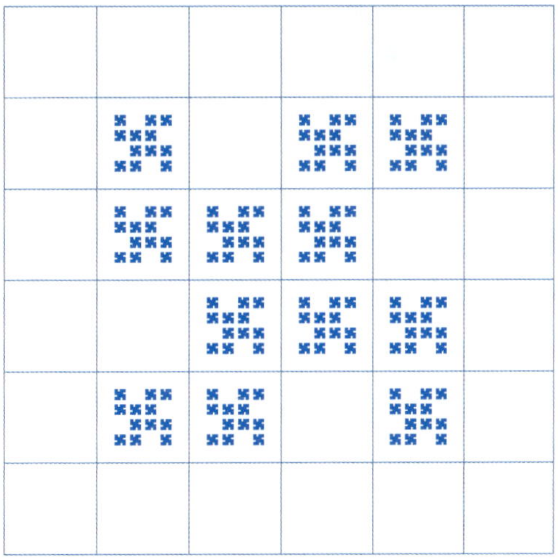

### (7) 1단계 24개

1단계에서 24개를 가지는 프랙탈을 각각 12개씩 가지는 두 개의 프랙탈 $f$와 $g$로 분할해보자. $F_1$, $F_2$, $F_3$는 자기반복의 구성이고, $f$와 $g$는 서로 반전의 느낌을 주는 형태를 가졌다. $F_2$는 마치 폭죽이 폭발하는 모양으로 바깥을 향해 뻗어나가는 듯한 발산의 이미지를 가졌다.

| $F_1 = f \cup g : \log_6 24 = 1.774$ | $f : \log_6 12 = 1.387$ | $g : \log_6 12 = 1.387$ |
|---|---|---|
| 24/36=0.667 | 12/36=0.333 | 12/36=0.333 |

$F_1$:

| | | | | | |
|---|---|---|---|---|---|
| 1 | 0 | 2 | 0 | 0 | 1 |
| 0 | 2 | 1 | 2 | 2 | 0 |
| 0 | 2 | 1 | 1 | 1 | 2 |
| 2 | 1 | 1 | 1 | 2 | 0 |
| 0 | 2 | 2 | 1 | 2 | 0 |
| 1 | 0 | 0 | 2 | 0 | 1 |

$f$:

| | | | | | |
|---|---|---|---|---|---|
| 1 | 0 | 0 | 0 | 0 | 1 |
| 0 | 0 | 1 | 0 | 0 | 0 |
| 0 | 0 | 1 | 1 | 1 | 0 |
| 0 | 1 | 1 | 1 | 0 | 0 |
| 0 | 0 | 0 | 1 | 0 | 0 |
| 1 | 0 | 0 | 0 | 0 | 1 |

$g$:

| | | | | | |
|---|---|---|---|---|---|
| 0 | 0 | 2 | 0 | 0 | 0 |
| 0 | 2 | 0 | 2 | 2 | 0 |
| 0 | 2 | 0 | 0 | 0 | 2 |
| 2 | 0 | 0 | 0 | 2 | 0 |
| 0 | 2 | 2 | 0 | 2 | 0 |
| 0 | 0 | 0 | 2 | 0 | 0 |

| $F_2 : \log_{36} 576 = 1.774$ | $ff : \log_{36} 144 = 1.387$ | $fg : \log_{36} 144 = 1.387$ |
|---|---|---|
| 576/1296=0.444 | 144/1296=0.111 | 144/1296=0.111 |

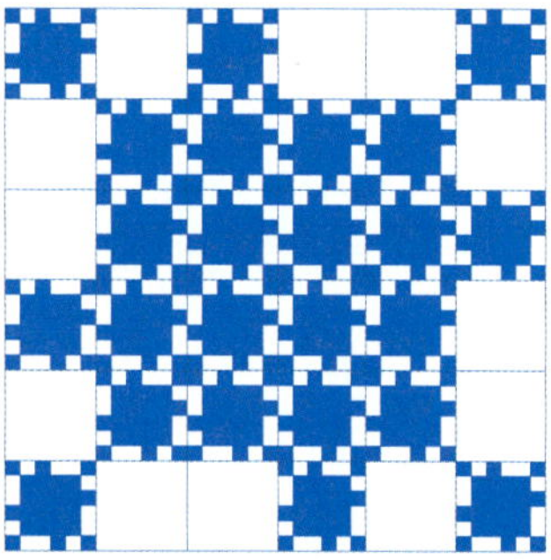
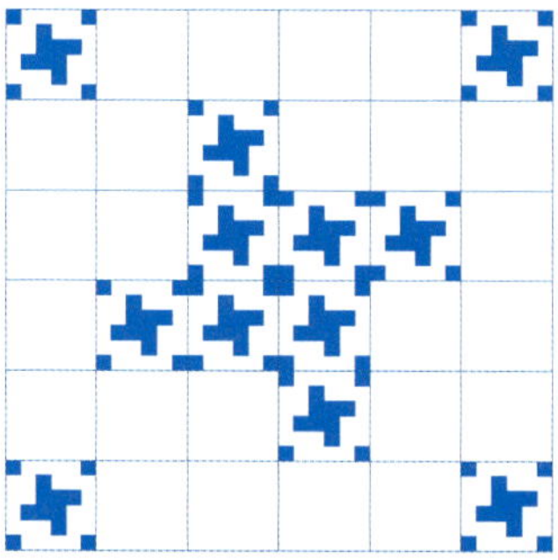
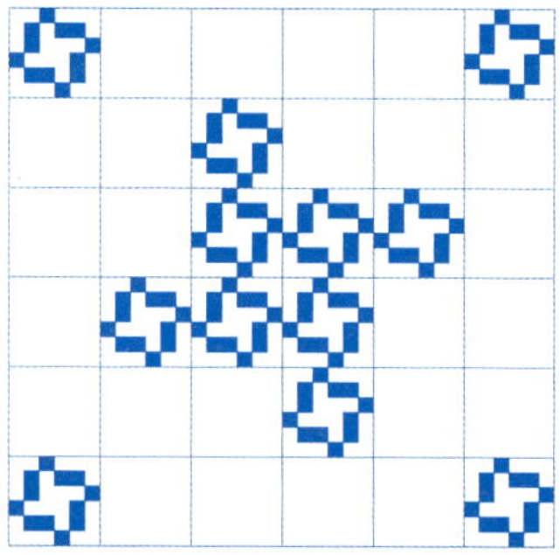

| $F_3 : \log_{216} 13824 = 1.774$ | $gf : \log_{36} 144 = 1.387$ | $gg : \log_{36} 144 = 1.387$ |
|---|---|---|
| 13824/46656=0.296 | 144/1296=0.111 | 144/1296=0.111 |

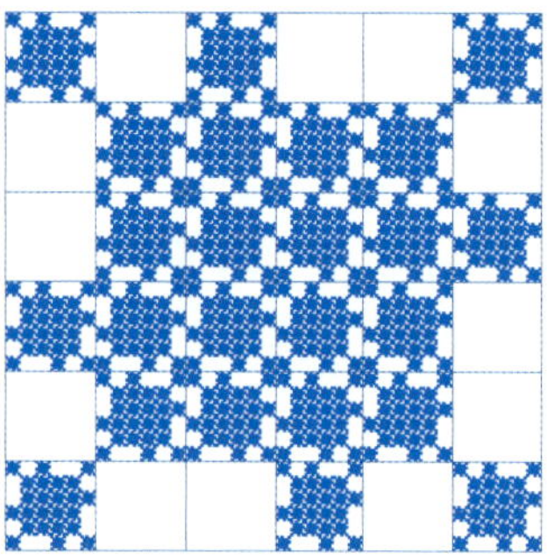
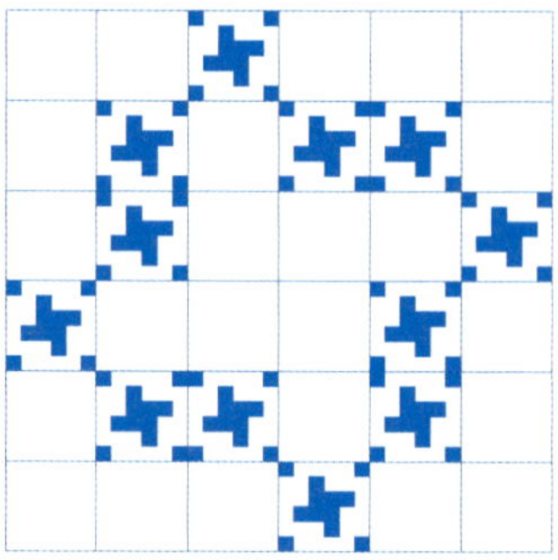
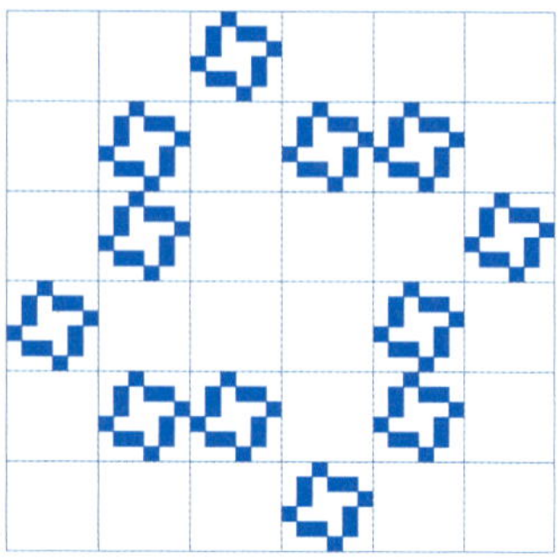

$F_1$의 변형인 $f$와 $g$의 조형원리로 확장한 3단계 프랙탈 중 다음 네 가지 프랙탈은 모두 작고 반짝임이 있는 것으로 구성된 느낌이다. 특히 1단계에서 $f$의 형태로 확장한 프랙탈의 반짝임이 더욱 강하게 느껴진다. 마치 밤하늘에 별들이 빛의 소용돌이를 일으키며 반짝이는 것 같다. 가수 돈 맥클린(Don Mclean)이 부른 〈빈센트〉라는 노래가 있다. Stary stary night~♬으로 시작하는 이 감미로운 선율의 노래는 반 고흐(Vincent Van Gogh, 1853-1890)의 그림을 보고 영감을 얻어 그를 추모하며 부른 노래라고 한다. 이 노래를 들으면서 프랙탈을 통해 고흐의 〈별이 빛나는 밤〉이라는 그림과 그의 슬픈 인생에 대한 느낌도 떠올려보자.

| $fff$ : $\log_{216}1728 = 1.387$ | $ffg$ : $\log_{216}1728 = 1.387$ |
| --- | --- |
| 1728/46656=0.037 | 1728/46656=0.037 |
| 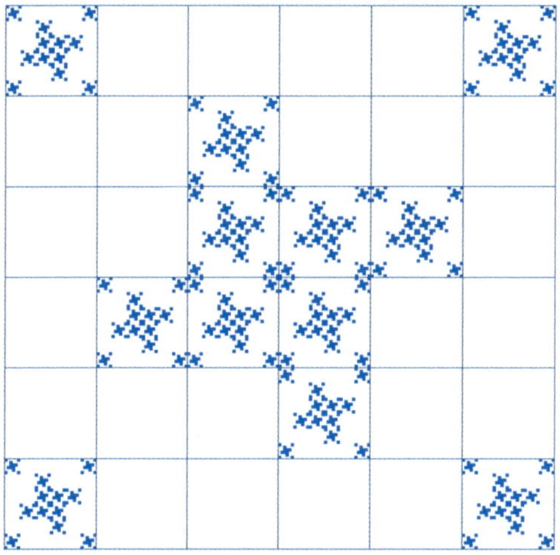 | 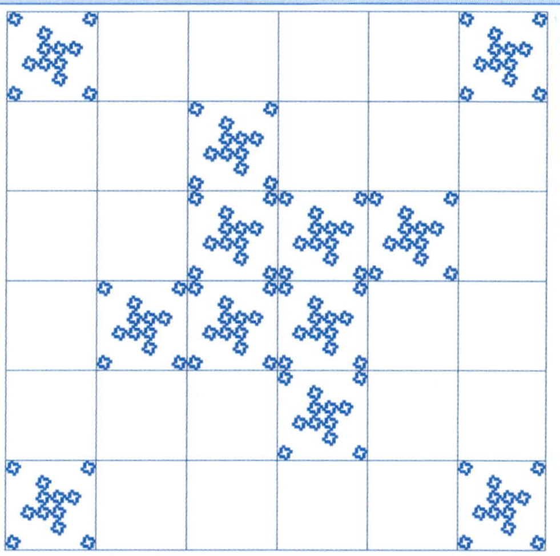 |
| $fgf$ : $\log_{216}1728 = 1.387$ | $fgg$ : $\log_{216}1728 = 1.387$ |
| 1728/46656=0.037 | 1728/46656=0.037 |
| 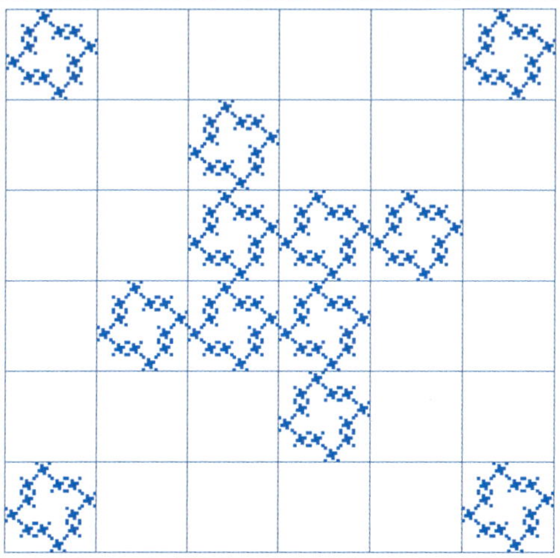 | 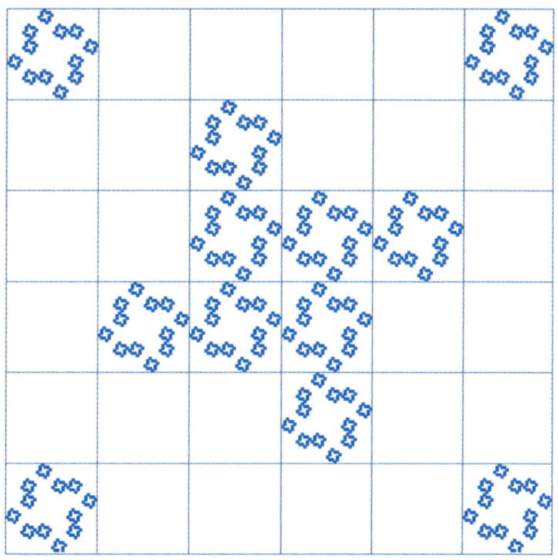 |

$gff$와 $gfg$를 비교해 보자. 3단계에서 $g$의 형태로 확장된 프랙탈은 중심이 비어있고 회전 대칭을 이루고 있기 때문에 기본적으로 분산된 느낌을 준다. $gff$는 1단계가 발산의 이미지를 가진 $f$로 시작하기에 더 분산되어 보인다. 비슷하지만 $gfg$는 분산되어 있으면서도 상대적으로 안정된 느낌을 가지게 한다. $gfg$와 $ggg$를 비교해 보고 느낌을 말해 보자.

| $gff$ : $\log_{216}1728 = 1.387$ | $gfg$ : $\log_{216}1728 = 1.387$ |
|---|---|
| 1728/46656=0.037 | 1728/46656=0.037 |

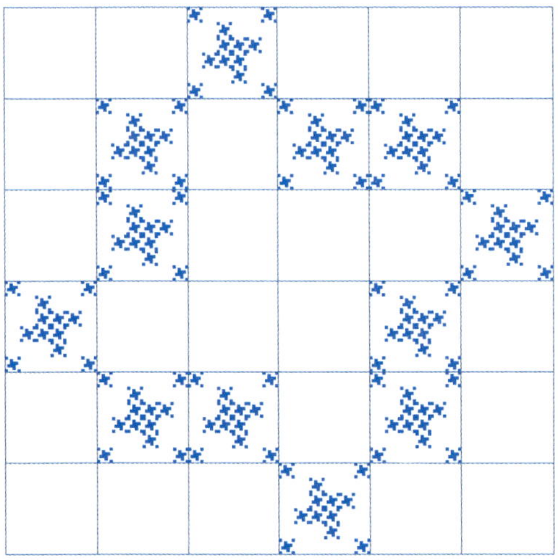

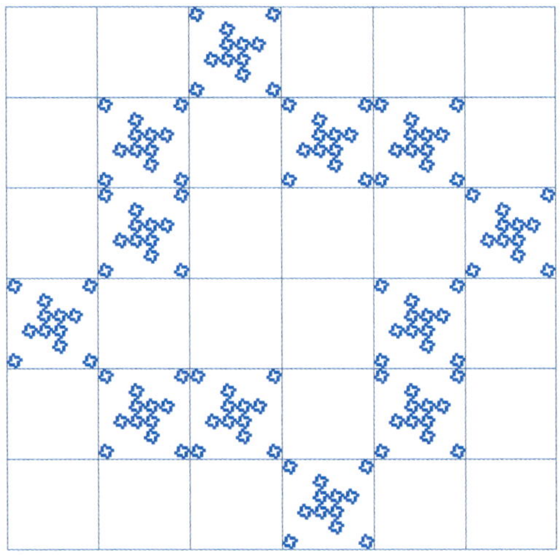

| $ggf$ : $\log_{216}1728 = 1.387$ | $ggg$ : $\log_{216}1728 = 1.387$ |
|---|---|
| 1728/46656=0.037 | 1728/46656=0.037 |

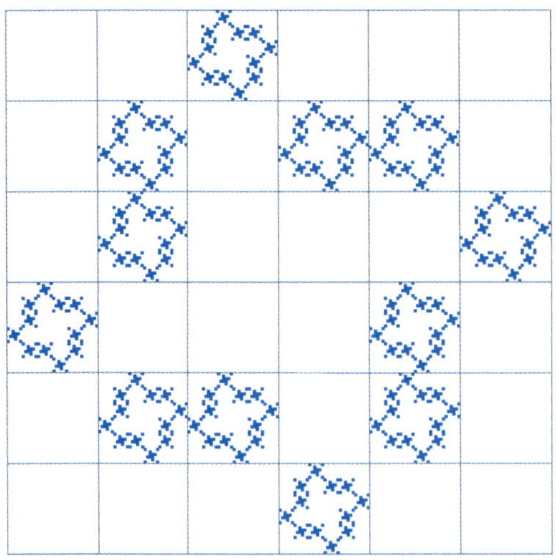

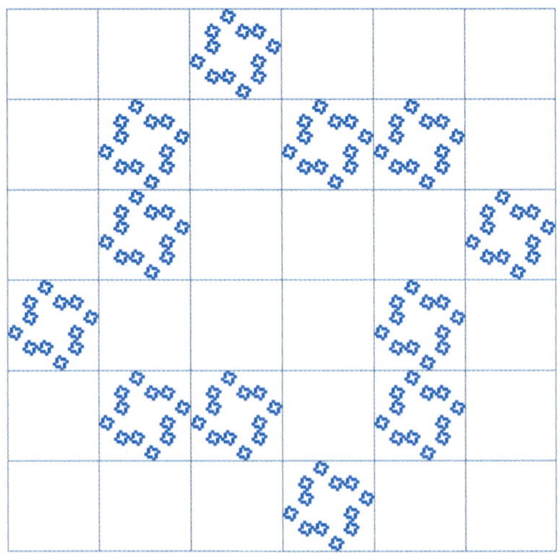

### (8) 1단계 28개

1단계 28개를 가지는 프랙탈을 각각 12개와 16개를 가지는 프랙탈로 분할한다. $f$는 회전에 의한 변화가 예측되는 동적 이미지를 띠는데 반해 $g$는 네 귀퉁이 모두 막혀 있는 구조이기 때문에 안정감을 준다. $F_2$의 프랙탈은 정적이지만 $ff$와 $gf$는 동적인 느낌을 주는데 이는 1단계에서 $f$의 구조를 적용했기 때문이다.

$F_1 = f \cup g : \log_6 28 = 1.86$
28/36=0.778

| 2 | 2 | 1 | 0 | 2 | 2 |
|---|---|---|---|---|---|
| 2 | 1 | 2 | 1 | 1 | 2 |
| 0 | 1 | 0 | 0 | 2 | 1 |
| 1 | 2 | 0 | 0 | 1 | 0 |
| 2 | 1 | 1 | 2 | 1 | 2 |
| 2 | 2 | 0 | 1 | 2 | 2 |

$f : \log_6 12 = 1.387$
12/36=0.333

| 0 | 0 | 1 | 0 | 0 | 0 |
|---|---|---|---|---|---|
| 0 | 1 | 0 | 1 | 1 | 0 |
| 0 | 1 | 0 | 0 | 0 | 1 |
| 1 | 0 | 0 | 0 | 1 | 0 |
| 0 | 1 | 1 | 0 | 1 | 0 |
| 0 | 0 | 0 | 1 | 0 | 0 |

$g : \log_6 16 = 1.547$
16/36=0.444

| 2 | 2 | 0 | 0 | 2 | 2 |
|---|---|---|---|---|---|
| 2 | 0 | 2 | 0 | 0 | 2 |
| 0 | 0 | 0 | 0 | 2 | 0 |
| 0 | 2 | 0 | 0 | 0 | 0 |
| 2 | 0 | 0 | 2 | 0 | 2 |
| 2 | 2 | 0 | 0 | 2 | 2 |

$F_2 : \log_{36} 784 = 1.86$
784/1296=0.605

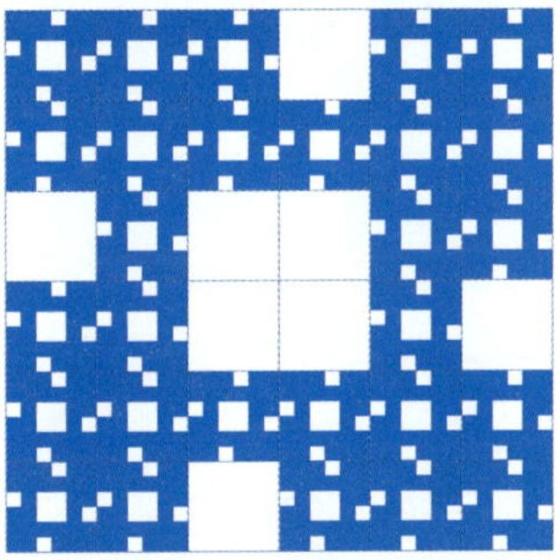

$ff : \log_{36} 144 = 1.387$
144/1296=0.111

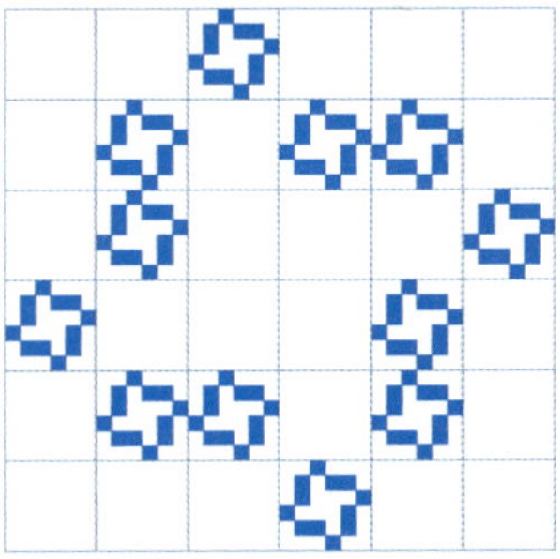

$fg : \log_{36} 192 = 1.467$
192/1296=0.148

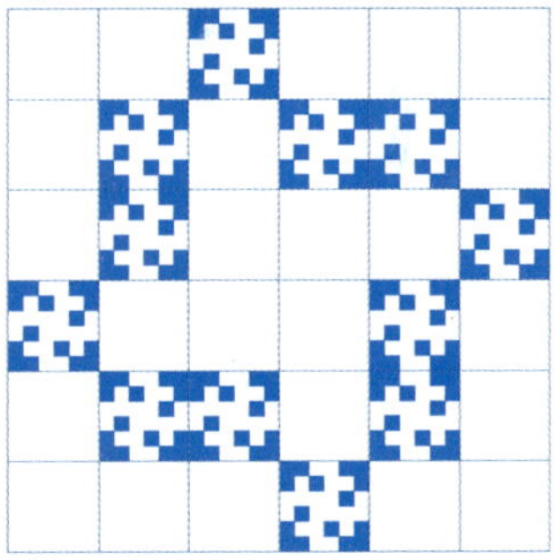

$F_3 : \log_{216} 21952 = 1.86$
21952/46656=0.471

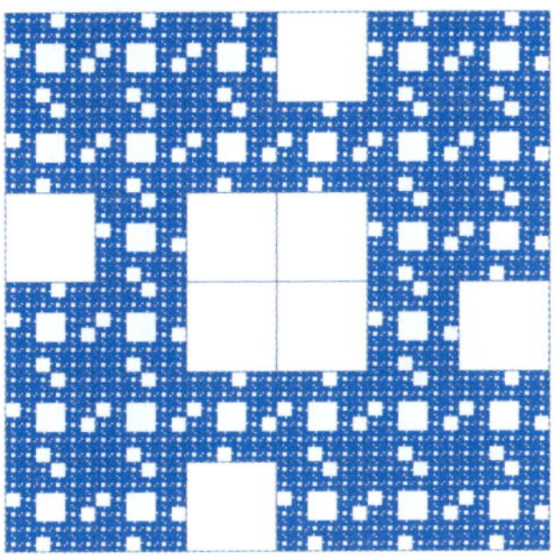

$gf : \log_{36} 192 = 1.467$
192/1296=0.148

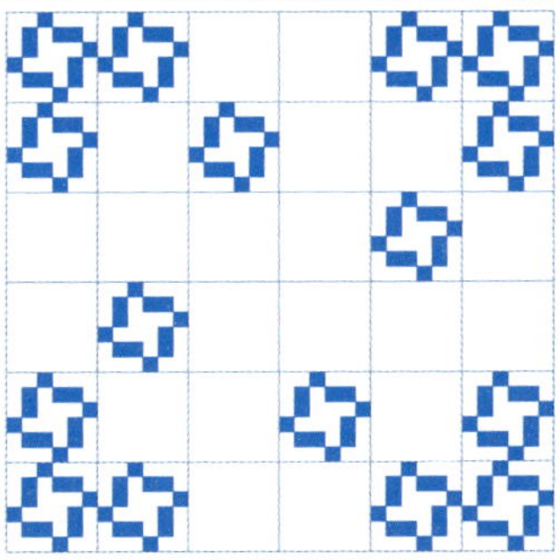

$gg : \log_{36} 256 = 1.547$
256/1296=0.198

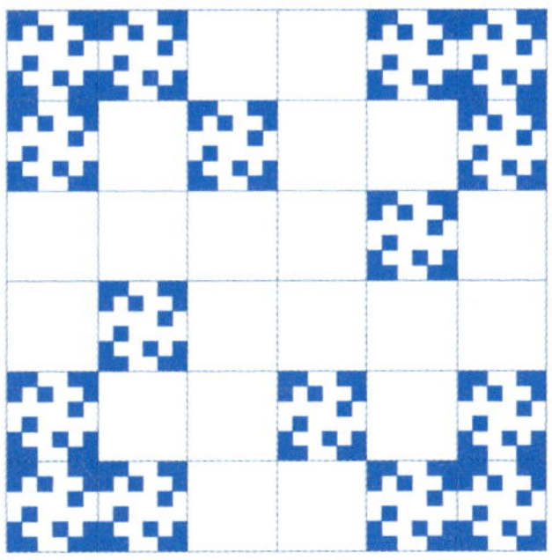

$fgf$와 $fgg$는 색칠하지 않은 부분이 형태를 가진다. 빈 공간이 심리적으로 형태를 가진 것처럼 보이는 착시이다. 2단계에서 $g$의 형태가 적용 된 프랙탈은 3단계에서 견고한 구조를 갖도록 하여 $fff$와 $ffg$는 유동적이며 불안한 이미지를 띠는데 반해 $fgf$와 $fgg$는 격자 안에 갇혀 있어서 정적인 느낌을 가진다.

| $fff$ : $\log_{216}1728 = 1.387$ | $ffg$ : $\log_{216}1728 = 1.387$ |
|---|---|
| 1728/46656=0.037 | 1728/46656=0.037 |
| 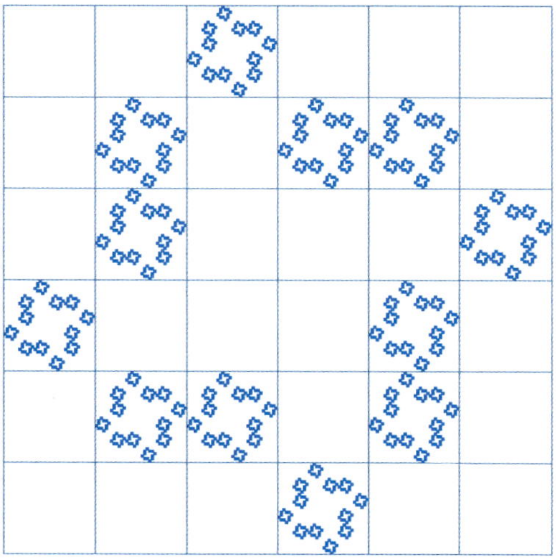 | 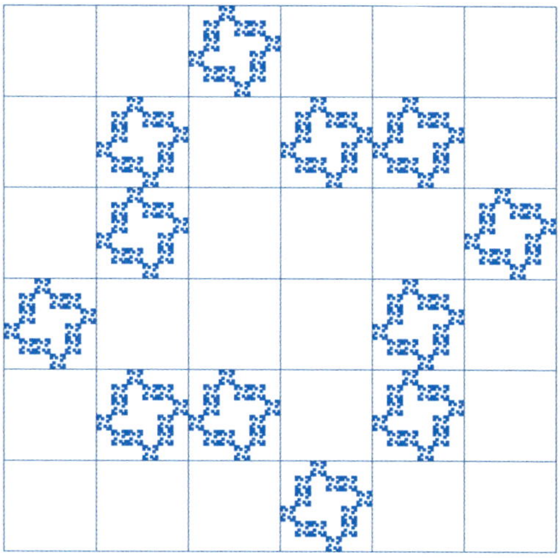 |
| $fgf$ : $\log_{216}1728 = 1.387$ | $fgg$ : $\log_{216}1728 = 1.387$ |
| 1728/46656=0.037 | 1728/46656=0.037 |
| 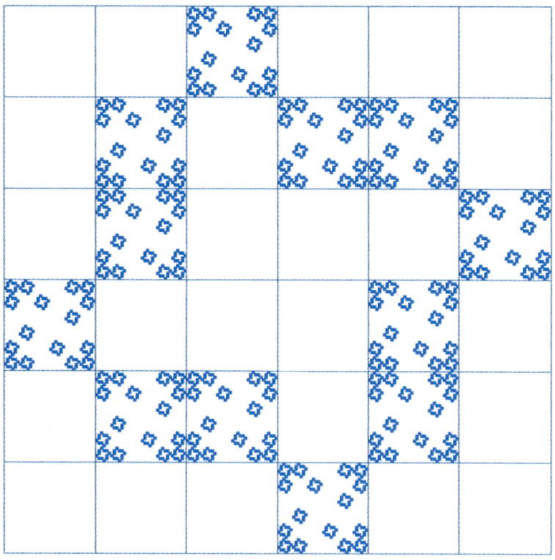 | 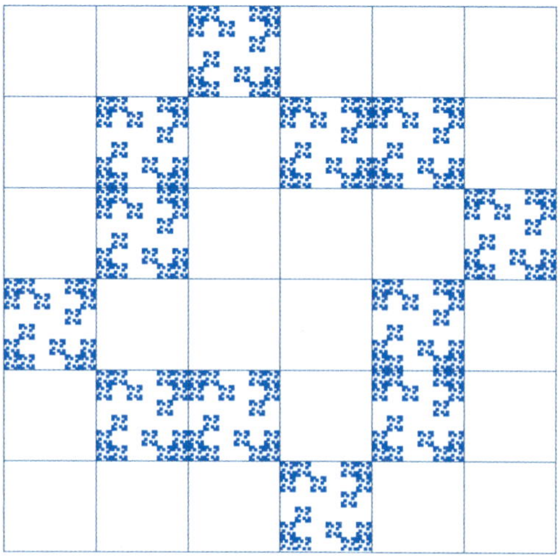 |

$gff$는 발산의 느낌이 있고, $gff$는 수렴의 느낌을 가진다. 보는 관점에 따라 자유롭게 느낄 수 있다. 생활 주변에 이러한 디자인을 적용시킬 수 있는 공간에 대해 생각해 보자.

| $gff:\log_{216}1728 = 1.387$ | $gfg:\log_{216}1728 = 1.387$ |
| --- | --- |
| 1728/46656=0.037 | 1728/46656=0.037 |
| 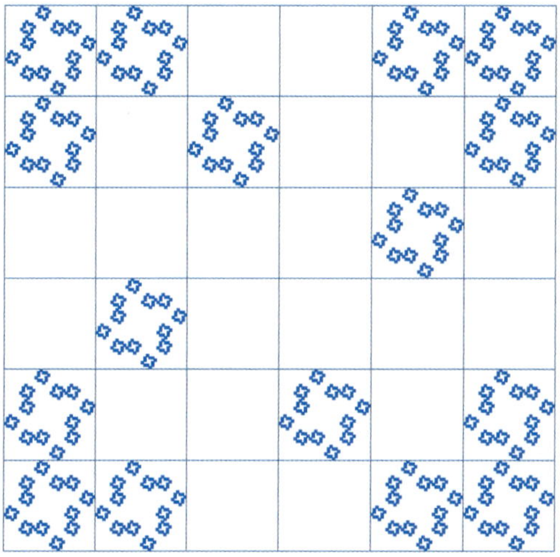 | 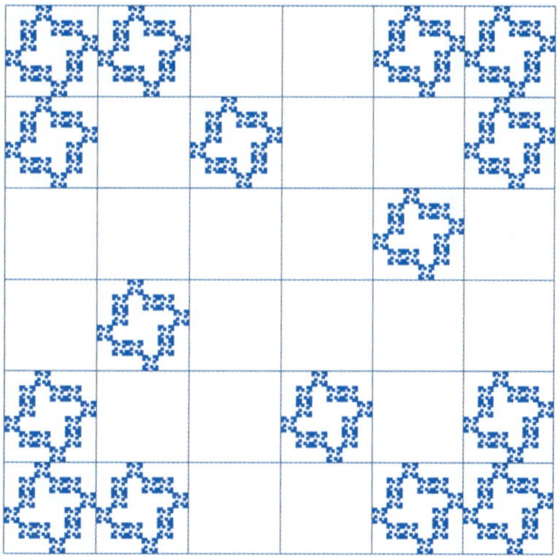 |
| $ggf:\log_{216}1728 = 1.387$ | $ggg:\log_{216}1728 = 1.387$ |
| 1728/46656=0.037 | 1728/46656=0.037 |
| 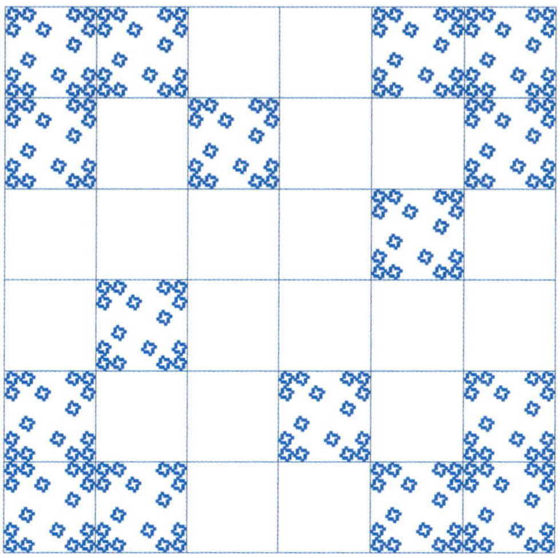 | 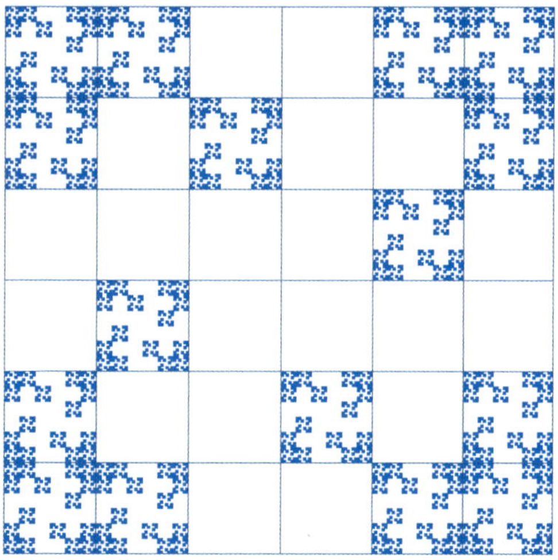 |

# 5 7×7 곱셈 프랙탈 분할

## 1. 두 개의 프랙탈로 분할

(1) 1단계 25개

$F_1 = f \cup g : \log_7 25 = 1.654$

25/49=0.51

| 0 | 3 | 0 | 1 | 0 | 3 | 0 |
|---|---|---|---|---|---|---|
| 3 | 0 | 0 | 1 | 0 | 0 | 3 |
| 0 | 0 | 1 | 2 | 1 | 0 | 0 |
| 1 | 1 | 2 | 2 | 2 | 1 | 1 |
| 0 | 0 | 1 | 2 | 1 | 0 | 0 |
| 3 | 0 | 0 | 1 | 0 | 0 | 3 |
| 0 | 3 | 0 | 1 | 0 | 3 | 0 |

$f : \log_7 12 = 1.277$

12/36=0.245

| 0 | 0 | 0 | 1 | 0 | 0 | 0 |
|---|---|---|---|---|---|---|
| 0 | 0 | 0 | 1 | 0 | 0 | 0 |
| 0 | 0 | 1 | 0 | 1 | 0 | 0 |
| 1 | 1 | 0 | 0 | 0 | 1 | 1 |
| 0 | 0 | 1 | 0 | 1 | 0 | 0 |
| 0 | 0 | 0 | 1 | 0 | 0 | 0 |
| 0 | 0 | 0 | 1 | 0 | 0 | 0 |

$g : \log_7 5 = 0.827$

5/36=0.102

| 0 | 0 | 0 | 0 | 0 | 0 | 0 |
|---|---|---|---|---|---|---|
| 0 | 0 | 0 | 0 | 0 | 0 | 0 |
| 0 | 0 | 0 | 2 | 0 | 0 | 0 |
| 0 | 0 | 2 | 2 | 2 | 0 | 0 |
| 0 | 0 | 0 | 2 | 0 | 0 | 0 |
| 0 | 0 | 0 | 0 | 0 | 0 | 0 |
| 0 | 0 | 0 | 0 | 0 | 0 | 0 |

$h : \log_7 8 = 1.069$

8/49=0.163

| 0 | 3 | 0 | 0 | 0 | 3 | 0 |
|---|---|---|---|---|---|---|
| 3 | 0 | 0 | 0 | 0 | 0 | 3 |
| 0 | 0 | 0 | 0 | 0 | 0 | 0 |
| 0 | 0 | 0 | 0 | 0 | 0 | 0 |
| 0 | 0 | 0 | 0 | 0 | 0 | 0 |
| 3 | 0 | 0 | 0 | 0 | 0 | 3 |
| 0 | 3 | 0 | 0 | 0 | 3 | 0 |

$F_2 : \log_{49} 625 = 1.654$

625/2401=0.26

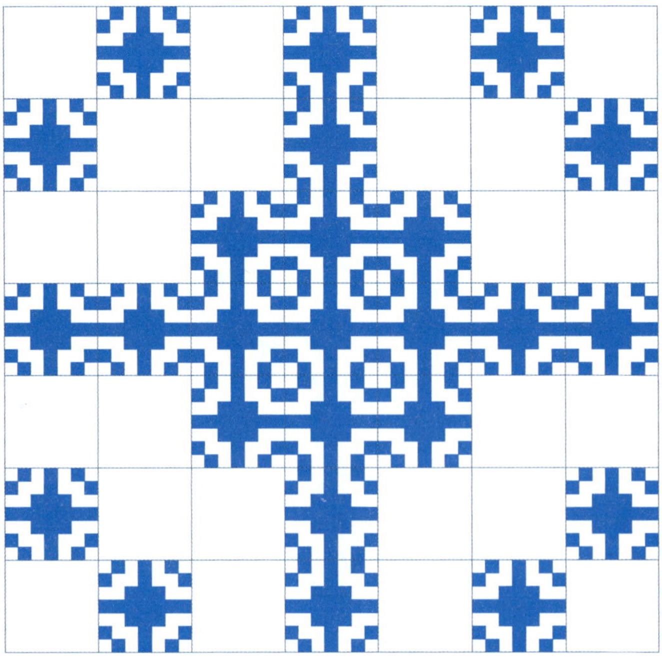

양식화(stylization)란 약화의 의미로 대상물의 특징을 간결하게 표현하는 과정을 말한다. 대상물의 구조적 특징을 의도적으로 적절하게 변형하여 독특한 이미지나 개성을 강조하여 표현하는 구성형식이다. 복잡성을 배제하고 단순화시키는 것이다. *ff*와 양식화에 대해 생각해 보자.

| $ff:\log_{49}144 = 1.277$ | $fg:\log_{49}60 = 1.502$ | $fh:\log_{49}96 = 1.173$ |
|---|---|---|
| 625/2401=0.26 | 60/2401=0.025 | 96/2401=0.04 |
| 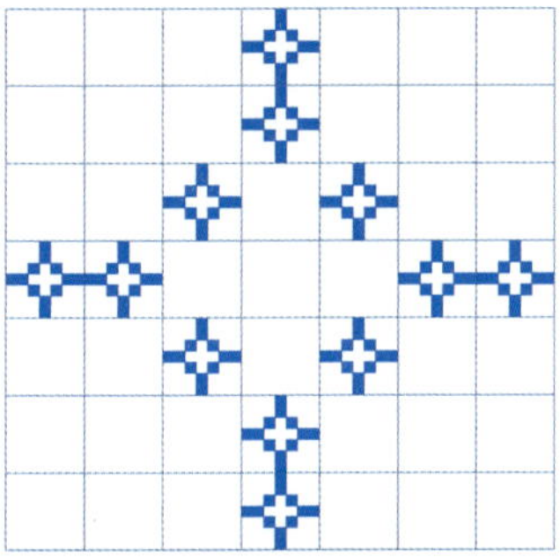 | 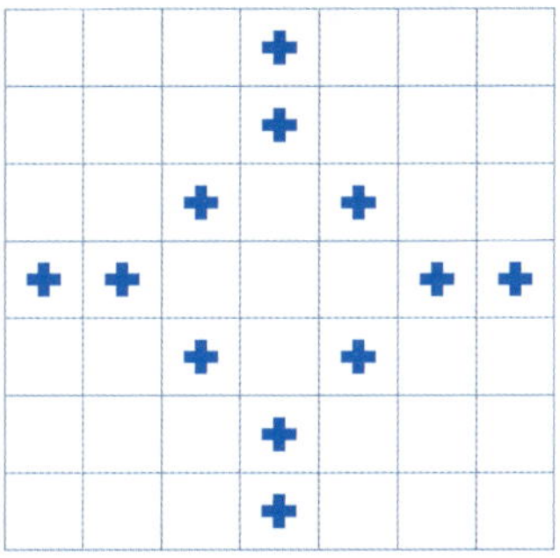 | 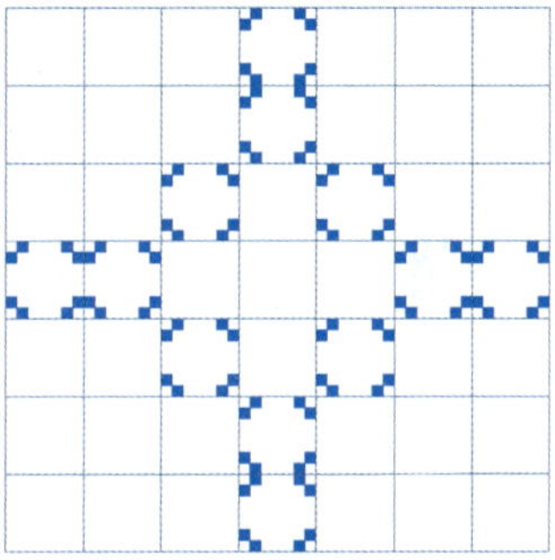 |
| $gf:\log_{49}125 = 1.241$ | $gg:\log_{49}25 = 0.827$ | $gh:\log_{49}40 = 0.948$ |
| 125/2401=0.052 | 25/2401=0.01 | 40/2401=0.017 |
| 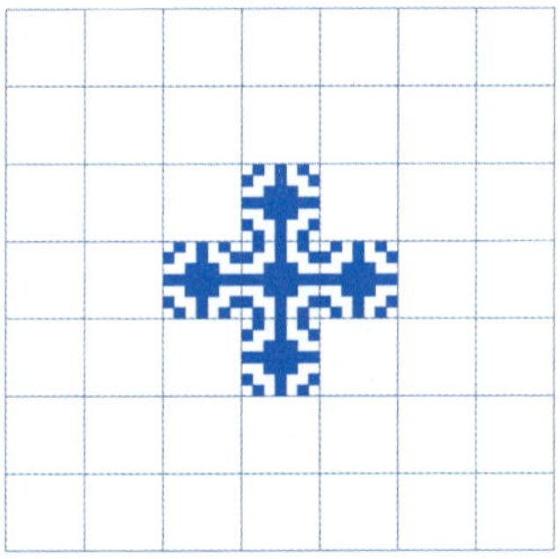 | 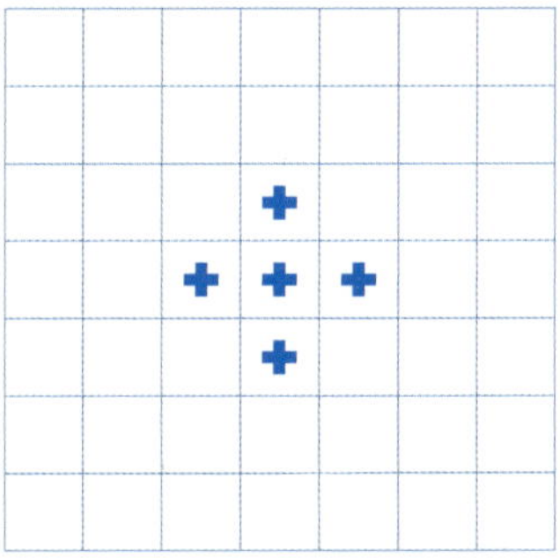 | 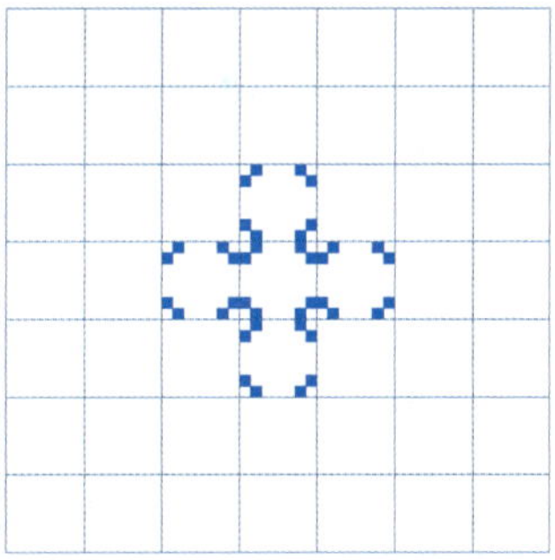 |
| $hf:\log_{49}96 = 1.173$ | $hg:\log_{49}40 = 0.948$ | $hh:\log_{64}64 = 1.069$ |
| 96/2401=1.173 | 40/2401=0.017 | 64/2401=0.027 |
| 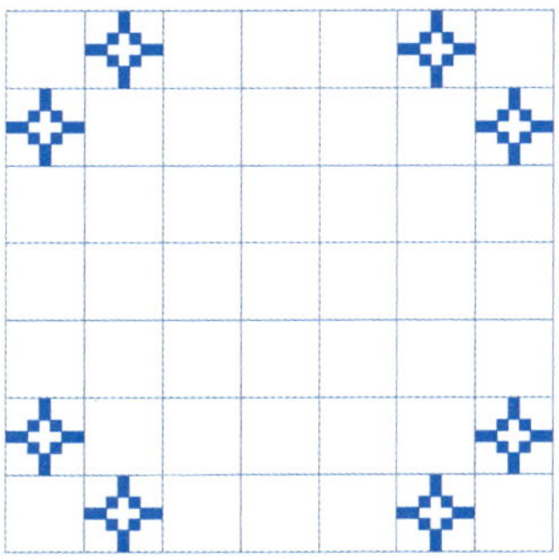 | 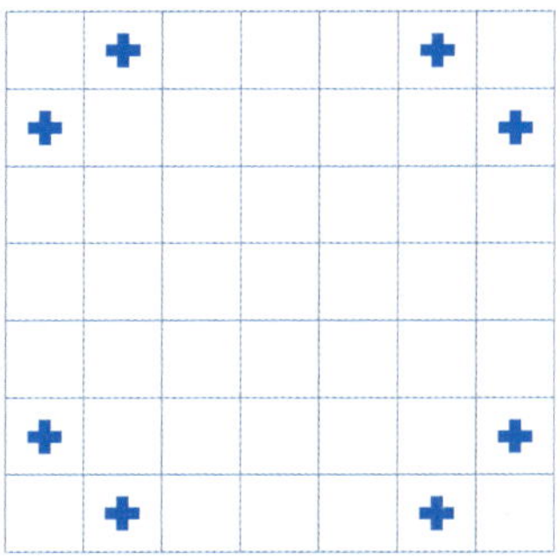 | 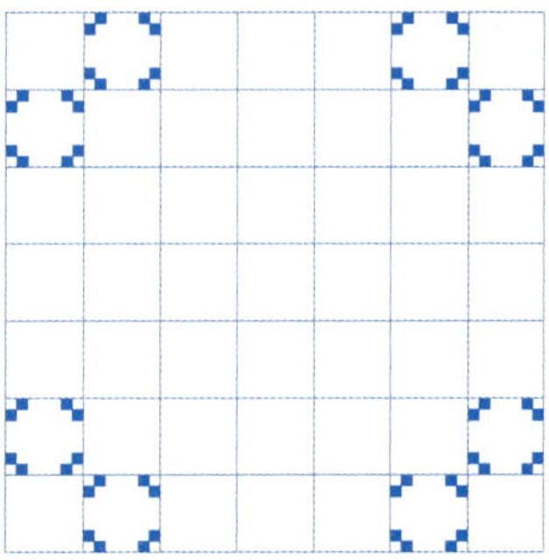 |

(2) 1단계 28개

사회가 발전함에 따라 거리, 공원, 버스터미널, 지하철역 등 공공장소가 많이 생겨나고 사람들이 이를 자주 이용하게 된다. 일상 속에서 사람들이 심신의 조화로운 안정을 가지려면 거리의 건축물이나 구조물 등이 주위 환경과 조화를 이루어야 한다. 이것을 환경 디자인이라고 하는데 우리의 생활공간을 아름답고 쾌적하며, 기능적으로 꾸미는 일과 더불어 환경의 계획・보존・계발에 이르는 종합적인 과정을 말한다. 환경 디자인은 특히 사람과 자연의 조화를 추구하는 디자인으로 자연 환경과 인공 환경이 조화를 이루도록 고려해야 한다. $F_2$가 주위 환경과 어울릴 만한 공간을 생각해보자.

$F_1 = f \cup g : \log_7 28 = 1.712$

28/49=0.571

| 3 | 2 | 1 | 0 | 1 | 2 | 3 |
|---|---|---|---|---|---|---|
| 2 | 3 | 0 | 0 | 0 | 3 | 2 |
| 1 | 0 | 0 | 1 | 0 | 0 | 1 |
| 0 | 0 | 1 | 0 | 1 | 0 | 0 |
| 1 | 0 | 0 | 1 | 0 | 0 | 1 |
| 2 | 3 | 0 | 0 | 0 | 3 | 2 |
| 3 | 2 | 1 | 0 | 1 | 2 | 3 |

$f : \log_7 12 = 1.069$

12/36=0.333

| 0 | 0 | 1 | 0 | 1 | 0 | 0 |
|---|---|---|---|---|---|---|
| 0 | 0 | 0 | 0 | 0 | 0 | 0 |
| 1 | 0 | 0 | 1 | 0 | 0 | 1 |
| 0 | 0 | 1 | 0 | 1 | 0 | 0 |
| 1 | 0 | 0 | 1 | 0 | 0 | 1 |
| 0 | 0 | 0 | 0 | 0 | 0 | 0 |
| 0 | 0 | 1 | 0 | 1 | 0 | 0 |

$g : \log_7 8 = 1.069$

8/36=0.163

| 0 | 2 | 0 | 0 | 0 | 2 | 0 |
|---|---|---|---|---|---|---|
| 2 | 0 | 0 | 0 | 0 | 0 | 2 |
| 0 | 0 | 0 | 0 | 0 | 0 | 0 |
| 0 | 0 | 0 | 0 | 0 | 0 | 0 |
| 0 | 0 | 0 | 0 | 0 | 0 | 0 |
| 2 | 0 | 0 | 0 | 0 | 0 | 2 |
| 0 | 2 | 0 | 0 | 0 | 2 | 0 |

$h : \log_7 8 = 1.069$

8/36=0.163

| 3 | 0 | 0 | 0 | 0 | 0 | 3 |
|---|---|---|---|---|---|---|
| 0 | 3 | 0 | 0 | 0 | 3 | 0 |
| 0 | 0 | 0 | 0 | 0 | 0 | 0 |
| 0 | 0 | 0 | 0 | 0 | 0 | 0 |
| 0 | 0 | 0 | 0 | 0 | 0 | 0 |
| 0 | 3 | 0 | 0 | 0 | 3 | 0 |
| 3 | 0 | 0 | 0 | 0 | 0 | 3 |

$F_2 : \log_{49} 784 = 1.712$

784/2401=0.327

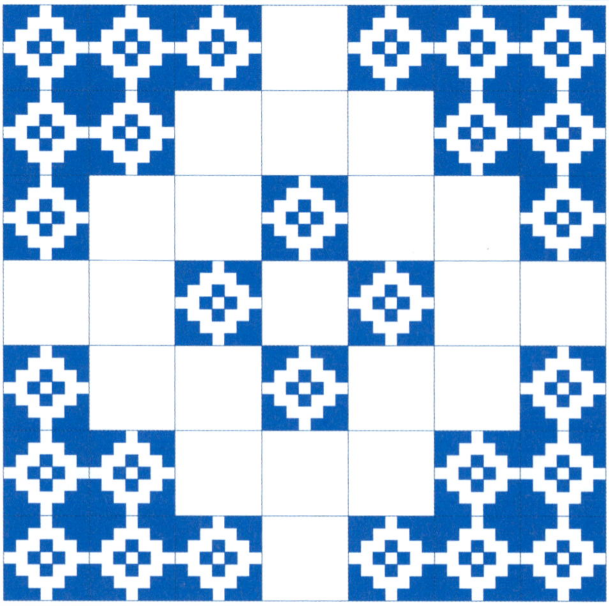

9개의 프랙탈은 대부분 가볍고 경쾌한 이미지를 띠고 있다. 2단계에서 $g$의 형태로 확장한 프랙탈은 수렴되어 보이고, $hf$를 비롯한 $h$의 형태로 확장한 프랙탈은 밖으로 뻗어나가는 발산의 이미지를 띠고 있다. 특히 $hf$, $hg$, $hh$는 가장자리의 도형들이 안쪽의 도형보다 더 크게 확대되는 착시현상도 볼 수 있다. 착시현상은 사물을 눈으로 볼 때 실제 모습과는 다르게 느끼는 현상이다.

| $ff$: $\log_{49}144 = 1.277$ | $fg$: $\log_{49}96 = 1.173$ | $fh$: $\log_{49}96 = 1.173$ |
|---|---|---|
| 144/2401=0.06 | 96/2401=0.04 | 96/2401=0.04 |
| 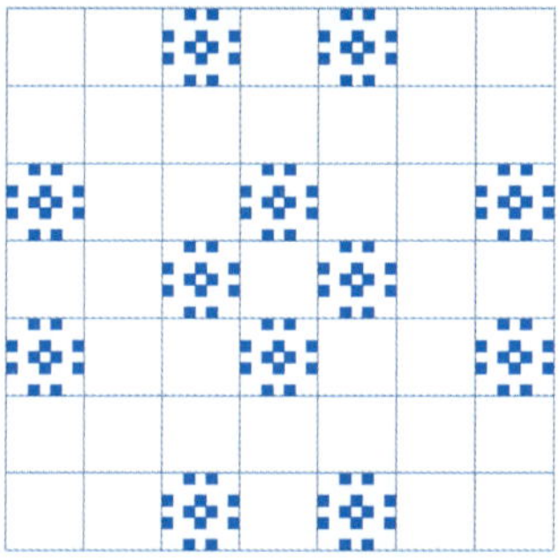 | 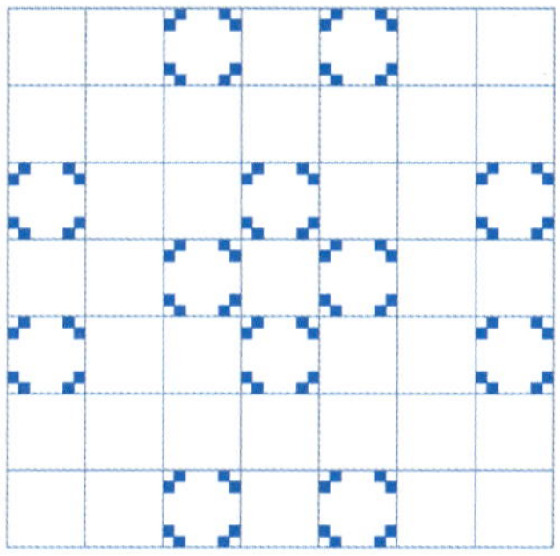 | 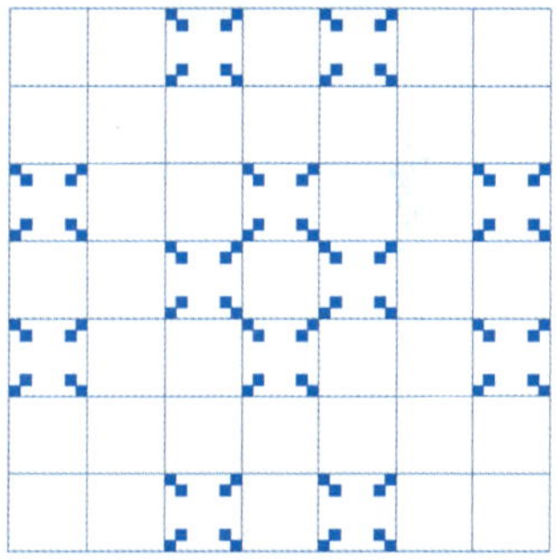 |
| $gf$: $\log_{49}224 = 1.391$ | $gg$: $\log_{49}64 = 1.069$ | $gh$: $\log_{49}64 = 1.069$ |
| 224/2401=0.093 | 64/2401=0.027 | 64/2401=0.027 |
| 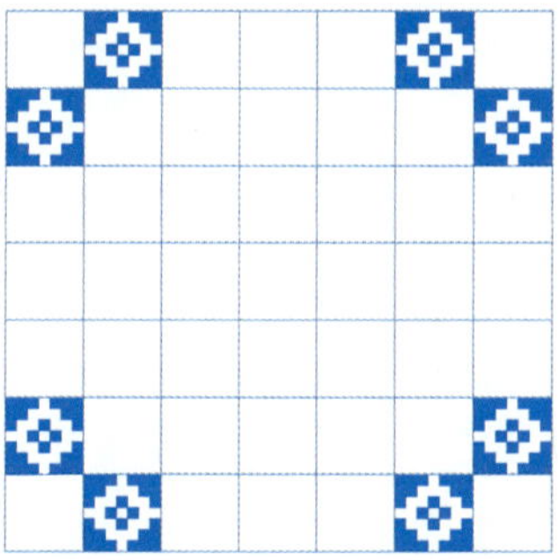 | 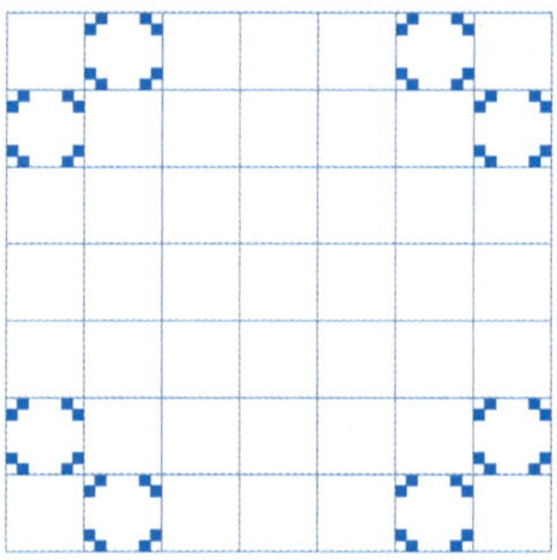 | 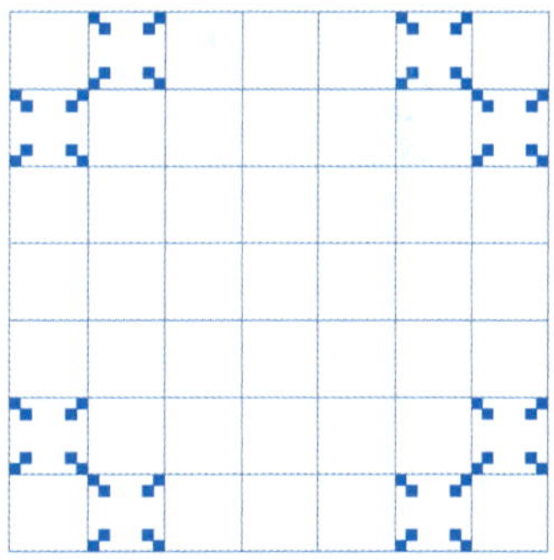 |
| $hf$: $\log_{49}96 = 1.173$ | $hg$: $\log_{49}64 = 1.069$ | $hh$: $\log_{64}64 = 1.069$ |
| 96/2401=1.173 | 64/2401=0.027 | 64/2401=0.027 |
| 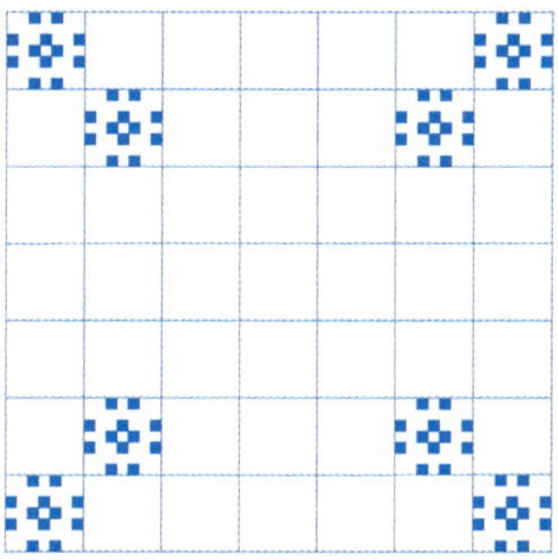 | 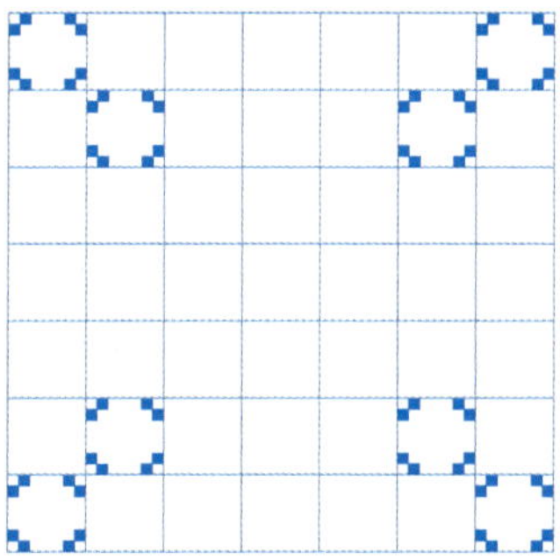 | 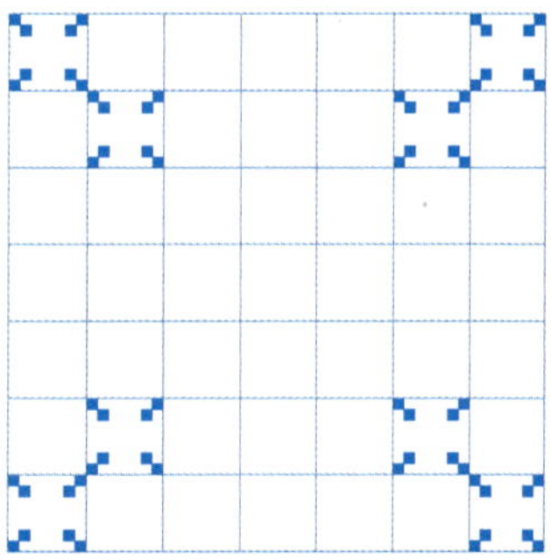 |

(3) 1단계 32개

$F_1$의 자기닮음 반복을 통해서 $F_2$를 만든다. 이론적으로는 $F_1$을 보면서 $F_2$를 상상할 수 있지만 막상 $F_2$를 보지 않고 상상만으로 완벽한 형태를 구현하기는 어렵다. $F_1$과 $F_2$에서 느껴지는 차이에 대해 생각해 보자.

$F_1 = f \cup g : \log_7 32 = 1.781$

32/49=0.653

| 3 | 0 | 2 | 1 | 2 | 0 | 3 |
|---|---|---|---|---|---|---|
| 0 | 0 | 1 | 0 | 1 | 0 | 0 |
| 2 | 1 | 3 | 1 | 3 | 1 | 2 |
| 1 | 0 | 1 | 0 | 1 | 0 | 1 |
| 2 | 1 | 3 | 1 | 3 | 1 | 2 |
| 0 | 0 | 1 | 0 | 1 | 0 | 0 |
| 3 | 0 | 2 | 1 | 2 | 0 | 3 |

$f : \log_7 16 = 1.425$

16/36=0.327

| 0 | 0 | 0 | 1 | 0 | 0 | 0 |
|---|---|---|---|---|---|---|
| 0 | 0 | 1 | 0 | 1 | 0 | 0 |
| 0 | 1 | 0 | 1 | 0 | 1 | 0 |
| 1 | 0 | 1 | 0 | 1 | 0 | 1 |
| 0 | 1 | 0 | 1 | 0 | 1 | 0 |
| 0 | 0 | 1 | 0 | 1 | 0 | 0 |
| 0 | 0 | 0 | 1 | 0 | 0 | 0 |

$g : \log_7 8 = 1.069$

8/36=0.163

| 0 | 0 | 2 | 0 | 2 | 0 | 0 |
|---|---|---|---|---|---|---|
| 0 | 0 | 0 | 0 | 0 | 0 | 0 |
| 2 | 0 | 0 | 0 | 0 | 0 | 2 |
| 0 | 0 | 0 | 0 | 0 | 0 | 0 |
| 2 | 0 | 0 | 0 | 0 | 0 | 2 |
| 0 | 0 | 0 | 0 | 0 | 0 | 0 |
| 0 | 0 | 2 | 0 | 2 | 0 | 0 |

$h : \log_7 8 = 1.069$

8/36=0.163

| 3 | 0 | 0 | 0 | 0 | 0 | 3 |
|---|---|---|---|---|---|---|
| 0 | 0 | 0 | 0 | 0 | 0 | 0 |
| 0 | 0 | 3 | 0 | 3 | 0 | 0 |
| 0 | 0 | 0 | 0 | 0 | 0 | 0 |
| 0 | 0 | 3 | 0 | 3 | 0 | 0 |
| 0 | 0 | 0 | 0 | 0 | 0 | 0 |
| 3 | 0 | 0 | 0 | 0 | 0 | 3 |

$F_2 : \log_{49} 1024 = 1.781$

1024/2401=0.426

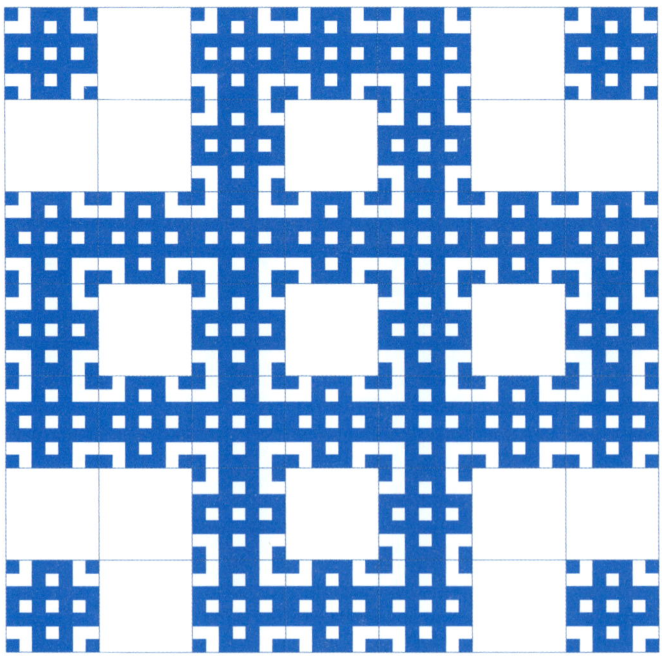

여러분이 집을 짓는다고 한번 가정해보자. 외벽을 벽돌로 만든다고 가정해볼 때 벽면을 $ff$, $fg$ , $fh$ 중에서 선택하야 한다면 어느 것을 선택할지 생각해보고 왜 그런 선택을 하게 된 것인지 이유를 말해보자.

| $ff$:$\log_{49}256 = 1.425$ | $fg$:$\log_{49}128 = 1.247$ | $fh$:$\log_{49}128 = 1.247$ |
|---|---|---|
| 256/2401=0.107 | 128/2401=0.04 | 128/2401=0.04 |
| 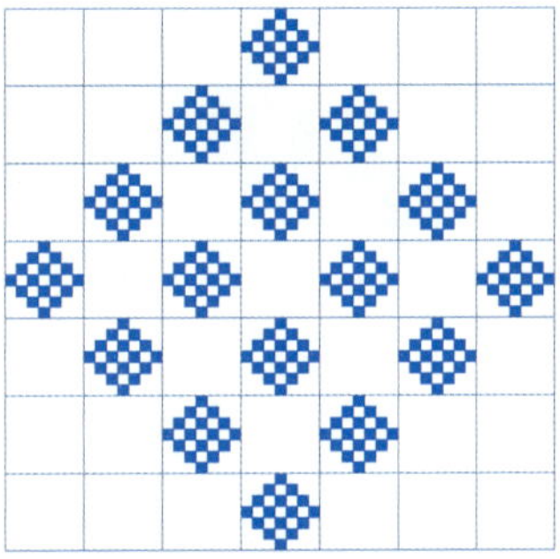 | 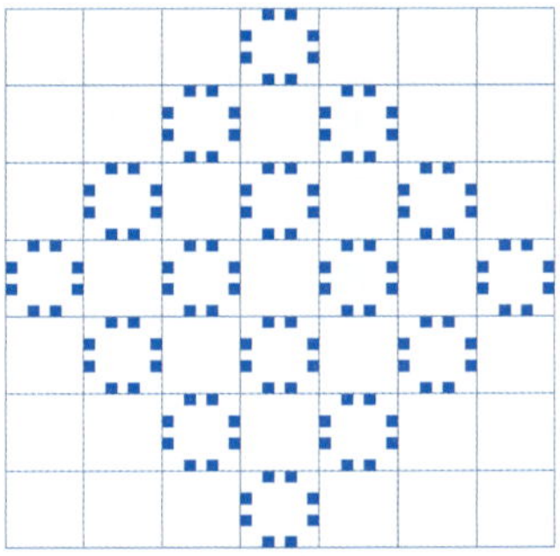 | 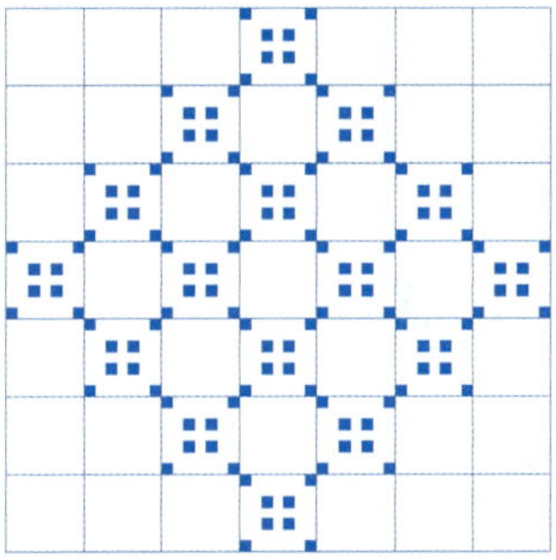 |
| $gf$:$\log_{49}256 = 1.425$ | $gg$:$\log_{49}64 = 1.069$ | $gh$:$\log_{49}64 = 1.069$ |
| 256/2401=0.107 | 64/2401=0.027 | 64/2401=0.027 |
| 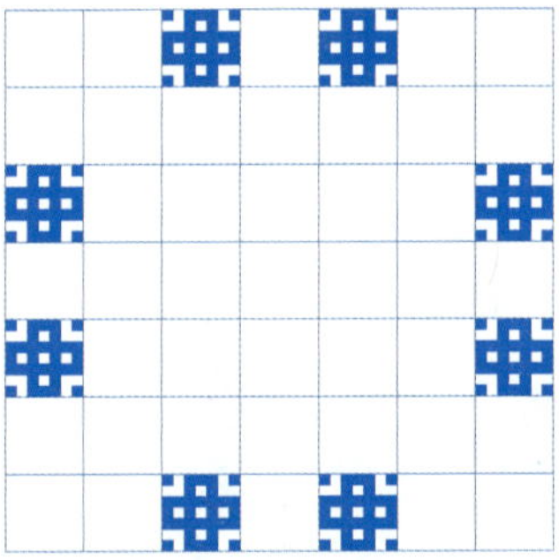 | 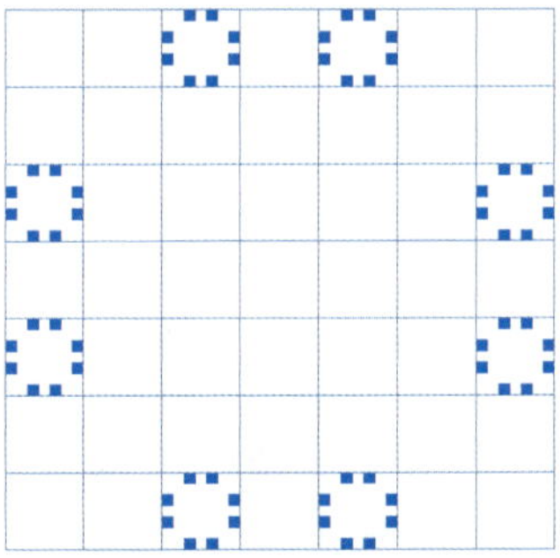 | 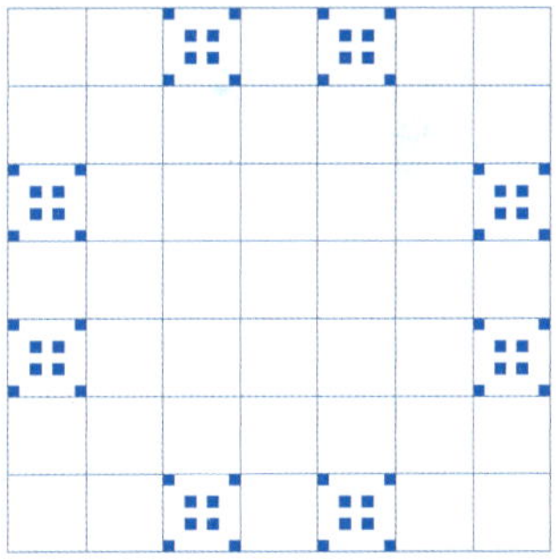 |
| $hf$:$\log_{49}128 = 1.247$ | $hg$:$\log_{49}64 = 1.069$ | $hh$:$\log_{49}64 = 1.069$ |
| 128/2401=0.053 | 64/2401=0.027 | 64/2401=0.027 |
| 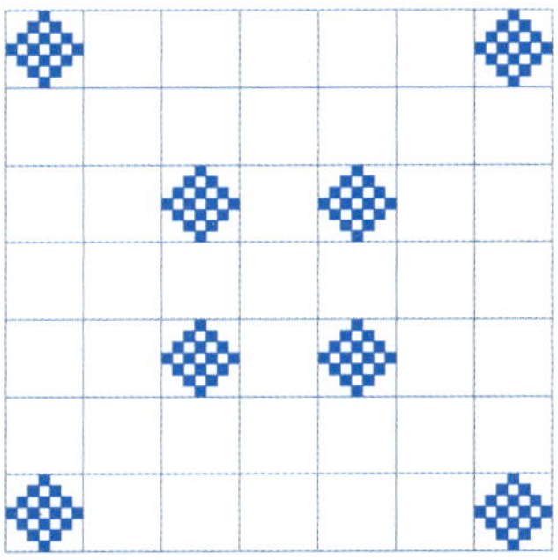 | 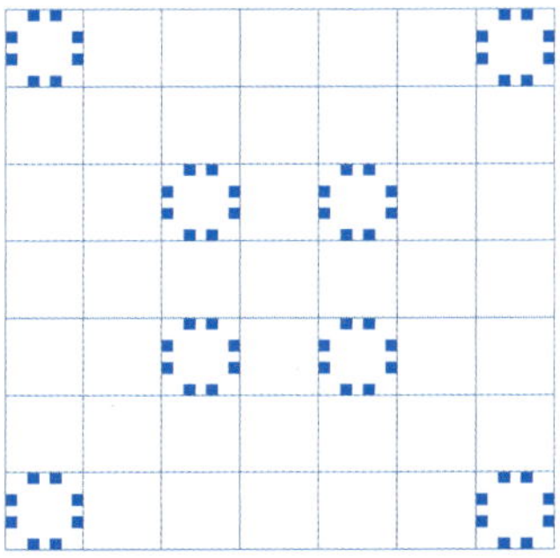 | 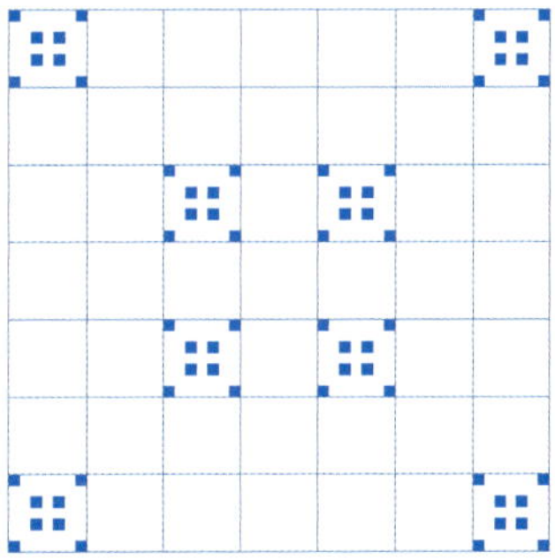 |

### (4) 1단계 32개

2단계 프랙탈 $F_2$는 1단계 $F_1$에서는 느낄 수 없었던 입체감이 느껴진다. 흰 부분이 위로 솟아오르고 색칠한 부분이 아래로 꺼진 듯한 착시효과가 그것이다. 규모 면에서도 탄탄한 구조를 가졌기 때문에 웅장하고 화려한 중세 교회건축에서 찾아볼 수 있는 완벽한 좌우대칭과 십자가형으로 카톨릭의 권위적인 형식미를 느낄 수 있다. 웅장함을 필요로 하는 디자인과 가벼움이 중심이 되는 디자인에 대해 생각해 보자.

$F_1 = f \cup g : \log_7 32 = 1.781$

32/49=0.653

| 3 | 0 | 1 | 0 | 1 | 0 | 3 |
|---|---|---|---|---|---|---|
| 0 | 3 | 1 | 2 | 1 | 3 | 0 |
| 1 | 1 | 2 | 0 | 2 | 1 | 1 |
| 0 | 2 | 0 | 0 | 0 | 2 | 0 |
| 1 | 1 | 2 | 0 | 2 | 1 | 1 |
| 0 | 3 | 1 | 2 | 1 | 3 | 0 |
| 3 | 0 | 1 | 0 | 1 | 0 | 3 |

$f : \log_7 16 = 1.425$

16/36=0.327

| 0 | 0 | 1 | 0 | 1 | 0 | 0 |
|---|---|---|---|---|---|---|
| 0 | 0 | 1 | 0 | 1 | 0 | 0 |
| 1 | 1 | 0 | 0 | 0 | 1 | 1 |
| 0 | 0 | 0 | 0 | 0 | 0 | 0 |
| 1 | 1 | 0 | 0 | 0 | 1 | 1 |
| 0 | 0 | 1 | 0 | 1 | 0 | 0 |
| 0 | 0 | 1 | 0 | 1 | 0 | 0 |

$g : \log_7 8 = 1.069$

8/36=0.163

| 0 | 0 | 0 | 0 | 0 | 0 | 0 |
|---|---|---|---|---|---|---|
| 0 | 0 | 0 | 2 | 0 | 0 | 0 |
| 0 | 0 | 2 | 0 | 2 | 0 | 0 |
| 0 | 2 | 0 | 0 | 0 | 2 | 0 |
| 0 | 0 | 2 | 0 | 2 | 0 | 0 |
| 0 | 0 | 0 | 2 | 0 | 0 | 0 |
| 0 | 0 | 0 | 0 | 0 | 0 | 0 |

$h : \log_7 8 = 1.069$

8/36=0.163

| 3 | 0 | 0 | 0 | 0 | 0 | 3 |
|---|---|---|---|---|---|---|
| 0 | 3 | 0 | 0 | 0 | 3 | 0 |
| 0 | 0 | 0 | 0 | 0 | 0 | 0 |
| 0 | 0 | 0 | 0 | 0 | 0 | 0 |
| 0 | 0 | 0 | 0 | 0 | 0 | 0 |
| 0 | 3 | 0 | 0 | 0 | 3 | 0 |
| 3 | 0 | 0 | 0 | 0 | 0 | 3 |

$F_2 : \log_{49} 1024 = 1.781$

1024/2401=0.426

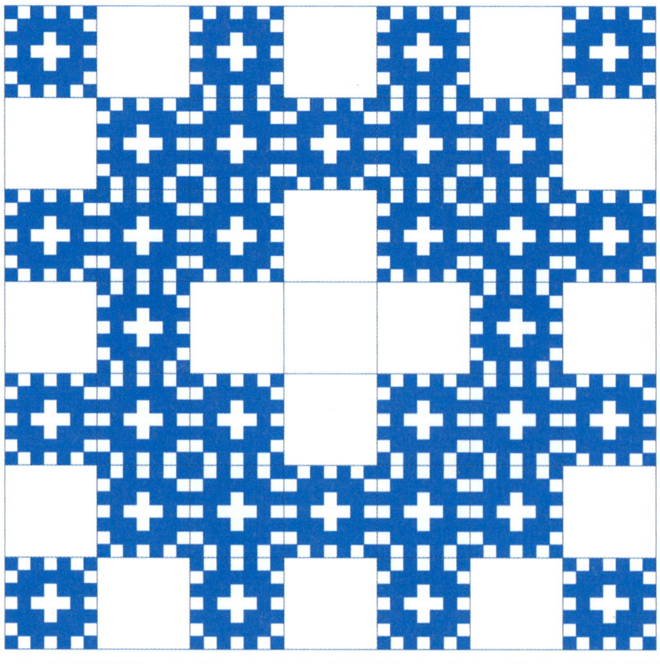

$f$는 안정적인 느낌을 준다. $g$는 면적에 비해 중심에만 몰려 있어 안정되어 보이지만 축소돼 보이는 수렴의 느낌을, $h$는 네 개의 모서리를 향해 사선으로 연결되었기 때문에 확장돼 보이는 발산의 이미지를 가진다. 특히 2단계에서 $h$가 적용된 프랙탈 $hf$, $hg$, $hh$는 바깥쪽의 색칠 부분이 확대되어 더 커 보이는 현상도 느껴진다. 실제보다 키가 더 커 보이거나 몸매가 더 날씬해 보이는 디자인의 옷이 사람들에게 호응이 좋다. 패션 디자이너는 이를 염두에 두고 옷을 디자인해야 구매자가 스스로 지갑을 열게 될 것이다.

| $ff$:$\log_{49}256 = 1.425$ | $fg$:$\log_{49}128 = 1.247$ | $fh$:$\log_{49}128 = 1.247$ |
|---|---|---|
| 256/2401=0.107 | 128/2401=0.04 | 128/2401=0.04 |
| 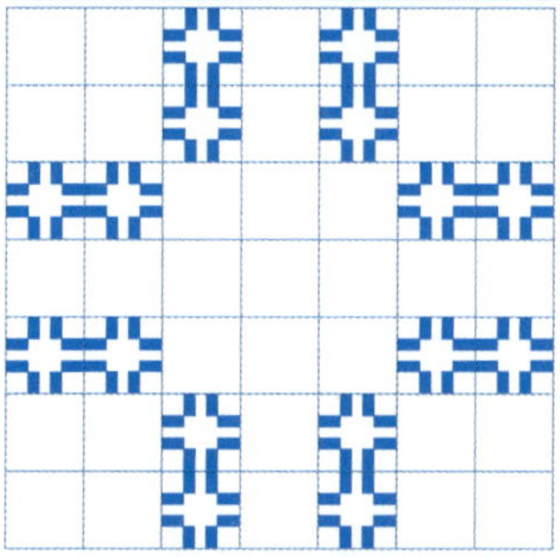 | 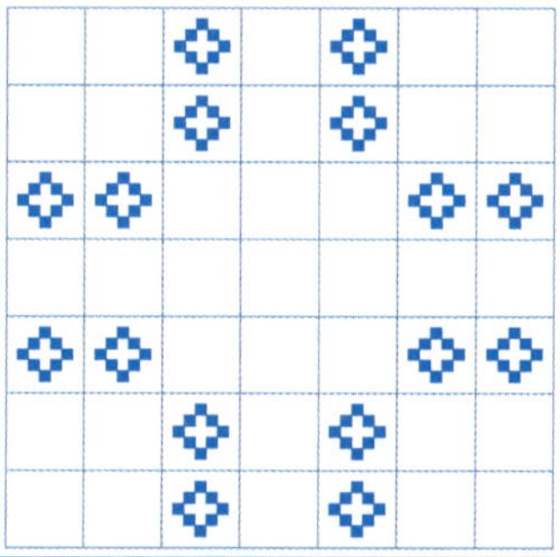 | 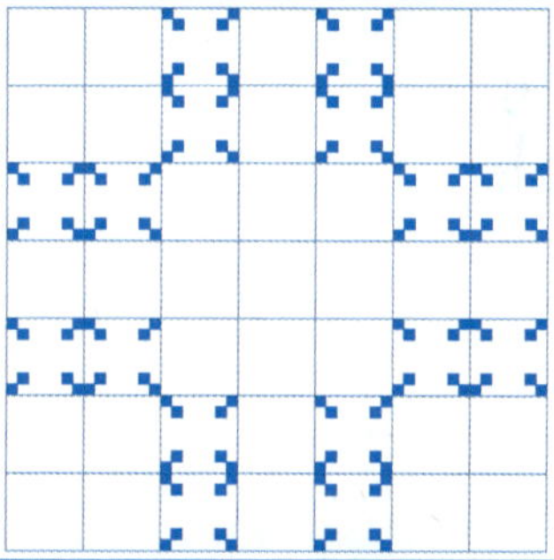 |
| $gf$:$\log_{49}256 = 1.425$ | $gg$:$\log_{49}64 = 1.069$ | $gh$:$\log_{49}64 = 1.069$ |
| 256/2401=0.107 | 64/2401=0.027 | 64/2401=0.027 |
| 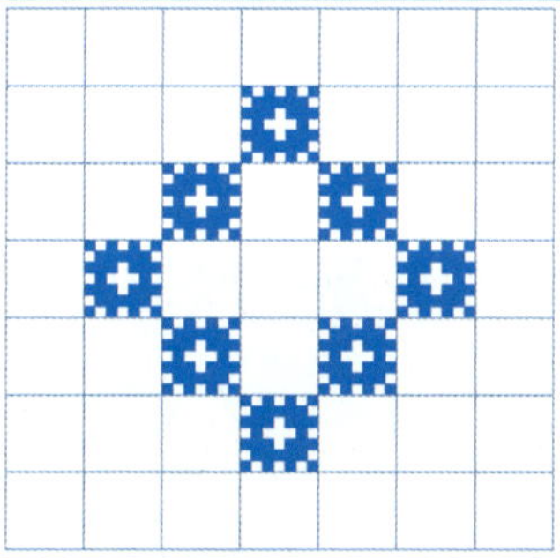 | 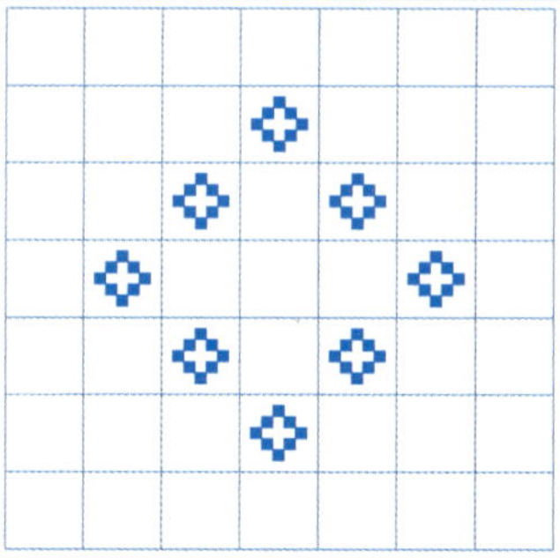 | 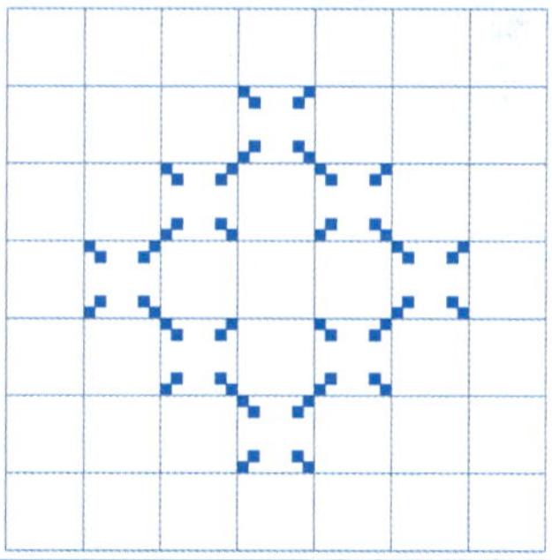 |
| $hf$:$\log_{49}128 = 1.247$ | $hg$:$\log_{49}64 = 1.069$ | $hh$:$\log_{64}64 = 1.069$ |
| 128/2401=0.053 | 64/2401=0.027 | 64/2401=0.027 |
| 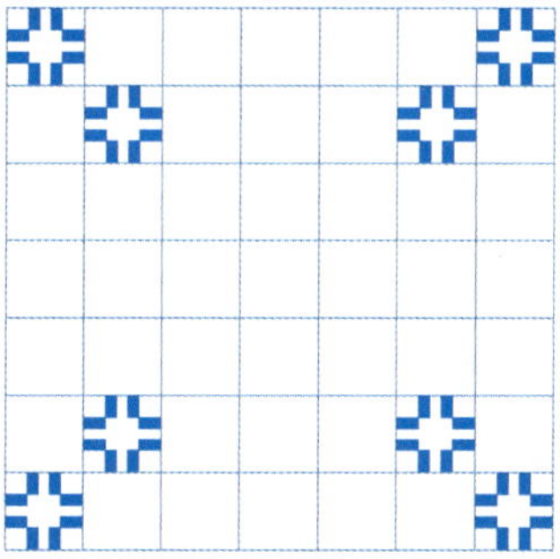 | 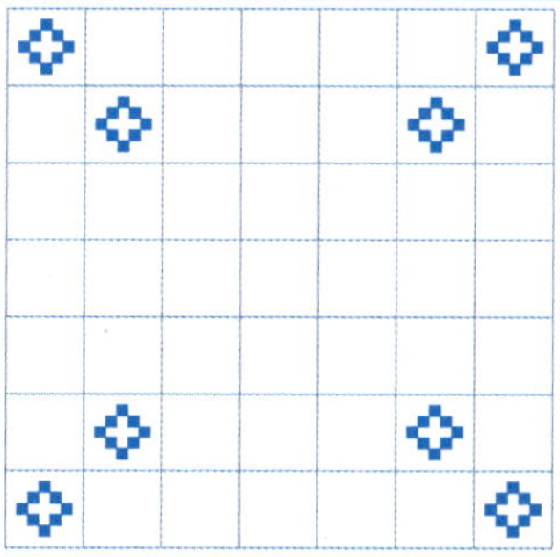 | 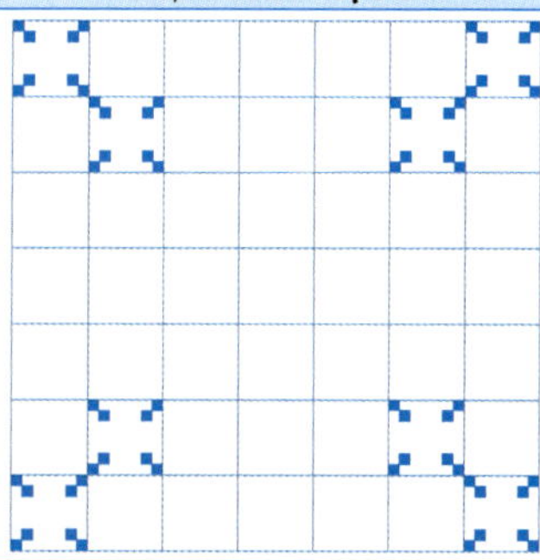 |

◀피에트 몬드리안

Piet Mondrian(1872~1944): 네덜란드 출생. 가장 기본적인 조형요소인 수직선과 수평선, 3원색, 그리고 3가지 기본적인 무채색으로 회화의 언어를 삼아 그림을 그리기 시작했다. 이 표현 양식을 몬드리안은 신조형주의라고 지칭했다.

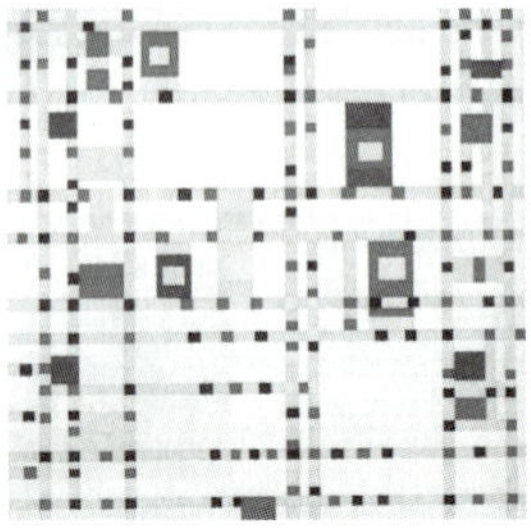

▼〈브로드웨이 부기우기〉 캔버스에 유채/127×127cm/1943 몬드리안, 네덜란드

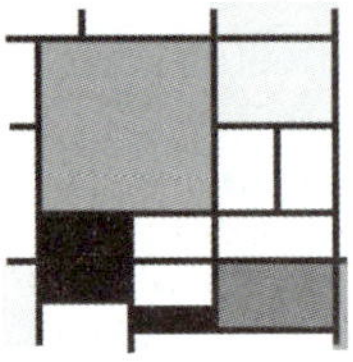

몬드리안의 최후의 완성작으로 뉴욕의 브로드웨이를 구경한 후 그 이미지를 그렸다. 질서 정연한 사각형들로 브로드웨이의 건물들과 거리를 표현했고 거기에 화려하게 채색하여 다시 유행하던 춤인 부기우기와 음악적인 분위기를 그만의 독특한 방식으로 생생하게 표현했다.

◀백남준(1932~2006), 대한민국

미술, 작곡, 음악에 능렸이 뛰어났으며 전위적이고 실험적, 파격적인 작품으로 세계적인 센세이션을 일으키며 주목 받았고, 특히 비디오와 예술을 결합한 비디오 아트의 창시자로도 불림

▶〈TV 부처〉 청동조각, 모니터

비디오 설치미술

48×51×34cm/1974/ 백남준아트센터 소장

TV 뒤에 설치된 카메라로 인해 부처가

스스로의 모습을 보게 됨으로써 두 대상은 소통을 하게 된다.

◀〈다다익선(多多益善)〉

높이 18.5m, 폭 11m, 무게 16톤의 거대한 원추 구조물 형태를 띠고 있는 이 작품은 개천절을 상징하는 수상기 1003대를 6단 원형으로 쌓아올린 거대한 비디오 예술품으로, 1988년 서울 올림픽을 기념하기 위해 국립현대미술관에 설치되었다.

# 제 2 장

# 덧셈 프랙탈 디자인

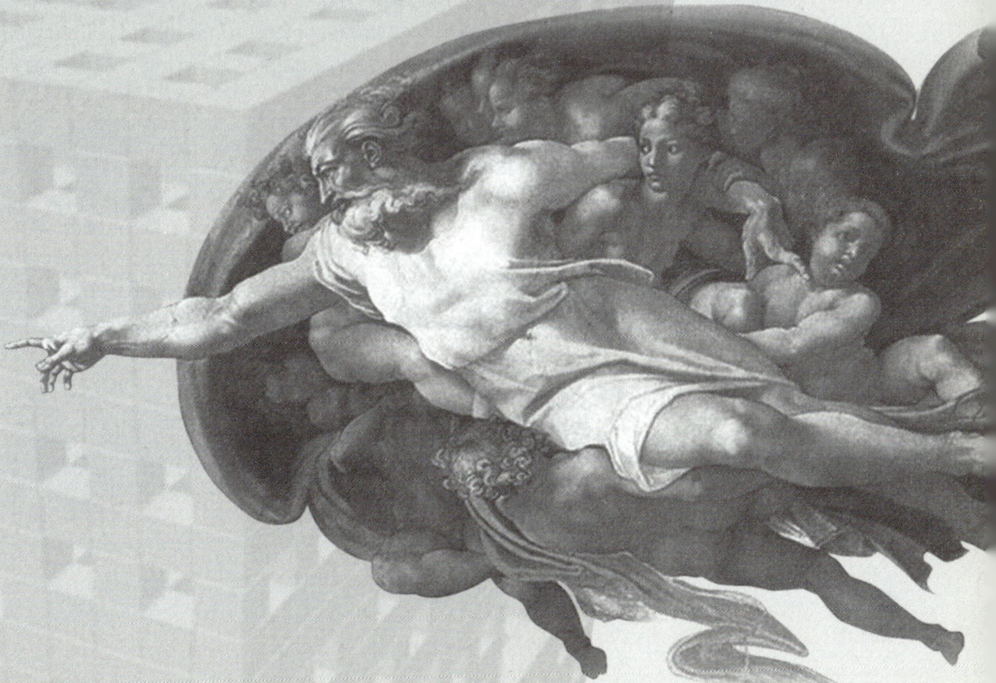

# 1 3×3 덧셈 프랙탈 분할

## 1. 두개의 프랙탈로 분할

### (1) 1단계 5개

$F_1$, $F_2$, $F_3$는 덧셈 프랙탈로 구성된다.

| $F_1$ : $\log_3 5 = 1.465$ | $f$ : | $g$ : $\log_3 4 = 1.262$ | | |
|---|---|---|---|---|
| 5/9=0.556 | 1/9=0.111 | 4/9=0.444 | | |

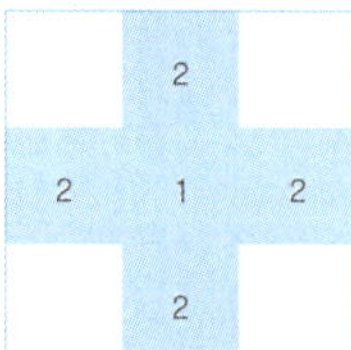

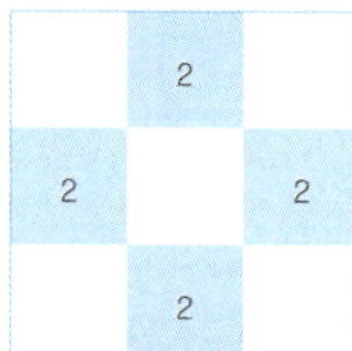


| $F_2$ : $\log_9 65 = 1.9$ | $ff$ : $\log_9 17 = 1.29$ | $fg$ : $\log_9 41 = 1.69$ | $gf$ : $\log_9 41 = 1.69$ | $gg$ : $\log_9 56 = 1.83$ |
|---|---|---|---|---|
| 64/81=0.79 | 17/81=0.21 | 41/81=0.506 | 41/81=0.506 | 56/81=0.691 |

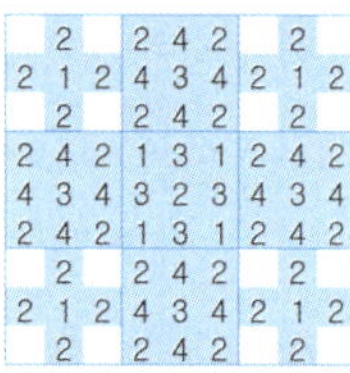

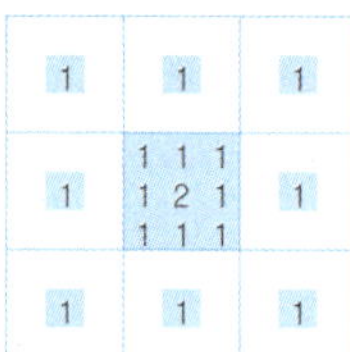

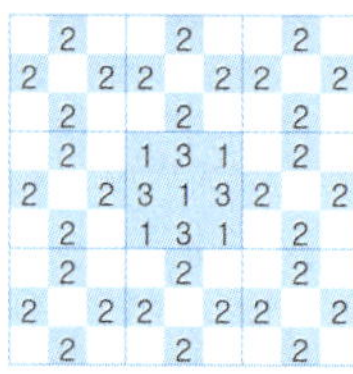

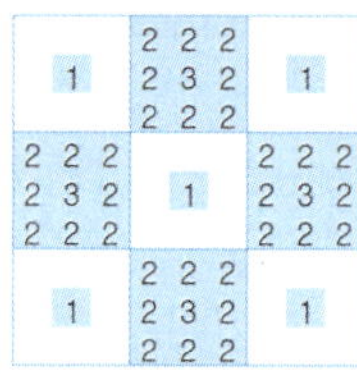

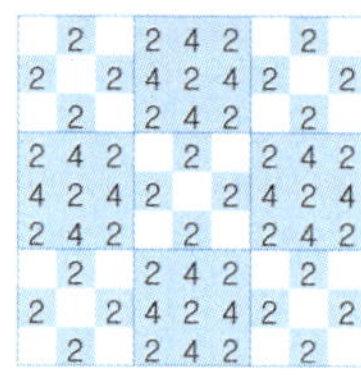


| $F_3$ : $\log_{27} 665 = 1.97$ | $fff$ : $\log_{27} 217 = 1.63$ | $ffg$ : $\log_{27} 409 = 1.83$ | $fgf$ : $\log_{27} 409 = 1.83$ | $fgg$ : $\log_{27} 529 = 1.90$ |
|---|---|---|---|---|
| 665/729=0.91 | 217/729=0.298 | 409/729=0.561 | 409/729=0.561 | 529/729=0.726 |

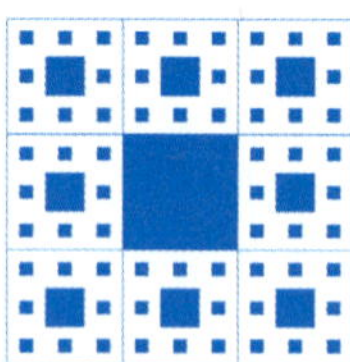

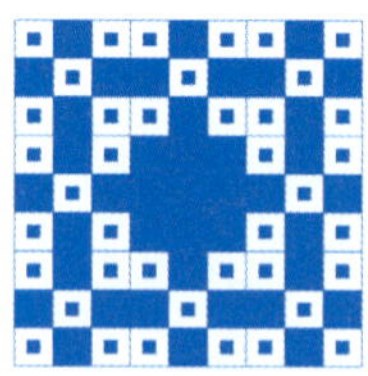

| | $gff$ : $\log_{27} 409 = 1.83$ | $gfg$ : $\log_{27} 529 = 1.90$ | $ggf$ : $\log_{27} 529 = 1.90$ | $ggg$ : $\log_{27} 604 = 1.94$ |
|---|---|---|---|---|
| | 409/729=0.561 | 529/729=0.726 | 529/729=0.726 | 604/729=0.829 |

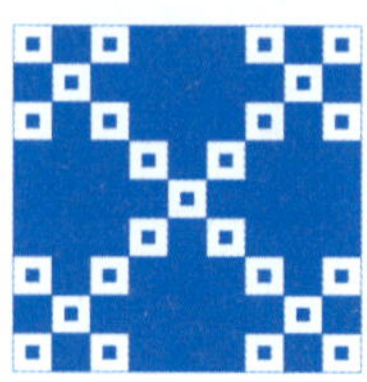

(2) 1단계 8개

$F_1$은 두 개의 프랙탈로 분할해 보자. $f$는 한 개를 가지고, $g$는 4개를 가진다. $F_2$의 프랙탈은 64개를 가진다. $F_2$를 구성하는 $ff$는 17개, $fg$는 41개, $gf$는 41개, $gg$는 56개를 가진다. 곱셈 프랙탈과 다르게 $ff$, $fg$, $gf$, $gg$의 구성이 $F_2$의 개수보다 많다. 덧셈 프랙탈은 곱셈 프랙탈보다 공간을 채워 나가는 속도가 빠르다. 덧셈 프랙탈은 곱셈 프랙탈보다 무게감이 있고, 압도하는 느낌을 가질 수 있다.

| $F_1:\log_3 8=1.893$ | $f:$ | $g:\log_3 4=1.262$ | | |
|---|---|---|---|---|
| $5/9=0.889$ | $1/9=0.111$ | $4/9=0.444$ | | |
| 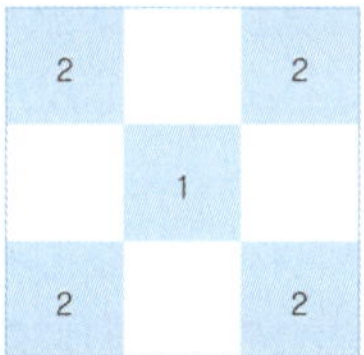 |   |  | | |
| $F_2:\log_9 65=1.9$ | $ff:\log_9 17=1.29$ | $fg:\log_9 41=1.69$ | $gf:\log_9 41=1.69$ | $gg:\log_9 56=1.83$ |
| $65/81=0.802$ | $17/81=0.21$ | $41/81=0.506$ | $41/81=0.506$ | $56/81=0.691$ |
| 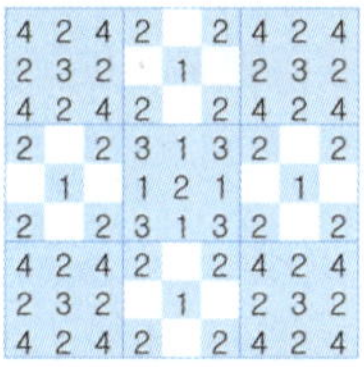 | 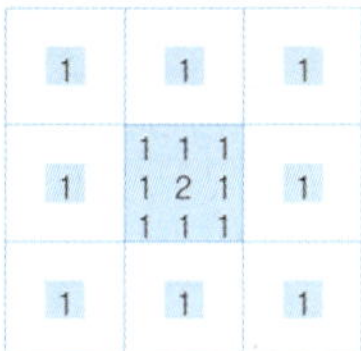 | 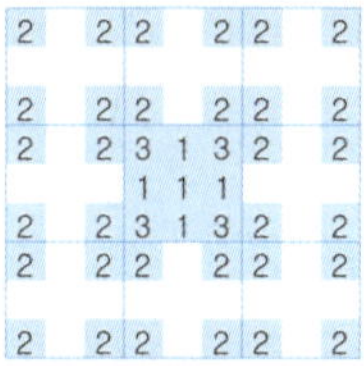 | 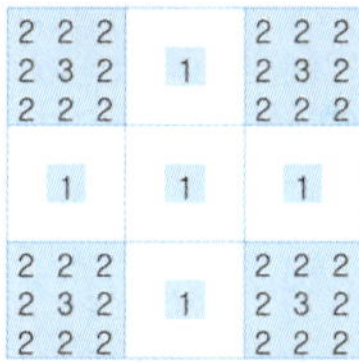 | 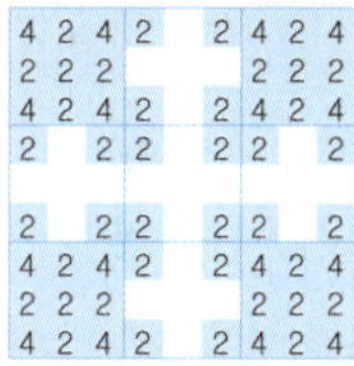 |
| $F_3:\log_{27}665=1.97$ | $fff:\log_{27}217=1.63$ | $ffg:\log_{27}409=1.83$ | $fgf:\log_{27}409=1.83$ | $fgg:\log_{27}529=1.90$ |
| $665/729=0.91$ | $217/729=0.298$ | $409/729=0.561$ | $409/729=0.561$ | $529/729=0.726$ |
|  | 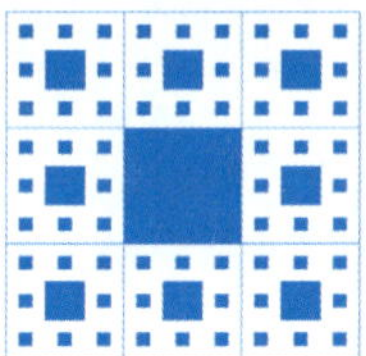 |  | 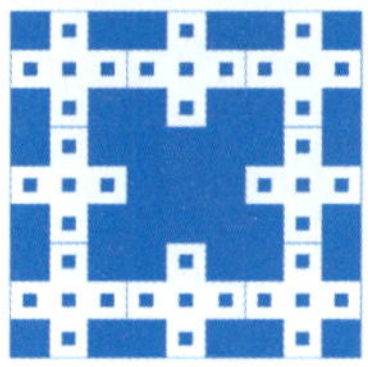 | 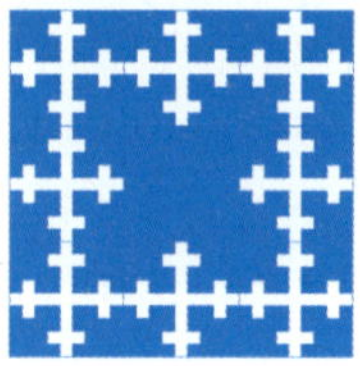 |
| | $gff:\log_{27}409=1.83$ | $gfg:\log_{27}529=1.90$ | $ggf:\log_{27}529=1.90$ | $ggg:\log_{27}604=1.94$ |
| | $409/729=0.561$ | $529/729=0.726$ | $529/729=0.726$ | $604/729=0.829$ |
| |  |  |  |  |

### (3) 1단계 8개

곱셈 프랙탈에서 시어핀스키 사각형은 차원이 유지되지만, 덧셈 프랙탈에서는 차원이 점점 증가한다. 3단계에서는 거의 2차원이 되고, 차지하는 공간의 비율도 99.9%에 달한다. 3단계 시어핀스키 카펫은 디자인으로서의 가치를 찾기에 어려움이 있다. $F_3$를 구성하는 각각의 프랙탈 도형에서 디자인의 구성을 감상해 보자.

| $F_1$ : $\log_3 8 = 1.893$ | $f$ : $\log_3 4 = 1.262$ | $g$ : $\log_3 4 = 1.262$ | | |
|---|---|---|---|---|
| 8/9=0.889 | 4/9=0.444 | 4/9=0.444 | | |
| 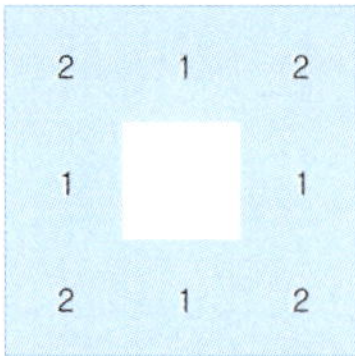 | 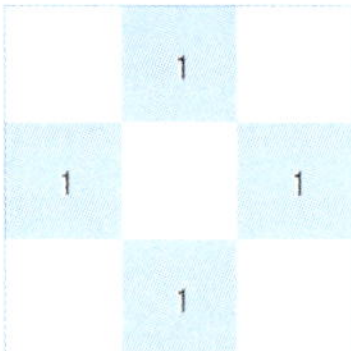 | 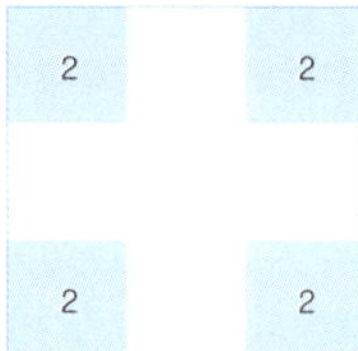 | | |
| $F_2$ : $\log_9 80 = 1.994$ | $ff$ : $\log_9 56 = 1.832$ | $fg$ : $\log_9 56 = 1.832$ | $gf$ : $\log_9 56 = 1.832$ | $gg$ : $\log_9 56 = 1.832$ |
| 80/81=0.988 | 56/81=0.691 | 56/81=0.691 | 56/81=0.691 | 56/81=0.691 |
| 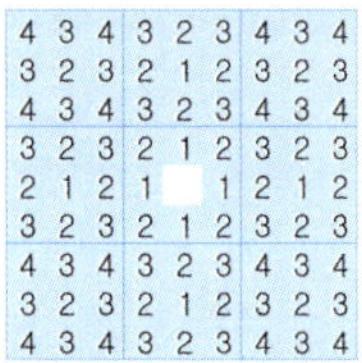 |  |  |  | 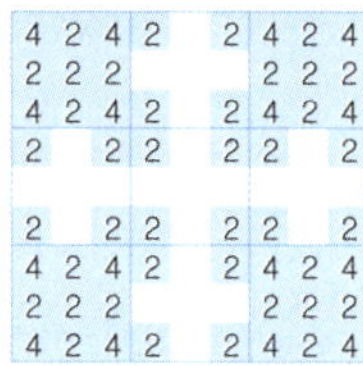 |
| $F_3$ : $\log_{27} 728 = 2$ | $fff$ : $\log_{27} 604 = 1.94$ | $ffg$ : $\log_{27} 604 = 1.94$ | $fgf$ : $\log_{27} 604 = 1.94$ | $fgg$ : $\log_{27} 604 = 1.94$ |
| 728/729=0.999 | 604/729=0.829 | 604/729=0.829 | 604/729=0.829 | 604/729=0.829 |
|  |  |  |  |  |
| | $gff$ : $\log_{27} 604 = 1.94$ | $gfg$ : $\log_{27} 604 = 1.94$ | $ggf$ : $\log_{27} 604 = 1.94$ | $ggg$ : $\log_{27} 604 = 1.94$ |
| | 604/729=0.829 | 604/729=0.829 | 604/729=0.829 | 604/729=0.829 |
| |  |  |  |  |

# 2 4×4 덧셈 프랙탈 분할

## 1. 두개의 프랙탈로 분할

### (1) 1단계 8개

1단계의 프랙탈 $F_1$은 $f$, $g$로 구성된다. 2단계 $F_2$는 $f$, $g$의 합성으로 이루어지는 $ff$, $fg$, $gf$, $gg$로 구성된다. 3단계 $F_3$는 $f$, $g$와 $ff$, $fg$, $gf$, $gg$의 합성으로 8개의 프랙탈로 구성된다.

| $F_1 = f \cup g : \log_4 8 = 1.5$ | $f : \log_4 4 = 1$ | $g : \log_4 4 = 1$ |
|---|---|---|
| 8/16=0.5 | 4/16=0.25 | 4/16=0.25 |
|  | 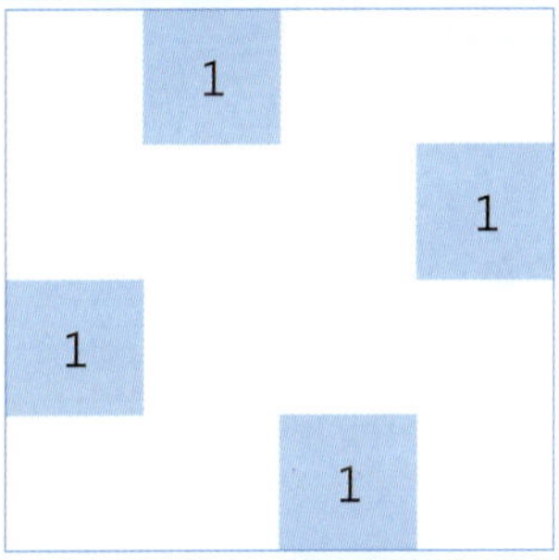 |  |
| $F_2 : \log_{16} 192 = 1.896$ | $ff : \log_{16} 112 = 1.702$ | $fg : \log_{16} 112 = 1.702$ |
| 192/256=0.75 | 112/256=0.438 | 112/256=0.438 |
| 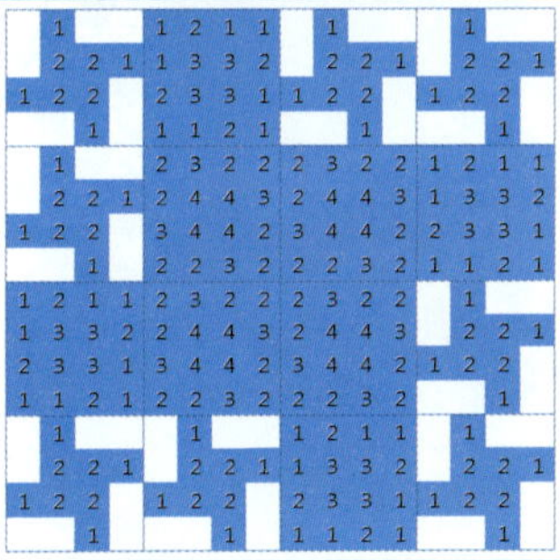 | 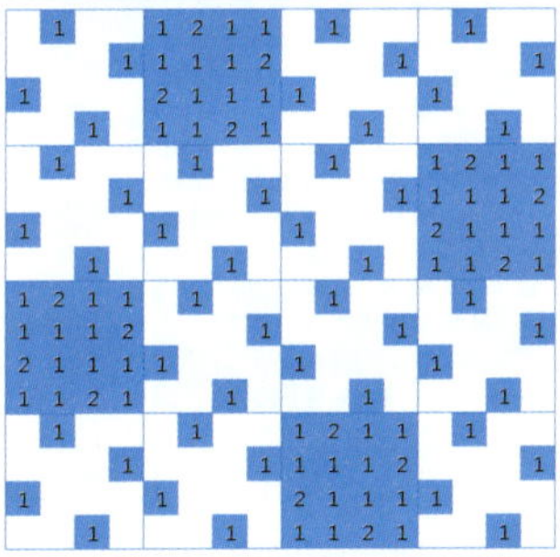 | 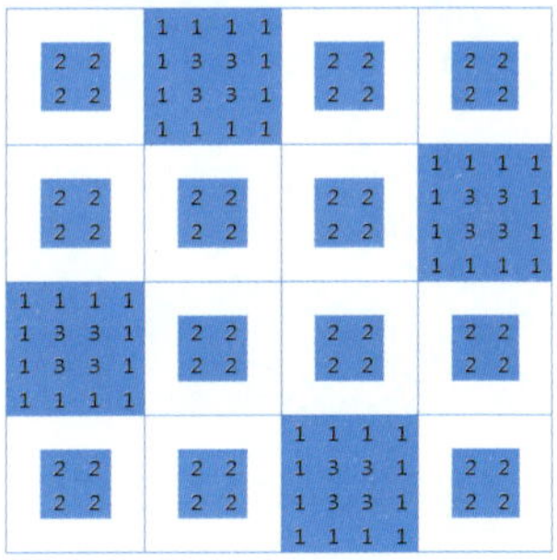 |
| | $gf : \log_{16} 112 = 1.702$ | $gg : \log_{16} 112 = 1.702$ |
| | 112/256=0.438 | 112/256=0.438 |
| | 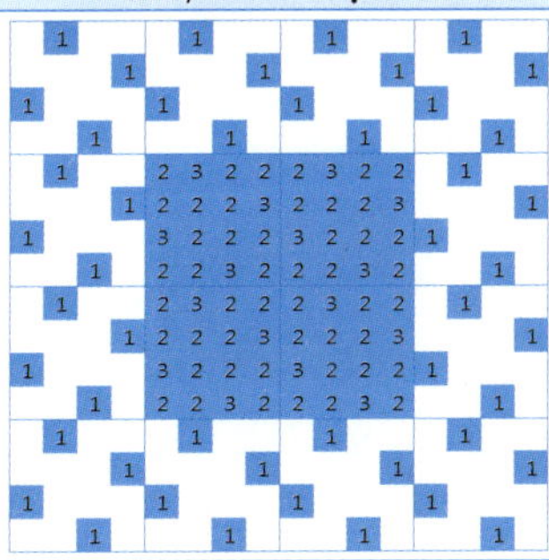 | 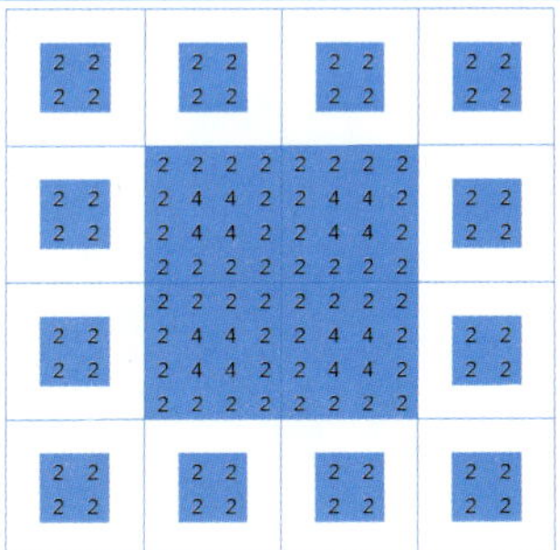 |

덧셈 프랙탈의 경우는 1단계의 형태가 2단계에서 어미와 새끼를 연상시킨다. 2단계에 적용된 조형원리가 색칠로 채워지면 나머지 부분에 1단계의 형태가 축소 된 비율로 빈칸에 채워지게 된다. 프랙탈의 단계가 올라갈수록 색채점유률이 높아져서 점점 어두워진다.

| $F_3$ : $\log_{64}3584 = 1.97$ | $fff$ : $\log_{64}2368 = 1.868$ | $ffg$ : $\log_{64}2368 = 1.868$ |
|---|---|---|
| 3584/4096=0.875 | 2368/4096=0.578 | 2368/4096=0.578 |
| 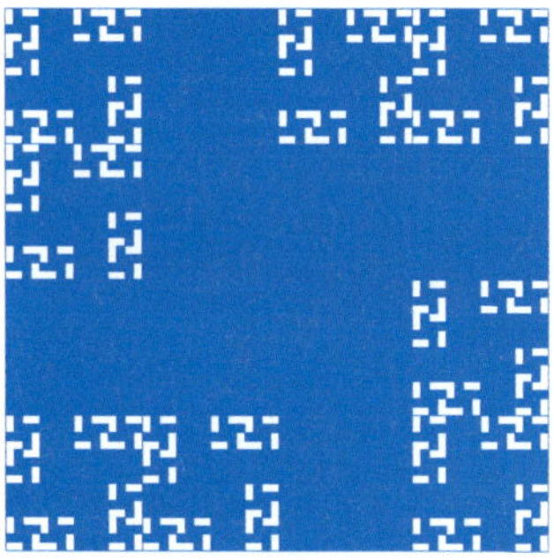 | 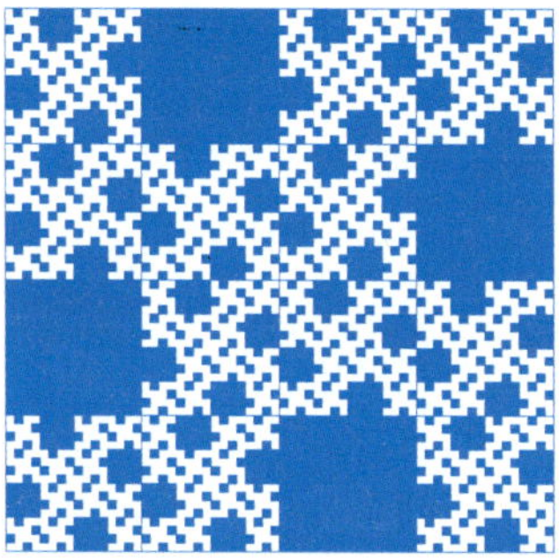 | 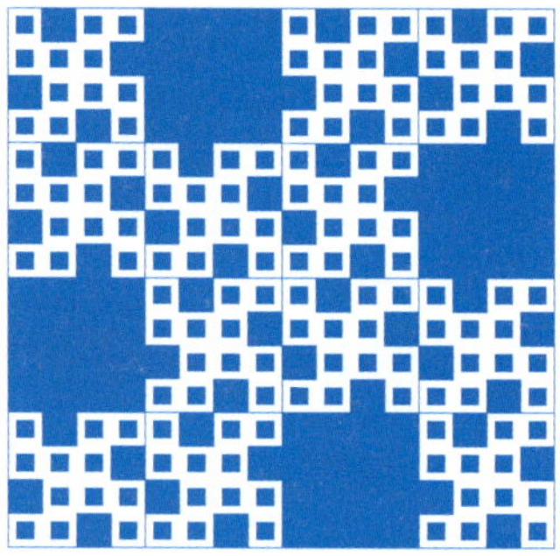 |
| $fgf$ : $\log_{64}2368 = 1.868$ | $fgg$ : $\log_{64}2368 = 1.868$ | $gff$ : $\log_{64}2368 = 1.868$ |
| 2368/4096=0.578 | 2368/4096=0.578 | 2368/4096=0.578 |
|  | 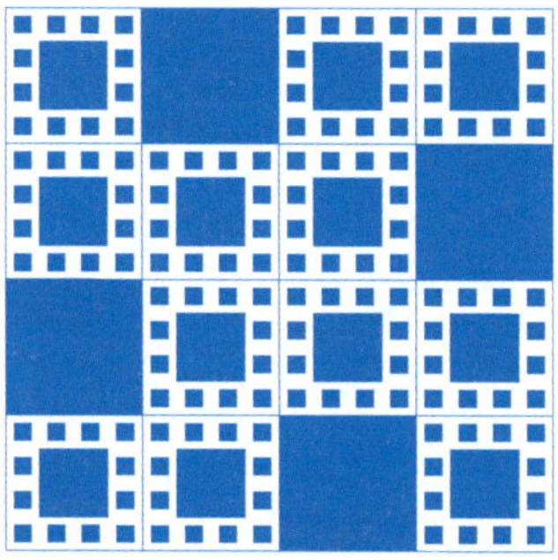 |  |
| $gfg$ : $\log_{64}2368 = 1.868$ | $ggf$ : $\log_{64}2368 = 1.868$ | $ggg$ : $\log_{64}2368 = 1.868$ |
| 2368/4096=0.578 | 2368/4096=0.578 | 2368/4096=0.578 |
|  |  | 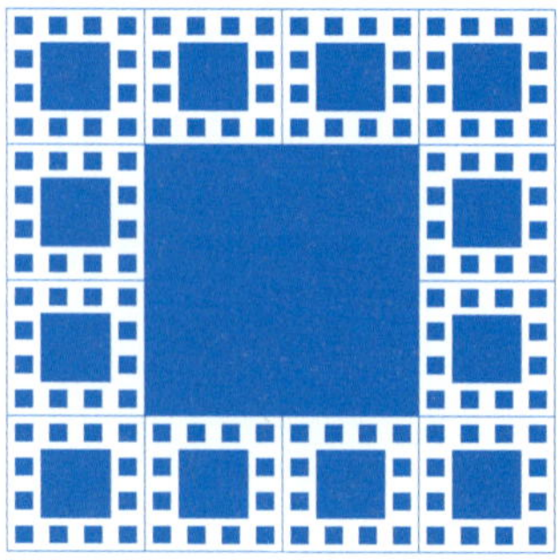 |

(2) 1단계 8개

$ff$는 색칠한 부분이 43.8%로 색칠하지 않은 부분과 균형을 이루고 있다. 색을 칠하지 않은 부분이 강하게 느껴지며 도드라져 보이는 반면 $gf$는 반대로 색을 칠한 부분이 위로 솟은 것처럼 느껴진다.

| $F_1 = f \cup g : \log_4 8 = 1.5$ | $f : \log_4 4 = 1$ | $g : \log_4 4 = 1$ |
|---|---|---|
| 8/16=0.5 | 4/16=0.25 | 4/16=0.25 |
| 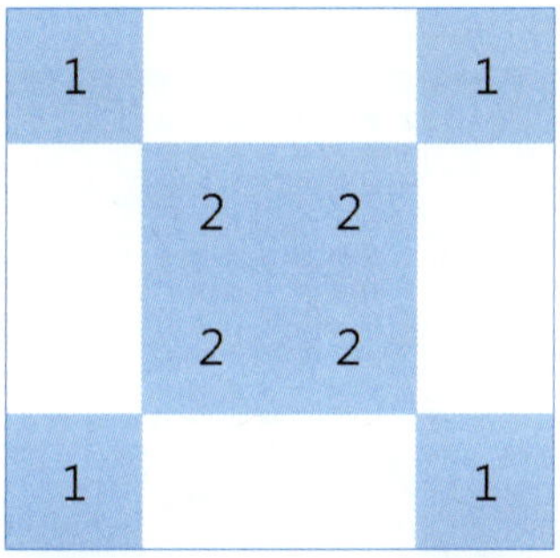 |  |  |
| $F_2 : \log_{16} 192 = 1.896$ | $ff : \log_{16} 112 = 1.702$ | $fg : \log_{16} 112 = 1.702$ |
| 192/256=0.75 | 112/256=0.438 | 112/256=0.438 |
| 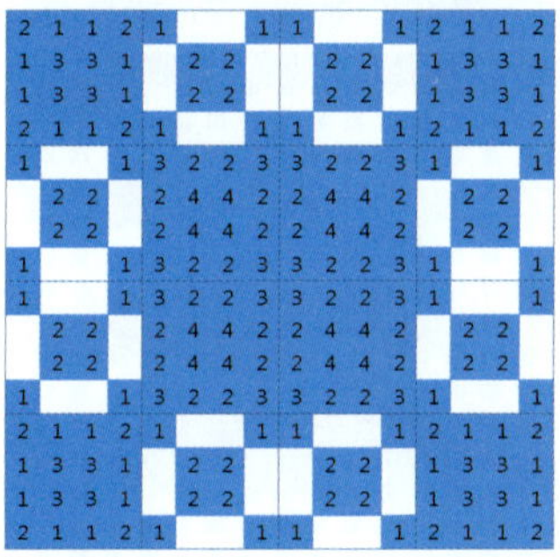 | 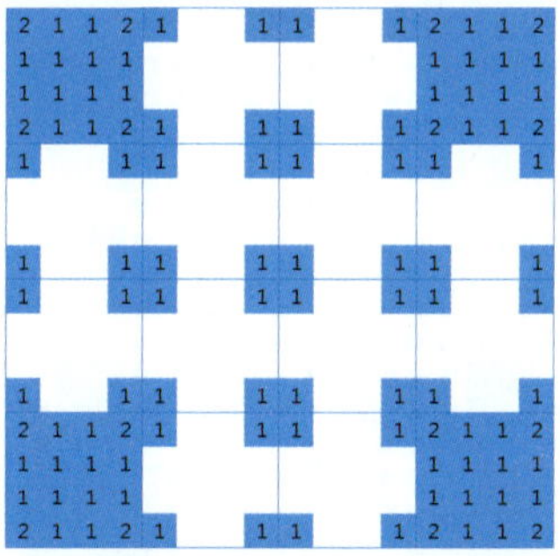 | 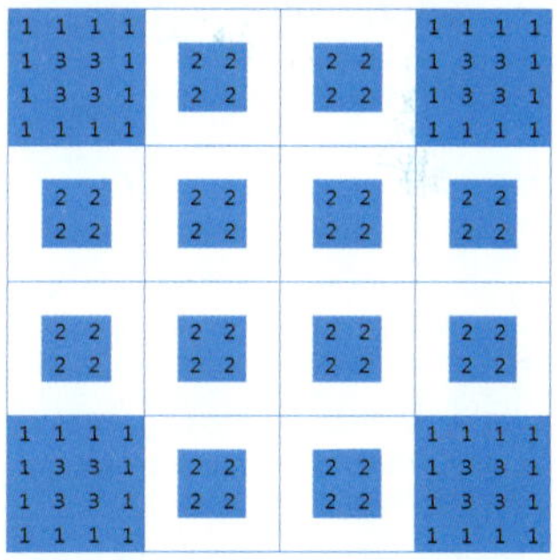 |
| | $gf : \log_{16} 112 = 1.702$ | $gg : \log_{16} 112 = 1.702$ |
| | 112/256=0.438 | 112/256=0.438 |
| | 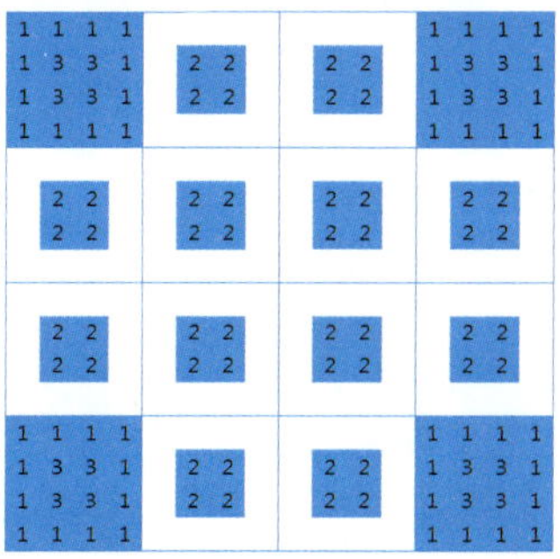 | 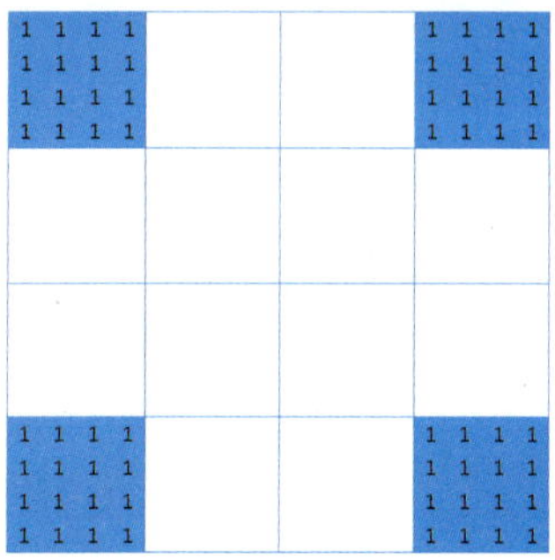 |

3단계 프랙탈 $F_3$는 $f$, $g$와 $ff$, $fg$, $gf$, $gg$의 합성으로 이루어진 8개의 프랙탈로 구성된다. 곱셈 프랙탈은 단계가 올라갈수록 색채가 차지하는 면적이 줄어들어 점점 밝아지는데 덧셈 프랙탈은 색채가 차지하는 면적의 점유률이 갈수록 높아지며 견고한 구조를 갖게 된다. 단계가 올라갈수록 색칠 부분이 너무 많아져서 만약 면적이 한정되어 있다면 결국엔 색채만 보이게 될 것이다.

| $F_3:\log_{64}3584 = 1.97$ | $fff:\log_{64}2368 = 1.868$ | $ffg:\log_{64}2368 = 1.868$ |
|---|---|---|
| 3584/4096=0.875 | 2368/4096=0.578 | 2368/4096=0.578 |
| 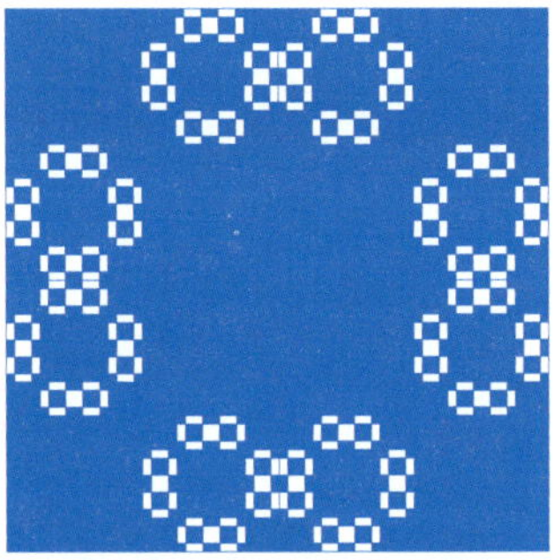 |  | 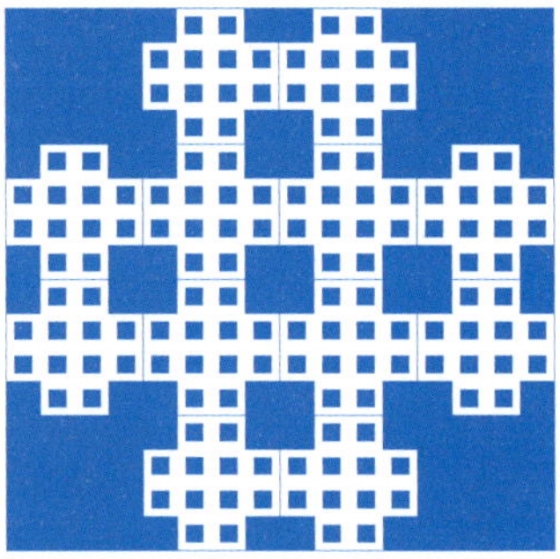 |
| $fgf:\log_{64}2368 = 1.868$ | $fgg:\log_{64}2368 = 1.868$ | $gff:\log_{64}2368 = 1.868$ |
| 2368/4096=0.578 | 2368/4096=0.578 | 2368/4096=0.578 |
|  |  |  |
| $gfg:\log_{64}2368 = 1.868$ | $ggf:\log_{64}2368 = 1.868$ | $ggg:\log_{64}2368 = 1.868$ |
| 2368/4096=0.578 | 2368/4096=0.578 | 2368/4096=0.578 |
|  |  | 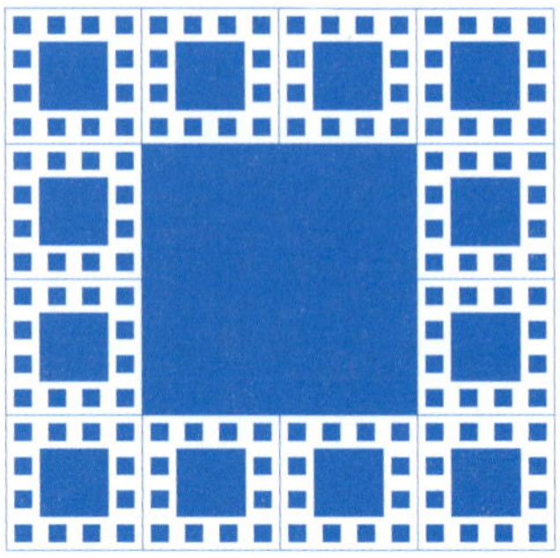 |

(3) 1단계 8개

$F_1$, $F_2$, $F_3$의 프랙탈이 확장하며 진행되는 규칙을 찾아보자. $F_1$은 $F_2$에서 16배 커져서 형태가 유지되고 나머지 빈칸에 $F_1$이 채워진다, $F_2$는 $F_3$에서 16배 커져서 형태가 유지되고 나머지 빈칸에 $F_2$가 채워진다. $f$를 1단계로 한 2단계 프랙탈은 작은 1단위 미립자들로 복잡한 느낌을 주고, $g$를 1단계로 한 2단계 프랙탈 $fg$, $gg$는 모두 시원하게 뚫린 도로처럼 명쾌함을 느끼게 한다.

| $F_1 = f \cup g : \log_4 8 = 1.5$ | $f : \log_4 4 = 1$ | $g : \log_4 4 = 1$ |
|---|---|---|
| 8/16=0.5 | 4/16=0.25 | 4/16=0.25 |
|  |  |  |
| $F_2 : \log_{16} 192 = 1.896$ | $ff : \log_{16} 112 = 1.702$ | $fg : \log_{16} 112 = 1.702$ |
| 192/256=0.75 | 112/256=0.438 | 112/256=0.438 |
| 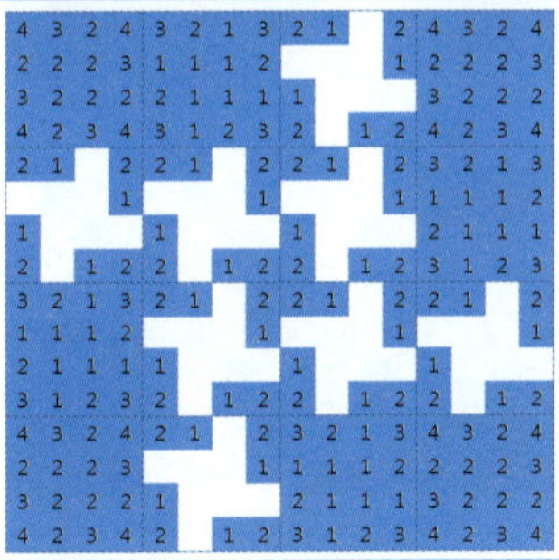 | 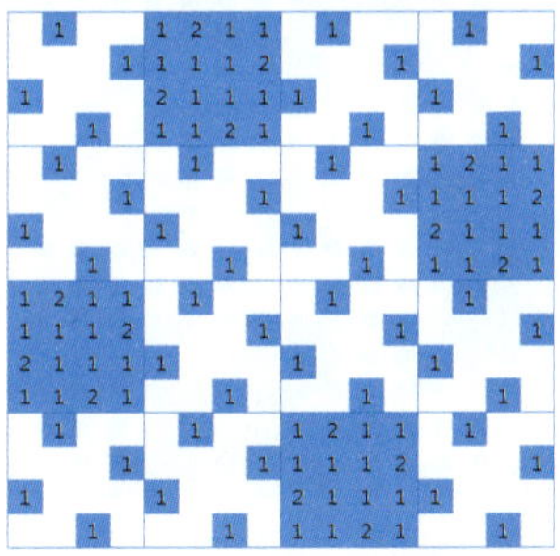 | 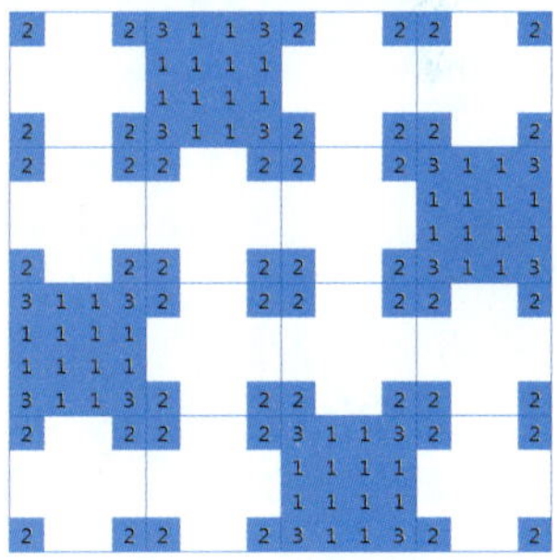 |
| | $gf : \log_{16} 112 = 1.702$ | $gg : \log_{16} 112 = 1.702$ |
| | 112/256=0.438 | 112/256=0.438 |
| | 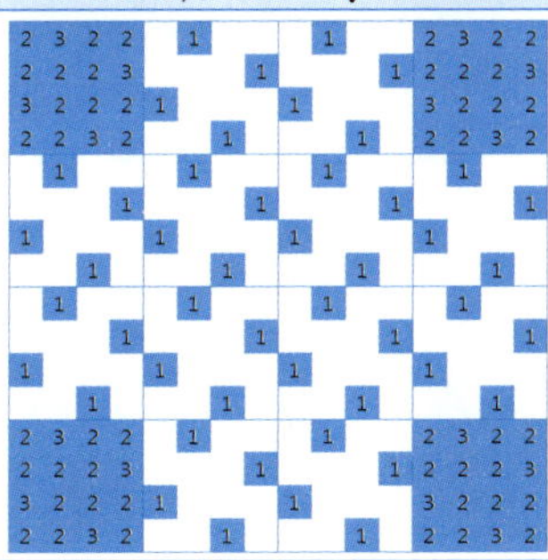 | 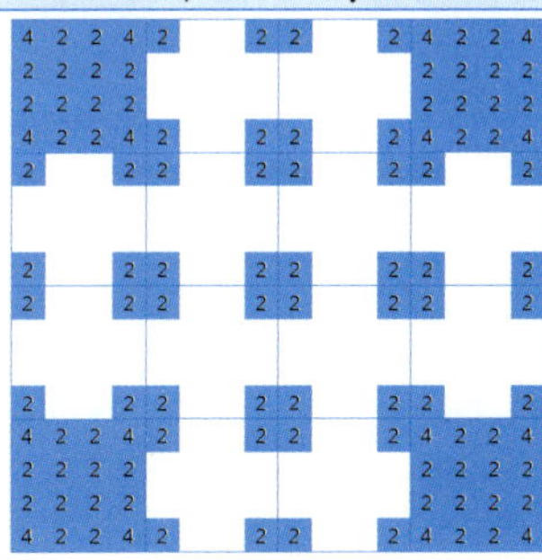 |

$F_3$는 8개의 프랙탈로 구성할 수 있다. $F_3$는 면적에 대해 강한 대비를 이루며 캄캄한 밤하늘에 빛나는 별을 떠올리게 한다. $fgg$는 로봇이 운동하는 모습으로 보이게 하는데 이는 3단계에 $f$의 형태를 적용한 것은 모두 회전하는 동적인 이미지를 갖기 때문이며, 3단계에서 $g$의 형태를 적용한 프랙탈은 색채의 반전으로 오히려 십자가의 형태가 도드라져 보여 $ggf$를 비롯해 안정감을 준다.

| $F_3$:$\log_{64}3584 = 1.97$ | $fff$:$\log_{64}2368 = 1.868$ | $ffg$:$\log_{64}2368 = 1.868$ |
|---|---|---|
| 3584/4096=0.875 | 2368/4096=0.578 | 2368/4096=0.578 |
|  | 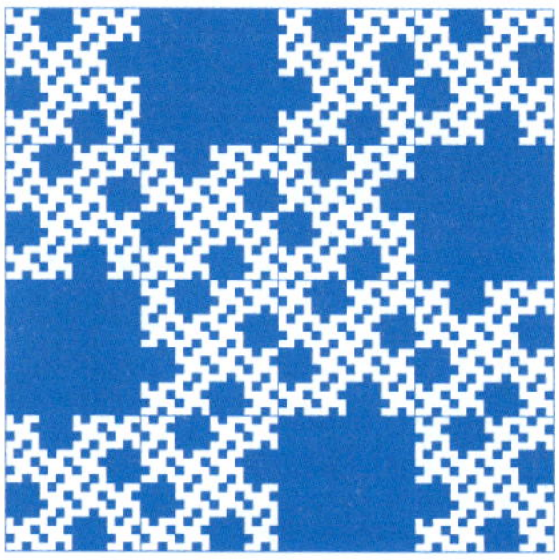 | 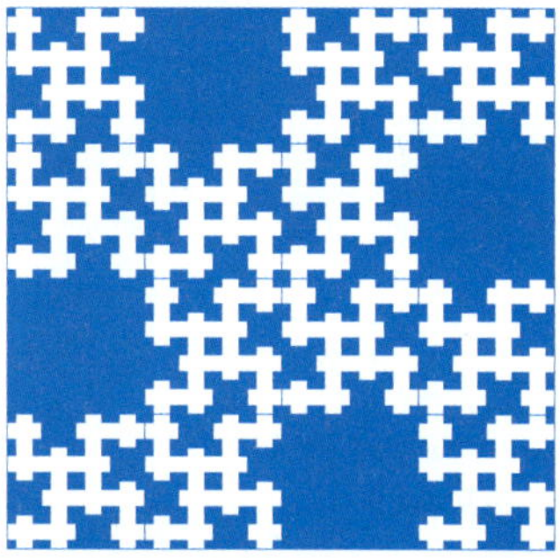 |
| $fgf$:$\log_{16}64 = 1.5$ | $fgg$:$\log_{64}2368 = 1.868$ | $gff$:$\log_{64}2368 = 1.868$ |
| 2368/4096=0.578 | 2368/4096=0.578 | 2368/4096=0.578 |
|  |  | 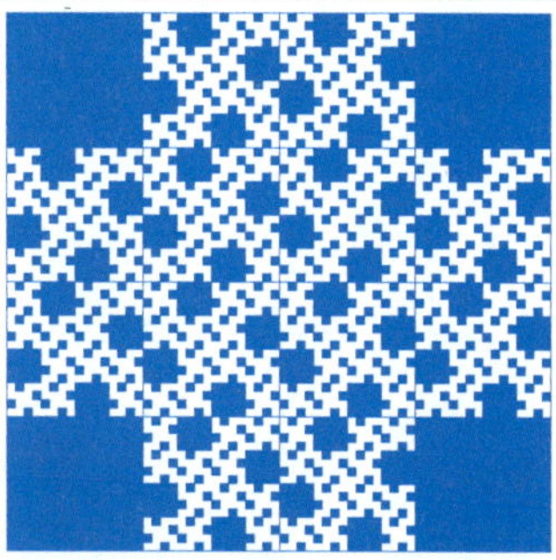 |
| $gfg$:$\log_{64}2368 = 1.868$ | $ggf$:$\log_{64}2368 = 1.868$ | $ggg$:$\log_{64}2368 = 1.868$ |
| 2368/4096=0.578 | 2368/4096=0.578 | 2368/4096=0.578 |
|  |  |  |

(4) 1단계 12개

$F_1$을 한 마리 파란색 새라고 생각해 보자. 큰 새 한 마리는 $F_2$에서 하얗고 작은 새 4마리로 변해 푸른 바다 위를 날고 있다. 단계가 올라갈수록 점차 어떻게 변화될지 상상해보자. $fg$는 파란색에 초점을 두고 보면 박쥐가 날고 있는 모습으로 보이고 흰색을 중심으로 바라보면 복잡한 추상형으로 보인다, 형태심리학에서는 어디에 초점을 두고 보느냐 따라 대상의 본질이 저마다 다르게 해석되는 현상을 게슈탈트 전환이라고 한다. 이는 미술치료에도 사용이 되고 있다.

$F_1 = f \cup g : \log_4 12 = 1.792$

12/16=0.75

$f : \log_4 6 = 1.292$

6/16=0.375

$g : \log_4 6 = 1.292$

6/16=0.375

$F_2 : \log_{16} 240 = 1.977$

240/256=0.938

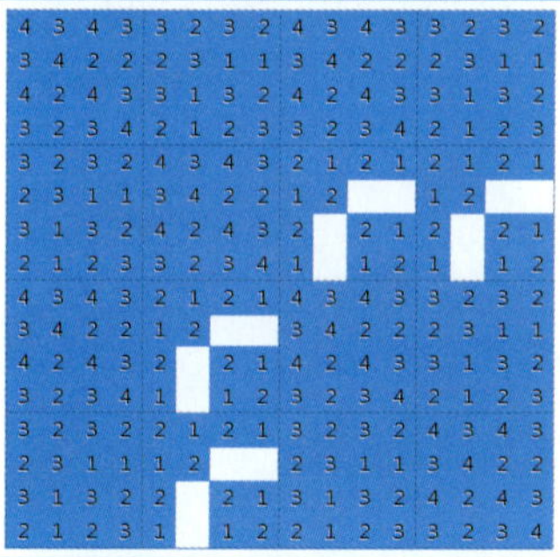

$ff : \log_{16} 156 = 1.821$

156/256=0.609

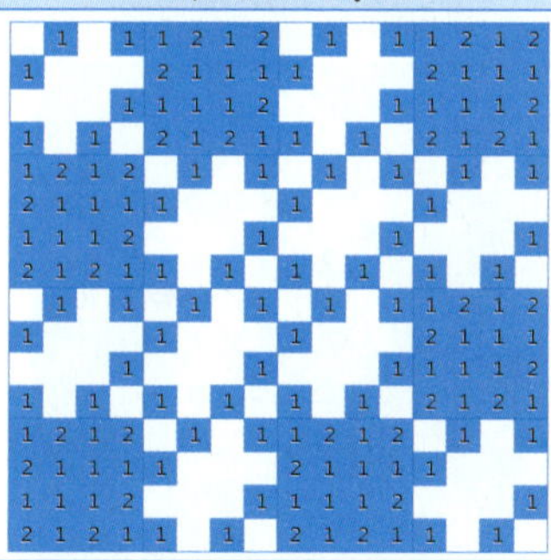

$fg : \log_{16} 156 = 1.821$

156/256=0.609

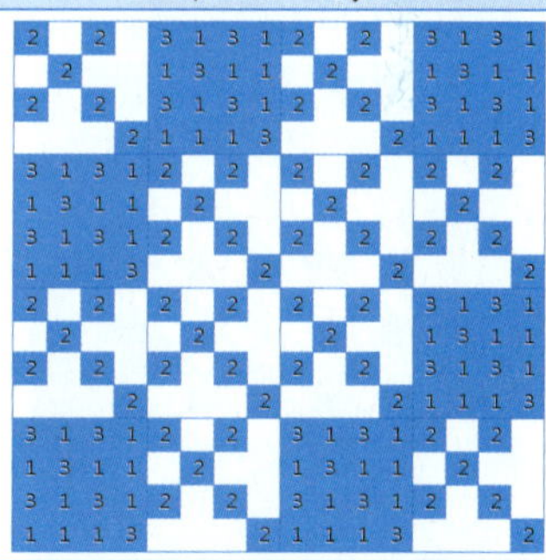

$gf : \log_{16} 156 = 1.821$

156/256=0.609

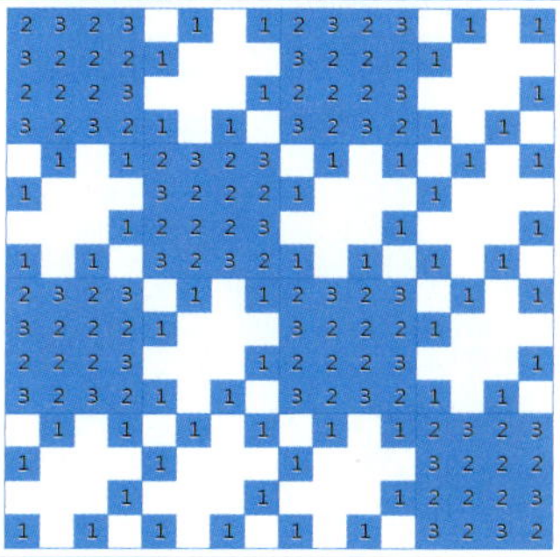

$gg : \log_{16} 156 = 1.821$

156/256=0.609

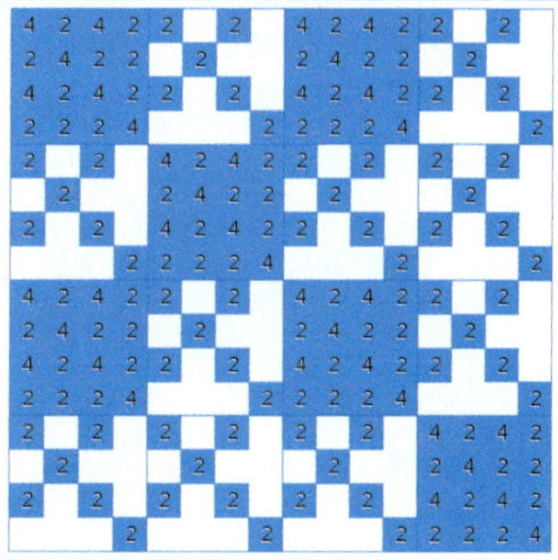

게슈탈트는 전체의 상으로서의 형(形)이나 형태(形態)를 뜻하는 독일어다. 각 요소들이 얼마나 근접해 있고 유기적으로 연결되어 있느냐에 따라 중심이 되는 게슈탈트를 이루고 나머지는 배경으로 물러나게 된다. 하나의 본질이 보는 이의 시각의 차이에 따라 다르게 해석될 수 있다는 것을 의미하는데 이를 정치나 경제에 적용하면 때론 혼란을 야기할 수도 있지만 디자인이라는 미술분야에 적용할 때는 각양각색의 소비자의 취미를 만족시킬 만한 새로운 제품의 탄생을 불러올 수 있다. 'Think different'는 스티브 잡스가 애플사옥 전면에 대형포스터로 만들어 걸었던 슬로건이다.

| $F_3:\log_{64}4032=2$ | $fff:\log_{64}3096=1.933$ | $ffg:\log_{64}3096=1.933$ |
|---|---|---|
| 4032/4096=0.984 | 3096/4096=0.756 | 3096/4096=0.756 |
| 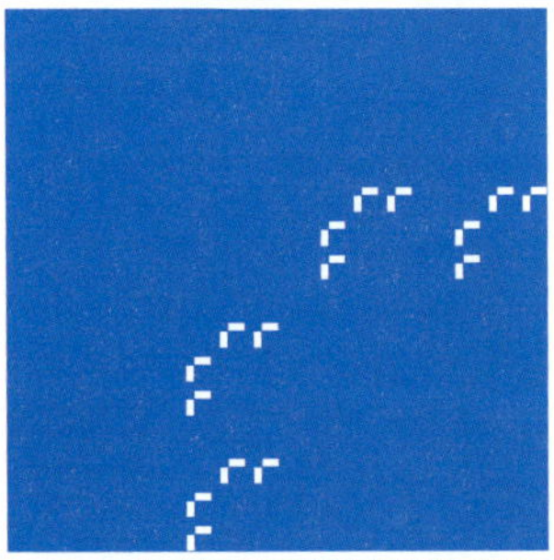 |  | 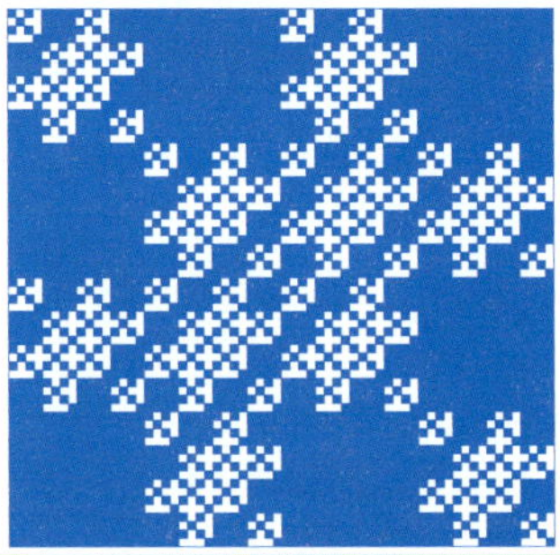 |
| $fgf:\log_{64}3096=1.933$ | $fgg:\log_{64}3096=1.933$ | $gff:\log_{64}3096=1.933$ |
| 3096/4096=0.756 | 3096/4096=0.756 | 3096/4096=0.756 |
|  | 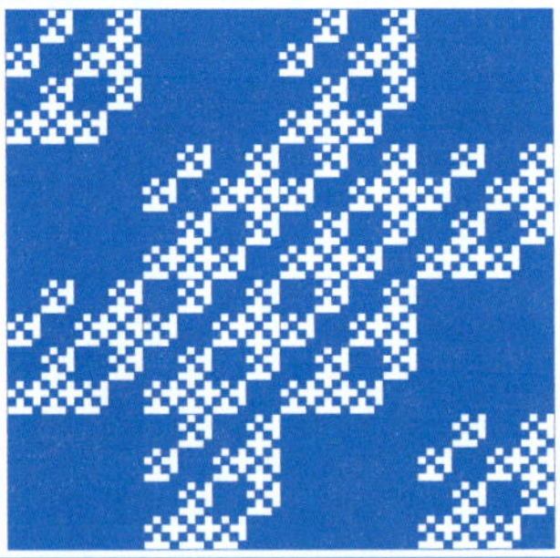 |  |
| $gfg:\log_{64}3096=1.933$ | $ggf:\log_{64}3096=1.933$ | $ggg:\log_{64}3096=1.933$ |
| 3096/4096=0.756 | 3096/4096=0.756 | 3096/4096=0.756 |
| 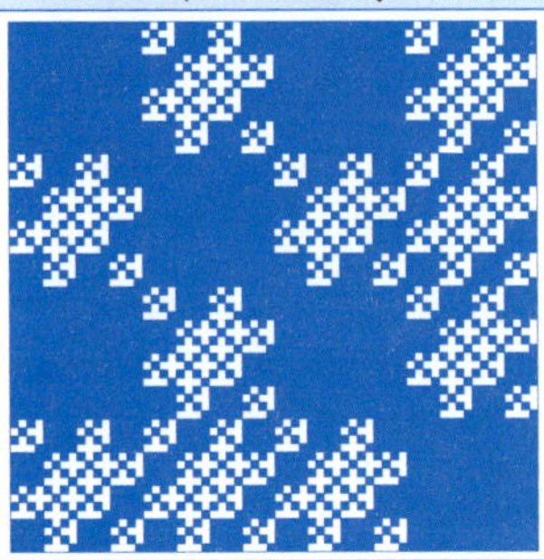 |  | 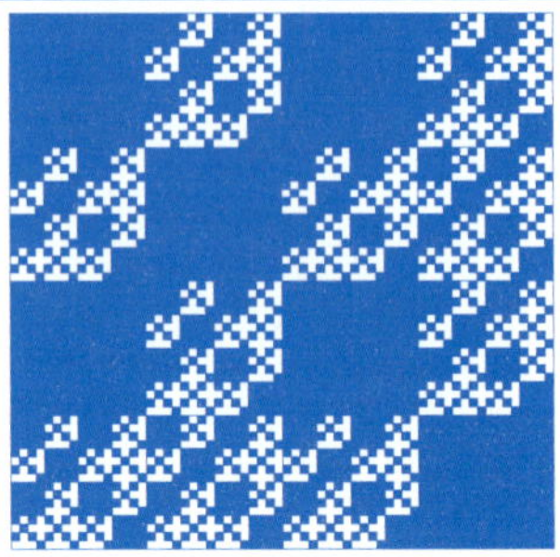 |

(5) 1단계 12개

$ff$는 색칠한 부분이 75%지만 오히려 색칠하지 않은 흰색 부분이 중심 형태가 되고 나머지 파란색 부분은 배경이 되어 뒤로 물러나는 느낌이 강하다. 흰색에 초점을 두고 인식한 형태가 여러 개의 흰색 바람개비가 도는 모습으로 게슈탈트가 형성되었기 때문이다. 각각의 프랙탈을 보고 형태상에서 느껴지는 자신의 생각을 자유롭게 말해보자.

| $F_1$:$\log_4 12 = 1.792$ | $f$:$\log_4 8 = 1.5$ | $g$:$\log_4 4 = 1$ |
|---|---|---|
| 12/16=0.75 | 8/16=0.5 | 4/16=0.125 |
| 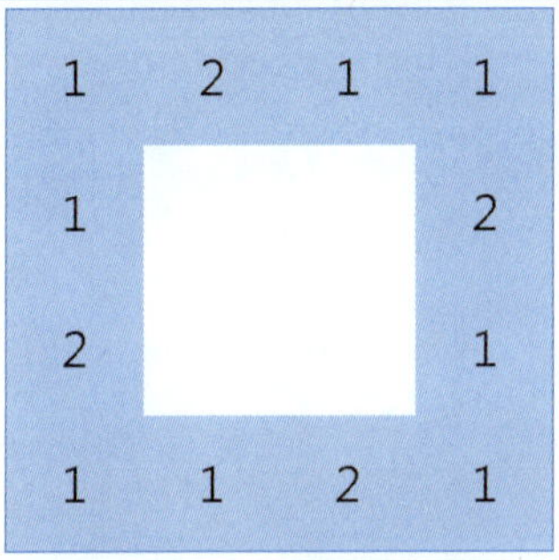 |  |  |
| $F_2$:$\log_{16} 240 = 1.977$ | $ff$:$\log_{16} 192 = 1.896$ | $fg$:$\log_{16} 160 = 1.83$ |
| 240/256=0.938 | 192/256=0.75 | 160/256=0.625 |
| 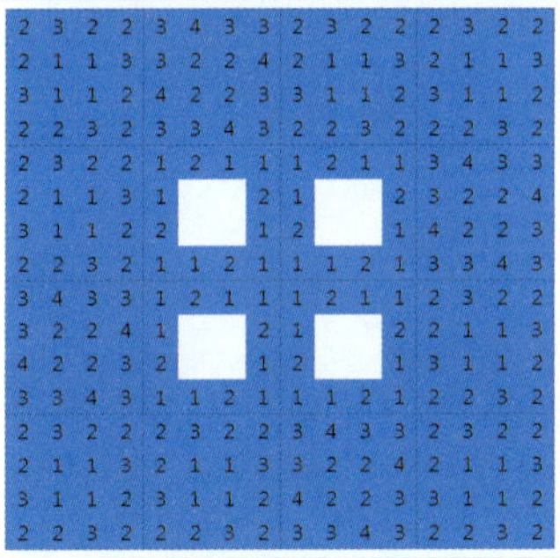 | 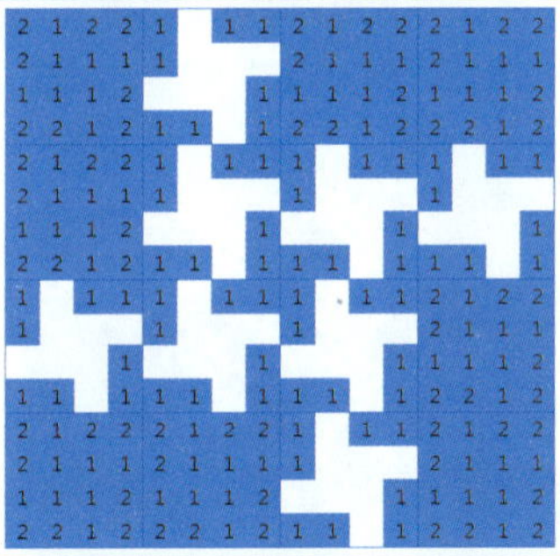 | 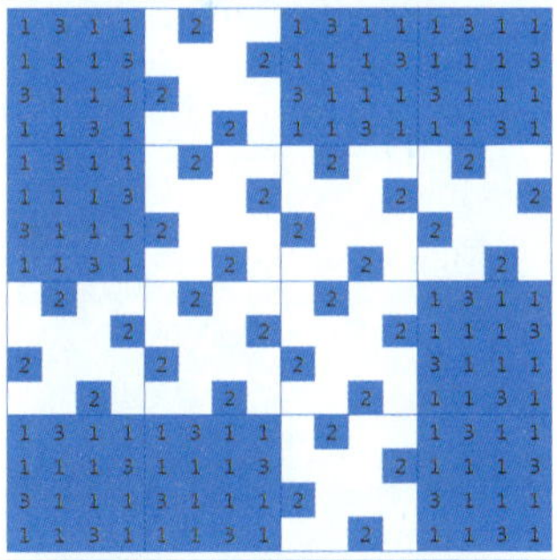 |
|  | $gf$:$\log_{16} 160 = 1.83$ | $gg$:$\log_{16} 112 = 1.702$ |
|  | 160/256=0.625 | 112/256=0.438 |
|  | 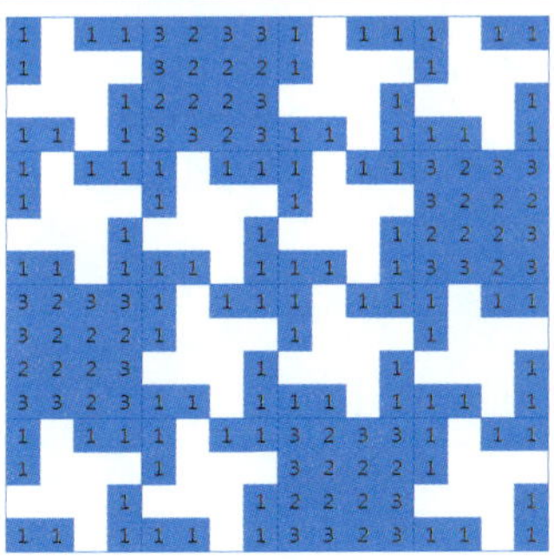 | 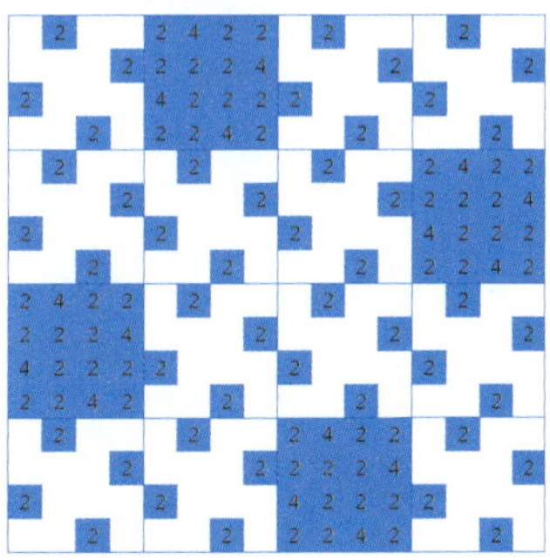 |

$fff$는 흰색 부분이 반짝이는 별빛처럼 시선을 끈다. 이는 색칠한 부분이 흰색 부분보다 더 많지만 두 색의 명도대비가 뚜렷하고, 비록 작지만 흰색 부분이 주로 중심에 분포된 바람개비 구조로 각 개체 $f$가 심리적으로 연결되어 게슈탈트를 형성하여 나머지 색칠 된 곳을 배경으로 가라앉게 만들었기 때문이다. 그러나 $ggf$, $ggg$는 명확한 게슈탈트를 형성하는 구조가 아니라서 어디에 초점을 두고 보느냐 하는 관점에 따라 게슈탈트 전환이 발생하기 쉬운 구조다.

| $F_3$:$\log_{64}4032 = 2$ | $fff$:$\log_{64}3584 = 1.968$ | $ffg$:$\log_{64}3328 = 1.95$ |
|---|---|---|
| 4032/4096=0.984 | 3584/4096=0.875 | 3328/4096=0.813 |
|  |  | 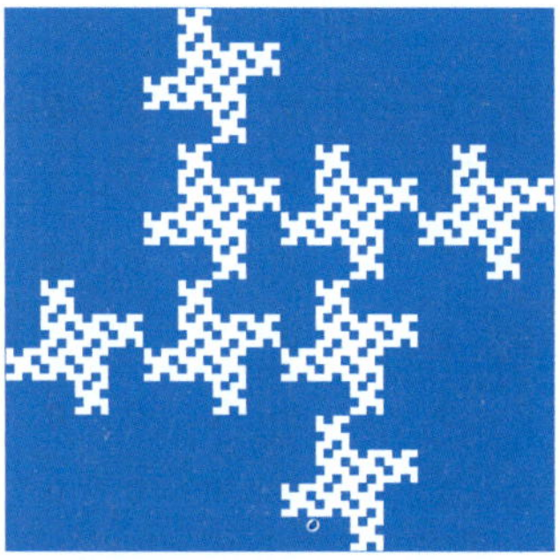 |
| $fgf$:$\log_{64}3328 = 1.95$ | $fgg$:$\log_{64}2944 = 1.921$ | $gff$:$\log_{64}3328 = 1.95$ |
| 3328/4096=0.813 | 2944/4096=0.719 | 3328/4096=0.813 |
| 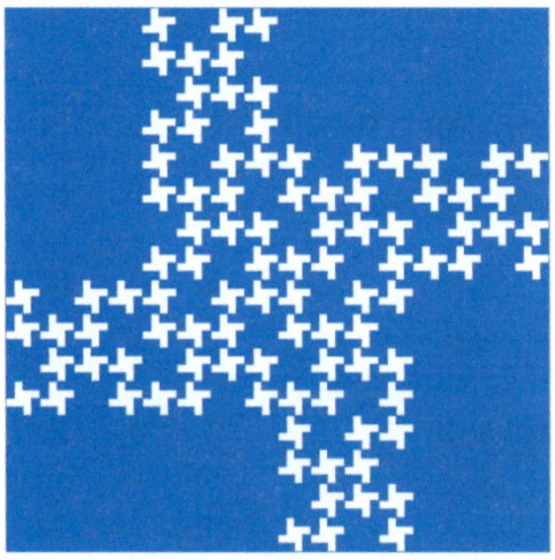 | 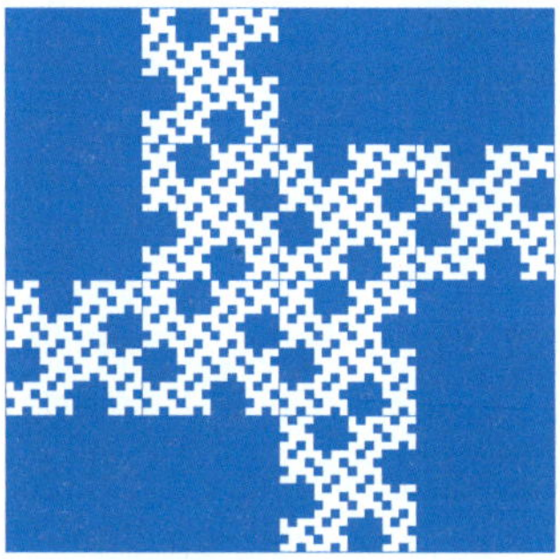 |  |
| $gfg$:$\log_{64}2944 = 1.921$ | $ggf$:$\log_{64}2944 = 1.921$ | $ggg$:$\log_{64}2368 = 1.868$ |
| 2944/4096=0.719 | 2944/4096=0.719 | 2368/4096=0.578 |
| 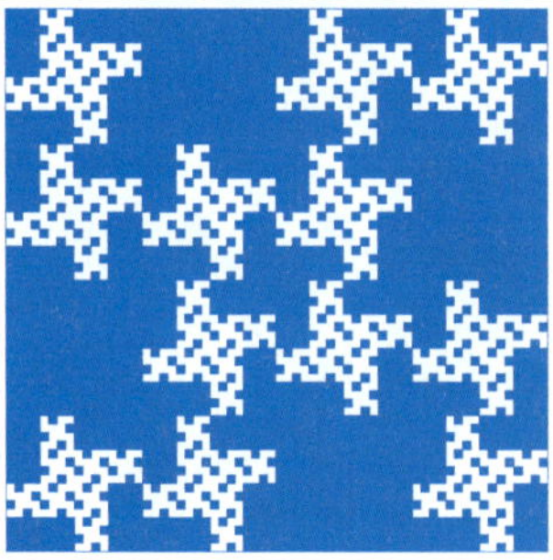 |  | 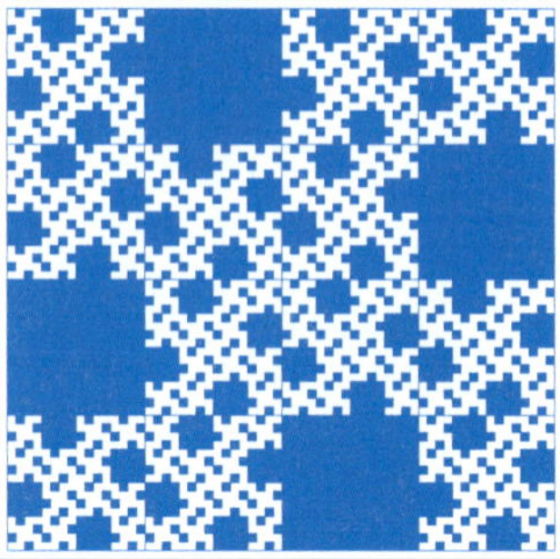 |

## 2. 세 개의 프랙탈로 분할

### (1) 1단계 12개

1단계의 프랙탈 $F_1$은 3개의 프랙탈 $f$, $g$, $h$의 합으로 이루어진다. 2단계 프랙탈은 1단계의 프랙탈 중 2개씩 합성하여 $ff$, $fg$, $fh$, $gf$, $gg$, $gh$, $hf$, $hg$, $hh$ 9개를 만든다.

| $F_1$:$\log_4 12 = 1.792$ | $f$:$\log_4 4 = 1$ | $g$:$\log_4 4 = 1$ | $h$:$\log_4 4 = 1$ |
|---|---|---|---|
| 12/16=0.75 | 4/16=0.125 | 4/16=0.125 | 4/16=0.125 |
|  |  | 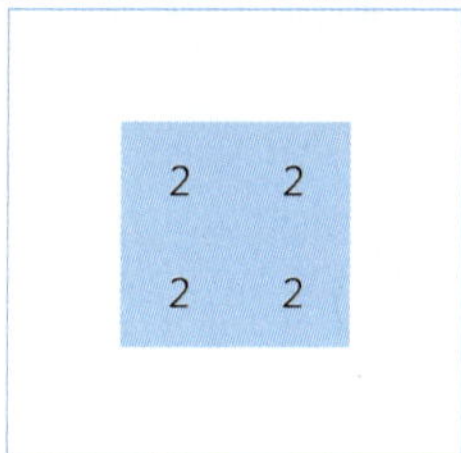 |  |
| $F_2$:$\log_{16} 240 = 1.97$ | $ff$:$\log_{16} 112 = 1.70$ | $fg$:$\log_{16} 112 = 1.70$ | $fh$:$\log_{16} 112 = 1.70$ |
| 240/256=0.938 | 112/256=0.438 | 112/256=0.438 | 112/256=0.438 |
| 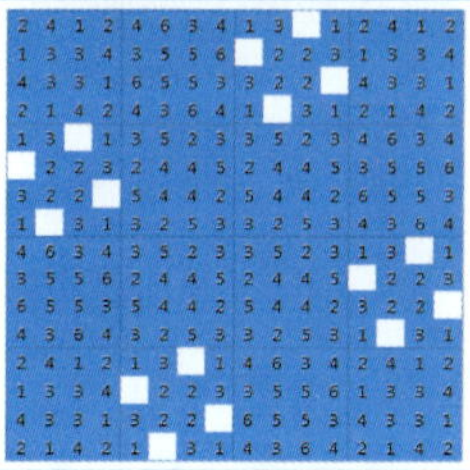 | 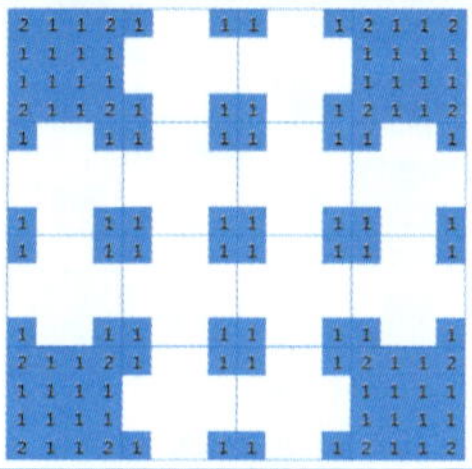 | 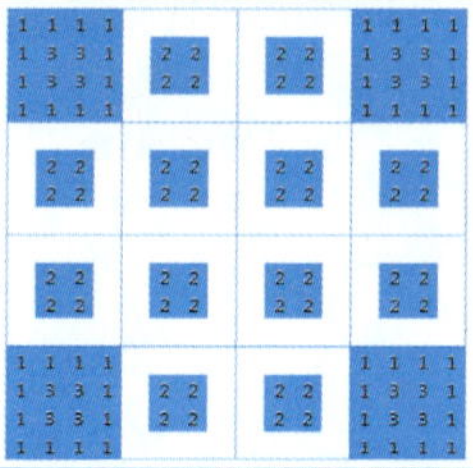 | 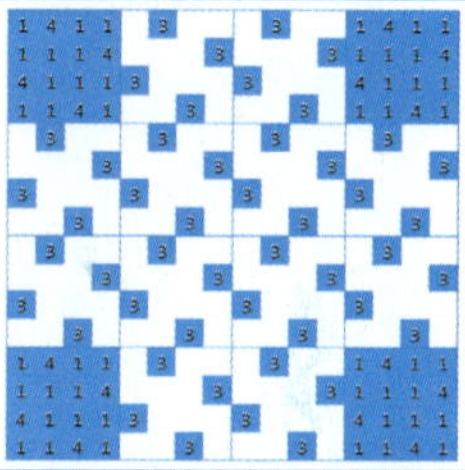 |
| | $gf$:$\log_{16} 112 = 1.70$ | $gg$:$\log_{16} 112 = 1.70$ | $gh$:$\log_{16} 112 = 1.70$ |
| | 112/256=0.438 | 112/256=0.438 | 112/256=0.438 |
| | 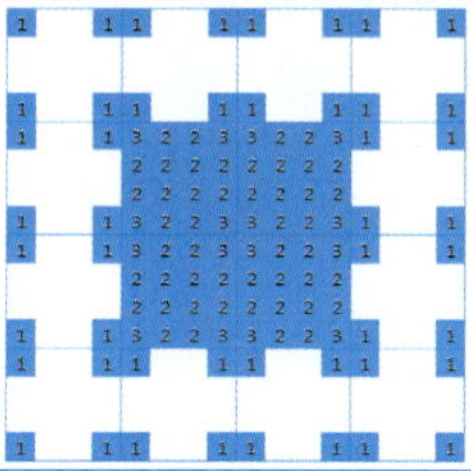 | 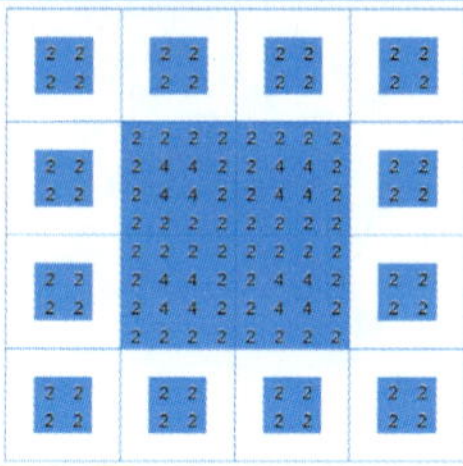 | 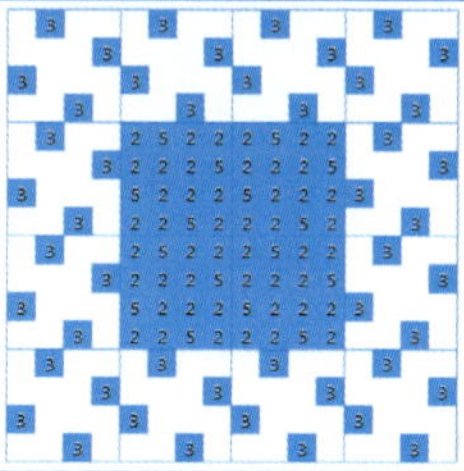 |
| | $hf$:$\log_{16} 112 = 1.70$ | $hg$:$\log_{16} 112 = 1.70$ | $hh$:$\log_{16} 112 = 1.70$ |
| | 112/256=0.438 | 112/256=0.438 | 112/256=0.438 |
| | 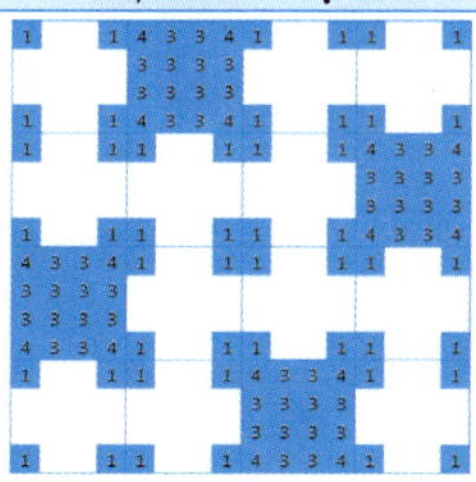 | 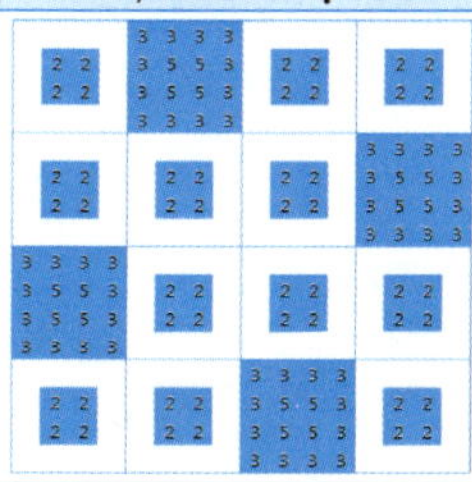 | 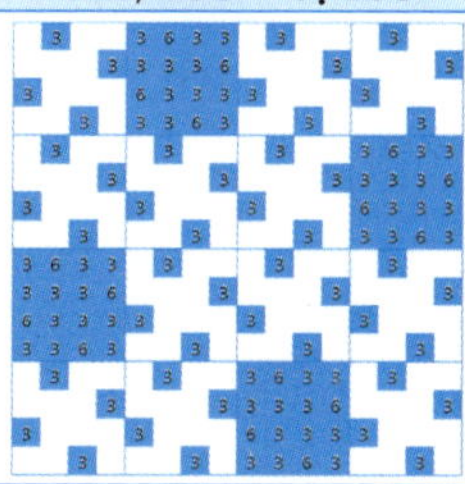 |

(2) 1단계 12개

$fg$와 $gg$는 같은 면적을 가지고 있다. 면적을 이루는 방법에 따라 디자인이 주는 느낌이 차이난다. $f$와 $h$는 얼핏 보면 구별이 안 갈 정도로 비슷한 구조를 가졌고 $g$는 가운데를 정사각형으로 차지하는 안정감을 가졌다. 따라서 $ff$, $fh$, $hf$, $hh$는 유사한 형태를 가질 수밖에 없고 $fg$와 $hg$의 경우도 마찬가지다. 결국 $g$의 적용 여부에 따라 전체 형태와 느낌이 달라진다.

<table>
<tr><td>$F_1$:$\log_4 12 = 1.792$</td><td>$f$:$\log_4 4 = 1$</td><td>$g$:$\log_4 4 = 1$</td><td>$h$:$\log_4 4 = 1$</td></tr>
<tr><td>12/16=0.75</td><td>4/16=0.125</td><td>4/16=0.125</td><td>4/16=0.125</td></tr>
<tr><td>
</td><td>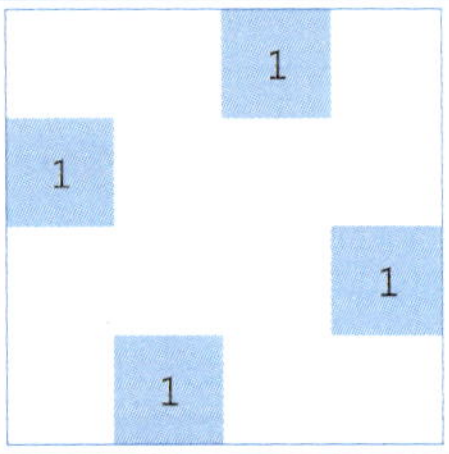
</td><td>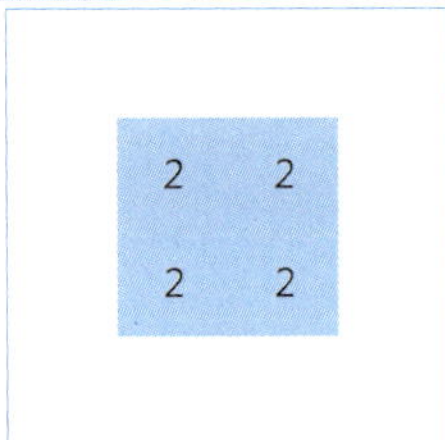
</td><td>
</td></tr>
<tr><td>$F_2$:$\log_{16} 240 = 1.977$</td><td>$ff$:$\log_{16} 112 = 1.702$</td><td>$fg$:$\log_{16} 112 = 1.702$</td><td>$fh$:$\log_{16} 112 = 1.702$</td></tr>
<tr><td>240/256=0.938</td><td>112/256=0.438</td><td>112/256=0.438</td><td>112/256=0.438</td></tr>
<tr><td>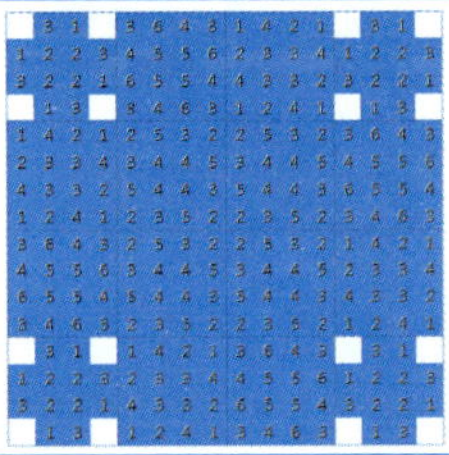</td><td>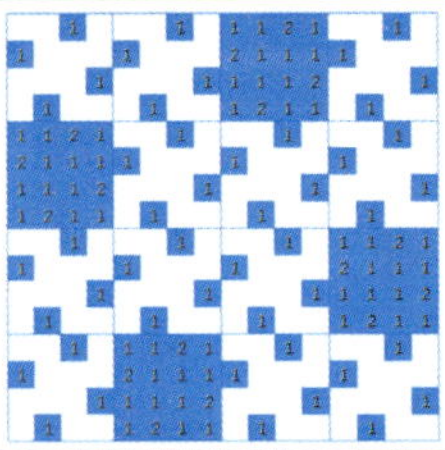</td><td>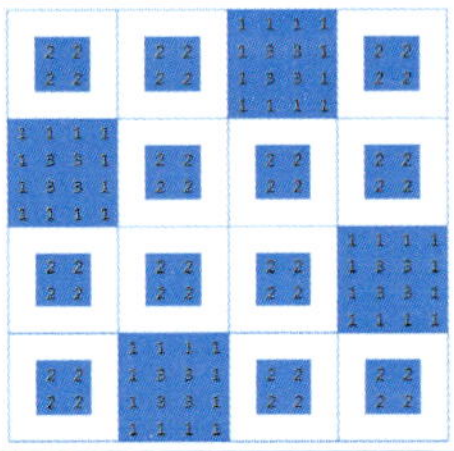</td><td>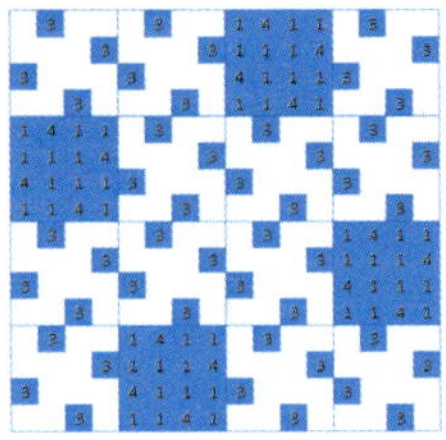</td></tr>
<tr><td></td><td>$gf$:$\log_{16} 112 = 1.702$</td><td>$gg$:$\log_{16} 112 = 1.702$</td><td>$gh$:$\log_{16} 112 = 1.702$</td></tr>
<tr><td></td><td>112/256=0.438</td><td>112/256=0.438</td><td>112/256=0.438</td></tr>
<tr><td></td><td>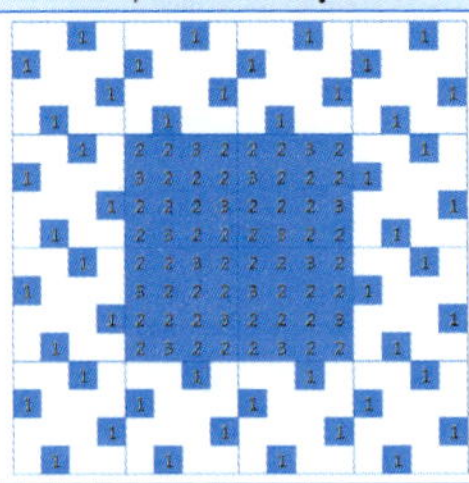</td><td>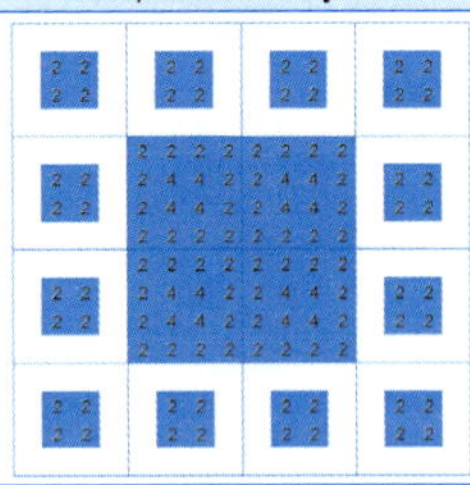</td><td>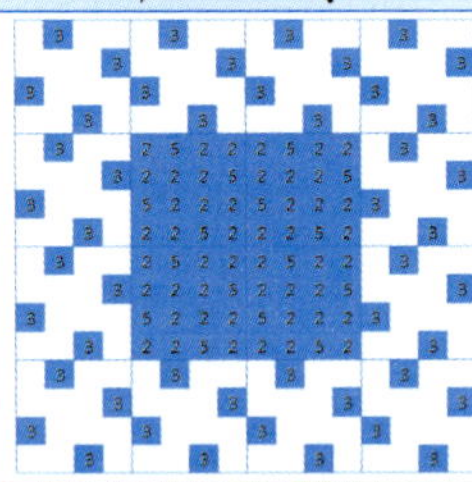</td></tr>
<tr><td></td><td>$hf$:$\log_{16} 112 = 1.702$</td><td>$hg$:$\log_{16} 112 = 1.702$</td><td>$hh$:$\log_{16} 112 = 1.702$</td></tr>
<tr><td></td><td>112/256=0.438</td><td>112/256=0.438</td><td>112/256=0.438</td></tr>
<tr><td></td><td>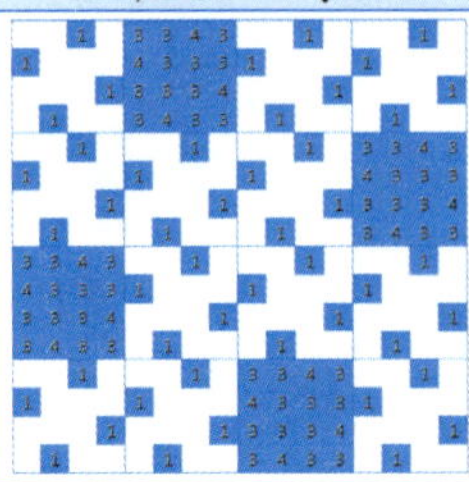</td><td>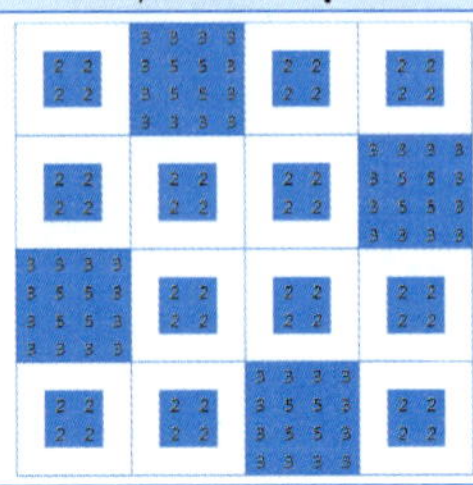</td><td>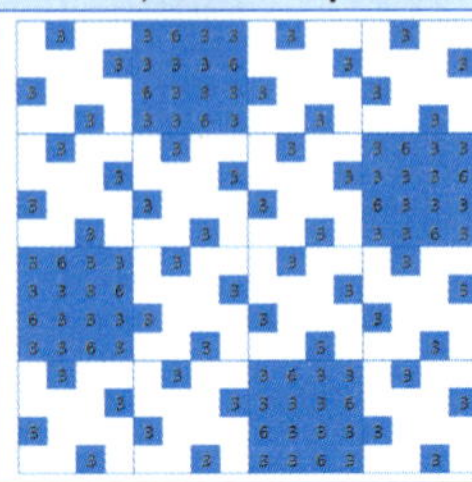</td></tr>
</table>

## 3 5×5 덧셈 프랙탈 분할

### 1. 두 개의 프랙탈로 분할

(1) 1단계 8개

$F_1 = f \cup g : \log_5 8 = 1.292$

8/25=0.32

| | | | | |
|---|---|---|---|---|
| 0 | 0 | 2 | 0 | 0 |
| 0 | 1 | 0 | 1 | 0 |
| 2 | 0 | 0 | 0 | 2 |
| 0 | 1 | 0 | 1 | 0 |
| 0 | 0 | 2 | 0 | 0 |

$f : \log_5 4 = 0.861$

4/25=0.16

| | | | | |
|---|---|---|---|---|
| 0 | 0 | 0 | 0 | 0 |
| 0 | 1 | 0 | 1 | 0 |
| 0 | 0 | 0 | 0 | 0 |
| 0 | 1 | 0 | 1 | 0 |
| 0 | 0 | 0 | 0 | 0 |

$g : \log_5 4 = 0.861$

4/25=0.16

| | | | | |
|---|---|---|---|---|
| 0 | 0 | 2 | 0 | 0 |
| 0 | 0 | 0 | 0 | 0 |
| 2 | 0 | 0 | 0 | 2 |
| 0 | 0 | 0 | 0 | 0 |
| 0 | 0 | 2 | 0 | 0 |

$F_2 : \log_{25} 336 = 1.807$

336/625=0.538

$ff : \log_{25} 184 = 1.62$

184/625=0.294

$fg : \log_{25} 184 = 1.62$

184/625=0.294

$F_3 : \log_{125} 10712 = 1.922$

10712/15625=0.686

$gf : \log_{25} 184 = 1.62$

184/625=0.294

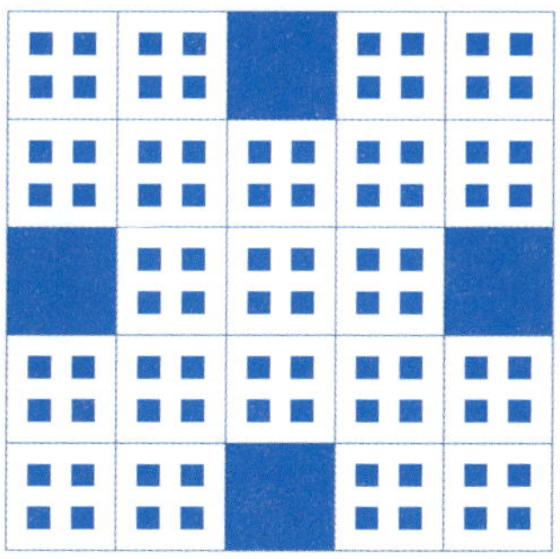

$gg : \log_{25} 184 = 1.62$

184/625=0.294

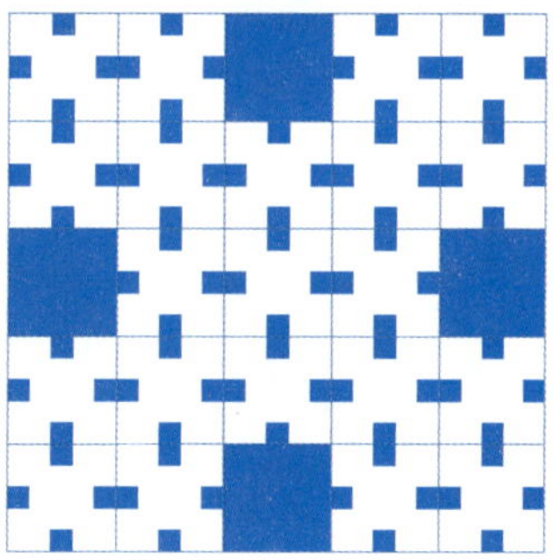

3단계 중 $f$를 적용한 네 가지 프랙탈은 모두 배경이 된 2단계의 프랙탈 패턴의 차이만 있을 뿐 같은 넓이를 가진다. 기본 구조는 같은 모양이지만 상대적으로 변화의 느낌이 다르다. $fff$와 $ffg$는 정적인 이미지로 안정감을 가지는 반면 $fgf$, $fgg$는 배경 부분에 기다란 직사각형들이 이동하면서 움직이는 듯한 동적 이미지가 감돈다.

| $fff$ : $\log_{125}6364 = 1.814$ | $ffg$ : $\log_{125}6364 = 1.814$ |
|---|---|
| 6364/15625=0.407 | 6364/15625=0.407 |
| 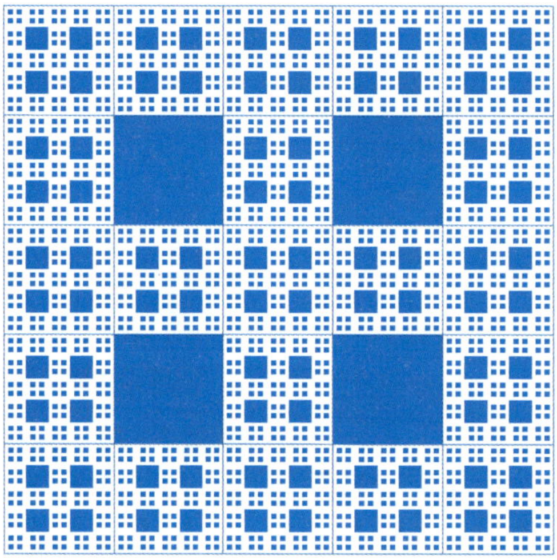 |  |
| $fgf$ : $\log_{125}6364 = 1.814$ | $fgg$ : $\log_{125}6364 = 1.814$ |
| 6364/15625=0.407 | 6364/15625=0.407 |
| 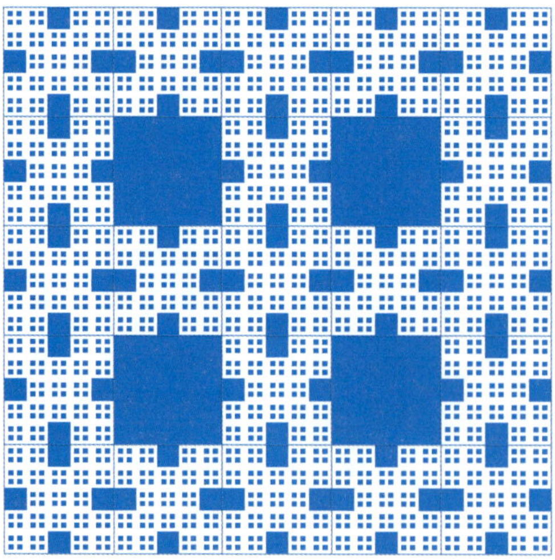 | 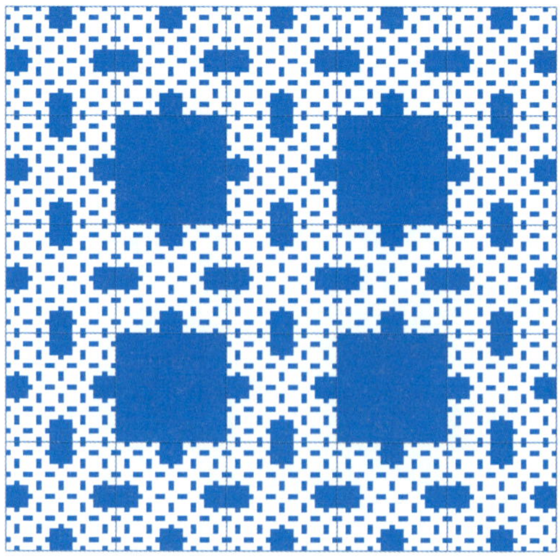 |

3단계 중 $g$를 적용한 네 가지 프랙탈은 모두 배경이 된 2단계의 프랙탈 패턴의 차이만 있을 뿐 같은 넓이를 가진다. 기본 구조는 공간을 차지하는 비율이 40.7%로 같은 모양이지만 상대적으로 변화의 느낌이 다르다. 같은 공간을 차지하면서 다른 느낌을 주는 이유가 무엇인지 생각해보자. 각각의 프랙탈을 어떤 장소에서 활용하면 좋을지 생각해보자.

| $gff : \log_{125} 6364 = 1.814$ | $gfg : \log_{125} 6364 = 1.814$ |
|---|---|
| $6364/15625 = 0.407$ | $6364/15625 = 0.407$ |
| 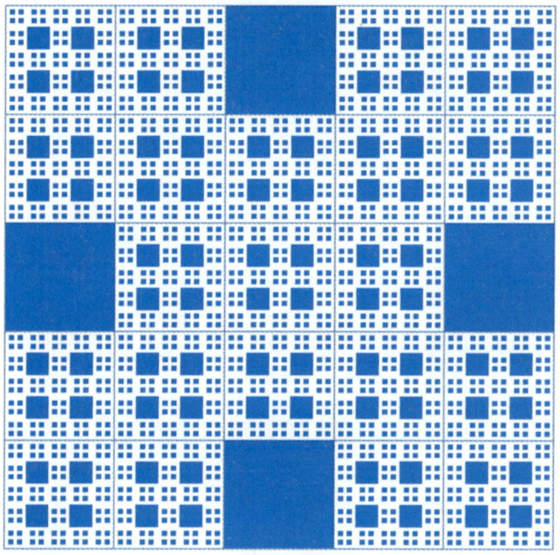 |  |
| $ggf : \log_{125} 6364 = 1.814$ | $ggg : \log_{125} 6364 = 1.814$ |
| $6364/15625 = 0.407$ | $6364/15625 = 0.407$ |
| 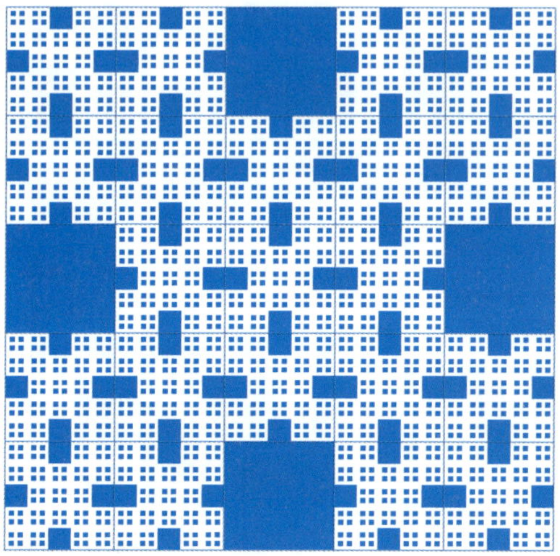 | 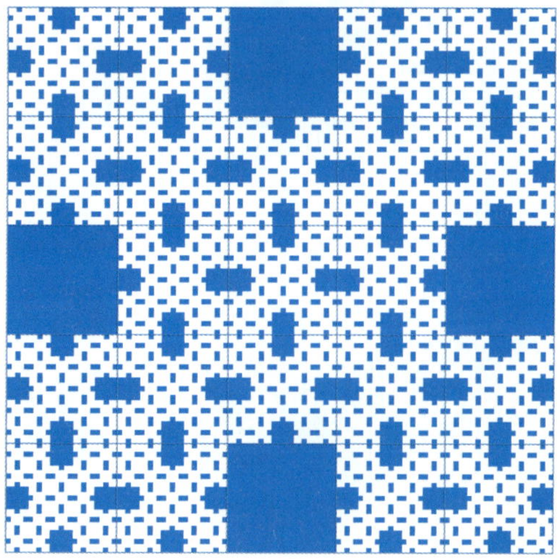 |

(2) 1단계 9개

산업 디자인에서는 실용성의 목적을 중요시한다. 디자인의 목적을 합리적으로 정하고, 디자인을 진행하는 세부과정이 명확해야 한다. 디자인은 단순한 결과물이 아니라 사고의 과정이며 객관성과 합리성을 근거로 한다. 목적에 부합하면서 심미적으로 아름다운 디자인을 합목적성(purposiveness)을 갖춘 좋은 디자인이라고 한다.

| $F_1 = f \cup g : \log_5 9 = 1.365$ | $f : \log_5 4 = 0.861$ | $g : \log_5 4 = 0.16$ |
|---|---|---|
| 9/25=0.32 | 4/25=0.16 | 5/25=0.2 |

| 1 | 0 | 0 | 0 | 1 |
|---|---|---|---|---|
| 0 | 0 | 2 | 0 | 0 |
| 0 | 2 | 2 | 2 | 0 |
| 0 | 0 | 2 | 0 | 0 |
| 1 | 0 | 0 | 0 | 1 |

| 1 | 0 | 0 | 0 | 1 |
|---|---|---|---|---|
| 0 | 0 | 0 | 0 | 0 |
| 0 | 0 | 0 | 0 | 0 |
| 0 | 0 | 0 | 0 | 0 |
| 1 | 0 | 0 | 0 | 1 |

| 0 | 0 | 0 | 0 | 0 |
|---|---|---|---|---|
| 0 | 0 | 2 | 0 | 0 |
| 0 | 2 | 2 | 2 | 0 |
| 0 | 0 | 2 | 0 | 0 |
| 0 | 0 | 0 | 0 | 0 |

| $F_2 : \log_{25} 369 = 1.836$ | $ff : \log_{25} 184 = 1.62$ | $fg : \log_{25} 205 = 1.654$ |
|---|---|---|
| 369/625=0.59 | 184/625=0.294 | 205/625=0.328 |

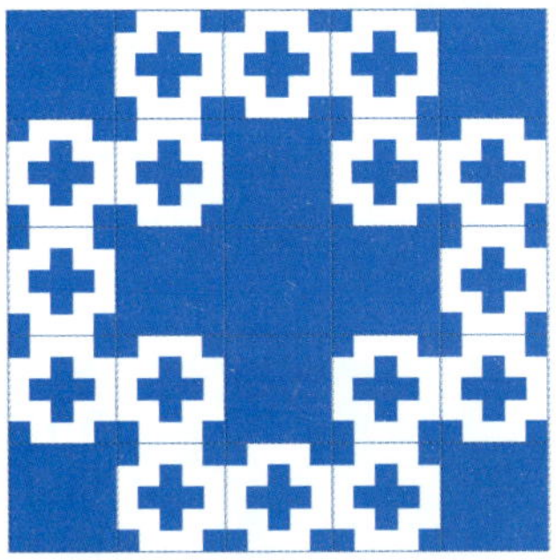
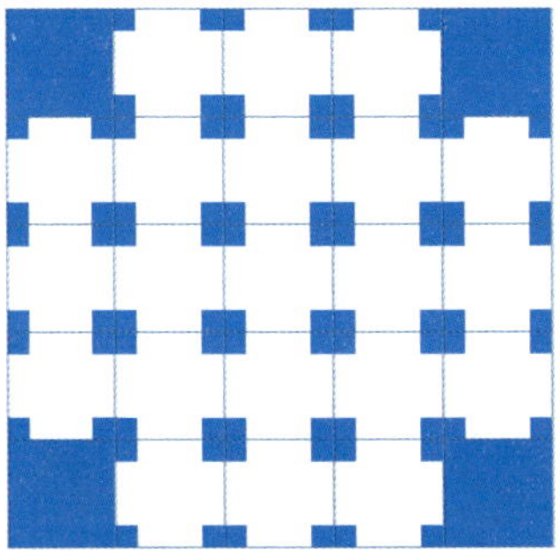

| $F_3 : \log_{125} 11529 = 1.937$ | $gf : \log_{25} 205 = 1.654$ | $gg : \log_{25} 225 = 1.683$ |
|---|---|---|
| 11529/15625=0.738 | 205/625=0.328 | 225/625=0.36 |

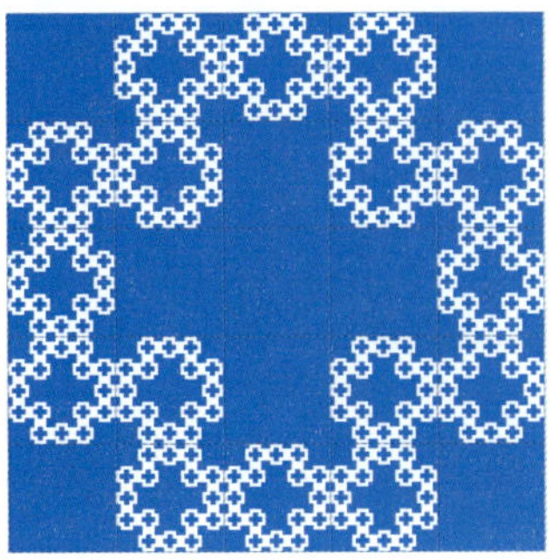
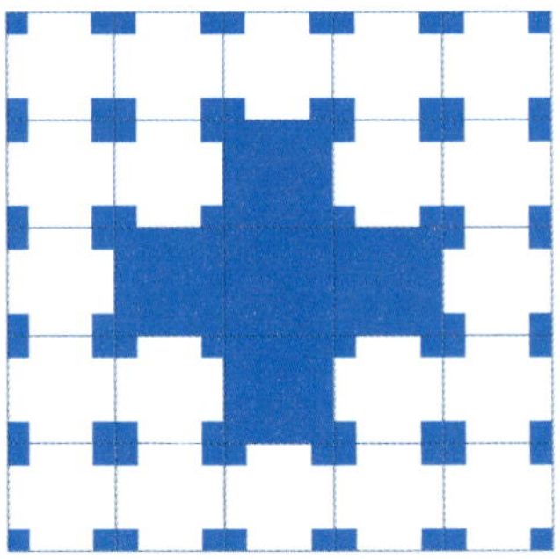

프랙탈 디자인은 실용성을 기본으로 하지 않는다. 수학적인 논리 연산의 결과이다. 덧셈 프랙탈로 만들어진 프랙탈에서 실용적인 요소를 찾기를 바란다. 흔히 크로스 문양은 원하든 원하지 않든 기독교라는 종교를 떠올리게 하는 표상이다. 지구상에는 수많은 종교들이 존재하며 그 중에는 교리를 앞세워 인간이 인간을 스스럼없이 죽이고 비인간적 만행을 저지르면서도 신과 인간 앞에 당당하기까지 한 집단적 이기심을 보게 된다. 다양성을 인정하는 포스트모던 시대에 살고 있는 우리들은 특정 종교의 이기심을 떠나 사고의 지평을 넓힘으로써 인류애적인 시각으로 디자인을 받아들여야 할 것이다. $fff$나 $fgg$를 생활에 어떻게 응용할 수 있는지 생각해 보자.

| $fff:\log_{125}6364 = 1.814$ | $ffg:\log_{125}6805 = 1.828$ |
|---|---|
| 6364/15625=0.407 | 6805/15625=0.436 |
|  |  |
| $fgf:\log_{125}6805 = 1.828$ | $fgg:\log_{125}7225 = 1.84$ |
| 6805/15625=0.436 | 7225/15625=0.462 |
|  |  |

주어진 4개의 프랙탈은 3단계에서 $g$를 적용한 결과이다. $g$가 크로스 형태이기 때문에 약간의 차이만 있을 뿐 비슷한 구조를 가지고 있다. 실용성이라는 차원에서 디자인으로 적용할 때는 상징성, 장식성 등 목적에 따라 기본형을 변형한다. 복잡한 구조의 장식성이 강한 디자인은 권위적인 웅장함을 표현할 때 주로 사용하며, 단순 직선과 기하곡선을 사용한 심플한 디자인은 상징성이 강하며 실용성이 있는 디자인을 할 때 사용한다. 전체가 그런 것은 아니지만 현대적인 감각의 디자인은 후자에 가깝다고 볼 수 있다.

$gff:\log_{125}6805 = 1.828$

6805/15625=0.436

$gfg:\log_{125}7225 = 1.84$

7225/15625=0.462

$ggf:\log_{125}7225 = 1.84$

7225/15625=0.462

$ggg:\log_{125}7625 = 1.851$

7625/15625=0.488

### (3) 1단계 12개

디자인에서 아름다움을 느끼는 것은 개개인이 가지는 환경적 요소에 따라 달라질 수 있다. 칸트가 〈판단력 비판〉에서 미(美)를 완결성이 이뤄지지 않는 취미판단으로 규정하고 그 근거 중 하나로 선험적 미의식에 대해 언급한 바 있다. 자신이 속한 주변 세계의 문화가 갖는 특성과 시대가 갖는 공통된 미의식에 의해 개인이 갖은 미의식은 경험하기 이전에 선험적으로 지니게 된다는 것이다. 각각에서 아름다움과 관련에서 생각해보자. 자신이 좋아하는 디자인에 대해서 말해보자.

| $F_1 = f \cup g : \log_5 12 = 1.544$ | $f : \log_5 8 = 1.292$ | $g : \log_5 4 = 0.861$ |
|---|---|---|
| 12/25=0.48 | 8/25=0.32 | 4/25=0.16 |

| 0 | 1 | 0 | 1 | 0 |
|---|---|---|---|---|
| 1 | 2 | 0 | 2 | 1 |
| 0 | 0 | 0 | 0 | 0 |
| 1 | 2 | 0 | 2 | 1 |
| 0 | 1 | 0 | 1 | 0 |

| 0 | 1 | 0 | 1 | 0 |
|---|---|---|---|---|
| 1 | 0 | 0 | 0 | 1 |
| 0 | 0 | 0 | 0 | 0 |
| 1 | 0 | 0 | 0 | 1 |
| 0 | 1 | 0 | 1 | 0 |

| 0 | 0 | 0 | 0 | 0 |
|---|---|---|---|---|
| 0 | 2 | 0 | 2 | 0 |
| 0 | 0 | 0 | 0 | 0 |
| 0 | 2 | 0 | 2 | 0 |
| 0 | 0 | 0 | 0 | 0 |

| $F_2 : \log_{25} 456 = 1.902$ | $ff : \log_{25} 336 = 1.807$ | $fg : \log_{25} 268 = 1.737$ |
|---|---|---|
| 456/625=0.73 | 336/625=0.538 | 268/625=0.429 |

| $F_3 : \log_{125} 13428 = 1.969$ | $gf : \log_{25} 268 = 1.737$ | $gg : \log_{25} 184 = 1.62$ |
|---|---|---|
| 13428/15625=0.859 | 268/625=0.429 | 184/625=0.294 |

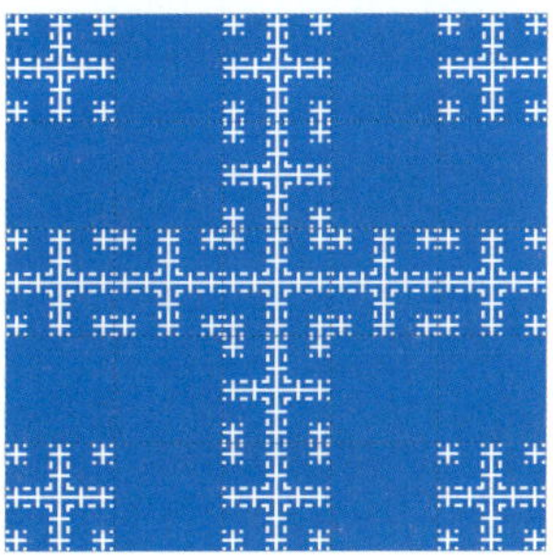
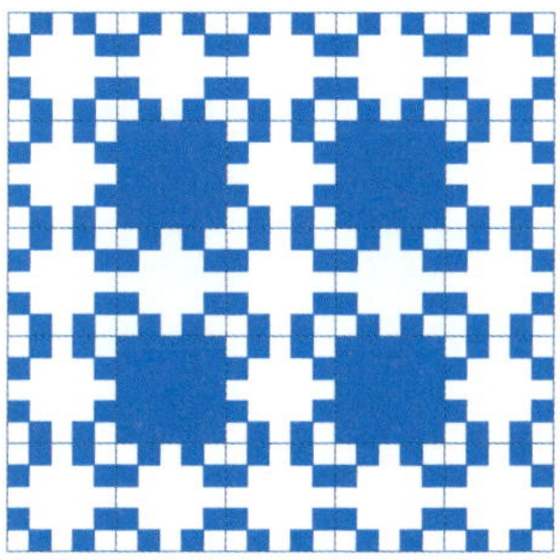

$fff$는 사방으로 뻗어나가는 발산의 느낌을 주며 이슬람의 아라베스크 장식처럼 화려하고 신비로운 느낌을 준다. $fff$, $fgf$는 곡선이 느껴지는 부드러움이 있는 반면 $ffg$, $fgg$는 직선적인 느낌이 강하게 느껴진다. 안정, 침착, 고요, 섬세함, 우아함, 화려함, 웅장함, 장엄함, 신비, 영원, 무한 등과 연결하여 프랙탈을 감상해보자.

| $fff$:$\log_{125}10712 = 1.922$ | $ffg$:$\log_{125}9556 = 1.898$ |
| --- | --- |
| 10712/15625=0.686 | 9556/15625=0.612 |
|  | 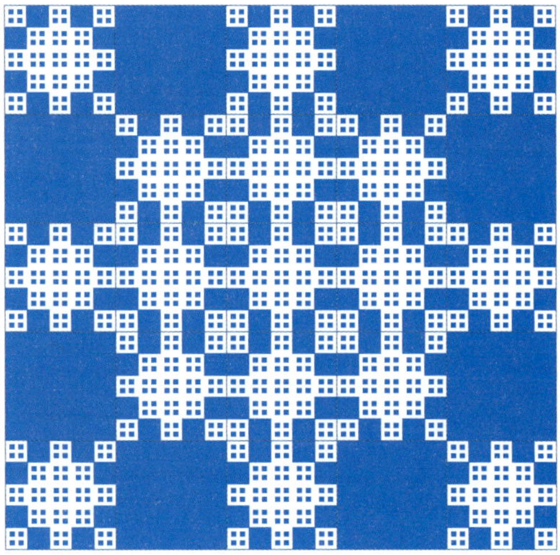 |
| $fgf$:$\log_{125}9556 = 1.898$ | $fgg$:$\log_{125}8128 = 1.865$ |
| 9556/15625=0.612 | 8128/15625=0.52 |
|  | 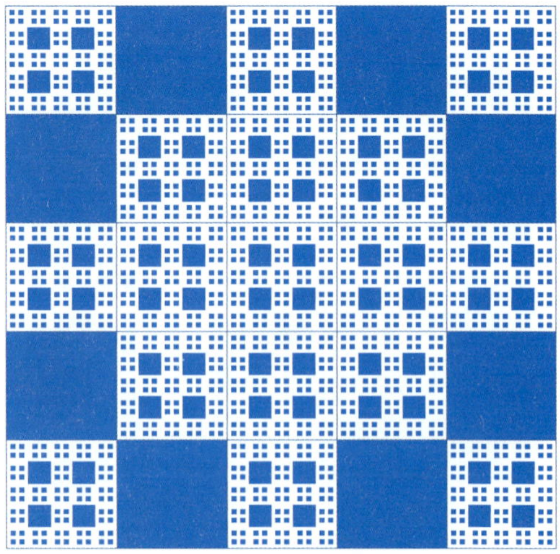 |

수평선은 무한으로 펼쳐지는 지평선의 이미지다. 안정, 침착, 고요, 영원, 무한 등의 정적이고 포용력이 강한 요소를 가진다. 수직선은 상승, 웅장, 장엄, 위엄, 권위, 낙하와 관현된 직접적이고 긴박한 긴장감을 표출한다. 사선은 사물이 기울어졌을 때 느끼는 불안감 속에서도 속도감, 방향감, 활동력이 나타난다.

| $gff:\log_{125}9556 = 1.898$ | $gfg:\log_{125}8128 = 1.865$ |
|---|---|
| 9556/15625=0.612 | 8128/15625=0.52 |
|  | 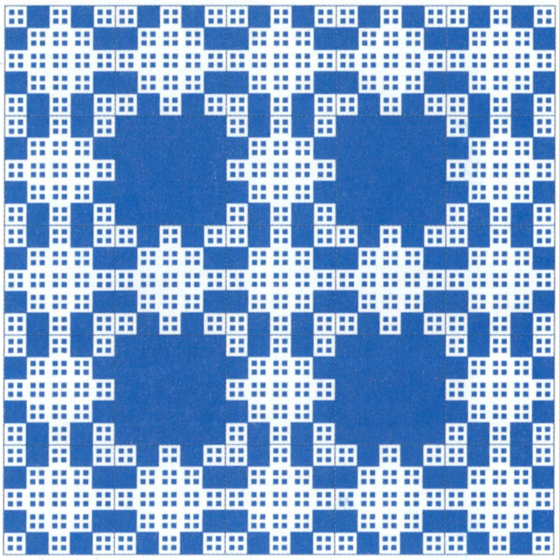 |
| $ggf:\log_{125}8128 = 1.865$ | $ggg:\log_{125}6364 = 1.814$ |
| 8128/15625=0.52 | 6364/15625=0.407 |
|  | 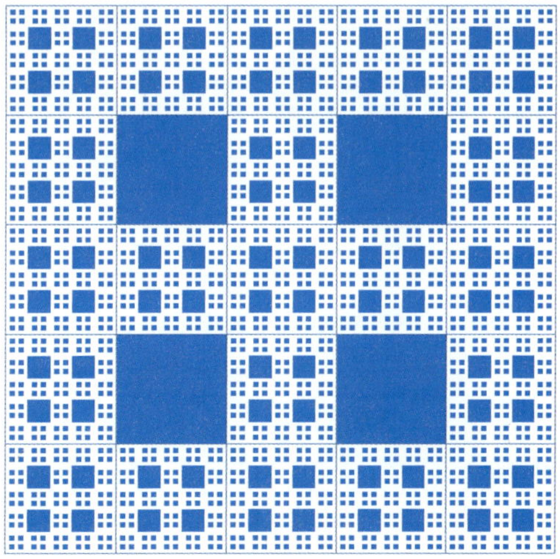 |

(4) 1단계 12개

$F_2$는 사방으로 뻗어가는 힘이 느껴지고 움직임이 강하다. $ff$는 복잡한 구조가 시끄러운 노이즈를 시각화한 것처럼 느껴지며, $fg$는 단순해 보이면서도 불안감에 의한 움직임이 느껴진다. $gf$는 $fg$에 비해 안정적이지만 배경 부분 때문에 조용하지 않고 $gg$는 구조적인 면이나 조형적인 느낌상 견고하고 안정적이며 조용한 느낌을 준다.

$F_1 = f \cup g : \log_5 12 = 1.544$

12/25=0.48

| | | | | |
|---|---|---|---|---|
| 0 | 1 | 0 | 0 | 0 |
| 0 | 2 | 1 | 2 | 1 |
| 0 | 1 | 0 | 1 | 0 |
| 1 | 2 | 1 | 2 | 0 |
| 0 | 0 | 0 | 1 | 0 |

$f : \log_5 8 = 1.292$

8/25=0.32

| | | | | |
|---|---|---|---|---|
| 0 | 1 | 0 | 0 | 0 |
| 0 | 0 | 1 | 0 | 1 |
| 0 | 1 | 0 | 1 | 0 |
| 1 | 0 | 1 | 0 | 0 |
| 0 | 0 | 0 | 1 | 0 |

$g : \log_5 4 = 0.861$

4/25=0.16

| | | | | |
|---|---|---|---|---|
| 0 | 0 | 0 | 0 | 0 |
| 0 | 2 | 0 | 2 | 0 |
| 0 | 0 | 0 | 0 | 0 |
| 0 | 2 | 0 | 2 | 0 |
| 0 | 0 | 0 | 0 | 0 |

$F_2 : \log_{25} 456 = 1.902$

456/625=0.73

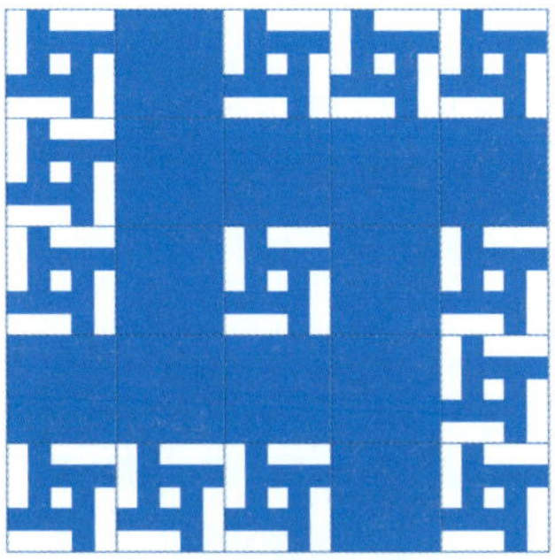

$ff : \log_{25} 336 = 1.807$

336/625=0.538

$fg : \log_{25} 268 = 1.737$

268/625=0.429

$F_3 : \log_{125} 13428 = 1.969$

13428/15625=0.859

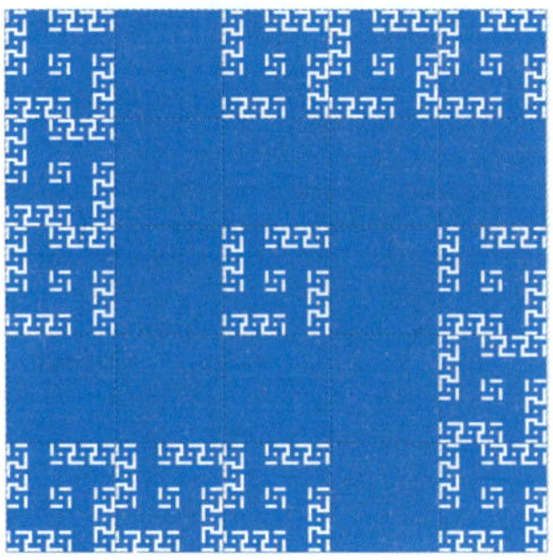

$gf : \log_{25} 268 = 1.737$

268/625=0.429

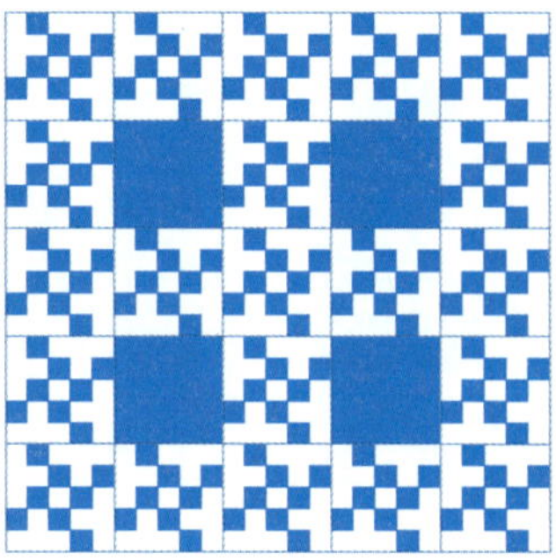

$gg : \log_{25} 184 = 1.62$

184/625=0.294

$ffg$와 $fgg$는 정사각형의 모임이다. 가로 세로의 비가 1:5:25이다. 면적비로 생각하면 1 : 25 : 625이다. 각각은 면적대비를 이룬다. 면적대비란 면적의 크기에 의해서 명도, 채도가 달라져 보이는 것으로 같은 조건의 색상에서는 면적이 넓을수록 명도와 채도가 높아 보인다. $fff$, $ffg$, $fgf$는 배경 부분에서 움직임이 느껴지고 $fgg$에서는 안정적이고 유동성이 없는 견고함이 느껴진다.

| $fff$ : $\log_{125}10712 = 1.922$ | $ffg$ : $\log_{125}9556 = 1.898$ |
|---|---|
| 10712/15625=0.686 | 9556/15625=0.612 |
|  | 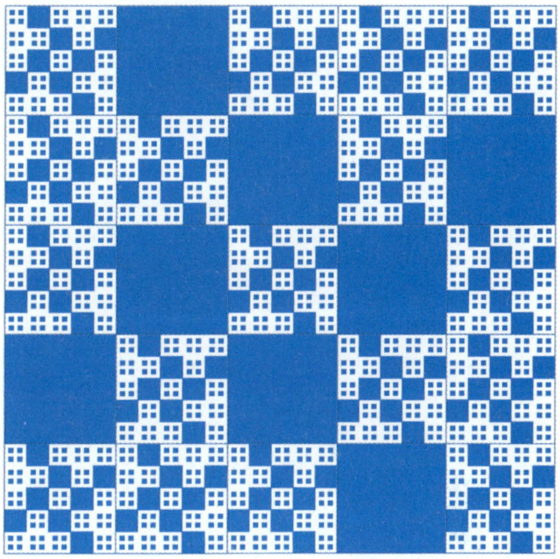 |
| $fgf$ : $\log_{125}9556 = 1.898$ | $fgg$ : $\log_{125}8128 = 1.865$ |
| 9556/15625=0.612 | 8128/15625=0.52 |
|  | 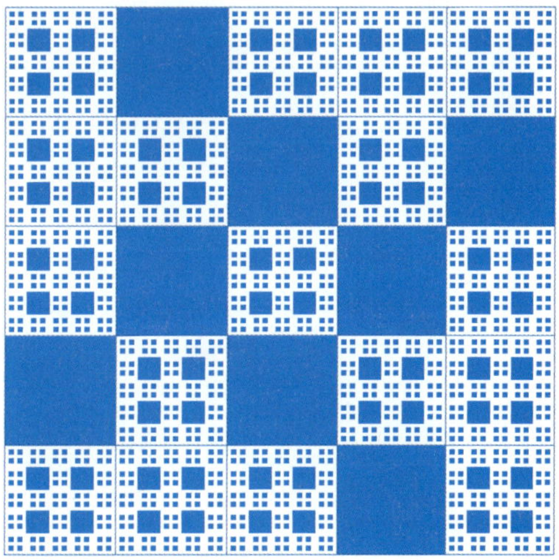 |

$gfg$를 비롯한 네 개의 프랙탈은 모두 가운데 큰 사각형이 강조되면서 단추 구멍처럼 시선을 끌고 있다. 2단계에서 만들어진 중간크기의 사각형이 변화를 주도한다. 가장 작은 정사각형이 전체의 밀도와 분위기를 결정한다. $g$를 적용한 3단계 프랙탈은 크기를 달리한 정사각형의 반복으로 통일감을 가지며 배치에 따라 변화를 가지도록 구성하였다. 특히 $ggg$는 통일감을 기본 조형원리로 구조적 안정감을 느끼게 한다.

| $gff$ : $\log_{125}9556 = 1.898$ | $gfg$ : $\log_{125}8128 = 1.865$ |
|---|---|
| 9556/15625=0.612 | 8128/15625=0.52 |
| 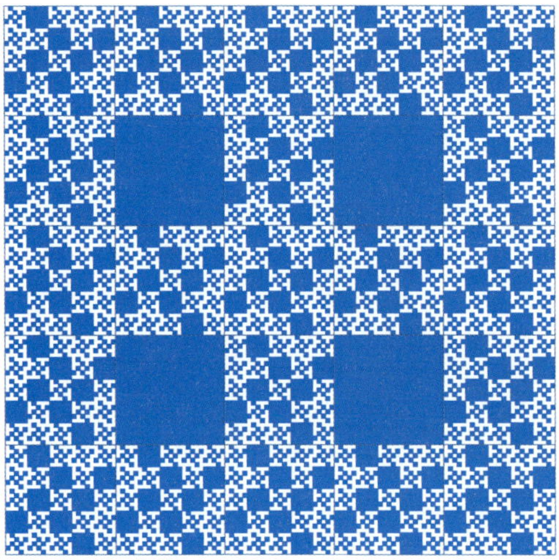 | 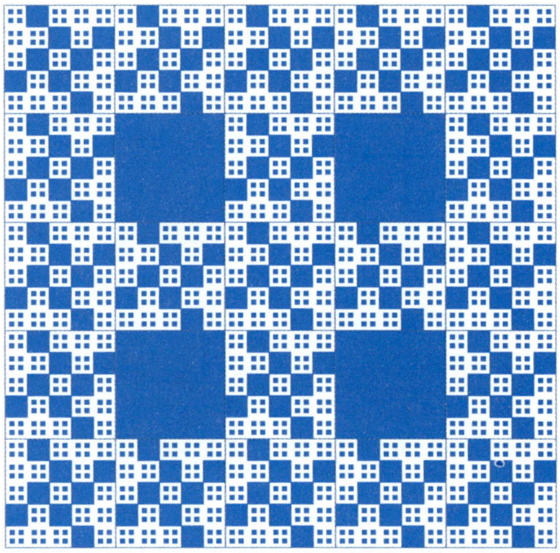 |
| $ggf$ : $\log_{125}8128 = 1.865$ | $ggg$ : $\log_{125}6364 = 1.814$ |
| 8128/15625=0.52 | 6364/15625=0.407 |
| 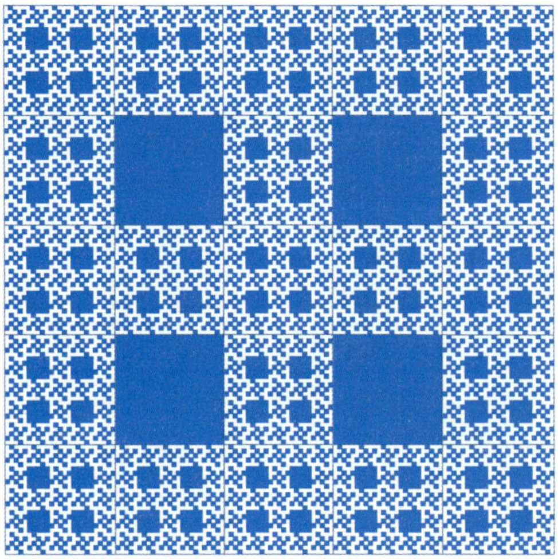 | 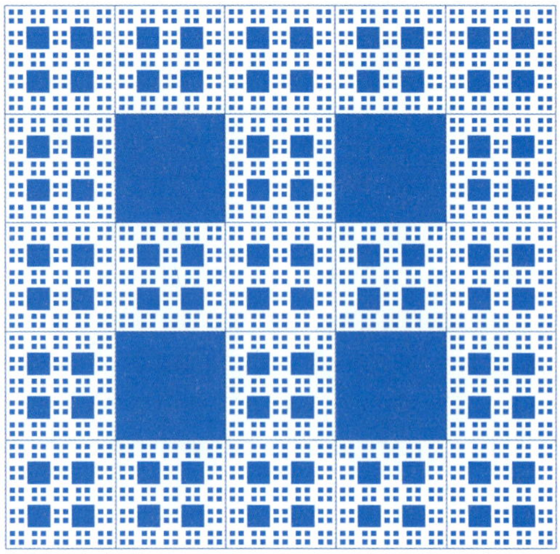 |

(5) 1단계 13개

$ff$와 $fg$는 사선의 느낌을 가진다. 왼쪽 아래에서 오른쪽 위로의 움직임으로 느낄 수도 있고, 왼쪽 위에서 오른쪽 아래로의 움직임으로 생각할 수 도 있다. 왼쪽 아래에서 오른쪽 위로 가는 것은 건강함, 비약, 미래성 등의 동적인 느낌을 준다.

| $F_1 = f \cup g : \log_5 13 = 1.594$ | $f : \log_5 9 = 1.365$ | $g : \log_5 4 = 0.861$ |
|---|---|---|
| 13/25=0.52 | 9/25=0.36 | 4/25=0.16 |

$F_1$:

| | | | | |
|---|---|---|---|---|
| 0 | 0 | 1 | 0 | 0 |
| 0 | 1 | 2 | 1 | 0 |
| 1 | 2 | 1 | 2 | 1 |
| 0 | 1 | 2 | 1 | 0 |
| 0 | 0 | 1 | 0 | 0 |

$f$:

| | | | | |
|---|---|---|---|---|
| 0 | 0 | 1 | 0 | 0 |
| 0 | 1 | 0 | 1 | 0 |
| 1 | 0 | 1 | 0 | 1 |
| 0 | 1 | 0 | 1 | 0 |
| 0 | 0 | 1 | 0 | 0 |

$g$:

| | | | | |
|---|---|---|---|---|
| 0 | 0 | 0 | 0 | 0 |
| 0 | 0 | 2 | 0 | 0 |
| 0 | 2 | 0 | 2 | 0 |
| 0 | 0 | 2 | 0 | 0 |
| 0 | 0 | 0 | 0 | 0 |

| $F_2 : \log_{25} 481 = 1.919$ | $ff : \log_{25} 369 = 1.836$ | $fg : \log_{25} 289 = 1.760$ |
|---|---|---|
| 481/625=0.77 | 369/625=0.59 | 289/625=0.462 |

| $F_3 : \log_{125} 13897 = 1.976$ | $gf : \log_{25} 289 = 1.760$ | $gg : \log_{25} 184 = 1.62$ |
|---|---|---|
| 13897/15625=0.889 | 289/625=0.462 | 184/625=0.294 |

큰 정사각형이 강조되어 보이고 2단계 프랙탈은 배경으로 물러났다. 2단계에서 만들어진 중간 크기의 사각형에 의해 분위기가 좌우되어 3단계의 $f$는 정사각형이 주는 느낌이 사선으로 느껴질 수도 있고 똑바로 느껴질 수도 있다. 사선은 위쪽 가운데에서 왼쪽으로 떨어질 때는 속도감이 나타난다. 가운데 아래에서 왼쪽으로 올라갈 때는 불안정과 저항이 느껴진다.

$fff:\log_{125}11529 = 1.937$

11529/15625=0.738

$ffg:\log_{125}10249 = 1.913$

10249/15625=0.656

$fgf:\log_{125}10249 = 1.913$

10249/15625=0.656

$fgg:\log_{125}8569 = 1.876$

8569/15625=0.548

4개의 프랙탈 모두 큰 정사각형 네 개가 가운데 위치하여 안정감이 생기고 통일감과 강조의 원리가 느껴진다. $gff$는 공간을 차지하는 비율이 65%나 되어서 탁한 느낌이 든다. 상대적으로 $gfg$는 공간 비율이 55%로 낮다. $gff$보다 가볍지만 전체적으로 산만한 느낌을 가지게 한다.

| $gff:\log_{125}10249 = 1.913$ | $gfg:\log_{125}8569 = 1.876$ |
|---|---|
| 10249/15625=0.656 | 8569/15625=0.548 |

| $ggf:\log_{125}8569 = 1.878$ | $ggg:\log_{125}6364 = 1.814$ |
|---|---|
| 8569/15625=0.548 | 6364/15625=0.407 |

(6) 1단계 16개

2단계 프랙탈은 사각형과 선의 느낌을 이용하여 세련되게 공간을 구성하고 있다. $ff$와 $fg$는 같은 면적을 가지지만 구조의 견고함에서 차이가 난다. $ff$는 뚜렷한 색채의 반전으로 대비가 강하게 느껴지며 1단계의 $f$들의 결합이 느슨하여 유동성이 있는 분리의 느낌을 주는 반면 $fg$는 견고한 조직으로 보인다. $g$는 선과 선이 교차하는 곳에 색이 칠해져 있지 않아서 $fg$의 전체적 형태가 단순하지 않은 세련미를 느끼게 한다. $ff$, $fg$, $gf$, $gg$에서 나타나는 다양한 느낌을 정리해보자.

| $F_1 = f \cup g$ : $\log_5 16 = 1.723$ | $f$ : $\log_5 8 = 1.292$ | $g$ : $\log_5 8 = 1.292$ |
|---|---|---|
| 16/25=0.52 | 8/25=0.32 | 8/25=0.32 |
| 1 0 2 1 1<br>1 0 2 0 0<br>2 2 0 2 2<br>0 0 2 0 1<br>1 1 2 0 1 | 1 0 0 1 1<br>1 0 0 0 0<br>0 0 0 0 0<br>0 0 0 0 1<br>1 1 0 0 1 | 0 0 2 0 0<br>0 0 2 0 0<br>2 2 0 2 2<br>0 0 2 0 0<br>0 0 2 0 0 |
| $F_2$ : $\log_{25} 544 = 1.957$ | $ff$ : $\log_{25} 336 = 1.807$ | $fg$ : $\log_{25} 336 = 1.807$ |
| 544/676=0.87 | 336/625=0.538 | 336/625=0.538 |
| 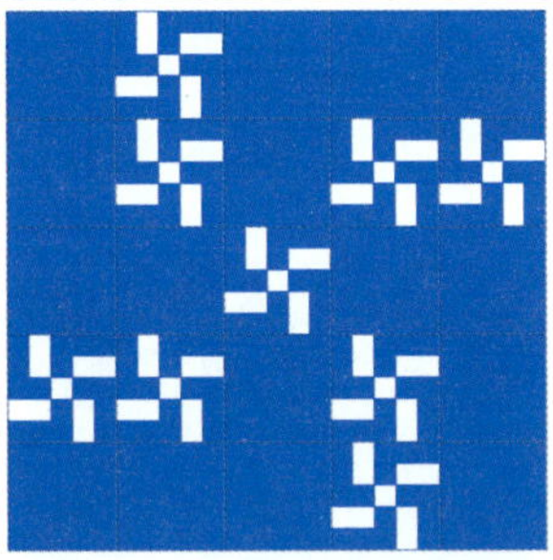 | 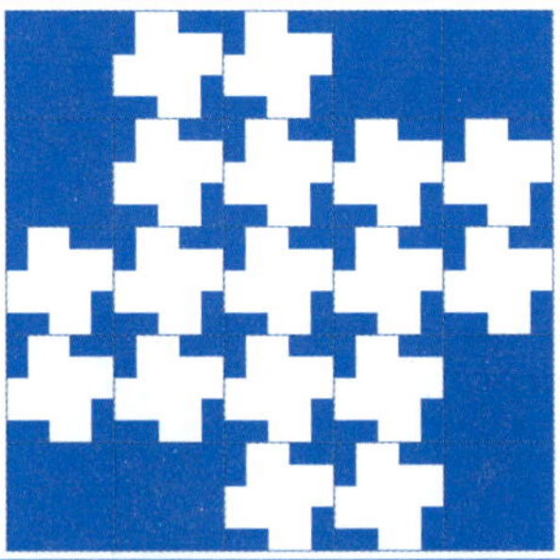 |  |
| $F_3$ : $\log_{125} 14896 = 1.99$ | $gf$ : $\log_{25} 336 = 1.807$ | $gg$ : $\log_{25} 336 = 1.807$ |
| 14896/15625=0.953 | 336/625=0.538 | 336/625=0.538 |
| 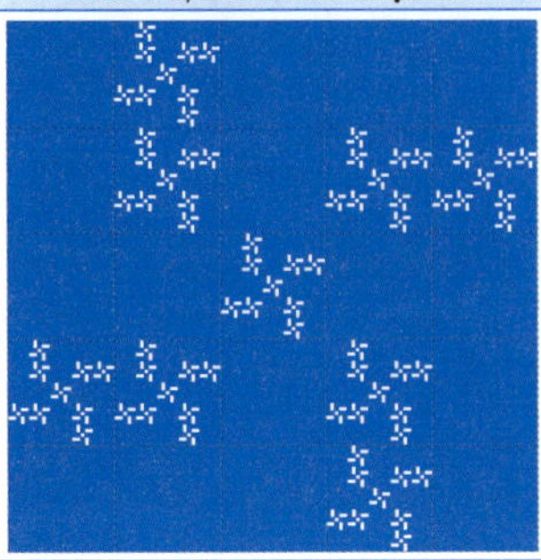 |  |  |

$fff$는 좌우 대칭이 아니므로 운동성이 있다. 큰 사각형의 내부에도 움직임이 강하다. 공간을 차지하는 비율이 68% 이므로 상대적으로 색을 칠하지 않은 부분이 형태로 인식되어 눈에 들어온다. $fff$, $ffg$는 불안정한 구조로 유동성과 함께 경쾌한 움직임을 느끼게 하는 반면 $fgf$, $fgg$는 내부의 격자무늬 때문에 안정감을 주고 특히 $fgg$는 내부의 격자무늬가 전체를 견고하게 구성하고 있으며, 이를 이루고 있는 선의 굵기 변화로 인해 세련된 느낌을 더하고 있다.

| $fff : \log_{125} 10712 = 1.922$ | $ffg : \log_{125} 10712 = 1.922$ |
|---|---|
| 10712/15625=0.686 | 10712/15625=0.686 |
|  | 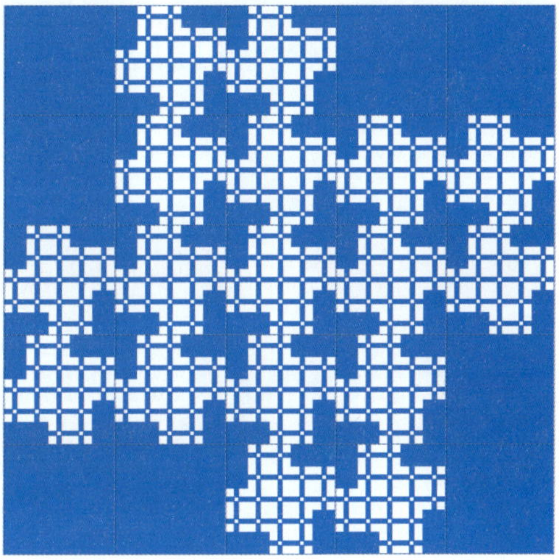 |
| $fgf : \log_{125} 10712 = 1.922$ | $fgg : \log_{125} 10712 = 1.922$ |
| 10712/15625=0.686 | 10712/15625=0.686 |
|  | 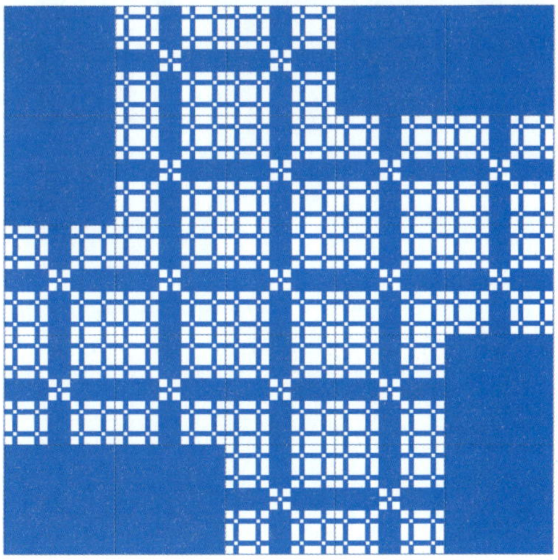 |

선의 굵기의 비례를 통해서도 변화의 원리를 적용하여 화면의 지루함을 없애고 세련된 느낌을 표현할 수 있다. $ggg$는 선의 굵기가 1 : 5 : 25이다. 가로 세로 선이 교차하는 부분마다 빈 공간으로 색채의 변화와 형태의 단순화를 극복하도록 한다. 가운데 굵은 선이 강하고 무거운 느낌이 있지만, 선의 굵기의 변화와 가로 세로 교차 부분에 변화의 원리를 적용하여 세련미와 함께 형태 전체가 유기적으로 연결된 듯 전체적으로 조화를 느끼게 한다.

| $gff$ : $\log_{125} 10712 = 1.922$ | $gfg$ : $\log_{125} 10712 = 1.922$ |
|---|---|
| 10712/15625=0.686 | 10712/15625=0.686 |
|  | 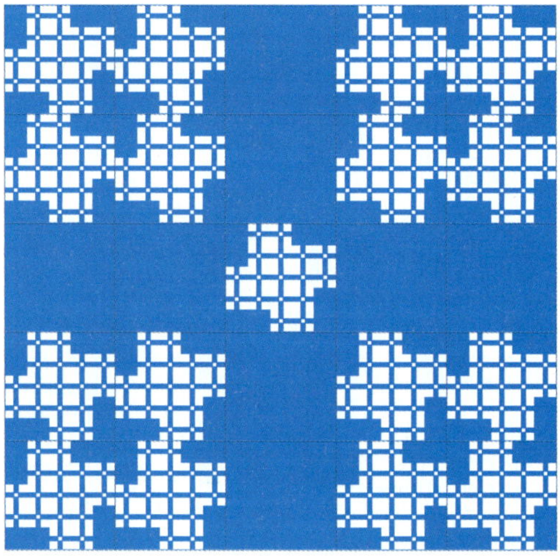 |
| $ggf$ : $\log_{125} 10712 = 1.922$ | $ggg$ : $\log_{125} 10712 = 1.922$ |
| 10712/15625=0.686 | 10712/15625=0.686 |
|  | 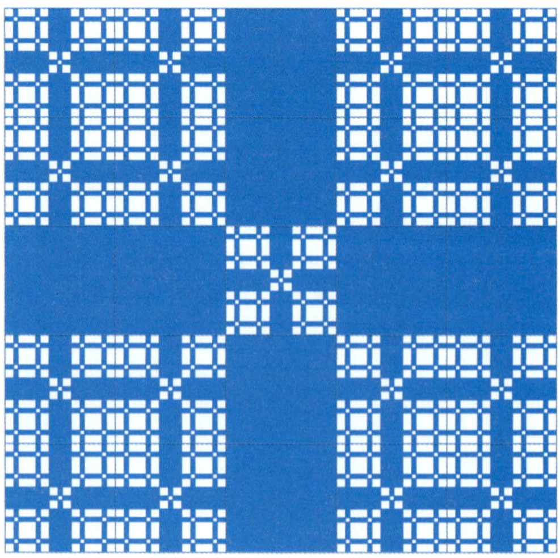 |

(7) 1단계 16개

$ff$는 겨울에 내린 서리를 생각하게 한다. 눈의 결정처럼 보일 수도 있다. 공간을 직선과 점으로 채우며 $ff$, $fg$, $gf$, $gg$ 모두 각기 다른 아름다움을 표현하고 있다. $ff$와 $gg$는 실제 면적은 같지만 $ff$가 발산의 이미지를 띠므로 전체 크기가 $gg$보다 커 보이며, 수렴의 이미지로 안정성을 띤 $gg$가 상대적으로 작아 보인다.

$F_1:\log_5 16 = 1.723$

16/25=0.52

| | | | | |
|---|---|---|---|---|
| 2 | 1 | 0 | 1 | 2 |
| 1 | 0 | 2 | 0 | 1 |
| 0 | 2 | 0 | 2 | 0 |
| 1 | 0 | 2 | 0 | 1 |
| 2 | 1 | 0 | 1 | 2 |

$f:\log_5 8 = 1.292$

8/25=0.32

| | | | | |
|---|---|---|---|---|
| 0 | 1 | 0 | 1 | 0 |
| 1 | 0 | 0 | 0 | 1 |
| 0 | 0 | 0 | 0 | 0 |
| 1 | 0 | 0 | 0 | 1 |
| 0 | 1 | 0 | 1 | 0 |

$g:\log_5 8 = 1.292$

8/25=0.32

| | | | | |
|---|---|---|---|---|
| 2 | 0 | 0 | 0 | 2 |
| 0 | 0 | 2 | 0 | 0 |
| 0 | 2 | 0 | 2 | 0 |
| 0 | 0 | 2 | 0 | 0 |
| 2 | 0 | 0 | 0 | 2 |

$F_2:\log_{25} 544 = 1.957$

544/625=0.87

$ff:\log_{25} 336 = 1.807$

336/625=0.538

$fg:\log_{25} 336 = 1.807$

336/625=0.538

$F_3:\log_{125} 14896 = 1.99$

14896/15625=0.953

$gf:\log_{25} 336 = 1.807$

336/625=0.538

$gg:\log_{25} 336 = 1.807$

336/625=0.538

3단계 프랙탈은 2단계보다 세밀하고 정교해진 형태로 신비로운 아름다움을 느끼게 한다. $f$를 적용한 네 개의 프랙탈 모두 눈의 결정 이미지가 더 강해지면서 서울광장에서 열린 루체비스타 같은 빛의 축제가 연상된다. $fff$는 자기복제된 형태의 반복을 통하여 그 느낌이 더 강하게 다가온다. 색이 칠해진 부분이 67%지만 반전으로 오히려 색이 칠해지지 않는 부분의 이미지가 더 강하게 전해진다. 흔히 벽지나 옷감, 커튼 등이 형태의 반복으로 이루어진 패턴으로 제작된다. 프랙탈은 기본적으로 형태의 반복에 변화를 준다.

| $fff:\log_{125}10712 = 1.922$ | $ffg:\log_{125}10712 = 1.922$ |
|---|---|
| 10712/15625=0.686 | 10712/15625=0.686 |
|  |  |
| $fgf:\log_{125}10712 = 1.922$ | $fgg:\log_{125}10712 = 1.922$ |
| 10712/15625=0.686 | 10712/15625=0.686 |
|  |  |

3단계에서 $g$가 적용된 프랙탈은 기본적으로 안정적인 느낌을 준다. $gff$는 색이 칠해진 부분이 68.6%이지만 반전으로 색칠하지 않은 부분이 강하게 나타난다. 중심에 큰 사각형 네 개와 모서리에 있는 사각형이 안정감을 지탱해 주고 있다. 2단계 프랙탈보다 훨씬 정교해져서 $gff$는 빛이 반짝이는 환상적인 느낌을 주고, $gfg$는 초점이 흐려져 보이는 영롱한 빛으로 보인다. $ggf$, $ggg$는 2단계 프랙탈이 견고하게 연결되어 무게감과 구조적 안정감을 준다.

| $gff : \log_{125}10712 = 1.922$ | $gfg : \log_{125}10712 = 1.922$ |
|---|---|
| 10712/15625=0.686 | 10712/15625=0.686 |
|  |  |
| $ggf : \log_{125}10712 = 1.922$ | $ggg : \log_{125}10712 = 1.922$ |
| 10712/15625=0.686 | 10712/15625=0.686 |
|  |  |

# 4 6×6 덧셈 프랙탈 분할

## 1. 두 개의 프랙탈로 분할

### (1) 1단계 8개

| $F_1 = f \cup g : \log_6 8 = 1.161$<br>8/36=0.222 | $f : \log_6 4 = 0.774$<br>4/36=0.111 | $g : \log_6 4 = 0.774$<br>4/36=0.111 |
|---|---|---|

| 0 | 0 | 0 | 0 | 0 | 0 |
|---|---|---|---|---|---|
| 0 | 0 | 2 | 0 | 0 | 0 |
| 0 | 0 | 1 | 1 | 2 | 0 |
| 0 | 2 | 1 | 1 | 0 | 0 |
| 0 | 0 | 0 | 2 | 0 | 0 |
| 0 | 0 | 0 | 0 | 0 | 0 |

| 0 | 0 | 0 | 0 | 0 | 0 |
|---|---|---|---|---|---|
| 0 | 0 | 0 | 0 | 0 | 0 |
| 0 | 0 | 1 | 1 | 0 | 0 |
| 0 | 0 | 1 | 1 | 0 | 0 |
| 0 | 0 | 0 | 0 | 0 | 0 |
| 0 | 0 | 0 | 0 | 0 | 0 |

| 0 | 0 | 0 | 0 | 0 | 0 |
|---|---|---|---|---|---|
| 0 | 0 | 2 | 0 | 0 | 0 |
| 0 | 0 | 0 | 0 | 2 | 0 |
| 0 | 2 | 0 | 0 | 0 | 0 |
| 0 | 0 | 0 | 2 | 0 | 0 |
| 0 | 0 | 0 | 0 | 0 | 0 |

| $F_2 : \log_{36} 512 = 1.741$<br>512/1296=0.395 | $ff : \log_{36} 272 = 1.564$<br>272/1296=0.21 | $fg : \log_{36} 272 = 1.564$<br>272/1296=0.21 |
|---|---|---|

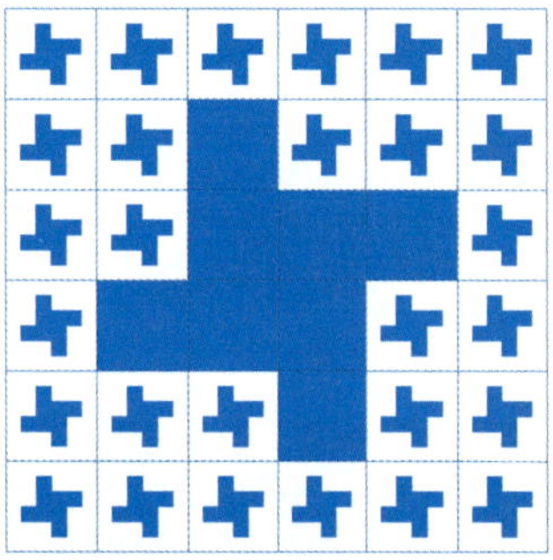

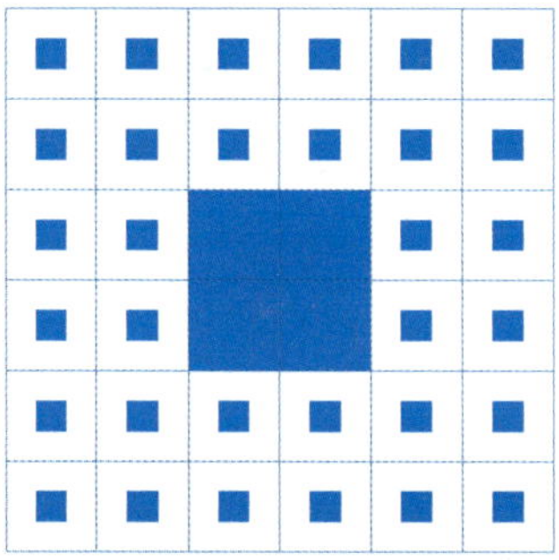

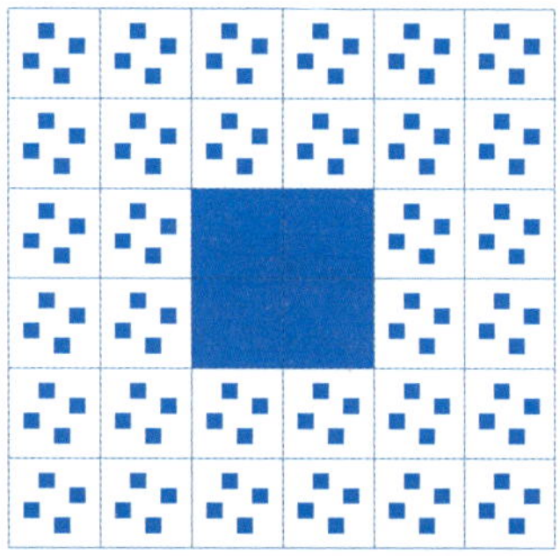

| $F_3 : \log_{216} 24704 = 1.882$<br>24704/46656=0.529 | $gf : \log_{36} 272 = 1.564$<br>272/1296=0.21 | $gg : \log_{36} 272 = 1.564$<br>272/1296=0.21 |
|---|---|---|

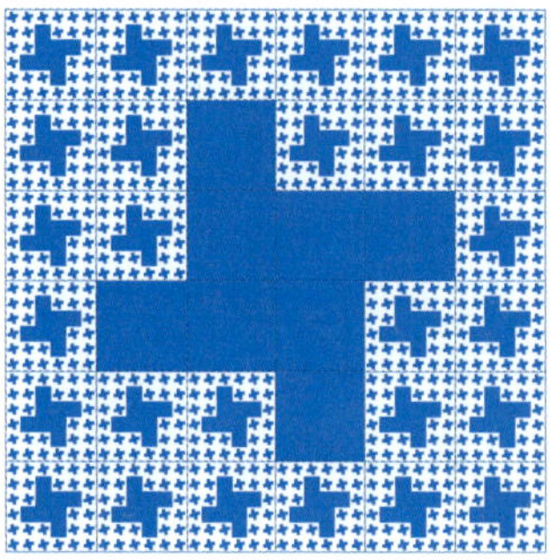

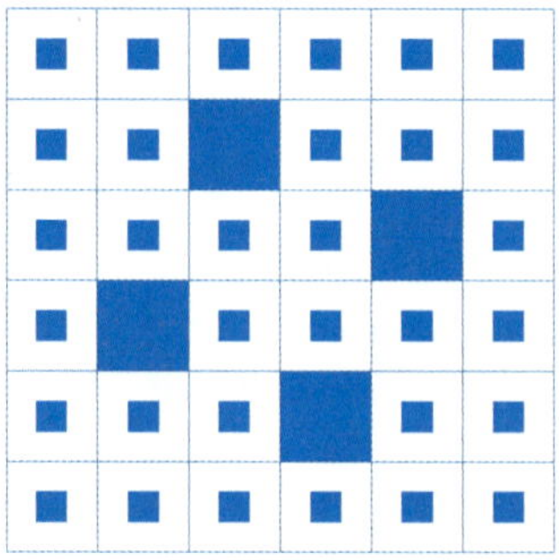

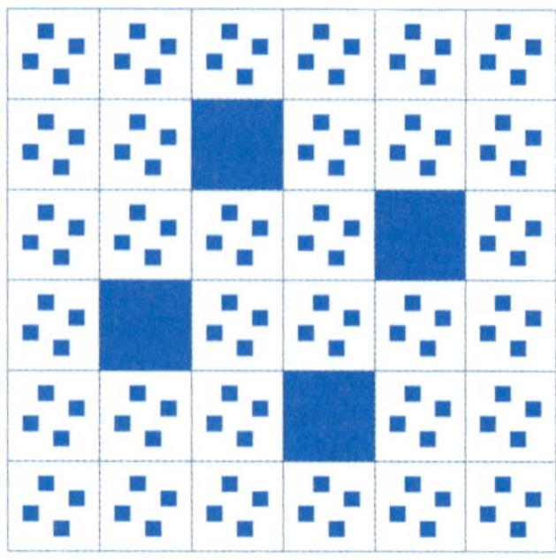

$fff$에서 가장 작은 점도 정사각형이다. 사각형의 가로의 비는 1 : 6 : 72 로 강하다. 3가지 크기의 사각형을 반복함으로써 사각형 두 개로 만든 2단계 프랙탈보다 조화로움 속에서 변화의 질서를 느낄 수 있다.

| $fff:\log_{216}13888 = 1.775$ | $ffg:\log_{216}13888 = 1.775$ |
|---|---|
| 13888/46656=0.298 | 13888/46656=0.298 |

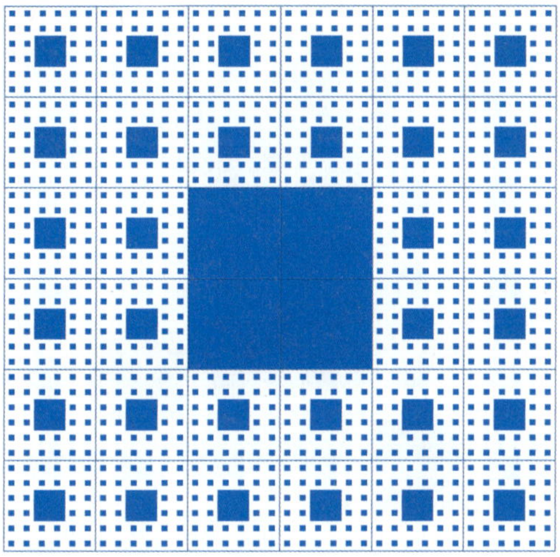

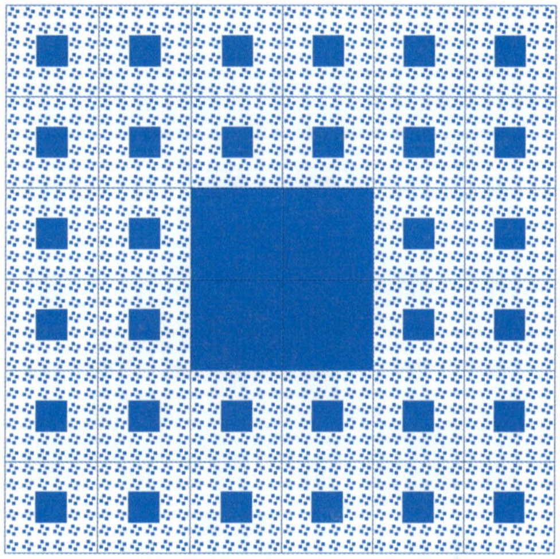

| $fgf:\log_{216}13888 = 1.775$ | $fgg:\log_{216}13888 = 1.775$ |
|---|---|
| 13888/46656=0.298 | 13888/46656=0.298 |

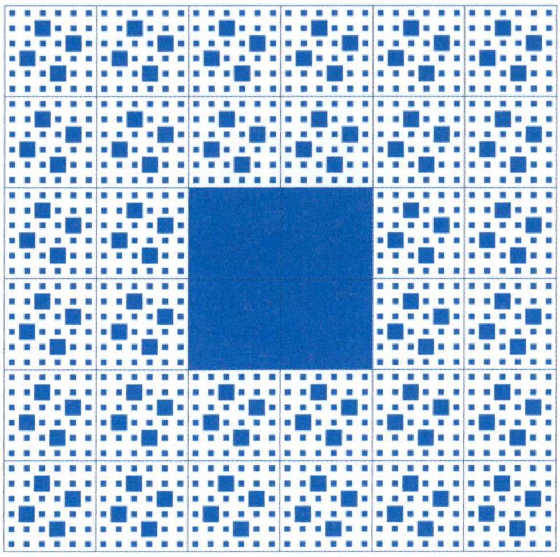

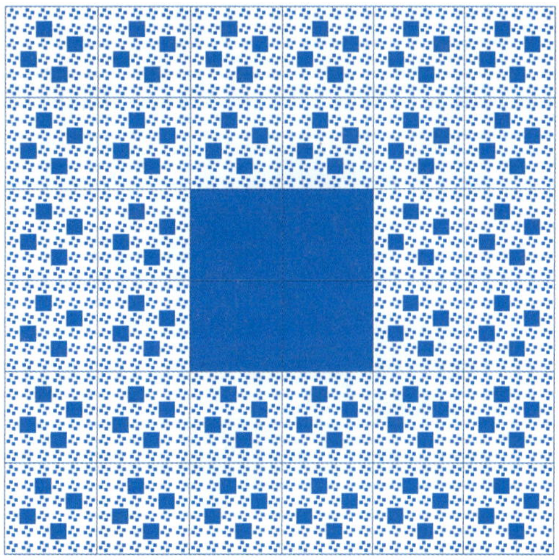

$gff$, $gfg$, $ggf$, $ggg$는 같은 면적을 가지고 있다. 큰 사각형이 전체적인 분위기를 강조하고 2단계의 프랙탈은 배경으로 물러났다. 1단계에서 적용된 $f$, $g$의 모양과 크기가 2단계에서 $f$에 적용 될 때 3단계의 $gff$는 안정적인 변화로 느껴지고, $gfg$는 사각형 크기의 자연스러운 그라데이션(gradation)이 이루어지지 않아 조화롭지 않고 어색하다. 이것은 배경이 상대적으로 크기가 너무 작은 사각형 미립자로 이루어져 중간 크기의 사각형과 큰 사각형이 어색하게 떠있는 느낌을 주기 때문이다. 마찬가지로 $ggf$, $ggg$도 배경의 사각형들과 가장 큰 사각형이 크기의 차이가 심하여 조화로운 디자인으로 보기에 무리가 있다.

| $gff : \log_{216}13888 = 1.775$ | $gfg : \log_{216}13888 = 1.775$ |
|---|---|
| 13888/46656=0.298 | 13888/46656=0.298 |
| 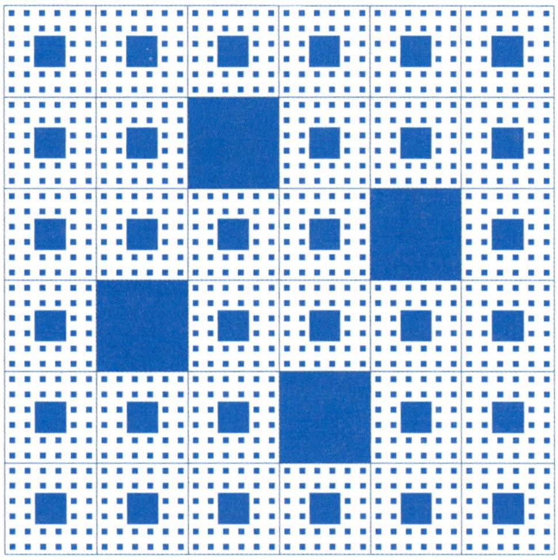 | 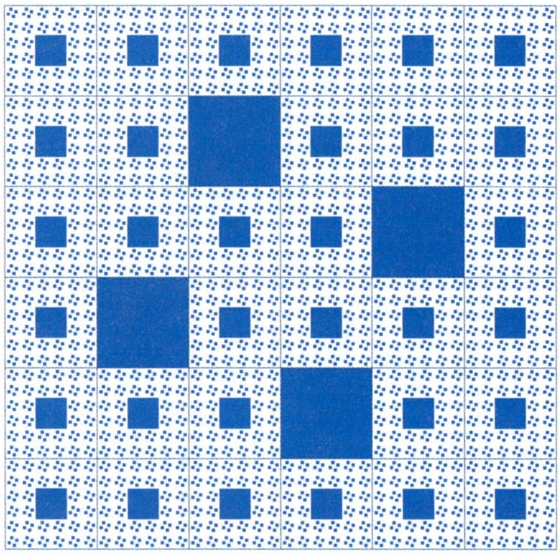 |
| $ggf : \log_{216}13888 = 1.775$ | $ggg : \log_{216}13888 = 1.775$ |
| 13888/46656=0.298 | 13888/46656=0.298 |
| 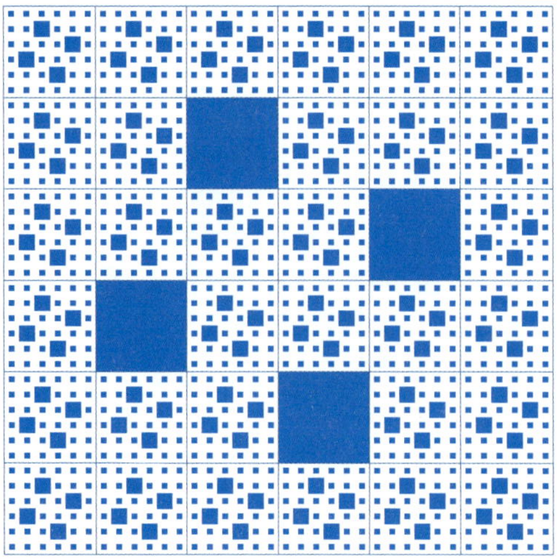 |  |

(2) 1단계 8개

$F_2$는 가운데 있는 큰 사각형이 만드는 형태가 전체 공간에 반복된다. 이는 자기복제의 원리가 적용되어 단조롭지만 통일감이 강하게 느껴진다. $F_2$가 $F_3$로 되면서 공간을 차지하는 비율이 13% 증가하였다. $F_3$는 색채의 공간 점유률이 53%이다. 단계가 올라갈수록 프랙탈은 색이 어두워지고 답답함을 느끼게 할 것으로 예상된다. 상대적으로 $ff$, $fg$, $gf$, $gg$는 공간을 차지는 비율이 20%로 가볍고 활동적이다.

| $F_1 = f \cup g : \log_6 8 = 1.161$ | $f : \log_6 4 = 0.774$ | $g : \log_6 4 = 0.774$ |
|---|---|---|
| 8/36=0.222 | 4/36=0.111 | 4/36=0.111 |
| 0 0 0 0 0 0<br>0 0 1 2 0 0<br>0 2 0 0 1 0<br>0 1 0 0 2 0<br>0 0 2 1 0 0<br>0 0 0 0 0 0 | 0 0 0 0 0 0<br>0 0 1 0 0 0<br>0 0 0 0 1 0<br>0 1 0 0 0 0<br>0 0 0 1 0 0<br>0 0 0 0 0 0 | 0 0 0 0 0 0<br>0 0 0 2 0 0<br>0 2 0 0 0 0<br>0 0 0 0 2 0<br>0 0 2 0 0 0<br>0 0 0 0 0 0 |
| $F_2 : \log_{36} 512 = 1.741$ | $ff : \log_{36} 272 = 1.564$ | $fg : \log_{36} 272 = 1.564$ |
| 512/1296=0.395 | 272/1296=0.21 | 272/1296=0.21 |
| 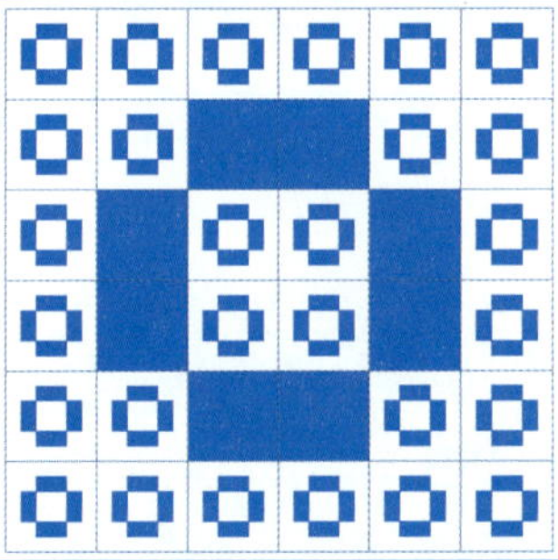 | 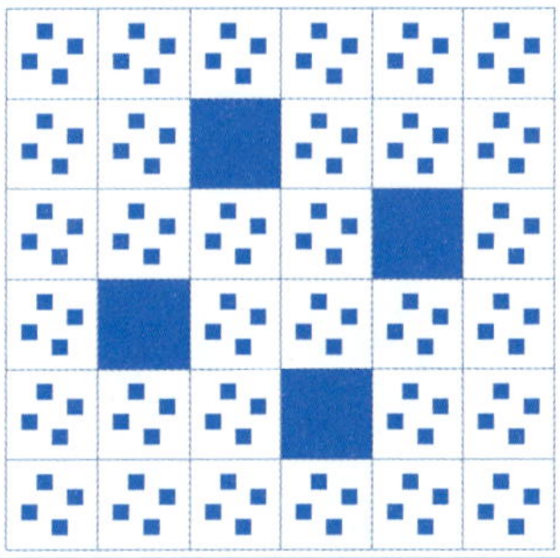 | 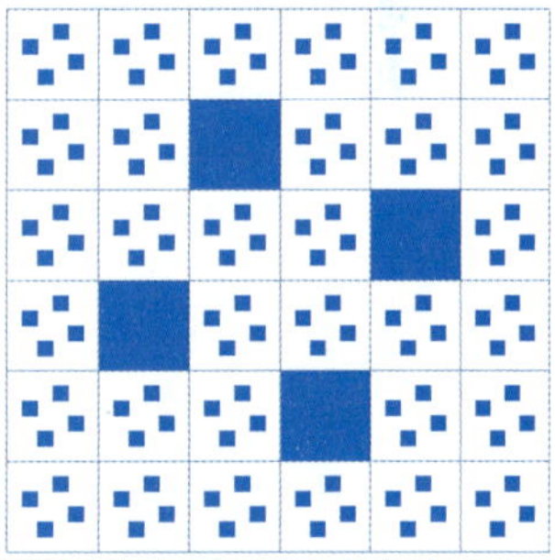 |
| $F_3 : \log_{216} 24704 = 1.882$ | $gf : \log_{36} 272 = 1.564$ | $gg : \log_{36} 272 = 1.564$ |
| 24704/46656=0.529 | 272/1296=0.21 | 272/1296=0.21 |
|  | 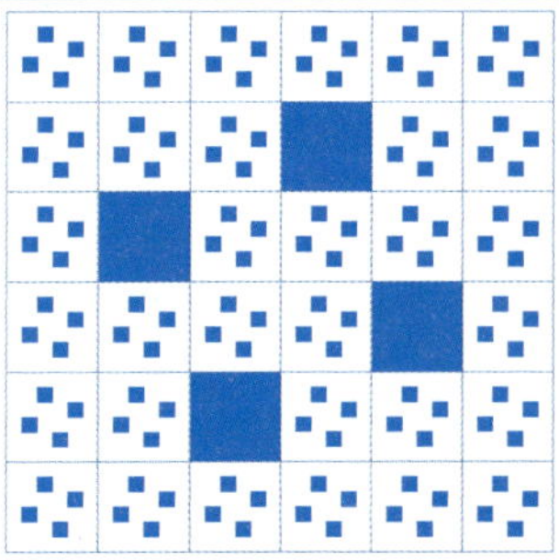 | 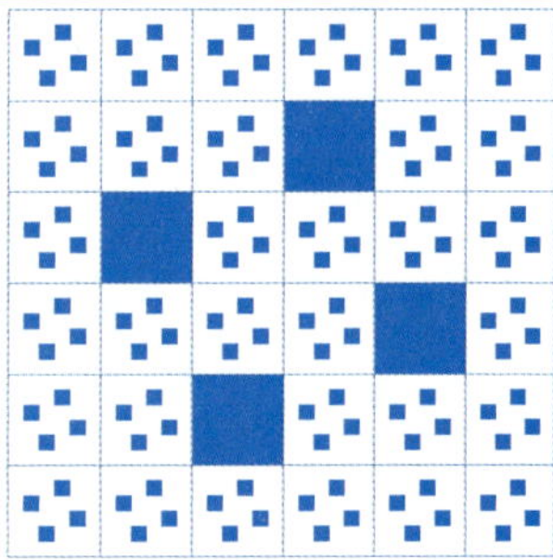 |

3단계에서 $f$를 적용한 프랙탈 네 가지는 서로 구분이 힘들 정도로 비슷한 형태를 갖고 있다. 이는 $f$, $g$가 서로 유사한 구조를 가지고 있기 때문이다. 가운데 큰 사각형은 지나칠 정도로 강하게 드러나는 반면 배경으로 가라앉은 2단계 프랙탈 부분은 특별한 이미지를 전달하지 못하고 흩어져 있어서 산만한 느낌을 준다.

$fff$ : $\log_{216}13888 = 1.775$

13888/46656=0.298

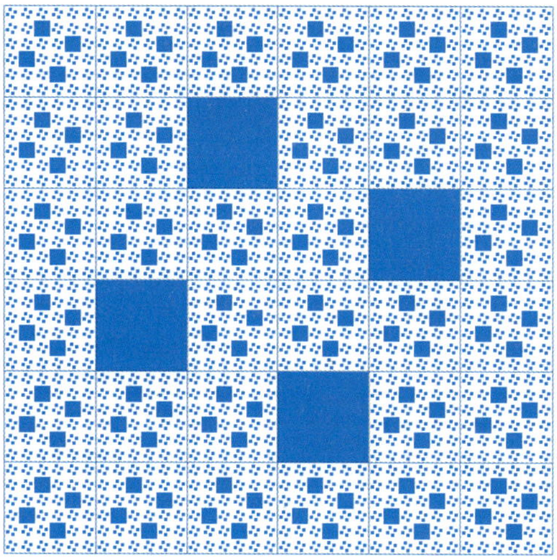

$ffg$ : $\log_{216}13888 = 1.775$

13888/46656=0.298

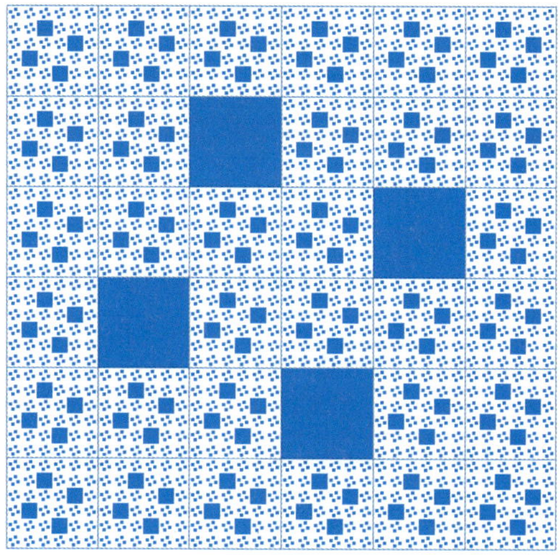

$fgf$ : $\log_{216}13888 = 1.775$

13888/46656=0.298

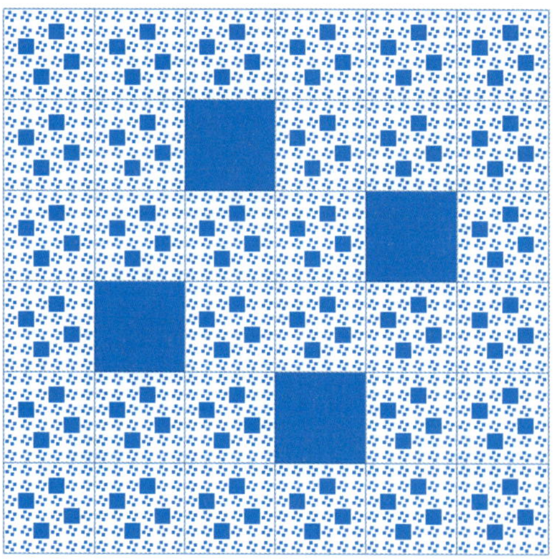

$fgg$ : $\log_{216}13888 = 1.775$

13888/46656=0.298

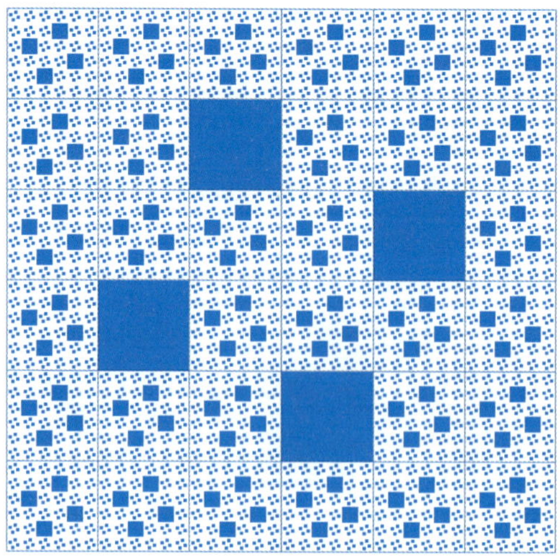

3단계에서 $g$를 적용한 프랙탈 네 가지는 앞에서 $f$의 경우와 마찬가지로 서로 구분이 힘들 정도로 비슷한 형태를 갖고 있다. 같은 이유로서 $f$, $g$가 서로 유사한 구조를 가지고 있기 때문이다. 그러나 존재하는 차이를 발견하는 것도 즐거움이다. $gff$와 $gfg$의 차이를 발견해 보자. 그 약간의 차이가 주는 느낌을 말해 보자.

| $gff$ : $\log_{216}13888 = 1.775$ | $gfg$ : $\log_{216}13888 = 1.775$ |
|---|---|
| 13888/46656=0.298 | 13888/46656=0.298 |
| 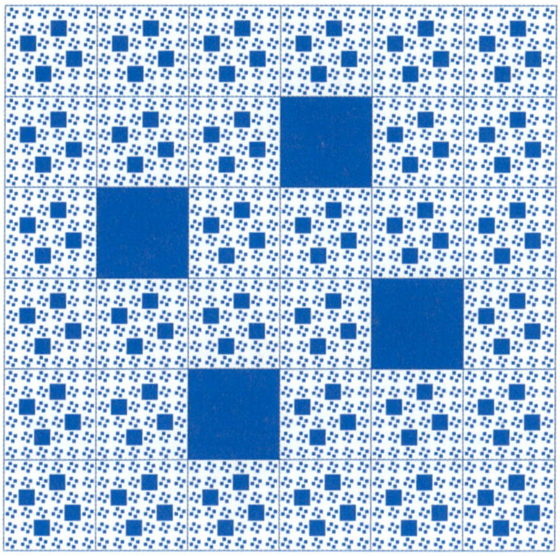 | 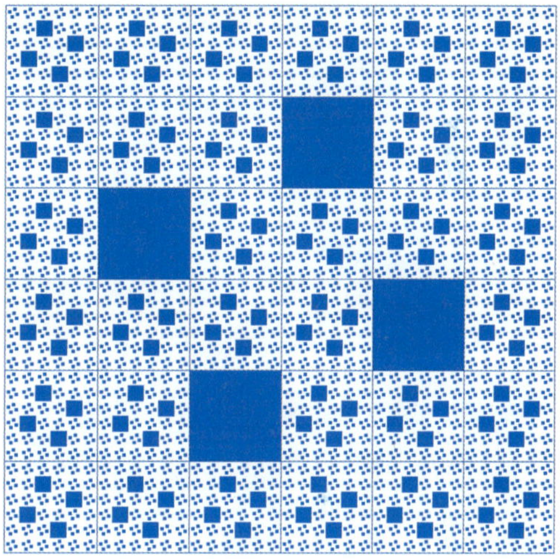 |
| $ggf$ : $\log_{216}13888 = 1.775$ | $ggg$ : $\log_{216}13888 = 1.775$ |
| 13888/46656=0.298 | 13888/46656=0.298 |
| 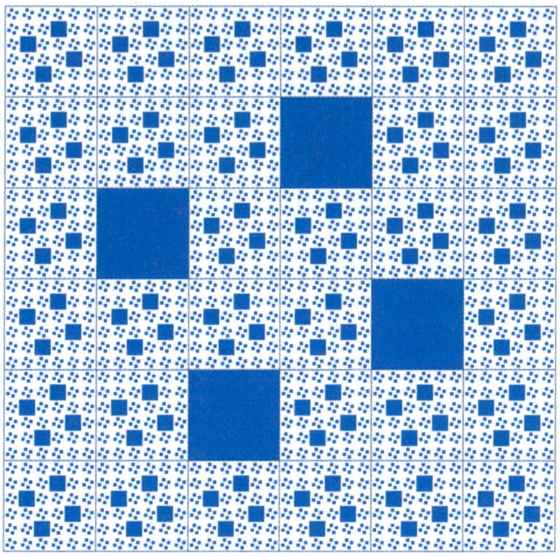 | 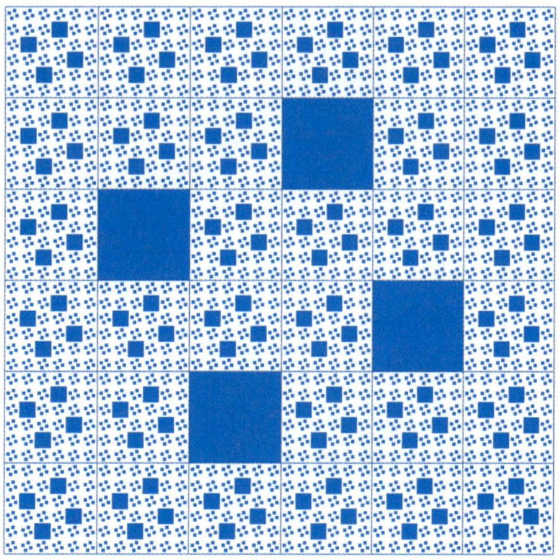 |

(3) 1단계 8개

$f$와 $g$가 공간을 점유하는 위치는 다르지만 차지하는 면적은 같기 때문에 2단계 $ff$와 $fg$는 같은 면적 비율을 가지고 있다. $ff$는 2차원의 평면으로 느껴지는데 반해 $fg$는 가장자리보다 중심이 볼록해 보이는 3차원적 입체감이 느껴진다. $gf$와 $gg$도 같은 조형원리를 가지므로 마찬가지다. 가장자리에 위치한 작은 사각형이 중심 가까이 위치한 사각형보다 축소되어 원근감을 유발시키면서 입체감을 구축하기 때문이다.

| $F_1 = f \cup g : \log_6 8 = 1.161$ | $f : \log_6 4 = 0.774$ | $g : \log_6 4 = 0.774$ |
|---|---|---|
| 8/36=0.222 | 4/36=0.111 | 4/36=0.111 |

| 2 | 0 | 0 | 0 | 0 | 2 |
|---|---|---|---|---|---|
| 0 | 0 | 0 | 0 | 0 | 0 |
| 0 | 0 | 1 | 1 | 0 | 0 |
| 0 | 0 | 1 | 1 | 0 | 0 |
| 0 | 0 | 0 | 0 | 0 | 0 |
| 2 | 0 | 0 | 0 | 0 | 2 |

| 0 | 0 | 0 | 0 | 0 | 0 |
|---|---|---|---|---|---|
| 0 | 0 | 0 | 0 | 0 | 0 |
| 0 | 0 | 1 | 1 | 0 | 0 |
| 0 | 0 | 1 | 1 | 0 | 0 |
| 0 | 0 | 0 | 0 | 0 | 0 |
| 0 | 0 | 0 | 0 | 0 | 0 |

| 2 | 0 | 0 | 0 | 0 | 2 |
|---|---|---|---|---|---|
| 0 | 0 | 0 | 0 | 0 | 0 |
| 0 | 0 | 0 | 0 | 0 | 0 |
| 0 | 0 | 0 | 0 | 0 | 0 |
| 0 | 0 | 0 | 0 | 0 | 0 |
| 2 | 0 | 0 | 0 | 0 | 2 |

| $F_2 : \log_{36} 512 = 1.741$ | $ff : \log_{36} 272 = 1.564$ | $fg : \log_{36} 272 = 1.564$ |
|---|---|---|
| 512/1296=0.395 | 272/1296=0.21 | 272/1296=0.21 |
| 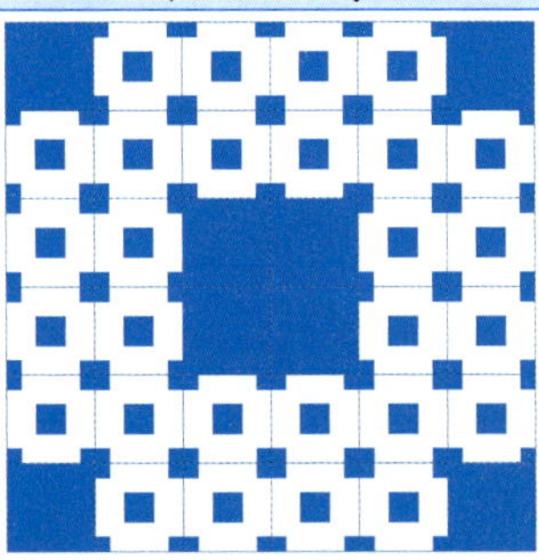 | 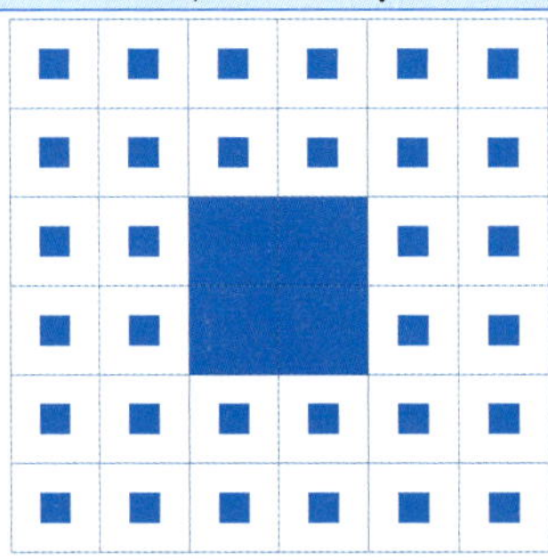 | 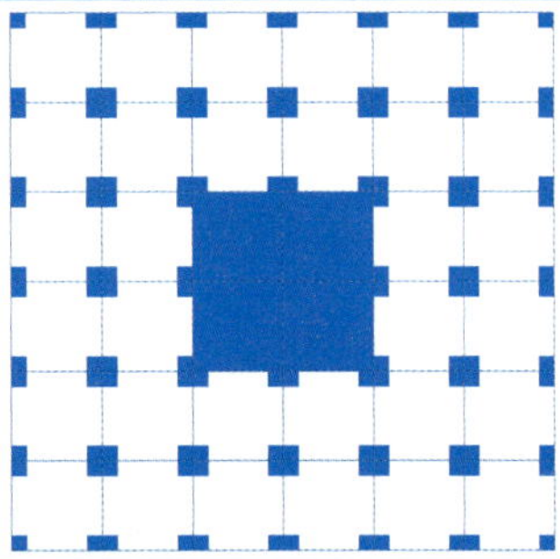 |

| $F_3 : \log_{216} 24704 = 1.882$ | $gf : \log_{36} 272 = 1.564$ | $gg : \log_{36} 272 = 1.564$ |
|---|---|---|
| 24704/1296=0.529 | 272/1296=0.21 | 272/1296=0.21 |
|  | 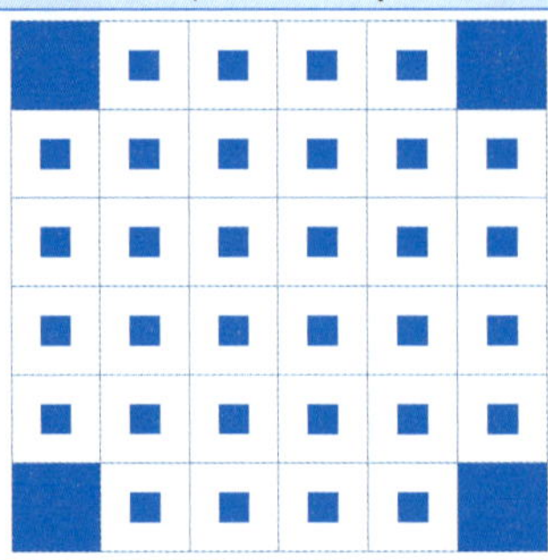 | 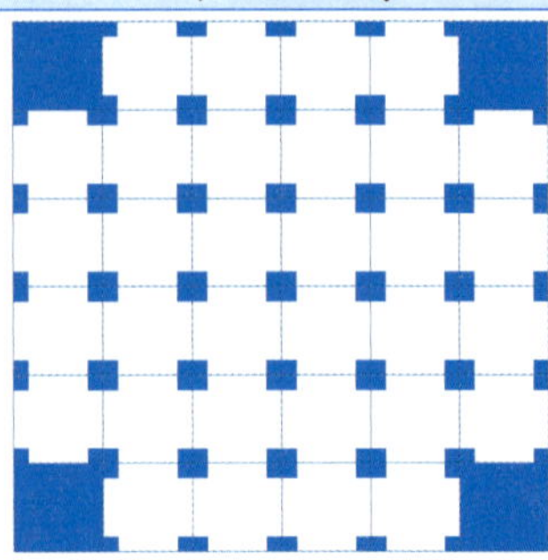 |

3단계에서 $f$를 적용한 4개의 프랙탈은 공간을 차지하는 비율이 모두 같지만 느낌은 모두 다르다. $fgf$와 $fgg$는 2단계에서와 마찬가지로 중심이 볼록한 약간의 입체감을 느낄 수 있으며 동시에 안정적인 방사형 구조와 유사하게 확장되는 이미지를 가진다. $f$는 큰 사각형이 중심을 채우고 있어 안정감과 시선을 집중시키는 주목성을 가지고, $g$는 네 귀퉁이를 모두 막고 있어 비록 중심은 비었지만 비교적 안정감을 갖게 한다. 주어진 프랙탈에서 안정감을 주는 순서로 정리해 보자. 그리고 왜 그런지 이유를 설명해보자.

| $fff:\log_{216}13888 = 1.775$ | $ffg:\log_{216}13888 = 1.775$ |
|---|---|
| 13888/46656=0.298 | 13888/46656=0.298 |
| 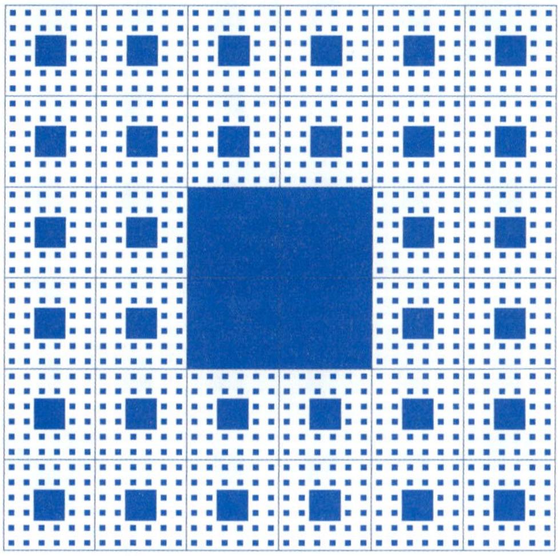 | 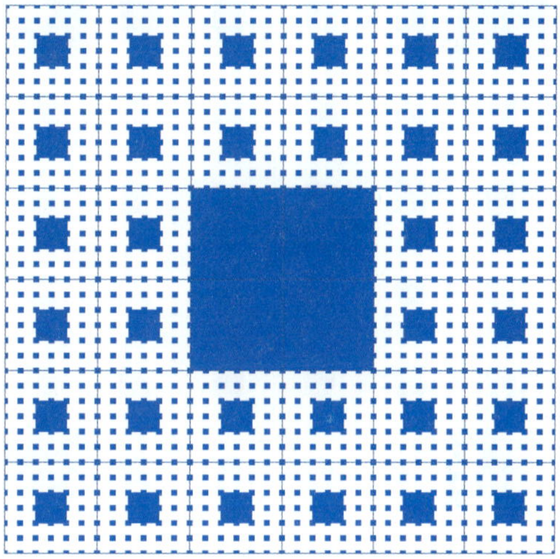 |
| $fgf:\log_{216}13888 = 1.775$ | $fgg:\log_{216}13888 = 1.775$ |
| 13888/46656=0.298 | 13888/46656=0.298 |
| 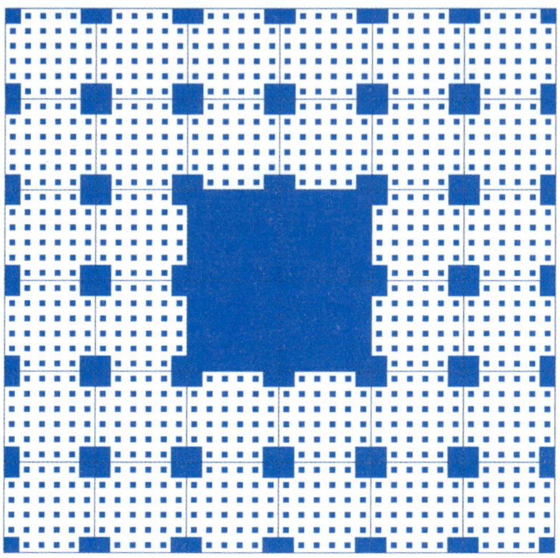 | 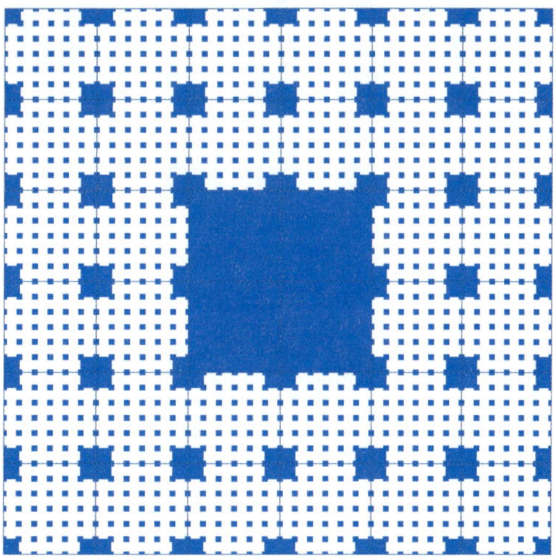 |

주어진 4개의 프랙탈은 가장 자리에 큰 사각형이 위치하고 있어 견고한 느낌을 가진다. $gff$와 $gfg$는 평면의 느낌을 주는데 비해 $ggf$와 $ggg$는 네 귀퉁이 모두 바깥으로 휘어져 보이며 약간의 입체감을 보인다. 이는 중간 크기의 사각형이 가장 자리에서 반으로 작아졌기 때문에 생긴 착시현상이고 네 귀퉁이의 큰 사각형 모양이 바깥으로 뻗어나가려는 이미지를 띠고 있기 때문이기도 하다.

$gff$ : $\log_{216}13888 = 1.775$

13888/46656=0.298

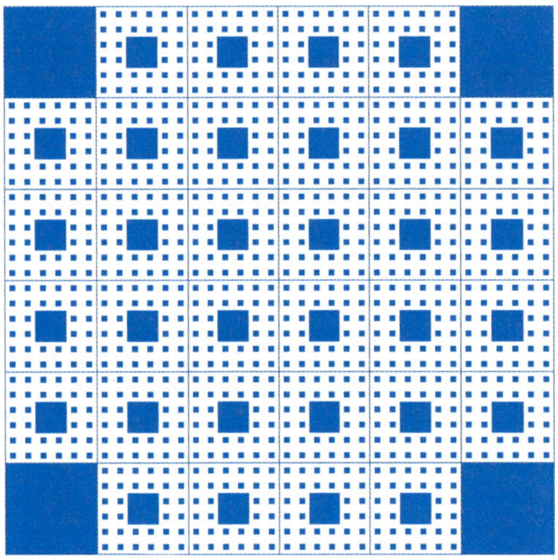

$gfg$ : $\log_{216}13888 = 1.775$

13888/46656=0.298

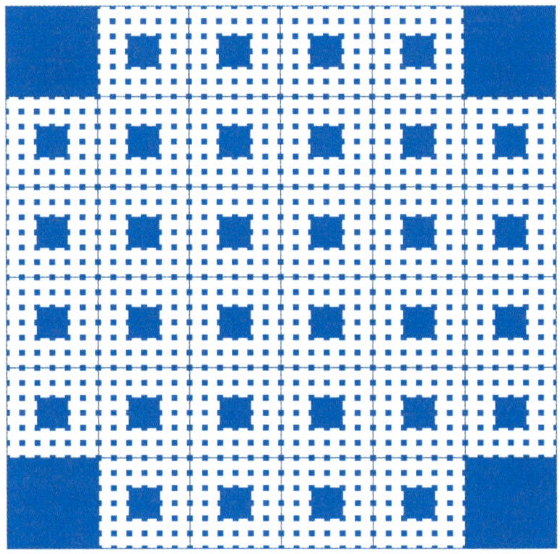

$ggf$ : $\log_{216}13888 = 1.775$

13888/46656=0.298

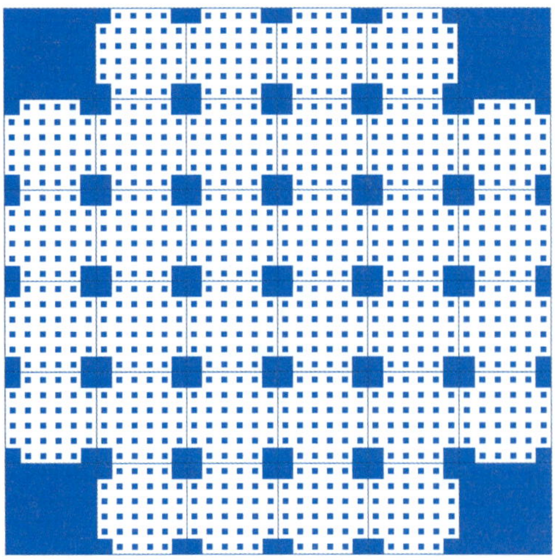

$ggg$ : $\log_{216}13888 = 1.775$

13888/46656=0.298

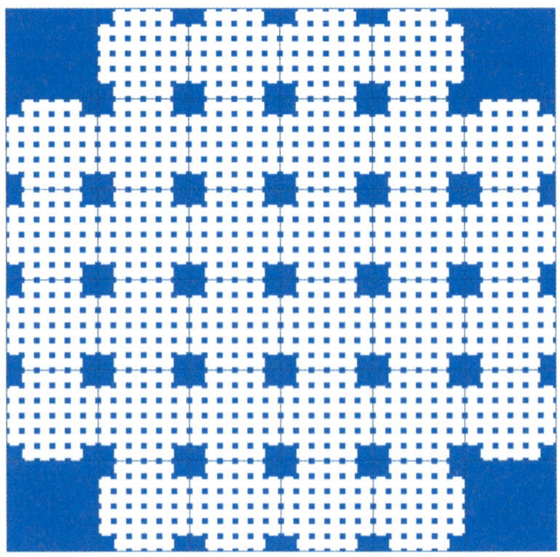

### (4) 1단계 8개

$gf$는 $ff$와 비교할 때 상대적으로 대범하게 보이고 $ff$는 소심하게 보인다. $fg$, $gg$에서는 $g$가 배경으로 물러나며 작은 사각형들이 움직이는 듯한 착각을 일으키고, 이것은 시각적으로 무질서한 움직임으로 감지된다. $ff$, $gf$의 배경 부분에서 느껴지는 단정함과는 분명 차이가 있다.

| $F_1 = f \cup g : \log_6 8 = 1.161$ | $f : \log_6 4 = 0.774$ | $g : \log_6 4 = 0.774$ |
|---|---|---|
| 8/36=0.222 | 4/36=0.111 | 4/36=0.111 |

| 0 | 2 | 0 | 0 | 0 | 0 |
|---|---|---|---|---|---|
| 0 | 0 | 1 | 0 | 0 | 2 |
| 0 | 0 | 0 | 0 | 1 | 0 |
| 0 | 1 | 0 | 0 | 0 | 0 |
| 2 | 0 | 0 | 1 | 0 | 0 |
| 0 | 0 | 0 | 0 | 2 | 0 |

| 0 | 0 | 0 | 0 | 0 | 0 |
|---|---|---|---|---|---|
| 0 | 0 | 1 | 0 | 0 | 0 |
| 0 | 0 | 0 | 0 | 1 | 0 |
| 0 | 1 | 0 | 0 | 0 | 0 |
| 0 | 0 | 0 | 1 | 0 | 0 |
| 0 | 0 | 0 | 0 | 0 | 0 |

| 0 | 2 | 0 | 0 | 0 | 0 |
|---|---|---|---|---|---|
| 0 | 0 | 0 | 0 | 0 | 2 |
| 0 | 0 | 0 | 0 | 0 | 0 |
| 0 | 0 | 0 | 0 | 0 | 0 |
| 2 | 0 | 0 | 0 | 0 | 0 |
| 0 | 0 | 0 | 0 | 2 | 0 |

| $F_2 : \log_{36} 512 = 1.741$ | $ff : \log_{36} 272 = 1.564$ | $fg : \log_{36} 272 = 1.564$ |
|---|---|---|
| 512/1296=0.395 | 272/1296=0.21 | 272/1296=0.21 |
| 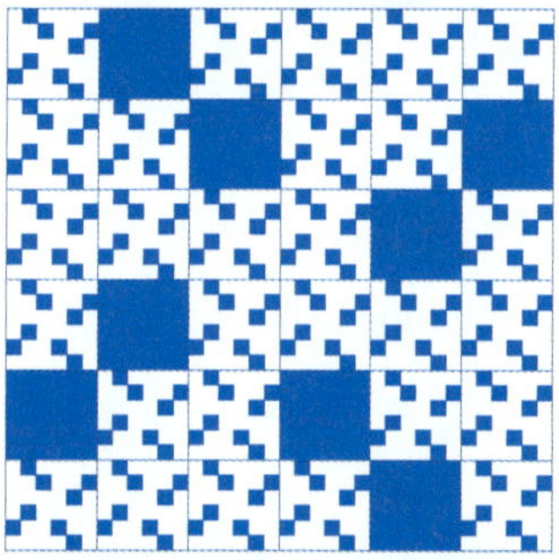 | 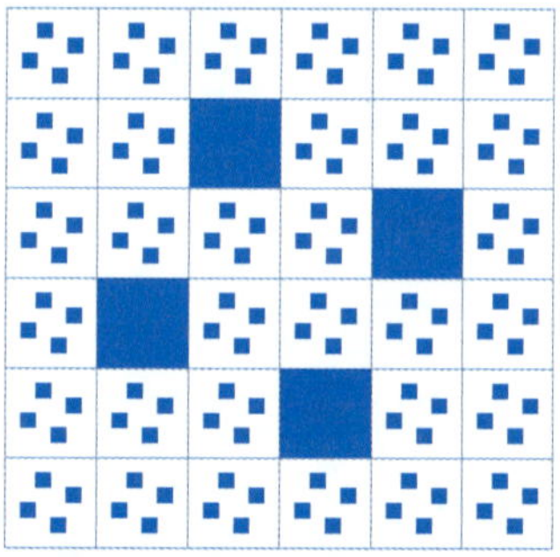 | 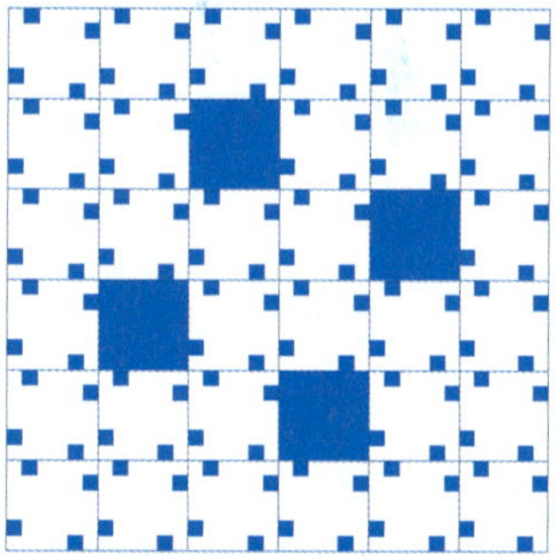 |

| $F_3 : \log_{216} 24704 = 1.882$ | $gf : \log_{36} 272 = 1.564$ | $gg : \log_{36} 272 = 1.564$ |
|---|---|---|
| 24704/1296=0.529 | 272/1296=0.21 | 272/1296=0.21 |
| 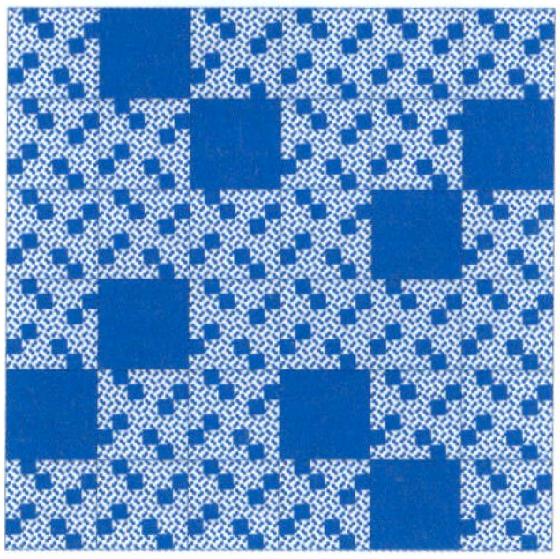 | 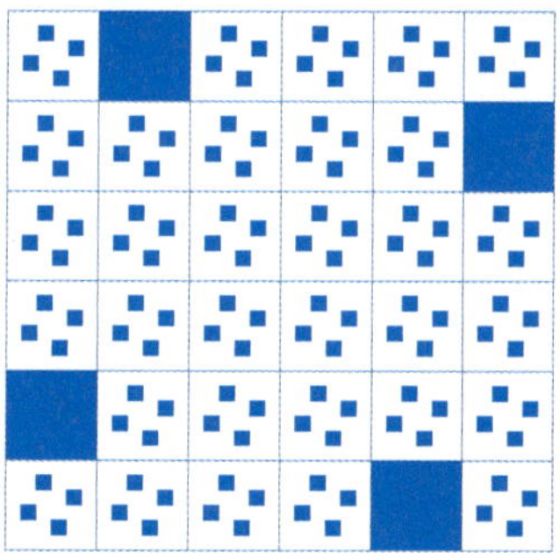 | 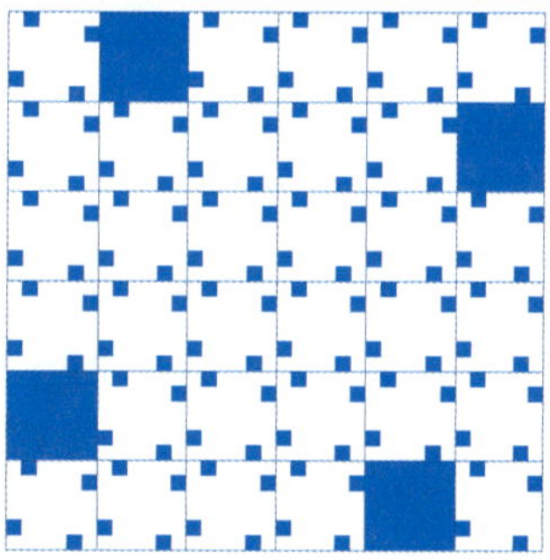 |

$fff$와 $fgf$는 중심에 위치한 큰 사각형 네 개가 지나치게 커서 배경과 조화롭게 어울리지 않지만 배경 부분은 시원한 물결의 흐름으로 자유롭게 느껴진다. $ffg$는 2단계의 형태가 3단계에서 자기복제 원리로 확장되어 전체적으로 통일감을 가지고 있기 때문에 시각적으로 안정감을 준다. $fgg$는 배경 부분에 움직임이 있는 중간 크기 사각형이 분산 배치되어 보는 이에 따라 산만함을 느낄 수 있다.

$fff: \log_{216}13888 = 1.775$

13888/46656=0.298

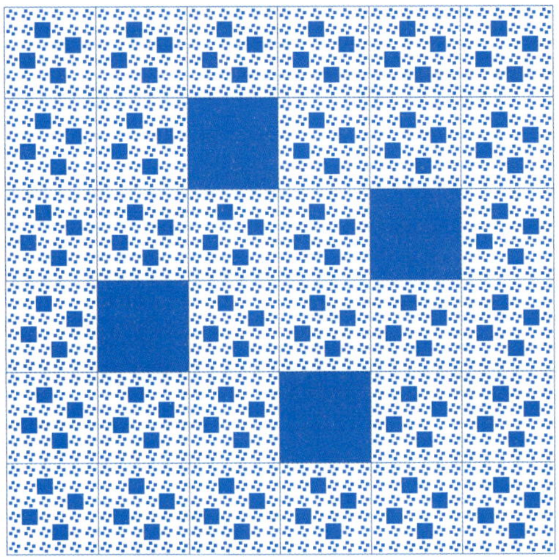

$ffg: \log_{216}13888 = 1.775$

13888/46656=0.298

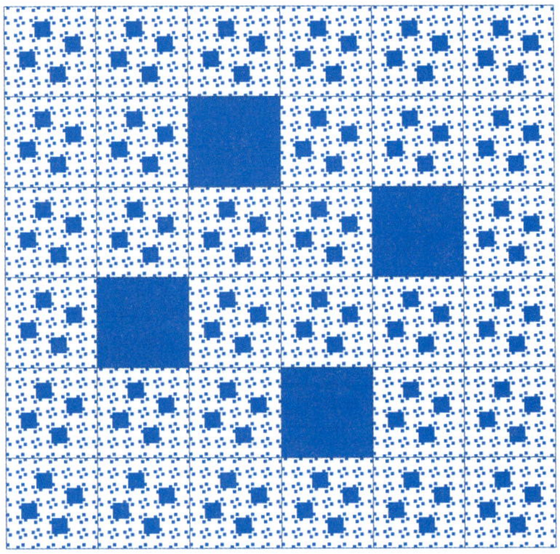

$fgf: \log_{216}13888 = 1.775$

13888/46656=0.298

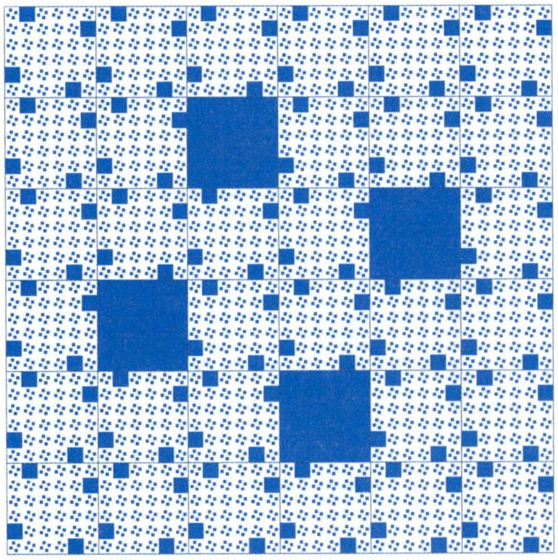

$fgg: \log_{216}13888 = 1.775$

13888/46656=0.298

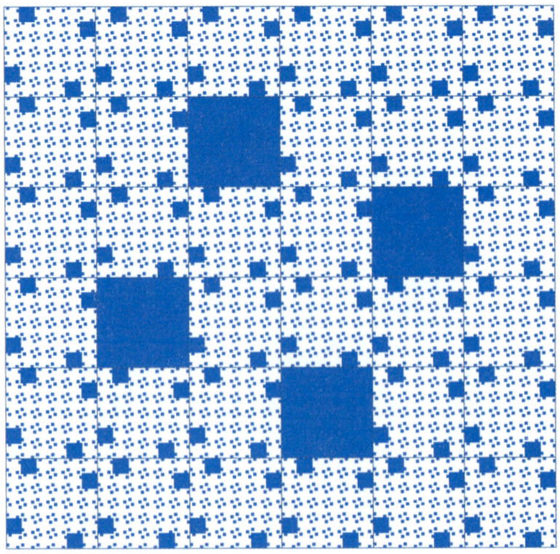

$gff$, $ggf$는 배경 부분의 가장 작은 사각형들이 만들어낸 형태의 조합 때문에 물결이 흐르는 듯 조용하고 잔잔한 움직임을 느낄 수 있다. $ggg$는 중간 크기 사각형의 움직임이 강하게 드러나며 전체적으로 산만함을 느끼게 하는 분산된 구조다. $gfg$는 네 가지 중 가장 안정된 구조를 가지고 있으나 시선을 끄는 중심이 없어 다른 세 가지와 마찬가지로 약간 어지럽게 보인다.

$gff$ : $\log_{216}13888 = 1.775$

13888/46656=0.298

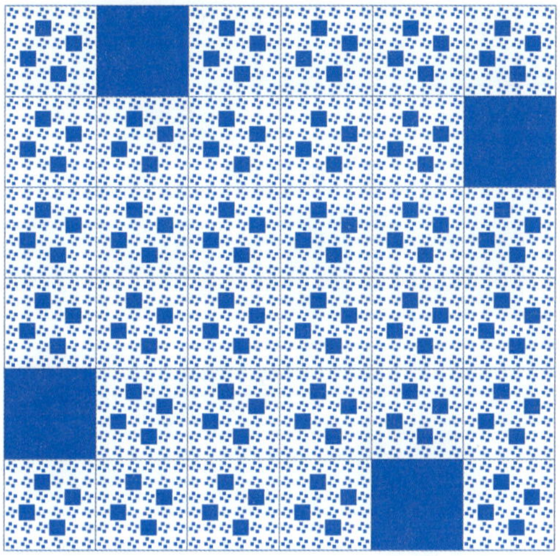

$gfg$ : $\log_{216}13888 = 1.775$

13888/46656=0.298

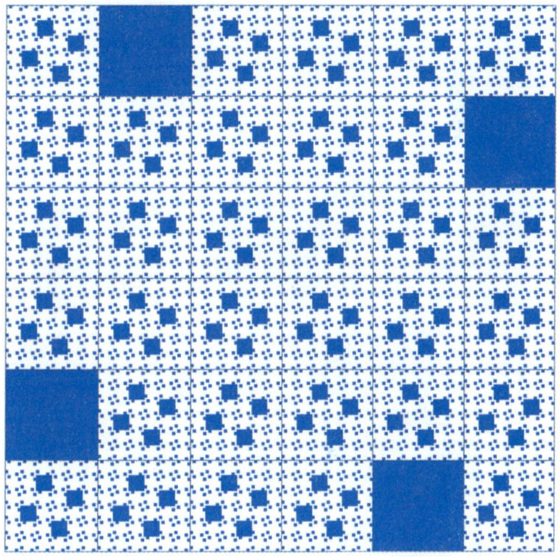

$ggf$ : $\log_{216}13888 = 1.775$

13888/46656=0.298

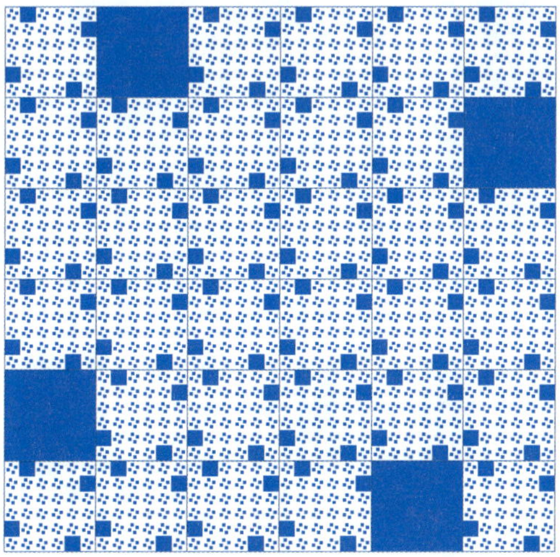

$ggg$ : $\log_{216}13888 = 1.775$

13888/46656=0.298

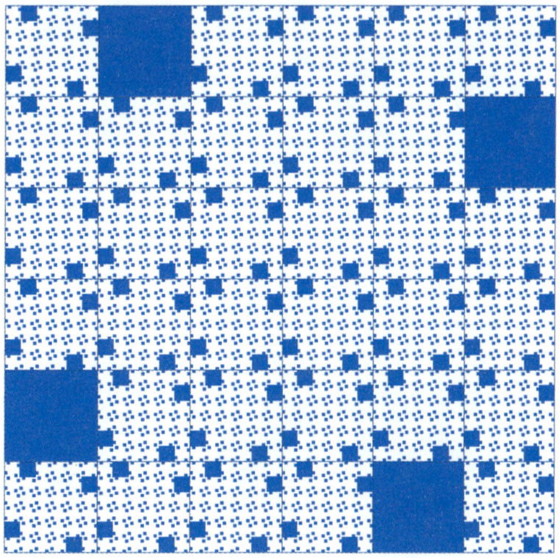

(5) 1단계 16개

$ff$와 $gf$를 비교해 보자. $ff$는 중심이 시선을 끌면서 안정성을 느끼도록 하는 구조인데 반해 $gf$는 중심이 비어있어 시선이 분산되며 사방 모서리가 바깥쪽으로 휘어진 것처럼 느껴져서 입체감이 돈다. $fg$와 $gg$는 가운데가 볼록하게 솟은 것처럼 입체감이 느껴진다. $fg$는 중심으로 갈수록 사각형의 크기가 커지는 점증의 효과로 인해 입체감이 조성되었고, $gg$는 시선이 바깥쪽으로 확장되면서 전체 면적이 $fg$보다 더 넓어 보이고, 축구공 단면의 일부를 보는 것처럼 곡면의 느낌이 감돈다.

| $F_1 = f \cup g$ : $\log_6 16 = 1.547$ | $f$ : $\log_6 8 = 1.161$ | $g$ : $\log_6 12 = 1.387$ |
|---|---|---|
| 16/36=0.444 | 8/36=0.32 | 12/36=0.333 |

$F_1$:

| | | | | | |
|---|---|---|---|---|---|
| 0 | 0 | 2 | 2 | 0 | 0 |
| 0 | 0 | 1 | 1 | 0 | 0 |
| 2 | 1 | 0 | 0 | 1 | 2 |
| 2 | 1 | 0 | 0 | 1 | 2 |
| 0 | 0 | 1 | 1 | 0 | 0 |
| 0 | 0 | 2 | 2 | 0 | 0 |

$f$:

| | | | | | |
|---|---|---|---|---|---|
| 0 | 0 | 0 | 0 | 0 | 0 |
| 0 | 0 | 1 | 1 | 0 | 0 |
| 0 | 1 | 0 | 0 | 1 | 0 |
| 0 | 1 | 0 | 0 | 1 | 0 |
| 0 | 0 | 1 | 1 | 0 | 0 |
| 0 | 0 | 0 | 0 | 0 | 0 |

$g$:

| | | | | | |
|---|---|---|---|---|---|
| 0 | 0 | 2 | 2 | 0 | 0 |
| 0 | 0 | 0 | 0 | 0 | 0 |
| 2 | 0 | 0 | 0 | 0 | 2 |
| 2 | 0 | 0 | 0 | 0 | 2 |
| 0 | 0 | 0 | 0 | 0 | 0 |
| 0 | 0 | 2 | 2 | 0 | 0 |

| $F_2$ : $\log_{36} 896 = 1.897$ | $ff$ : $\log_{36} 512 = 1.741$ | $fg$ : $\log_{36} 512 = 1.741$ |
|---|---|---|
| 896/1296=0.691 | 512/1296=0.395 | 512/1296=0.395 |

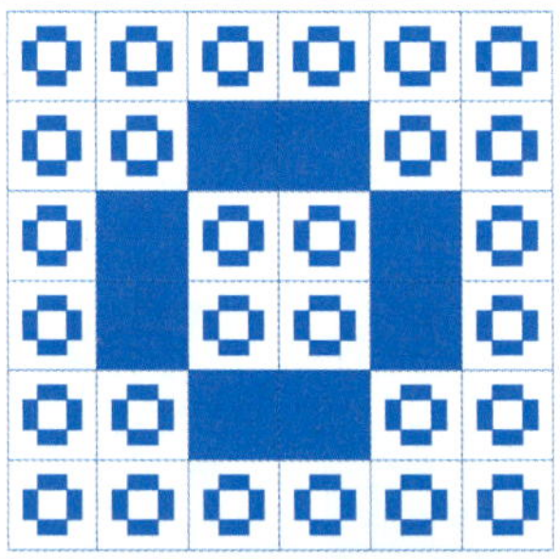

| $F_3$ : $\log_{216} 38656 = 1.965$ | $gf$ : $\log_{36} 512 = 1.741$ | $gg$ : $\log_{36} 512 = 1.741$ |
|---|---|---|
| 38656/46656=0.829 | 512/1296=0.395 | 512/1296=0.395 |

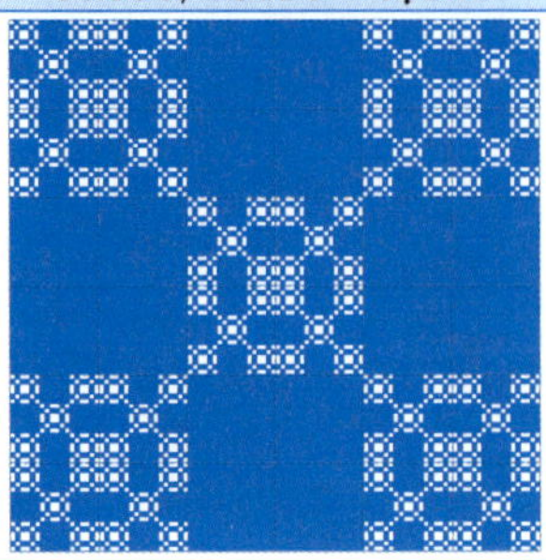

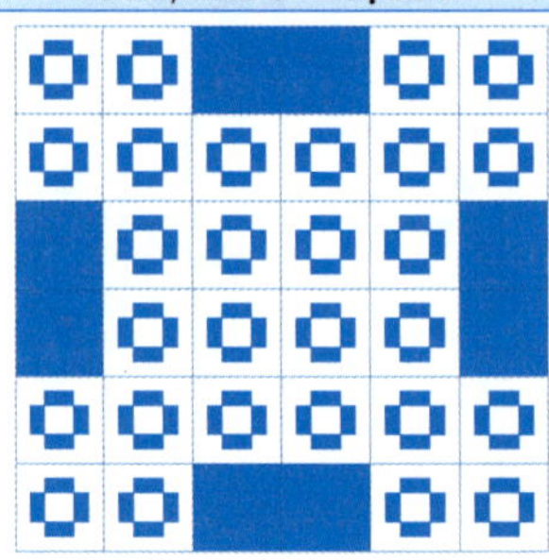

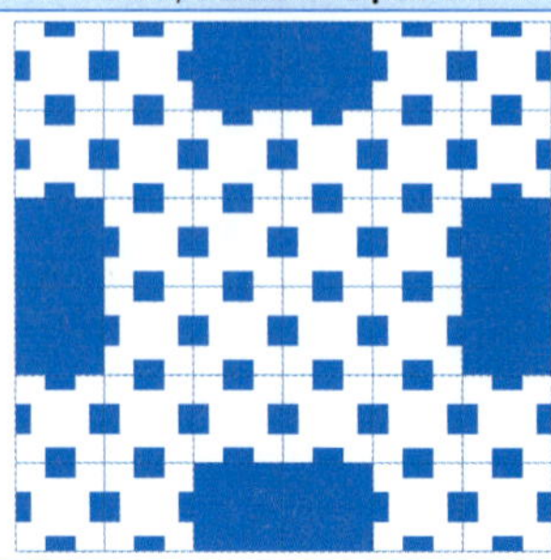

$ffg$, $ffg$, $fgf$, $fgg$는 모두 중심에 위치한 큰 사각형에 시선이 집중되며 안정적인 구조를 가지고 있으며 명도가 적절하여 형태 파악이 쉽고 전체적으로 잘 어울린다. $fgf$는 배경 부분에서 가장 작은 사각형들이 물결을 이루며 흐르는 듯 유동적인 이미지를 띠며, $ffg$는 배경에서 중간 크기의 사각형이 부드러운 곡선으로 이루어진 꽃잎으로 보이고, $fgg$는 중심이 볼록해 보이는 입체감이 살짝 감돈다. 네 개의 프랙탈을 보고 각자의 느낌을 말해보자. 왜 그런지 이유를 말해보자.

$fff$: $\log_{216}24704 = 1.882$

24704/46656=0.529

$ffg$: $\log_{216}24704 = 1.882$

24704/46656=0.529

$fgf$: $\log_{216}24704 = 1.882$

24704/46656=0.529

$fgg$: $\log_{216}24704 = 1.882$

24704/46656=0.529

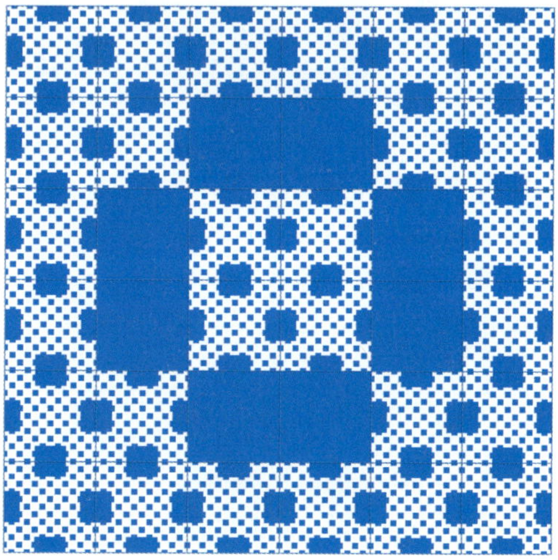

$gff$, $ggf$, $ggf$, $ggg$는 모두 큰 사각형이 주변 부분에 위치하기 때문에 시선이 분산되는 효과를 준다. $gff$, $ggf$는 평평한 2차원의 평면으로 느껴지는데 반해 $ggf$, $ggg$는 중심 부분이 볼록한 3차원의 입체로 느껴지며 아울러 $ggf$, $ggg$는 색이 연한 부분이 형태로 인식되는 반전효과가 생기는데 이는 중간 크기의 사각형이 만들어내는 대각선 교차 형태가 시선을 강하게 장악하기 때문이다. 게슈탈트 전환이 일어난 것이다. 심지어 바깥으로 뻗어나가려고 하는 확장성으로 전자들보다 전체적인 형태가 더 커 보이기까지 한다.

| $gff$ : $\log_{216}24704 = 1.882$ | $gfg$ : $\log_{216}24704 = 1.882$ |
|---|---|
| 24704/46656=0.529 | 24704/46656=0.529 |
| 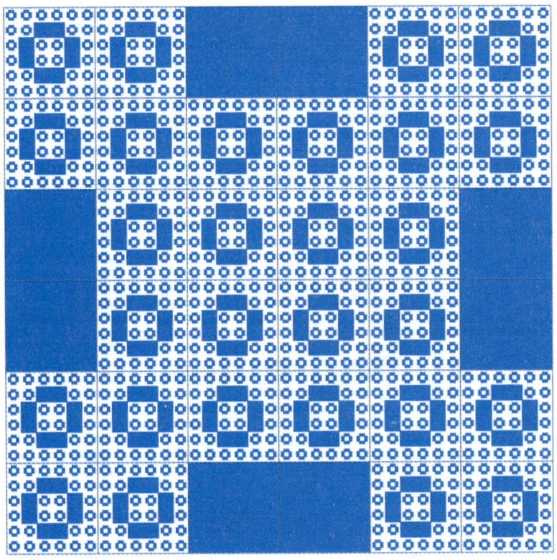 | 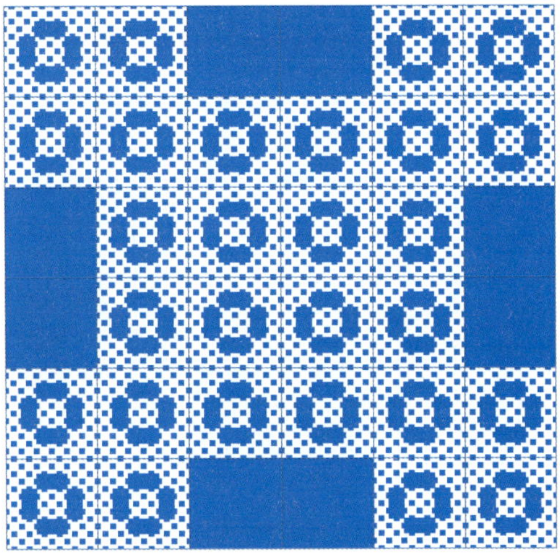 |
| $ggf$ : $\log_{216}24704 = 1.882$ | $ggg$ : $\log_{216}24704 = 1.882$ |
| 24704/46656=0.529 | 24704/46656=0.529 |
| 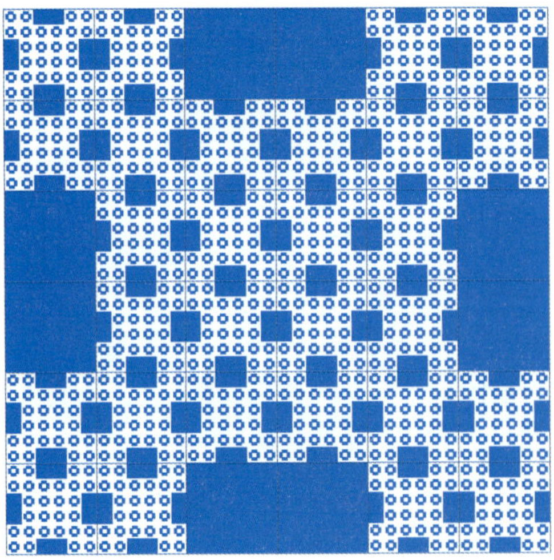 |  |

(6) 1단계 16개

$ff$는 네 귀퉁이가 바깥을 향해 뻗어나가려는 발산의 이미지를 띠며 전체적인 크기도 $gf$와 $gg$보다 커 보인다. 특히 $gf$는 사각형의 점증적인 크기 변화로 인해 공처럼 면이 휘어진 입체감을 느끼게 하고, 시선이 중심으로 집중되는 구조를 갖고 있다.

| $F_1 = f \cup g : \log_6 16 = 1.547$ | $f : \log_6 8 = 1.161$ | $g : \log_6 8 = 1.161$ |
|---|---|---|
| 16/36=0.64 | 8/36=0.32 | 8/36=0.32 |

| | | | | | |
|---|---|---|---|---|---|
| 1 | 0 | 0 | 0 | 0 | 1 |
| 0 | 0 | 2 | 2 | 0 | 0 |
| 0 | 2 | 1 | 1 | 2 | 0 |
| 0 | 2 | 1 | 1 | 2 | 0 |
| 0 | 0 | 2 | 2 | 0 | 0 |
| 1 | 0 | 0 | 0 | 0 | 1 |

| | | | | | |
|---|---|---|---|---|---|
| 1 | 0 | 0 | 0 | 0 | 1 |
| 0 | 0 | 0 | 0 | 0 | 0 |
| 0 | 0 | 1 | 1 | 0 | 0 |
| 0 | 0 | 1 | 1 | 0 | 0 |
| 0 | 0 | 0 | 0 | 0 | 0 |
| 1 | 0 | 0 | 0 | 0 | 1 |

| | | | | | |
|---|---|---|---|---|---|
| 0 | 0 | 0 | 0 | 0 | 0 |
| 0 | 0 | 2 | 2 | 0 | 0 |
| 0 | 2 | 0 | 0 | 2 | 0 |
| 0 | 2 | 0 | 0 | 2 | 0 |
| 0 | 0 | 2 | 2 | 0 | 0 |
| 0 | 0 | 0 | 0 | 0 | 0 |

| $F_2 : \log_{36} 896 = 1.897$ | $ff : \log_{36} 512 = 1.741$ | $fg : \log_{36} 512 = 1.741$ |
|---|---|---|
| 896/1296=0.691 | 512/1296=0.395 | 512/1296=0.395 |
| 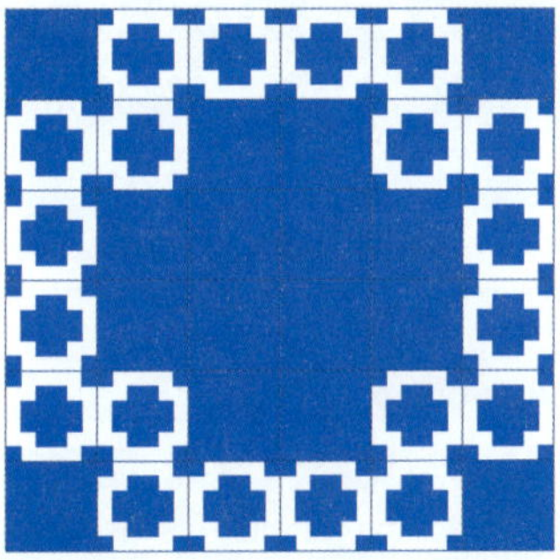 |  | 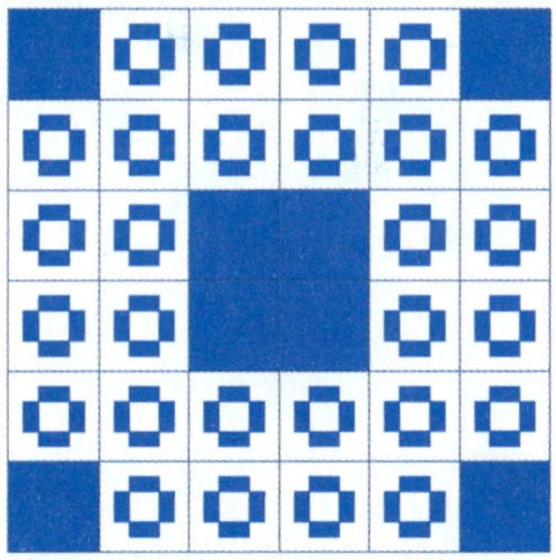 |

| $F_3 : \log_{216} 38656 = 1.965$ | $gf : \log_{36} 512 = 1.741$ | $gg : \log_{36} 512 = 1.741$ |
|---|---|---|
| 38656/46656=0.829 | 512/1296=0.395 | 512/1296=0.395 |
|  |  | 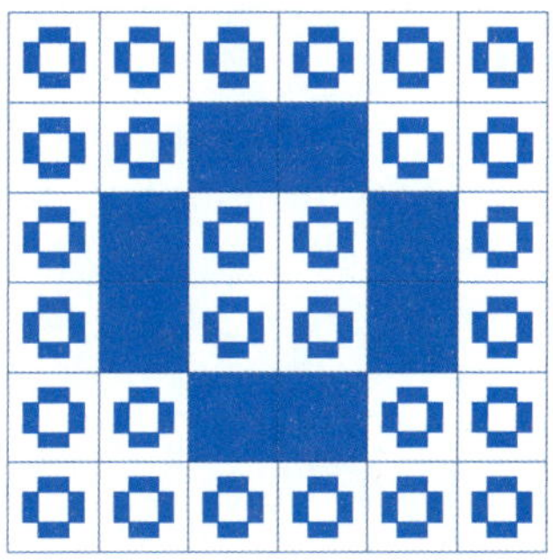 |

$fff$, $ffg$, $fgf$, $fgg$는 모두 색칠되지 않은 흰 부분이 시각적 형태로 인식되어 안정적인 구조를 가지며, 중간크기의 사각형의 크기와 작은 사각형의 크기의 비율이 적절하여 디자인적으로 조화로운 화면구성을 가진다. $fgf$와 $fgg$는 전체적인 형태가 직선으로 이루어진 십자 형태 그대로 보이며 딱딱한 느낌을 주는데 비해 $fff$와 $ffg$는 흰 부분이 둥근 꽃잎 모양의 꽃으로 보이며 부드럽고 팽창되어 전자보다 커 보인다. 또한 중심의 파란 사각형을 초점으로 바라보면 꽃잎 이미지보다 사방으로 뻗어나가려는 발산의 이미지가 강하게 떠오른다.

| $fff$:$\log_{216}24704 = 1.882$ | $ffg$:$\log_{216}24704 = 1.882$ |
|---|---|
| 24704/46656=0.529 | 24704/46656=0.529 |
|  | 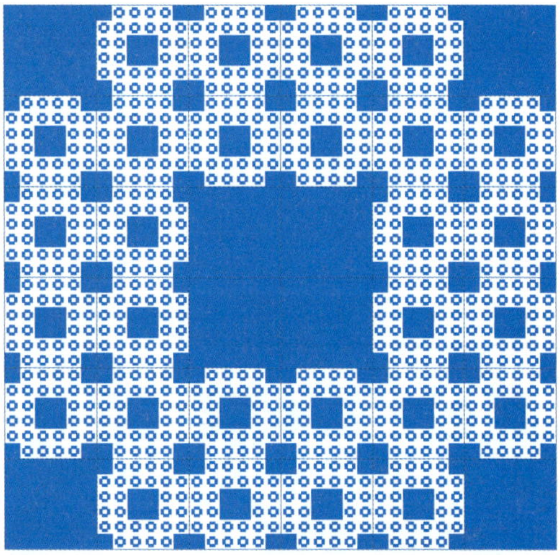 |
| $fgf$:$\log_{216}24704 = 1.882$ | $fgg$:$\log_{216}24704 = 1.882$ |
| 24704/46656=0.529 | 24704/46656=0.529 |
| 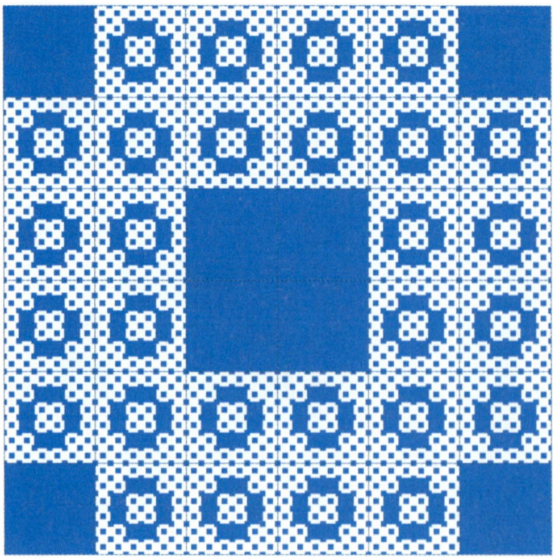 | 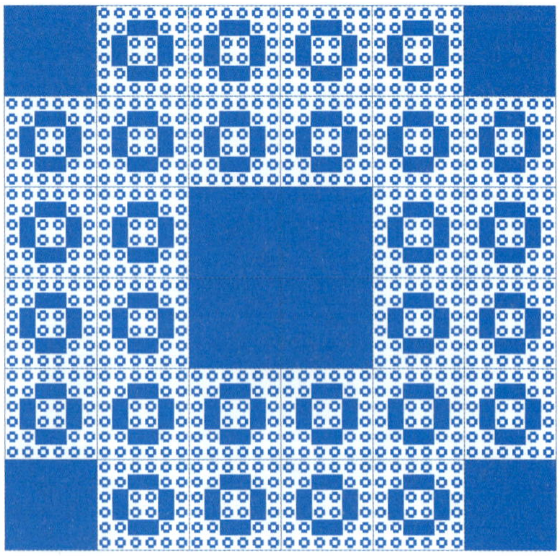 |

$gff$는 점들이 속도감을 느끼게 한다. 중간 크기의 사각형이 대각선을 이루고 교차하면서 시선을 집중시키며 중심을 향해 달려든다. 그리고 결국 가운데가 곡면처럼 솟아오른 입체감이 환영으로 생긴다. $gfg$도 마찬가지로 $ggf$, $ggg$에서는 느낄 수 없는 입체감이 느껴지고 중심을 향한 집중력도 상대적으로 강하며 배경으로 물러난 작은 원으로 보이는 것들은 진동하는 느낌을 준다.

| $gff:\log_{216}24704 = 1.882$ | $gfg:\log_{216}24704 = 1.882$ |
|---|---|
| 24704/46656=0.529 | 24704/46656=0.529 |
| 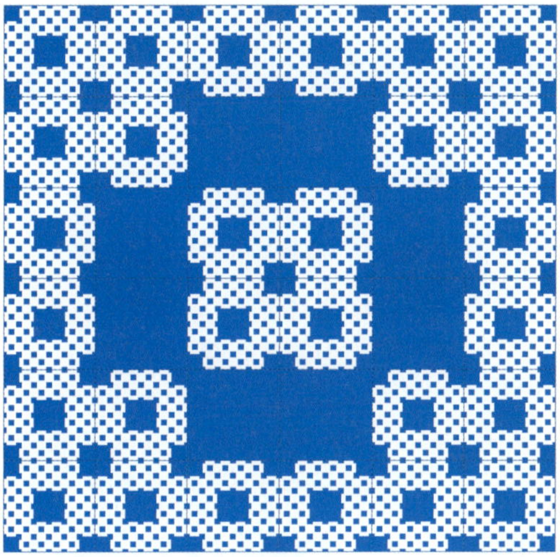 |  |
| $ggf:\log_{216}24704 = 1.882$ | $ggg:\log_{216}24704 = 1.882$ |
| 24704/46656=0.529 | 24704/46656=0.529 |
| 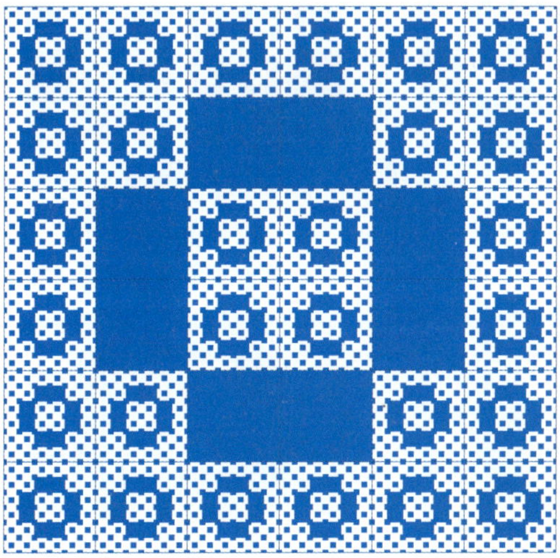 |  |

(7) 1단계 20개

$F_2$는 선들의 대비가 강하다. 면적이 한정된 경우 단계가 올라갈수록 화면이 어두워지고 결국엔 색칠한 선으로 공간을 다 채우게 될 것이다. $ff$, $fg$ , $gf$, $gg$ 모두 각각 전혀 다른 모양으로 개성이 있다. $ff$는 발산과 확산의 이미지를 우아하게 표현하였고, $fg$는 마치 백남준의 비디오아트를 연상시키며, $gf$는 쌩뚱맞게 굵은 선 사각형 때문에 조형적으로 어색하지만 배경 부분이 연동운동을 하는 장처럼 보이기도 하여 재미있는 느낌을 주고, $gg$는 네 개 중 가장 평범해 보인다.

$F_1 = f \cup g : \log_6 20 = 1.672$

20/36=0.556

| | | | | | |
|---|---|---|---|---|---|
| 0 | 1 | 0 | 0 | 1 | 0 |
| 1 | 2 | 2 | 2 | 2 | 1 |
| 0 | 2 | 0 | 0 | 2 | 0 |
| 0 | 2 | 0 | 0 | 2 | 0 |
| 1 | 2 | 2 | 2 | 2 | 1 |
| 0 | 1 | 0 | 0 | 1 | 0 |

$f : \log_6 8 = 1.161$

8/36=0.32

| | | | | | |
|---|---|---|---|---|---|
| 0 | 1 | 0 | 0 | 1 | 0 |
| 1 | 0 | 0 | 0 | 0 | 1 |
| 0 | 0 | 0 | 0 | 0 | 0 |
| 0 | 0 | 0 | 0 | 0 | 0 |
| 1 | 0 | 0 | 0 | 0 | 1 |
| 0 | 1 | 0 | 0 | 1 | 0 |

$g : \log_6 12 = 1.387$

12/36=0.333

| | | | | | |
|---|---|---|---|---|---|
| 0 | 0 | 0 | 0 | 0 | 0 |
| 0 | 2 | 2 | 2 | 2 | 0 |
| 0 | 2 | 0 | 0 | 2 | 0 |
| 0 | 2 | 0 | 0 | 2 | 0 |
| 0 | 2 | 2 | 2 | 2 | 0 |
| 0 | 0 | 0 | 0 | 0 | 0 |

$F_2 : \log_{36} 1040 = 1.939$

1040/1296=0.802

$ff : \log_{36} 512 = 1.741$

512/1296=0.395

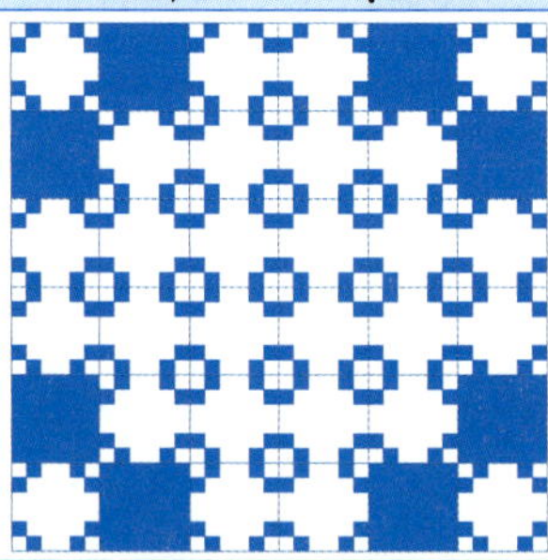

$fg : \log_{36} 624 = 1.796$

624/1296=0.

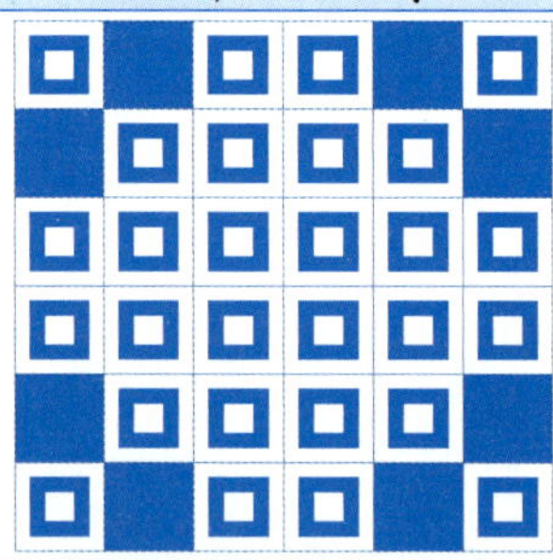

$F_3 : \log_{216} 42560 = 1.983$

42560/46656=0.912

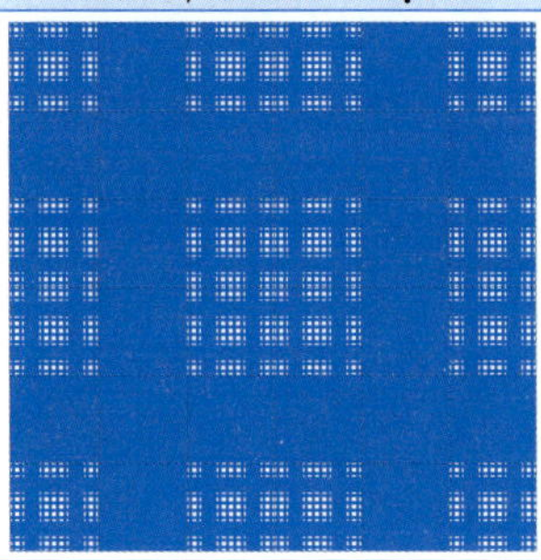

$gf : \log_{36} 624 = 1.796$

624/1296=0.481

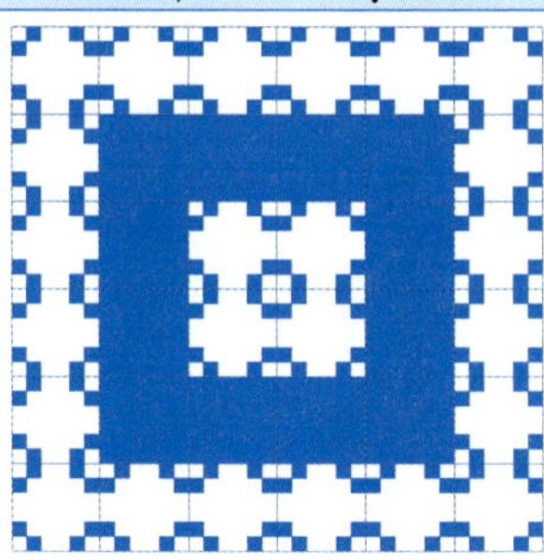

$gg : \log_{36} 720 = 1.836$

720/1296=0.556

$fff$, $ffg$, $fgf$, $fgg$ 모두 색칠 되지 않은 곳이 형태로 인식되는 반전 효과를 보고 있다. 중심과 주변을 두루 만족시키는 안정된 구조로 전체와 부분이 조화롭게 어울리며 유사한 모양의 반복으로 통일감을 주면서 시선을 중앙으로 유도하는 집중감도 가지고 있다. $fff$와 $ffg$는 명도에서는 차이가 나지만 구조와 형태가 이슬람의 아라베스크 문양과 유사하여 부드럽고 우아한 느낌을 주기 때문에 양탄자나 스카프 등에 문양으로 사용되어도 손색이 없겠다.

$fff:\log_{216}24704 = 1.882$

24704/46656=0.529

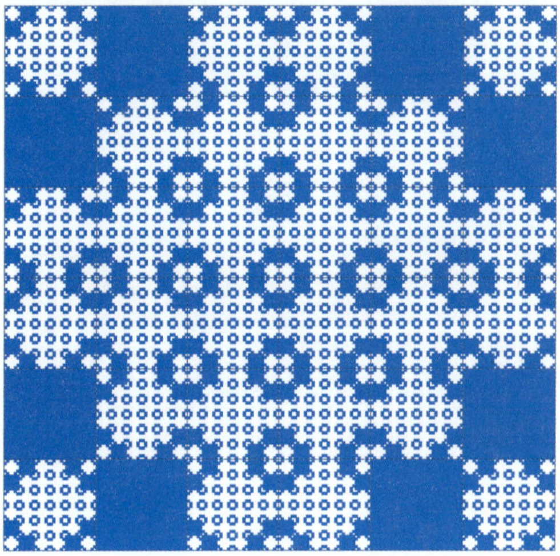

$ffg:\log_{216}27840 = 1.904$

27840/46656=0.597

$fgf:\log_{216}27840 = 1.904$

27840/46656=0.597

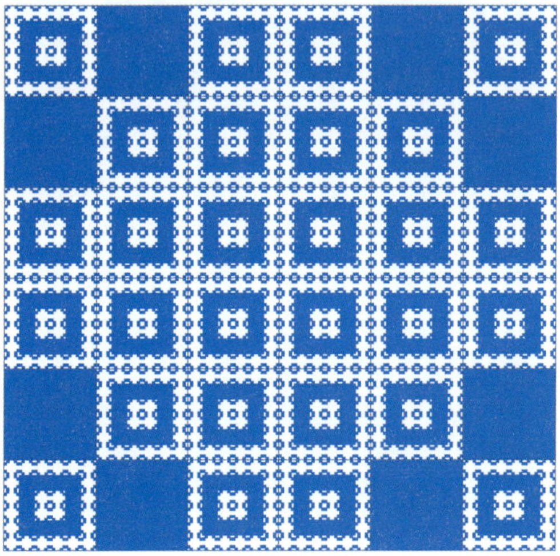

$fgg:\log_{216}30528 = 1.921$

30528/46656=0.654

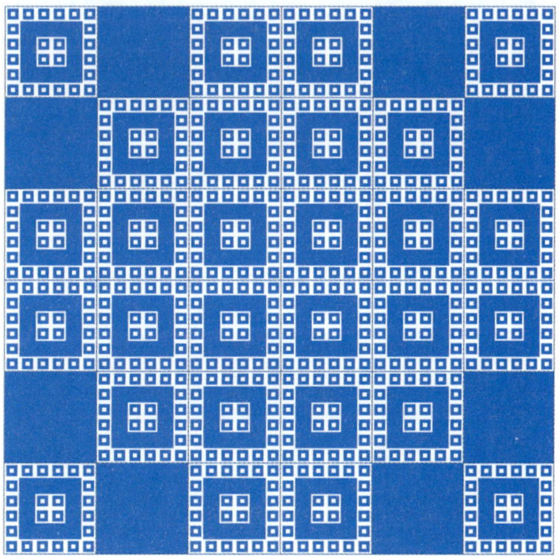

$ggg$는 $ggf$와 비슷하지만 좀 더 질서 정연하다. 정사각형의 반복이 편안하게 보이며 굵은 사각형이 단절의 느낌을 주지는 않는다. $gff$와 $gfg$는 굵은 선으로 된 사각형이 잔잔한 꽃무늬 배경을 무겁고 어색하게 가리고 있어 단절의 느낌을 주며 전체적으로 답답해 보인다.

| $gff:\log_{216}27840 = 1.904$ | $gfg:\log_{216}30528 = 1.921$ |
|---|---|
| 27840/46656=0.597 | 30528/46656=0.654 |
|  |  |
| $ggf:\log_{216}30528 = 1.921$ | $ggg:\log_{216}32832 = 1.935$ |
| 30528/46656=0.654 | 32832/46656=0.704 |
|  | 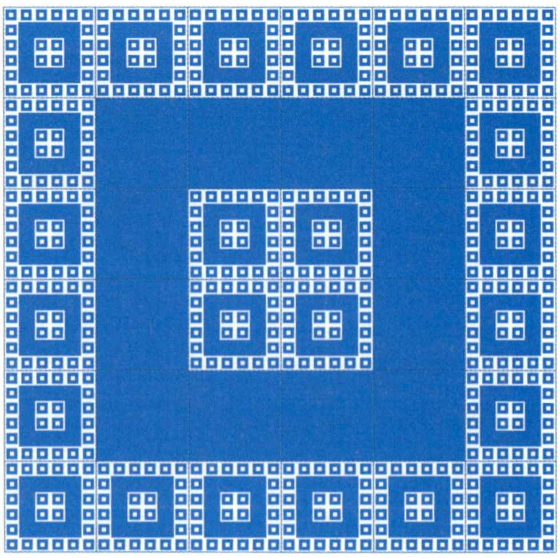 |

(8) 1단계 24개

$ff$, $fg$, $gf$, $gg$ 모두 움직임이 느껴지는 동적인 형태를 가지며 배경 부분에서도 작은 움직임이 강하게 느껴지며, 특히 $gg$는 시끄러운 소리까지 들리는 듯하다. $ff$, $fg$는 균형 잡힌 구조를 가지며 시각적으로 안정감을 주는데 비해 $gf$, $gg$는 선적인 연결보다는 각각의 사각형이 모두 분산 배치돼 있어 형태상 불확실성을 띠며 정서적으로 불안감을 준다.

$F_1 = f \cup g : \log_6 24 = 1.774$

24/36=0.667

| 0 | 0 | 1 | 2 | 0 | 0 |
|---|---|---|---|---|---|
| 0 | 2 | 1 | 1 | 2 | 0 |
| 2 | 1 | 2 | 2 | 1 | 1 |
| 1 | 1 | 2 | 2 | 1 | 2 |
| 0 | 2 | 1 | 1 | 2 | 0 |
| 0 | 0 | 2 | 1 | 0 | 0 |

$f : \log_6 12 = 1.387$

12/36=0.333

| 0 | 0 | 1 | 0 | 0 | 0 |
|---|---|---|---|---|---|
| 0 | 0 | 1 | 1 | 0 | 0 |
| 0 | 1 | 0 | 0 | 1 | 1 |
| 1 | 1 | 0 | 0 | 1 | 0 |
| 0 | 0 | 1 | 1 | 0 | 0 |
| 0 | 0 | 0 | 1 | 0 | 0 |

$g : \log_6 12 = 1.387$

12/36=0.333

| 0 | 0 | 0 | 2 | 0 | 0 |
|---|---|---|---|---|---|
| 0 | 2 | 0 | 0 | 2 | 0 |
| 2 | 0 | 2 | 2 | 0 | 0 |
| 0 | 0 | 2 | 2 | 0 | 2 |
| 0 | 2 | 0 | 0 | 2 | 0 |
| 0 | 0 | 2 | 0 | 0 | 0 |

$F_2 : \log_{36} 1152 = 1.967$

1152/1296=0.889

$ff : \log_{36} 720 = 1.836$

720/1296=0.556

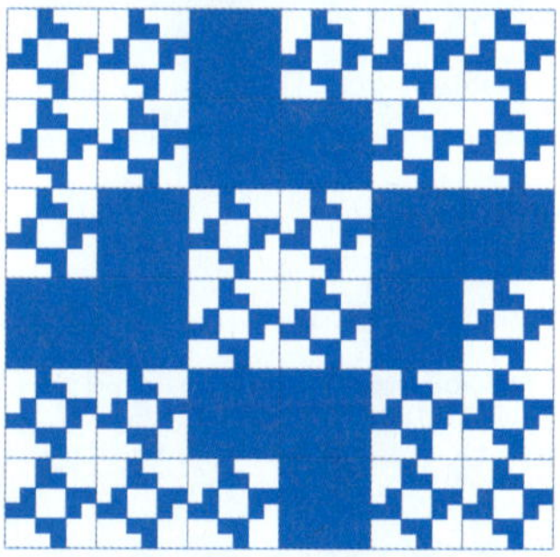

$fg : \log_{36} 720 = 1.836$

720/1296=0.556

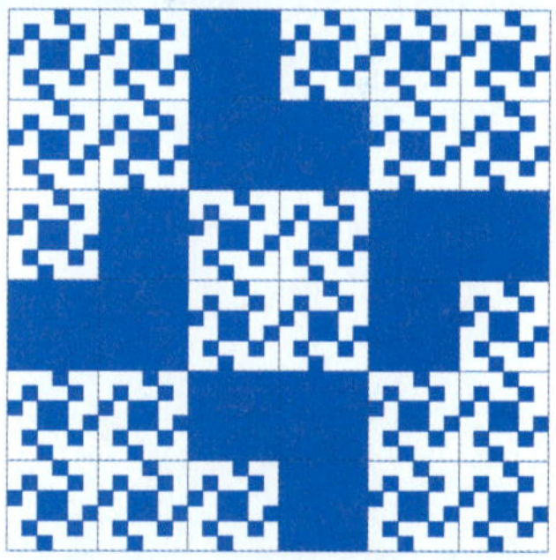

$F_3 : \log_{216} 44928 = 1.993$

44928/46656=0.963

$gf : \log_{36} 720 = 1.836$

720/1296=0.556

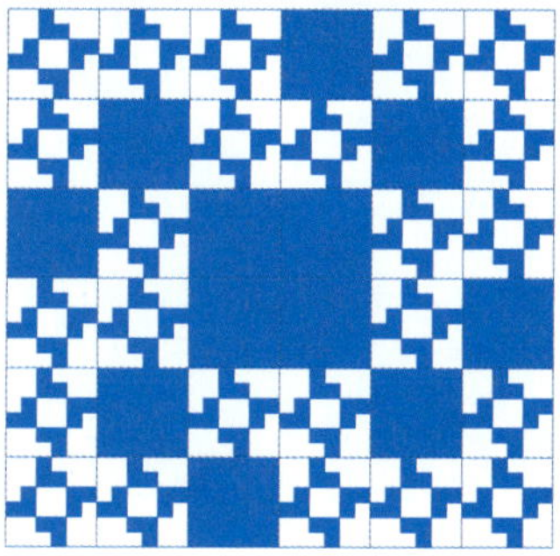

$gg : \log_{36} 720 = 1.836$

720/1296=0.556

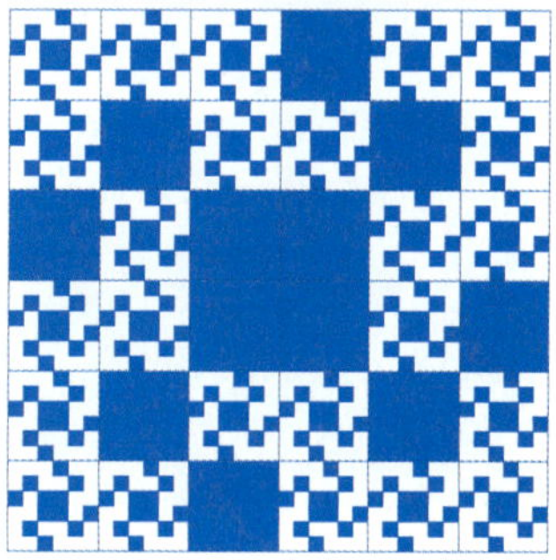

$fff$는 네 가지 중 가장 명쾌하고 시원한 느낌을 준다. $fff$의 배경이 된 2단계의 프랙탈 형태가 적절히 흰 색의 공간을 연출하고 있기 때문에 답답함이 느껴지지 않고 시원해 보이며, 가장 큰 3단계의 형태와도 잘 어울려서 보는 이로 하여금 안정적인 정서를 갖게 한다. $fgf$, $fgg$는 가장 큰 사각형과 배경이 된 2단계 프랙탈의 형태가 서로 어울리지 않고 이질적인 느낌을 주어 배경 부분의 잔잔한 리듬을 깨는 등 혼란스러움을 느끼게 한다.

| $fff : \log_{216}32832 = 1.935$ | $ffg : \log_{216}32832 = 1.935$ |
|---|---|
| 32832/46656=0.704 | 32832/46656=0.704 |
| 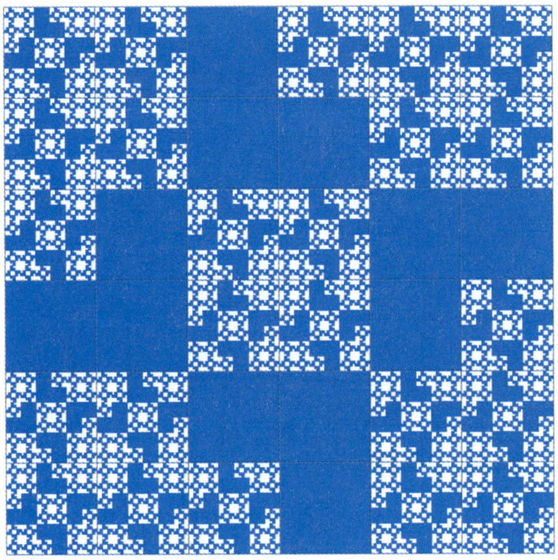 | 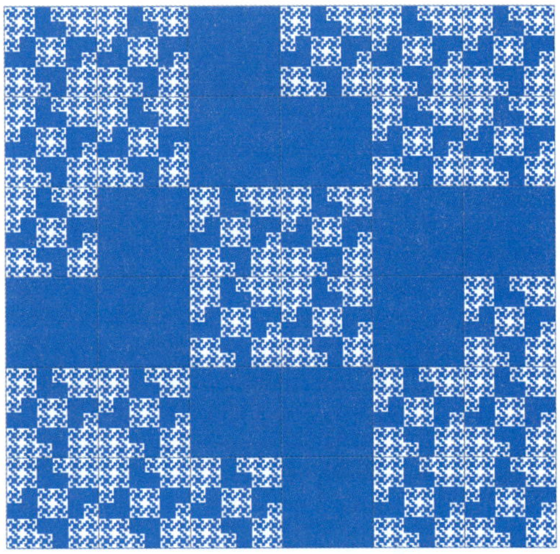 |
| $fgf : \log_{216}32832 = 1.935$ | $fgg : \log_{216}32832 = 1.935$ |
| 32832/46656=0.704 | 32832/46656=0.704 |
|  | 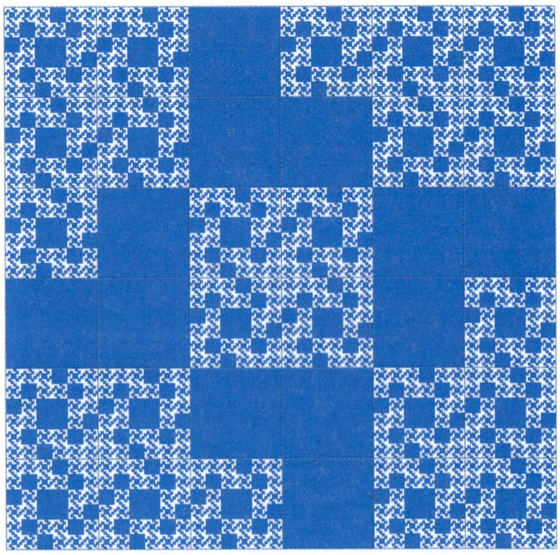 |

$g$의 형태가 기본적으로 동적인 이미지와 불확실성을 가지기 때문에 3단계 프랙탈 모두 움직임이 강하게 느껴진다. $gff$는 합성된 2단계의 프랙탈 $ff$에 색칠되지 않은 흰색 부분이 적절히 분포돼 있어 합성 후 배경으로 물러났을 때 주제가 되는 큰 사각형을 돋보이게 하는 명도를 가짐으로써 주제와 배경의 자연스러운 조화를 이끈다.

| $gff$ : $\log_{216}32832 = 1.935$ | $gfg$ : $\log_{216}32832 = 1.935$ |
|---|---|
| 32832/46656=0.704 | 32832/46656=0.704 |

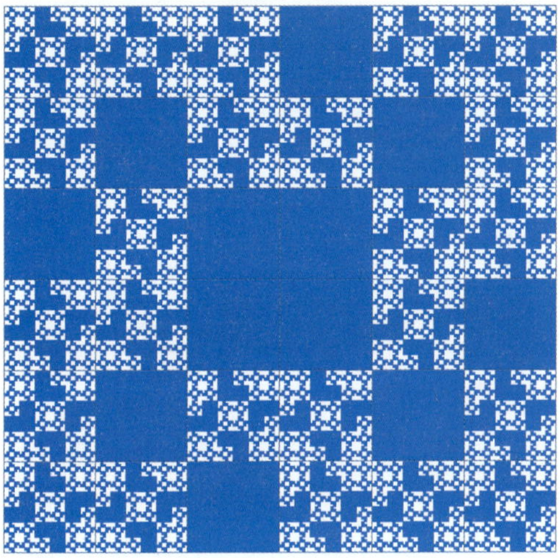

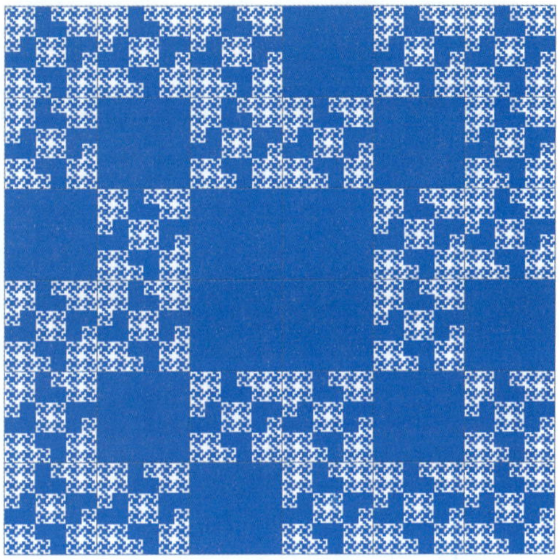

| $ggf$ : $\log_{216}32832 = 1.935$ | $ggg$ : $\log_{216}32832 = 1.935$ |
|---|---|
| 32832/46656=0.704 | 32832/46656=0.704 |

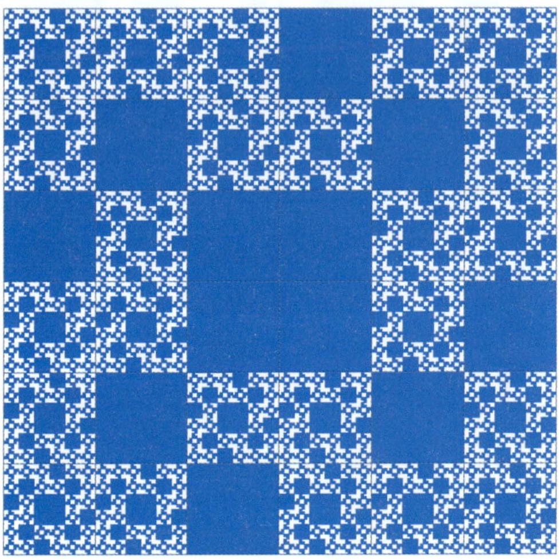

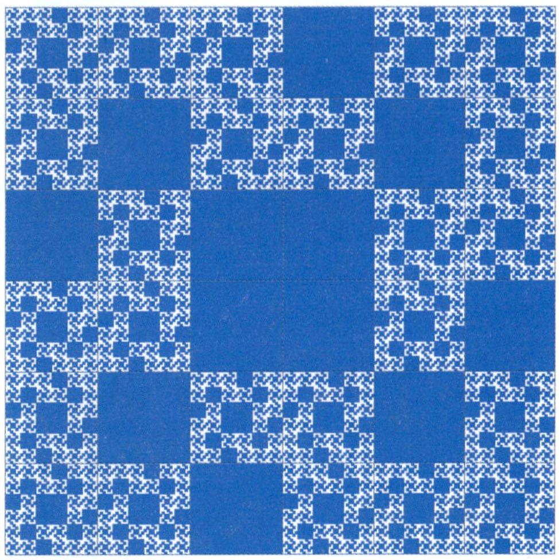

# 5 7×7 덧셈 프랙탈 분할

## 1. 세 개의 프랙탈로 분할

### (1) 1단계 25개

$F_2$는 중심과 주변에 적절히 색채가 배치돼 있어 안정감을 주며 배경으로 가라앉은 $F_1$이 상대적으로 작아지면서 전체적으로 우아한 분위기를 창조해냈다.

$F_1 = f \cup g : \log_7 25 = 1.654$

25/49=0.51

| 0 | 3 | 0 | 1 | 0 | 3 | 0 |
|---|---|---|---|---|---|---|
| 3 | 0 | 0 | 1 | 0 | 0 | 3 |
| 0 | 0 | 1 | 2 | 1 | 0 | 0 |
| 1 | 1 | 2 | 2 | 2 | 1 | 1 |
| 0 | 0 | 1 | 2 | 1 | 0 | 0 |
| 3 | 0 | 0 | 1 | 0 | 0 | 3 |
| 0 | 3 | 0 | 1 | 0 | 3 | 0 |

$f : \log_7 12 = 1.277$

12/36=0.245

| 0 | 0 | 0 | 1 | 0 | 0 | 0 |
|---|---|---|---|---|---|---|
| 0 | 0 | 0 | 1 | 0 | 0 | 0 |
| 0 | 0 | 1 | 0 | 1 | 0 | 0 |
| 1 | 1 | 0 | 0 | 0 | 1 | 1 |
| 0 | 0 | 1 | 0 | 1 | 0 | 0 |
| 0 | 0 | 0 | 1 | 0 | 0 | 0 |
| 0 | 0 | 0 | 1 | 0 | 0 | 0 |

$g : \log_7 5 = 0.827$

5/36=0.102

| 0 | 0 | 0 | 0 | 0 | 0 | 0 |
|---|---|---|---|---|---|---|
| 0 | 0 | 0 | 0 | 0 | 0 | 0 |
| 0 | 0 | 0 | 2 | 0 | 0 | 0 |
| 0 | 0 | 2 | 2 | 2 | 0 | 0 |
| 0 | 0 | 0 | 2 | 0 | 0 | 0 |
| 0 | 0 | 0 | 0 | 0 | 0 | 0 |
| 0 | 0 | 0 | 0 | 0 | 0 | 0 |

$h : \log_7 8 = 1.069$

8/49=0.163

| 0 | 3 | 0 | 0 | 0 | 3 | 0 |
|---|---|---|---|---|---|---|
| 3 | 0 | 0 | 0 | 0 | 0 | 3 |
| 0 | 0 | 0 | 0 | 0 | 0 | 0 |
| 0 | 0 | 0 | 0 | 0 | 0 | 0 |
| 0 | 0 | 0 | 0 | 0 | 0 | 0 |
| 3 | 0 | 0 | 0 | 0 | 0 | 3 |
| 0 | 3 | 0 | 0 | 0 | 3 | 0 |

$F_2 : \log_{49} 1825 = 1.93$

1825/2401=0.76

$F_1$의 변형 $f$, $g$, $h$를 합성하여 만든 2단계 프랙탈 모두 각각 개성이 있는 형태를 가진다. $ff$는 $f$가 축소되어 배경으로 물러나 여러 $f$들과 연결되면서 전체적으로 부드럽고 우아한 아름다움을 연출하게 되었고, 세련된 선의 굵기의 변화는 주제가 되는 굵은 선의 형태를 돋보이게 하면서 전체적으로 조화를 이루고 있다.

| $ff:\log_{49}1032 = 1.783$ | $fg:\log_{49}773 = 1.709$ | $fh:\log_{49}884 = 1.743$ |
|---|---|---|
| 1032/2401=0.43 | 773/2401=0.322 | 884/2401=0.368 |
| 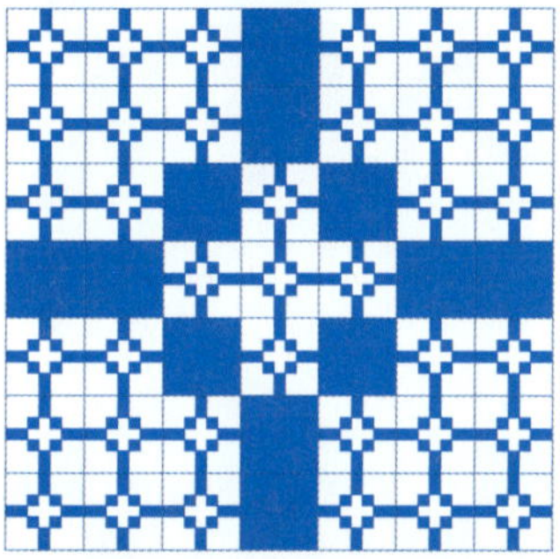 |  |  |
| $gf:\log_{49}1345 = 1.851$ | $gg:\log_{49}465 = 1.578$ | $gh:\log_{49}597 = 1.642$ |
| 1345/2401=0.56 | 465/2401=0.194 | 597/2401=0.249 |
| 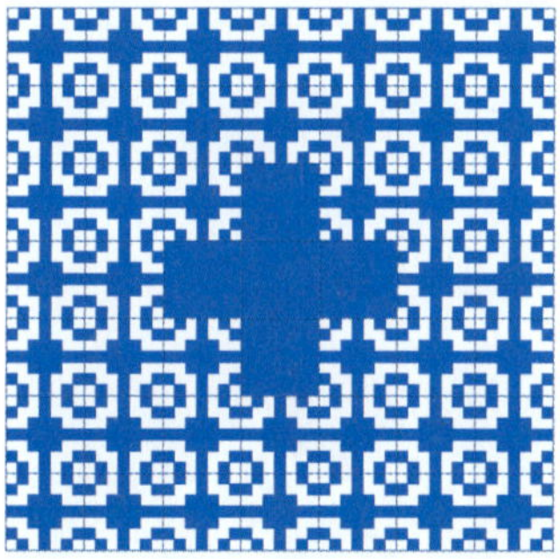 | 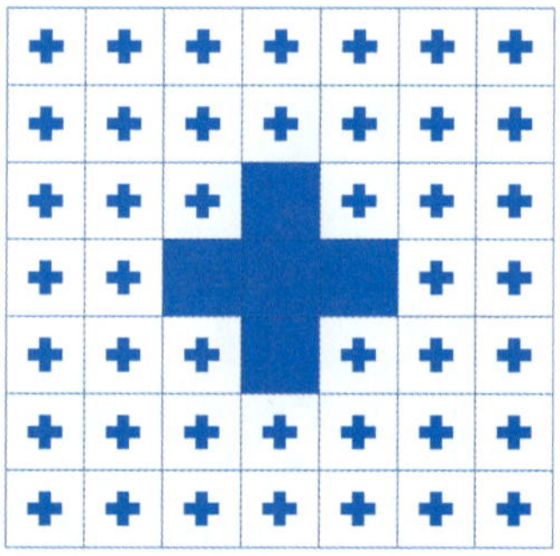 |  |
| $hf:\log_{49}884 = 1.743$ | $hg:\log_{49}597 = 1.642$ | $hh:\log_{64}720 = 1.691$ |
| 884/2401=0.368 | 597/2401=0.249 | 720/2401=0.3 |
| 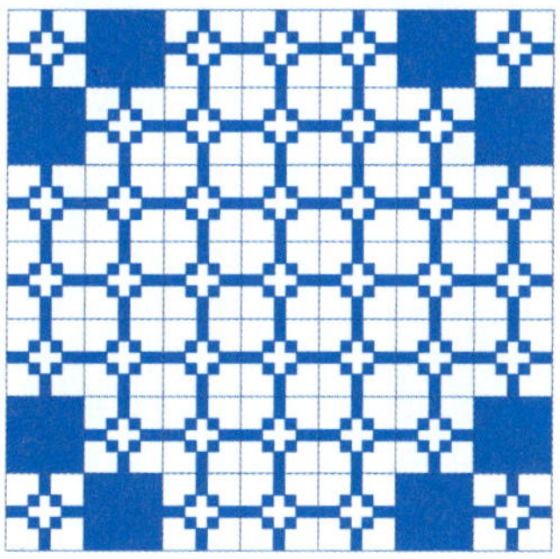 |  |  |

(2) 1단계 25개

$F_2$의 평면을 채우는 비율은 81%로 많은 부분을 채우고 있으며 색칠하지 않은 흰 부분이 반전의 이미지로 주제가 되면서 선명하게 떠오른다. $F_1$이 축소되어 2단계의 빈 공간에 배치되고 여러 개의 $F_1$들이 서로 연결되면서 예상치 못한 우아한 아름다움을 만들어냈다.

$F_1 = f \cup g : \log_7 28 = 1.712$

28/49=0.571

| 3 | 2 | 1 | 0 | 1 | 2 | 3 |
|---|---|---|---|---|---|---|
| 2 | 3 | 0 | 0 | 0 | 3 | 2 |
| 1 | 0 | 0 | 1 | 0 | 0 | 1 |
| 0 | 0 | 1 | 0 | 1 | 0 | 0 |
| 1 | 0 | 0 | 1 | 0 | 0 | 1 |
| 2 | 3 | 0 | 0 | 0 | 3 | 2 |
| 3 | 2 | 1 | 0 | 1 | 2 | 3 |

$f : \log_7 12 = 1.069$

12/36=0.245

| 0 | 0 | 1 | 0 | 1 | 0 | 0 |
|---|---|---|---|---|---|---|
| 0 | 0 | 0 | 0 | 0 | 0 | 0 |
| 1 | 0 | 0 | 1 | 0 | 0 | 1 |
| 0 | 0 | 1 | 0 | 1 | 0 | 0 |
| 1 | 0 | 0 | 1 | 0 | 0 | 1 |
| 0 | 0 | 0 | 0 | 0 | 0 | 0 |
| 0 | 0 | 1 | 0 | 1 | 0 | 0 |

$g : \log_7 8 = 1.069$

8/36=0.163

| 0 | 2 | 0 | 0 | 0 | 2 | 0 |
|---|---|---|---|---|---|---|
| 2 | 0 | 0 | 0 | 0 | 0 | 2 |
| 0 | 0 | 0 | 0 | 0 | 0 | 0 |
| 0 | 0 | 0 | 0 | 0 | 0 | 0 |
| 0 | 0 | 0 | 0 | 0 | 0 | 0 |
| 2 | 0 | 0 | 0 | 0 | 0 | 2 |
| 0 | 2 | 0 | 0 | 0 | 2 | 0 |

$h : \log_7 8 = 1.069$

8/36=0.163

| 3 | 0 | 0 | 0 | 0 | 0 | 3 |
|---|---|---|---|---|---|---|
| 0 | 3 | 0 | 0 | 0 | 3 | 0 |
| 0 | 0 | 0 | 0 | 0 | 0 | 0 |
| 0 | 0 | 0 | 0 | 0 | 0 | 0 |
| 0 | 0 | 0 | 0 | 0 | 0 | 0 |
| 0 | 3 | 0 | 0 | 0 | 3 | 0 |
| 3 | 0 | 0 | 0 | 0 | 0 | 3 |

$F_2 : \log_{49} 1960 = 1.948$

1960/2401=0.816

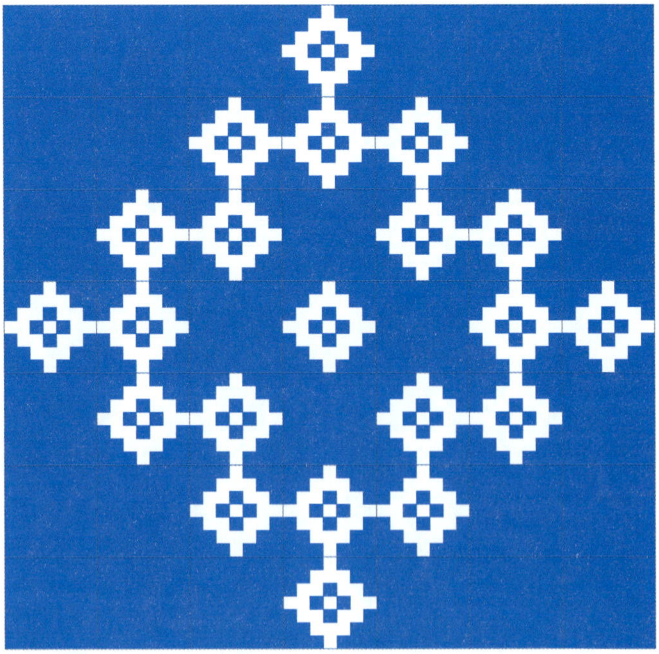

$gf$는 전체적으로 연결되어 있으면서 강한 면적 대비를 이룬다. 색이 칠해지지 않은 부분이 강조되면서 아름다운 흰색의 반전된 이미지가 떠오른다. $gg$는 이미지가 밝고 가벼운 느낌의 둥근 곡선으로 이루어진 꽃의 실루엣을 느낄 수 있다. $hh$는 깨끗하고 시원한 느낌과 아울러 바깥쪽으로 크기가 확장되는 이미지를 띤다.

| $ff$: $\log_{49}1032 = 1.783$ | $fg$: $\log_{49}884 = 1.743$ | $fh$: $\log_{49}884 = 1.743$ |
|---|---|---|
| 1032/2401=0.43 | 884/2401=0.368 | 884/2401=0.368 |
|  |  |  |
| $gf$: $\log_{49}1540 = 1.886$ | $gg$: $\log_{49}720 = 1.691$ | $gh$: $\log_{49}720 = 1.691$ |
| 1540/2401=0.641 | 720/2401=0.3 | 720/2401=0.3 |
|  | 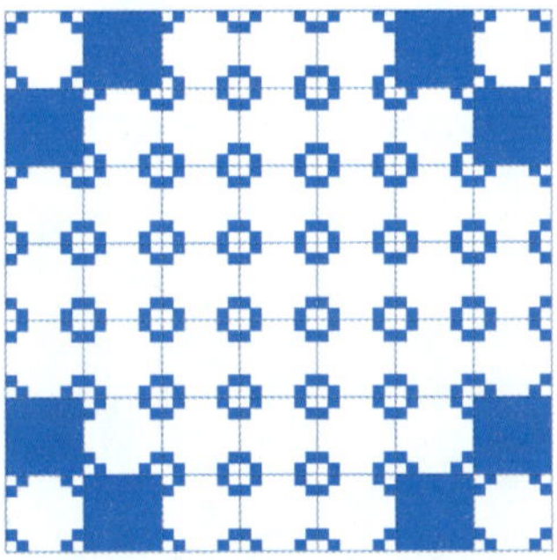 |  |
| $hf$: $\log_{49}884 = 1.743$ | $hg$: $\log_{49}720 = 1.691$ | $hh$: $\log_{49}720 = 1.691$ |
| 884/2401=0.368 | 720/2401=0.3 | 720/2401=0.3 |
| 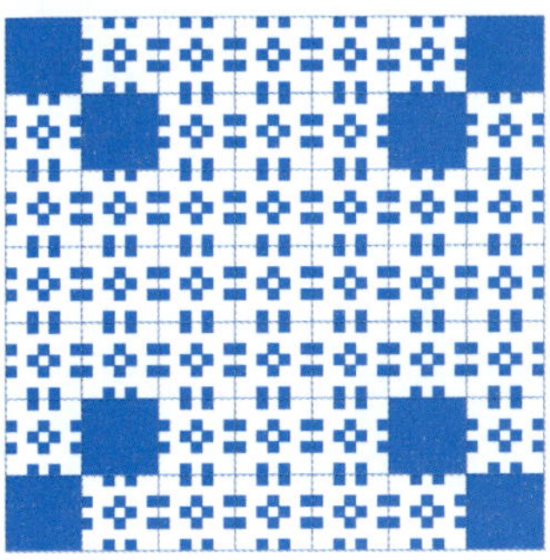 |  |  |

(3) 1단계 32개

1단계 $F_1$은 좌우 대칭이며 균형을 갖추고 있다. $f$는 전체적으로 마름모 모양으로 공간의 중심을 채우고 있으므로 안정감과 통일감이 있고 $g$는 중심이 비어있어 허전한 느낌이 든다.

| $F_1 = f \cup g : \log_7 32 = 1.781$ | $f : \log_7 16 = 1.425$ | $g : \log_7 8 = 1.069$ |
|---|---|---|
| 32/49=0.653 | 16/36=0.327 | 8/36=0.163 |

| 3 | 0 | 2 | 1 | 2 | 0 | 3 |
|---|---|---|---|---|---|---|
| 0 | 0 | 1 | 0 | 1 | 0 | 0 |
| 2 | 1 | 3 | 1 | 3 | 1 | 2 |
| 1 | 0 | 1 | 0 | 1 | 0 | 1 |
| 2 | 1 | 3 | 1 | 3 | 1 | 2 |
| 0 | 0 | 1 | 0 | 1 | 0 | 0 |
| 3 | 0 | 2 | 1 | 2 | 0 | 3 |

| 0 | 0 | 0 | 1 | 0 | 0 | 0 |
|---|---|---|---|---|---|---|
| 0 | 0 | 1 | 0 | 1 | 0 | 0 |
| 0 | 1 | 0 | 1 | 0 | 1 | 0 |
| 1 | 0 | 1 | 0 | 1 | 0 | 1 |
| 0 | 1 | 0 | 1 | 0 | 1 | 0 |
| 0 | 0 | 1 | 0 | 1 | 0 | 0 |
| 0 | 0 | 0 | 1 | 0 | 0 | 0 |

| 0 | 0 | 2 | 0 | 2 | 0 | 0 |
|---|---|---|---|---|---|---|
| 0 | 0 | 0 | 0 | 0 | 0 | 0 |
| 2 | 0 | 0 | 0 | 0 | 0 | 2 |
| 0 | 0 | 0 | 0 | 0 | 0 | 0 |
| 2 | 0 | 0 | 0 | 0 | 0 | 2 |
| 0 | 0 | 0 | 0 | 0 | 0 | 0 |
| 0 | 0 | 2 | 0 | 2 | 0 | 0 |

| $h : \log_7 8 = 1.069$ | $F_2 : \log_{49} 2112 = 1.967$ |
|---|---|
| 8/36=0.163 | 2112/2401=0.88 |

| 3 | 0 | 0 | 0 | 0 | 0 | 3 |
|---|---|---|---|---|---|---|
| 0 | 0 | 0 | 0 | 0 | 0 | 0 |
| 0 | 0 | 3 | 0 | 3 | 0 | 0 |
| 0 | 0 | 0 | 0 | 0 | 0 | 0 |
| 0 | 0 | 3 | 0 | 3 | 0 | 0 |
| 0 | 0 | 0 | 0 | 0 | 0 | 0 |
| 3 | 0 | 0 | 0 | 0 | 0 | 3 |

2단계 프랙탈 9가지 각각 개성을 가진 형태로 아름다움의 성격이 모두 다르다. $ff$는 통일감을 가지고 전체 공간을 채우고 있다. 큰 사각형이 사선으로 배열되어 있어서 속도감을 가진다. 작은 사각형들도 화면에 변화를 이끌어내며 지루함을 덜어주고 있다. 각각의 프랙탈을 감상한 후 자신의 느낌을 말해보고 다른 사람의 의견에 귀를 기울여보자.

| $ff$:$\log_{49}1312 = 1.845$ | $fg$:$\log_{49}1048 = 1.787$ | $fh$:$\log_{49}1048 = 1.787$ |
|---|---|---|
| 1312/2401=0.546 | 1048/2401=0.436 | 1048/2401=0.436 |
|  |  | 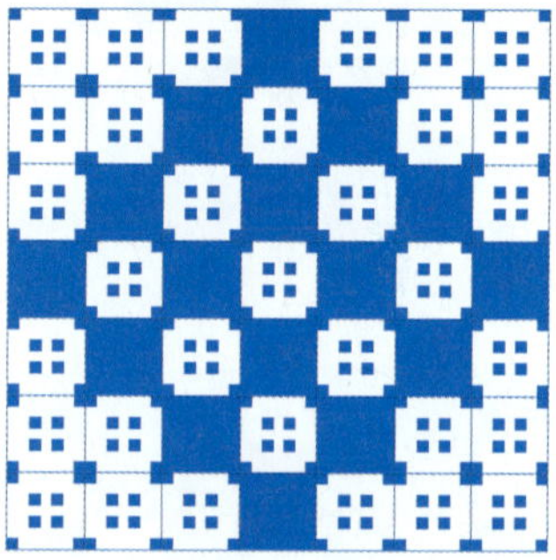 |
| $gf$:$\log_{49}1704 = 1.912$ | $gg$:$\log_{49}720 = 1.691$ | $gh$:$\log_{49}720 = 1.691$ |
| 1704/2401=0.71 | 720/2401=0.3 | 720/2401=0.3 |
| 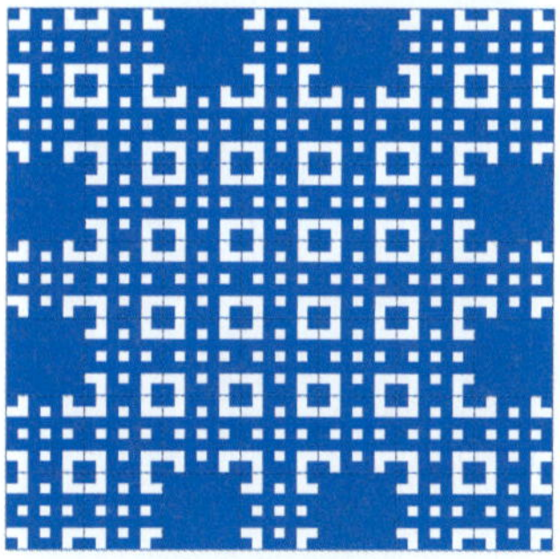 | 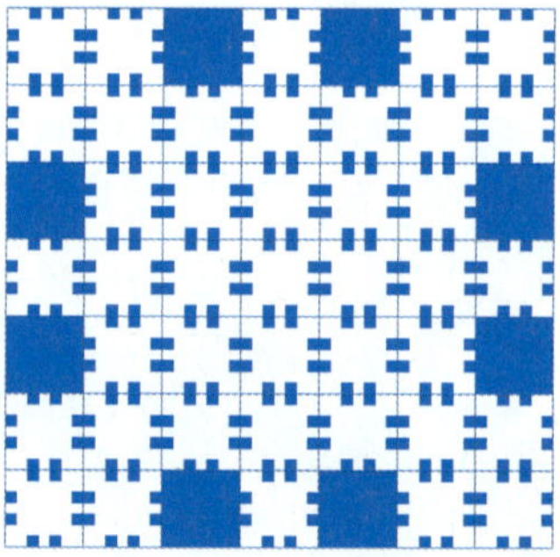 |  |
| $hf$:$\log_{49}1048 = 1.787$ | $hg$:$\log_{49}720 = 1.691$ | $hh$:$\log_{49}720 = 1.691$ |
| 1048/2401=0.436 | 720/2401=0.3 | 720/2401=0.3 |
|  | 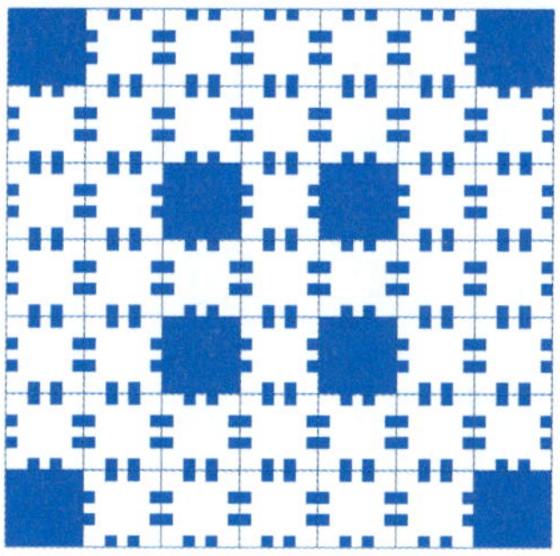 |  |

(4) 1단계 32개

$F_2$는 공간을 차지하는 비율이 88%이다. 상대적으로 색칠하지 않은 부분이 강조되어 반전된 이미지가 어둠속에 빛나는 불빛처럼 보인다. 그러나 단계가 올라갈수록 어두워져서 3단계 이상에서는 뚜렷한 이미지를 찾아보기 힘들 것으로 예상된다.

$F_1 : \log_7 32 = 1.781$

32/49=0.653

| 3 | 0 | 1 | 0 | 1 | 0 | 3 |
|---|---|---|---|---|---|---|
| 0 | 3 | 1 | 2 | 1 | 3 | 0 |
| 1 | 1 | 2 | 0 | 2 | 1 | 1 |
| 0 | 2 | 0 | 0 | 0 | 2 | 0 |
| 1 | 1 | 2 | 0 | 2 | 1 | 1 |
| 0 | 3 | 1 | 2 | 1 | 3 | 0 |
| 3 | 0 | 1 | 0 | 1 | 0 | 3 |

$f : \log_7 16 = 1.425$

16/36=0.327

| 0 | 0 | 1 | 0 | 1 | 0 | 0 |
|---|---|---|---|---|---|---|
| 0 | 0 | 1 | 0 | 1 | 0 | 0 |
| 1 | 1 | 0 | 0 | 0 | 1 | 1 |
| 0 | 0 | 0 | 0 | 0 | 0 | 0 |
| 1 | 1 | 0 | 0 | 0 | 1 | 1 |
| 0 | 0 | 1 | 0 | 1 | 0 | 0 |
| 0 | 0 | 1 | 0 | 1 | 0 | 0 |

$g : \log_7 8 = 1.069$

8/36=0.163

| 0 | 0 | 0 | 0 | 0 | 0 | 0 |
|---|---|---|---|---|---|---|
| 0 | 0 | 0 | 2 | 0 | 0 | 0 |
| 0 | 0 | 2 | 0 | 2 | 0 | 0 |
| 0 | 2 | 0 | 0 | 0 | 2 | 0 |
| 0 | 0 | 2 | 0 | 2 | 0 | 0 |
| 0 | 0 | 0 | 2 | 0 | 0 | 0 |
| 0 | 0 | 0 | 0 | 0 | 0 | 0 |

$h : \log_7 8 = 1.069$

8/36=0.163

| 3 | 0 | 0 | 0 | 0 | 0 | 3 |
|---|---|---|---|---|---|---|
| 0 | 3 | 0 | 0 | 0 | 3 | 0 |
| 0 | 0 | 0 | 0 | 0 | 0 | 0 |
| 0 | 0 | 0 | 0 | 0 | 0 | 0 |
| 0 | 0 | 0 | 0 | 0 | 0 | 0 |
| 0 | 3 | 0 | 0 | 0 | 3 | 0 |
| 3 | 0 | 0 | 0 | 0 | 0 | 3 |

$F_2 : \log_{49} 2112 = 1.967$

2112/2401=0.88

$ff$는 굵은 선과 가는 선이 조화를 이루며 세련되면서도 안정감을 가지게 한다. 가는 선의 모임 끝마다 비어 있는 정사각형의 모습이 지루함을 없애고 변화의 아름다움을 만들어내며 전체와의 조화를 이루고 있다.

| $ff$:$\log_{49}1312 = 1.845$ | $fg$:$\log_{49}1048 = 1.787$ | $fh$:$\log_{49}1048 = 1.787$ |
|---|---|---|
| 1312/2401=0.546 | 1048/2401=0.436 | 1048/2401=0.436 |
|  |  |  |
| $gf$:$\log_{49}1704 = 1.912$ | $gg$:$\log_{49}720 = 1.691$ | $gh$:$\log_{49}720 = 1.691$ |
| 1704/2401=0.71 | 720/2401=0.3 | 720/2401=0.3 |
| 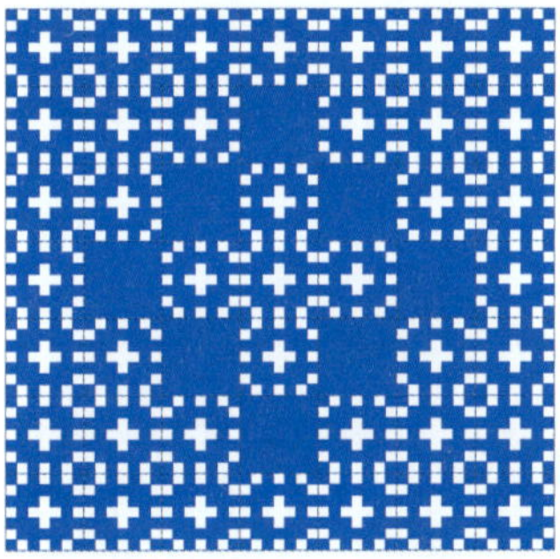 |  |  |
| $hf$:$\log_{49}1048 = 1.787$ | $hg$:$\log_{49}720 = 1.691$ | $hh$:$\log_{49}720 = 1.691$ |
| 1048/2401=0.436 | 720/2401=0.3 | 720/2401=0.3 |
|  |  |  |

◀**아라베스크 Aarabesque 문양**

뒤얽힌 식물 모양과 추상적인 곡선을 이용한 모티프가 특징인 장식 양식.

창조주 하느님만이 인간이나 동물을 만들어낼 수 있다는 코란의 내용을 근거로 이슬람의 예언자 무함마드가 인간이나 동물을 형상화하지 말라고 권한 까닭에 아랍문화권에서는 알라신의 형상을 비롯해 인간이나 동물 형상을 재현하지 않고 식물이나 기하학적 도형으로 성전을 비롯한 여러 곳에 장식 문양으로 사용하고 있다.

◀**스와스티카 Swastika**

어원은 범어 '스바스티카'(svastika)로서, '행운으로 인도하는' 이라는 뜻을 지니고 있다.

▶**테셀레이션 Ttessellation**

우리말로 쪽매맞춤이라고 한다.

정다각형 중 쪽 맞추기가 가능한 정다각형은 정삼각형, 정사각형, 정육각형이 있다.

◀**에셔( Mauritz C. Escher)**: 네델란드의 판화가. 기하학적 원리와 수학적 개념을 토대로 정교하고 계산적인 이미지 속에 무한한 상상의 세계와 가상과 현실을 넘나드는 신비로움을 주는 작품을 제작했다.

# 제 3 장

# 뺄셈 프랙탈 디자인

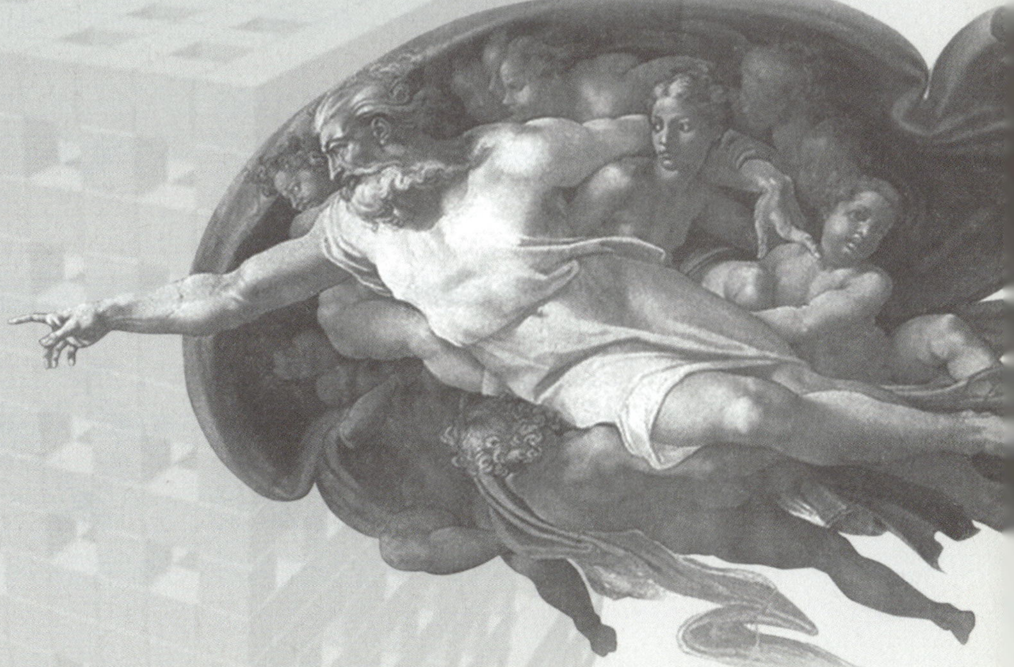

# 1 3×3 빼셈 프랙탈 분할

## 1. 두 개의 프랙탈로 분할

### (1) 1단계 5개

1단계의 프랙탈은 $f$, g 두 개로 구성된다. 2단계의 프랙탈은 $ff$, $fg$, $gf$, $gg$ 4개로 구성된다. 3단계는 $fff$, $ffg$, $fgf$, $fgg$, $gff$, $gfg$, $ggf$, $ggg$ 8개로 구성된다. 4단계는 16개로 구성된다. $n$단계는 $2^n$개로 구성된다. 빼셈 프랙탈은 양수에만 색을 칠하였다.

| $F_1$: $\log_3 5 = 1.465$ | $f$: | $g$: $\log_3 4 = 1.262$ | | |
|---|---|---|---|---|
| 5/9=0.556 | 1/9=0.111 | 4/9=0.444 | | |
|  |  | 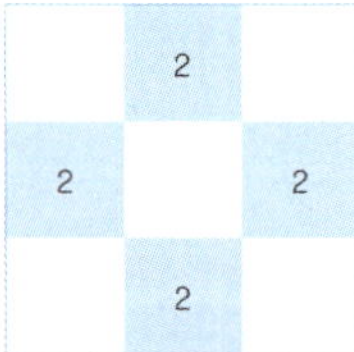 | | |
| $F_2$: $\log_9 24 = 1.45$ | $ff$: $\log_9 8 = 0.946$ | $fg$: $\log_9 5 = 0.732$ | $gf$: $\log_9 36 = 1.63$ | $gg$: $\log_9 20 = 1.36$ |
| 24/81=0.296 | 8/81=0.099 | 5/81=0.062 | 36/81=0.444 | 20/81=0.247 |
| 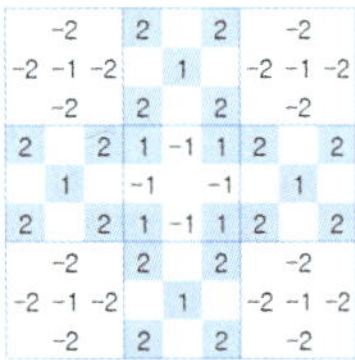 | 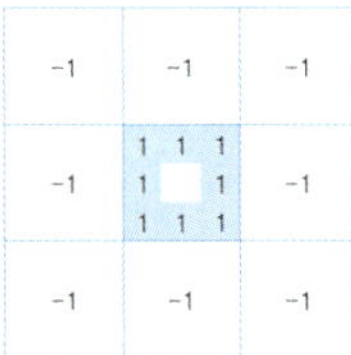 | 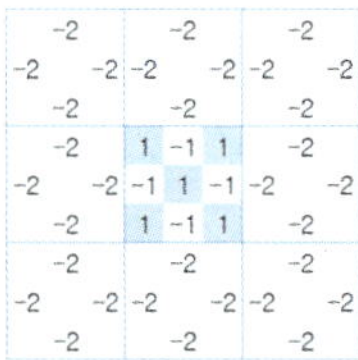 | 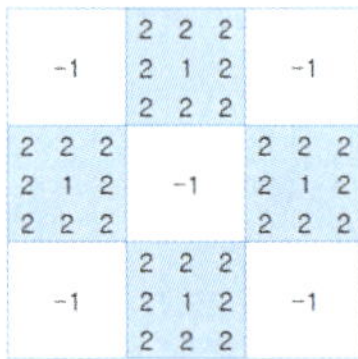 | 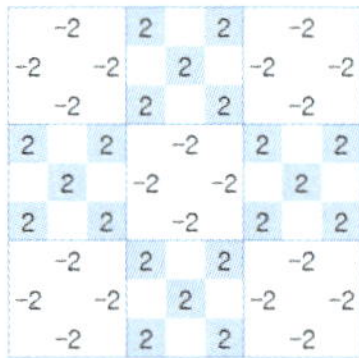 |
| $F_3$: $\log_{27} 413 = 1.828$ | $fff$: $\log_{27} 137 = 1.49$ | $ffg$: $\log_{27} 364 = 1.79$ | $fgf$: $\log_{27} 85 = 1.35$ | $fgg$: $\log_{27} 221 = 1.64$ |
| 413/729=0.567 | 137/729=0.188 | 364/729=0.499 | 85/729=0.117 | 221/729=0.303 |
|  | 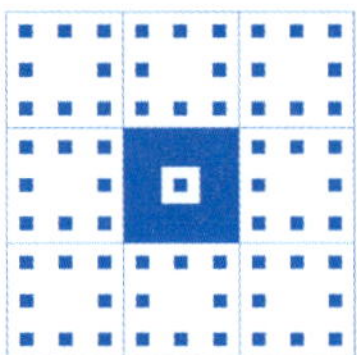 |  | 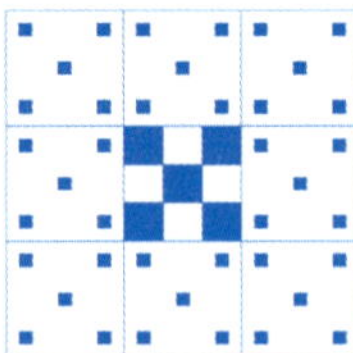 | 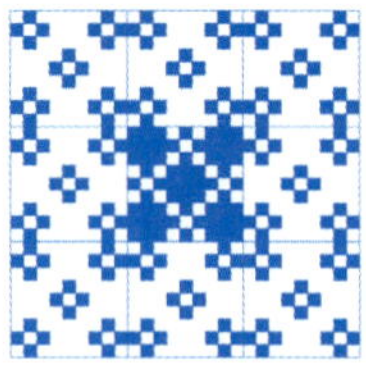 |
| | $gff$: $\log_{27} 364 = 1.78$ | $gfg$: $\log_{27} 504 = 1.88$ | $ggf$: $\log_{27} 221 = 1.64$ | $ggg$: $\log_{27} 344 = 1.77$ |
| | 364/729=0.499 | 504/729=0.691 | 221/729=0.303 | 344/729=0.472 |
| |  |  | 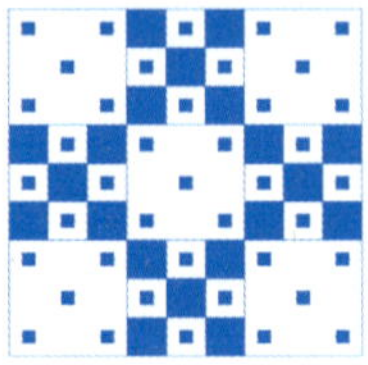 | 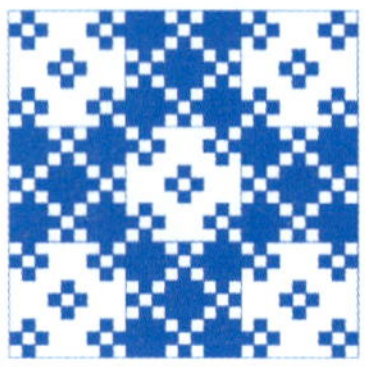 |

(2) 1단계 5개

$F_3$를 구성하는 디자인을 살펴보자. 8개의 디자인은 각각의 모양을 가진다. $fff$는 중앙을 강조하고 있다. $ffg$는 가로 세로 선들이 강하게 나열되어 있다. 공간을 차지하는 비율이 50%이므로 색칠한 부분과 색칠하지 않은 부분이 균형을 이룬다. $fgg$는 가운데 부분이 강조되고, 가장 자리 부분은 일정한 모양이 반복되어 안정감을 준다. $gff$는 가장 자리에 큰 사각형이 자리 잡고 있어 견고하게 보이기도 하고 퍼져 나가는 느낌을 가질 수도 있다. $gfg$는 색칠한 부분이 공간을 차지하는 비율이 70%에 해당 되어 오히려 색을 칠하지 않은 부분이 강조된다.

| $F_1$ : $\log_3 5 = 1.465$ | $f$ : | $g$ : $\log_3 4 = 1.262$ | | |
|---|---|---|---|---|
| 5/9=0.556 | 1/9=0.111 | 4/9=0.444 | | |
|  |   | 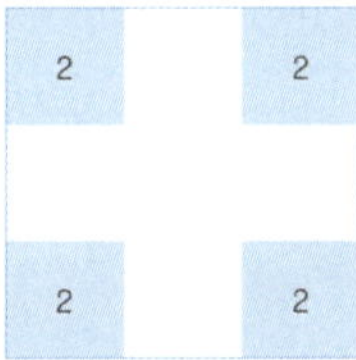 | | |
| $F_2$ : $\log_9 24 = 1.45$ | $ff$ : $\log_9 8 = 0.946$ | $fg$ : $\log_9 5 = 0.732$ | $gf$ : $\log_9 36 = 1.63$ | $gg$ : $\log_9 20 = 1.36$ |
| 24/81=0.296 | 8/81=0.099 | 5/81=0.062 | 36/81=0.444 | 20/81=0.247 |
| 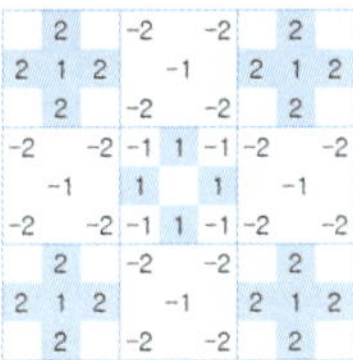 | 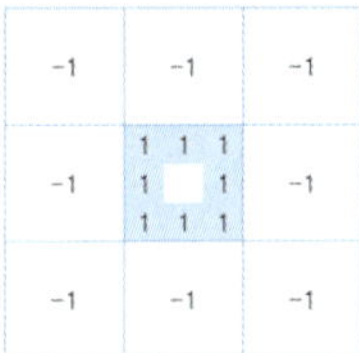 | 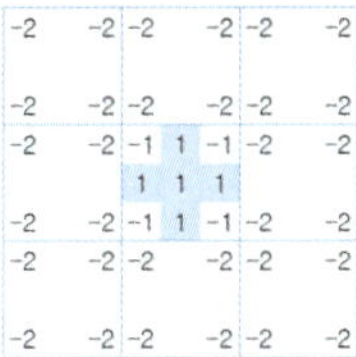 | 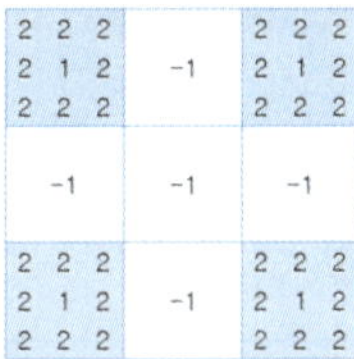 | 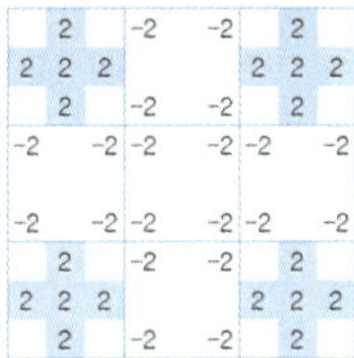 |
| $F_3$ : $\log_{27} 413 = 1.828$ | $fff$ : $\log_{27} 137 = 1.49$ | $ffg$ : $\log_{27} 364 = 1.79$ | $fgf$ : $\log_{27} 85 = 1.35$ | $fgg$ : $\log_{27} 221 = 1.64$ |
| 413/729=0.567 | 137/729=0.188 | 364/729=0.499 | 85/729=0.117 | 221/729=0.303 |
|  | 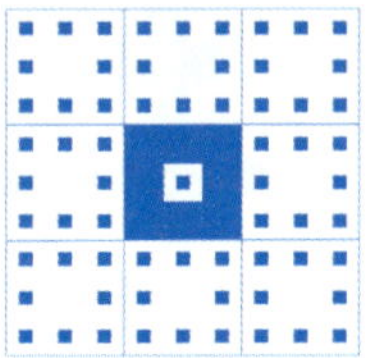 | 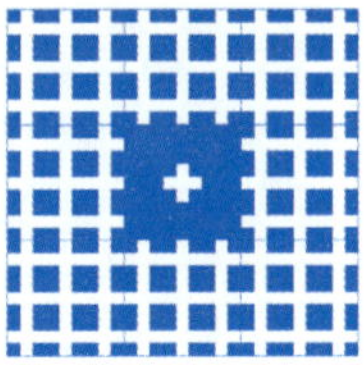 | 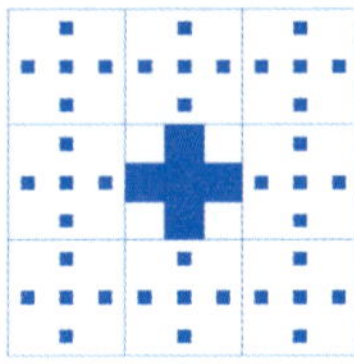 |  |
| | $gff$ : $\log_{27} 364 = 1.78$ | $gfg$ : $\log_{27} 504 = 1.88$ | $ggf$ : $\log_{27} 221 = 1.64$ | $ggg$ : $\log_{27} 344 = 1.77$ |
| | 364/729=0.499 | 504/729=0.691 | 221/729=0.303 | 344/729=0.472 |
| | 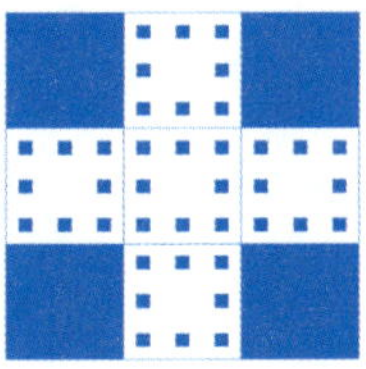 |  | 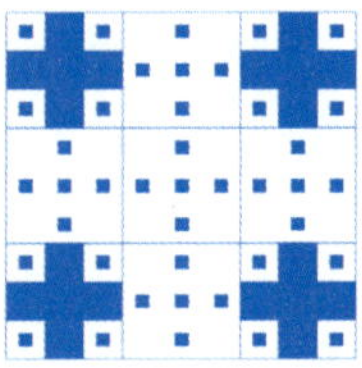 |  |

(3) 1단계 8개

3단계 프랙탈 $F_3$는 평면을 차지하는 비율이 76.8%이다. 상대적으로 색칠하지 않은 부분이 강조되고 있다. $fff$는 십자형이 강조되어 안정적인 구조를 가지며 색칠하지 않은 작은 사각형들의 사선 배열로 화면에 에너지가 감돌고 변화가 느껴져 통일감 속에 변화의 아름다움을 구현하였다. $ffg$는 색칠하지 않은 흰 선이 복잡하게 배열되었지만 상대적으로 파란 색으로 칠한 커다란 마름모 형태가 심리적으로 강하고 시원스럽게 떠오른다. $fgf$는 두 가지 패턴의 반복으로 세련된 균형미를 느끼게 한다.

| $F_1:\log_3 8=1.893$ | $f:\log_3 4=1.262$ | $g:\log_3 4=1.262$ | | |
|---|---|---|---|---|
| 8/9=0.889 | 4/9=0.444 | 4/9=0.444 | | |
| 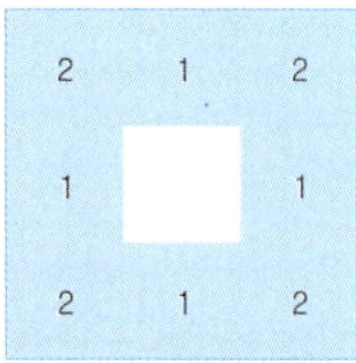 | 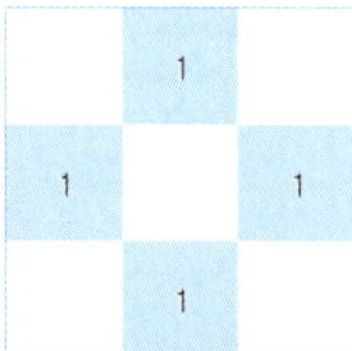 | 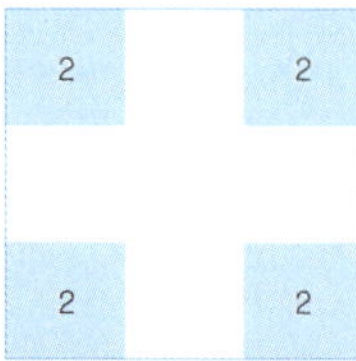 | | |
| $F_2:\log_9 24=1.45$ | $ff:\log_9 20=1.36$ | $fg:\log_9 20=1.36$ | $gf:\log_9 36=1.63$ | $gg:\log_9 20=1.36$ |
| 24/81=0.296 | 20/81=0.247 | 20/81=0.247 | 36/81=0.444 | 20/81=0.247 |
| 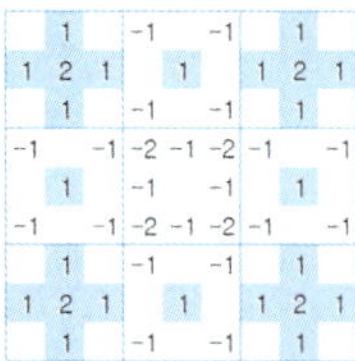 | 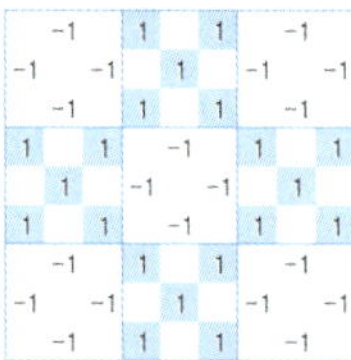 | 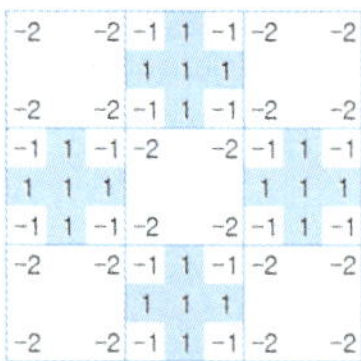 | 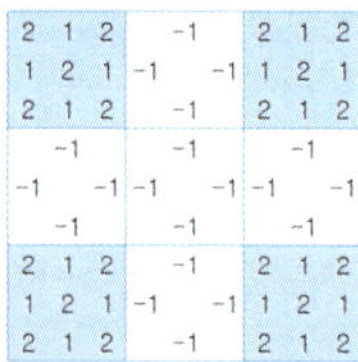 | 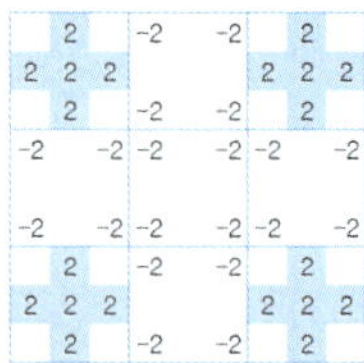 |
| $F_3:\log_{27}560=1.92$ | $fff:\log_{27}344=1.77$ | $ffg:\log_{27}424=1.84$ | $fgf:\log_{27}280=1.71$ | $fgg:\log_{27}344=1.77$ |
| 560/729=0.768 | 344/729=0.473 | 424/729=0.582 | 280/729=0.384 | 344/729=0.472 |
| 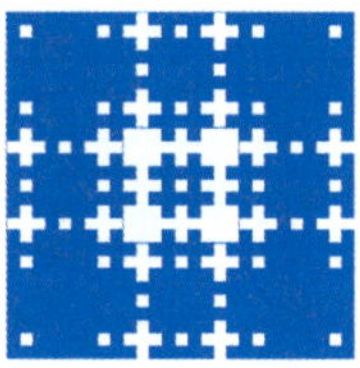 |  |  |  |  |
| | $gff:\log_{27}424=1.84$ | $gfg:\log_{27}504=1.89$ | $ggf:\log_{27}344=1.77$ | $ggg:\log_{27}344=1.77$ |
| | 424/729=0.582 | 504/729=0.691 | 344/729=0.472 | 344/729=0.472 |
| |  |  | 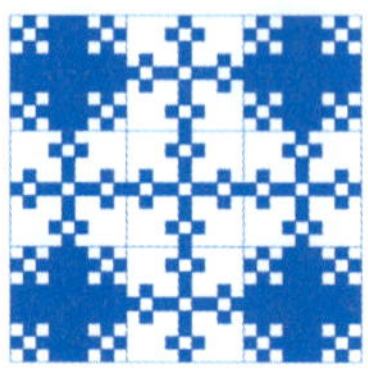 |  |

## 2 4×4 빼셈 프랙탈 분할

### 1. 두 개의 프랙탈로 분할

(1) 1단계 8개

| $F_1 = f \cup g : \log_4 8 = 1.5$ | $f : \log_4 4 = 1$ | $g : \log_4 4 = 1$ |
|---|---|---|
| 8/16=0.5 | 4/16=0.25 | 4/16=0.25 |
|  |  | 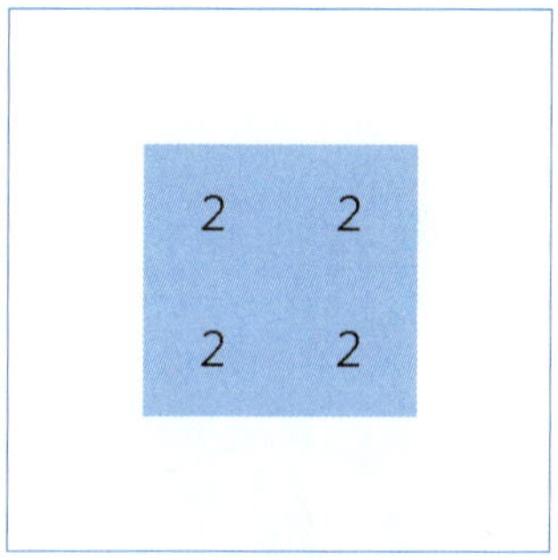 |
| $F_2 : \log_{16} 80 = 1.58$ | $ff : \log_{16} 48 = 1.396$ | $fg : \log_{16} 48 = 1.396$ |
| 80/256=0.313 | 48/256=0.188 | 48/256=0.188 |
| 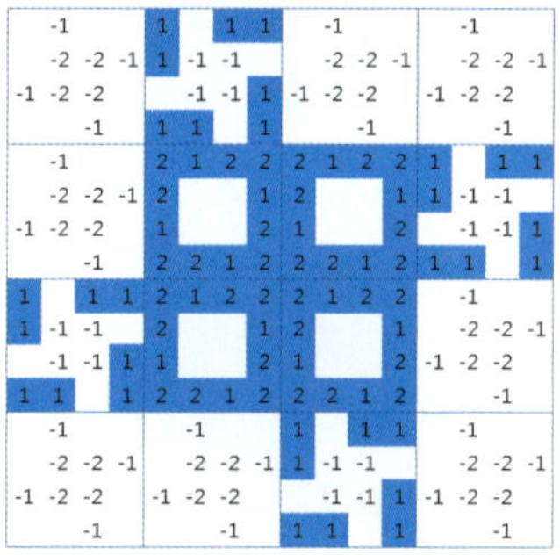 | 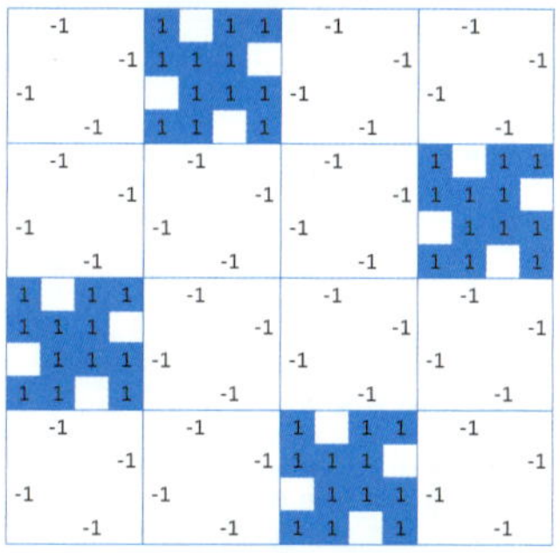 | 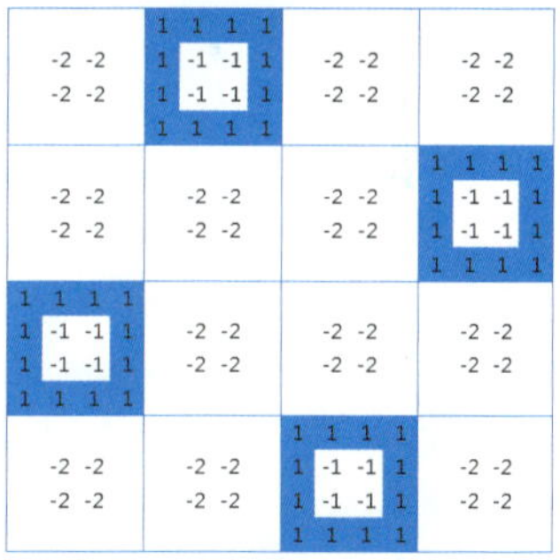 |
| | $gf : \log_{16} 64 = 1.5$ | $gg : \log_{16} 48 = 1.396$ |
| | 64/256=0.25 | 48/256=0.188 |
| | 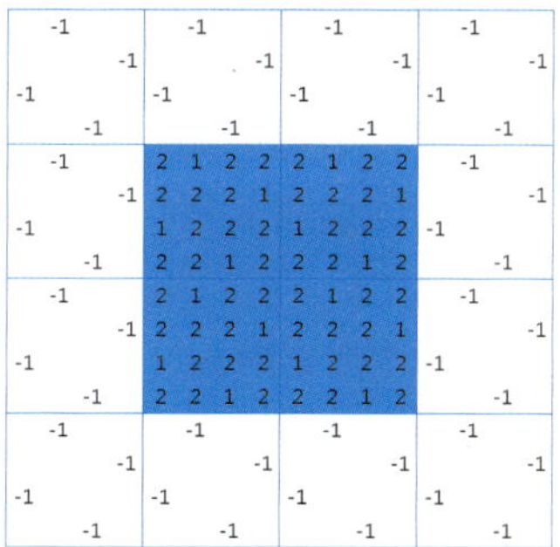 | 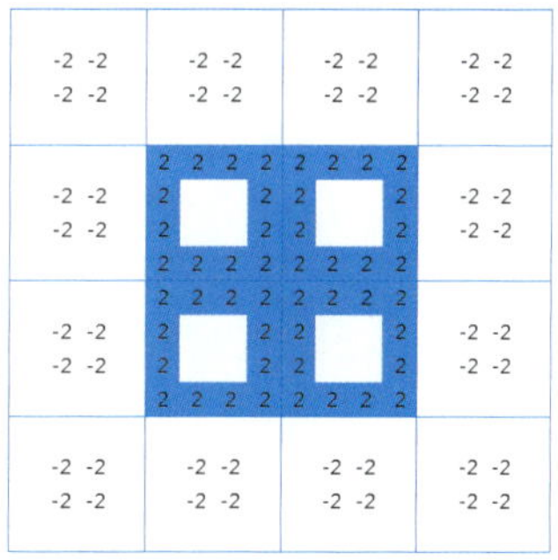 |

$F_3$는 강한 생명력과 움직임이 느껴지는 회화성이 짙은 느낌의 구조를 가졌다. 중심의 굵은 선이 시선을 끌며 회전의 움직임을 느끼게 하고 바깥의 작은 형태로 시선을 옮겨 조화로운 변화의 아름다움을 느끼게 한다. $fgf$는 신인상주의 화가가 즐겨 사용하던 점묘화법을 연상시킨다. 신인상파는 19세기말 인상주의와 함께 활동한 화파로 점묘파라고도 불리는데 이들은 당시의 빛에 대한 광학적 연구를 회화에 접목시키고 기법상 분할된 균일한 필촉(筆觸)에 의하여 간접혼합을 하는 병치혼합의 원리로 색점을 찍어 그림을 그렸다. 눈의 착시 현상을 이용해 망막에서 여러 색점들이 혼색되어 보이는 간접혼합 효과를 이용한 것이다.

| $F_3$: $\log_{64}2240 = 1.85$ | $fff$: $\log_{64}1408 = 1.743$ | $ffg$: $\log_{64}1600 = 1.774$ |
|---|---|---|
| 2240/4096=0.547 | 1408/4096=0.344 | 1600/4096=0.391 |
| 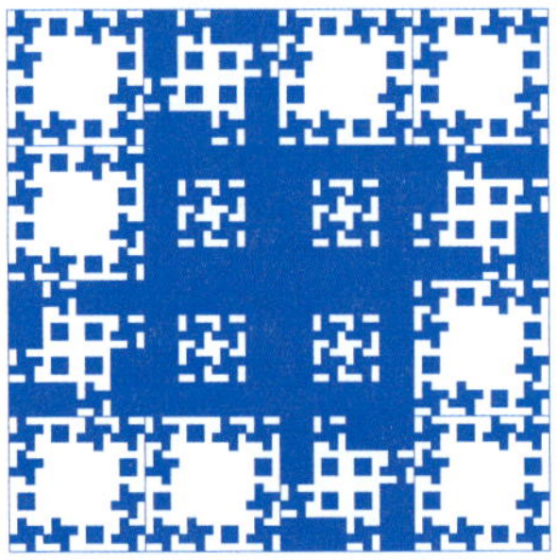 | 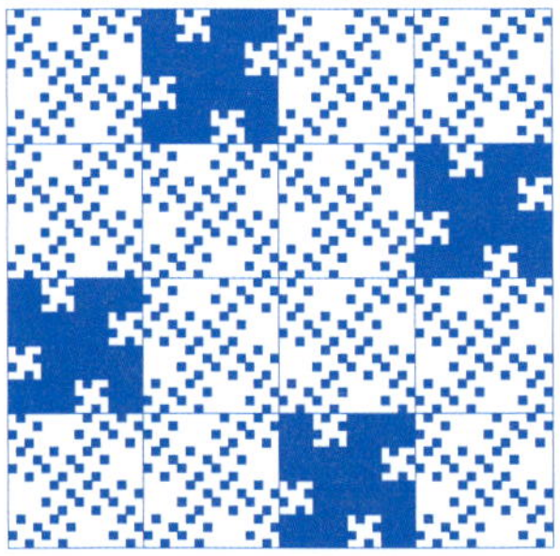 | 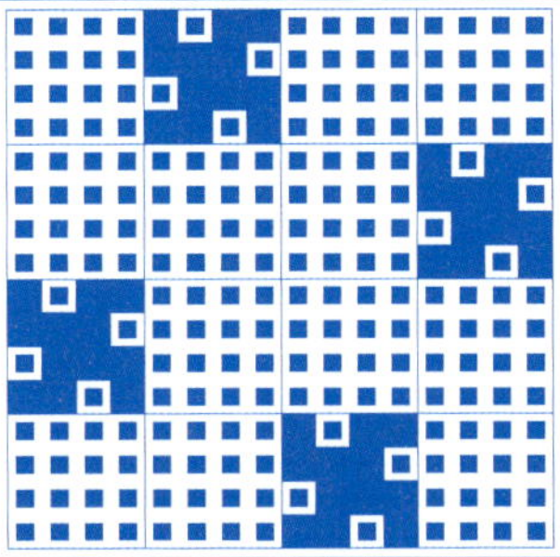 |
| $fgf$: $\log_{64}1344 = 1.732$ | $fgg$: $\log_{64}1408 = 1.743$ | $gff$: $\log_{64}1600 = 1.774$ |
| 1344/4096=0.328 | 1408/4096=0.344 | 1600/4096=0.391 |
| 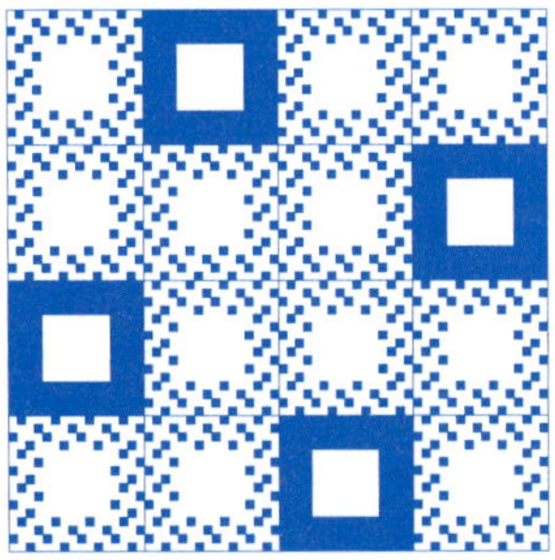 | 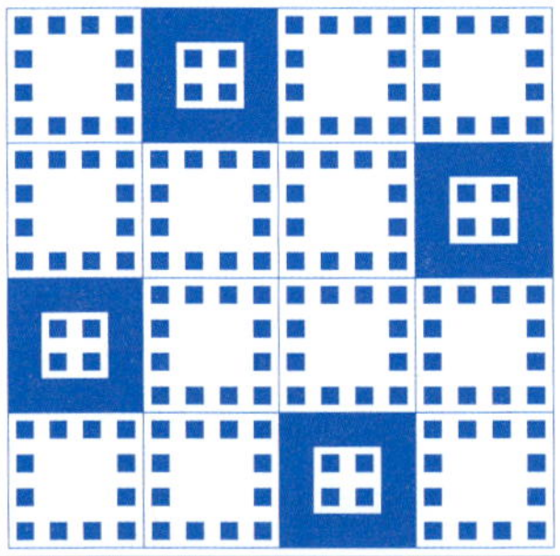 |  |
| $gfg$: $\log_{64}1792 = 1.801$ | $ggf$: $\log_{64}256 = 1.333$ | $ggg$: $\log_{64}1408 = 1.743$ |
| 1792/4096=0.438 | 256/4096=0.063 | 1408/4096=0.344 |
|  | 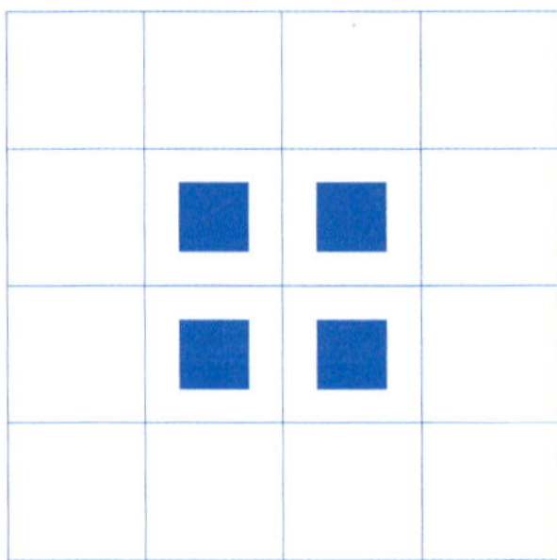 | 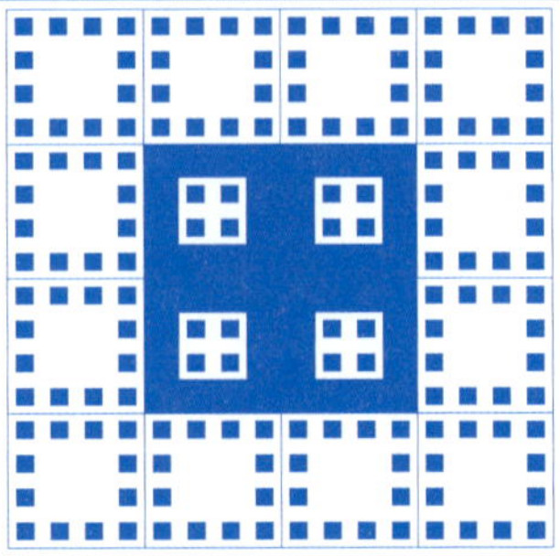 |

### (2) 1단계 8개

1단계의 프랙탈 $F_1$은 각각 4개를 가진 $f$, $g$로 구성된다. $F_2$는 햇빛이 드는 유리창처럼 느껴진다. 중심과 주변의 어울림이 조화롭지는 못하지만 화면이 지루해 보이지는 않는다. $ff$, $fg$, $gf$, $gg$는 형태상 단조롭고 변화가 적다.

| $F_1 = f \cup g \;\; \log_4 8 = 1.5$ | $f : \log_4 4 = 1$ | $g : \log_4 4 = 1$ |
|---|---|---|
| 8/16=0.5 | 4/16=0.25 | 4/16=0.25 |

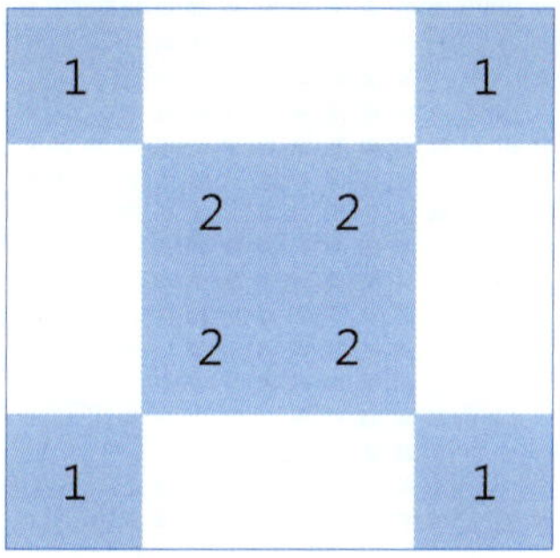

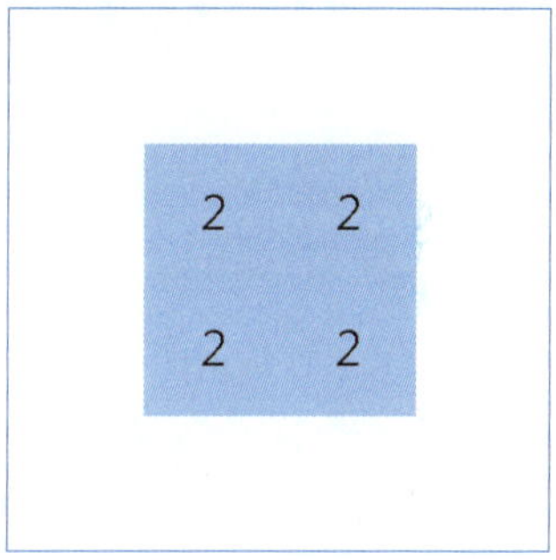


| $F_2 : \log_{16} 80 = 1.58$ | $ff : \log_{16} 48 = 1.396$ | $fg : \log_{16} 48 = 1.396$ |
|---|---|---|
| 80/256=0.313 | 48/256=0.188 | 48/256=0.188 |

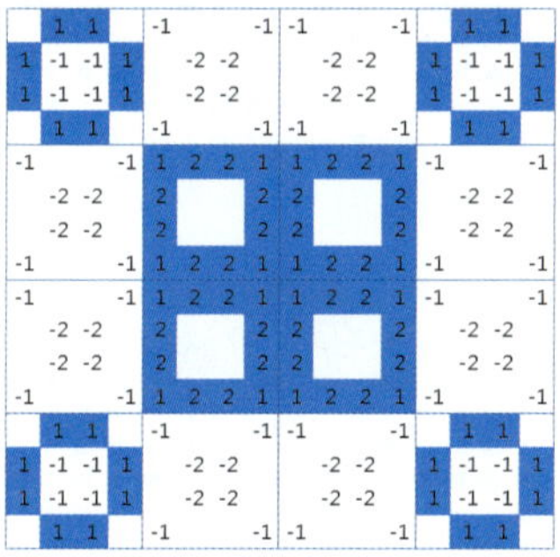
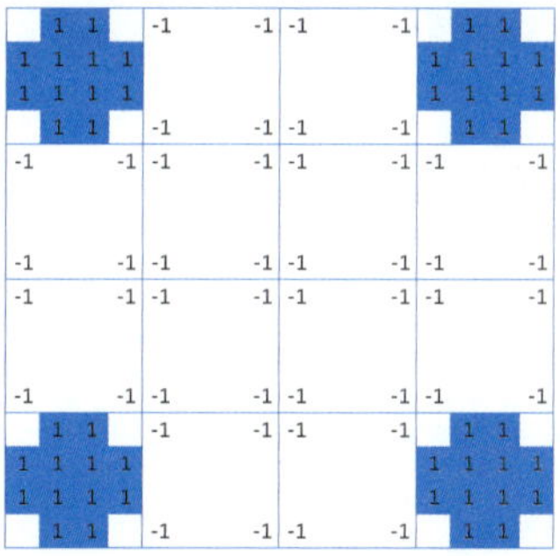
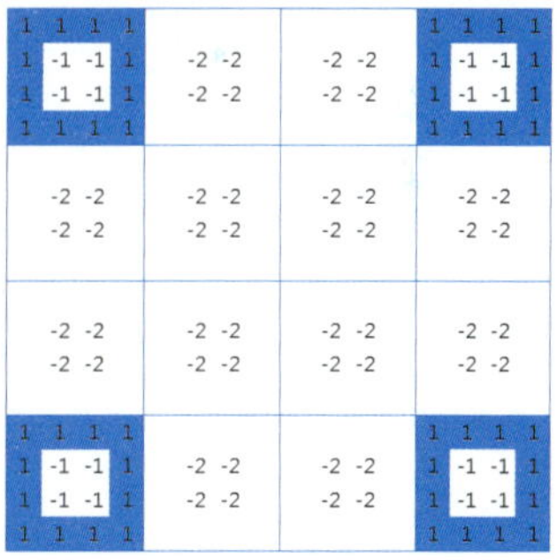

| | $gf : \log_{16} 64 = 1.5$ | $gg : \log_{16} 48 = 1.396$ |
|---|---|---|
| | 64/256=0.25 | 48/256=0.188 |

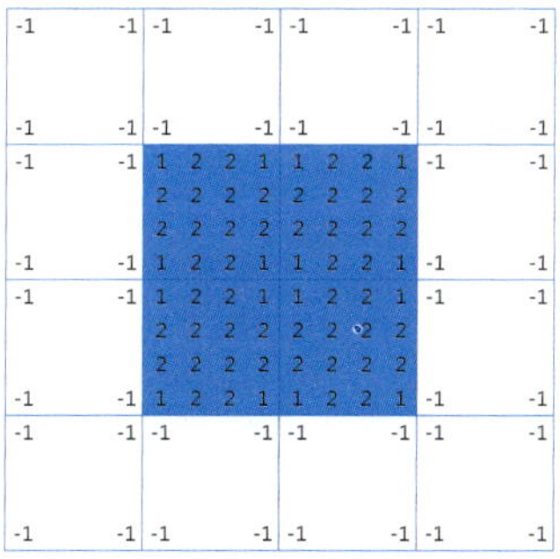
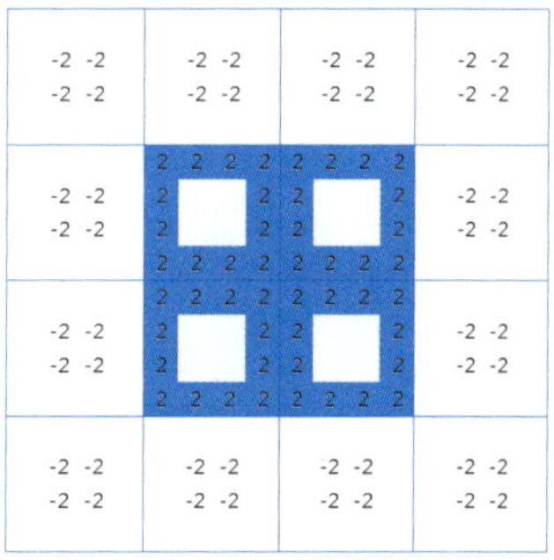

3단계의 프랙탈 $F_3$는 가운데 있는 굵은 가로 세로의 선이 중심을 이루고 시선이 가장자리로 향하게 되어 크기가 커 보이는 효과를 갖는다. 배경으로 가라앉은 부분은 대각선을 이용하여 만들어진 도형들이 상대적으로 가는 선으로 느껴져 굵은 선과 대비를 이루며 화면에 변화의 미를 만들어 낸다. 더불어 세 종류 패턴의 반복이 조화를 이루며 세련미를 증가시킨다.

| $F_3$: $\log_{64}2240 = 1.85$ | $fff$: $\log_{64}1408 = 1.743$ | $ffg$: $\log_{64}1600 = 1.774$ |
|---|---|---|
| 2240/4096=0.547 | 1408/4096=0.344 | 1600/4096=0.391 |
|  | 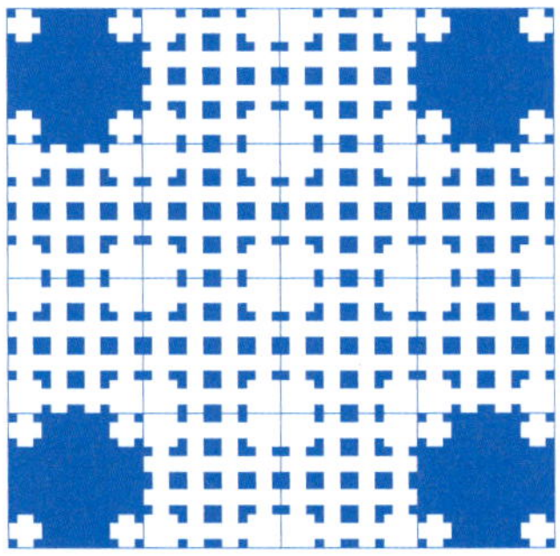 | 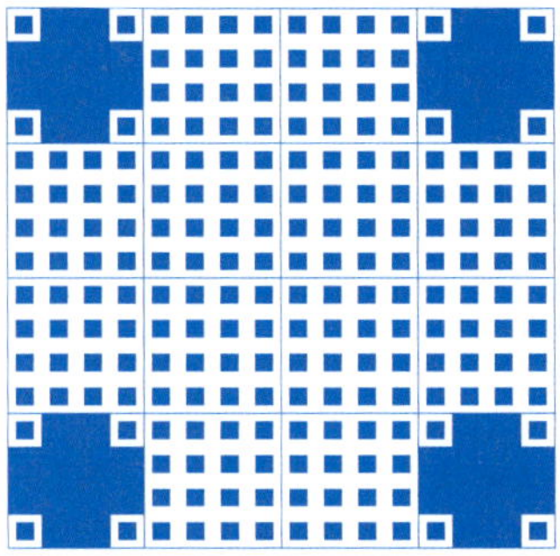 |
| $fgf$: $\log_{64}1344 = 1.732$ | $fgg$: $\log_{64}1408 = 1.743$ | $gff$: $\log_{64}1600 = 1.774$ |
| 1344/4096=0.328 | 1408/4096=0.344 | 1600/4096=0.391 |
| 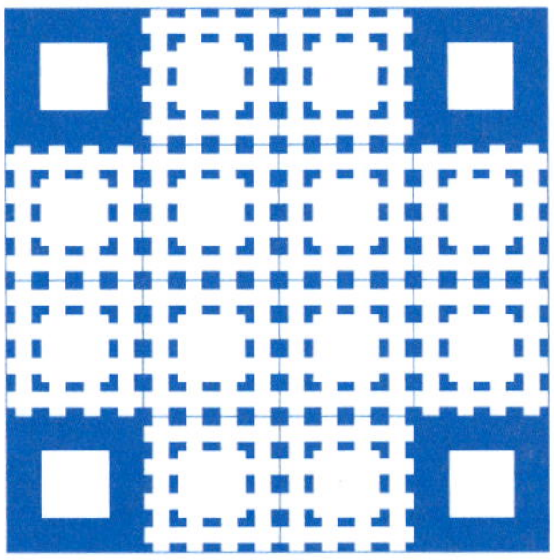 | 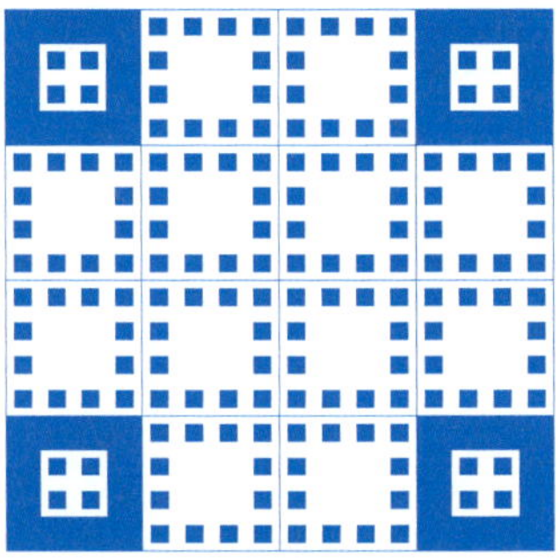 | 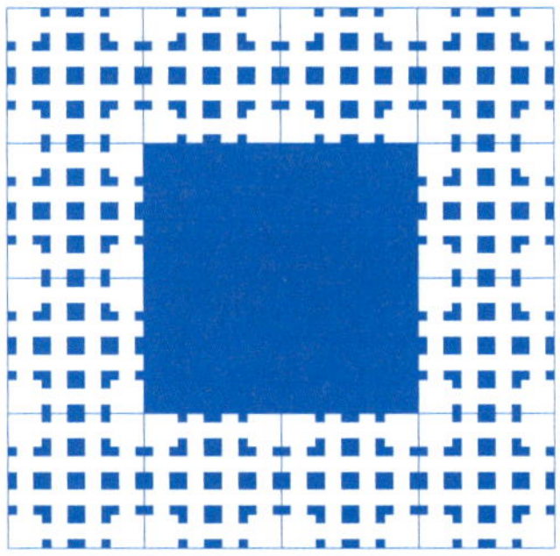 |
| $gfg$: $\log_{64}1792 = 1.801$ | $ggf$: $\log_{64}256 = 1.333$ | $ggg$: $\log_{64}1408 = 1.743$ |
| 1792/4096=0.438 | 256/4096=0.063 | 1408/4096=0.344 |
|  | 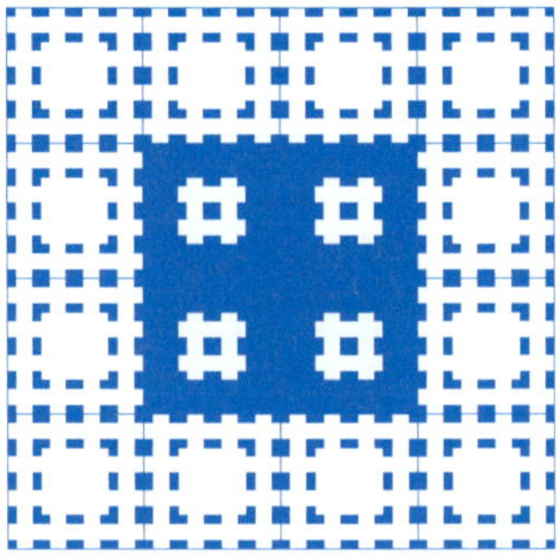 | 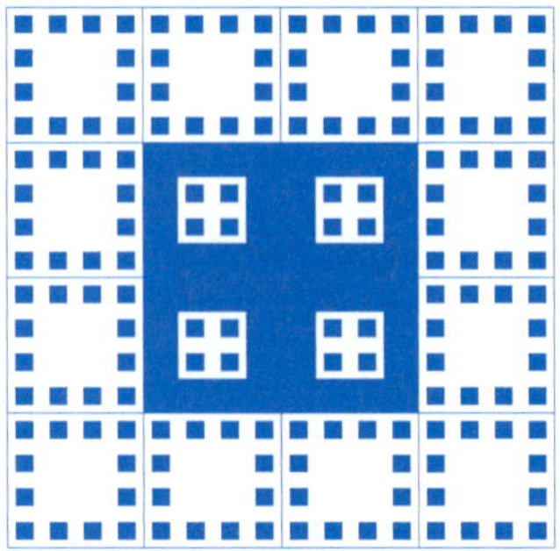 |

(3) 1단계 8개

$F_2$는 점대칭을 이룬다. 조금은 불편하다. 패턴이 직관적으로 눈에 들어오지 않기 때문에 자연스럽게 느껴지지 않는다. $ff$는 거인의 발자국처럼 시원한 느낌을 주며 역동성이 있다. $fg$는 물 위에 떠있는 꽃잎처럼 자유롭게 공간을 채우고 있다.

| $F_1 = f \cup g$ $\log_4 8 = 1.5$ | $f : \log_4 4 = 1$ | $g : \log_4 4 = 1$ |
|---|---|---|
| 8/16=0.5 | 4/16=0.25 | 4/16=0.25 |
|  |  |  |
| $F_2 : \log_{16} 80 = 1.58$ | $ff : \log_{16} 48 = 1.396$ | $fg : \log_{16} 48 = 1.396$ |
| 80/256=0.313 | 48/256=0.188 | 48/256=0.188 |
| 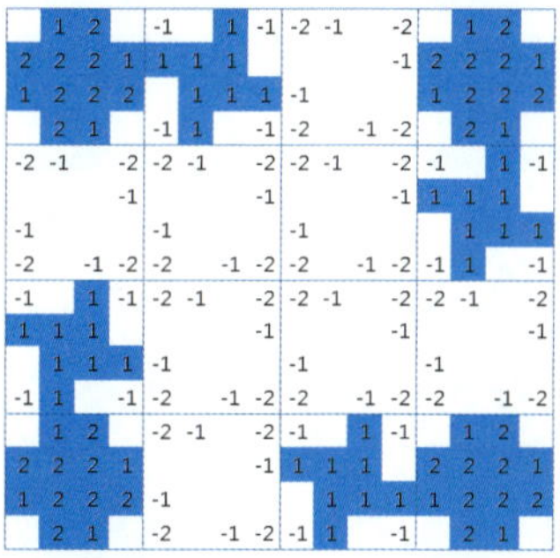 | 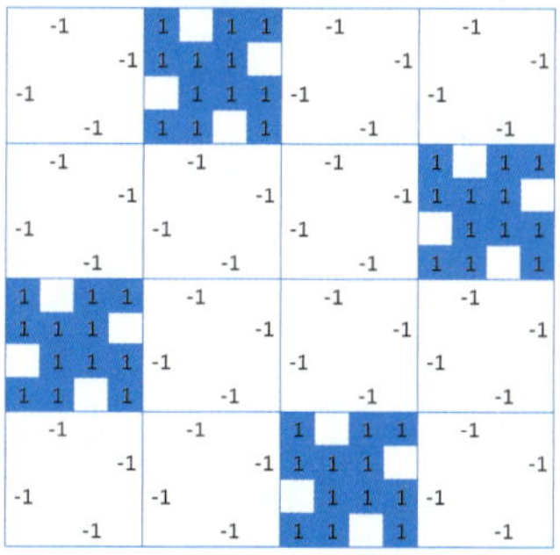 | 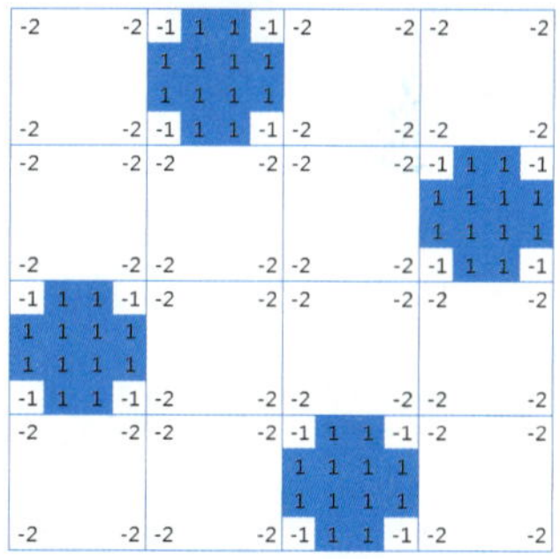 |
| | $gf : \log_{16} 64 = 1.5$ | $gg : \log_{16} 48 = 1.396$ |
| | 64/256=0.25 | 48/256=0.188 |
| | 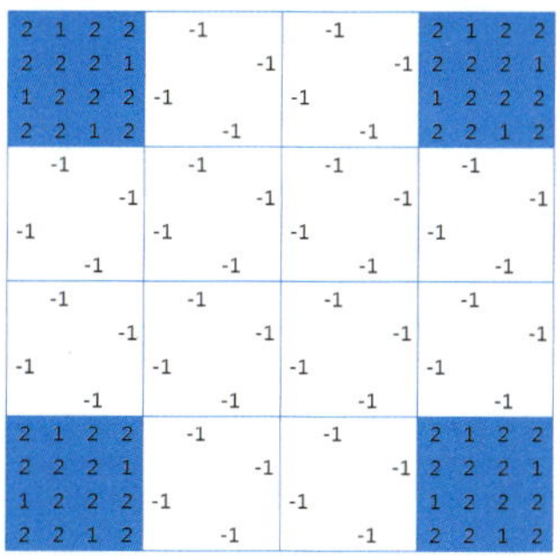 | 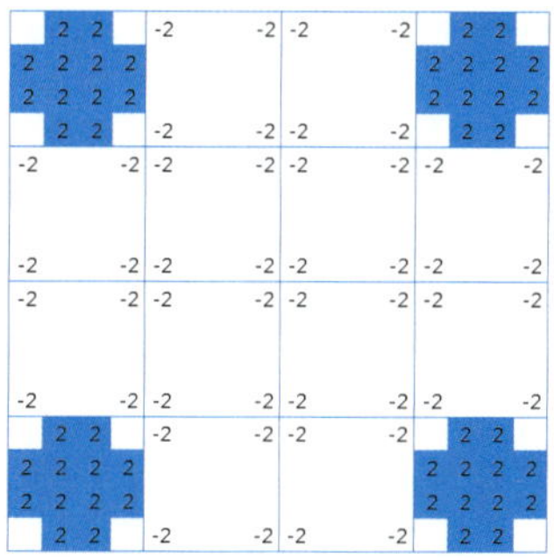 |

3단계 프랙탈 $F_3$는 난해한 느낌이 들고 직관적으로 패턴이 규칙적으로 보이지 않아서 불안한 느낌이 들 수도 있겠으나 빛나는 우주의 은하수를 보는 것처럼 신비롭고 감각적인 반짝임이 느껴진다. $gfg$는 안정감은 있지만 지루하다. $ggf$는 가장자리의 십자형 때문에 안정감은 있지만 이것과 상대적으로 지나치게 크기에서 차이가 나는 작은 도형들이 중심을 비롯한 나머지 부분에 많이 분포하고 있으며 게다가 연결되어 있지도 않아 전체적으로 어울림이 자연스럽지 못하다.

$F_3$: $\log_{64}2240 = 1.85$

2240/4096=0.547

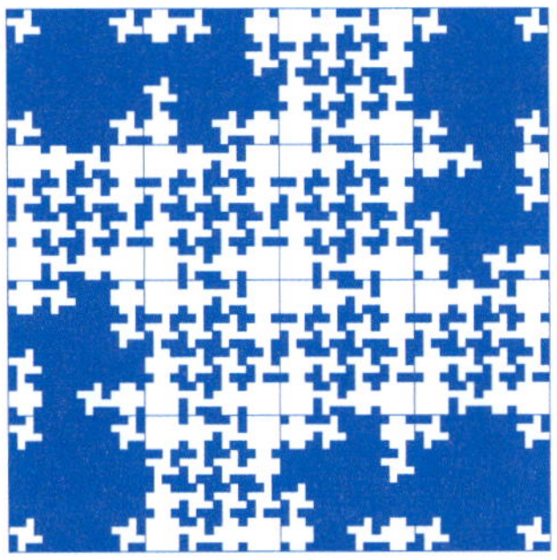

$fff$: $\log_{64}1408 = 1.743$

1408/4096=0.344

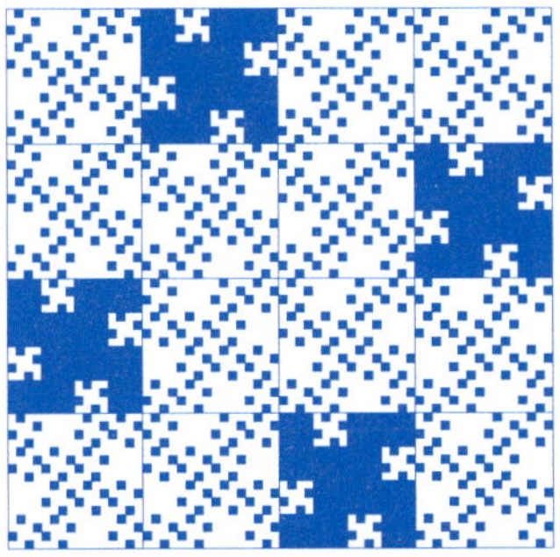

$ffg$: $\log_{64}1600 = 1.774$

1600/4096=0.391

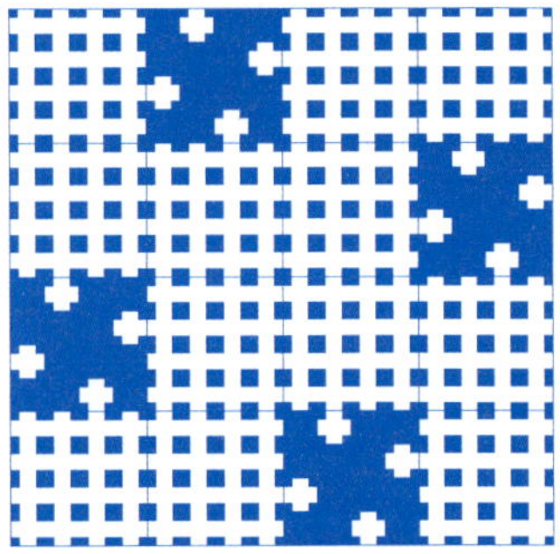

$fgf$: $\log_{64}1344 = 1.732$

1344/4096=0.328

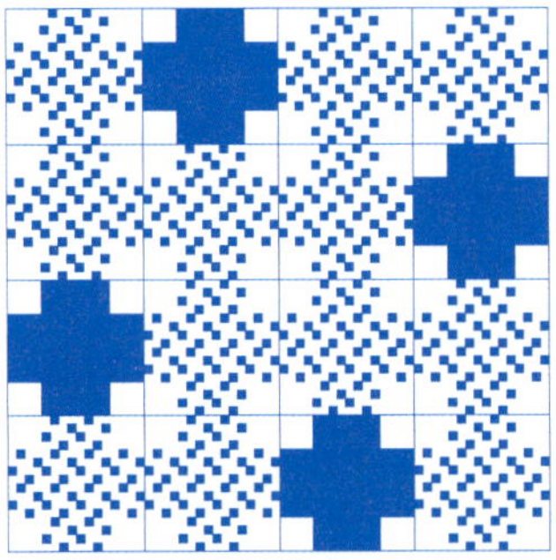

$fgg$: $\log_{64}1408 = 1.743$

1408/4096=0.344

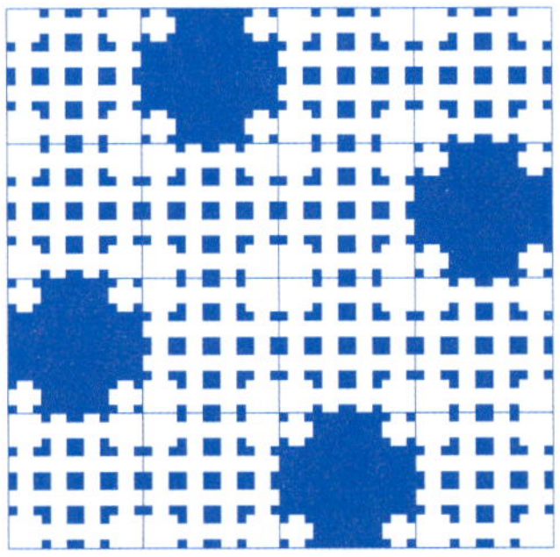

$gff$: $\log_{64}1600 = 1.774$

1600/4096=0.391

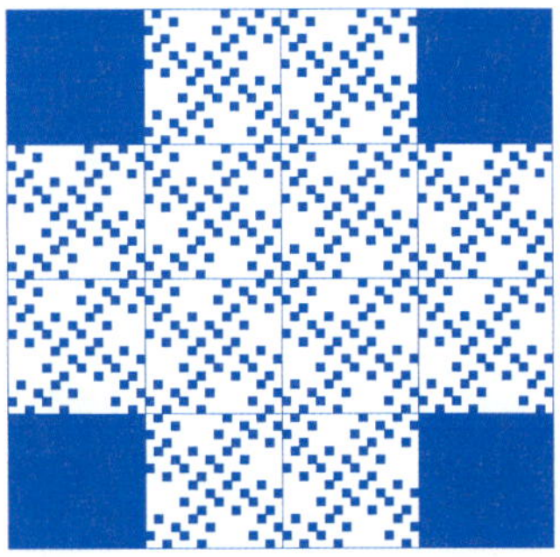

$gfg$: $\log_{64}1792 = 1.801$

1792/4096=0.438

$ggf$: $\log_{64}256 = 1.333$

256/4096=0.063

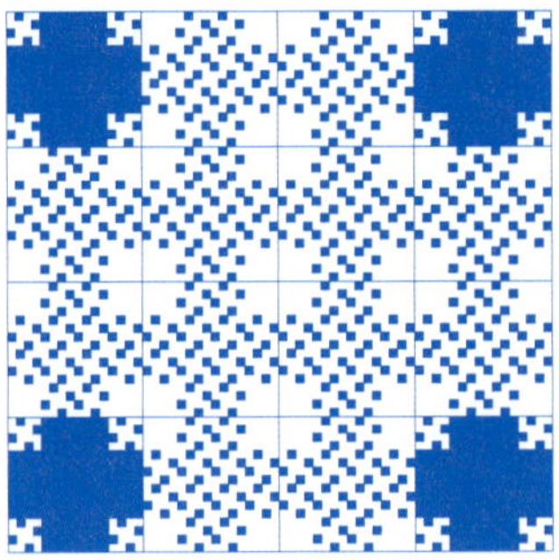

$ggg$: $\log_{64}1408 = 1.743$

1408/4096=0.344

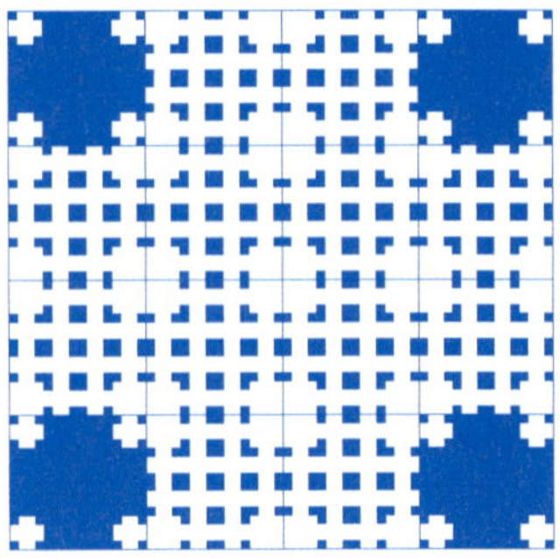

(4) 1단계 12개

$F_1$은 큰 새가 상승기류를 타고 유유히 날고 있는 모습이 연상된다. $g$는 꼬리연을 날리는 모습으로 보인다. $ff$는 물 위에서 물벌레가 헤엄치는 모습이다. $fg$는 새떼가 방향성을 가지고 오른쪽 아래로 하강하는 모습처럼 보인다.

| $F_1 = f \cup g : \log_4 12 = 1.792$ | $f : \log_4 6 = 1.292$ | $g : \log_4 6 = 1.292$ |
|---|---|---|
| 12/16=0.75 | 6/16=0.375 | 6/16=0.375 |
|  |  |  |
| $F_2 : \log_{16} 84 = 1.598$ | $ff : \log_{16} 60 = 1.477$ | $fg : \log_{16} 96 = 1.646$ |
| 84/256=0.328 | 60/256=0.234 | 96/256=0.375 |
| 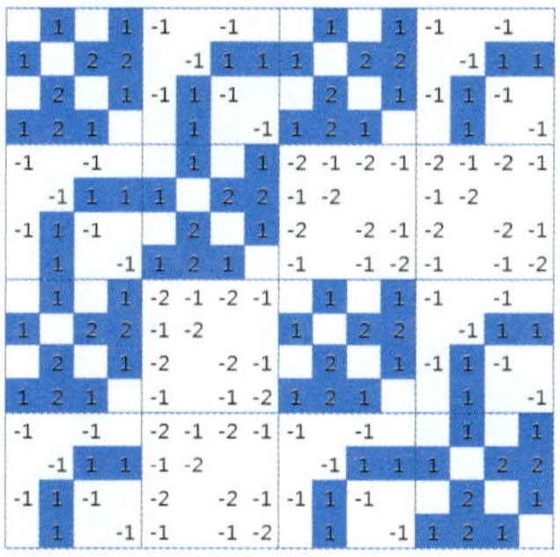 | 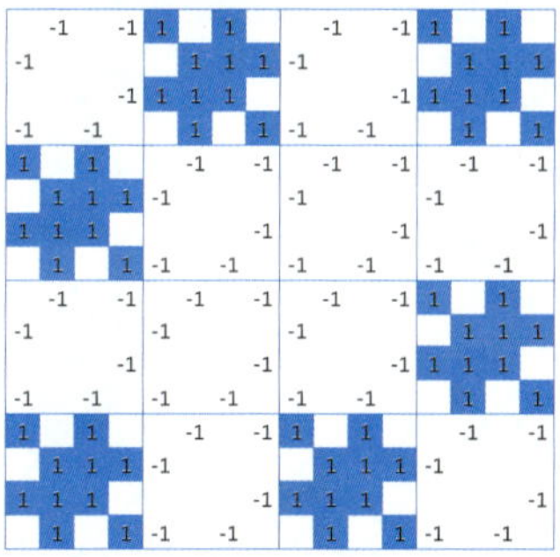 | 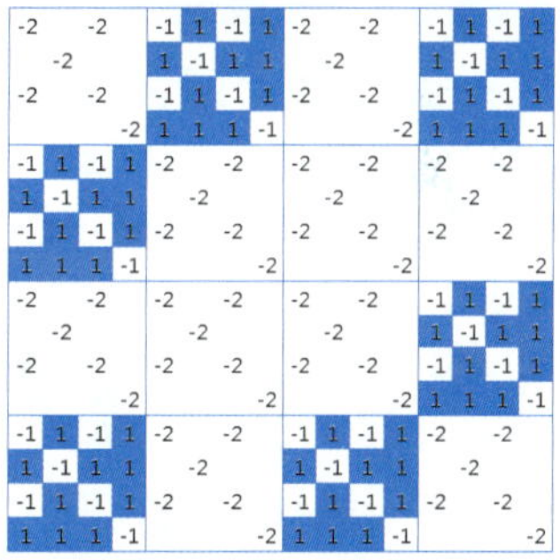 |
| | $gf : \log_{16} 96 = 1.646$ | $gg : \log_{16} 60 = 1.477$ |
| | 96/256=0.375 | 60/256=0.234 |
| | 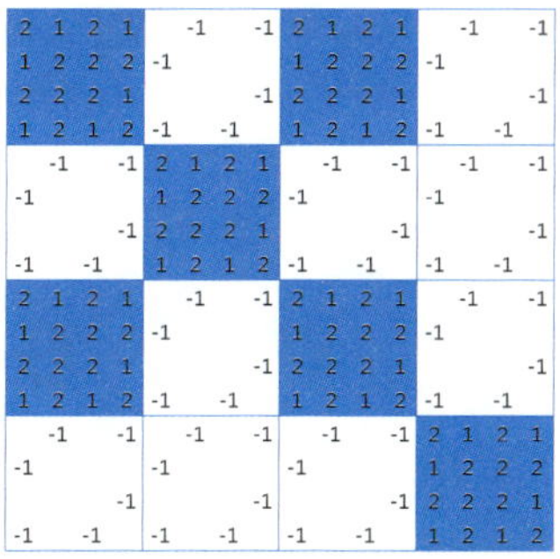 | 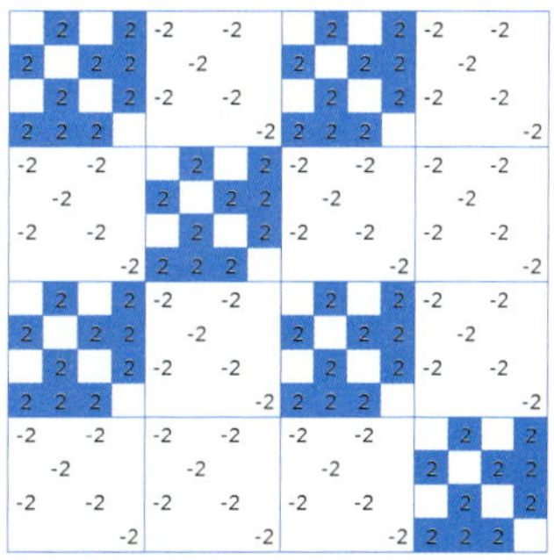 |

3단계 프랙탈 $F_3$는 평면을 차지하는 비율이 67%로 많다. 색칠한 부분은 거대한 새로 보이고 색칠 되지 않은 작은 도형들은 작은 새떼처럼 보인다. 새들의 움직임은 왼쪽 위 대각선 방향을 향하여 힘차게 날고 있다. $ffg$는 작은 격자무늬가 반복됨으로 시선을 어지럽게 한다. $fgg$, $ggg$는 오른쪽 아래 대각선 방향으로 빠르게 하강하는 새들처럼 보이며 강한 속도감을 느끼게 한다. 반면에 $fgf$는 새들이 오른쪽 아래 대각선 방향으로 한가롭게 나는 것처럼 보인다.

| $F_3$ : $\log_{64}2760 = 1.91$ | $fff$ : $\log_{64}1776 = 1.799$ | $ffg$ : $\log_{64}2136 = 1.843$ |
|---|---|---|
| 2760/4096=0.674 | 1776/4096=0.434 | 2136/4096=0.521 |
|  | 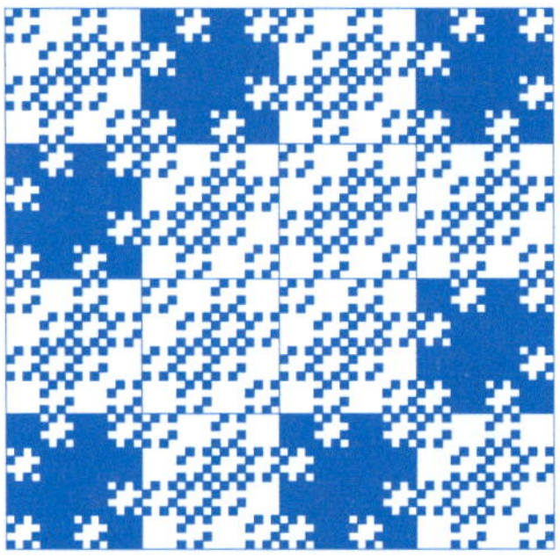 |  |
| $fgf$ : $\log_{64}1560 = 1.768$ | $fgg$ : $\log_{64}1776 = 1.799$ | $gff$ : $\log_{64}2136 = 1.843$ |
| 1560/4096=0.381 | 1776/4096=0.434 | 2136/4096=0.521 |
| 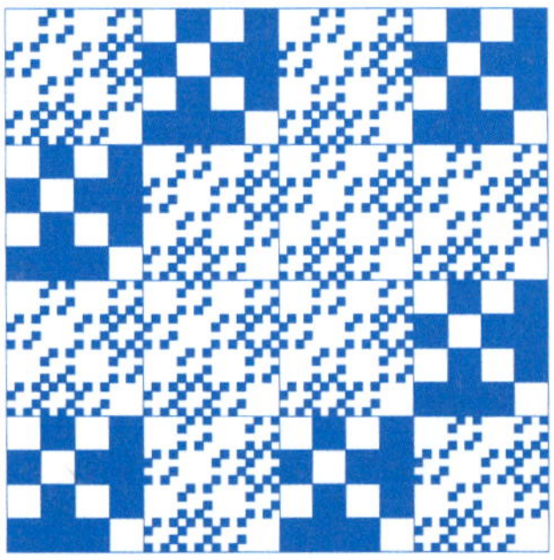 | 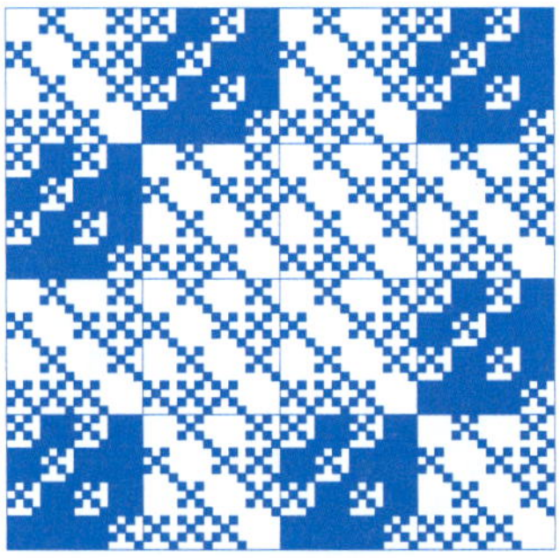 | 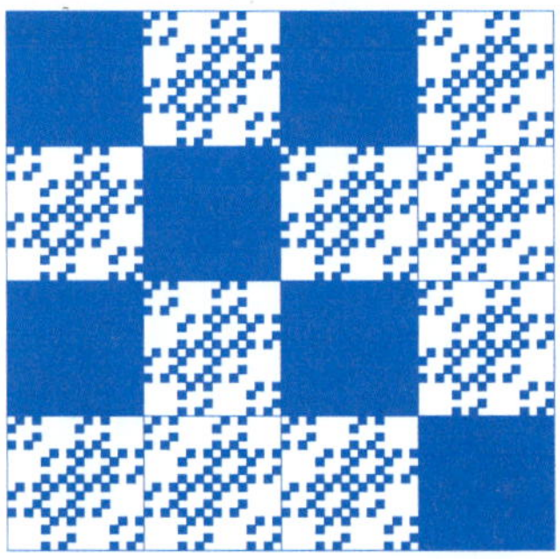 |
| $gfg$ : $\log_{64}2496 = 1.881$ | $ggf$ : $\log_{64}1776 = 1.799$ | $ggg$ : $\log_{64}1776 = 1.799$ |
| 2496/4096=0.609 | 1776/4096=0.434 | 1776/4096=0.434 |
|  | 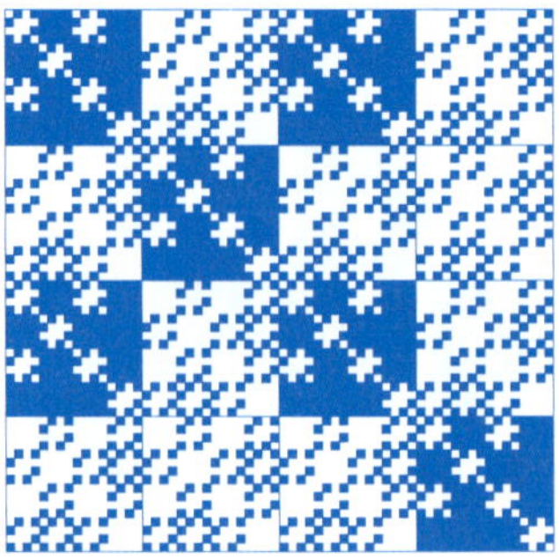 | 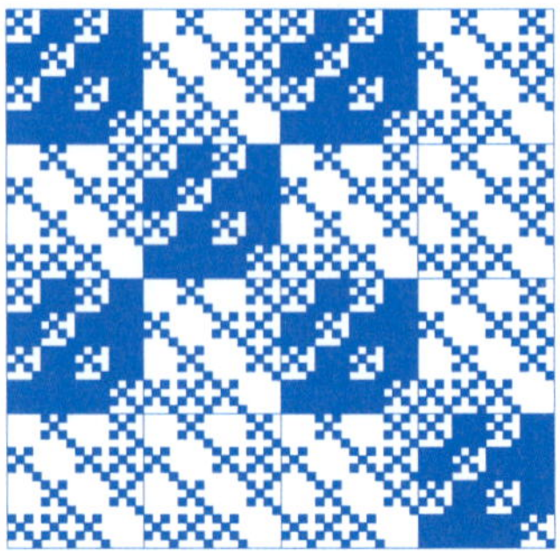 |

(5) 1단계 12개

$ff$는 공간을 차지하는 비율이 작으며 시선을 사로잡는 포인트가 없는 느슨한 구조로 힘을 빼고 쉼을 느끼는 여백에 대한 생각을 잠깐 해 볼 수 있겠다. 꽉 짜여진 계획에 맞춰 사는 현대인에게 잠시 자신을 주변상황에서 내려놓고 복잡한 일상에서 벗어나 편안한 맘으로 무념무상의 휴가를 지내다 오는 것이 바로 그것이지 않을까.

| $F_1:\log_4 12 = 1.792$ | $f:\log_4 8 = 1.5$ | $g:\log_4 4 = 1$ |
|---|---|---|
| 12/16=0.75 | 8/16=0.5 | 4/16=0.125 |
| 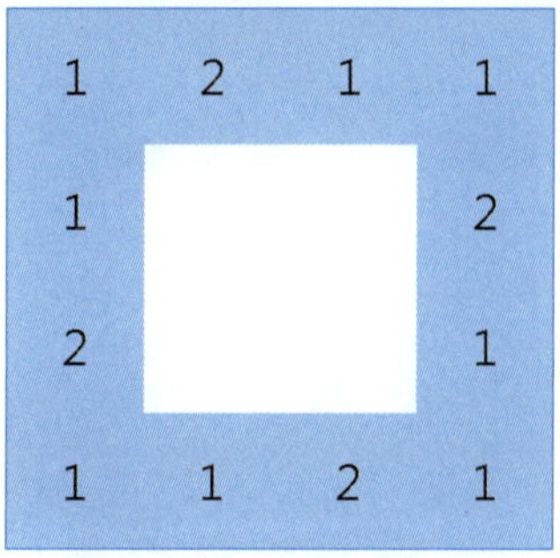 |  |  |
| $F_2:\log_{16} 80 = 1.58$ | $ff:\log_{16} 64 = 1.5$ | $fg:\log_{16} 96 = 1.646$ |
| 80/256=0.313 | 64/256=0.25 | 96/256=0.375 |
| 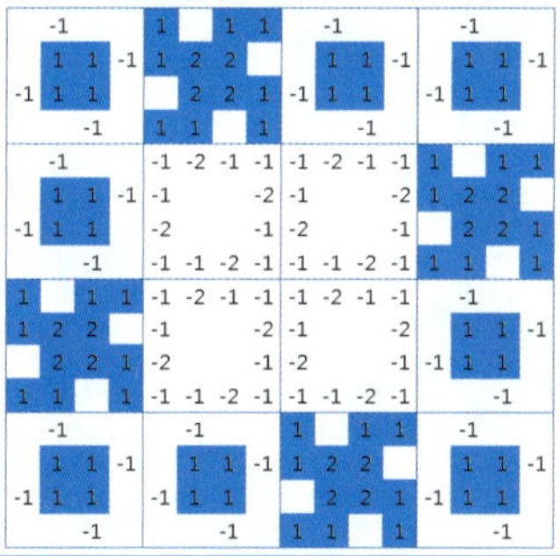 | 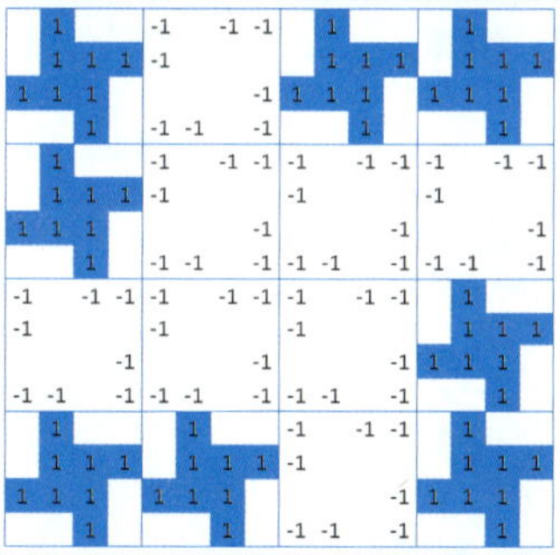 | 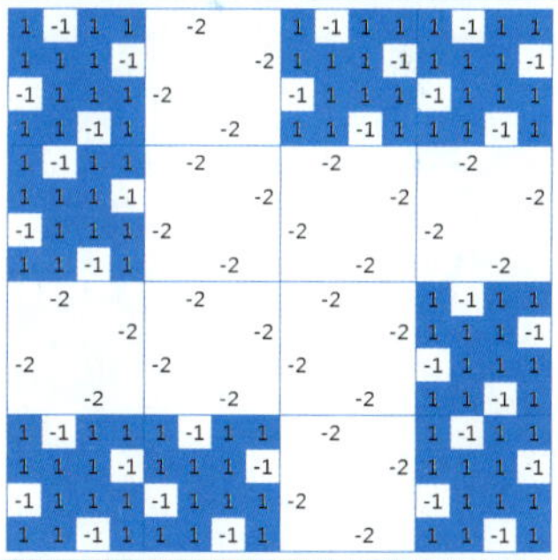 |
| | $gf:\log_{16} 64 = 1.5$ | $gg:\log_{16} 48 = 1.396$ |
| | 64/256=0.25 | 48/256=0.188 |
| | 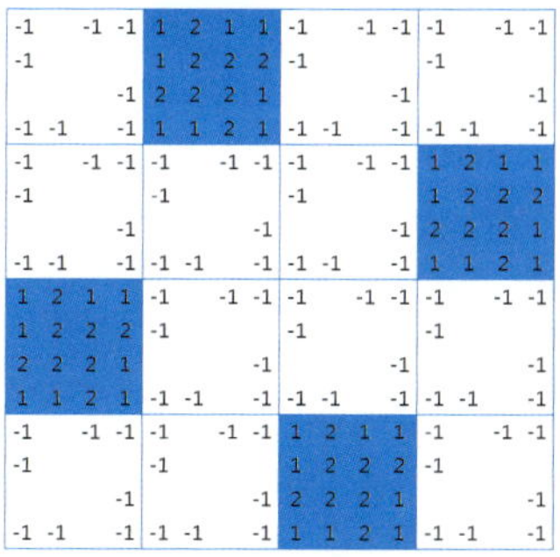 | 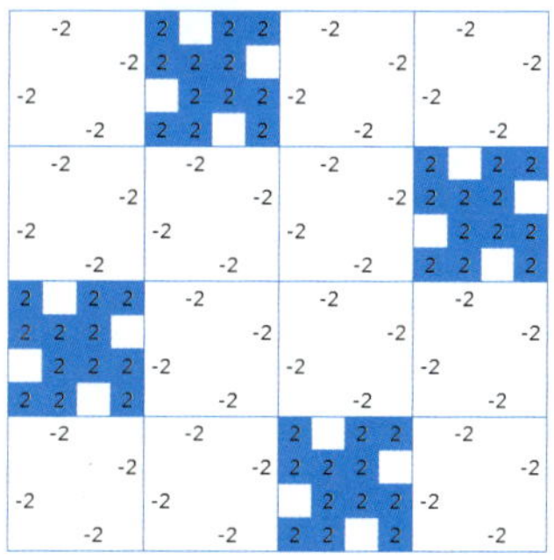 |

$F_3$는 전체를 16등분으로 볼 때, 세 종류의 패턴을 반복하고 있다. 가운데 있는 색이 칠해지지 않은 흰 부분이 시선을 집중시키며 조화롭게 주변을 아우르고 있다. 주변에 있는 패턴들은 회전 대칭을 이루고 있으므로 방향성을 가지고 움직이는 느낌을 주면서 마치 눈 오는 겨울밤의 아름다운 풍경이 떠올려진다. $fff$는 두 종류의 패턴이 반복되며 형상을 만드는데 색칠되지 않은 흰 부분 중 굵은 선으로 보이는 것들이 중심을 채우며 회전하는 이미지를 띠면서 작은 바람개비 모양의 형태들과 어우러져서 은하수가 짙은 별이 반짝이는 밤하늘을 연상시킨다.

| $F_3$:$\log_{64}2688 = 1.899$ | $fff$:$\log_{64}2048 = 1.833$ | $ffg$:$\log_{64}1792 = 1.801$ |
|---|---|---|
| 2688/4096=0.656 | 2048/4096=0.5 | 1792/4096=0.438 |
| 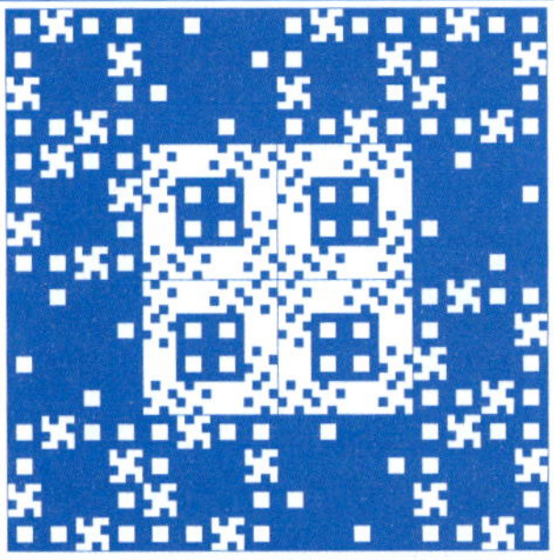 | 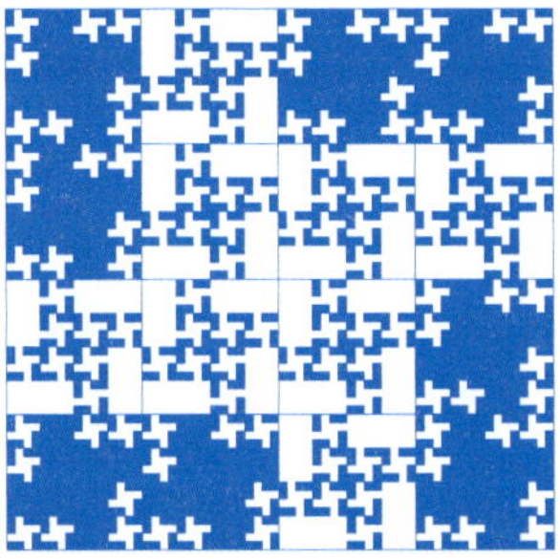 |  |
| $fgf$:$\log_{64}2304 = 1.862$ | $fgg$:$\log_{64}2048 = 1.833$ | $gff$:$\log_{64}1792 = 1.801$ |
| 2304/4096=0.563 | 2048/4096=0.5 | 1792/4096=0.438 |
| 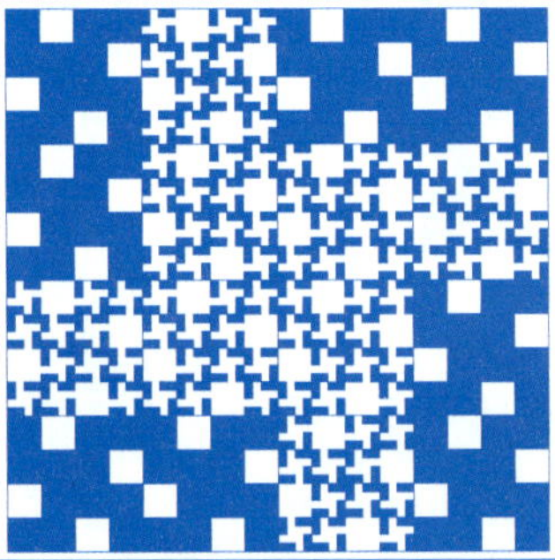 | 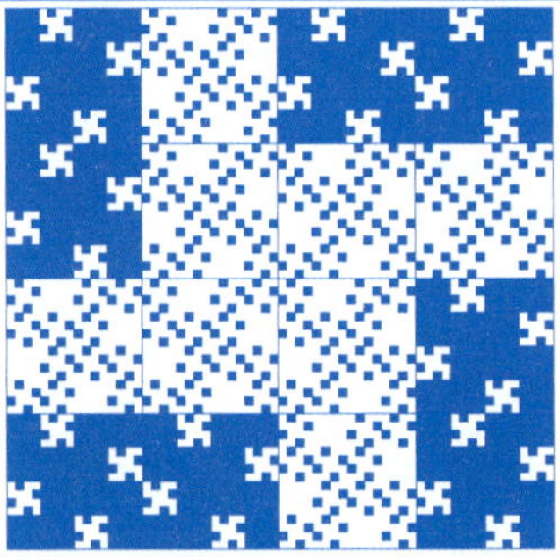 | 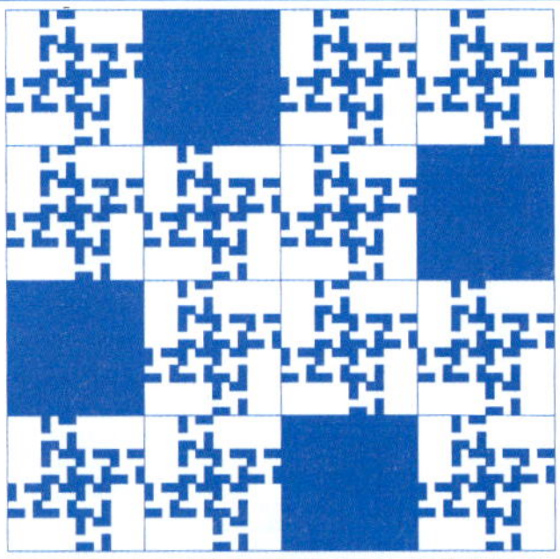 |
| $gfg$:$\log_{64}1792 = 1.801$ | $ggf$:$\log_{64}2048 = 1.833$ | $ggg$:$\log_{64}1408 = 1.743$ |
| 1792/4096=0.438 | 2048/4096=0.5 | 1408/4096=0.344 |
|  | 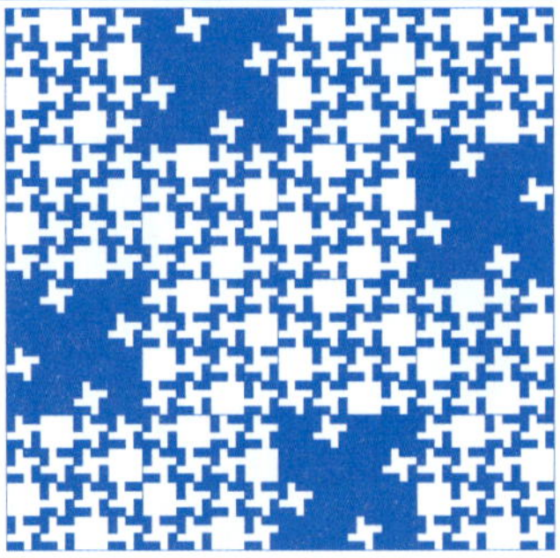 | 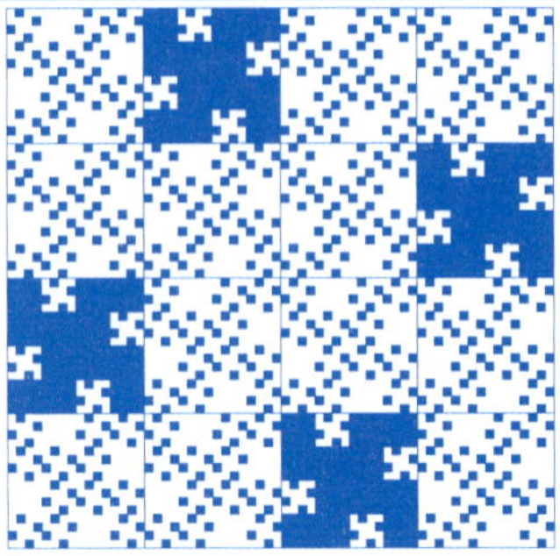 |

## 2. 세 개의 프랙탈로 분할

### (1) 1단계 12개

1단계 프랙탈 $F_1$은 세 개의 프랙탈 $f$, $g$, $h$로 구성해보자. 2단계의 프랙탈은 9개로 구성된다.

| $F_1$ | $f:\log_4 4=1$ | $g:\log_4 4=1$ | $h:\log_4 4=1$ |
|---|---|---|---|
| $\log_4 12=1.792$ | 4/16=0.125 | 4/16=0.125 | 4/16=0.125 |
|  |  | 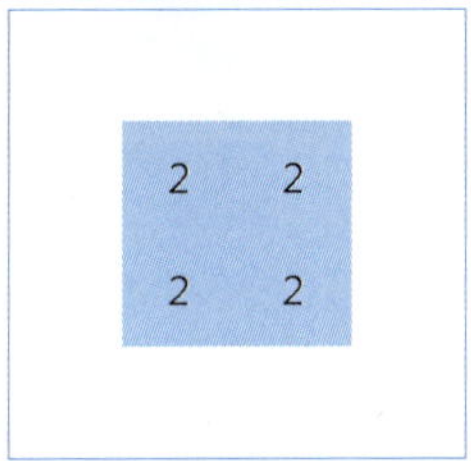 | 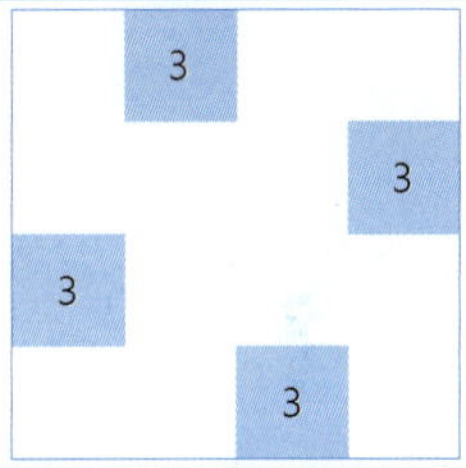 |
| $F_2:\log_{16}96=1.646$ | $ff:\log_{16}48=1.396$ | $fg:\log_{16}48=1.396$ | $fh:\log_{16}48=1.396$ |
| 96/256=0.375 | 48/256=0.188 | 48/256=0.188 | 48/256=0.188 |
| 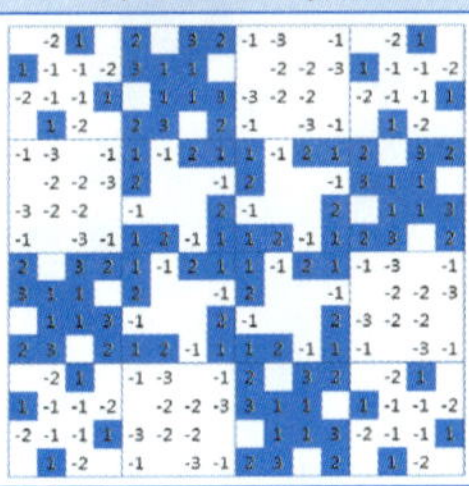 | 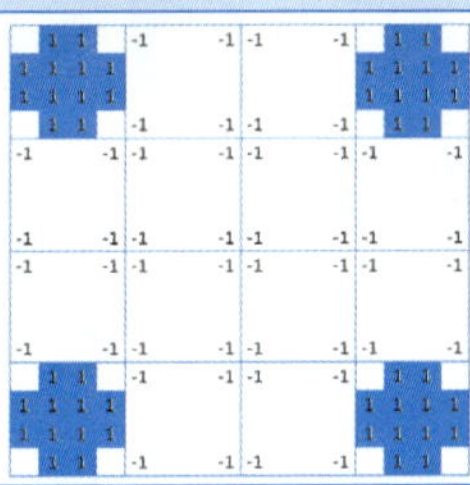 | 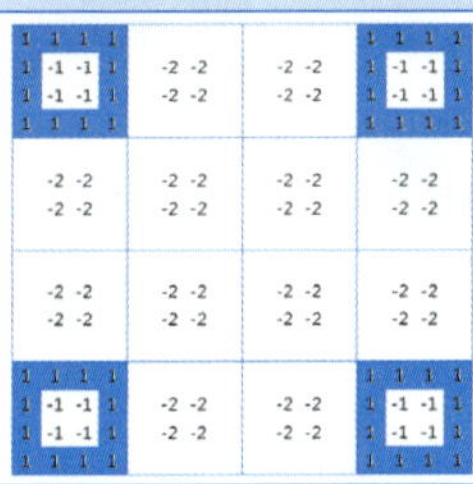 | 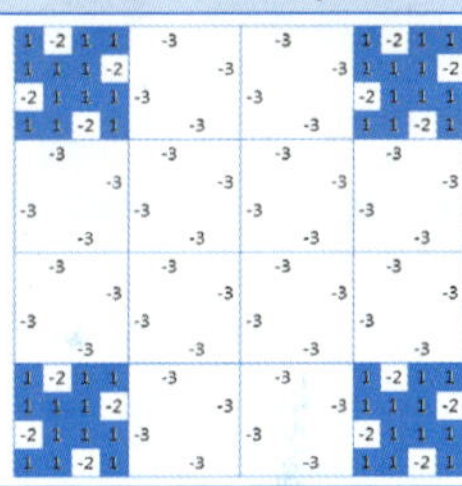 |
| | $gf:\log_{16}64=1.5$ | $gg:\log_{16}48=1.396$ | $gh:\log_{16}48=1.396$ |
| | 64/256=0.25 | 48/256=0.188 | 48/256=0.188 |
| | 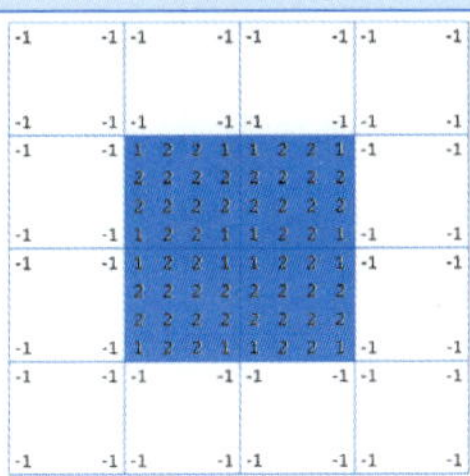 | 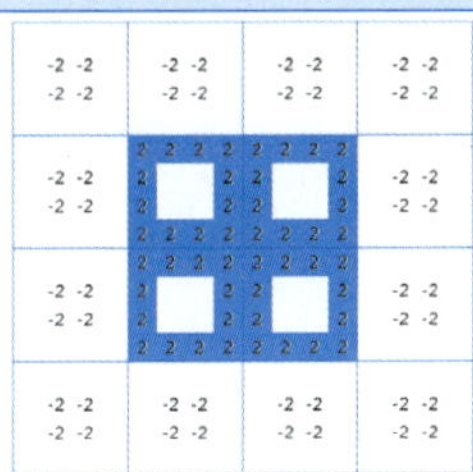 | 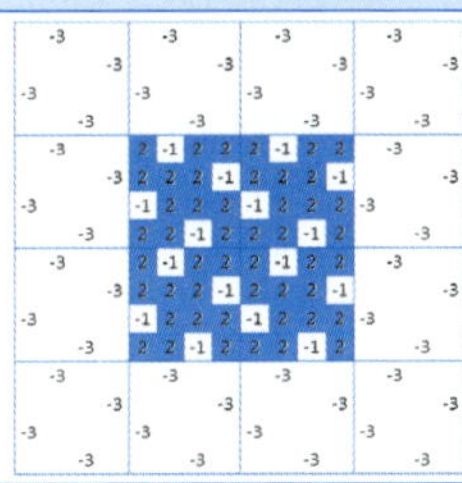 |
| | $hf:\log_{16}64=1.5$ | $hg:\log_{16}64=1.5$ | $hh:\log_{16}48=1.396$ |
| | 64/256=0.25 | 64/256=0.25 | 48/256=0.188 |
| | 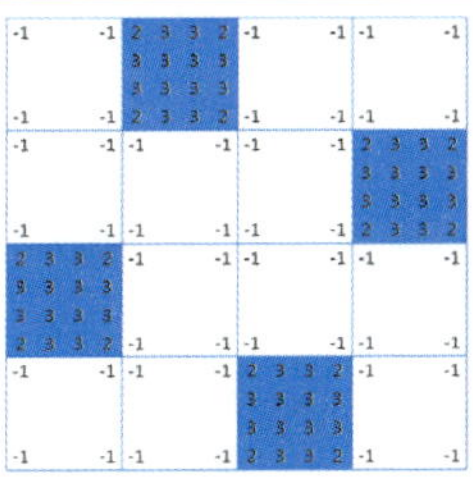 | 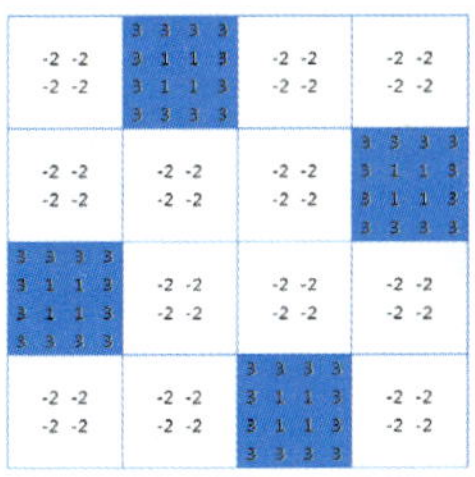 | 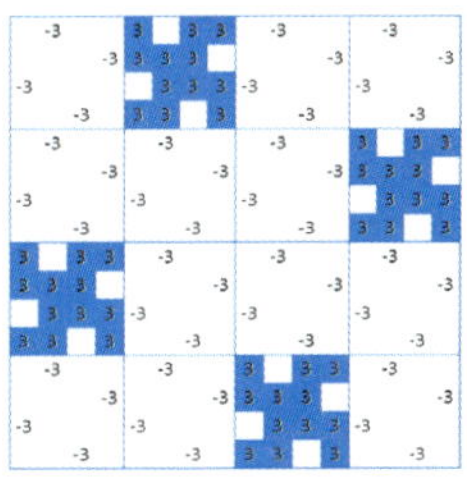 |

(2) 1단계 12개

$F_1$은 단순한 십자형의 도형인데 $F_2$는 형태의 완전한 인식이 어려울 만큼 불확실한 형태를 가지며 불안감을 주는 이미지를 띠고 있다.

| $F_1$ | $f:\log_4 4 = 1$ | $g:\log_4 4 = 1$ | $h:\log_4 4 = 1$ |
|---|---|---|---|
| $\log_4 12 = 1.792$ | 4/16=0.125 | 4/16=0.125 | 4/16=0.125 |
|  | 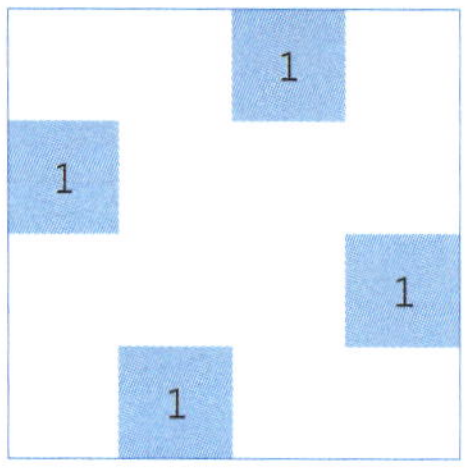 | 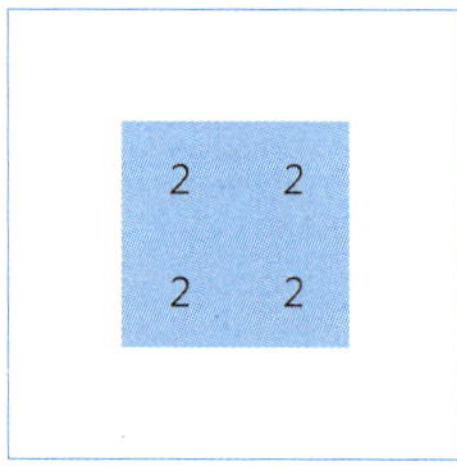 |  |
| $F_2:\log_{16}96 = 1.646$ | $ff:\log_{16}48 = 1.396$ | $fg:\log_{16}48 = 1.396$ | $fh:\log_{16}48 = 1.396$ |
| 96/256=0.375 | 48/256=0.188 | 48/256=0.188 | 48/256=0.188 |
| 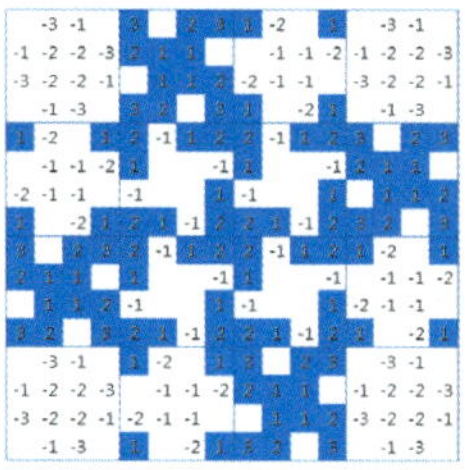 | 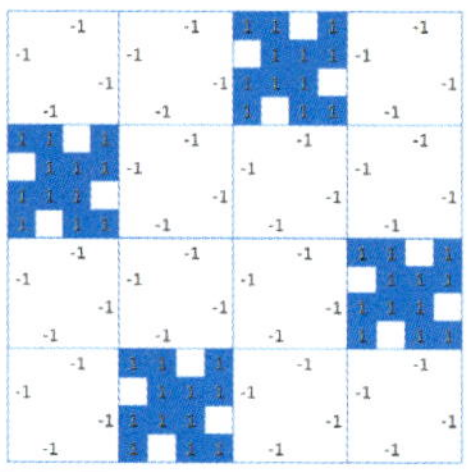 | 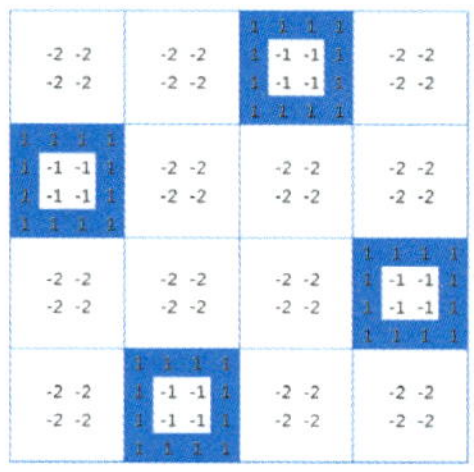 | 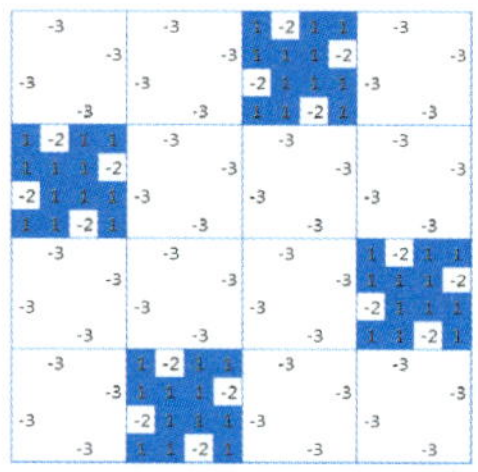 |
| | $gf:\log_{16}64 = 1.5$ | $gg:\log_{16}48 = 1.396$ | $gh:\log_{16}48 = 1.396$ |
| | 64/256=0.25 | 48/256=0.188 | 48/256=0.188 |
| | 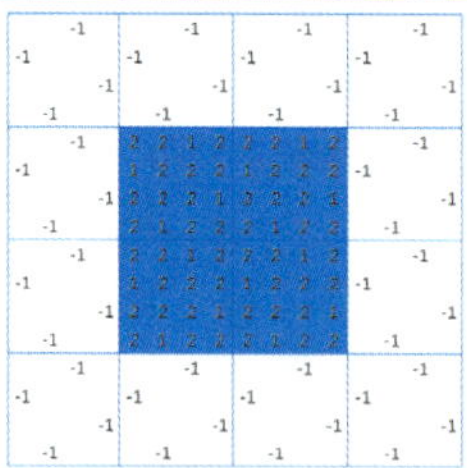 | 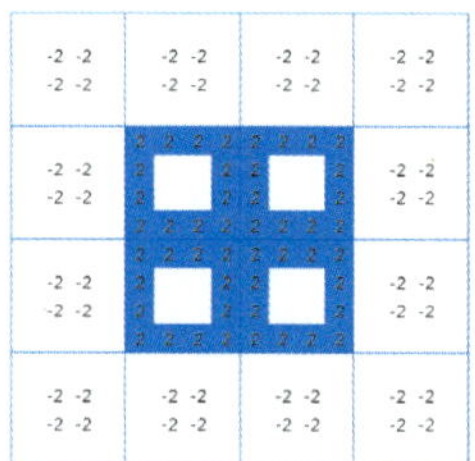 | 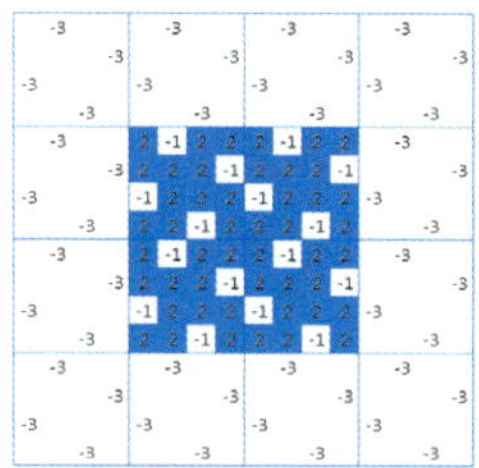 |
| | $hf:\log_{16}64 = 1.5$ | $hg:\log_{16}64 = 1.5$ | $hh:\log_{16}48 = 1.396$ |
| | 64/256=0.25 | 64/256=0.25 | 48/256=0.188 |
| | 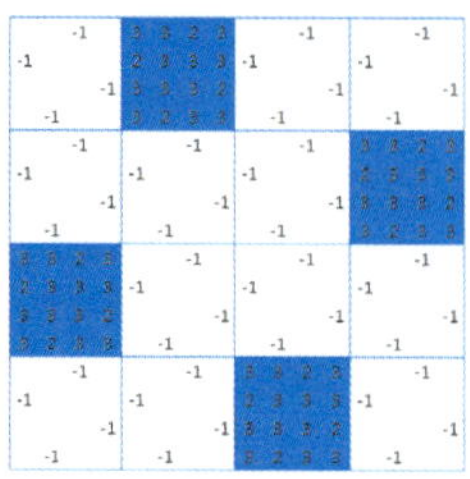 | 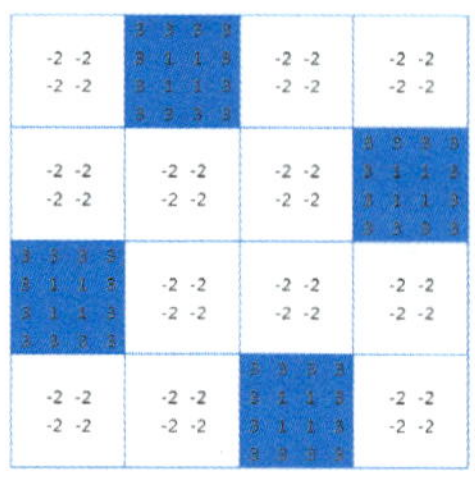 | 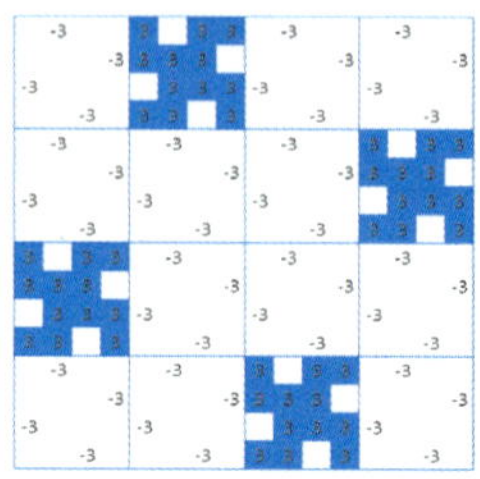 |

## 3 5×5 빨셈 프랙탈 분할

### 1. 두 개의 프랙탈로 분할

(1) 1단계 8개

| $F_1 = f \cup g : \log_5 8 = 1.292$ | $f : \log_5 4 = 0.861$ | $g : \log_5 4 = 0.861$ |
|---|---|---|
| 8/25=0.32 | 4/25=0.16 | 4/25=0.16 |

$F_1$:

| | | | | |
|---|---|---|---|---|
| 0 | 0 | 2 | 0 | 0 |
| 0 | 1 | 0 | 1 | 0 |
| 2 | 0 | 0 | 0 | 2 |
| 0 | 1 | 0 | 1 | 0 |
| 0 | 0 | 2 | 0 | 0 |

$f$:

| | | | | |
|---|---|---|---|---|
| 0 | 0 | 0 | 0 | 0 |
| 0 | 1 | 0 | 1 | 0 |
| 0 | 0 | 0 | 0 | 0 |
| 0 | 1 | 0 | 1 | 0 |
| 0 | 0 | 0 | 0 | 0 |

$g$:

| | | | | |
|---|---|---|---|---|
| 0 | 0 | 2 | 0 | 0 |
| 0 | 0 | 0 | 0 | 0 |
| 2 | 0 | 0 | 0 | 2 |
| 0 | 0 | 0 | 0 | 0 |
| 0 | 0 | 2 | 0 | 0 |

| $F_2 : \log_{25} 152 = 1.561$ | $ff : \log_{25} 84 = 1.377$ | $fg : \log_{25} 84 = 1.377$ |
|---|---|---|
| 152/625=0.243 | 84/625=0.134 | 84/625=0.134 |
| 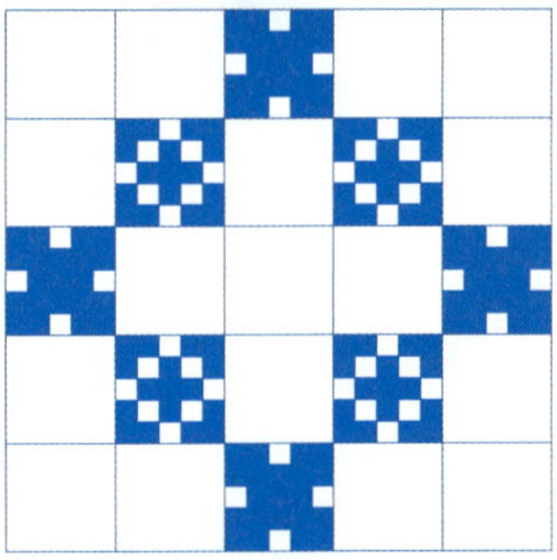 | 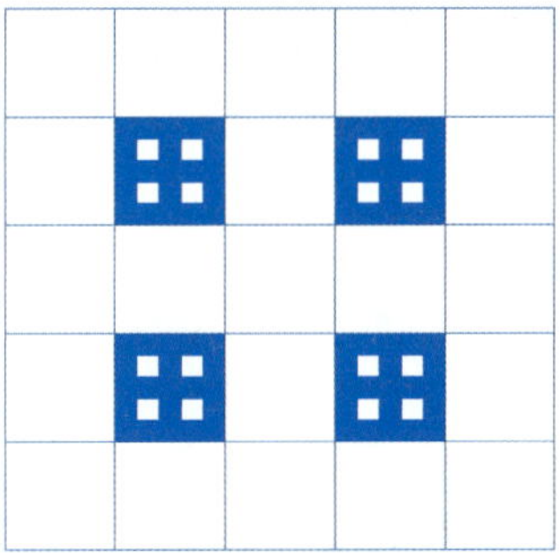 | 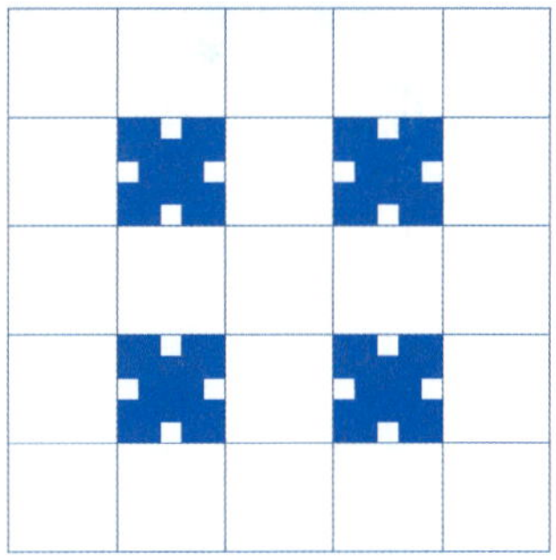 |

| $F_3 : \log_{125} 6704 = 1.825$ | $gf : \log_{25} 100 = 1.431$ | $gg : \log_{25} 84 = 1.377$ |
|---|---|---|
| 6704/15625=0.686 | 100/625=0.16 | 84/625=0.134 |
|  |  | 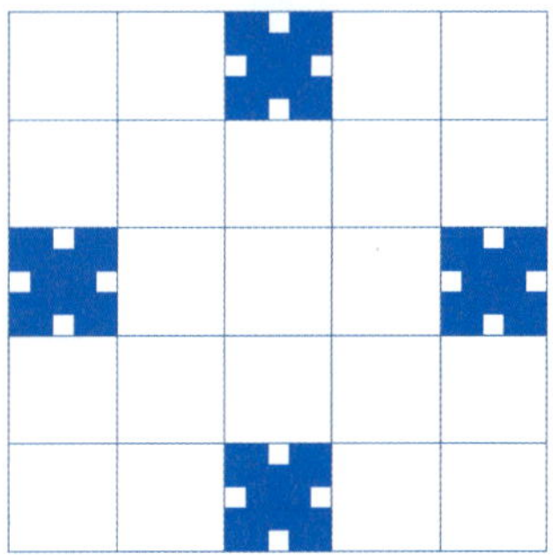 |

강조(accent)란 어떤 주변 조건에 따라 특정 부분의 다르게 표현함으로써 강하게 시선을 끌게 만드는 조형원리이다. 강조는 통일감을 바탕으로 했을 때 대비효과가 극대화 되며 의도했던 차이가 명료해져서 목적한 바를 달성하게 된다. 4개의 프랙탈은 각각 4개씩 같은 것의 반복을 통하여 강조하고 있다. 강조 부분의 크기와 위치의 변화를 통하여 시각적 균형에 대해 상각해보자.

$fff:\log_{125}3928 = 1.714$

3928/15625=0.251

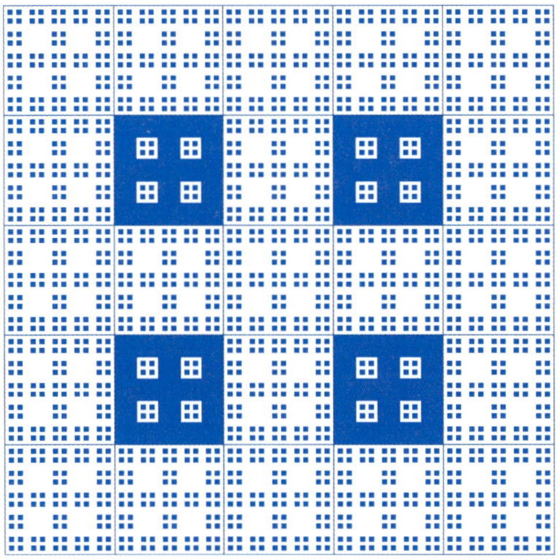

$ffg:\log_{125}4264 = 1.714$

4264/15625=0.273

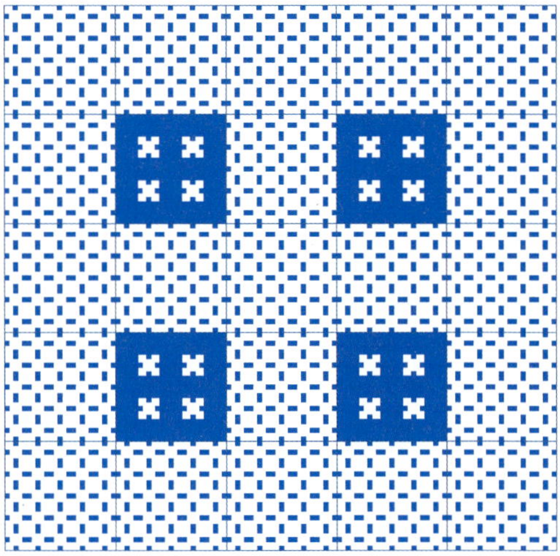

$fgf:\log_{125}3864 = 1.711$

3864/15625=0.247

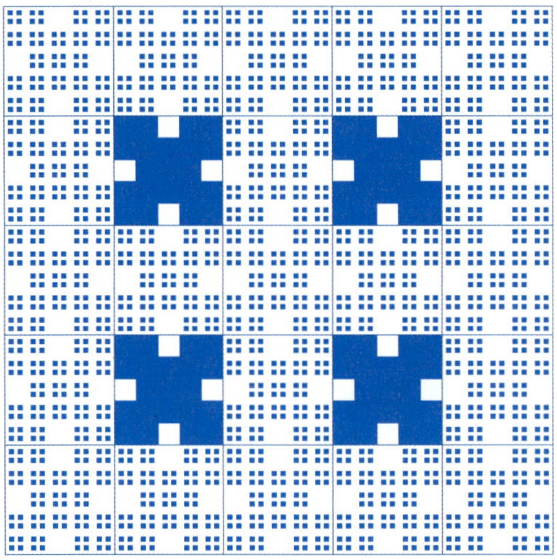

$fgg:\log_{125}3928 = 1.714$

3928/15625=0.251

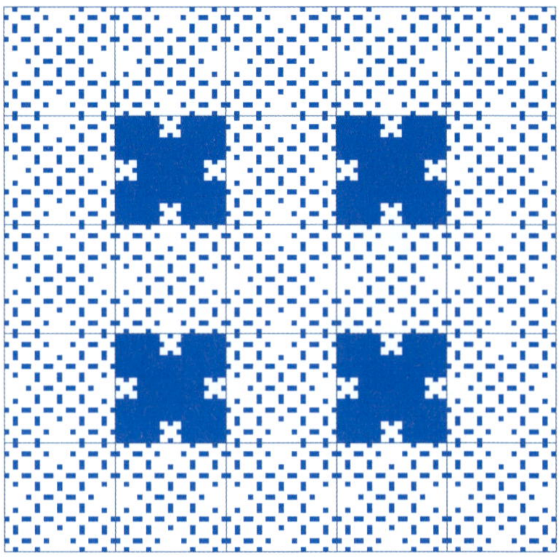

4개의 프랙탈은 모두 단조로운 구조로 심플한 느낌을 주며 색채와 크기를 달리하여 강조한 부분이 주변부에 있다. 이는 강조하는 부분이 시각적으로 사방에 흩어져서 시선이 분산되는 효과가 발생한다. $ggg$를 구성하고 있는 배경 부분의 작은 도형들은 점으로 느껴지고, 눈을 가늘게 뜨고 보면 암시된 원들이 대각선 방향을 이루며 화면을 잔잔하게 채우고 있다.

| $gff:\log_{125}4264=1.731$ | $gfg:\log_{125}4600=0.294$ |
|---|---|
| 4264/15625=0.273 | 4600/15625=0.294 |
| 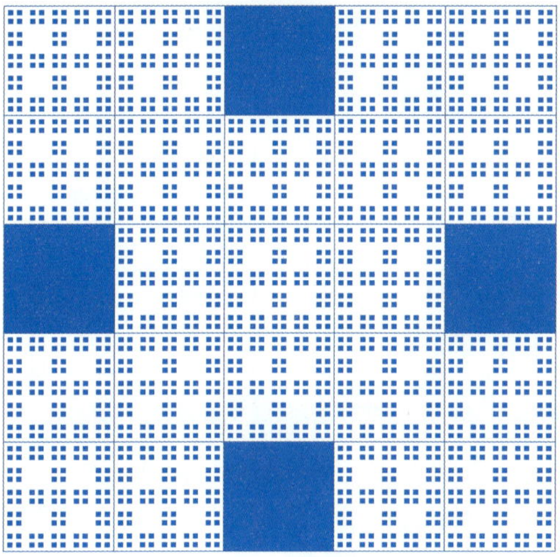 |  |
| $ggf:\log_{125}3928=1.714$ | $ggg:\log_{125}3928=1.714$ |
| 3928/15625=0.251 | 3928/15625=0.251 |
| 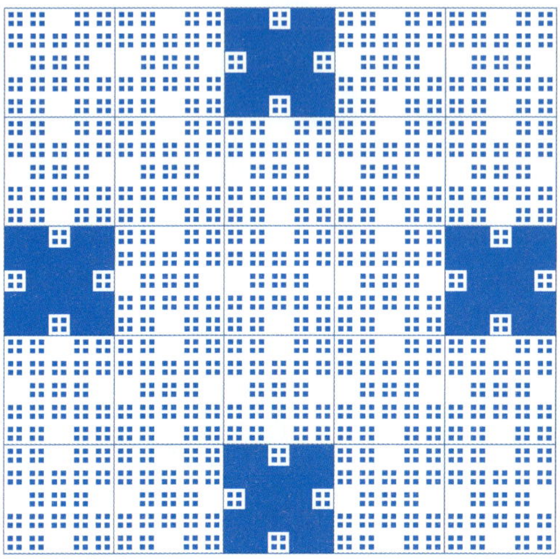 | 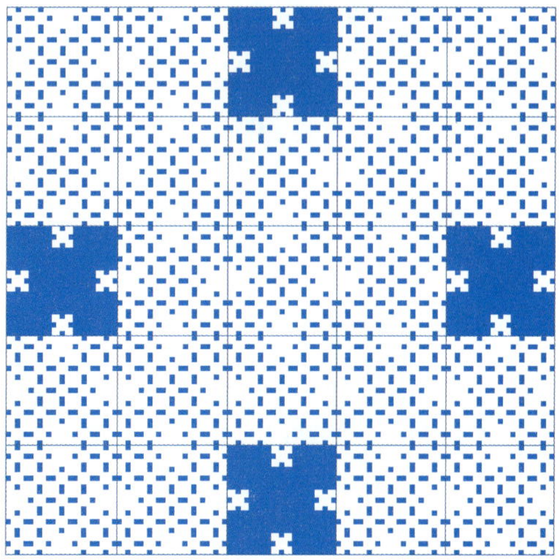 |

## (2) 1단계 9개

$F_3$는 공간을 차지하는 비율이 46%이다. 색을 칠한 부분과 칠하지 않는 부분이 균형을 이루며 가운데 부분을 강조하고 있다. 배경으로 가라앉은 부분은 색칠되지 않은 흰 부분에 의해 명도 변화가 느껴져 단조롭지 않고 깊이감 있는 우아한 아름다움을 자아내며 더불어 색칠된 큰 도형 안쪽에 생긴 문양과 통일감 있는 형태로 전체적인 균형과 조화를 이루고 있다.

| $F_1 = f \cup g : \log_5 9 = 1.365$ | $f : \log_5 4 = 0.861$ | $g : \log_5 5 = 1$ |
|---|---|---|
| 9/25=0.32 | 4/25=0.16 | 5/25=0.2 |

$F_1$:

| | | | | |
|---|---|---|---|---|
| 1 | 0 | 0 | 0 | 1 |
| 0 | 0 | 2 | 0 | 0 |
| 0 | 2 | 2 | 2 | 0 |
| 0 | 0 | 2 | 0 | 0 |
| 1 | 0 | 0 | 0 | 1 |

$f$:

| | | | | |
|---|---|---|---|---|
| 1 | 0 | 0 | 0 | 1 |
| 0 | 0 | 0 | 0 | 0 |
| 0 | 0 | 0 | 0 | 0 |
| 0 | 0 | 0 | 0 | 0 |
| 1 | 0 | 0 | 0 | 1 |

$g$:

| | | | | |
|---|---|---|---|---|
| 0 | 0 | 0 | 0 | 0 |
| 0 | 0 | 2 | 0 | 0 |
| 0 | 2 | 2 | 2 | 0 |
| 0 | 0 | 2 | 0 | 0 |
| 0 | 0 | 0 | 0 | 0 |

| $F_2 : \log_{25} 164 = 1.584$ | $ff : \log_{25} 84 = 1.377$ | $fg : \log_{25} 80 = 1.361$ |
|---|---|---|
| 164/625=0.262 | 84/625=0.134 | 80/625=0.128 |

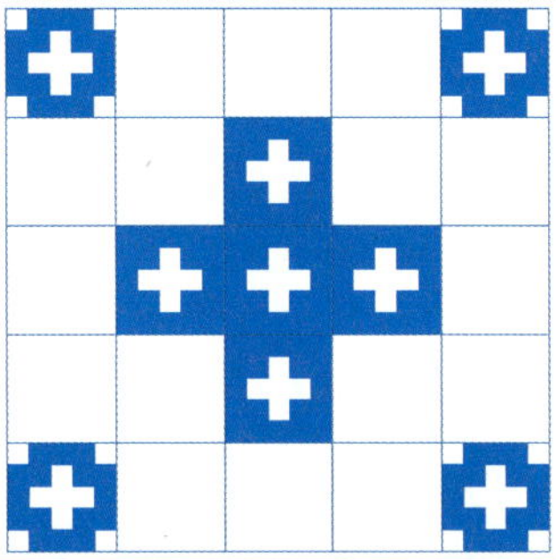
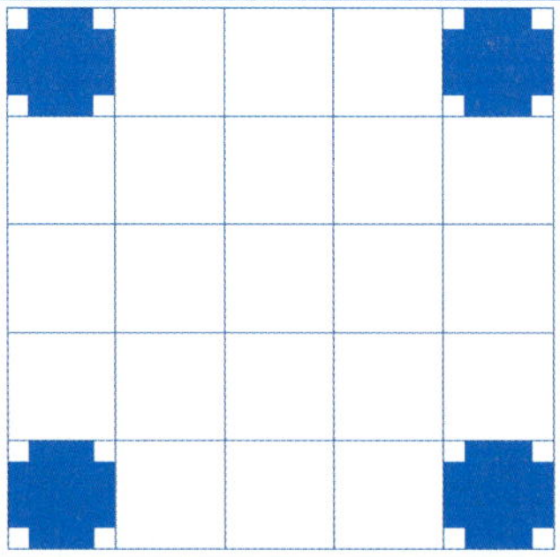
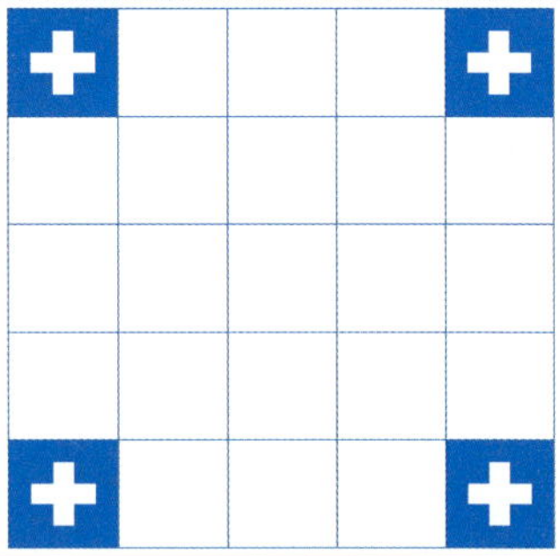

| $F_3 : \log_{125} 7193 = 1.839$ | $gf : \log_{25} 125 = 1.5$ | $gg : \log_{25} 100 = 1.431$ |
|---|---|---|
| 7193/15625=0.46 | 125/625=0.2 | 100/625=0.16 |

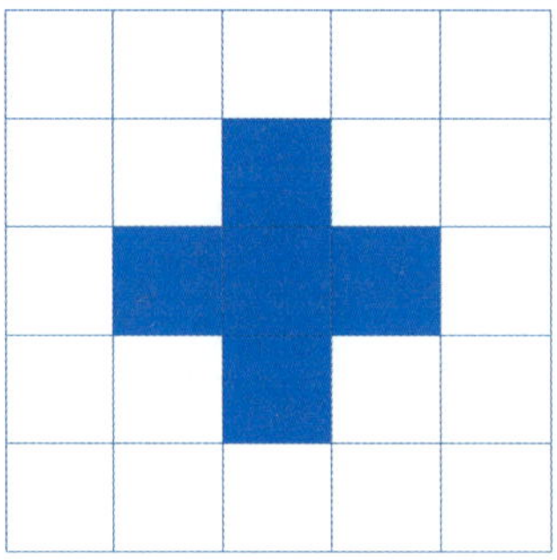
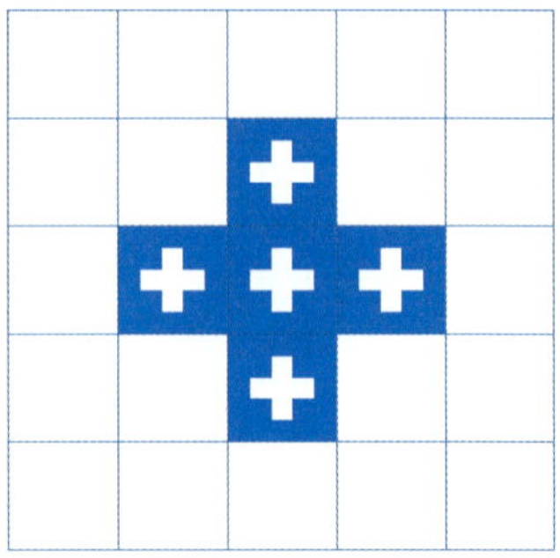

3단계 프랙탈 4개는 가장자리를 강조하긴 했으나 반복된 작은 무늬가 대부분의 면적을 차지하며 단조로움을 느끼게 한다. 조형적으로 시선을 끌 만한 디자인은 아니지만 실용적인 면에서 제품을 디자인 할 때 작고 앙증맞은 사이즈의 쁘띠스카프에 이런 무늬를 사용한다면 상품성이 있을 것으로 기대된다. $fgf$, $fgg$에는 색칠되지 않은 흰 부분이 반전된 형태로 아른거리면서 명도의 차이를 만들어내며 지루한 면을 없애주고 있다.

| $fff$ : $\log_{125}3928 = 1.714$ | $ffg$ : $\log_{125}4805 = 1.1.756$ |
|---|---|
| 3928/15625=0.251 | 4805/15625=0.308 |
| 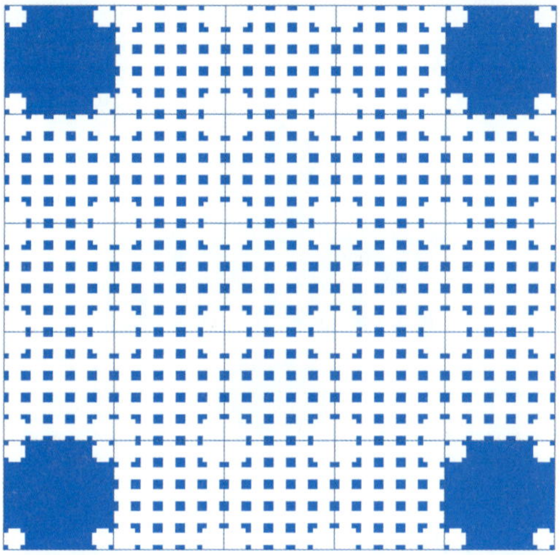 | 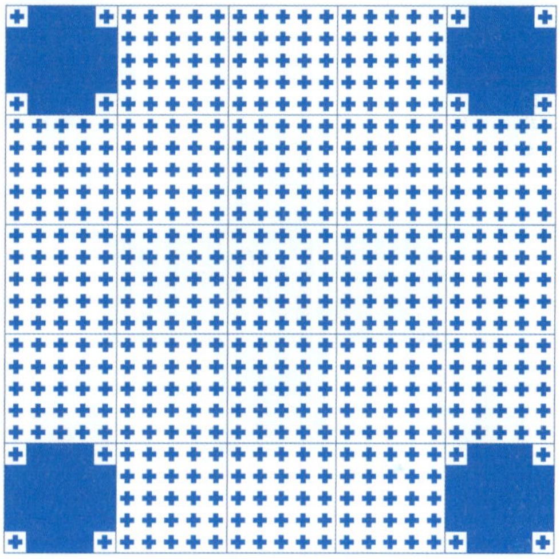 |
| $fgf$ : $\log_{125}3680 = 1.701$ | $fgg$ : $\log_{125}4200 = 1.728$ |
| 3680/15625=0.236 | 4200/15625=0.269 |
| 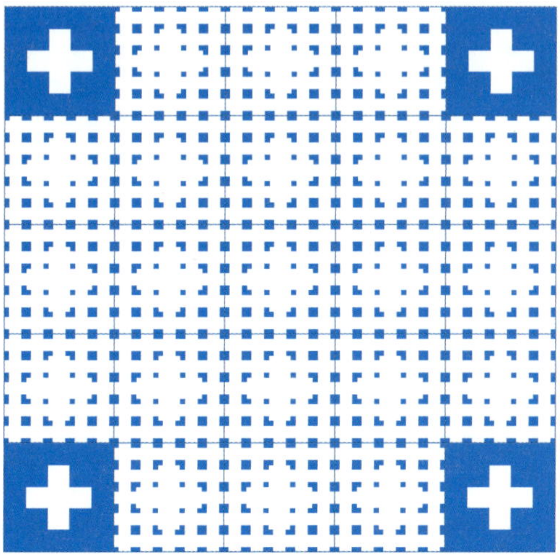 | 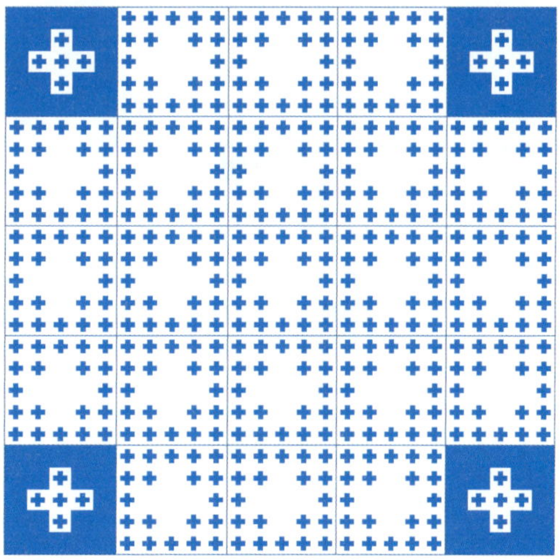 |

가운데 부분을 강조한 3단계의 프랙탈 네 개 중 *gff*와 *gfg*는 강조하는 부분만 눈에 들어올 뿐 단조로운 구성인데 반해 *ggf*, *ggg*는 가운데 십자형 안쪽에 장식성 있는 작은 십자형이 시선을 더 집중시키고 있으며, 배경에 색칠되지 않은 부분이 반전된 흰 무늬로 떠오르면서 단조로움을 벗어나게 한다. 특히 *ggg*는 전체적인 명도의 변화가 조화를 이루며 시각적으로 안정감을 준다.

$gff : \log_{125} 4805 = 1.756$

4805/15625=0.308

$gfg : \log_{125} 5625 = 1.788$

5625/15625=0.36

$ggf : \log_{125} 4200 = 1.728$

4200/15625=0.269

$ggg : \log_{125} 4625 = 1.748$

4625/15625=0.296

### (3) 1단계 12개

2단계 프랙탈 $F_2$는 가로 세로 선의 교차 결합으로 가운데로 집중하는 느낌을 가진다. 3단계 $F_3$도 가운데 희게 보이는 부분이 시선을 집중시키고 있으며 전체적으로 세분화 된 무늬들 때문에 빛이 발하는 느낌이 들어 화면의 단조로움을 피했다. 배경이 중심을 향해 그라데이션(gradation)을 이루며 점진적으로 어두워져서 점증적 변화의 미를 느끼게 한다. $ff$, $fg$는 원형으로 된 각 개체의 가장자리에 희고 작은 사각형들이 배치되어 전제적으로 바깥쪽으로 분산되는 이미지를 띤다.

| $F_1 = f \cup g : \log_5 12 = 1.544$ | $f : \log_5 8 = 1.292$ | $g : \log_5 4 = 0.861$ |
|---|---|---|
| 12/25=0.48 | 8/25=0.32 | 4/25=0.16 |
| 0 1 0 1 0<br>1 2 0 2 1<br>0 0 0 0 0<br>1 2 0 2 1<br>0 1 0 1 0 | 0 1 0 1 0<br>1 0 0 0 1<br>0 0 0 0 0<br>1 0 0 0 1<br>0 1 0 1 0 | 0 0 0 0 0<br>0 2 0 2 0<br>0 0 0 0 0<br>0 2 0 2 0<br>0 0 0 0 0 |
| $F_2 : \log_{25} 188 = 1.627$ | $ff : \log_{25} 136 = 1.526$ | $fg : \log_{25} 168 = 1.592$ |
| 188/625=0.301 | 136/625=0.218 | 168/625=0.269 |
|  | 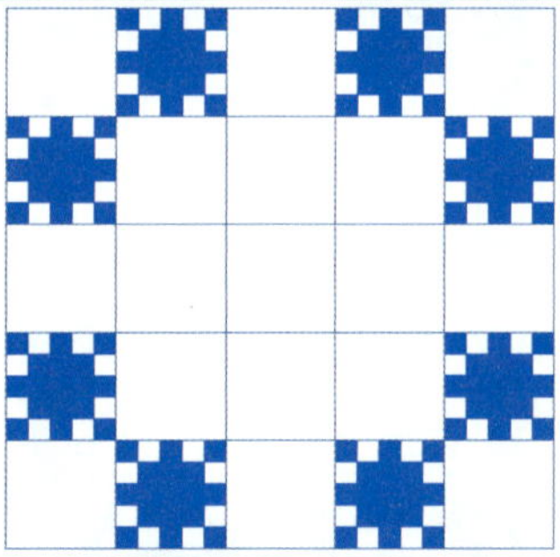 | 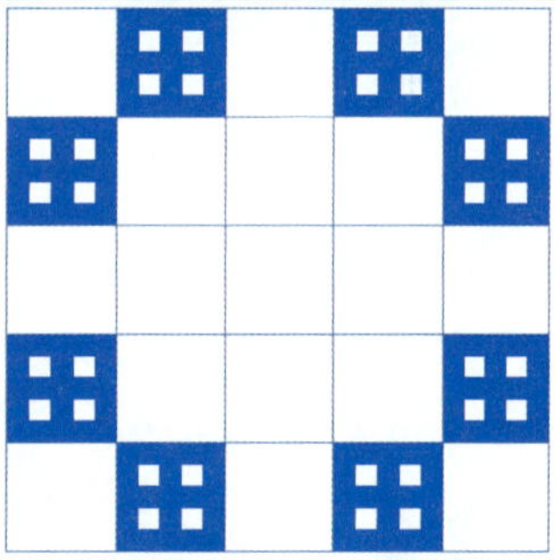 |
| $F_3 : \log_{125} 8232 = 1.867$ | $gf : \log_{25} 100 = 1.431$ | $gg : \log_{25} 84 = 1.377$ |
| 8232/15625=0.527 | 100/625=0.16 | 84/625=0.134 |
|  | 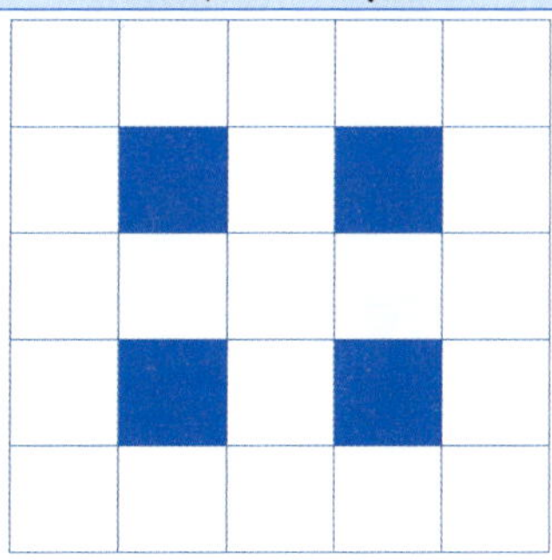 | 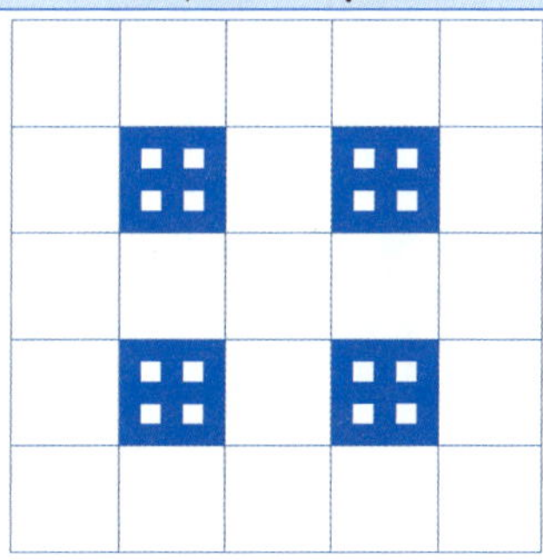 |

$fff$, $ffg$, $fgf$, $fgg$는 가장자리에 원형으로 배치된 각각의 형태에 따라 이미지가 다르게 느껴진다. $fff$는 색이 칠해진 부분이 40%정도이기 때문에 색칠 된 부분과 색칠하지 않은 부분이 균형을 이루며 안정적으로 이미지를 전달하고 있다. 또한 2단계에서 만들어진 프랙탈이 부드럽고 우아한 문양으로 재탄생해서 3단계 프랙탈에서 패턴화 하였기 때문에 통일과 변화의 원리가 적절히 적용된 조화로운 아름다움을 느낄 수 있다.

| $fff:\log_{125}6224 = 1.809$ | $ffg:\log_{125}5356 = 1.778$ |
|---|---|
| 6224/15625=0.398 | 5356/15625=0.343 |
|  | 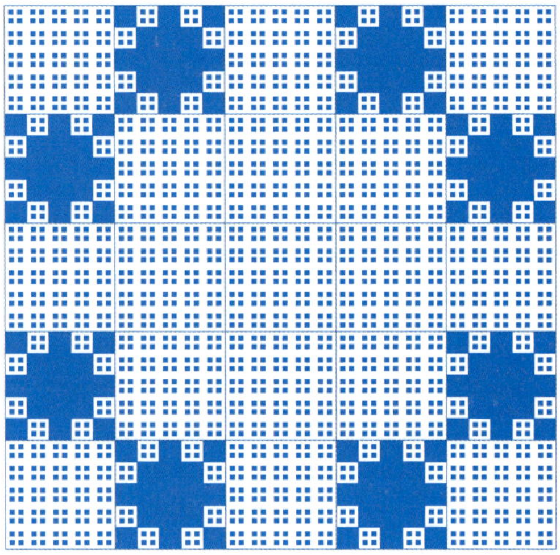 |
| $fgf:\log_{125}2500 = 1.62$ | $fgg:\log_{125}5756 = 1.793$ |
| 2500/15625=0.16 | 5756/15625=0.368 |
|  | 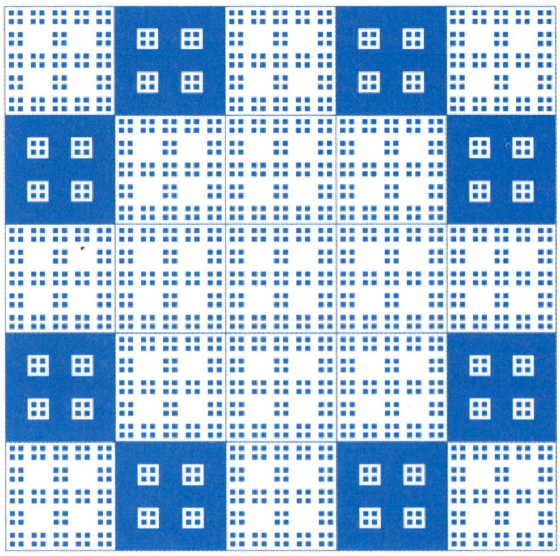 |

$gff$와 $gfg$는 큰 사각형이 배경과 강한 대비를 이루며 중압감이 느껴지도록 무겁게 배치돼 있다. 특히 $gff$는 부드러운 곡선의 형태로 이루어진 배경과 색칠한 큰 사각형이 형태상 성질이 너무 달라 서로 어울리지 못하고 어색하게 놓였다. $ggg$는 격자 안 무늬가 직선적인 형태로 이루어져 중심의 창문 모양과 잘 어울리지만 배경과 명도차이가 심하여 아쉽다. $ggf$는 색칠한 큰 사각형은 안쪽에 있는 흰 문양이 배경과 연계성을 갖게 하여 전체적으로 형태상 조화를 이루었고, 답답한 느낌에서 벗어나 시각적인 강조의 효과도 있어 구조적으로 안정감을 느끼게 한다.

| $gff:\log_{125}5356 = 1.778$ | $gfg:\log_{125}4600 = 1.747$ |
| --- | --- |
| 5356/15625=0.343 | 4600/15625=0.294 |
|  | 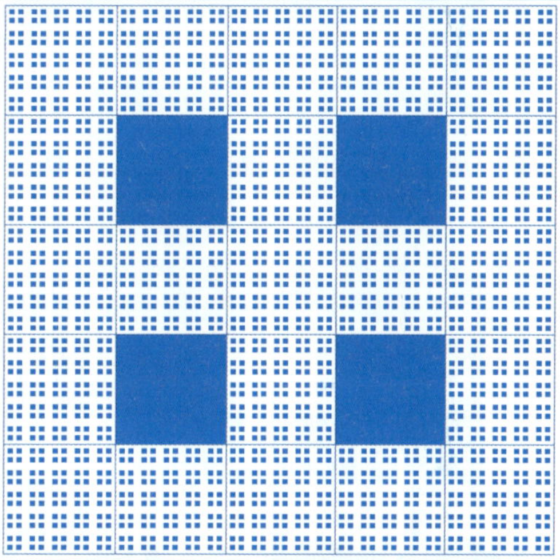 |
| $ggf:\log_{125}5756 = 1.793$ | $ggg:\log_{125}3928 = 1.714$ |
| 5756/15625=0.368 | 3928/15625=0.251 |
|  | 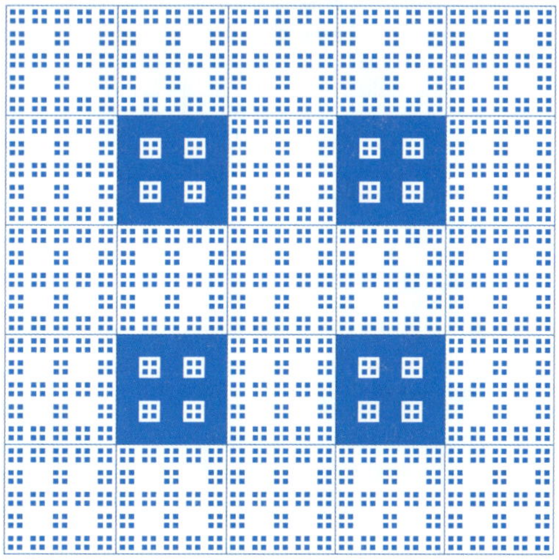 |

### (4) 1단계 12개

곱셈 프랙탈은 같은 도형의 반복이지만, 뺄셈 프랙탈은 내부에 또 다른 패턴의 프랙탈을 가진다. $F_2$는 두 가지 형태의 도형을 반복하고 있다. 회전 닮음이다. $ff$와 $gg$를 비교해보자.

| $F_1 = f \cup g : \log_5 12 = 1.544$ | $f : \log_5 8 = 1.292$ | $g : \log_5 4 = 0.861$ |
|---|---|---|
| 12/25=0.48 | 8/25=0.32 | 4/25=0.16 |

$F_1$:

| | | | | |
|---|---|---|---|---|
| 0 | 1 | 0 | 0 | 0 |
| 0 | 2 | 1 | 2 | 1 |
| 0 | 1 | 0 | 1 | 0 |
| 1 | 2 | 1 | 2 | 0 |
| 0 | 0 | 0 | 1 | 0 |

$f$:

| | | | | |
|---|---|---|---|---|
| 0 | 1 | 0 | 0 | 0 |
| 0 | 0 | 1 | 0 | 1 |
| 0 | 1 | 0 | 1 | 0 |
| 1 | 0 | 1 | 0 | 0 |
| 0 | 0 | 0 | 1 | 0 |

$g$:

| | | | | |
|---|---|---|---|---|
| 0 | 0 | 0 | 0 | 0 |
| 0 | 2 | 0 | 2 | 0 |
| 0 | 0 | 0 | 0 | 0 |
| 0 | 2 | 0 | 2 | 0 |
| 0 | 0 | 0 | 0 | 0 |

| $F_2 : \log_{25} 188 = 1.627$ | $ff : \log_{25} 136 = 1.526$ | $fg : \log_{25} 168 = 1.592$ |
|---|---|---|
| 188/625=0.301 | 136/625=0.218 | 168/625=0.269 |

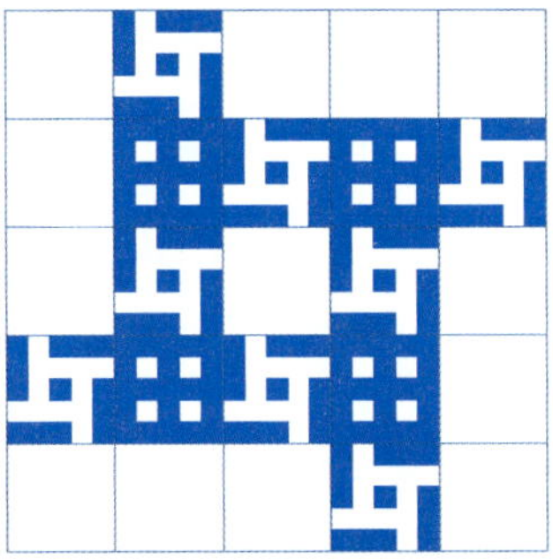
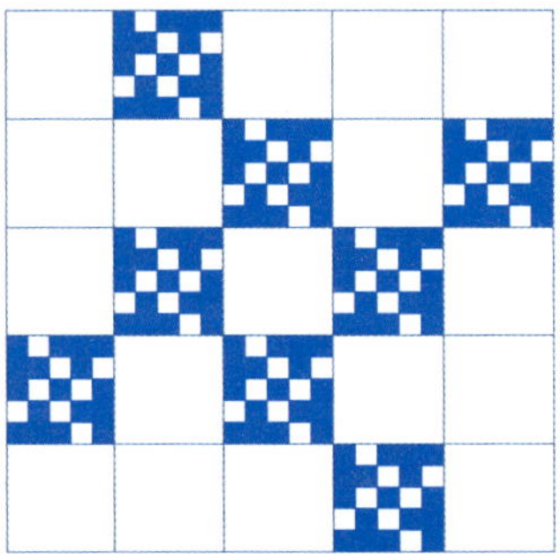
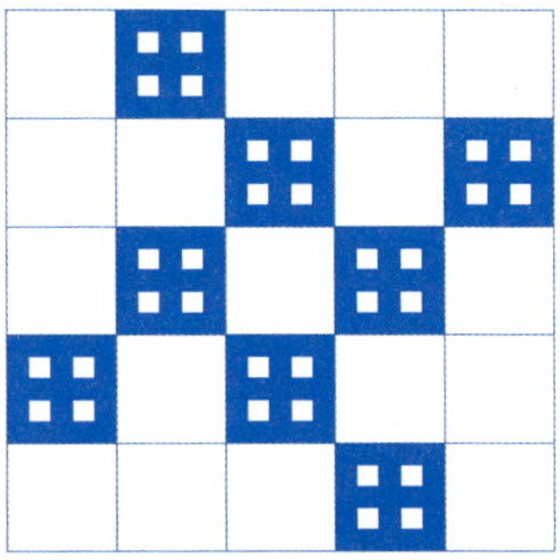

| $F_3 : \log_{125} 8232 = 1.867$ | $gf : \log_{25} 100 = 1.431$ | $gg : \log_{25} 84 = 1.377$ |
|---|---|---|
| 8232/15625=0.527 | 100/625=0.16 | 84/625=0.134 |

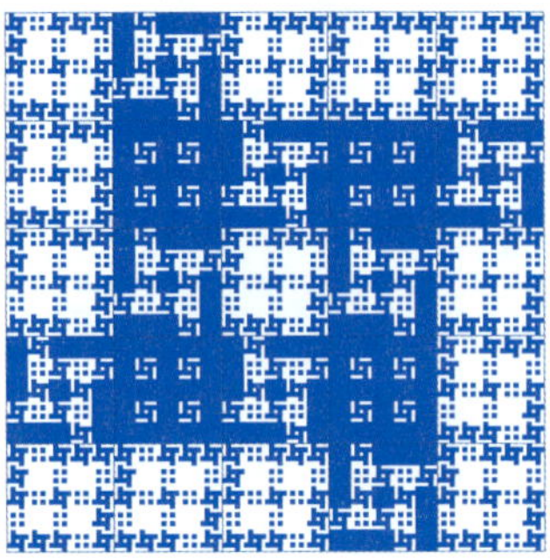
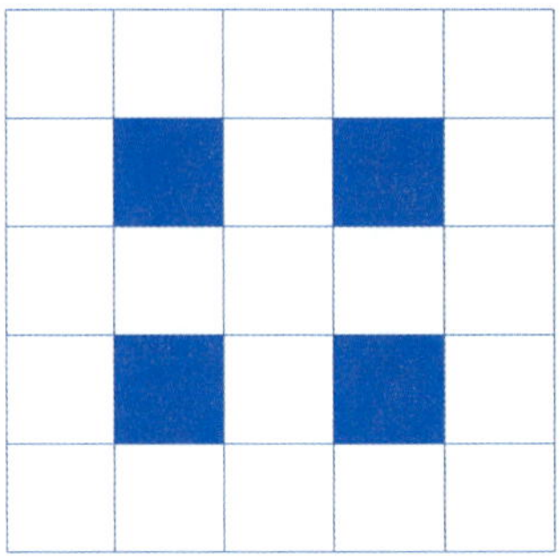
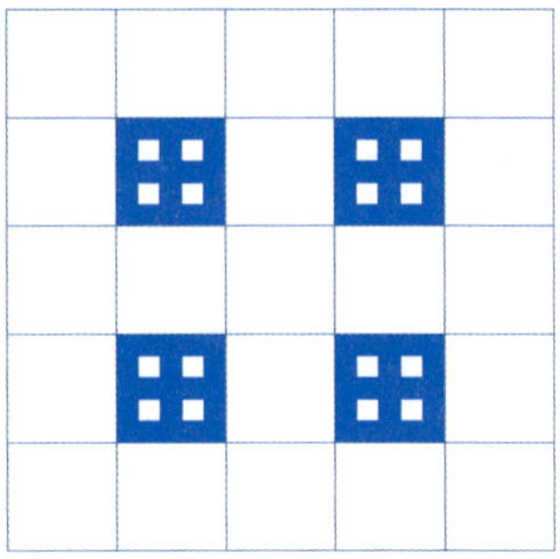

$f$는 움직임이 느껴지는 불안정성을 기본으로 가지고 있다. $f$를 3단계에 적용했을 때 네 가지 프랙탈 모두 $f$의 형태를 기본으로 가지며 변화요인에 의해 각각의 개성적 이미지를 띤다. $fff$는 색칠된 큰 부분도 동적 이미지이고 여러 칸에 있는 부분들도 동적 이미지라서 전체적으로 에너지가 느껴지지만 결속력이 약하여 각각이 흩어지려는 불안감과 산만함을 속성으로 가진다. $fgg$는 $fff$보다 조용하고 침착해 보이지만 배경과 굵게 색칠된 부분의 명도대비가 너무 강해서 자연스럽게 조화를 이루지는 못했다.

$fff : \log_{125}6224 = 1.809$

6224/15625=0.398

$ffg : \log_{125}5356 = 1.778$

5356/15625=0.343

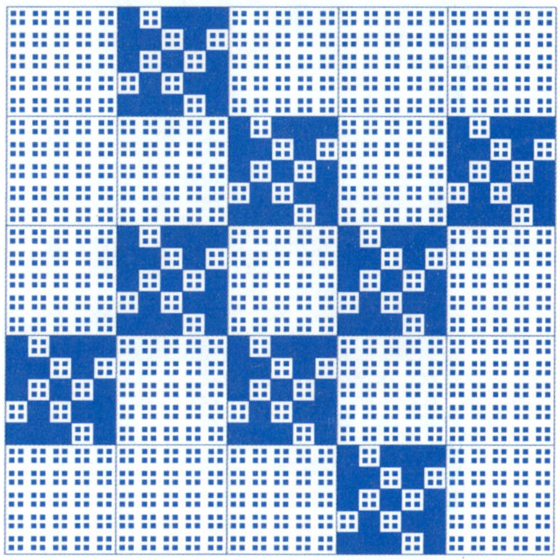

$fgf : \log_{125}2500 = 1.62$

2500/15625=0.16

$fgg : \log_{125}5756 = 1.793$

5756/15625=0.368

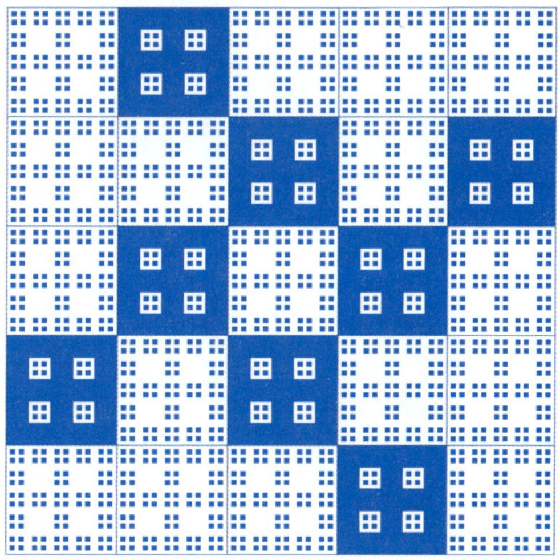

$g$를 적용한 3단계의 프랙탈 4개는 좌우상하 대칭으로 동일하게 마주 보고 있어서 배치에 있어 안정감을 갖게 한다. $gff$와 $ggf$는 배경 부분이 동적인 이미지를 띠어 활력을 느끼게 하는데 $gfg$와 $ggg$는 침착하고 정적인 느낌을 준다. 특히 큰 사각형의 안쪽에 흰색 무늬가 생겨서 배경과 연계되며 어울려서 조화를 이루게 한다.

| $gff:\log_{125}5356 = 1.778$ | $gfg:\log_{125}4600 = 1.747$ |
|---|---|
| 5356/15625=0.343 | 4600/15625=0.294 |
| 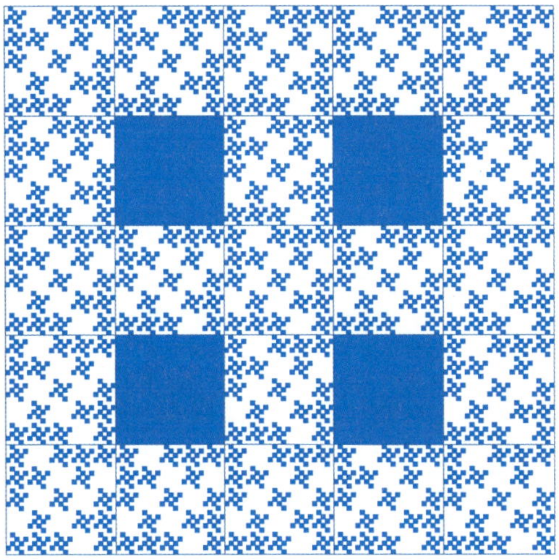 | 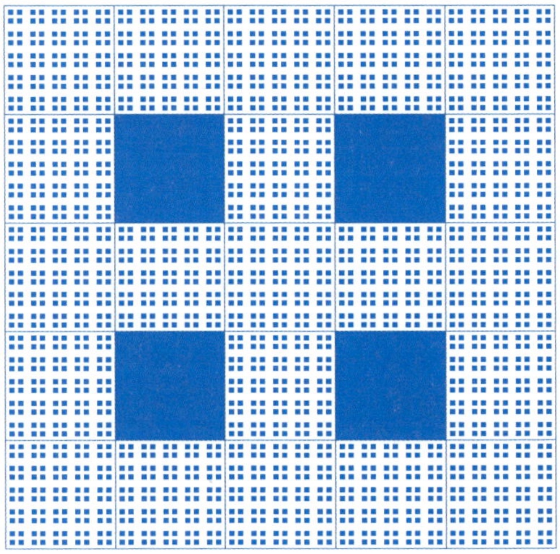 |
| $ggf:\log_{125}5756 = 1.793$ | $ggg:\log_{125}3928 = 1.1.714$ |
| 5756/15625=0.368 | 3928/15625=0.251 |
| 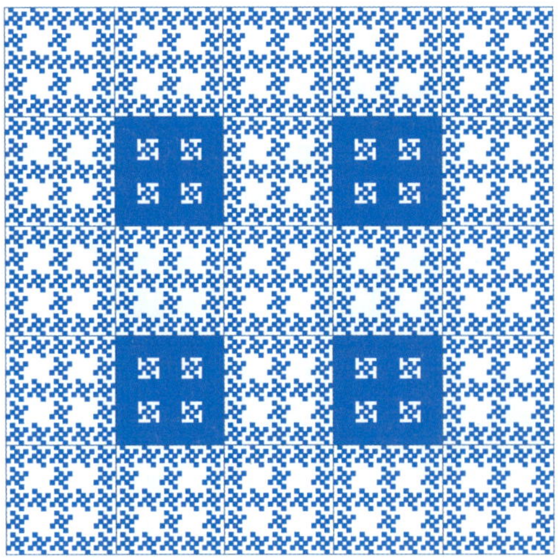 | 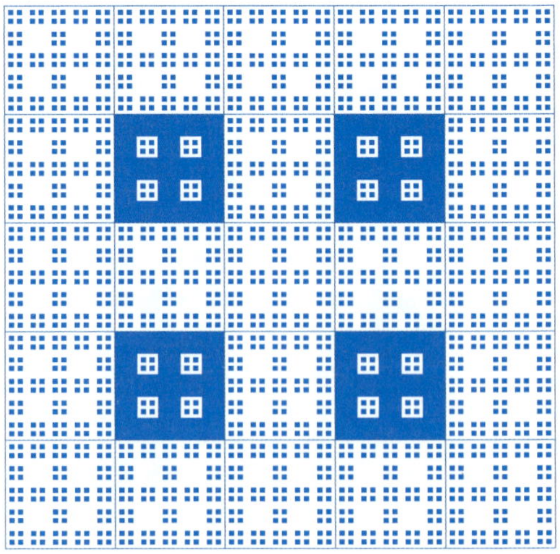 |

(5) 1단계 13개

$ff$는 사선의 느낌이 드는 구조로 시선을 가운데로 집중시키는 구심점의 역할을 제대로 할 만한 형태 상 특별한 요소가 없고 모두 균등한 크기를 가지고 있다. 따라서 시선이 중심으로 쏠리기보다는 사선방향으로 흐르며 움직임을 예측하게 한다. 구성된 각각을 전체의 모습과 비교해 보자. 전체의 모습과 각각의 모습이 서로 대비를 이루면서 변화를 주고 있다.

| $F_1 = f \cup g : \log_5 13 = 1.594$ | $f : \log_5 9 = 1.365$ | $g : \log_5 4 = 0.861$ |
|---|---|---|
| 13/25=0.52 | 9/25=0.36 | 4/25=0.16 |

$F_1$:

| | | | | |
|---|---|---|---|---|
| 0 | 0 | 1 | 0 | 0 |
| 0 | 1 | 2 | 1 | 0 |
| 1 | 2 | 1 | 2 | 1 |
| 0 | 1 | 2 | 1 | 0 |
| 0 | 0 | 1 | 0 | 0 |

$f$:

| | | | | |
|---|---|---|---|---|
| 0 | 0 | 1 | 0 | 0 |
| 0 | 1 | 0 | 1 | 0 |
| 1 | 0 | 1 | 0 | 1 |
| 0 | 1 | 0 | 1 | 0 |
| 0 | 0 | 1 | 0 | 0 |

$g$:

| | | | | |
|---|---|---|---|---|
| 0 | 0 | 0 | 0 | 0 |
| 0 | 0 | 2 | 0 | 0 |
| 0 | 2 | 0 | 2 | 0 |
| 0 | 0 | 2 | 0 | 0 |
| 0 | 0 | 0 | 0 | 0 |

| $F_2 : \log_{25} 192 = 1.633$ | $ff : \log_{25} 144 = 1.544$ | $fg : \log_{25} 189 = 1.628$ |
|---|---|---|
| 192/625=0.307 | 144/625=0.23 | 189/625=0.302 |

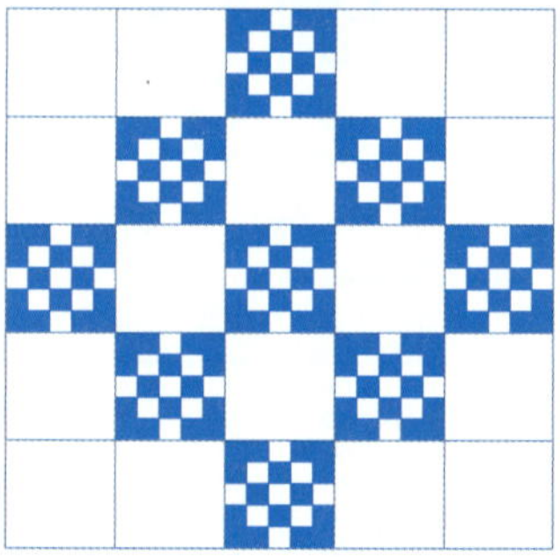
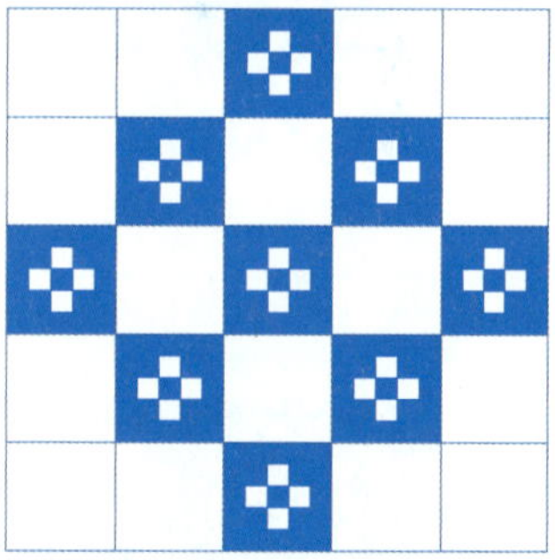

| $F_3 : \log_{125} 8509 = 1.874$ | $gf : \log_{25} 100 = 1.431$ | $gg : \log_{25} 84 = 1.377$ |
|---|---|---|
| 8509/15625=0.545 | 100/625=0.16 | 84/625=0.134 |

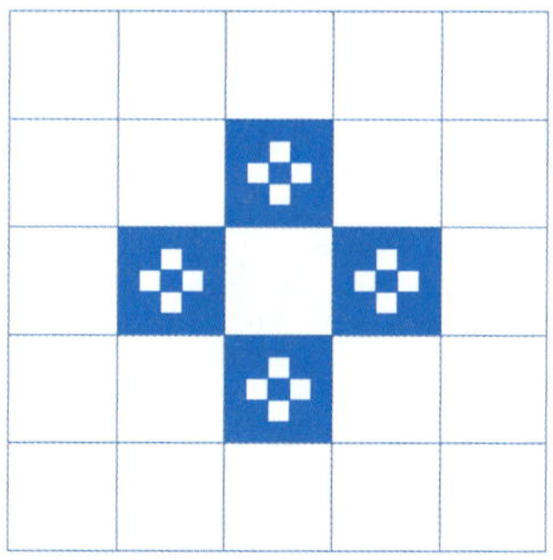

다음의 3단계 프랙탈 네 가지 모두 $f$의 형태를 기본 구조로 2단계의 프랙탈 네 개를 각각 합성하여 만들어진 것들이다. 이것은 모양이 서로 다른 두 가지 패턴의 반복적인 배열로 느낌의 차이를 만들었다. $fff$는 색칠이 진한 곳과 그 주변의 이미지가 둘 다 강하여 서로 상충하면서 시선을 어디에 두어야할지 모를 만큼 어지럽게 느껴진다. $fgf$, $fgg$는 색칠이 진한 곳과 주변이 어울리면서도 구별이 잘 되어 보기에 편안하다.

| $fff : \log_{125} 6633 = 1.823$ | $ffg : \log_{125} 5524 = 1.785$ |
|---|---|
| 6633/15625=0.425 | 5524/15625=0.354 |
|  |  |
| $fgf : \log_{125} 7749 = 1.855$ | $fgg : \log_{125} 6213 = 1.809$ |
| 7749/15625=0.496 | 6213/15625=0.398 |
|  |  |

움직임(movement)은 운동, 변화, 활기, 이동, 속도 등의 느낌을 가진다. $gff$에서 주변의 이미지는 대각선의 느낌을 강하게 가지고 있어서 움직임의 느낌을 주는데 가운데 큰 사각형은 무거워 보이고 배경과 이질적으로 느껴진다. $ggf$는 색칠이 진한 곳보다 그 주변의 색이 연한 곳 각각의 칸에 색칠하지 않은 흰 부분이 반전된 형태로 강하게 떠오른다. 색칠이 진한 사각형과 동등한 수준으로 시선을 끌고는 있으나, 모두 균등한 모양으로 넓은 면적에 분포돼 있어서 배경으로 물러나며 결국 색칠이 진한 사각형에게 시선을 빼앗긴다.

| $gff: \log_{125} 5524 = 1.785$ | $gfg: \log_{125} 4600 = 1.747$ |
| --- | --- |
| 5524/15625=0.354 | 4600/15625=0.294 |
|  |  |
| $ggf: \log_{125} 6213 = 1.809$ | $ggg: \log_{125} 3928 = 1.1.714$ |
| 6213/15625=0.398 | 3928/15625=0.251 |
|  |  |

(6) 1단계 16개

$F_2$는 두 개의 패턴인 $F_1$과 $g$의 반전된 형태를 반복하고 있다. $F_1$의 형태가 스와스타카(swastika)와 유사하고 회전에 의한 동적인 이미지를 가지고 있기 때문에 $F_2$는 움직임이 강하게 느껴진다. $F_3$는 좀 더 세밀해진 부분들의 조합으로 정교한 세련미를 느낄 수 있다. 정중앙을 비롯한 색이 연한 칸들은 명도의 차이를 다양화하여 전체적인 형태와 색감에 자연스러운 깊이감을 더하여 변화의 미를 이끌어 낸다.

| $F_1 = f \cup g : \log_5 16 = 1.723$ | $f : \log_5 8 = 1.292$ | $g : \log_5 8 = 1.292$ |
|---|---|---|
| 16/25=0.52 | 8/25=0.32 | 8/25=0.32 |

$F_1$:

| 1 | 0 | 2 | 1 | 1 |
|---|---|---|---|---|
| 1 | 0 | 2 | 0 | 0 |
| 2 | 2 | 0 | 2 | 2 |
| 0 | 0 | 2 | 0 | 1 |
| 1 | 1 | 2 | 0 | 1 |

$f$:

| 1 | 0 | 0 | 1 | 1 |
|---|---|---|---|---|
| 1 | 0 | 0 | 0 | 0 |
| 0 | 0 | 0 | 0 | 0 |
| 0 | 0 | 0 | 0 | 1 |
| 1 | 1 | 0 | 0 | 1 |

$g$:

| 0 | 0 | 2 | 0 | 0 |
|---|---|---|---|---|
| 0 | 0 | 2 | 0 | 0 |
| 2 | 2 | 0 | 2 | 2 |
| 0 | 0 | 2 | 0 | 0 |
| 0 | 0 | 2 | 0 | 0 |

| $F_2 : \log_{25} 208 = 1.658$ | $ff : \log_{25} 136 = 1.526$ | $fg : \log_{25} 136 = 1.526$ |
|---|---|---|
| 208/625=0.333 | 136/625=0.218 | 136/625=0.218 |

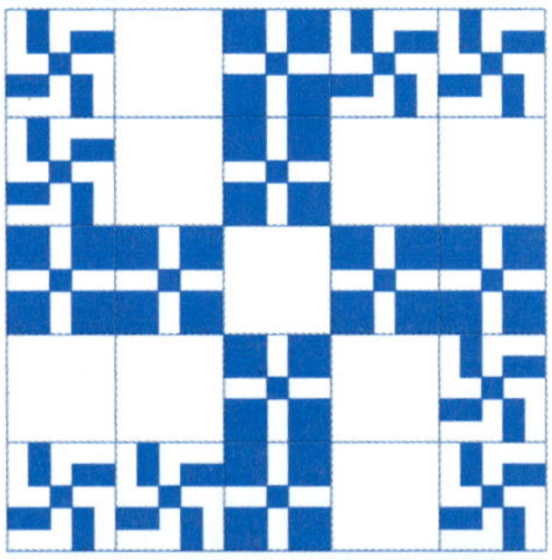
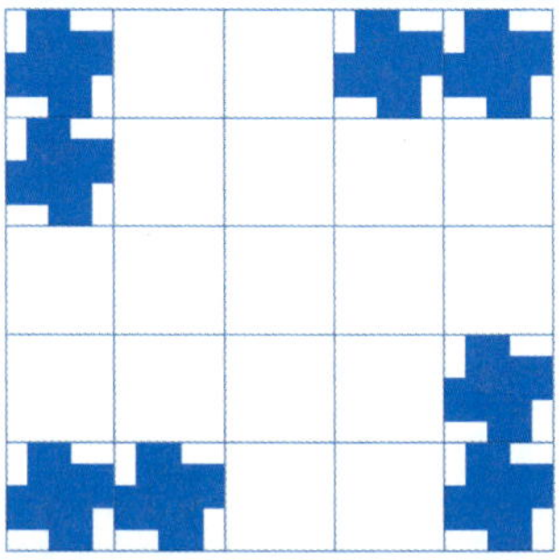
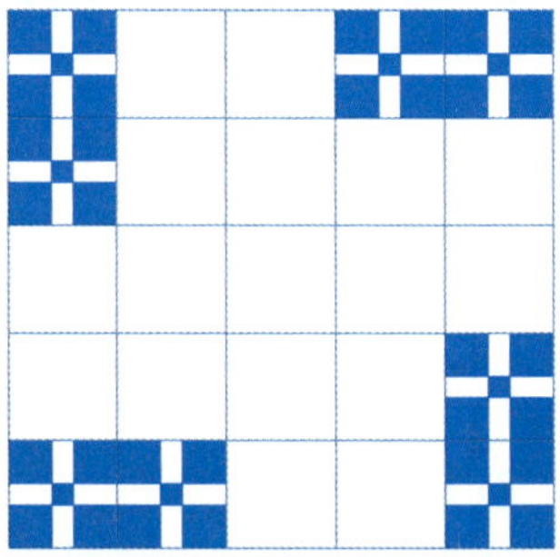

| $F_3 : \log_{125} 9632 = 1.9$ | $gf : \log_{25} 200 = 1.646$ | $gg : \log_{25} 136 = 1.526$ |
|---|---|---|
| 9632/15625=0.616 | 200/625=0.32 | 136/625=0.218 |

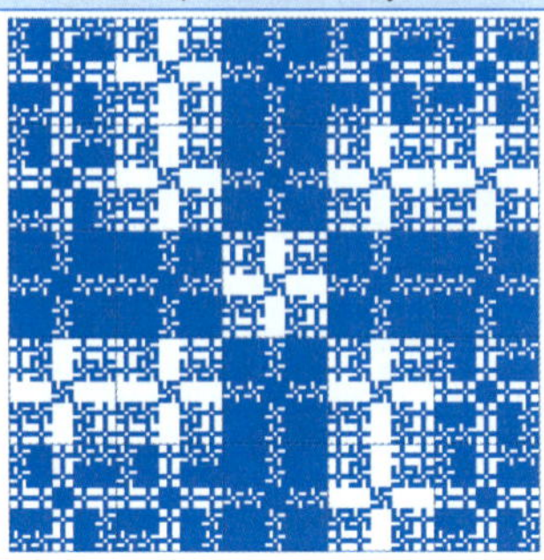
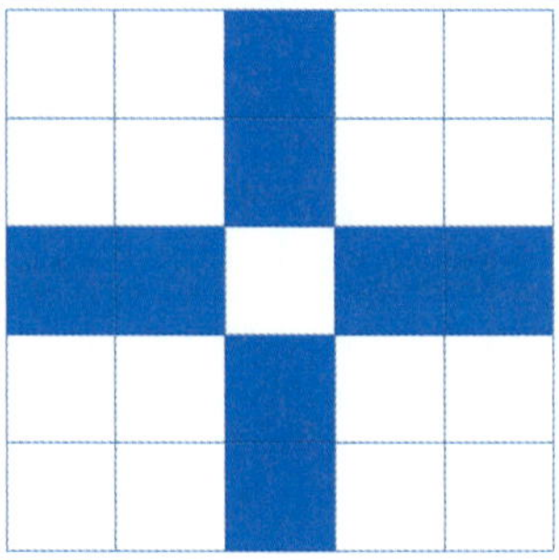
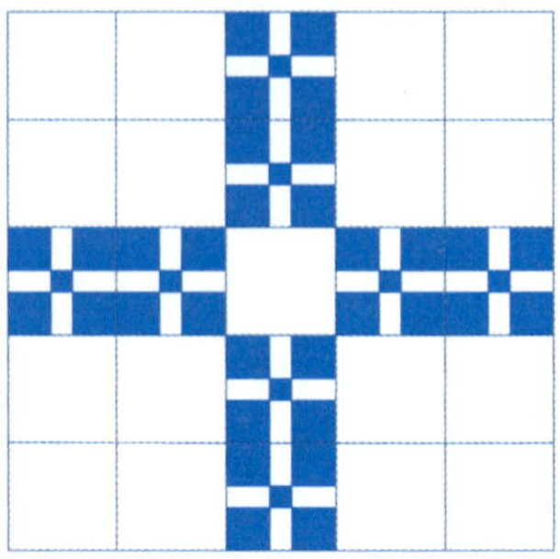

$fff$는 같은 도형의 반복이지만, 각각이 좌우대칭이 아니어서 안정감이 약하며, 가장자리에 진하고 단순하게 색칠된 부분이 전체와의 조화를 고려해볼 때 어색하고 이질적으로 느껴진다. $ffg$도 마찬가지다. $fgg$는 주어진 공간을 세련된 느낌으로 분할하고 있는데 가로와 세로 선들이 조밀하게 구성된 곳과 색칠이 진하게 된 곳들의 차이가 만들어 내는 조화미, 선이 만나서 교차하는 부분의 모양 변화와 그 차이에 의해 만들어지는 다양한 조형미와 세련미를 느낄 수 있다.

| $fff:\log_{125}6224=1.809$ | $ffg:\log_{125}7312=1.843$ |
|---|---|
| 6224/15625=0.398 | 7312/15625=0.468 |
| 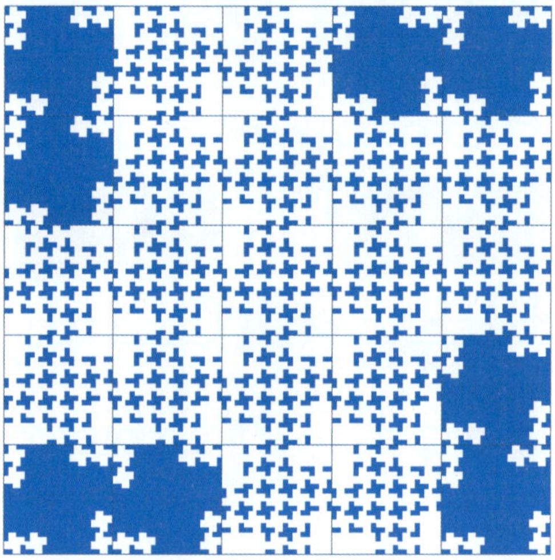 | 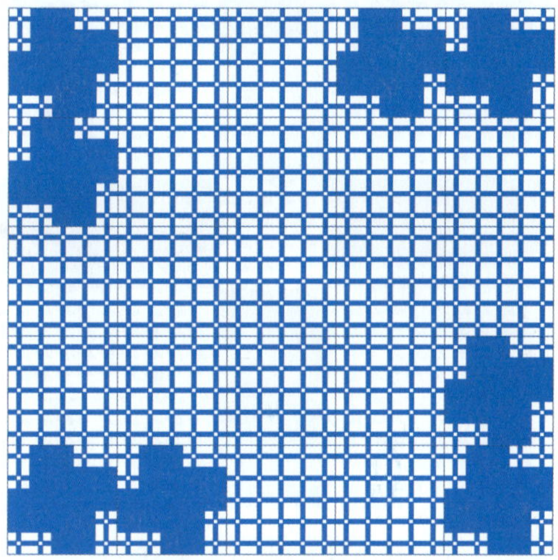 |
| $fgf:\log_{125}5712=1.792$ | $fgg:\log_{125}6224=1.809$ |
| 5712/15625=0.366 | 6224/15625=0.398 |
| 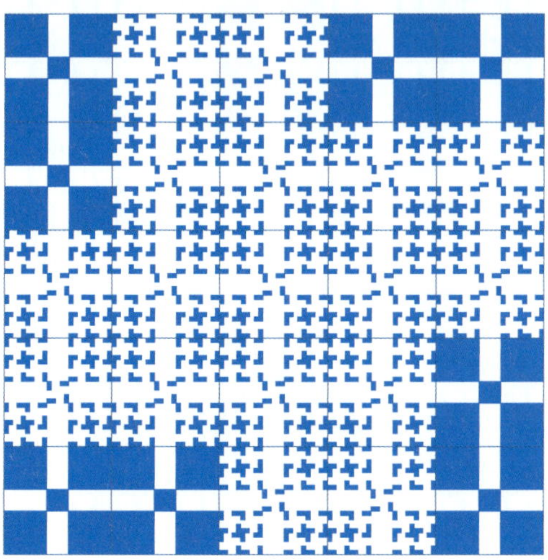 | 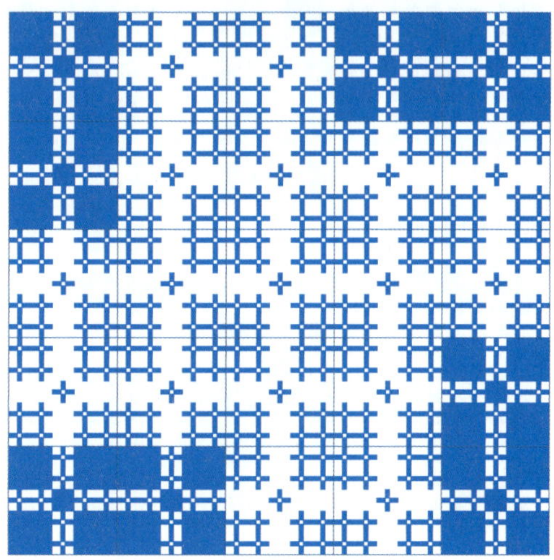 |

주어진 3단계 프랙탈은 모두 좌우대칭으로 단순한 구조적 형태를 가지고 있다. $gff$, $gfg$는 십자형으로 진하게 색칠된 곳과 배경이 명도대비와 면적대비가 강하여 단순하고 위압적으로 느껴진다. $ggf$, $ggg$는 색이 진한 칸 안쪽에 패턴무늬가 있어 배경이 된 밝은 부분과 조화롭게 어울리고 전체적인 이미지를 부드럽게 만들고 있으며, 이것은 시선을 가운데로 집중시키는 효과도 낳았다.

| $gff$ : $\log_{125}7312 = 1.843$ | $gfg$ : $\log_{125}8400 = 1.871$ |
|---|---|
| 7312/15625=0.468 | 8400/15625=0.538 |
|  |  |
| $ggf$ : $\log_{125}6224 = 1.809$ | $ggg$ : $\log_{125}6224 = 1.809$ |
| 6224/15625=0.398 | 6224/15625=0.398 |
| 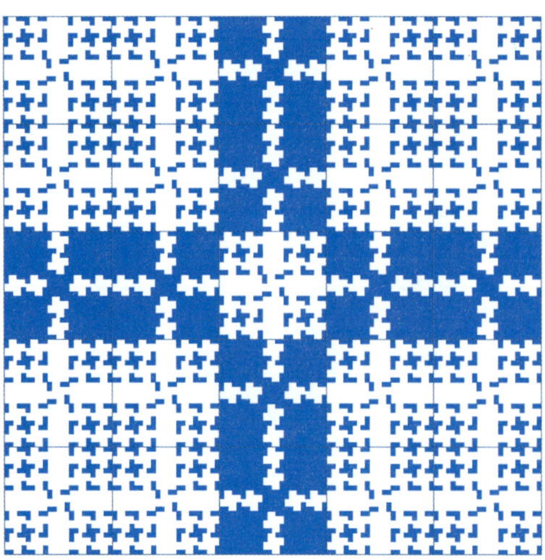 |  |

### (7) 1단계 16개

2단계의 프랙탈 $F_2$는 2개의 프랙탈 $F_1$와 $g$의 반전 형태가 패턴으로 반복된다. $F_2$는 두 패턴으로 이루어져 복잡해 보이기도 하지만 시선이 중심으로 집중되면서 안정을 찾게 된다. 3단계 $F_3$는 배경부분의 명도 변화가 중심을 향해 갈수록 점진적으로 밝아지는 자연스러운 그라데이션 효과를 보이고 있어 색채가 풍부해졌으며 전체적인 이미지는 몽환적인 인상을 풍긴다.

$F_1:\log_5 16 = 1.723$

16/25=0.52

| 2 | 1 | 0 | 1 | 2 |
|---|---|---|---|---|
| 1 | 0 | 2 | 0 | 1 |
| 0 | 2 | 0 | 2 | 0 |
| 1 | 0 | 2 | 0 | 1 |
| 2 | 1 | 0 | 1 | 2 |

$f:\log_5 8 = 1.292$

8/25=0.32

| 0 | 1 | 0 | 1 | 0 |
|---|---|---|---|---|
| 1 | 0 | 0 | 0 | 1 |
| 0 | 0 | 0 | 0 | 0 |
| 1 | 0 | 0 | 0 | 1 |
| 0 | 1 | 0 | 1 | 0 |

$g:\log_5 8 = 1.292$

8/25=0.32

| 2 | 0 | 0 | 0 | 2 |
|---|---|---|---|---|
| 0 | 0 | 2 | 0 | 0 |
| 0 | 2 | 0 | 2 | 0 |
| 0 | 0 | 2 | 0 | 0 |
| 2 | 0 | 0 | 0 | 2 |

$F_2:\log_{25} 208 = 1.658$

208/625=0.333

$ff:\log_{25} 136 = 1.526$

136/625=0.218

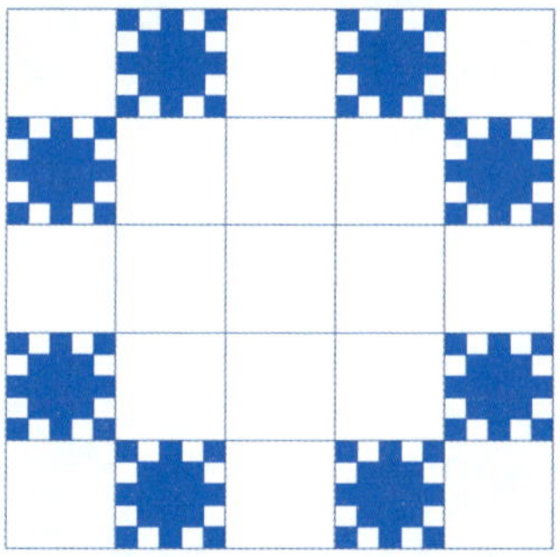

$fg:\log_{25} 136 = 1.526$

136/625=0.218

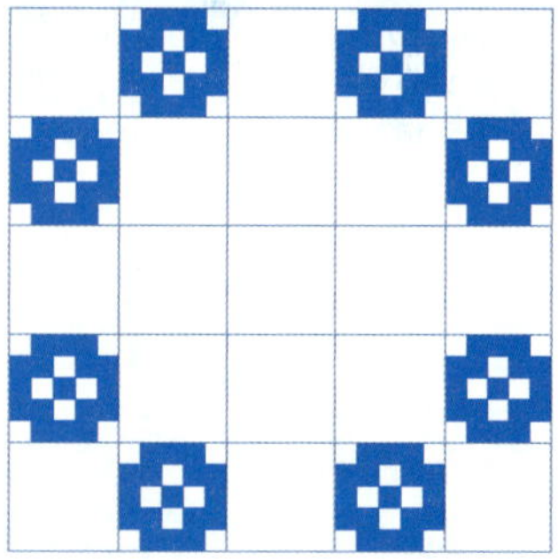

$F_3:\log_{125} 9632 = 1.9$

9632/15625=0.616

$gf:\log_{25} 200 = 1.646$

200/625=0.32

$gg:\log_{25} 136 = 1.526$

136/625=0.218

$fff$는 색이 칠해진 네모와 색이 칠해지지 않은 부분이 강한 대비를 이루지만 색칠된 칸 안쪽에 생긴 흰색의 무늬가 바깥 주변과 어울림을 이루며 이질적인 느낌이 들지 않도록 돕는다. 색이 칠해지지 않은 부분은 반복된 패턴으로 서로 연결을 통하여 통일감을 형성하며 전체적인 분위기를 주도하고, 둘레에 원형으로 배열된 진하게 색칠된 큰 사각형은 안쪽 무늬패턴의 모양에 따라 전체와 어울리며 분위기 변화를 이끈다.

| $fff:\log_{125}6224 = 1.809$ | $ffg:\log_{125}7312 = 1.843$ |
|---|---|
| 6224/15625=0.398 | 7312/15625=0.468 |
|  | 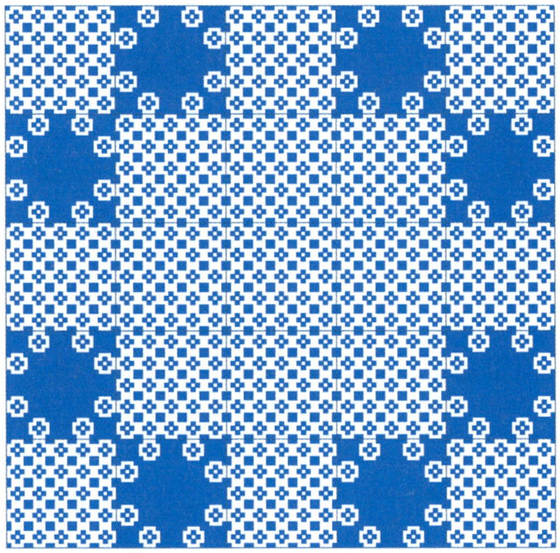 |
| $fgf:\log_{125}5712 = 1.792$ | $fgg:\log_{125}6224 = 1.809$ |
| 5712/15625=0.366 | 6224/15625=0.398 |
|  |  |

$gff$는 색칠한 부분이 너무 단순하고 강하기 때문에 잔잔한 무늬의 배경과는 이질감이 든다. $gfg$ 역시 색이 강한 부분과 그렇지 않는 부분이 조화를 이루지 못하고 답답하게 느껴진다. $ggf$, $ggg$는 색칠된 큰 사각형 안쪽에 흰 무늬가 생기면서 부드러운 이미지를 가지게 된다. 이는 밝은 배경과 이질감이 들지 않도록 형태나 명도에서의 차이를 줄여주어 전체적으로 큰 무리 없이 어울리도록 한다. 일본 만화영화 〈센과 치히로의 행방불명〉에 나오는 숯검뎅이처럼 까맣고 동글동글하고 귀여운 이미지를 띠고 있어 전체적으로 분위기를 명랑하게 만든다.

$gff : \log_{125} 7312 = 1.843$

$7312/15625 = 0.468$

$gfg : \log_{125} 8400 = 1.871$

$8400/15625 = 0.538$

$ggf : \log_{125} 6224 = 1.809$

$6224/15625 = 0.398$

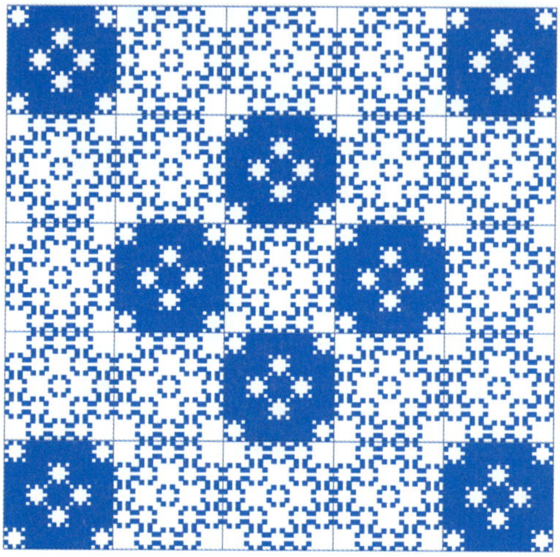

$ggg : \log_{125} 6224 = 1.809$

$6224/15625 = 0.398$

## 4 6×6 빨셈 프랙탈 분할

### 1. 두 개의 프랙탈로 분할

(1) 1단계 8개

$F_3$는 가운데 큰 도형과 주변의 작은 도형이 면적대비를 이루며 시선을 가운데로 집중시키고, 큰 도형의 안쪽에 배경과 유사한 형태의 패턴을 사용하여 통일감 속에 변화의 미를 구축한다.

| $F_1 = f \cup g : \log_6 8 = 1.161$ | $f : \log_6 4 = 0.774$ | $g : \log_6 4 = 0.774$ |
|---|---|---|
| 8/36=0.222 | 4/36=0.111 | 4/36=0.111 |

| 0 | 0 | 0 | 0 | 0 | 0 |
|---|---|---|---|---|---|
| 0 | 0 | 2 | 0 | 0 | 0 |
| 0 | 0 | 1 | 1 | 2 | 0 |
| 0 | 2 | 1 | 1 | 0 | 0 |
| 0 | 0 | 0 | 2 | 0 | 0 |
| 0 | 0 | 0 | 0 | 0 | 0 |

| 0 | 0 | 0 | 0 | 0 | 0 |
|---|---|---|---|---|---|
| 0 | 0 | 0 | 0 | 0 | 0 |
| 0 | 0 | 1 | 1 | 0 | 0 |
| 0 | 0 | 1 | 1 | 0 | 0 |
| 0 | 0 | 0 | 0 | 0 | 0 |
| 0 | 0 | 0 | 0 | 0 | 0 |

| 0 | 0 | 0 | 0 | 0 | 0 |
|---|---|---|---|---|---|
| 0 | 0 | 2 | 0 | 0 | 0 |
| 0 | 0 | 0 | 0 | 2 | 0 |
| 0 | 2 | 0 | 0 | 0 | 0 |
| 0 | 0 | 0 | 2 | 0 | 0 |
| 0 | 0 | 0 | 0 | 0 | 0 |

| $F_2 : \log_{36} 240 = 1.529$ | $ff : \log_{36} 128 = 1.354$ | $fg : \log_{36} 128 = 1.354$ |
|---|---|---|
| 240/1296=0.185 | 128/1296=0.099 | 128/1296=0.099 |

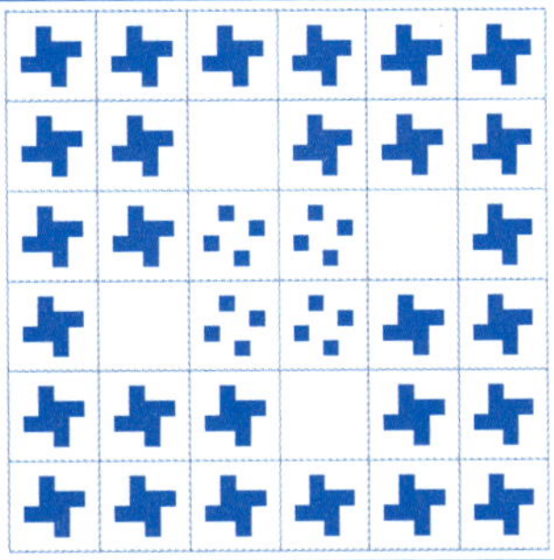

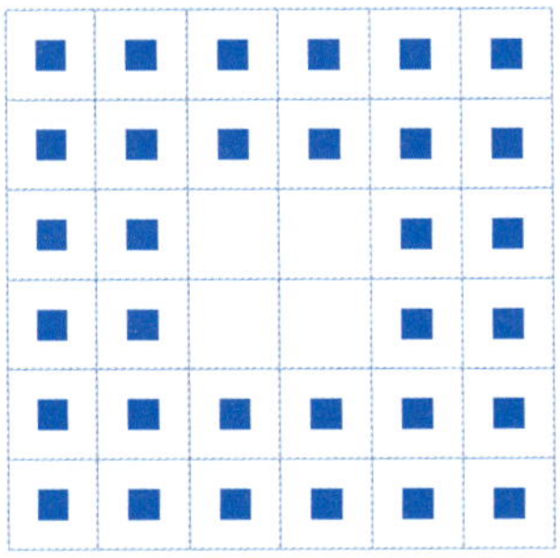

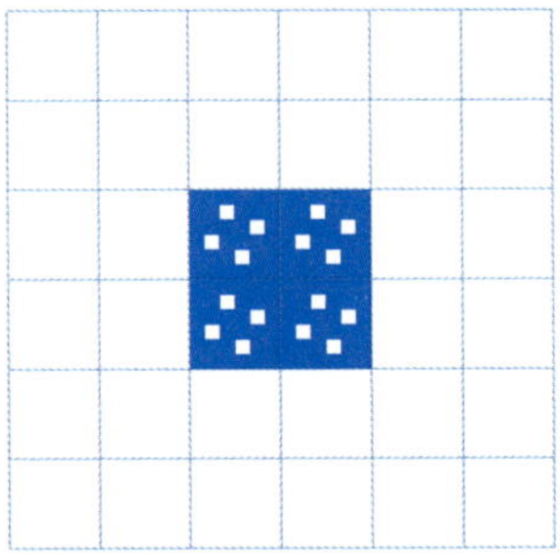

| $F_3 : \log_{216} 15680 = 1.797$ | $gf : \log_{36} 144 = 1.387$ | $gg : \log_{36} 128 = 1.354$ |
|---|---|---|
| 15680/46656=0.336 | 144/1296=0.111 | 128/1296=0.099 |

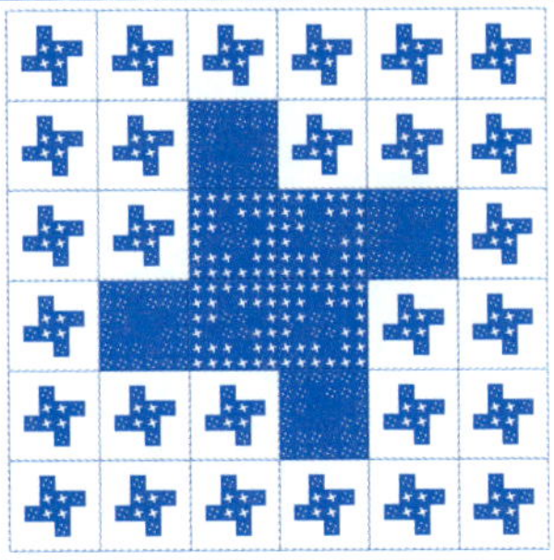

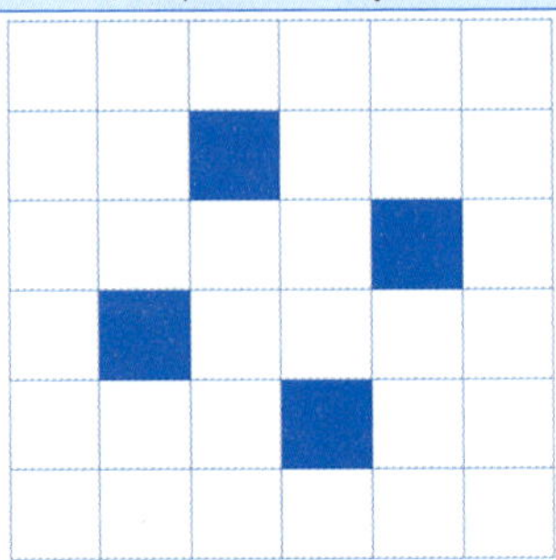

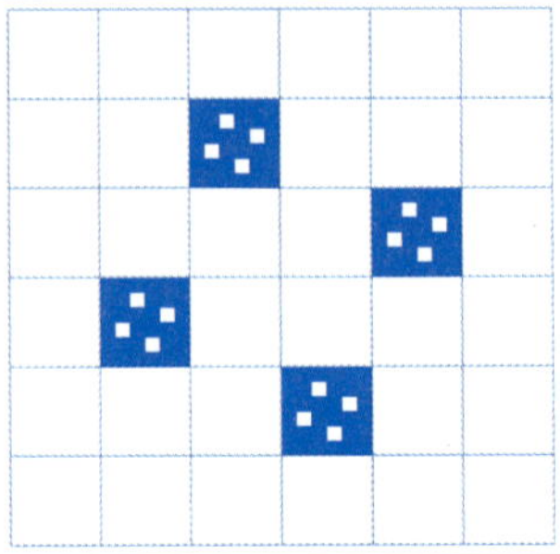

$fff$는 가운데 큰 사각형과 주변의 작은 사각형이 면적대비를 이룬다. 흰 점이 있는 중간 크기의 사각형이 큰 사각형과 유사한 형태의 패턴이기 때문에 전체적으로 통일감과 안정감을 부여하면서 자연스럽게 시선을 중심으로 이끌며 조화를 이뤄낸다. $fgf$는 작은 점들이 잘 정리되어 있어서 깔끔한 느낌을 주고, 가운데 위치하고 있는 반복된 패턴도 단순하여 큰 무리 없이 안정감을 준다. $ffg$, $fgg$는 배경에 있는 작은 점들이 가운데 큰 사각형과 크기나 형태에서 지나치게 대비가 심하여 중압감이 느껴지고 부조화하여 답답고 어색한 느낌을 준다.

$fff : \log_{216} 8768 = 1.689$

8768/46656=0.188

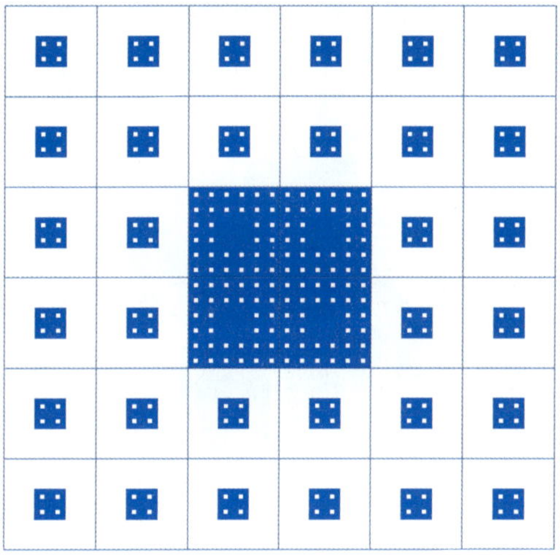

$ffg : \log_{216} 9280 = 1.7$

9280/46656=0.199

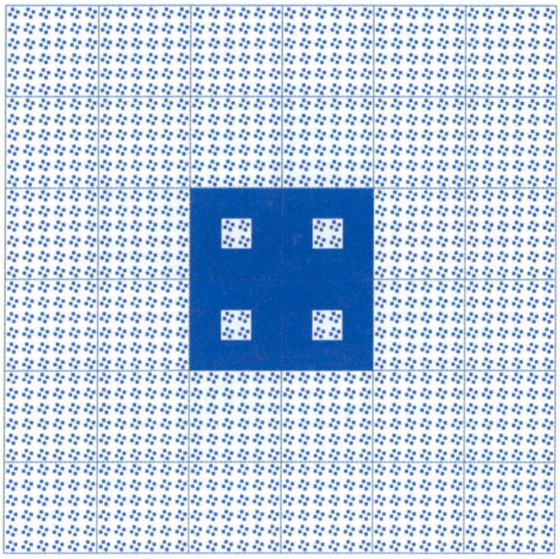

$fgf : \log_{216} 8704 = 1.688$

8704/46656=0.187

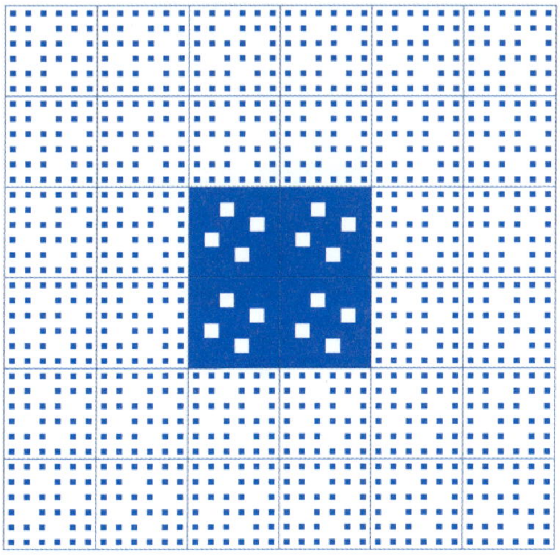

$fgg : \log_{216} 8768 = 1.689$

8768/46656=0.188

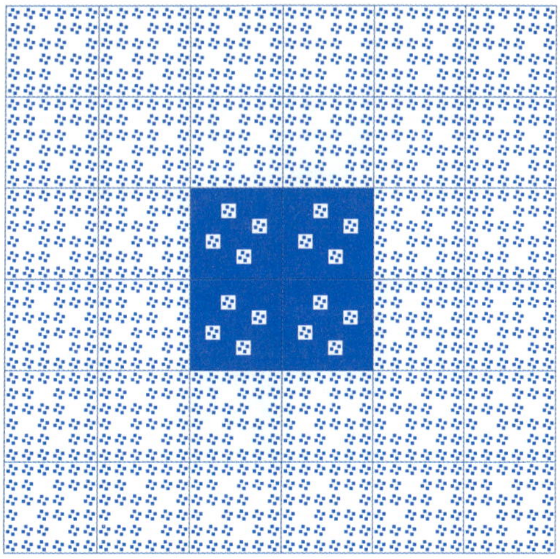

*gff*는 색칠 된 개체가 평면을 차지하는 비율이 18%라서 전체적으로 명도가 높은 편으로 비 갠 후 풍경처럼 맑고 산뜻한 느낌을 주고, 여백이 골고루 펼쳐져 있어서 전체적으로 편안함을 준다. 여기에 큰 정사각형의 위치가 엇갈리며 변화를 주고 있고, 작은 정사각형과 큰 정사각형이 시각적인 균형을 이루고 있어 전체적으로 통일감 속에서 변화를 이끌며 지루하지 않게 하고 있다. *gfg*는 작은 점들과 큰 사각형의 대비가 너무 커서 균형을 이루고 있지 않기에 보기에 불편함을 준다.

| $gff:\log_{216}9280 = 1.7$ | $gfg:\log_{216}9792 = 1.71$ |
|---|---|
| 9280/46656=0.199 | 9792/46656=0.210 |
| 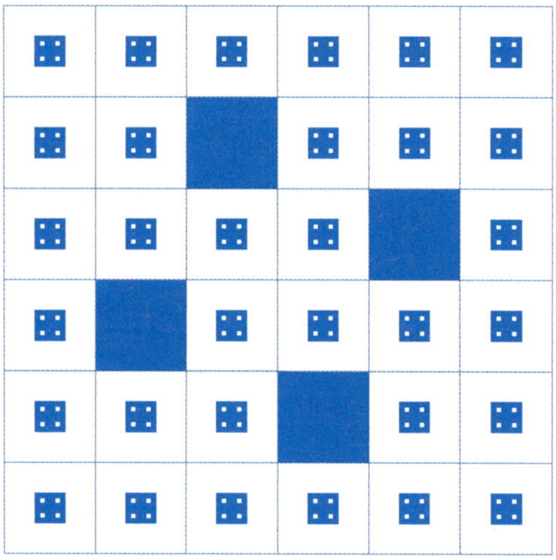 | 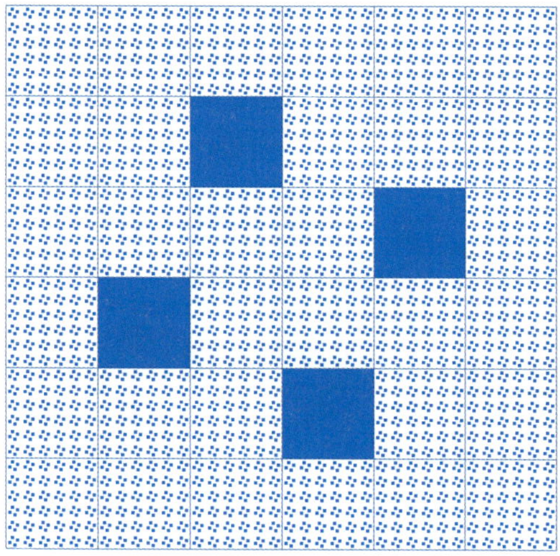 |
| $ggf:\log_{216}8768 = 1.689$ | $ggg:\log_{216}8768 = 1.689$ |
| 8768/46656=0.188 | 8768/46656=0.188 |
| 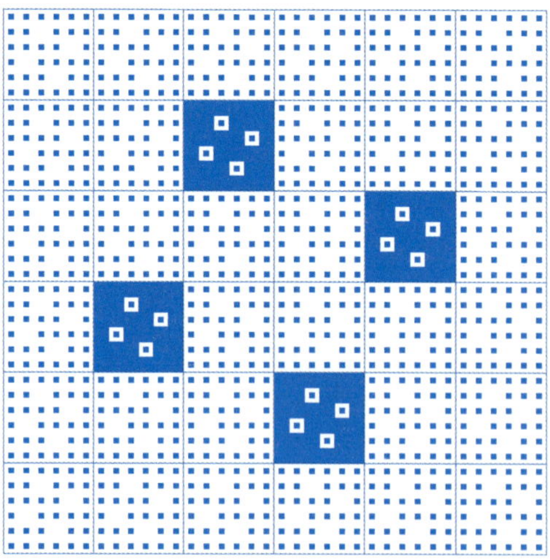 |  |

(2) 1단계 8개

$F_2$는 두 개의 패턴을 반복하고 있다. 두 개의 패턴이 회전 대칭을 이루고 있어 동적인 느낌이 강하다. 작은 사각형 개체들이 직접적으로 연결되지 않아 뚜렷한 이미지를 만들지 못하고 오합지졸처럼 분산되어 전체적으로 혼란스럽고 산만한 느낌을 준다.

$F_1 = f \cup g : \log_6 8 = 1.161$
8/36=0.222

| | | | | | |
|---|---|---|---|---|---|
| 0 | 2 | 0 | 0 | 0 | 0 |
| 0 | 0 | 1 | 0 | 0 | 2 |
| 0 | 0 | 0 | 0 | 1 | 0 |
| 0 | 1 | 0 | 0 | 0 | 0 |
| 2 | 0 | 0 | 1 | 0 | 0 |
| 0 | 0 | 0 | 0 | 2 | 0 |

$f : \log_6 4 = 0.774$
4/36=0.111

| | | | | | |
|---|---|---|---|---|---|
| 0 | 0 | 0 | 0 | 0 | 0 |
| 0 | 0 | 1 | 0 | 0 | 0 |
| 0 | 0 | 0 | 0 | 1 | 0 |
| 0 | 1 | 0 | 0 | 0 | 0 |
| 0 | 0 | 0 | 1 | 0 | 0 |
| 0 | 0 | 0 | 0 | 0 | 0 |

$g : \log_6 4 = 0.774$
4/36=0.111

| | | | | | |
|---|---|---|---|---|---|
| 0 | 2 | 0 | 0 | 0 | 0 |
| 0 | 0 | 0 | 0 | 0 | 2 |
| 0 | 0 | 0 | 0 | 0 | 0 |
| 0 | 0 | 0 | 0 | 0 | 0 |
| 2 | 0 | 0 | 0 | 0 | 0 |
| 0 | 0 | 0 | 0 | 2 | 0 |

$F_2 : \log_{36} 240 = 1.529$
240/1296=0.185

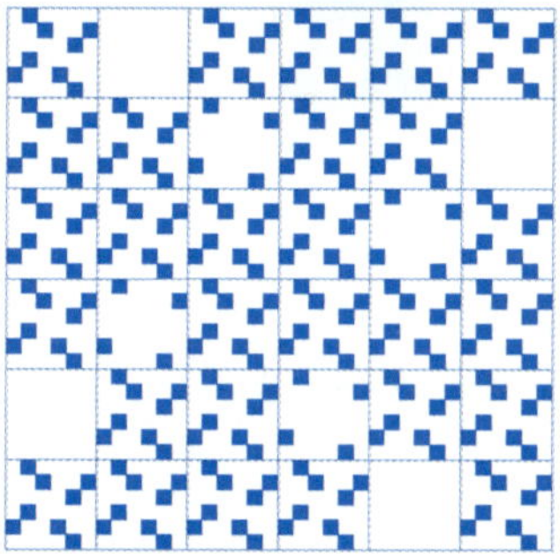

$ff : \log_{36} 128 = 1.354$
128/1296=0.099

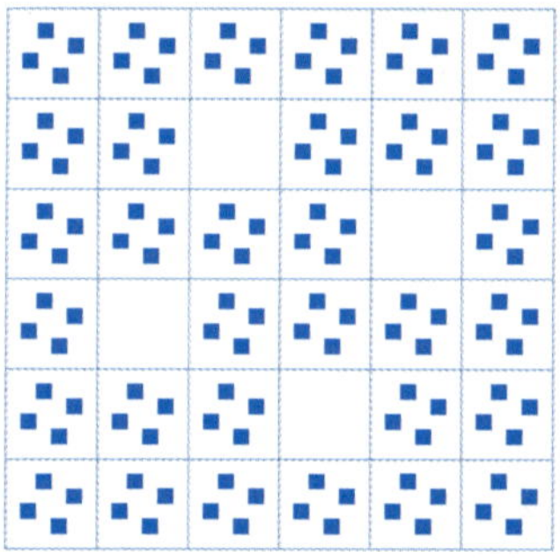

$fg : \log_{36} 128 = 1.354$
128/1296=0.099

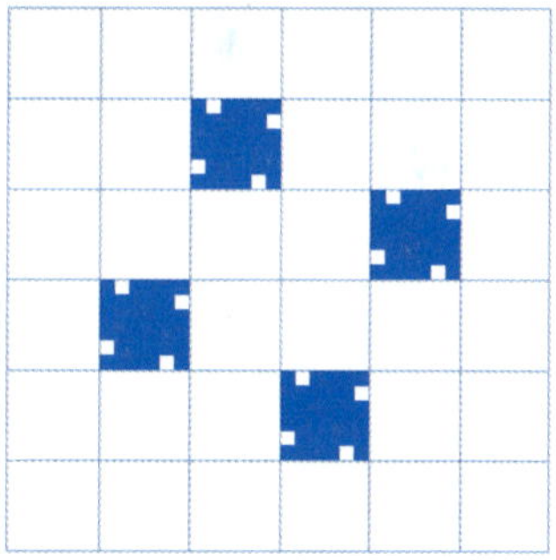

$F_3 : \log_{216} 15680 = 1.797$
15680/46656=0.336

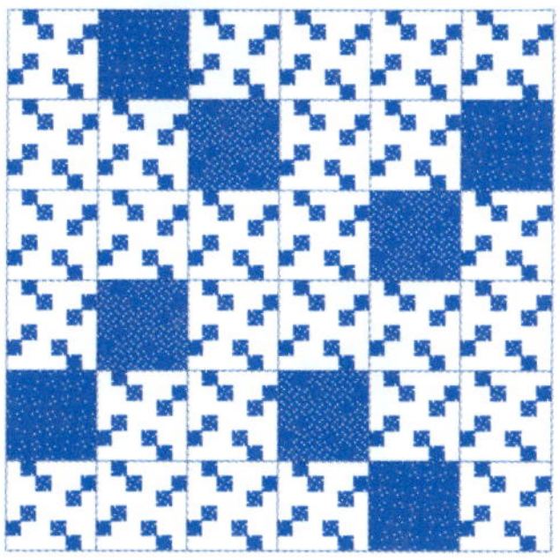

$gf : \log_{36} 144 = 1.387$
144/1296=0.111

$gg : \log_{36} 128 = 1.354$
128/1296=0.099

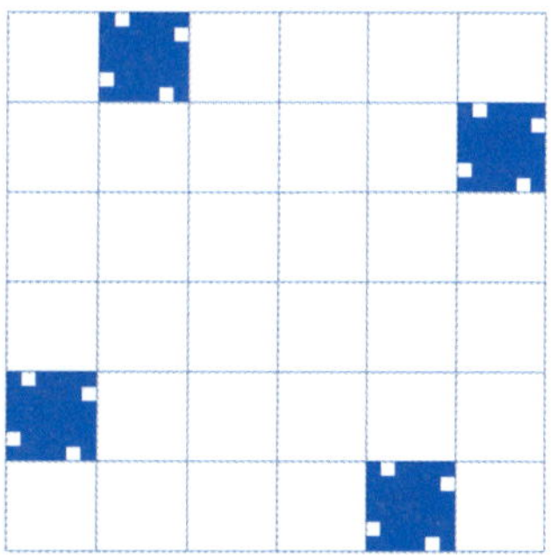

$fff$는 크기만 다른 동일한 패턴의 반복이지만 패턴의 내부에 또 다른 변화를 주고 있어 단조로움을 피하고 있다. 패턴이 동적인 느낌이 있어 활발한 분위기를 느끼게 한다. $ffg$는 작게 색칠한 부분과 색칠한 큰 도형의 면적대비가 지나치게 강하여 위압적으로 느껴져 배경과의 조화를 이루고 있지 않다. 마찬가지로 $fgf$, $fgg$ 역시 면적대비로 인해 배경과 색칠한 큰 사각형의 명도차가 심하게 발생하여 네 개의 큰 사각형으로만 시선이 집중되어 있다. 주제가 되는 부분이 배경에 자연스럽게 융합되지 못하고 따로 노는 현상이 느껴진다.

$fff$ : $\log_{216}8768 = 1.689$

8768/46656=0.188

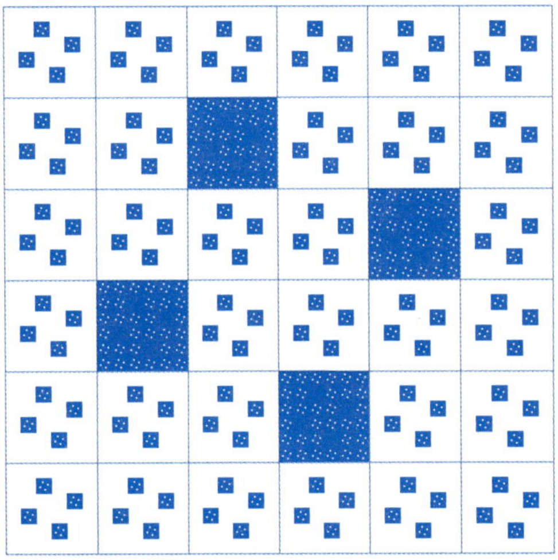

$ffg$ : $\log_{216}9280 = 1.7$

9280/46656=0.199

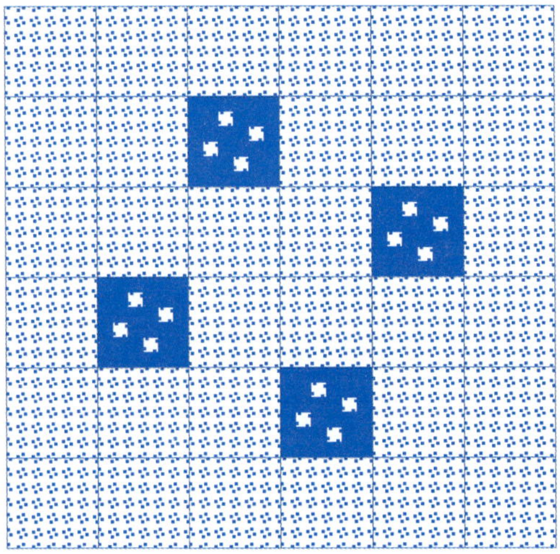

$fgf$ : $\log_{216}8704 = 1.688$

8704/46656=0.187

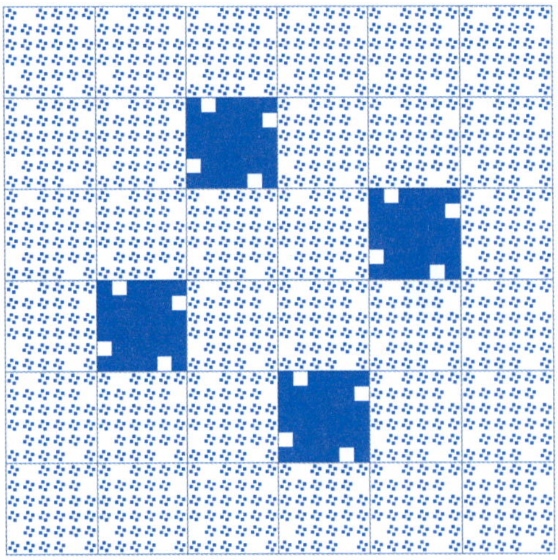

$fgg$ : $\log_{216}8768 = 1.689$

8768/46656=0.188

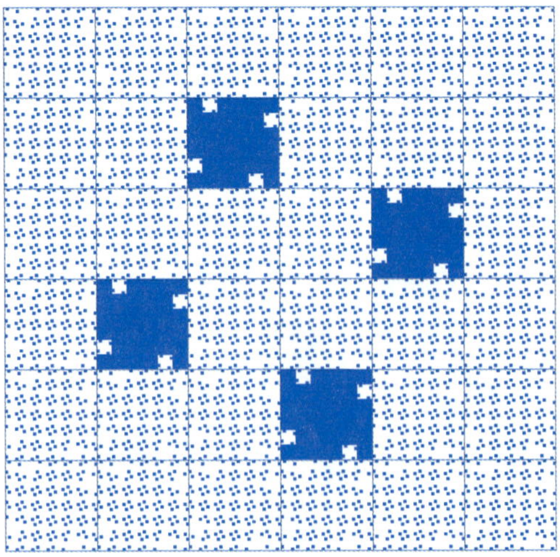

$gff$는 $fff$와 유사한 패턴으로 구성되었으나 배치를 달리하며, 색칠한 큰 사각형이 중심에 위치한 $fff$와는 달리 $gff$는 그것이 바깥쪽에 위치하고 있어 넓고 시원한 여백의 낌을 준다. $gfg$는 아주 작은 점들이 배경에 빼곡히 분포되어 있어 전체적으로 갑갑한 느낌을 주며 큰 사각형과 면적대비가 지나치게 심하여 이질감이 느껴진다. $ggf$, $ggg$도 $gfg$와 마찬가지로 주제와 배경과의 대비가 심하지만 큰 사각형 안쪽에 도입한 변화의 요소를 매개로 주제와 배경이 보석반지에 보석이 셋팅된 것처럼 단단한 결속력을 만들어 낸다.

| $gff$:$\log_{216}9280 = 1.7$ | $gfg$:$\log_{216}9792 = 1.71$ |
|---|---|
| 9280/46656=0.199 | 9792/46656=0.210 |
|  | 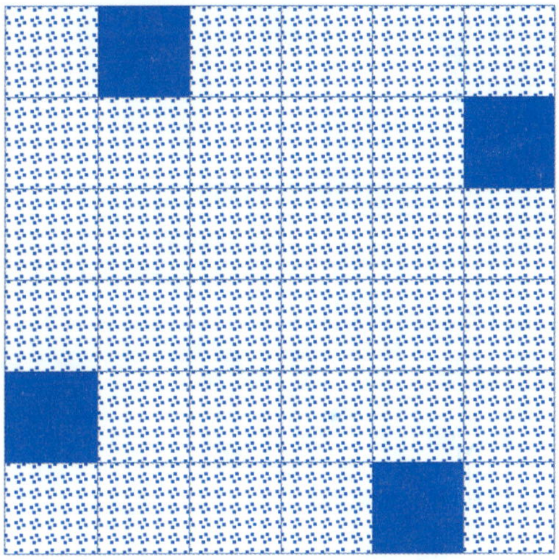 |
| $ggf$:$\log_{216}8768 = 1.689$ | $ggg$:$\log_{216}8768 = 1.689$ |
| 8768/46656=0.188 | 8768/46656=0.188 |
| 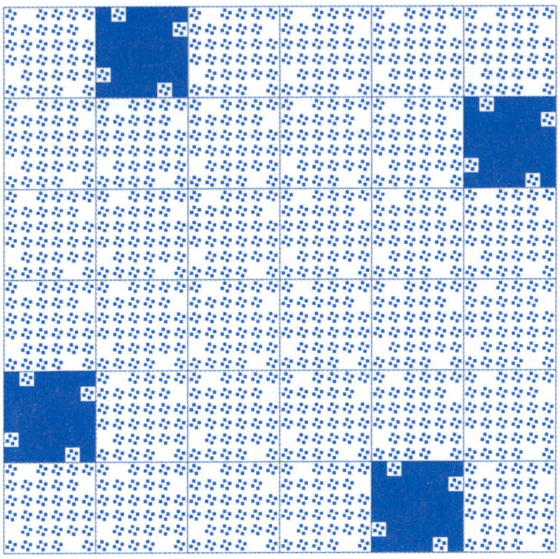 | 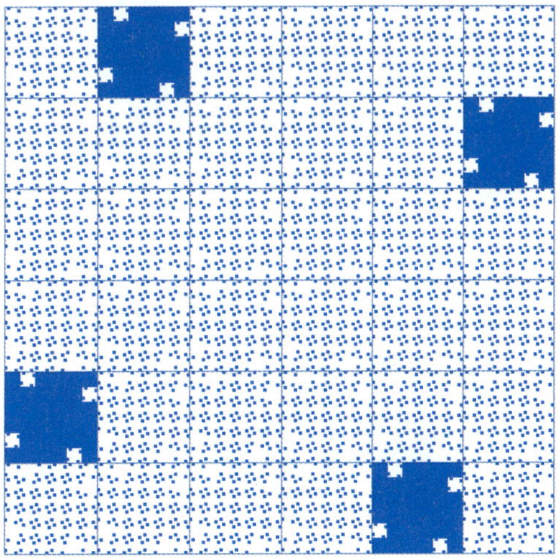 |

(3) 1단계 16개

$F_2$는 가운데 주위에 $g$가 적용된 곳에서 원의 느낌을 느낄 수 있다. 더불어 주변에 있는 4개의 결합된 패턴들도 원형으로 느껴지는 착시를 경험할 수 있다.

| $F_1 = f \cup g : \log_6 16 = 1.547$ | $f : \log_6 8 = 1.161$ | $g : \log_6 8 = 1.161$ |
|---|---|---|
| 16/36=0.444 | 8/36=0.32 | 8/36=0.32 |

| 0 | 0 | 2 | 2 | 0 | 0 |
|---|---|---|---|---|---|
| 0 | 0 | 1 | 1 | 0 | 0 |
| 2 | 1 | 0 | 0 | 1 | 2 |
| 2 | 1 | 0 | 0 | 1 | 2 |
| 0 | 0 | 1 | 1 | 0 | 0 |
| 0 | 0 | 2 | 2 | 0 | 0 |

| 0 | 0 | 0 | 0 | 0 | 0 |
|---|---|---|---|---|---|
| 0 | 0 | 1 | 1 | 0 | 0 |
| 0 | 1 | 0 | 0 | 1 | 0 |
| 0 | 1 | 0 | 0 | 1 | 0 |
| 0 | 0 | 1 | 1 | 0 | 0 |
| 0 | 0 | 0 | 0 | 0 | 0 |

| 0 | 0 | 2 | 2 | 0 | 0 |
|---|---|---|---|---|---|
| 0 | 0 | 0 | 0 | 0 | 0 |
| 2 | 0 | 0 | 0 | 0 | 2 |
| 2 | 0 | 0 | 0 | 0 | 2 |
| 0 | 0 | 0 | 0 | 0 | 0 |
| 0 | 0 | 2 | 2 | 0 | 0 |

| $F_2 : \log_{36} 384 = 1.661$ | $ff : \log_{36} 224 = 1.51$ | $fg : \log_{36} 224 = 1.51$ |
|---|---|---|
| 384/1296=0.296 | 224/1296=0.173 | 224/1296=0.173 |

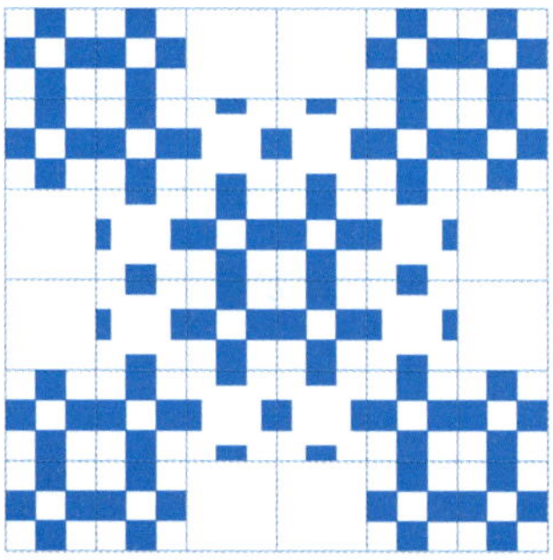
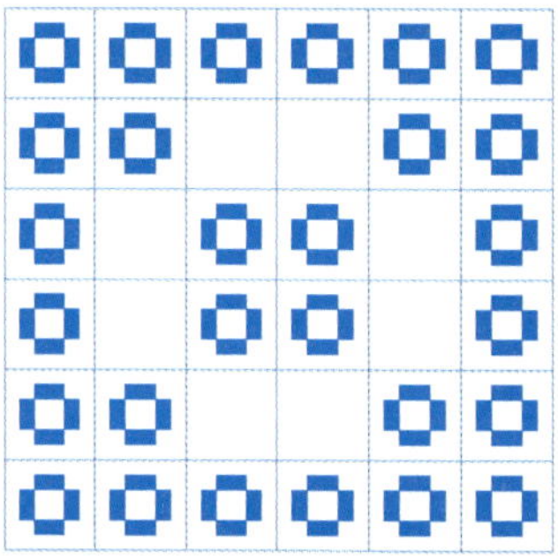
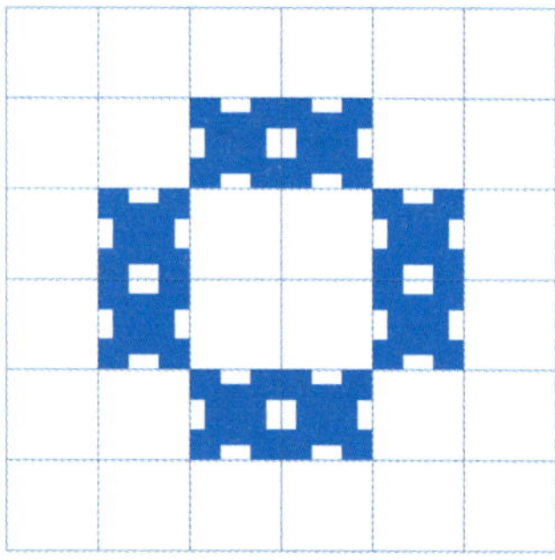

| $F_3 : \log_{216} 24064 = 1.877$ | $gf : \log_{36} 288 = 1.58$ | $gg : \log_{36} 224 = 1.51$ |
|---|---|---|
| 24064/46656=0.516 | 288/1296=0.222 | 224/1296=0.173 |

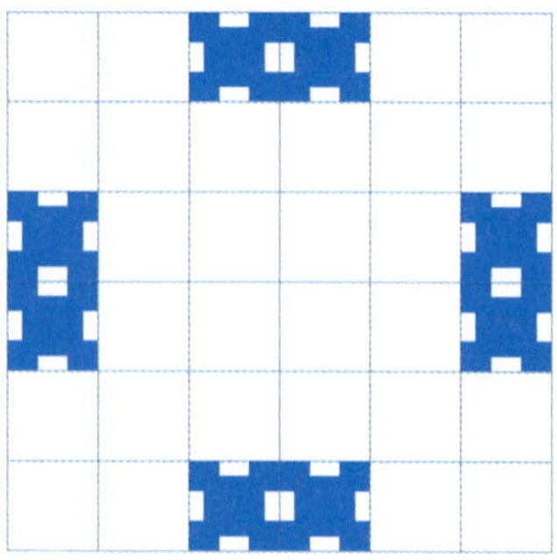

$fff$는 중심과 주변에 같은 패턴을 사용하여 화면에 안정감을 주고, 주제가 되는 큰 사각형의 연결이 만들어낸 형태는 크기만 다를 뿐 주변과 형태 상 통일감을 가지기 때문에 시선이 가운데로 집중됨과 동시에 전체적으로 조화를 이룬다. 더불어 큰 사각형의 안쪽에 색칠하지 않는 부분이 답답함을 줄여주고 주변과 자연스럽게 어울리도록 만든다. $ffg$는 색칠한 부분과 작은 점들의 면적대비가 커서 어색할 수도 있겠으나, 큰 사각형 안쪽에 생긴 이국적인 흰 무늬가 전체적인 분위기를 주도하며 색다른 아름다움을 느끼게 한다.

| $fff:\log_{216}14848 = 1.787$ | $ffg:\log_{216}16640 = 1.808$ |
|---|---|
| 14848/46656=0.318 | 16640/46656=0.357 |
| 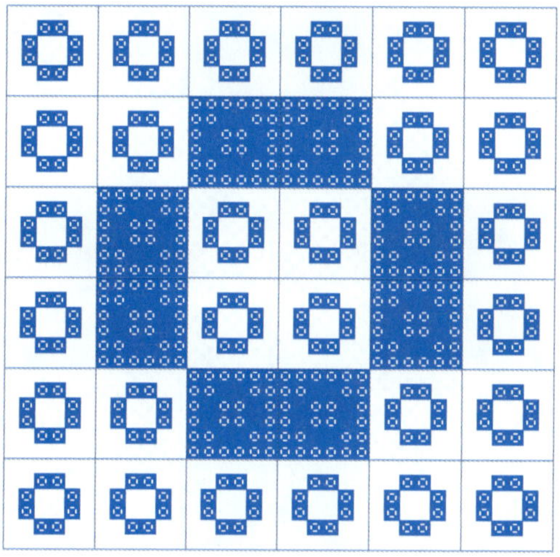 |  |
| $fgf:\log_{216}14336 = 1.78$ | $fgg:\log_{216}14848 = 1.787$ |
| 14336/46656=0.307 | 14848/46656=0.318 |
|  |  |

$gff$는 가장자리에 색칠한 직사각형이 지나치게 강조되고 있고, 이는 넓게 분포된 작은 패턴들과 이질적으로 느껴져 어색하다. $gfg$는 단순한 사각형의 모임으로 무미건조한 느낌을 준다. $ggf$, $ggg$는 색칠한 큰 사각형 안쪽에 생긴 흰 무늬가 연결고리의 역할을 맡아서 밝은 명도의 배경과 자연스럽게 결합하도록 돕고 있다. 특히 $ggf$는 그 연결고리 때문에 네 개의 색칠된 사각형이 심리적으로 연결되어 마름모 형태가 느껴지고, 심지어 가운데가 볼록한 완만한 곡면으로 느껴진다.

| $gff:\log_{216}16640 = 1.808$ | $gfg:\log_{216}18432 = 1.827$ |
|---|---|
| 16640/46656=0.357 | 18432/46656=0.395 |
| 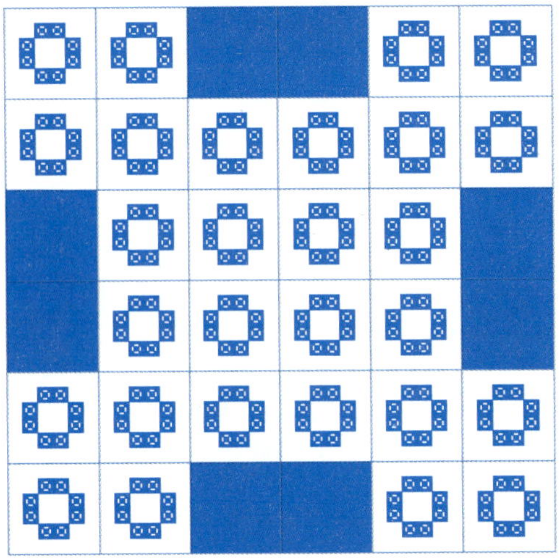 |  |
| $ggf:\log_{216}14848 = 1.787$ | $ggg:\log_{216}14848 = 1.787$ |
| 14848/46656=0.318 | 14848/46656=0.318 |
| 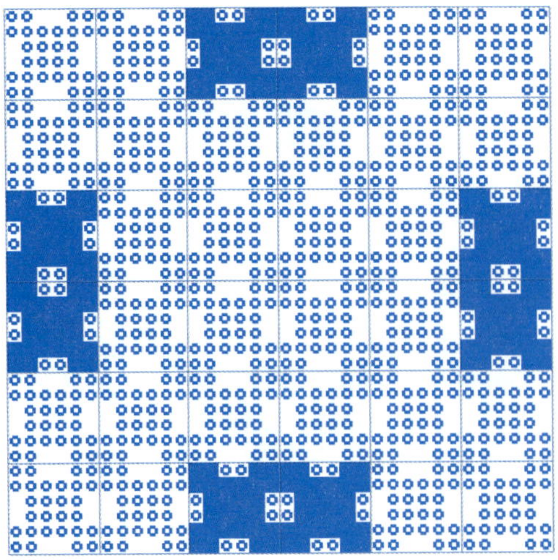 |  |

(4) 1단계 16개

$F_2$는 색칠한 부분이 29.6%의 공간을 차지하고 있지만 오히려 색칠되지 않은 곳에서 생긴 반전의 이미지가 더 강하게 떠오른다. $F_3$는 완벽한 상하좌우대칭을 이루며 구조적인 안정감을 가진다. 각각의 패턴에 세밀한 무늬가 가미되어 명도의 변화가 자연스럽게 만들어져서 조형적으로 세련미를 느끼게 하고, 가운데에 무게중심을 두고 바깥쪽으로 뻗어나가려는 발산의 이미지도 띠고 있다.

| $F_1 = f \cup g : \log_6 16 = 1.547$ | $f : \log_6 8 = 1.161$ | $g : \log_6 8 = 1.161$ |
|---|---|---|
| 16/36=0.64 | 8/36=0.32 | 8/36=0.32 |

| 1 | 0 | 0 | 0 | 0 | 1 |
|---|---|---|---|---|---|
| 0 | 0 | 2 | 2 | 0 | 0 |
| 0 | 2 | 1 | 1 | 2 | 0 |
| 0 | 2 | 1 | 1 | 2 | 0 |
| 0 | 0 | 2 | 2 | 0 | 0 |
| 1 | 0 | 0 | 0 | 0 | 1 |

| 1 | 0 | 0 | 0 | 0 | 1 |
|---|---|---|---|---|---|
| 0 | 0 | 0 | 0 | 0 | 0 |
| 0 | 0 | 1 | 1 | 0 | 0 |
| 0 | 0 | 1 | 1 | 0 | 0 |
| 0 | 0 | 0 | 0 | 0 | 0 |
| 1 | 0 | 0 | 0 | 0 | 1 |

| 0 | 0 | 0 | 0 | 0 | 0 |
|---|---|---|---|---|---|
| 0 | 0 | 2 | 2 | 0 | 0 |
| 0 | 2 | 0 | 0 | 2 | 0 |
| 0 | 2 | 0 | 0 | 2 | 0 |
| 0 | 0 | 2 | 2 | 0 | 0 |
| 0 | 0 | 0 | 0 | 0 | 0 |

$F_2 : \log_{36} 384 = 1.661$

384/1296=0.296

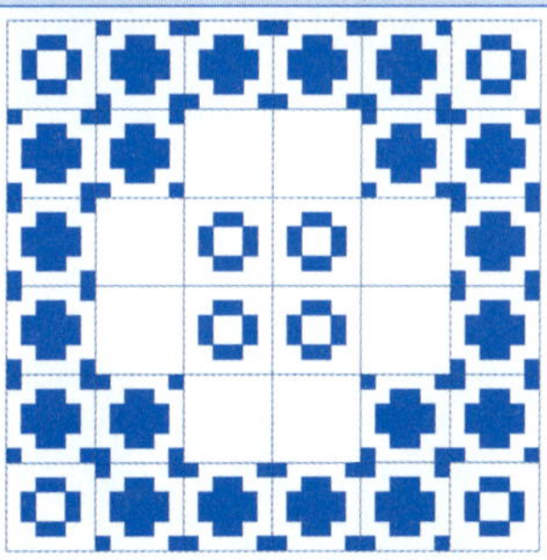

$ff : \log_{36} 224 = 1.51$

224/1296=0.173

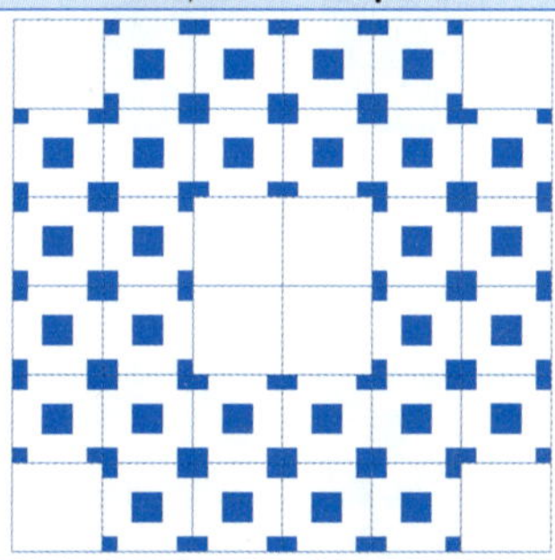

$fg : \log_{36} 224 = 1.51$

224/1296=0.173

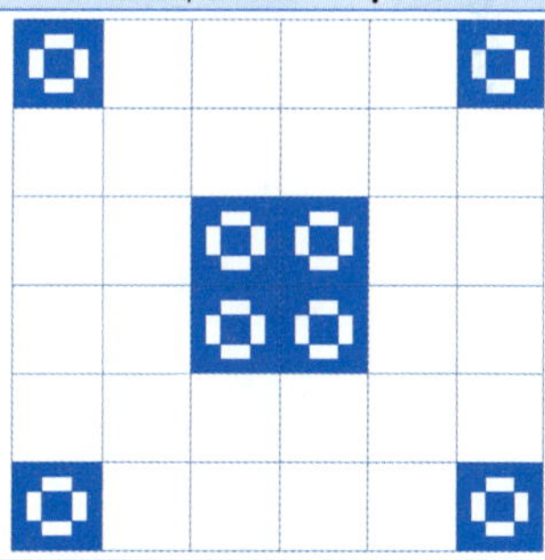

$F_3 : \log_{216} 24064 = 1.877$

24064/46656=0.516

$gf : \log_{36} 288 = 1.58$

288/1296=0.222

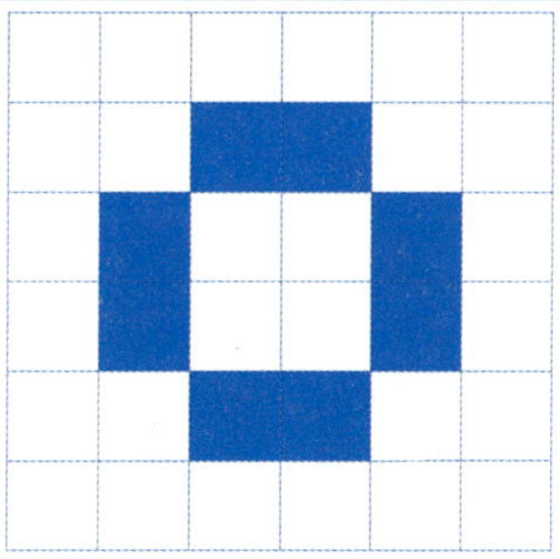

$gg : \log_{36} 224 = 1.51$

224/1296=0.173

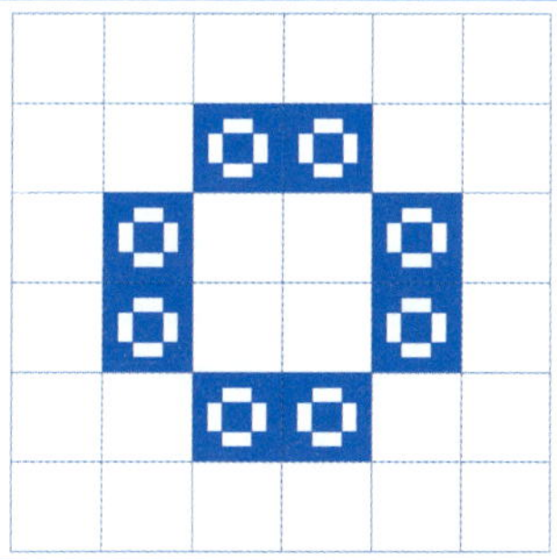

$fff$는 공간을 31.8%차지하고 있어 여유롭게 느껴지며, 색칠이 되지 않은 흰 부분이 반전되면서 중심 형태로 떠올라 큰 꽃처럼 보인다. 한편 네 귀퉁이에 있는 도형이 바깥을 향하고 있어 확장되는 느낌을 갖게 하고, 네 귀퉁이가 밖으로 휘어져 가운데 부분이 볼록하게 솟은 완만한 곡면으로 느껴지기도 한다. $fgf$와 $fgg$는 색이 진한 부분에 생긴 흰 무늬가 배경에 있는 패턴과 유사한 형태적 요소를 가지고 있어 전체적으로 어울리고 있다.

| $fff$ : $\log_{216}14848 = 1.787$ | $ffg$ : $\log_{216}16640 = 1.808$ |
|---|---|
| 14848/46656=0.318 | 16640/46656=0.357 |
|  | 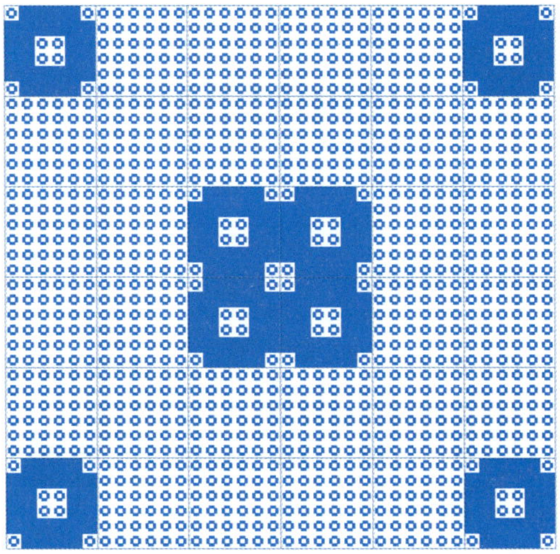 |
| $fgf$ : $\log_{216}14336 = 1.78$ | $fgg$ : $\log_{216}14848 = 1.787$ |
| 14336/46656=0.307 | 14848/46656=0.318 |
| 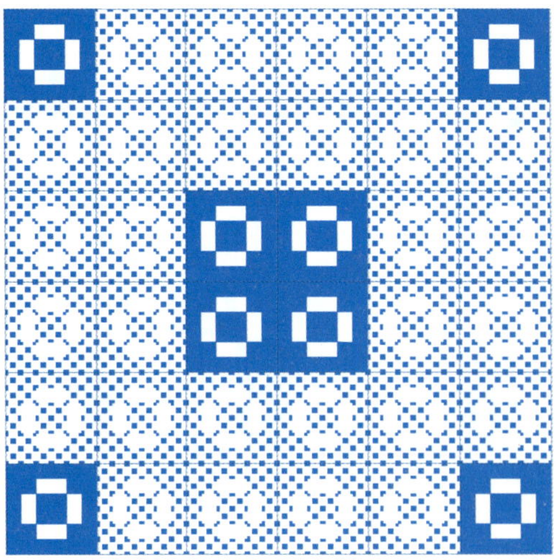 | 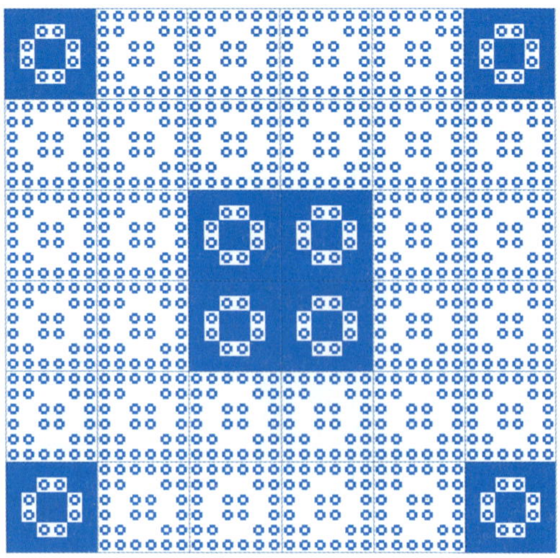 |

$gff$는 가운데 색칠된 사각형이 시선을 강하게 자극하며 잔잔한 무늬의 배경과 강한 대비를 느끼게 하여 이질감을 형성하고 있다. 그리고 가장자리의 맨 끝부분은 가장 작은 무늬가 배치되어 원근감을 만들어 전체적인 모습이 가운데가 볼록한 곡면으로 느껴진다. $ggg$는 색이 진한 부분과 연한 부분이 비교적 잘 어울리고 있는데, 이는 색칠한 사각형 안에 생긴 작은 무늬가 배경에 있는 패턴 무늬와 유사한 형태적 요소를 가지고 있기 때문이다.

| $gff:\log_{216}16640 = 1.808$ | $gfg:\log_{216}18432 = 1.827$ |
|---|---|
| 16640/46656=0.357 | 18432/46656=0.395 |
| 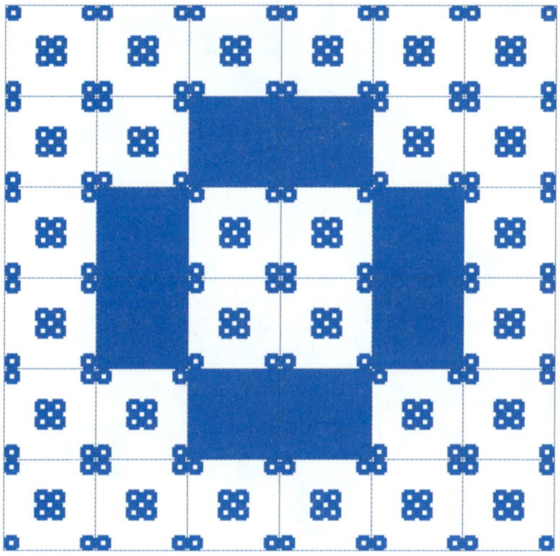 | 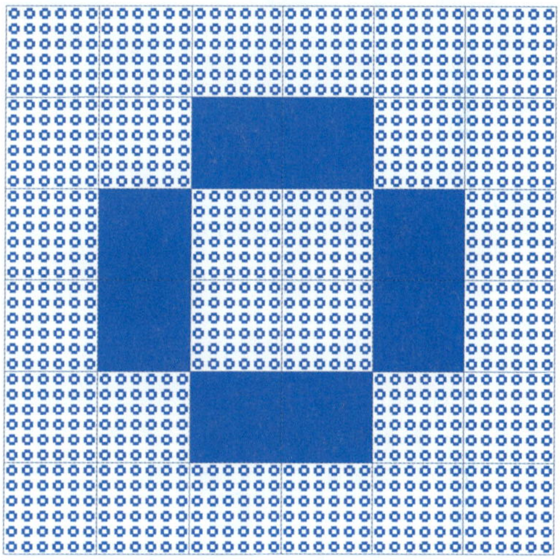 |
| $ggf:\log_{216}14848 = 1.787$ | $ggg:\log_{216}14848 = 1.787$ |
| 14848/46656=0.318 | 14848/46656=0.318 |
|  |  |

(5) 1단계 20개

$F_1$, $F_2$, $F_3$ 에서 느껴지는 선의 느낌을 정리해 보자. $F_2$는 같은 굵기의 선으로 이루어져 있어 단순하지만 구조적으로 안정감을 느끼게 한다. $F_3$는 가는 선과 굵은 선, 진한 선과 연한 선이 만나서 다채롭고 풍부한 명도를 만들어 전체적으로 웅장한 느낌을 준다.

$F_1 = f \cup g : \log_6 20 = 1.672$

20/36=0.556

| 0 | 1 | 0 | 0 | 1 | 0 |
|---|---|---|---|---|---|
| 1 | 2 | 2 | 2 | 2 | 1 |
| 0 | 2 | 0 | 0 | 2 | 0 |
| 0 | 2 | 0 | 0 | 2 | 0 |
| 1 | 2 | 2 | 2 | 2 | 1 |
| 0 | 1 | 0 | 0 | 1 | 0 |

$f : \log_6 8 = 1.161$

8/36=0.32

| 0 | 1 | 0 | 0 | 1 | 0 |
|---|---|---|---|---|---|
| 1 | 0 | 0 | 0 | 0 | 1 |
| 0 | 0 | 0 | 0 | 0 | 0 |
| 0 | 0 | 0 | 0 | 0 | 0 |
| 1 | 0 | 0 | 0 | 0 | 1 |
| 0 | 1 | 0 | 0 | 1 | 0 |

$g : \log_6 12 = 1.387$

12/36=0.333

| 0 | 0 | 0 | 0 | 0 | 0 |
|---|---|---|---|---|---|
| 0 | 2 | 2 | 2 | 2 | 0 |
| 0 | 2 | 0 | 0 | 2 | 0 |
| 0 | 2 | 0 | 0 | 2 | 0 |
| 0 | 2 | 2 | 2 | 2 | 0 |
| 0 | 0 | 0 | 0 | 0 | 0 |

$F_2 : \log_{36} 416 = 1.683$

416/1296=0.321

$ff : \log_{36} 224 = 1.51$

224/1296=0.173

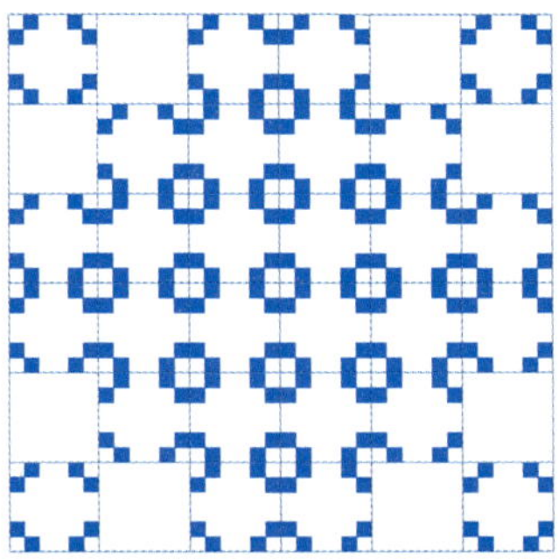

$fg : \log_{36} 192 = 1.467$

192/1296=0.148

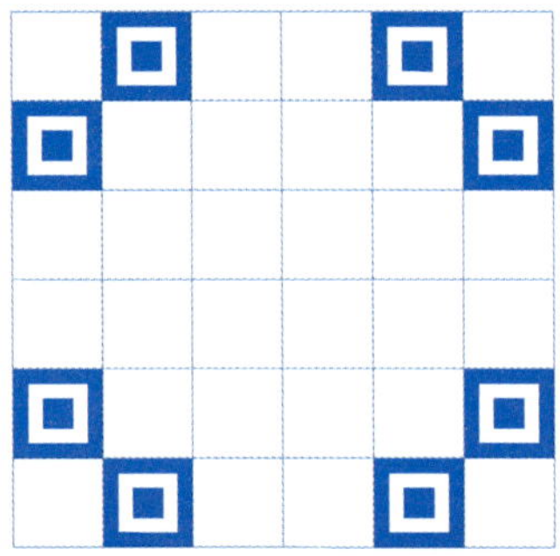

$F_3 : \log_{216} 26944 = 1.898$

26944/46656=0.578

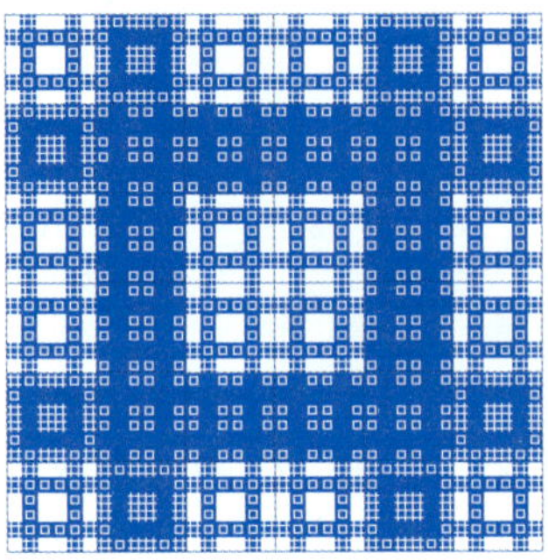

$gf : \log_{36} 432 = 1.693$

432/1296=0.333

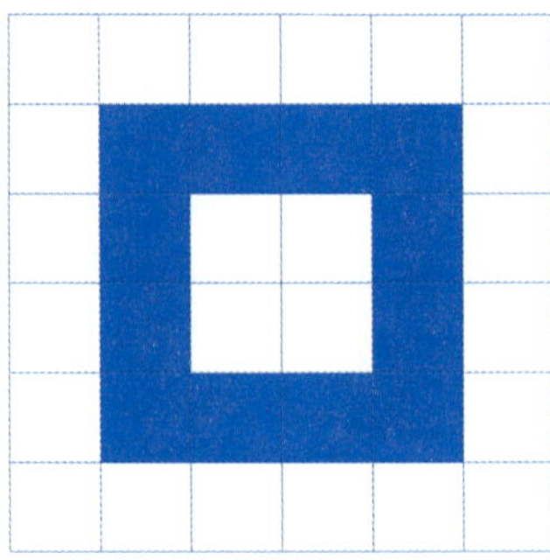

$gg : \log_{36} 288 = 1.58$

288/1296=0.222

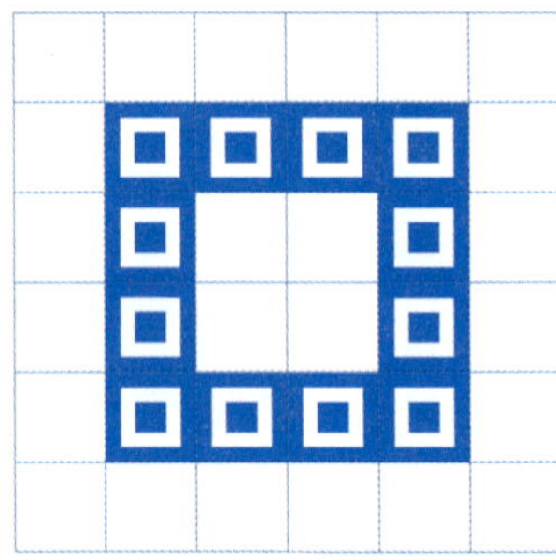

$fff$는 색칠된 부분이 전체의 31.8%를 차지하여 상대적으로 빈공간이 만들어 내는 반전의 형태가 주제가 되는 현상을 낳았다. $ffg$는 배경에 작은 사각형이 전체를 골고루 채우고 있어 지루하고 고지식해 보인다. $fgf$는 가장자리의 굵은 선 사각형이 시선을 바깥으로 이끌며 집중감을 떨어뜨리고 있다. 상대적으로 가운데를 비롯해 색채가 연한 곳은 빈 공간으로 느껴져서 여백을 통하여 시원한 해방감을 느낄 수 있다. $fgg$는 굵은 선 사각형 안쪽에 배경에 있는 형태적 요소가 가미되어 중간 명도를 만들며 $fgf$보다 자연스럽게 전체와 조화를 이루고 있다.

| $fff:\log_{216}14848 = 1.787$ | $ffg:\log_{216}20928 = 1.851$ |
|---|---|
| 14848/46656=0.318 | 20928/46656=0.449 |
|  | 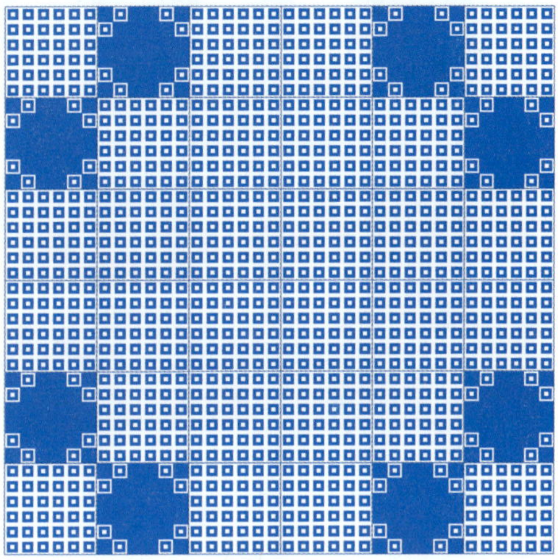 |
| $fgf:\log_{216}12888 = 1.752$ | $fgg:\log_{216}16128 = 1.802$ |
| 12888/46656=0.263 | 16128/46656=0.346 |
|  | 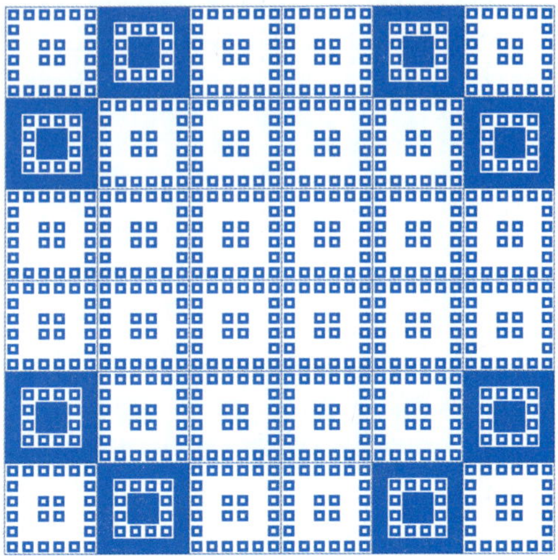 |

$gff$는 가운데 색칠된 굵은 선의 사각형이 배경과 이질감을 형성하여 과도하게 시선을 가져간다. $gfg$는 같은 패턴의 반복으로 단조롭고 답답해서 피로감을 느끼게 한다. $ggf$는 진한 사각형 안쪽에 배경에 있는 똑같은 형태요소를 사용하여 서로 연계성을 갖기는 하지만 명도 차가 심하여 자연스럽지는 않다. $ggg$는 진한 사각형 안쪽에 배경에 있는 똑같은 형태요소를 사용하였는데 명도 차이가 크지 않아 전체적으로 $ggf$보다 자연스럽다.

| $gff:\log_{216}20928 = 1.851$ | $gfg:\log_{216}25920 = 1.891$ |
|---|---|
| 20928/46656=0.449 | 25920/46656=0.556 |
| 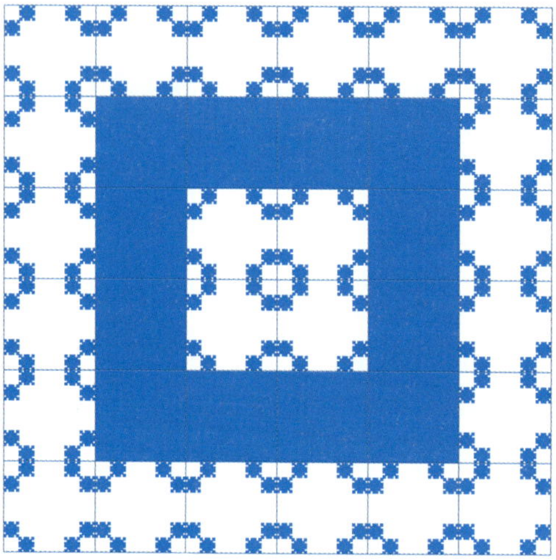 | 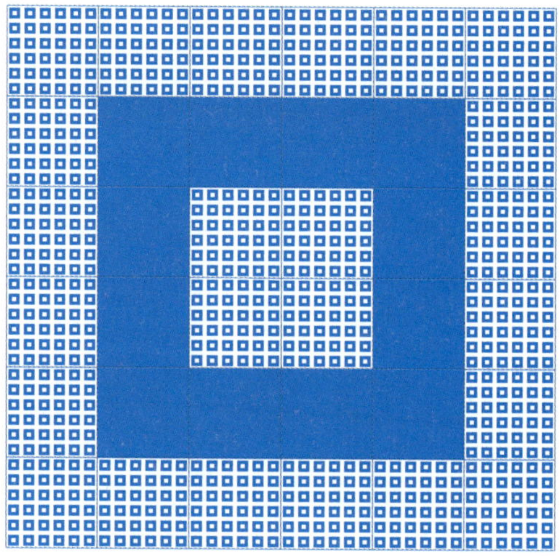 |
| $ggf:\log_{216}16128 = 1.802$ | $ggg:\log_{216}19000 = 1.833$ |
| 16128/46656=0.346 | 19000/46656=0.407 |
|  |  |

(6) 1단계 24개

$ff$와 $gg$는 같은 패턴의 반복을 통하여 화면에서 변화와 운동감을 느낄 수 있다. 기본 도형이 회전 대칭의 모양이어서 동적인 느낌을 갖게 한다. $fg$는 공간을 집중하여 사용하고 있어서 통일감이 강하다.

| $F_1 = f \cup g : \log_6 24 = 1.774$ | $f : \log_6 12 = 1.387$ | $g : \log_6 12 = 1.387$ |
|---|---|---|
| 24/36=0.667 | 12/36=0.333 | 12/36=0.333 |

$F_1$

| 0 | 0 | 1 | 2 | 0 | 0 |
|---|---|---|---|---|---|
| 0 | 2 | 1 | 1 | 2 | 0 |
| 2 | 1 | 2 | 2 | 1 | 1 |
| 1 | 1 | 2 | 2 | 1 | 2 |
| 0 | 2 | 1 | 1 | 2 | 0 |
| 0 | 0 | 2 | 1 | 0 | 0 |

$f$

| 0 | 0 | 1 | 0 | 0 | 0 |
|---|---|---|---|---|---|
| 0 | 0 | 1 | 1 | 0 | 0 |
| 0 | 1 | 0 | 0 | 1 | 1 |
| 1 | 1 | 0 | 0 | 1 | 0 |
| 0 | 0 | 1 | 1 | 0 | 0 |
| 0 | 0 | 0 | 1 | 0 | 0 |

$g$

| 0 | 0 | 0 | 2 | 0 | 0 |
|---|---|---|---|---|---|
| 0 | 2 | 0 | 0 | 2 | 0 |
| 2 | 0 | 2 | 2 | 0 | 0 |
| 0 | 0 | 2 | 2 | 0 | 2 |
| 0 | 2 | 0 | 0 | 2 | 0 |
| 0 | 0 | 2 | 0 | 0 | 0 |

| $F_2 : \log_{36} 432 = 1.693$ | $ff : \log_{36} 288 = 1.58$ | $fg : \log_{36} 288 = 1.58$ |
|---|---|---|
| 432/1296=0.333 | 288/1296=0.222 | 288/1296=0.222 |

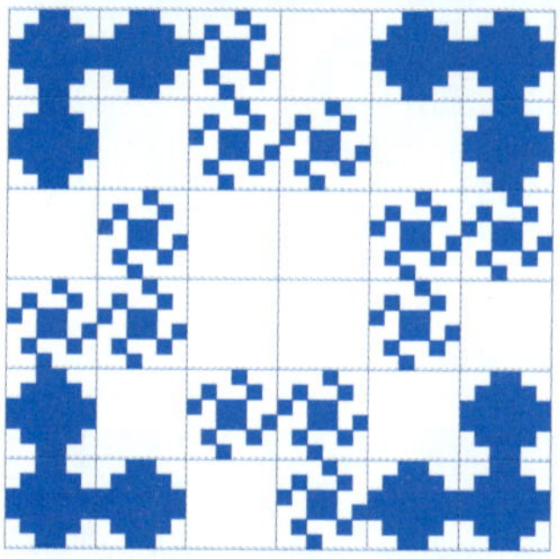

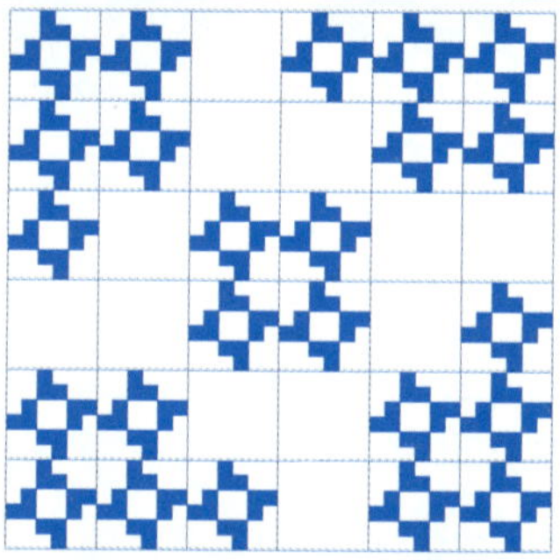

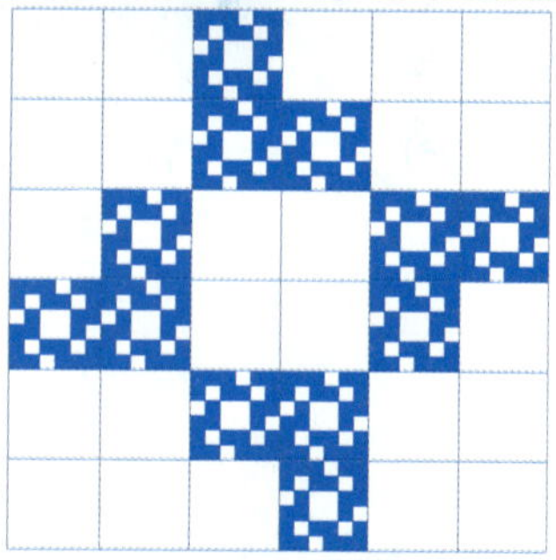

| $F_3 : \log_{216} 29376 = 1.914$ | $gf : \log_{36} 432 = 1.693$ | $gg : \log_{36} 288 = 1.58$ |
|---|---|---|
| 29376/46656=0.630 | 432/1296=0.333 | 288/1296=0.222 |

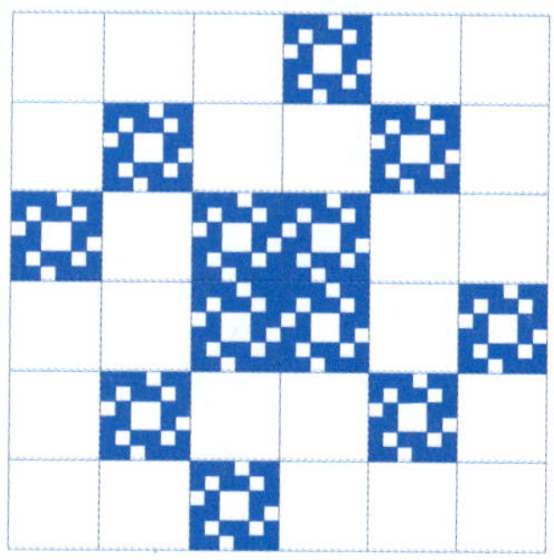

네 가지 프랙탈 모두 공간의 1/3을 강한 색이 차지하면서 주제가 되는 형태를 만들고 나머지 부분은 배경으로 가라앉는다. $fgg$는 색이 강한 부분의 내부에 또 다른 패턴으로 변화를 주어 묵직하고 단조로운 이미지를 부드럽게 변화시키면서 배경과의 명도대비를 완화시키는 효과를 보고 있다. $fgf$는 색이 강한 도형의 내부에 색칠하지 않은 흰 부분이 배경과의 명도차를 줄여주고 이미지를 가볍게 만들어서 시선을 집중시킴과 동시에 디자인의 전체 분위기를 주도하고 있다.

$fff$ : $\log_{216}19008 = 1.833$

19008/46656=0.407

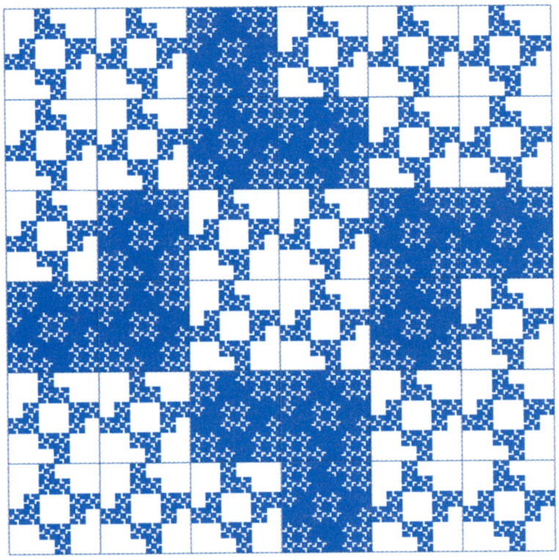

$ffg$ : $\log_{216}22464 = 1864$

22464/46656=0.481

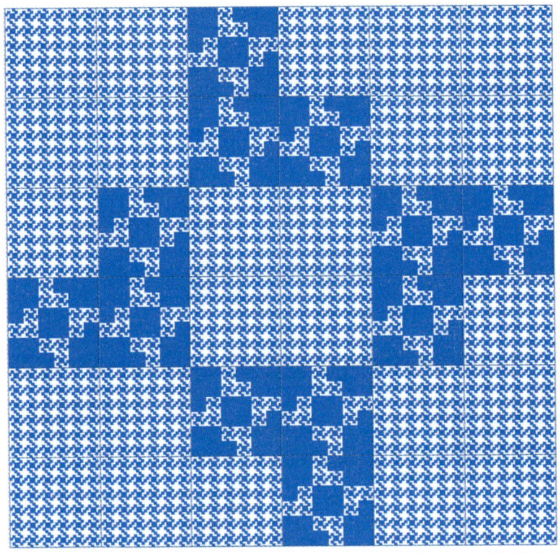

$fgf$ : $\log_{216}17280 = 1.815$

17280/46656=0.370

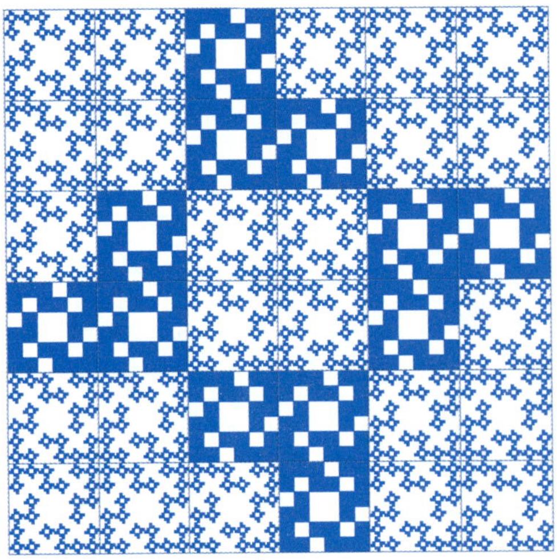

$fgg$ : $\log_{216}19008 = 1.833$

19008/46656=0.407

$gff$, $gfg$는 색칠된 정사각형이 전체적으로 큰 압박을 하고 있고 배경으로 물러난 패턴 디자인과 강한 대비를 만들어 둘의 이미지가 조화를 이루지 못하며 겉돌고 있다. 반면에 $ggf$, $ggg$는 색칠된 정사각형 내부에 변화의 요소가 되는 흰색 패턴을 삽입하여 배경과의 명도대비를 완화하여 자연스럽게 어울리도록 하였고, 디자인의 분위기를 경쾌하고 활발하게 조성하고 있다.

| $gff$ : $\log_{216}22464 = 1864$ | $gfg$ : $\log_{216}25920 = 1.891$ |
|---|---|
| 22464/46656=0.481 | 25920/46656=0.556 |
|  |  |
| $ggf$ : $\log_{216}19008 = 1.833$ | $ggg$ : $\log_{216}19008 = 1.833$ |
| 19008/46656=0.407 | 19008/46656=0.407 |
|  |  |

(7) 1단계 24개

$F_2$는 이질적인 패턴의 반복으로 애매한 느낌을 준다. $F_3$는 가장자리로 갈수록 이미지가 희미해지며 힘이 약해지는 느낌을 주는데 이것은 그라데이션 효과를 가지고 전체적인 디자인의 분위기를 우울하게 만들고 있다. 마치 피 같은 얼룩이 천에 서서히 스며드는 모양으로 축축하고 음산한 느낌이 든다.

| $F_1 = f \cup g : \log_6 24 = 1.774$ | $f : \log_6 12 = 1.387$ | $g : \log_6 12 = 1.387$ |
|---|---|---|
| 24/36=0.667 | 12/36=0.333 | 12/36=0.333 |

$F_1$:

| 0 | 0 | 1 | 2 | 0 | 0 |
|---|---|---|---|---|---|
| 0 | 2 | 1 | 1 | 2 | 0 |
| 2 | 1 | 2 | 2 | 1 | 1 |
| 1 | 1 | 2 | 2 | 1 | 2 |
| 0 | 2 | 1 | 1 | 2 | 0 |
| 0 | 0 | 2 | 1 | 0 | 0 |

$f$:

| 0 | 0 | 1 | 1 | 0 | 0 |
|---|---|---|---|---|---|
| 0 | 0 | 1 | 0 | 0 | 0 |
| 1 | 0 | 0 | 0 | 1 | 1 |
| 1 | 1 | 0 | 0 | 0 | 1 |
| 0 | 0 | 0 | 1 | 0 | 0 |
| 0 | 0 | 1 | 1 | 0 | 0 |

$g$:

| 0 | 0 | 0 | 0 | 0 | 0 |
|---|---|---|---|---|---|
| 0 | 2 | 0 | 2 | 2 | 0 |
| 0 | 2 | 2 | 2 | 0 | 0 |
| 0 | 0 | 2 | 2 | 2 | 0 |
| 0 | 2 | 2 | 0 | 2 | 0 |
| 0 | 0 | 0 | 0 | 0 | 0 |

| $F_2 : \log_{36} 432 = 1.693$ | $ff : \log_{36} 288 = 1.58$ | $fg : \log_{36} 288 = 1.58$ |
|---|---|---|
| 432/1296=0.333 | 288/1296=0.222 | 288/1296=0.222 |

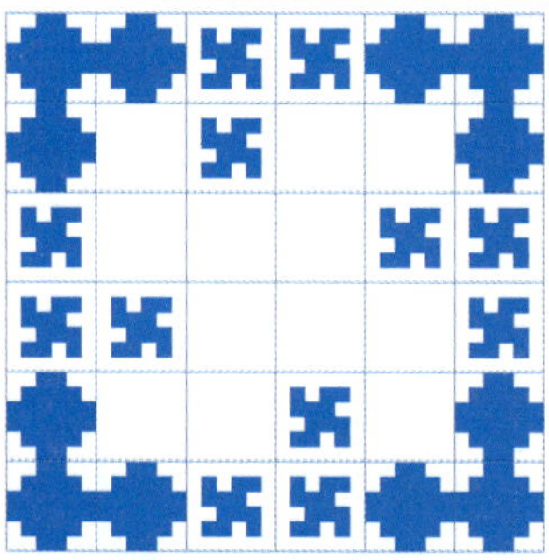

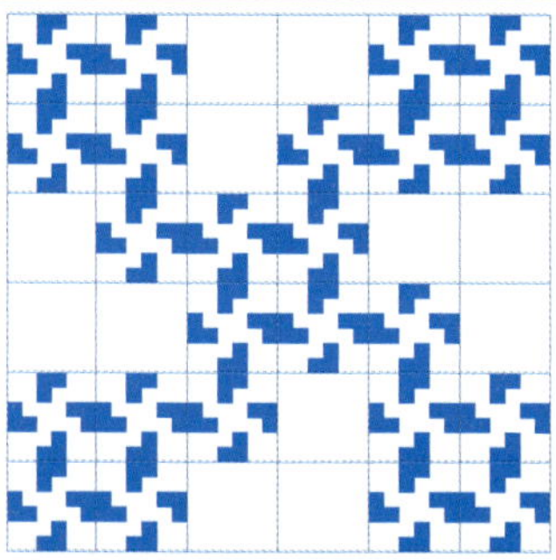

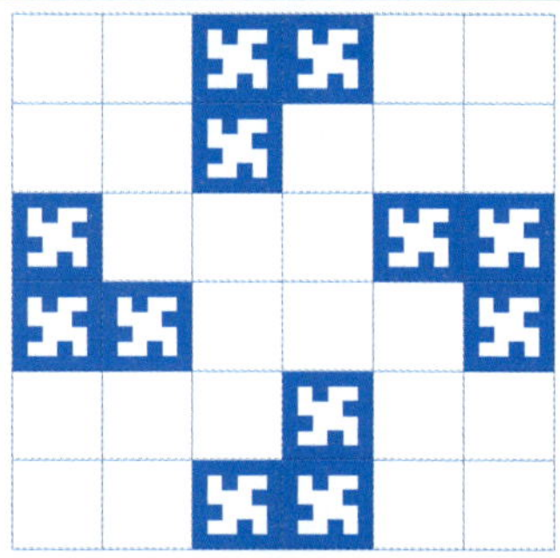

| $F_3 : \log_{216} 29376 = 1.914$ | $gf : \log_{36} 432 = 1.693$ | $gg : \log_{36} 288 = 1.58$ |
|---|---|---|
| 29376/46656=0.630 | 432/1296=0.333 | 288/1296=0.222 |

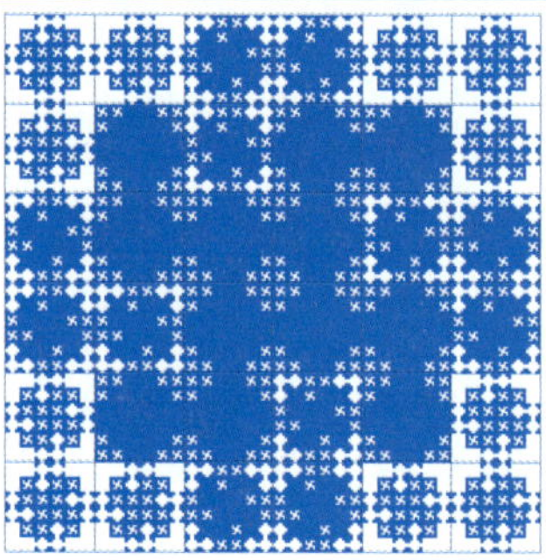

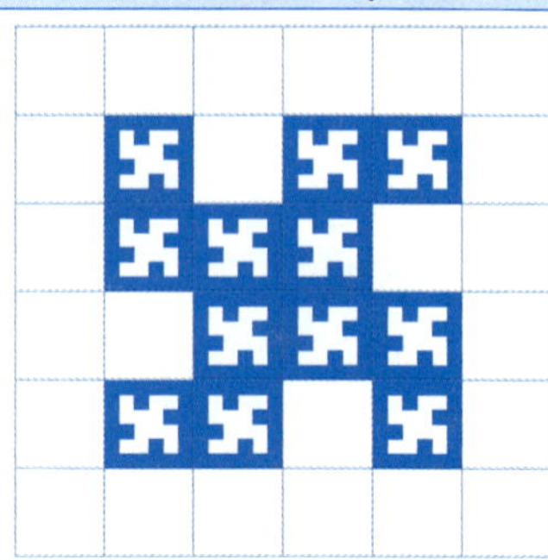

$fff$는 색이 강한 부분만 회전하는 것이 아니라 흰 부분도 역시 꿈틀거리며 회전하는 회전체로 보인다. 게슈탈트 전환((gestalt switch)이 일어났다. 색이 진한 곳에 초점을 두고 디자인을 바라보면 흰 부분이 배경으로 물러나면서 색칠된 부분이 거대한 회전체로 보이고, 흰 부분을 초점으로 바라보면 흰 부분이 반전된 형태로 살아나 꿈틀대고 움직이며 배경이 되기를 거부한다. 이처럼 이미지나 형태가 그 자체로는 전혀 변하지 않고 있음에도 불구하고 보는 이의 시각에 따라 다른 것으로 바뀌는 것을 '게슈탈트 전환'이라고 한다. 게슈탈트 심리학에서는 보는 사람의 시각 차이에 따라 하나의 대상이 여러 가지 방법으로 해석될 수 있음을 깨닫게 한다.

| $fff:\log_{216}19008 = 1.833$ | $ffg:\log_{216}22464 = 1864$ |
|---|---|
| 19008/46656=0.407 | 22464/46656=0.481 |
| 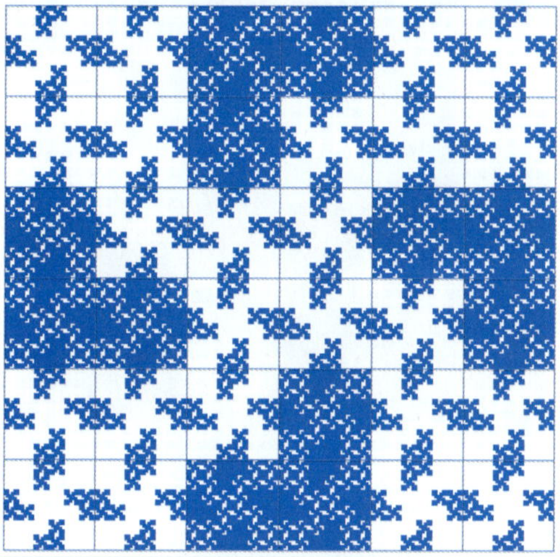 |  |
| $fgf:\log_{216}17280 = 1.815$ | $fgg:\log_{216}19008 = 1.833$ |
| 17280/46656=0.370 | 19008/46656=0.407 |
|  |  |

*gff*는 색칠된 가운데 부분이 시선을 압도하여 부담스럽게 느껴진다. 배경으로 물러난 패턴은 전경과 너무 큰 면적대비를 이루어 시선 처리에 불편함을 주고 있다. *gfg*는 작은 패턴들로 채우고 있다. 단조로움이 크다. *ggf*, *ggg*는 가운데 색칠부분에 배경과 유사한 형태의 패턴을 삽입하여 자칫 무겁고 딱딱하게 느껴질 수 있는 색칠된 중심의 이미지를 가볍고 부드럽게 만들어주고 있으며, 이는 주제가 되는 전경과 배경과의 대비를 완화시켜 전체적인 조화를 이끌어냈다.

| $gff : \log_{216} 22464 = 1864$ | $gfg : \log_{216} 25920 = 1.891$ |
|---|---|
| 22464/46656=0.481 | 25920/46656=0.556 |
|  |  |
| $ggf : \log_{216} 19008 = 1.833$ | $ggg : \log_{216} 19008 = 1.833$ |
| 19008/46656=0.407 | 19008/46656=0.407 |
|  |  |

(8) 1단계 28개

$ff$는 같은 패턴의 반복이지만 통일감을 잃고 어지럽게 분산된 느낌을 준다. $fg$는 같은 패턴의 반복으로 안정감을 주고 있다. 색칠된 부분 안쪽에 흰색 패턴을 삽입하여 생동감이 있어 보이며 전체적으로 움직임을 느끼게 한다.

| $F_1 = f \cup g : \log_6 24 = 1.774$ | $f : \log_6 12 = 1.387$ | $g : \log_6 12 = 1.387$ |
|---|---|---|
| 24/36=0.667 | 12/36=0.333 | 12/36=0.333 |

| 1 | 0 | 2 | 0 | 0 | 1 |
|---|---|---|---|---|---|
| 0 | 2 | 1 | 2 | 2 | 0 |
| 0 | 2 | 1 | 1 | 1 | 2 |
| 2 | 1 | 1 | 1 | 2 | 0 |
| 0 | 2 | 2 | 1 | 2 | 0 |
| 1 | 0 | 0 | 2 | 0 | 1 |

| 1 | 0 | 0 | 0 | 0 | 1 |
|---|---|---|---|---|---|
| 0 | 0 | 1 | 0 | 0 | 0 |
| 0 | 0 | 1 | 1 | 1 | 0 |
| 0 | 1 | 1 | 1 | 0 | 0 |
| 0 | 0 | 0 | 1 | 0 | 0 |
| 1 | 0 | 0 | 0 | 0 | 1 |

| 0 | 0 | 2 | 0 | 0 | 0 |
|---|---|---|---|---|---|
| 0 | 2 | 0 | 2 | 2 | 0 |
| 0 | 2 | 0 | 0 | 0 | 2 |
| 2 | 0 | 0 | 0 | 2 | 0 |
| 0 | 2 | 2 | 0 | 2 | 0 |
| 0 | 0 | 0 | 2 | 0 | 0 |

| $F_2 : \log_{36} 432 = 1.693$ | $ff : \log_{36} 288 = 1.58$ | $fg : \log_{36} 288 = 1.58$ |
|---|---|---|
| 432/1296=0.333 | 288/1296=0.222 | 288/1296=0.222 |

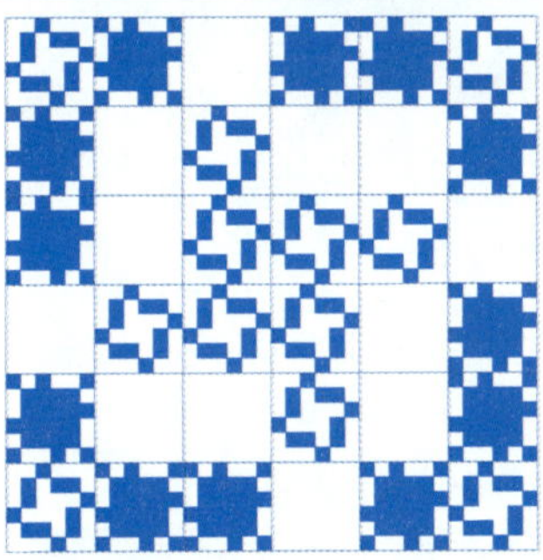
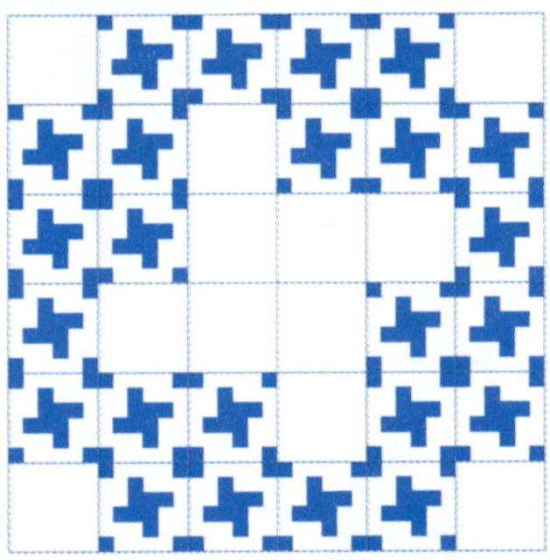
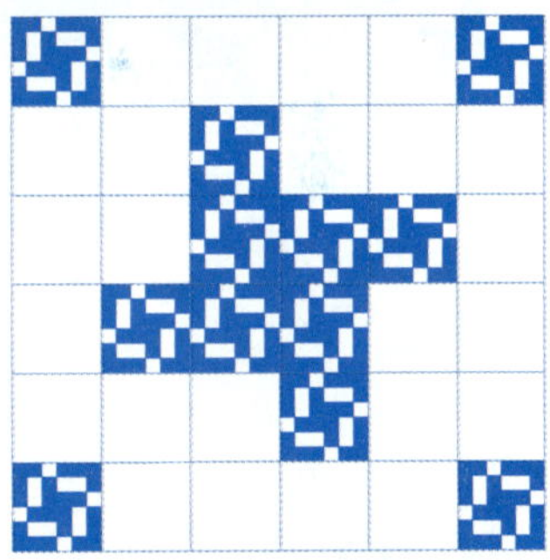

| $F_3 : \log_{216} 29376 = 1.914$ | $gf : \log_{36} 432 = 1.693$ | $gg : \log_{36} 288 = 1.58$ |
|---|---|---|
| 29376/46656=0.630 | 432/1296=0.333 | 288/1296=0.222 |

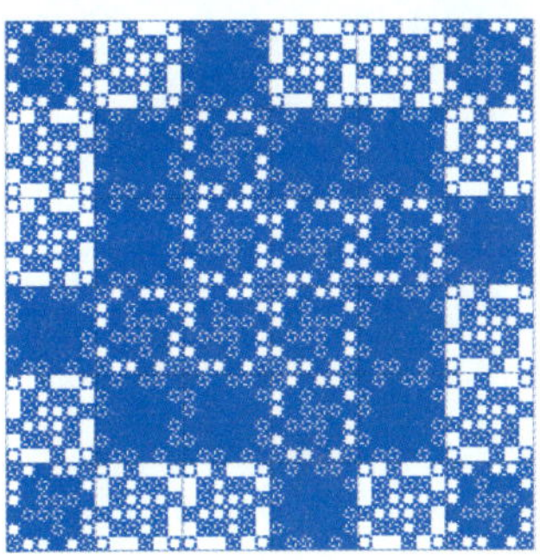

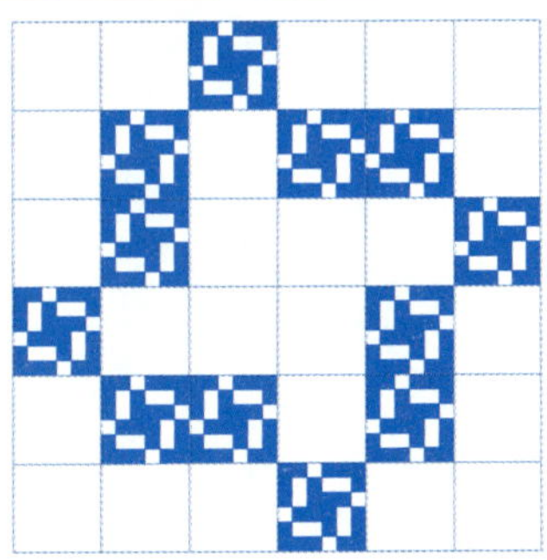

제시된 3단계 프랙탈 네 가지는 모두 회전대칭의 형태를 기본형으로 하며 각각 두 종류의 패턴이 반복되면서 새로운 느낌의 디자인을 만들어 낸다. 전체 면적의 1/3을 차지하고 있는 진한 부분은 가운데로 시선을 집중시키고, 그 내부에 반짝이는 이미지의 패턴을 사용하여 단조로움을 피하면서 동적인 이미지를 부각시키고 있다. $fff$는 여백이 많은 셀들이 반짝거림을 통해 귀여운 이미지를 느끼게 한다. $fgf$는 색이 진한 부분 내부의 흰 패턴이 강한 움직임을 느끼도록 하며 배경의 연한 색의 패턴들과 잘 어울리게 만든다. $fgg$는 $fgf$보다 가운데와 주변부가 전체적으로 좀 더 부드럽게 연결된 모습인데 이것은 후자가 전자보다 다양한 명도의 변화를 가지고 있기 때문이다.

| $fff$:$\log_{216}19008 = 1.833$ | $ffg$:$\log_{216}22464 = 1864$ |
| --- | --- |
| 19008/46656=0.407 | 22464/46656=0.481 |
| 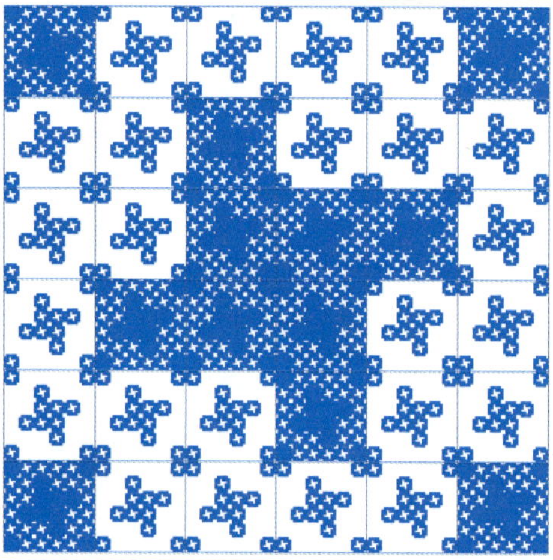 |  |
| $fgf$:$\log_{216}17280 = 1.815$ | $fgg$:$\log_{216}19008 = 1.833$ |
| 17280/46656=0.370 | 19008/46656=0.407 |
|  | 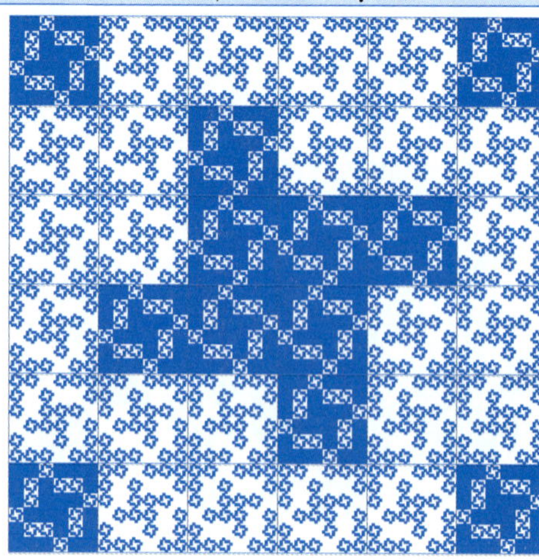 |

$gff$는 색이 진한 부분보다 여백이 만드는 이미지가 더 강하여 반전의 효과로 색이 진한 부분이 배경으로 물러났다. 밝은 부분에는 작은 형태로 이루어진 패턴들이 배치되어 전체적인 분위기를 귀엽고 명랑하게 느끼도록 한다. $gfg$는 전체 면적의 2/3을 차지하고 있는 부분이 특별한 이미지가 없이 균일하게 공간을 채우고 있어서 단조롭고 답답하게 보인다. $ggf$와 $ggg$는 두 개의 패턴이 배경과 전경에 각각 삽입되면서 명도대비를 완화시켜 결과적으로 전체의 조화를 이루어냈다.

$gff:\log_{216}22464 = 1864$

22464/46656=0.481

$gfg:\log_{216}25920 = 1.891$

25920/46656=0.556

$ggf:\log_{216}19008 = 1.833$

19008/46656=0.407

$ggg:\log_{216}19008 = 1.833$

19008/46656=0.407

## 5 7×7 빼셈 프랙탈 분할

### 1. 세 개의 프랙탈로 분할

(1) 1단계 25개

$F_2$는 세 종류의 패턴을 이용하여 각각의 패턴이 결합하는 지점에서 만들어지는 새로운 형태가 전체적인 프랙탈 디자인의 이미지를 결정하고 있다.

$F_1 = f \cup g : \log_7 25 = 1.654$

25/49=0.51

| 0 | 3 | 0 | 1 | 0 | 3 | 0 |
|---|---|---|---|---|---|---|
| 3 | 0 | 0 | 1 | 0 | 0 | 3 |
| 0 | 0 | 1 | 2 | 1 | 0 | 0 |
| 1 | 1 | 2 | 2 | 2 | 1 | 1 |
| 0 | 0 | 1 | 2 | 1 | 0 | 0 |
| 3 | 0 | 0 | 1 | 0 | 0 | 3 |
| 0 | 3 | 0 | 1 | 0 | 3 | 0 |

$f : \log_7 12 = 1.277$

12/36=0.245

| 0 | 0 | 0 | 1 | 0 | 0 | 0 |
|---|---|---|---|---|---|---|
| 0 | 0 | 0 | 1 | 0 | 0 | 0 |
| 0 | 0 | 1 | 0 | 1 | 0 | 0 |
| 1 | 1 | 0 | 0 | 0 | 1 | 1 |
| 0 | 0 | 1 | 0 | 1 | 0 | 0 |
| 0 | 0 | 0 | 1 | 0 | 0 | 0 |
| 0 | 0 | 0 | 1 | 0 | 0 | 0 |

$g : \log_7 5 = 0.827$

5/36=0.102

| 0 | 0 | 0 | 0 | 0 | 0 | 0 |
|---|---|---|---|---|---|---|
| 0 | 0 | 0 | 0 | 0 | 0 | 0 |
| 0 | 0 | 0 | 2 | 0 | 0 | 0 |
| 0 | 0 | 2 | 2 | 2 | 0 | 0 |
| 0 | 0 | 0 | 2 | 0 | 0 | 0 |
| 0 | 0 | 0 | 0 | 0 | 0 | 0 |
| 0 | 0 | 0 | 0 | 0 | 0 | 0 |

$h : \log_7 8 = 1.069$

8/49=0.163

| 0 | 3 | 0 | 0 | 0 | 3 | 0 |
|---|---|---|---|---|---|---|
| 3 | 0 | 0 | 0 | 0 | 0 | 3 |
| 0 | 0 | 0 | 0 | 0 | 0 | 0 |
| 0 | 0 | 0 | 0 | 0 | 0 | 0 |
| 0 | 0 | 0 | 0 | 0 | 0 | 0 |
| 3 | 0 | 0 | 0 | 0 | 0 | 3 |
| 0 | 3 | 0 | 0 | 0 | 3 | 0 |

$F_2 : \log_{49} 796 = 1.716$

796/2401=0.332

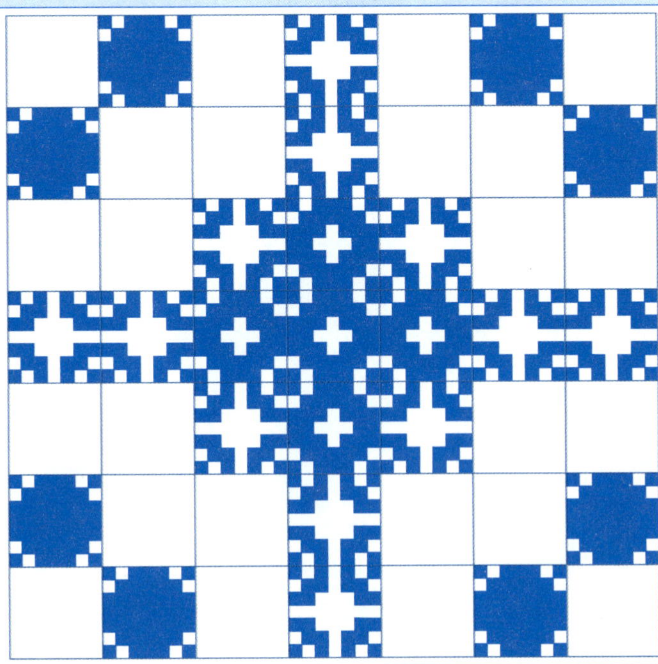

$ff$는 색칠 된 부분이 전체 면적의 18.5%로 여백이 풍부하여 시원하게 뚫린 해방감을 주고, 중심이 되는 형태가 뚜렷하게 드러나는 기반이 된다. 게다가 가운데가 십자형으로 비어 있어서 주제가 되는 부분의 느낌을 가뿐하게 만들고 주변과 어울리도록 유도하여 전체적으로 안정감을 조성함과 동시에 단순미와 깨끗한 느낌을 가진다. $ff$와 $fh$가 부드러운 이미지의 패턴을 사용하여 전체적인 느낌이 여성적이라면 상대적으로 $fg$는 단순한 십자형의 패턴이 남성적인 느낌을 갖게 한다.

| $ff$:$\log_{49}444 = 1.566$ | $fg$:$\log_{49}528 = 1.611$ | $fh$:$\log_{49}492 = 1.593$ |
|---|---|---|
| 444/2401=0.185 | 528/2401=0.22 | 492/2401=0.205 |
| 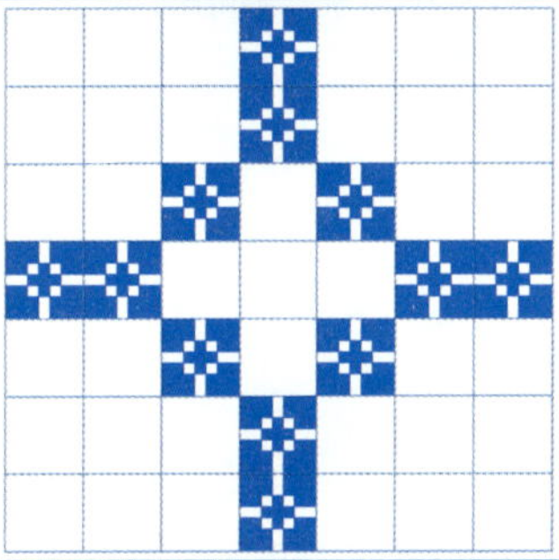 | 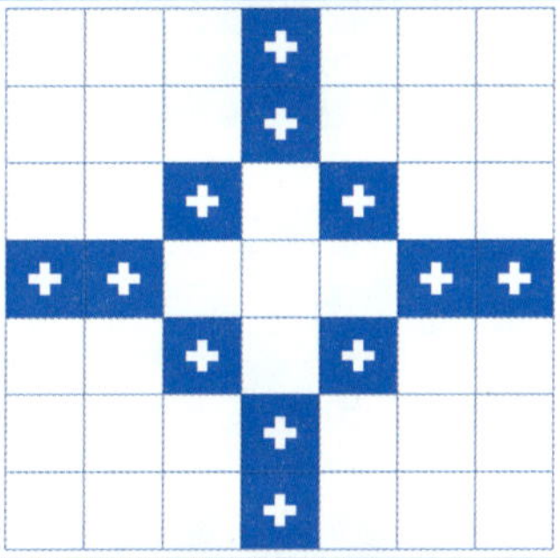 | 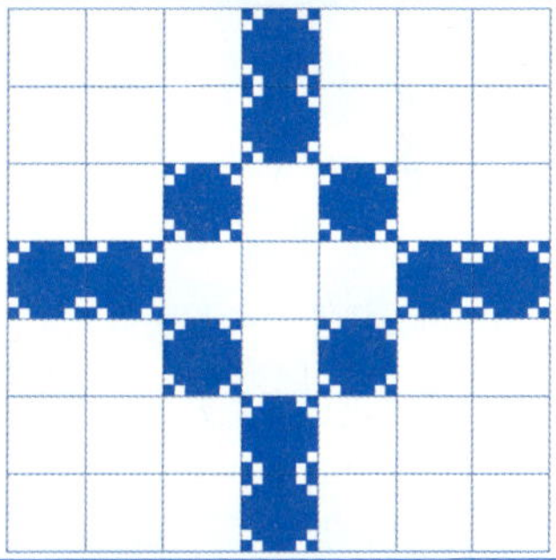 |
| $gf$:$\log_{49}180 = 1.334$ | $gg$:$\log_{49}220 = 1.386$ | $gh$:$\log_{49}205 = 1.368$ |
| 180/2401=0.052 | 220/2401=0.092 | 205/2401=0.085 |
| 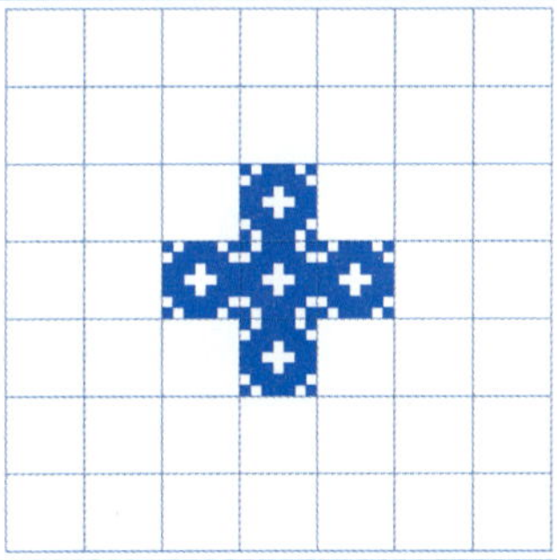 | 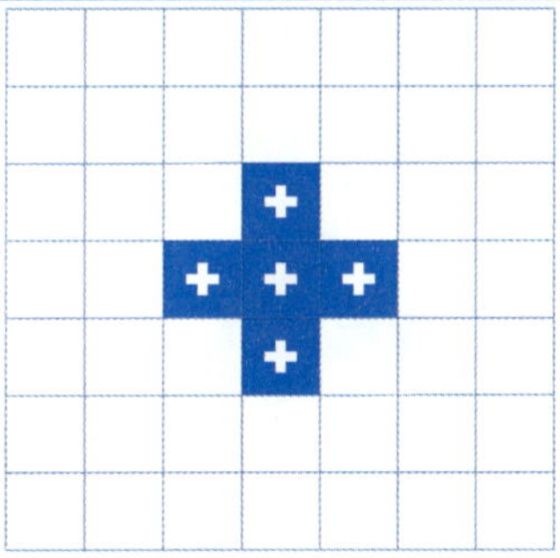 | 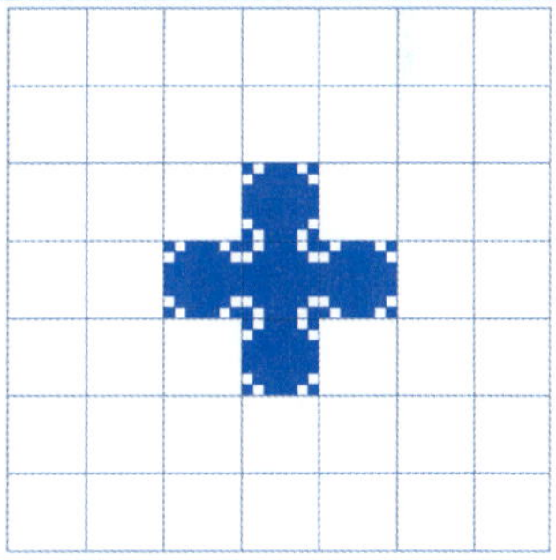 |
| $hf$:$\log_{49}392 = 1.534$ | $hg$:$\log_{49}392 = 1.534$ | $hh$:$\log_{49}328 = 1.489$ |
| 392/2401=0.163 | 392/2401=0.163 | 328/2401=0.137 |
| 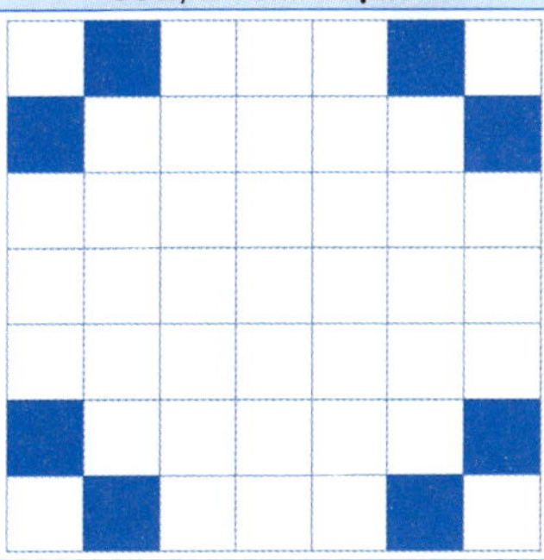 | 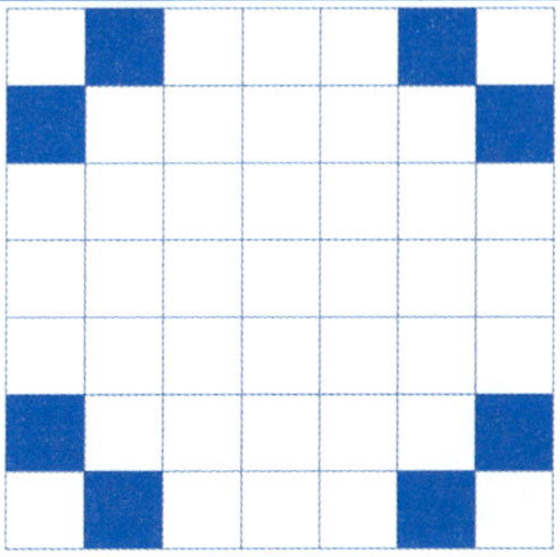 | 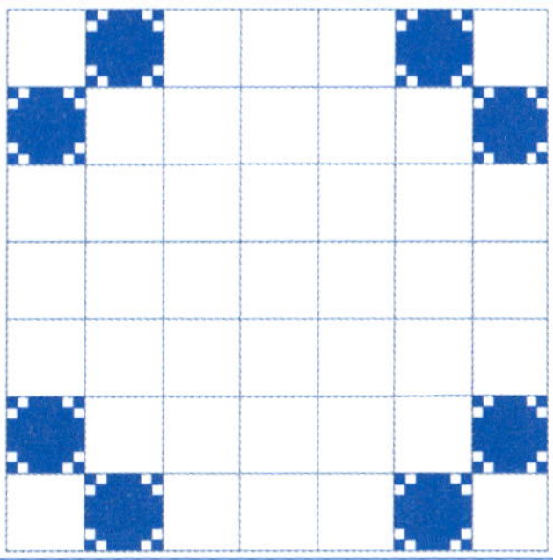 |

(2) 1단계 28개

$F_2$는 3가지의 패턴이 반복되고 있다. 가운데로 시선을 집중시키는 조형요소가 빈약하여 시선이 중심에 왔다가 머물지 않고 다시 모서리 쪽으로 향하게 된다. 이런 느낌은 $F_1$보다 $F_2$에서 더 강하게 느껴진다. 모서리에 있는 굵은 선들이 강하고 튼튼한 이미지로 무게감을 더하여 가운데 있는 작은 패턴들이 울타리 안에 갇혀있는 불쌍한 느낌도 든다. 면적대비가 만들어낸 결과다.

$F_1 = f \cup g : \log_7 28 = 1.712$

28/49=0.571

| 3 | 2 | 1 | 0 | 1 | 2 | 3 |
|---|---|---|---|---|---|---|
| 2 | 3 | 0 | 0 | 0 | 3 | 2 |
| 1 | 0 | 0 | 1 | 0 | 0 | 1 |
| 0 | 0 | 1 | 0 | 1 | 0 | 0 |
| 1 | 0 | 0 | 1 | 0 | 0 | 1 |
| 2 | 3 | 0 | 0 | 0 | 3 | 2 |
| 3 | 2 | 1 | 0 | 1 | 2 | 3 |

$f : \log_7 12 = 1.069$

12/36=0.245

| 0 | 0 | 1 | 0 | 1 | 0 | 0 |
|---|---|---|---|---|---|---|
| 0 | 0 | 0 | 0 | 0 | 0 | 0 |
| 1 | 0 | 0 | 1 | 0 | 0 | 1 |
| 0 | 0 | 1 | 0 | 1 | 0 | 0 |
| 1 | 0 | 0 | 1 | 0 | 0 | 1 |
| 0 | 0 | 0 | 0 | 0 | 0 | 0 |
| 0 | 0 | 1 | 0 | 1 | 0 | 0 |

$g : \log_7 8 = 1.069$

8/36=0.163

| 0 | 2 | 0 | 0 | 0 | 2 | 0 |
|---|---|---|---|---|---|---|
| 2 | 0 | 0 | 0 | 0 | 0 | 2 |
| 0 | 0 | 0 | 0 | 0 | 0 | 0 |
| 0 | 0 | 0 | 0 | 0 | 0 | 0 |
| 0 | 0 | 0 | 0 | 0 | 0 | 0 |
| 2 | 0 | 0 | 0 | 0 | 0 | 2 |
| 0 | 2 | 0 | 0 | 0 | 2 | 0 |

$h : \log_7 8 = 1.069$

8/36=0.163

| 3 | 0 | 0 | 0 | 0 | 0 | 3 |
|---|---|---|---|---|---|---|
| 0 | 3 | 0 | 0 | 0 | 3 | 0 |
| 0 | 0 | 0 | 0 | 0 | 0 | 0 |
| 0 | 0 | 0 | 0 | 0 | 0 | 0 |
| 0 | 0 | 0 | 0 | 0 | 0 | 0 |
| 0 | 3 | 0 | 0 | 0 | 3 | 0 |
| 3 | 0 | 0 | 0 | 0 | 0 | 3 |

$F_2 : \log_{49} 844 = 1.731$

844/2401=0.352

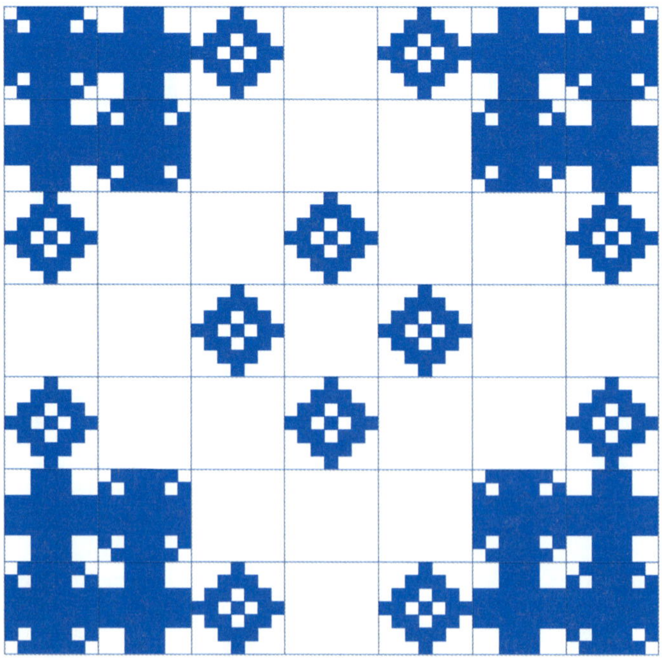

$ff$를 구성하고 있는 색칠된 사각형의 내부에 있는 패턴의 흰 부분 때문에 전체적인 이미지가 활기차고 빛나 보인다. $fg$는 색칠된 사각형 내부에 삽입한 패턴이 둥근 형태의 이미지를 띠며 전체적으로 밝은 느낌을 준다.

| $ff$: $\log_{49}444 = 1.566$ | $fg$: $\log_{49}492 = 1.593$ | $fh$: $\log_{49}492 = 1.593$ |
|---|---|---|
| 444/2401=0.185 | 492/2401=0.205 | 492/2401=0.205 |
| 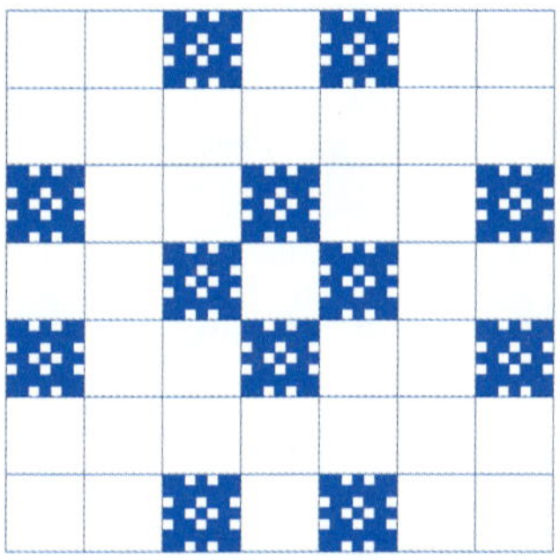 | 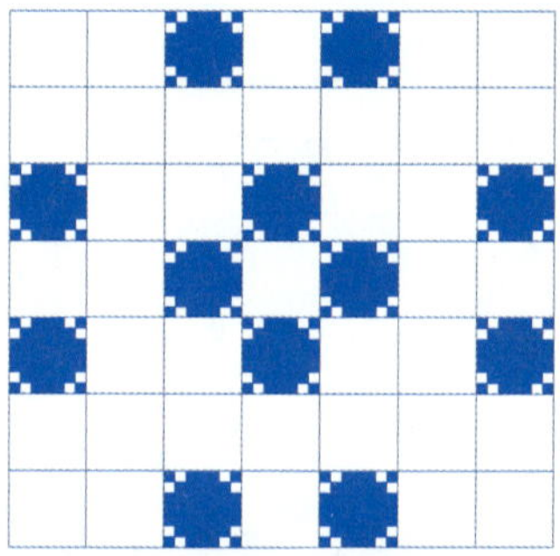 | 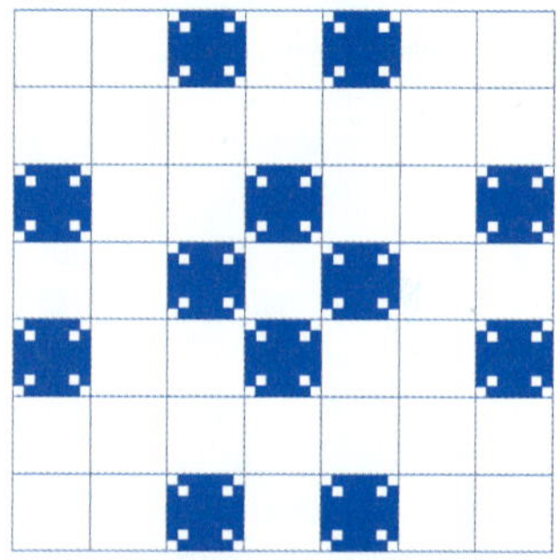 |
| $gf$: $\log_{49}264 = 1.433$ | $gg$: $\log_{49}328 = 1.489$ | $gh$: $\log_{49}328 = 1.489$ |
| 264/2401=0.11 | 328/2401=0.137 | 328/2401=0.137 |
| 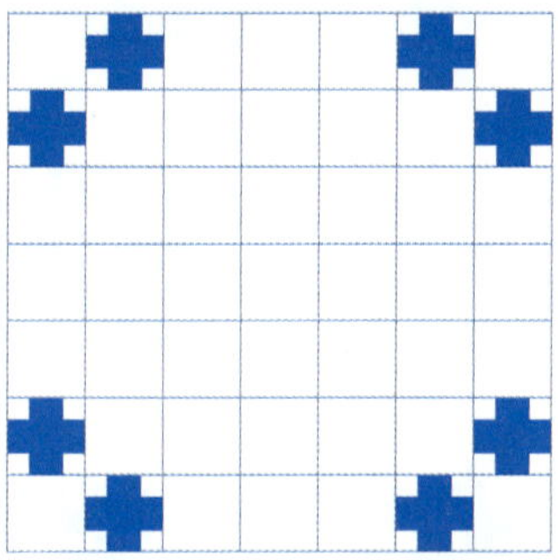 | 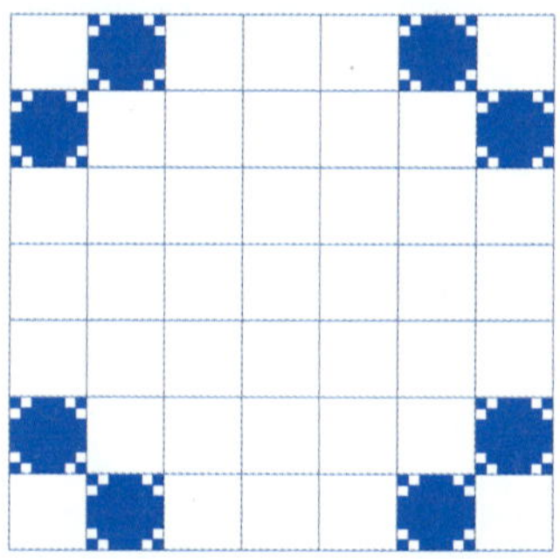 | 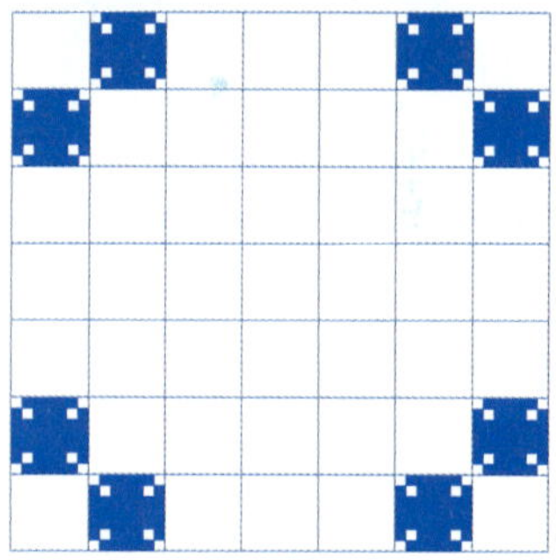 |
| $hf$: $\log_{49}392 = 1.534$ | $hg$: $\log_{49}392 = 1.534$ | $hh$: $\log_{49}328 = 1.489$ |
| 392/2401=0.163 | 392/2401=0.163 | 328/2401=0.137 |
|  |  | 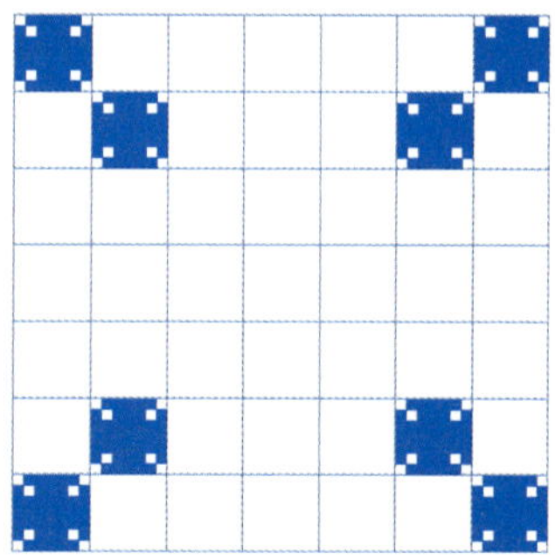 |

### (3) 1단계 32개

$F_1$은 모서리에 있는 4개의 사각형을 제외하고는 모두가 연결되어 있어 견고한 구조를 가지며 안정감을 느끼게 한다. $F_2$는 3개의 패턴의 결합으로 만들어졌으며 $F_1$의 형태에 충실해 보인다.

$F_1 = f \cup g : \log_7 32 = 1.781$

32/49=0.653

| 3 | 0 | 2 | 1 | 2 | 0 | 3 |
|---|---|---|---|---|---|---|
| 0 | 0 | 1 | 0 | 1 | 0 | 0 |
| 2 | 1 | 3 | 1 | 3 | 1 | 2 |
| 1 | 0 | 1 | 0 | 1 | 0 | 1 |
| 2 | 1 | 3 | 1 | 3 | 1 | 2 |
| 0 | 0 | 1 | 0 | 1 | 0 | 0 |
| 3 | 0 | 2 | 1 | 2 | 0 | 3 |

$f : \log_7 16 = 1.425$

16/36=0.327

| 0 | 0 | 0 | 1 | 0 | 0 | 0 |
|---|---|---|---|---|---|---|
| 0 | 0 | 1 | 0 | 1 | 0 | 0 |
| 0 | 1 | 0 | 1 | 0 | 1 | 0 |
| 1 | 0 | 1 | 0 | 1 | 0 | 1 |
| 0 | 1 | 0 | 1 | 0 | 1 | 0 |
| 0 | 0 | 1 | 0 | 1 | 0 | 0 |
| 0 | 0 | 0 | 1 | 0 | 0 | 0 |

$g : \log_7 8 = 1.069$

8/36=0.163

| 0 | 0 | 2 | 0 | 2 | 0 | 0 |
|---|---|---|---|---|---|---|
| 0 | 0 | 0 | 0 | 0 | 0 | 0 |
| 2 | 0 | 0 | 0 | 0 | 0 | 2 |
| 0 | 0 | 0 | 0 | 0 | 0 | 0 |
| 2 | 0 | 0 | 0 | 0 | 0 | 2 |
| 0 | 0 | 0 | 0 | 0 | 0 | 0 |
| 0 | 0 | 2 | 0 | 2 | 0 | 0 |

$h : \log_7 8 = 1.069$

8/36=0.163

| 3 | 0 | 0 | 0 | 0 | 0 | 3 |
|---|---|---|---|---|---|---|
| 0 | 0 | 0 | 0 | 0 | 0 | 0 |
| 0 | 0 | 3 | 0 | 3 | 0 | 0 |
| 0 | 0 | 0 | 0 | 0 | 0 | 0 |
| 0 | 0 | 3 | 0 | 3 | 0 | 0 |
| 0 | 0 | 0 | 0 | 0 | 0 | 0 |
| 3 | 0 | 0 | 0 | 0 | 0 | 3 |

$F_2 : \log_{49} 864 = 1.737$

864/2401=0.36

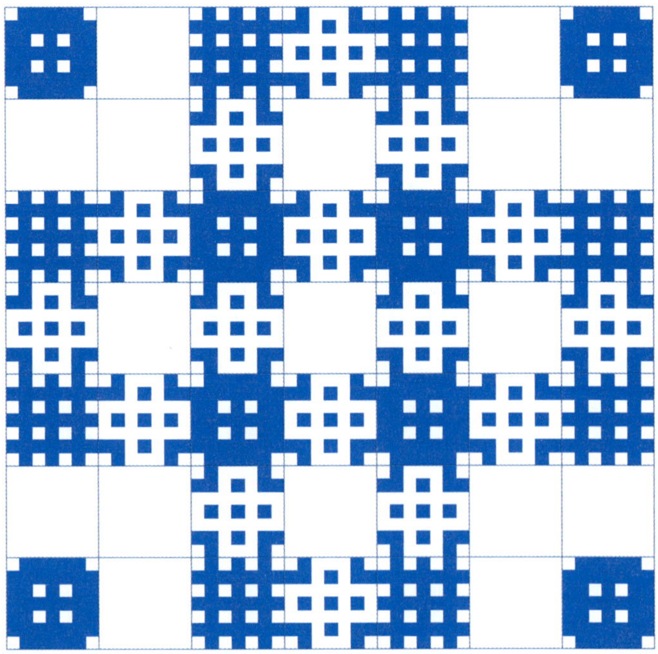

$ff$는 사선의 느낌으로 구성되어 있어서 방향성을 가지며 움직이려고 하는 동적인 이미지를 띠고 있다. 색칠된 사각형의 내부에 같은 모양의 패턴이 삽입되어 단순하면서 깔끔한 느낌을 가진다. $fg$에서 색이 칠해진 한 칸을 살펴보자. 색이 칠해진 부분과 칠해지지 않은 부분이 대비되고 있다. $fh$는 단추처럼 보인다. 색칠된 사각형 내부에 사용된 패턴 중 사각형의 모서리에 위치한 작은 사각형은 전체 형태를 둥글게 보이게 하고, 가운데 있는 작고 하얀 네 개의 사각형은 단추 구멍처럼 보이게 만든다.

| $ff$ : $\log_{49}528 = 1.611$ | $fg$ : $\log_{49}656 = 1.667$ | $fh$ : $\log_{49}656 = 1.667$ |
|---|---|---|
| 528/2401=0.22 | 656/2401=0.273 | 656/2401=0.273 |
| 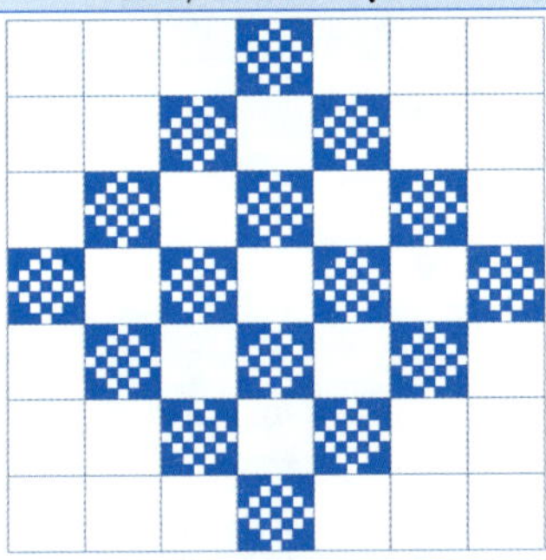 | 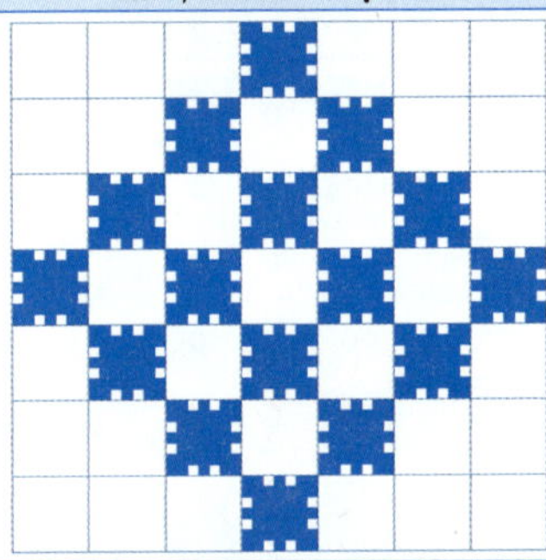 | 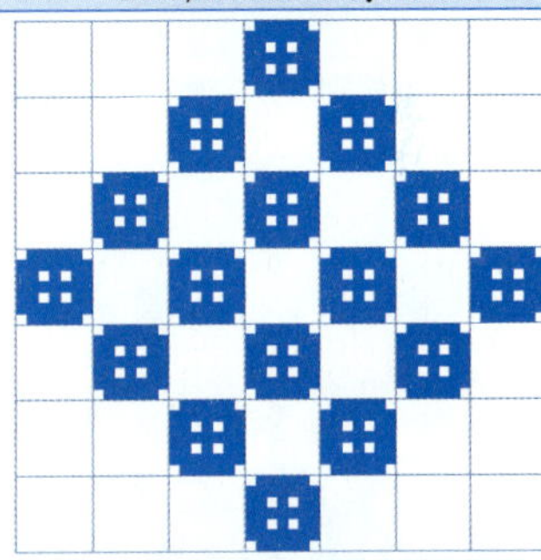 |
| $gf$ : $\log_{49}264 = 1.433$ | $gg$ : $\log_{49}328 = 1.489$ | $gh$ : $\log_{49}328 = 1.489$ |
| 264/2401=0.11 | 328/2401=0.137 | 328/2401=0.137 |
| 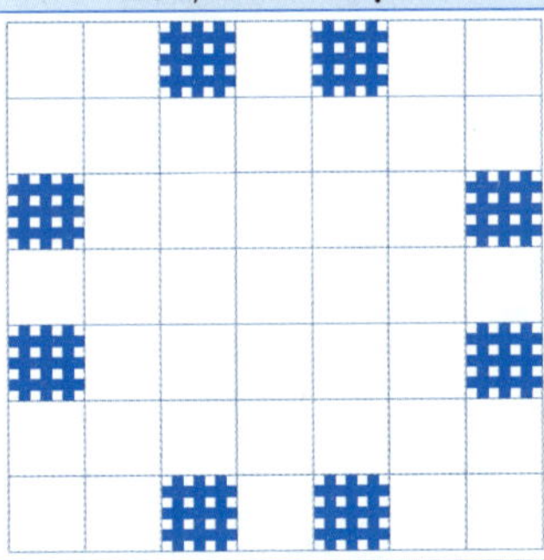 | 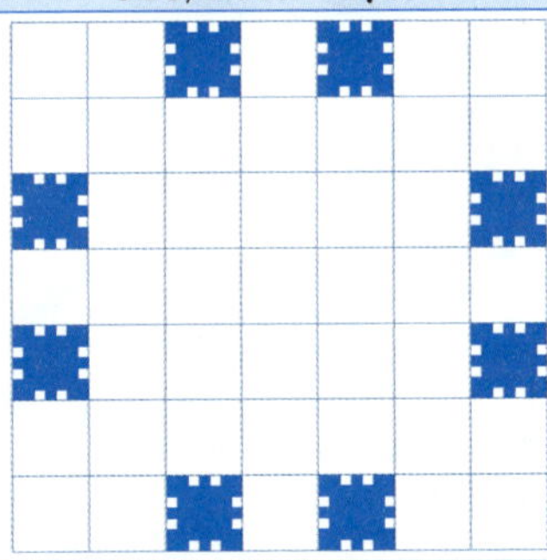 | 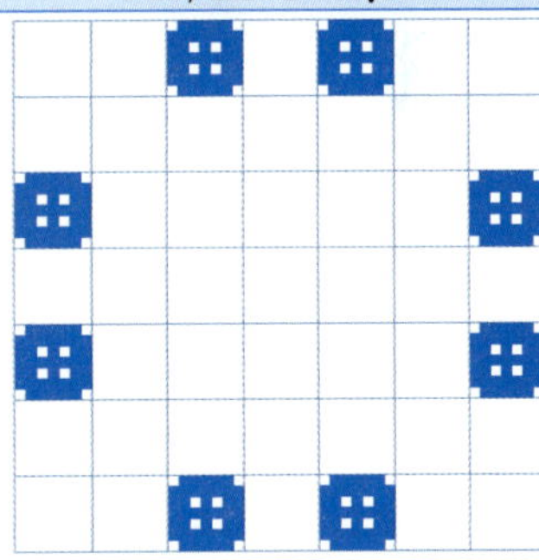 |
| $hf$ : $\log_{49}392 = 1.534$ | $hg$ : $\log_{49}392 = 1.534$ | $hh$ : $\log_{49}328 = 1.489$ |
| 392/2401=0.163 | 392/2401=0.163 | 328/2401=0.137 |
|  |  | 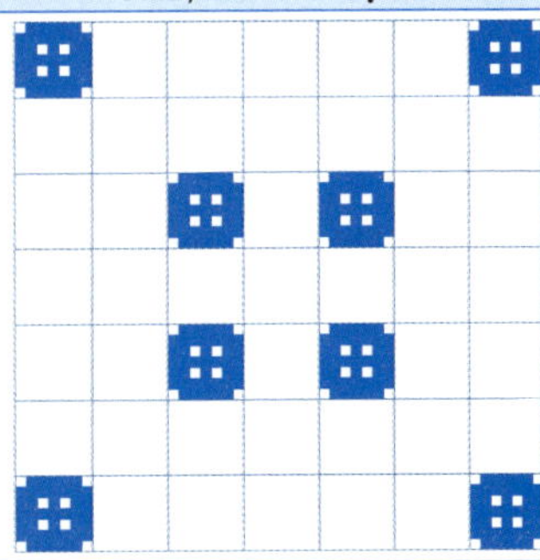 |

(4) 1단계 32개

$F_1$은 가장자리 부분이 색을 칠한 부분과 칠하지 않는 부분이 번갈아 있어 복잡한 구조를 가지고 있지만 가운데가 비어 있어 색칠된 부분보다 오히려 시선을 더 끌고 집중시키는 효과가 있다. $F_2$는 세 개의 패턴이 결합되었기 때문에 각각의 부분이 $F_1$보다 훨씬 변화무쌍하고 화려한 느낌을 준다. 이에 반해 중심에 생긴 십자형의 빈 공간이 화려한 패턴들과 대비되어 더욱 더 강한 이미지로 떠오른다.

| $F_1 = f \cup g : \log_7 32 = 1.781$ | | | | | | |
|---|---|---|---|---|---|---|
| 32/49=0.653 | | | | | | |
| 3 | 0 | 1 | 0 | 1 | 0 | 3 |
| 0 | 3 | 1 | 2 | 1 | 3 | 0 |
| 1 | 1 | 2 | 0 | 2 | 1 | 1 |
| 0 | 2 | 0 | 0 | 0 | 2 | 0 |
| 1 | 1 | 2 | 0 | 2 | 1 | 1 |
| 0 | 3 | 1 | 2 | 1 | 3 | 0 |
| 3 | 0 | 1 | 0 | 1 | 0 | 3 |

| $f : \log_7 16 = 1.425$ | | | | | | |
|---|---|---|---|---|---|---|
| 16/36=0.327 | | | | | | |
| 0 | 0 | 1 | 0 | 1 | 0 | 0 |
| 0 | 0 | 1 | 0 | 1 | 0 | 0 |
| 1 | 1 | 0 | 0 | 0 | 1 | 1 |
| 0 | 0 | 0 | 0 | 0 | 0 | 0 |
| 1 | 1 | 0 | 0 | 0 | 1 | 1 |
| 0 | 0 | 1 | 0 | 1 | 0 | 0 |
| 0 | 0 | 1 | 0 | 1 | 0 | 0 |

| $g : \log_7 8 = 1.069$ | | | | | | |
|---|---|---|---|---|---|---|
| 8/36=0.163 | | | | | | |
| 0 | 0 | 0 | 0 | 0 | 0 | 0 |
| 0 | 0 | 0 | 2 | 0 | 0 | 0 |
| 0 | 0 | 2 | 0 | 2 | 0 | 0 |
| 0 | 2 | 0 | 0 | 0 | 2 | 0 |
| 0 | 0 | 2 | 0 | 2 | 0 | 0 |
| 0 | 0 | 0 | 2 | 0 | 0 | 0 |
| 0 | 0 | 0 | 0 | 0 | 0 | 0 |

| $h : \log_7 8 = 1.069$ | | | | | | |
|---|---|---|---|---|---|---|
| 8/36=0.163 | | | | | | |
| 3 | 0 | 0 | 0 | 0 | 0 | 3 |
| 0 | 3 | 0 | 0 | 0 | 3 | 0 |
| 0 | 0 | 0 | 0 | 0 | 0 | 0 |
| 0 | 0 | 0 | 0 | 0 | 0 | 0 |
| 0 | 0 | 0 | 0 | 0 | 0 | 0 |
| 0 | 3 | 0 | 0 | 0 | 3 | 0 |
| 3 | 0 | 0 | 0 | 0 | 0 | 3 |

$F_2 : \log_{49} 864 = 1.737$

864/2401=0.36

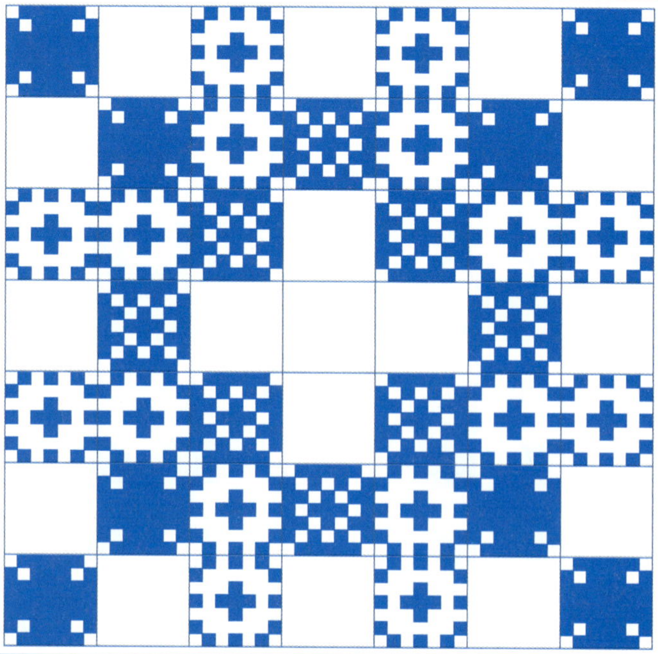

$ff$를 구성하고 있는 하나의 패턴을 살펴보면 가운데 부분이 비어 있지만 색을 칠한 부분과 칠하지 않은 부분의 구별이 명쾌하여 이 패턴의 연결로 만든 형태는 공간을 시원하게 느끼도록 만든다. $ff$, $fg$, $fh$의 가운데는 빈 공간이지만 심리적으로 사각형이 만들어지며 위로 떠오른다.

| $ff$: $\log_{49}528 = 1.611$ | $fg$: $\log_{49}656 = 1.667$ | $fh$: $\log_{49}656 = 1.667$ |
|---|---|---|
| 528/2401=0.22 | 656/2401=0.273 | 656/2401=0.273 |
| 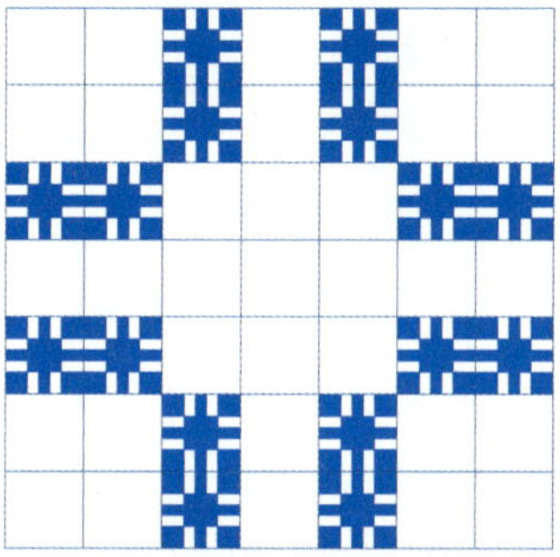 | 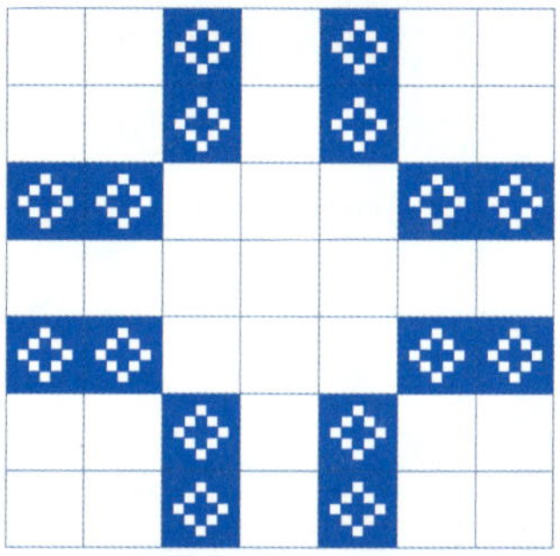 | 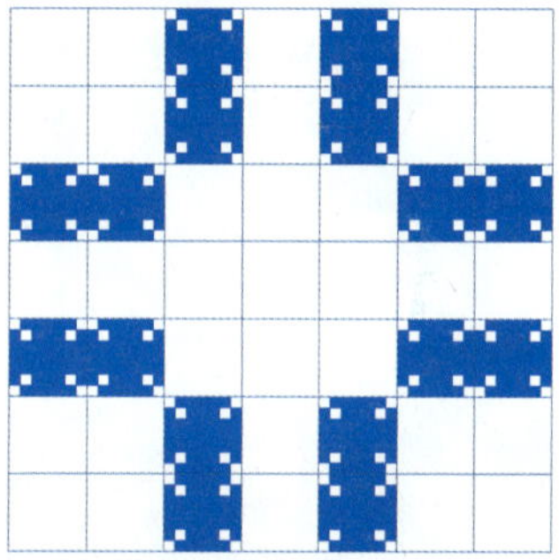 |
| $gf$: $\log_{49}264 = 1.433$ | $gg$: $\log_{49}328 = 1.489$ | $gh$: $\log_{49}328 = 1.489$ |
| 264/2401=0.11 | 328/2401=0.137 | 328/2401=0.137 |
| 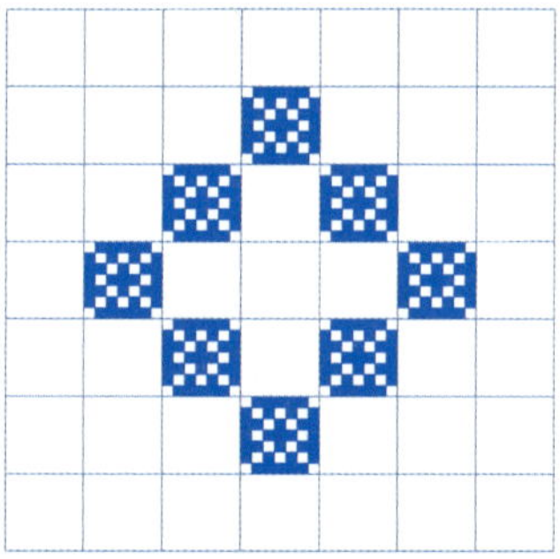 | 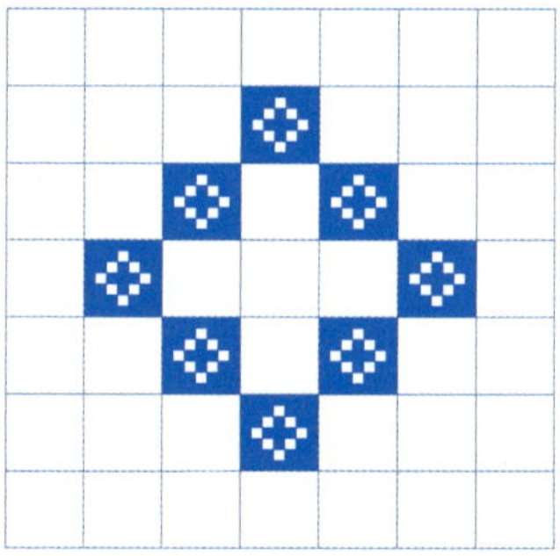 | 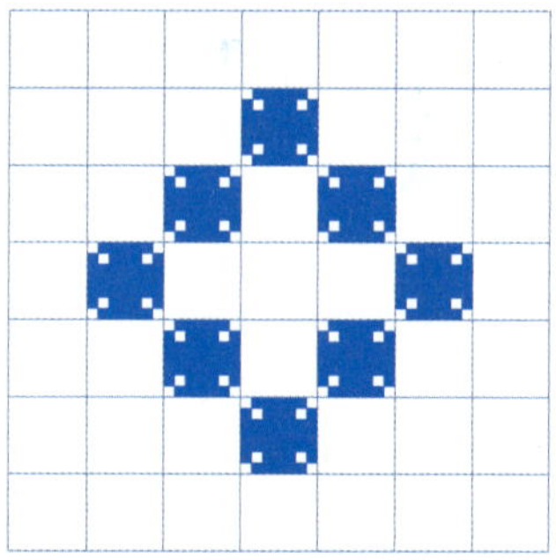 |
| $hf$: $\log_{49}392 = 1.534$ | $hg$: $\log_{49}392 = 1.534$ | $hh$: $\log_{49}328 = 1.489$ |
| 392/2401=0.163 | 392/2401=0.163 | 328/2401=0.137 |
|  |  | 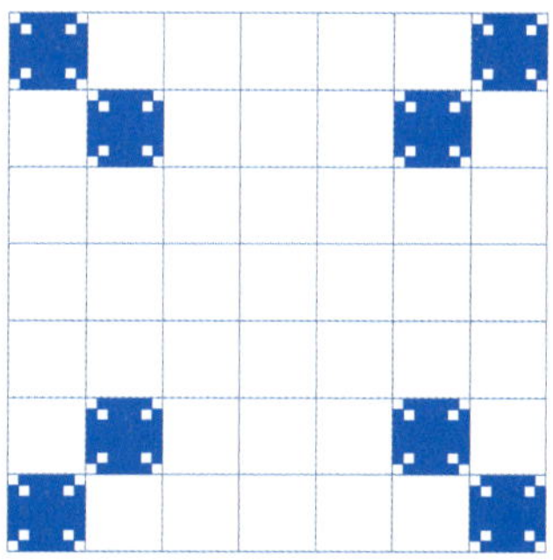 |

◀**빈센트 반 고흐(Vincent van Gogh, 1853~ 1890)**: 네덜란드 출생. 후기인상주의 화가. 인상파와 일본 우키요에의 영향으로 강렬한 색채와 격렬한 필치를 사용하여 자신만의 독특한 작풍을 확립하였다. 고흐의 작품은 성직자의 길을 가다가 화가의 길로 들어선 1880년부터 정신질환을 앓고 자살을 감행하기 전 10년 동안에 그려졌다. 그는 생존기간 동안 거의 성공을 거두지 못했지만, 그의 사후 명성은 급속도로 커져 오늘날 위대한 화가로 남게 되었다. 작품으로는 〈별이 빛나는 밤〉, 〈고흐의 방〉, 〈해바라기〉, 〈밤의 카페〉 등이 있다.

◀**〈별이 빛나는 밤 Starry Night〉**
(73.7×92.1cm/캔버스에 유채/1889년) Vincent van Gogh : 세계인이 가장 사랑하는 그림 중에 하나인 이 그림은 고흐가 고갱과 다투고 자신의 귀를 자른 후 생레미의 요양원에 있을 때 그린 그림이다. "별을 보는 것은 언제나 나를 꿈꾸게 한다."고 했던 고흐에게 밤하늘은 무한함을 표현하는 대상이었고 소용돌이치는 별들의 향연은 그의 내면에서 격렬하게 회오리치듯 꿈틀거리는 감정을 대변하고 있다.

◆ **후기인상주의(Post-Impressionism)**는 인상주의에서 시작했지만, 그 영향에서 벗어나 새로운 작품 세계를 확립하려고 한 예술 사조이다. 프랑스를 중심으로 주로 1880년대에 활약한 화가를 가리키는 편의적인 호칭이다. 활동한 화가의 화풍은 각각 크게 다르다. 일반적으로는 빈센트 반 고흐, 폴 고갱, 폴 세잔느 등을 가리킨다.

◆ **신인상주의(Neo-Impressionism)**는 19세기 말의 프랑스 회화 운동 또는 양식의 하나로 인상주의를 계승하면서, 광학이론이나 색채론의 영향을 받았으며, 분할된 균일한 필촉(筆觸)에 의하여 시각혼합을 철저히 하는 것을 기술상의 최대 특색으로 한다. 쇠라, 시냐크가 활동했다.

▶**〈그랑드자트 섬의 일요일 오후〉**
(캔버스에 유채/207.5×308cm/1886) 조르주 피에르 쇠라(Georges Pierre Seurat) /시카고 아트인스티튜트 소장

제 4 장

# 나눗셈 프랙탈 디자인

# 1 3×3 나눗셈 프랙탈 분할

## 1. 세 개의 프랙탈로 분할

### (1) 1단계 5개

1단계의 프랙탈 $F_1$은 $f$, g 두 개로 구성된다. 2단계의 프랙탈 $F_2$는 $ff$, $fg$, $gf$, $gg$ 네 개로 구성된다. 3단계의 프래탈 $F_3$는 $fff$, $ffg$, $fgf$, $fgg$, $gff$, $gfg$, $ggf$, $ggg$로 구성된다. 4단계는 16개로 구성된다. $n$단계는 $2^n$개로 구성된다.

| $F_1$: $\log_3 5 = 1.465$ | $f$: | $g$: $\log_3 4 = 1.262$ | | |
|---|---|---|---|---|
| 5/9=0.556 | 1/9=0.111 | 4/9=0.444 | | |
|  |   | 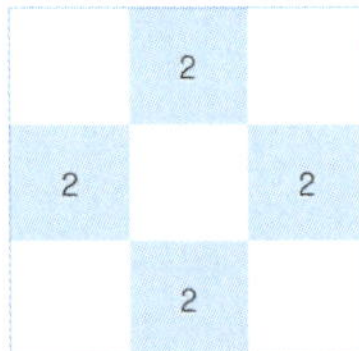 | | |
| $F_2$: $\log_9 57 = 1.84$ | $ff$: $\log_9 17 = 1.29$ | $fg$: $\log_9 37 = 1.64$ | $gf$: $\log_9 37 = 1.64$ | $gg$: $\log_9 56 = 1.83$ |
| 57/81=0.704 | 17/81=0.21 | 37/81=0.457 | 37/81=0.457 | 56/81=0.691 |
| 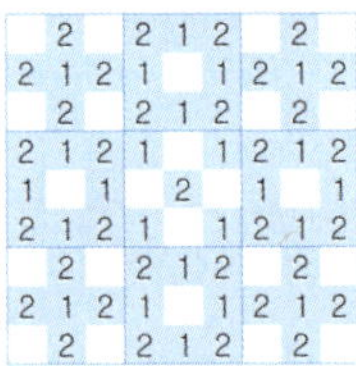 | 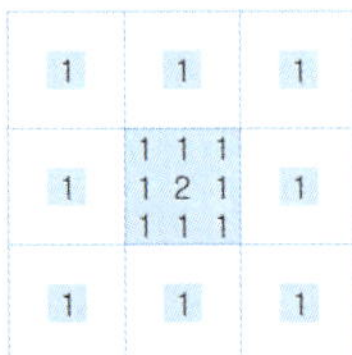 | 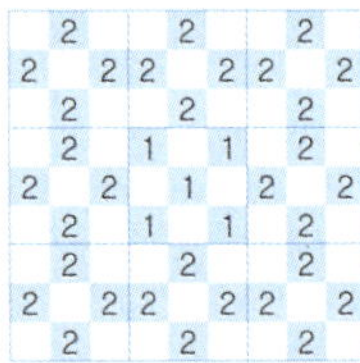 | 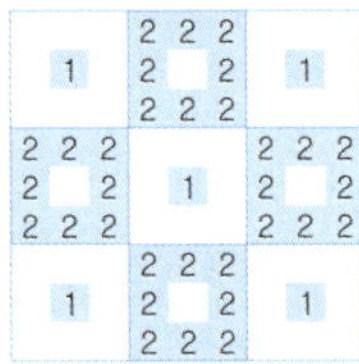 | 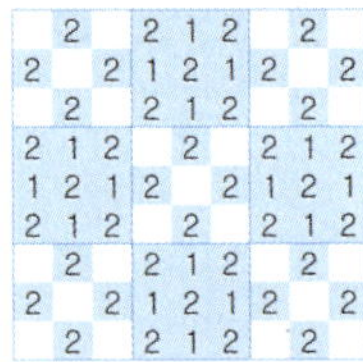 |
| $F_3$: $\log_{27} 504 = 1.89$ | $fff$: $\log_{27} 216 = 1.63$ | $ffg$: $\log_{27} 345 = 1.77$ | $fgf$: $\log_{27} 377 = 1.8$ | $fgg$: $\log_{27} 489 = 1.88$ |
| 504/729=0.691 | 216/729=0.296 | 345/729=0.473 | 377/729=0.517 | 489/729=0.671 |
| 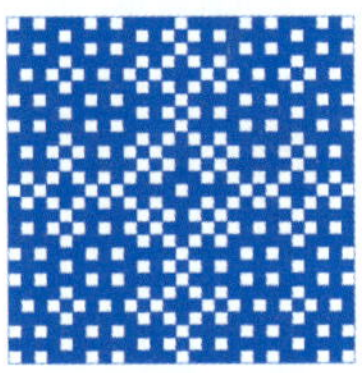 | 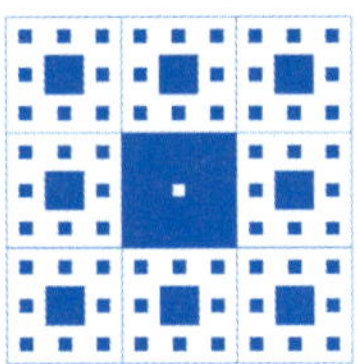 |  | 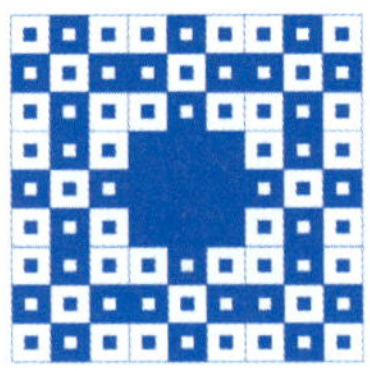 |  |
| | $gff$: $\log_{27} 345 = 1.77$ | $gfg$: $\log_{27} 489 = 1.88$ | $ggf$: $\log_{27} 489 = 1.88$ | $ggg$: $\log_{27} 540 = 1.91$ |
| | 345/729=0.47 | 489/729=0.671 | 489/729=0.671 | 540/729=0.741 |
| | 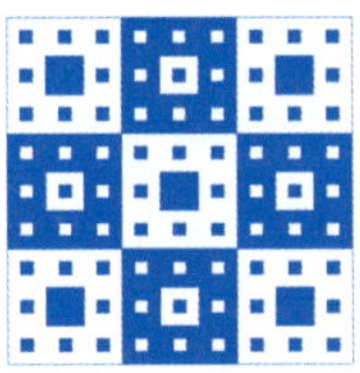 |  | 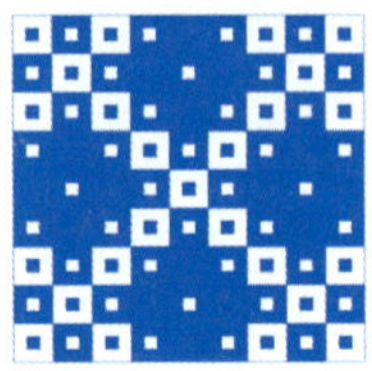 |  |

### (2) 1단계 5개

1단계의 프랙탈로 2단계의 프랙탈을 만들 때 덧셈 프랙탈을 이용한다. 덧셈을 한 다음 수를 3으로 나눈 나머지를 이용한다. $fff$는 주변의 8개 패턴의 반복을 통하여 안정감을 주며, 가운데로 갈수록 사각형이 커지며 집중감을 준다. $ffg$는 가로와 세로선이 교차하는 곳에서 색이 반전되며 변화를 준다. 색칠되지 않은 선들은 십자형의 각 개체들을 유기적으로 연결시키며 전체의 분위기를 조화롭게 한다. $gff$는 같은 형태의 패턴이 색의 반전을 통해 중심과 주변이 시각적 균형을 이루도록 한다.

| $F_1$:$\log_3 5 = 1.465$ | $f$: | $g$:$\log_3 4 = 1.262$ | | |
|---|---|---|---|---|
| 5/9=0.556 | 1/9=0.111 | 4/9=0.444 | | |
|  |  |  | | |
| $F_2$:$\log_9 57 = 1.84$ | $ff$:$\log_9 17 = 1.29$ | $fg$:$\log_9 37 = 1.64$ | $gf$:$\log_9 37 = 1.64$ | $gg$:$\log_9 56 = 1.83$ |
| 57/81=0.704 | 17/81=0.21 | 37/81=0.457 | 37/81=0.457 | 56/81=0.691 |
| 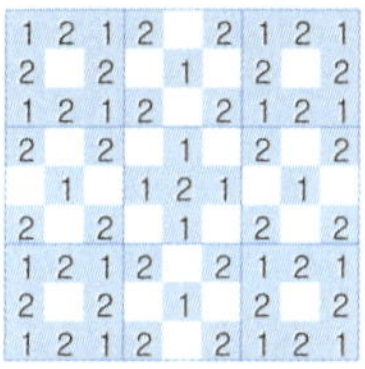 | 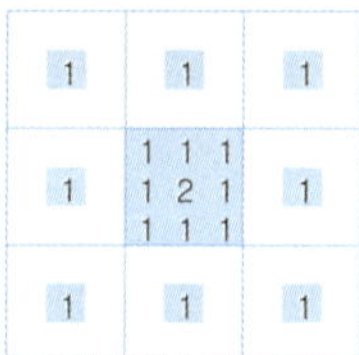 | 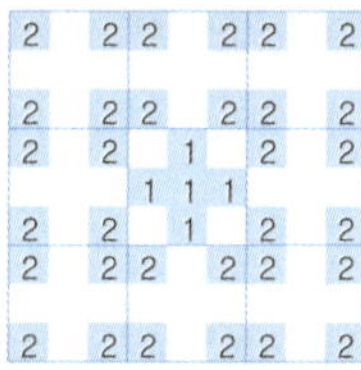 | 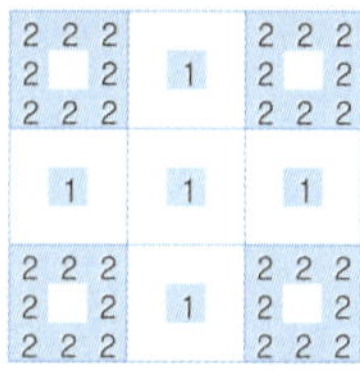 | 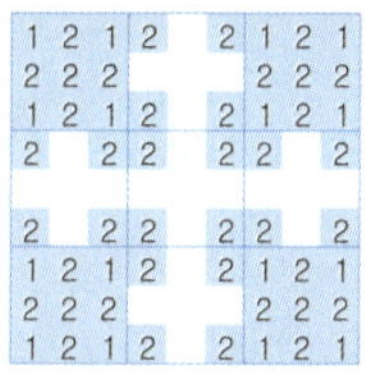 |
| $F_3$:$\log_{27} 504 = 1.89$ | $fff$:$\log_{27} 216 = 1.63$ | $ffg$:$\log_{27} 345 = 1.77$ | $fgf$:$\log_{27} 377 = 1.8$ | $fgg$:$\log_{27} 489 = 1.88$ |
| 504/729=0.691 | 216/729=0.296 | 345/729=0.473 | 377/729=0.517 | 489/729=0.671 |
| 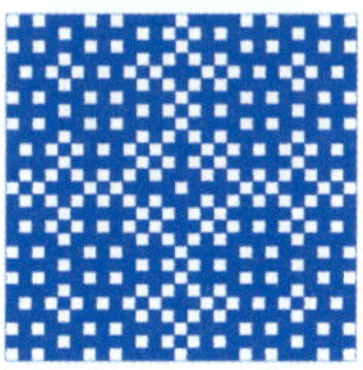 | 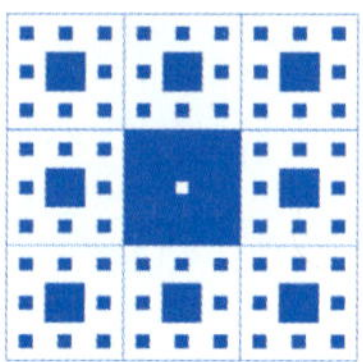 |  | 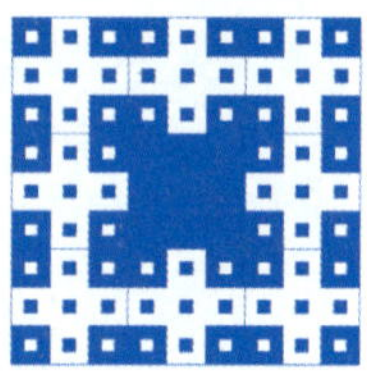 |  |
| | $gff$:$\log_{27} 345 = 1.77$ | $gfg$:$\log_{27} 489 = 1.88$ | $ggf$:$\log_{27} 489 = 1.88$ | $ggg$:$\log_{27} 540 = 1.91$ |
| | 345/729=0.47 | 489/729=0.671 | 489/729=0.671 | 540/729=0.741 |
| | 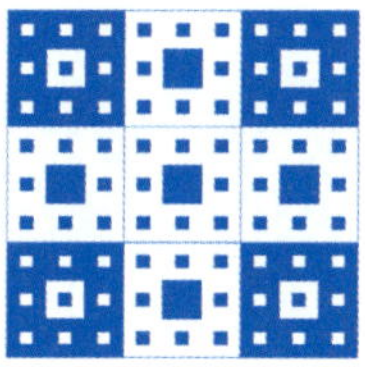 |  |  |  |

### (3) 1단계 8개

$F_1$은 시어핀스키 사각형이다. 공간을 차지하는 비율이 88.9%로 답답한 느낌을 준다. $fff$는 평면을 차지하는 비율이 74.1%이지만 오히려 색칠하지 않는 부분이 심리적인 선으로 보이면서 중심에서 교차하며 대각선을 이룬다. $ffg$는 $fff$가 진화한 형태를 보여준다. 여러 개의 패턴들이 연결되면서 중심에 $fff$보다 더 뚜렷한 대각선이 생겼고 그 주변 배경은 중심으로 향할수록 색이 진해지는 그라데이션을 찾아볼 수 있다. 이것은 바깥으로 팽창하는 발산의 느낌을 준다.

| $F_1:\log_3 8=1.893$ | $f:\log_3 4=1.262$ | $g:\log_3 4=1.262$ | | |
|---|---|---|---|---|
| 8/9=0.889 | 4/9=0.444 | 4/9=0.444 | | |
| 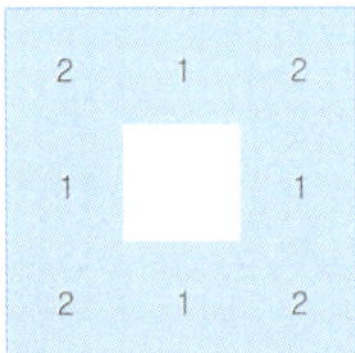 | 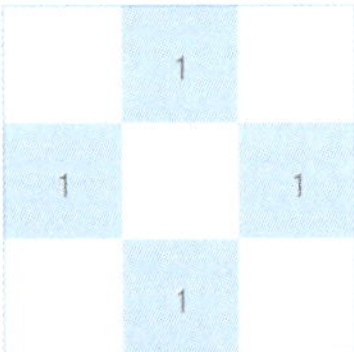 | 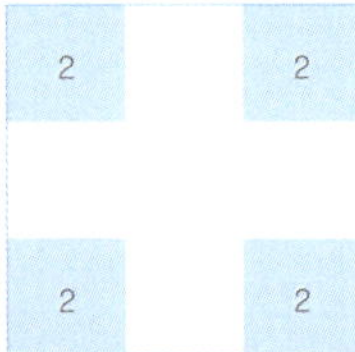 | | |
| $F_2:\log_9 48=1.76$ | $ff:\log_9 56=1.83$ | $fg:\log_9 40=1.68$ | $gf:\log_9 40=1.68$ | $gg:\log_9 56=1.83$ |
| 48/81=0.59 | 56/81=0.691 | 40/81=0.494 | 40/81=0.494 | 56/81=0.691 |
| 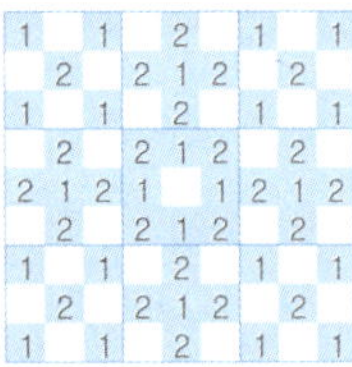 |  |  | 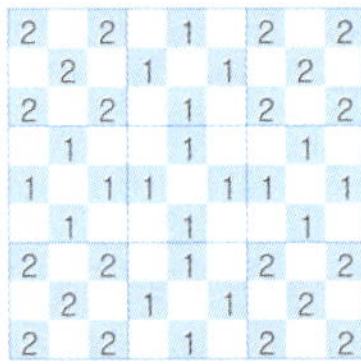 | 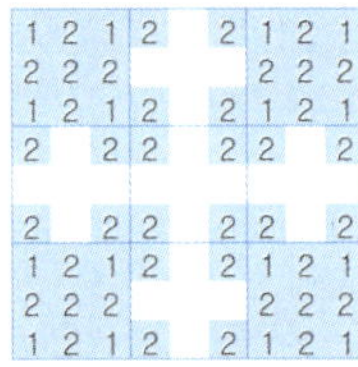 |
| $F_3:\log_{27} 504=1.89$ | $fff:\log_{27} 540=1.91$ | $ffg:\log_{27} 444=1.85$ | $fgf:\log_{27} 524=1.9$ | $fgg:\log_{27} 444=1.85$ |
| 504/729=0.691 | 540/729=0.741 | 444/729=0.609 | 524/729=0.719 | 444/729=0.609 |
| 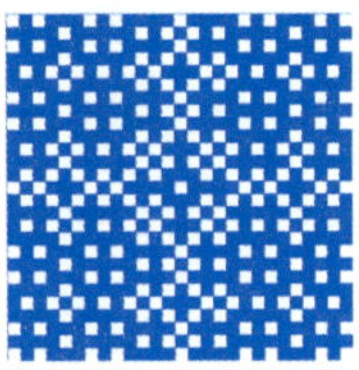 |  |  |  |  |
| | $gff:\log_{27} 444=1.85$ | $gfg:\log_{27} 444=1.85$ | $ggf:\log_{27} 444=1.85$ | $ggg:\log_{27} 540=1.91$ |
| | 444/729=0.609 | 444/729=0.609 | 444/729=0.609 | 540/729=0.741 |
| |  |  |  |  |

# 2 4×4 나눗셈 프랙탈 분할

## 1. 두개의 프랙탈로 분할

(1) 1단계 8개

| $F_1 = f \cup g$ $\log_4 8 = 1.5$ | $f : \log_4 4 = 1$ | $g : \log_4 4 = 1$ |
|---|---|---|
| 8/16=0.5 | 4/16=0.25 | 4/16=0.25 |
|  |  |  |
| $F_2 : \log_{16} 160 = 1.83$ | $ff : \log_{16} 112 = 1.702$ | $fg : \log_{16} 96 = 1.646$ |
| 160/256=0.625 | 112/256=0.438 | 96/256=0.375 |
| 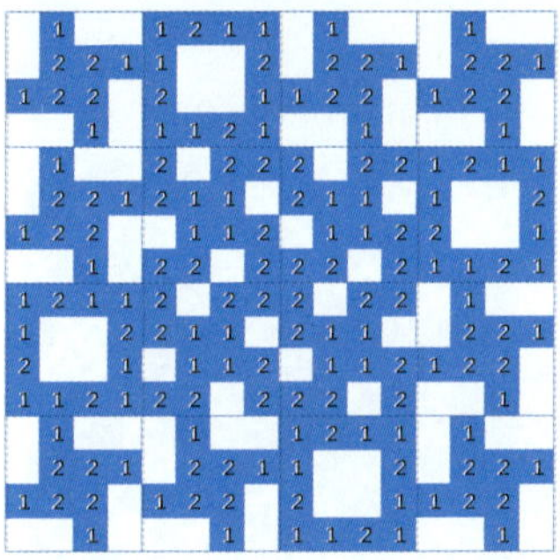 | 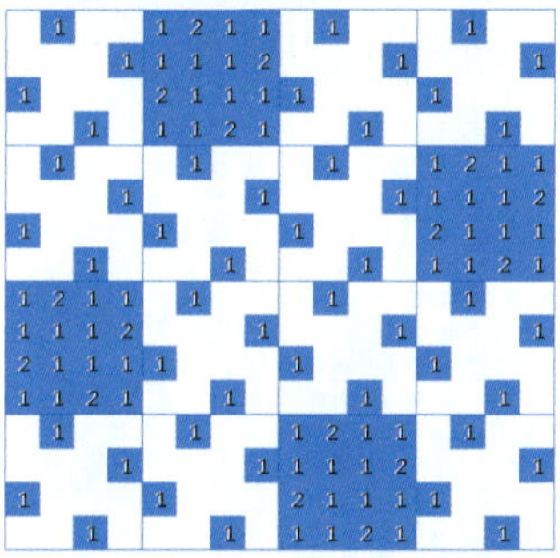 | 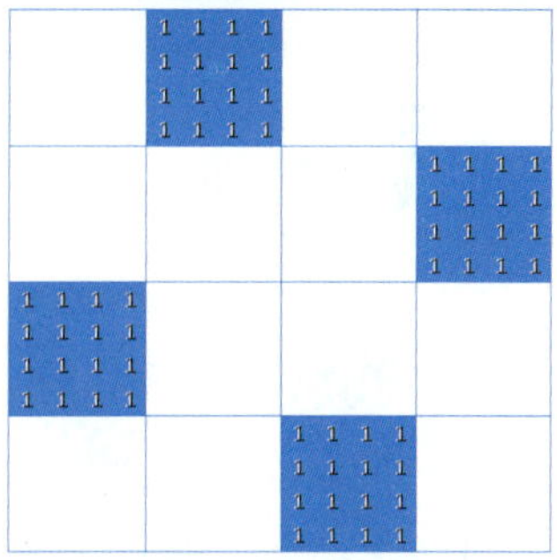 |
| | $gf : \log_{16} 96 = 1.646$ | $gg : \log_{16} 112 = 1.702$ |
| | 96/256=0.375 | 112/256=0.438 |
| | 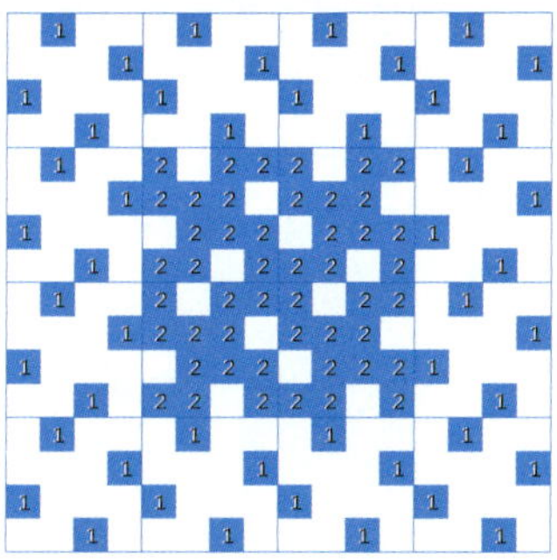 | 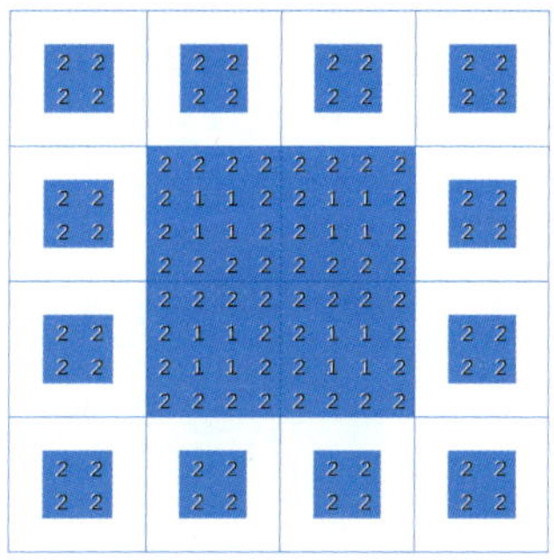 |

3단계 프랙탈 $F_3$는 규칙성을 찾기가 어렵고 난해하다. $fff$는 색이 진한 부분이 우선 눈에 들어오지만 여기에 시선이 머물지 않고 색칠되지 않은 흰 부분으로 시선이 움직인다. 이는 밝은 부분이 반전에 의한 이미지를 만들면서 마치 별들이 반짝이며 은하수를 떠다니는 모습으로 보인다. 이 은하수는 유동적이고 확산적인 이미지를 띠고 있다. $ggf$는 신인상주의 화가들이 색점을 찍어서 그린 점묘화처럼 보인다. 점묘기법은 색의 직접혼합을 피하고 우리 눈의 착시현상을 이용한 간접혼합의 원리를 그림에 도입한 기법으로 19세기 말 당시에 획기적으로 시도된 실험적인 방법이었다.

| $F_3$: $\log_{64}2688 = 1.9$ | $fff$: $\log_{64}2304 = 1.862$ | $ffg$: |
|---|---|---|
| 2688/4096=0.656 | 2304/4096=0.563 | 0/4096=0 |
| 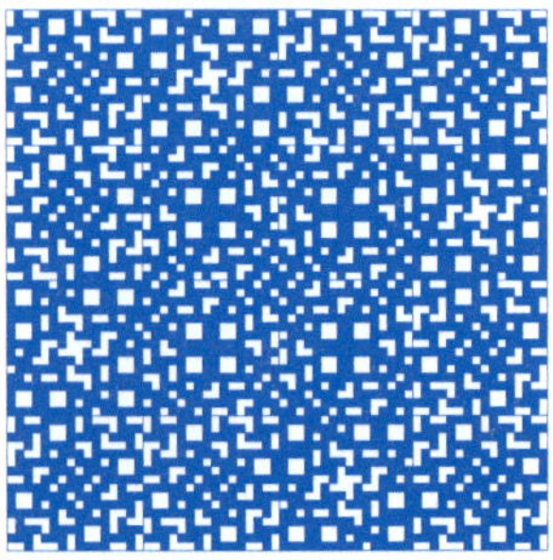 | 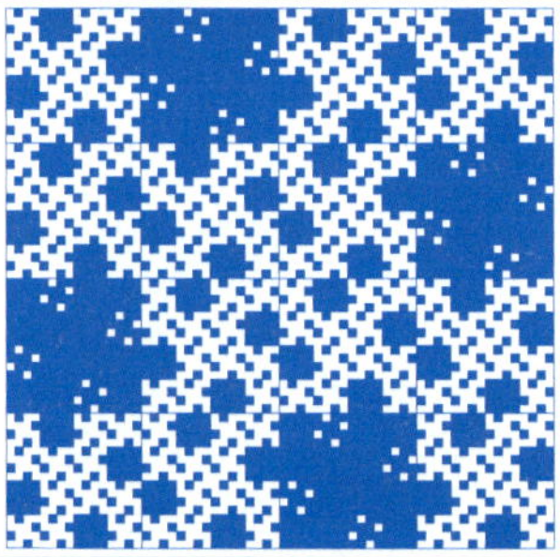 | 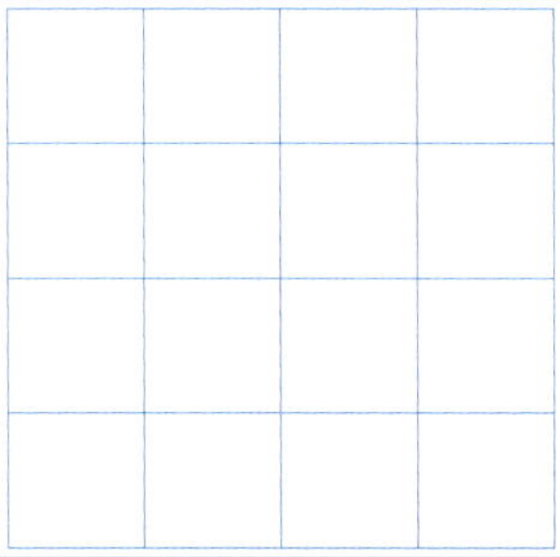 |
| $fgf$: $\log_{64}1984 = 1.826$ | $fgg$: $\log_{64}1984 = 1.826$ | $gff$: $\log_{64}1984 = 1.826$ |
| 1984/4096=0.484 | 1984/4096=0.484 | 1984/4096=0.484 |
| 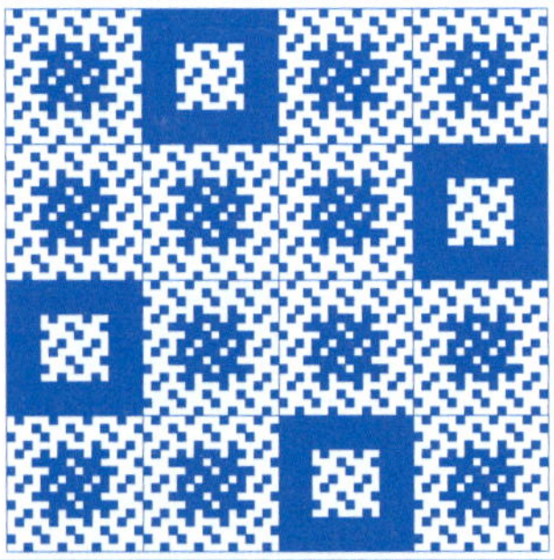 | 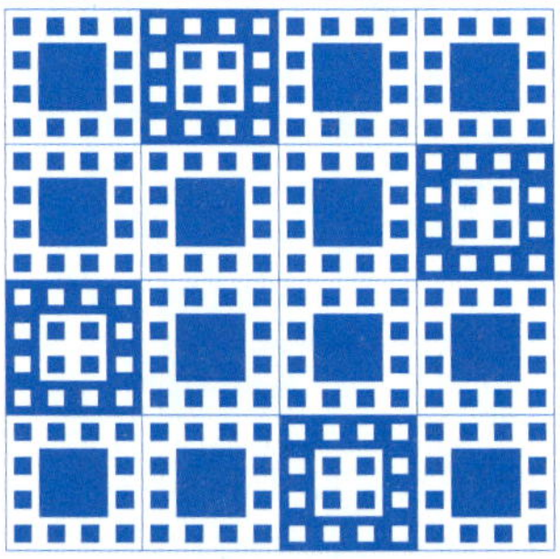 | 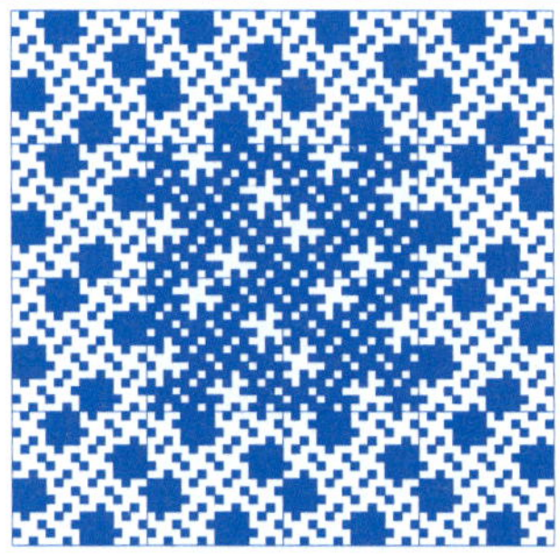 |
| $gfg$: $\log_{64}1984 = 1.826$ | $ggf$: $\log_{64}1984 = 1.826$ | $ggg$: $\log_{64}2304 = 1.862$ |
| 1984/4096=0.484 | 1984/4096=0.484 | 2304/4096=0.563 |
| 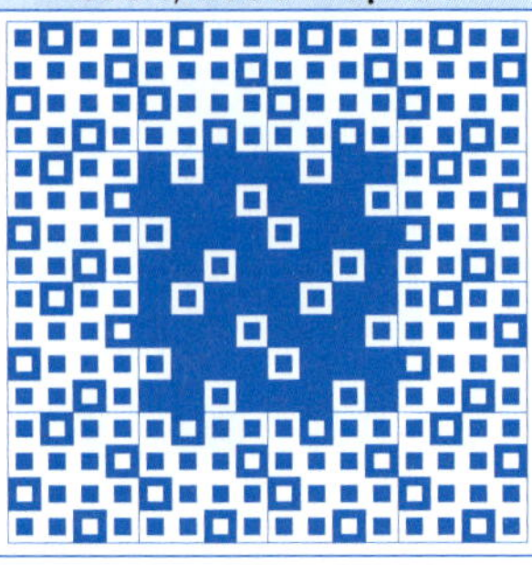 | 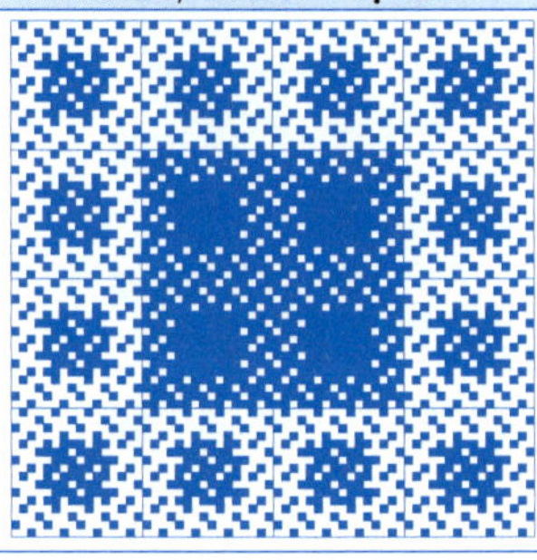 | 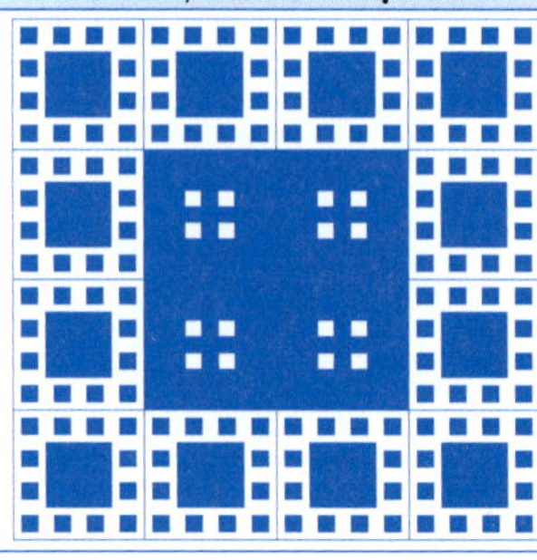 |

$F_2$는 선들로 연결되어 있으며 62.5%를 차지하고 있다. $ff$는 색채의 반전으로 형성된 무늬가 굵은 선으로 전체의 분위기를 압도한다. $fg$는 하나의 패턴을 가지고 색채의 반전을 이용하여 두 가지 패턴으로 만들어 변화를 주었고, 모서리에 있는 패턴은 색칠된 부분이 많아 전체적으로 밝은 중심부분과 시각적인 균형을 이루며 안정감을 주고 있다. $gf$는 가운데 가장 큰 사각형이 자칫 무거워 보일 수 있었는데 가장 자리에 흰색 작은 사각형들이 연결고리가 되면서 집중감도 높이고 전체적인 구조의 안정도 갖게 되었다.

| $F_1 = f \cup g$ $\log_4 8 = 1.5$ | $f:\log_4 4 = 1$ | $g:\log_4 4 = 1$ |
|---|---|---|
| 8/16=0.5 | 4/16=0.25 | 4/16=0.25 |
| 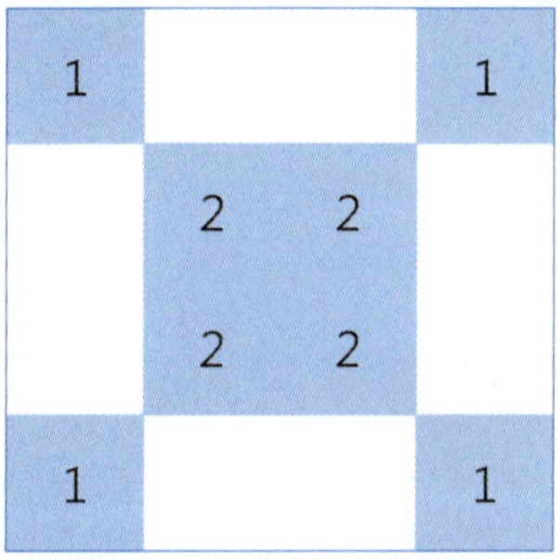 |  | 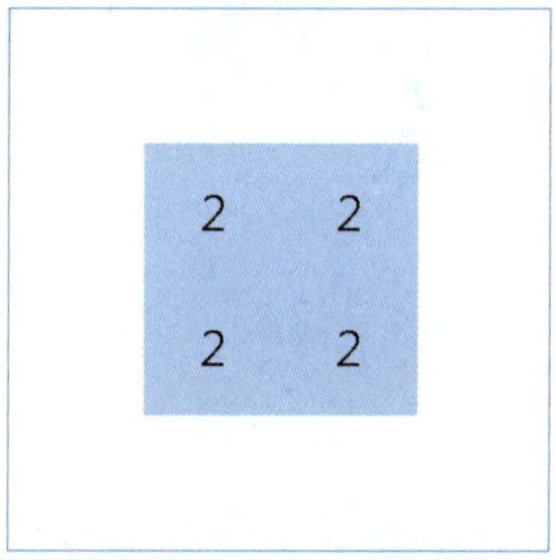 |
| $F_2:\log_{16}160 = 1.83$ | $ff:\log_{16}112 = 1.702$ | $fg:\log_{16}96 = 1.646$ |
| 160/256=0.625 | 112/256=0.438 | 96/256=0.375 |
| 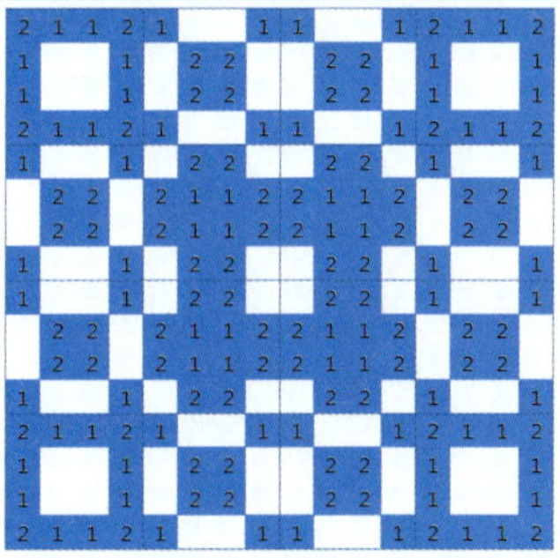 | 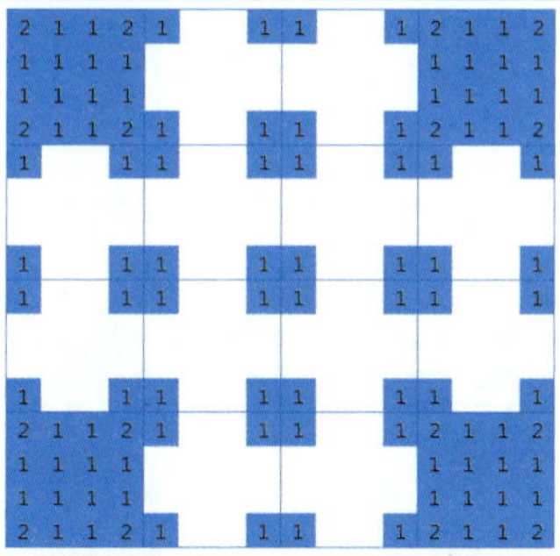 | 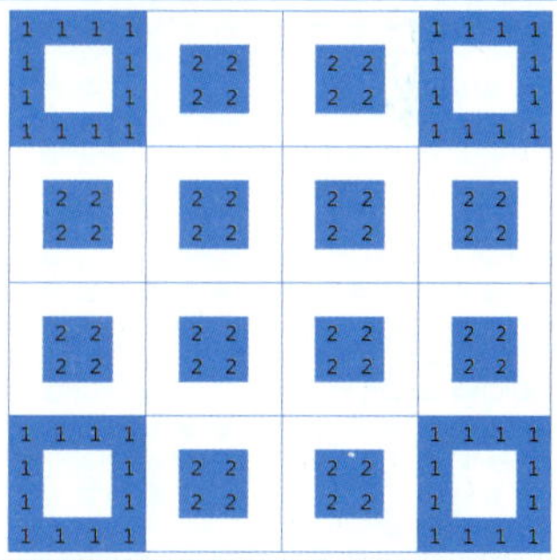 |
| | $gf:\log_{16}96 = 1.646$ | $gg:\log_{16}112 = 1.702$ |
| | 96/256=0.375 | 112/256=0.438 |
| | 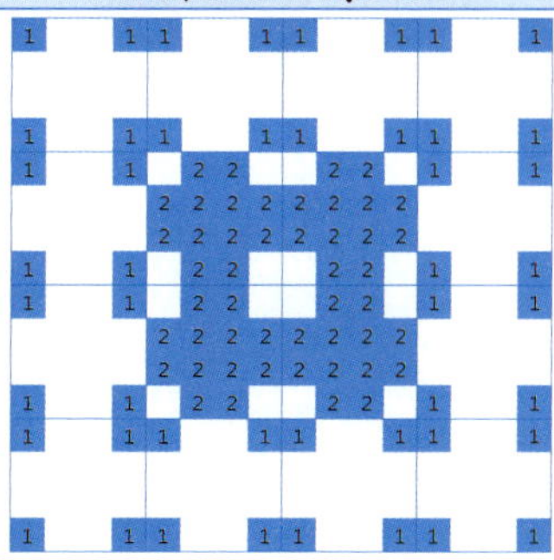 | 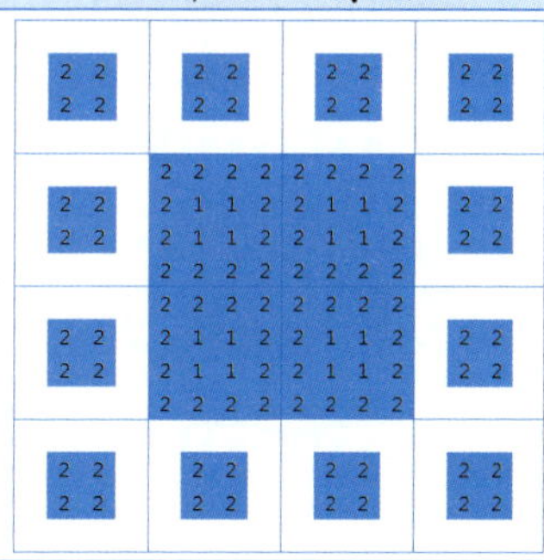 |

$F_3$는 공간을 채우는 비율이 65.6%를 차지하고 있다. 복잡한 구조를 가지고 있어 난해한 모습이지만 가늘고 섬세한 원이나 곡선의 연결로 만들어지는 기하학적인 무늬가 신비스러운 분위기를 조성하고 있다. $gff$는 같은 모양의 패턴 4개가 결합하여 꽃모양과 같은 부드러운 형태의 무늬가 만들어져서 시선을 가운데로 집중시키고 있다. $gfg$는 가운데 패턴의 색이 주변에 있는 패턴의 색과 반전되게 구성하여 커다랗고 진한 색의 사각형을 만들어서 면적대비를 통하여 중심부분을 강조하고 있다.

| $F_3$: $\log_{64}2688 = 1.9$ | $fff$:$\log_{64}2304 = 1.862$ | $ffg$: |
|---|---|---|
| 2688/4096=0.656 | 2304/4096=0.563 | 0/4096=0 |
|  | 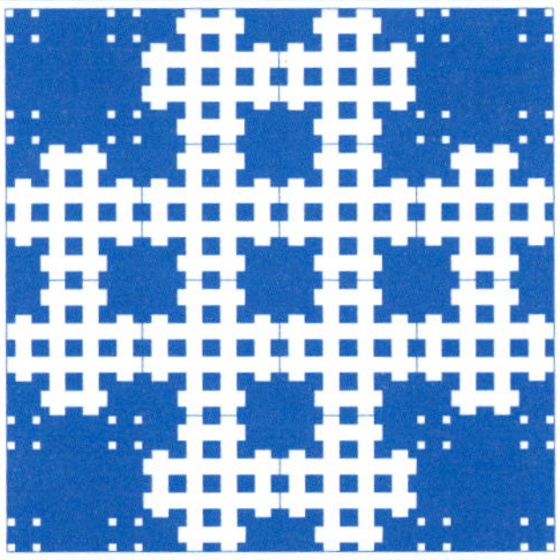 |  |
| $fgf$:$\log_{64}1984 = 1.826$ | $fgg$:$\log_{64}1984 = 1.826$ | $gff$:$\log_{64}1984 = 1.826$ |
| 1984/4096=0.484 | 1984/4096=0.484 | 1984/4096=0.484 |
|  | 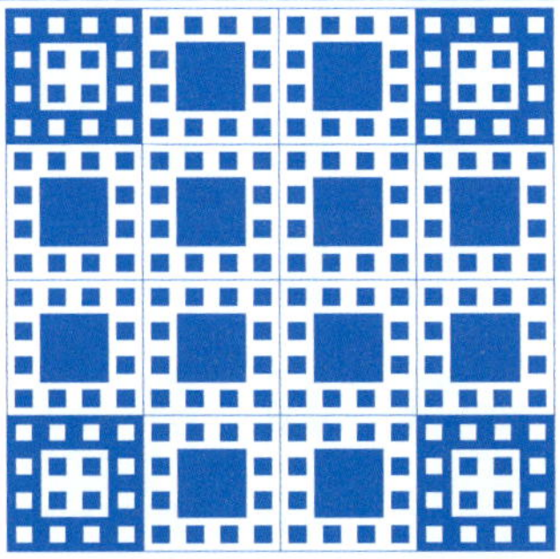 | 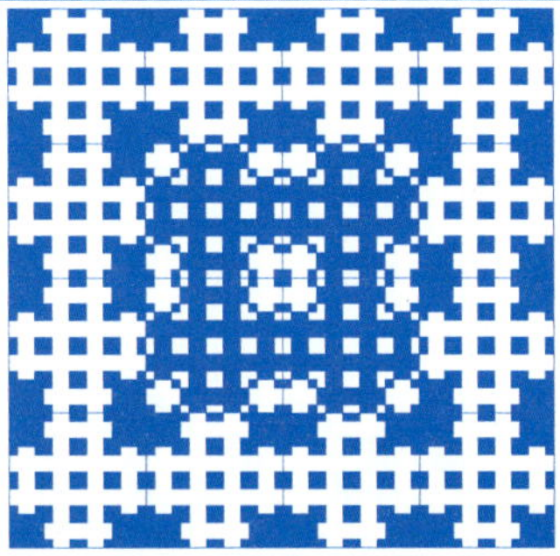 |
| $gfg$:$\log_{64}1984 = 1.826$ | $ggf$:$\log_{64}1984 = 1.826$ | $ggg$:$\log_{64}2304 = 1.862$ |
| 1984/4096=0.484 | 1984/4096=0.484 | 2304/4096=0.563 |
| 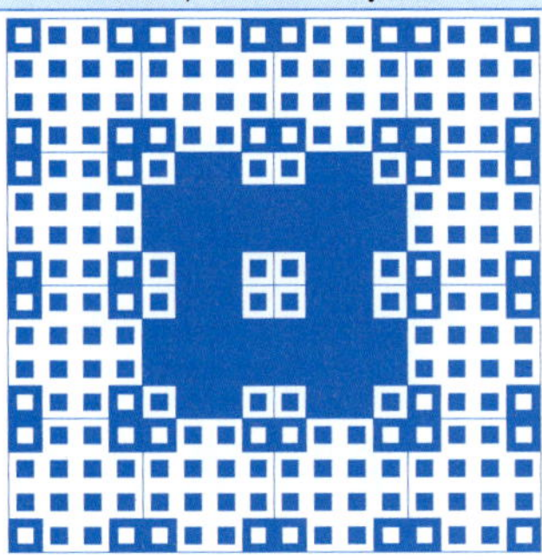 | 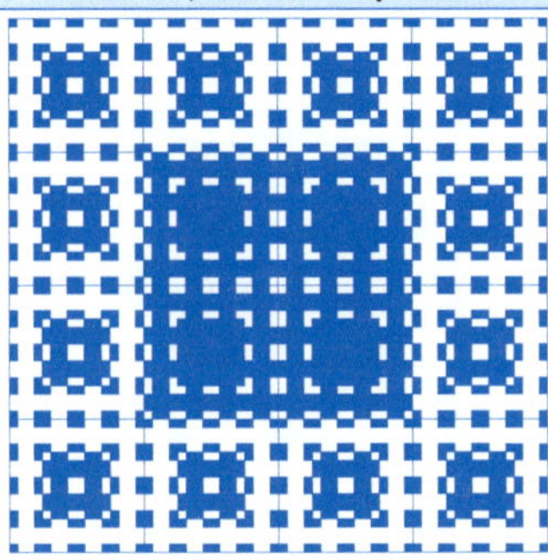 | 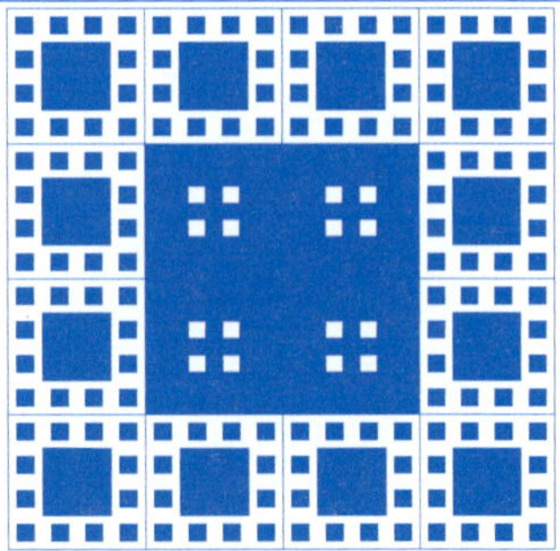 |

(3) 1단계 8개

$F_2$는 세 가지 패턴을 사용하여 새로운 형태의 디자인을 만들었다. 흰색으로 표현된 곳이 회전하는 모양으로 배열되며 움직임을 느끼게 하고 어두운 배경과 명도대비를 이루어 전체적인 이미지를 주도하고 있다. $gg$는 굵은 선을 이용하여 배경과 강한 대비를 이루고 있다.

| $F_1 = f \cup g$  $\log_4 8 = 1.5$ | $f$:$\log_4 4 = 1$ | $g$:$\log_4 4 = 1$ |
|---|---|---|
| 8/16=0.5 | 4/16=0.25 | 4/16=0.25 |
|  | 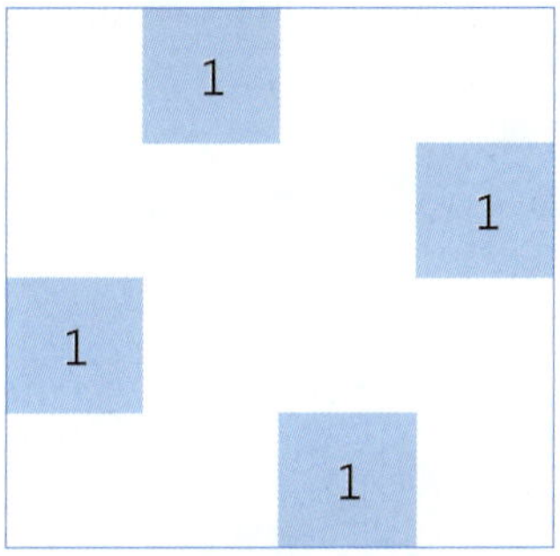 |  |
| $F_2$:$\log_{16} 160 = 1.83$ | $ff$:$\log_{16} 112 = 1.702$ | $fg$:$\log_{16} 96 = 1.646$ |
| 160/256=0.625 | 112/256=0.438 | 96/256=0.375 |
| 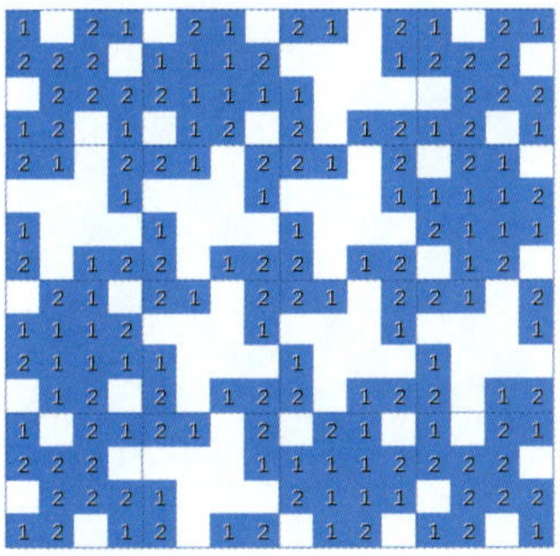 | 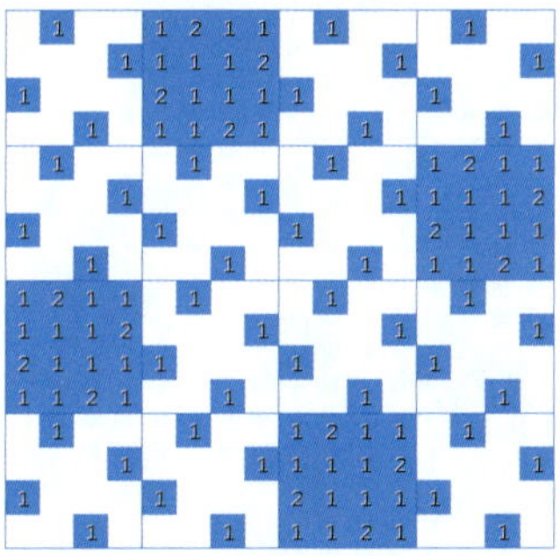 | 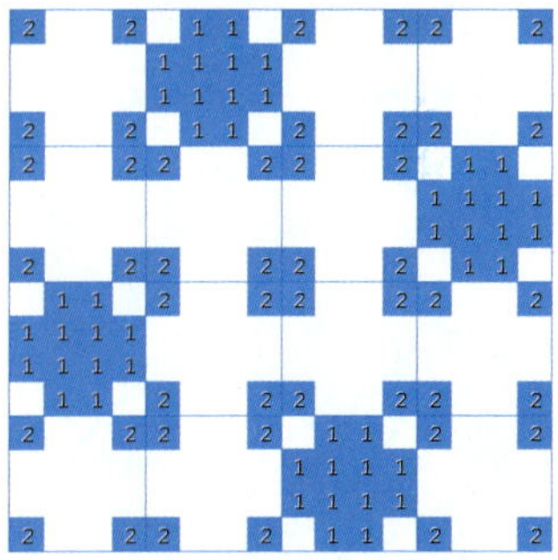 |
| | $gf$:$\log_{16} 96 = 1.646$ | $gg$:$\log_{16} 112 = 1.702$ |
| | 96/256=0.375 | 112/256=0.438 |
| | 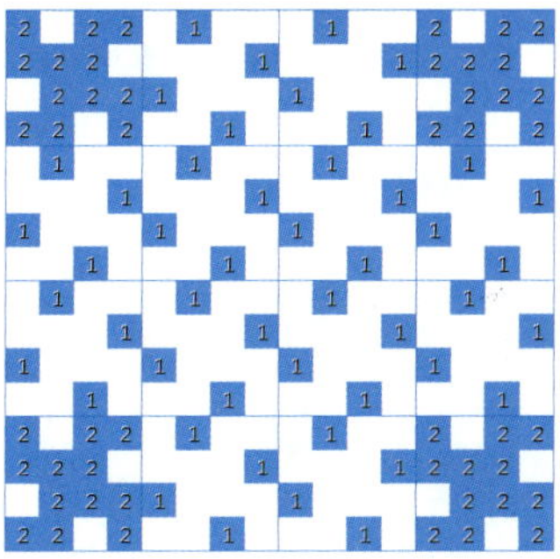 | 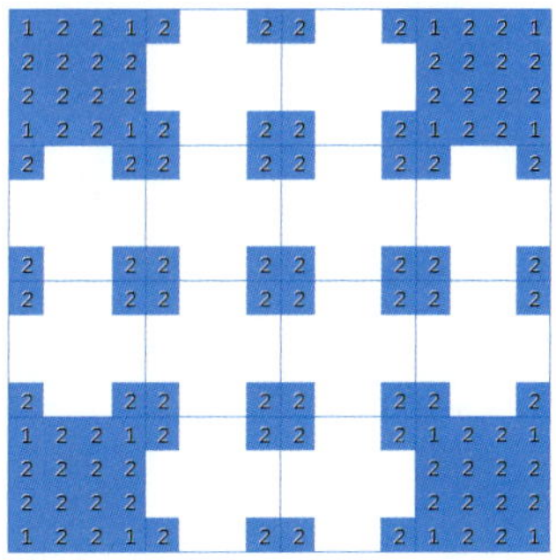 |

$F_3$는 패턴에 의해 만들어진 규칙성이 느껴지지 않는 비정형적인 성격의 형태를 하고 있다. 깜깜한 밤하늘에 빛나는 별들이 금강석처럼 깔려있는 느낌이 든다. $fgf$는 주변에 떠있는 네 개의 꽃모양이 주제로 떠오르기도 하고 밝게 보이는 배경부분을 가만히 보고 있으면 꿈틀거리는 생명체로 보이기도 한다. $gff$는 뚜렷하게 시선을 끄는 포인트가 없어서 어지럽게 느껴진다. $fff$, $fgf$, $fgg$는 제품 디자인으로 제작 할 경우 봄을 느끼게 만드는 이미지가 필요한 곳에 사용하면 좋을 듯하다.

| $F_3$: $\log_{64}2688 = 1.9$ | $fff$:$\log_{64}2304 = 1.862$ | $ffg$: |
|---|---|---|
| 2688/4096=0.656 | 2304/4096=0.563 | 0/4096=0 |
|  | 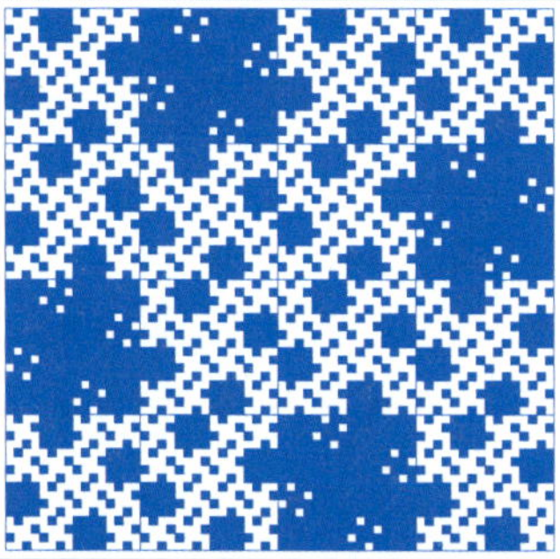 | 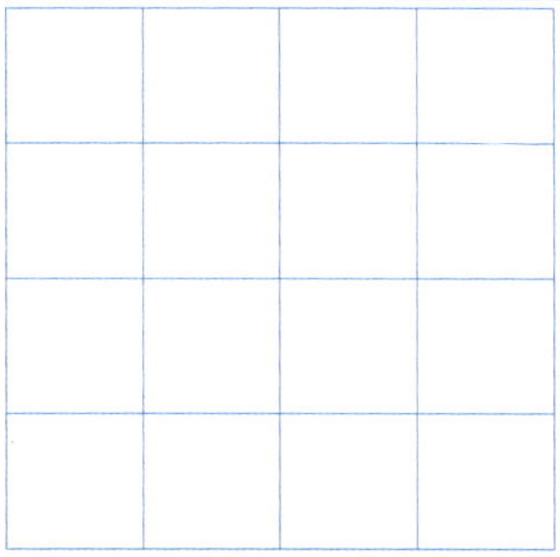 |
| $fgf$:$\log_{64}1984 = 1.826$ | $fgg$:$\log_{64}1984 = 1.826$ | $gff$:$\log_{64}1984 = 1.826$ |
| 1984/4096=0.484 | 1984/4096=0.484 | 1984/4096=0.484 |
|  | 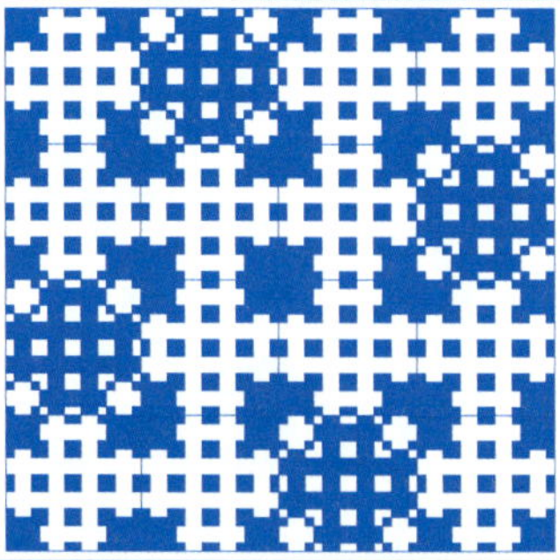 | 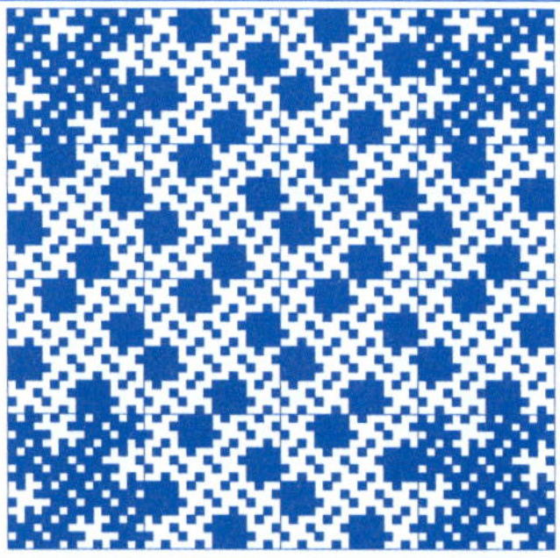 |
| $gfg$:$\log_{64}1984 = 1.826$ | $ggf$:$\log_{64}1984 = 1.826$ | $ggg$:$\log_{64}2304 = 1.862$ |
| 1984/4096=0.484 | 1984/4096=0.484 | 2304/4096=0.563 |
|  | 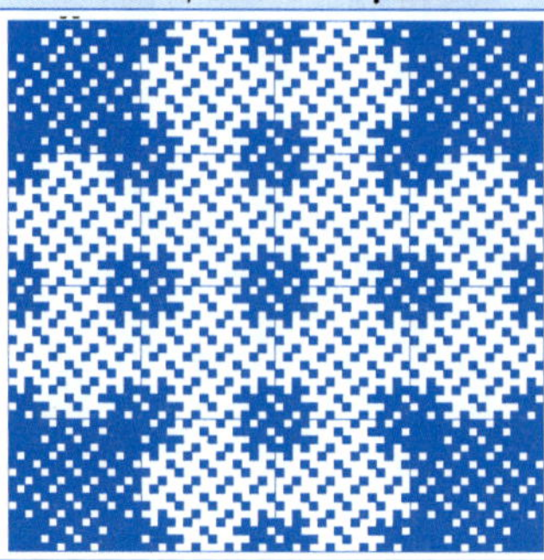 | 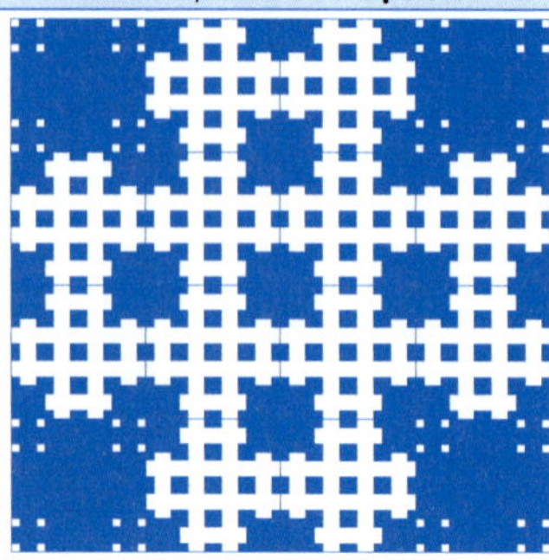 |

(4) 1단계 12개

$F_1$은 사선 방향의 대칭 구조로 이뤄졌으며 방향성을 가진다. $F_2$는 세 가지 패턴의 결합으로 만들어진 디자인으로 전체적인 이미지가 복잡하고 어지럽게 느껴져 시선을 잡아끄는 포인트가 없으며 자세히 살펴봐야 약간의 방향성이 느껴질 뿐이다. $gg$는 흰 부분을 초점으로 보면 오른쪽 아래로 하강하는 느낌이 들고, 색칠된 부분을 초점으로 보면 왼쪽 위로 상승하는 느낌이 들기도 한다.

| $F_1 = f \cup g: \log_4 12 = 1.792$ | $f: \log_4 6 = 1.292$ | $g: \log_4 6 = 1.292$ |
|---|---|---|
| 12/16=0.75 | 6/16=0.375 | 6/16=0.375 |
|  |  |  |
| $F_2: \log_{16} 168 = 1.848$ | $ff: \log_{16} 156 = 1.821$ | $fg: \log_{16} 96 = 1.646$ |
| 168/256=0.656 | 156/256=0.609 | 96/256=0.375 |
| 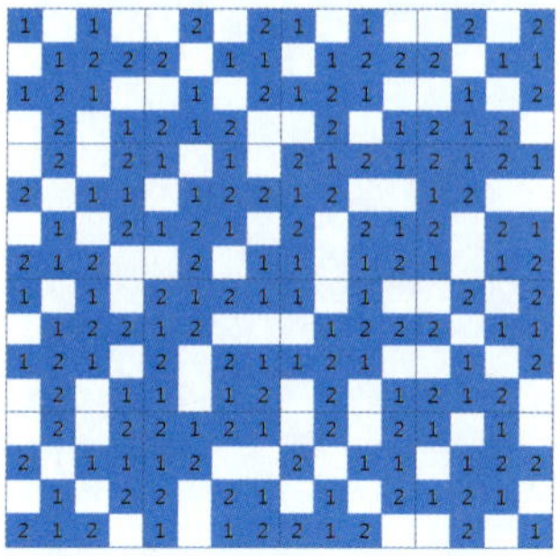 | 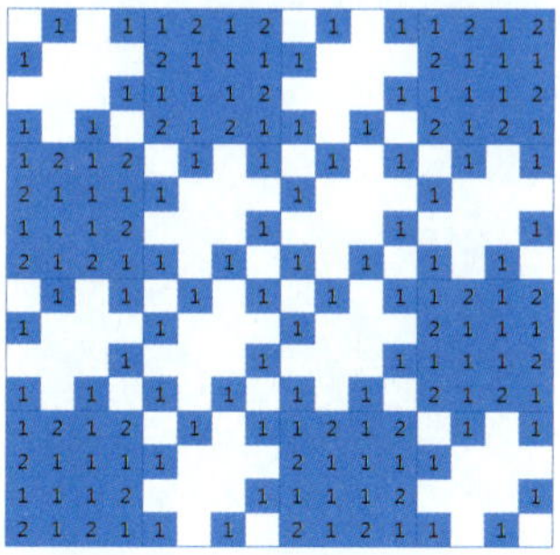 | 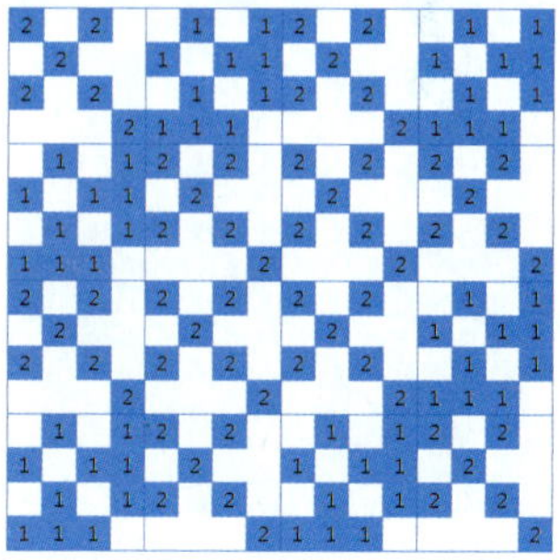 |
| | $gf: \log_{16} 120 = 1.727$ | $gg: \log_{16} 156 = 1.821$ |
| | 120/256=0.469 | 156/256=0.609 |
| | 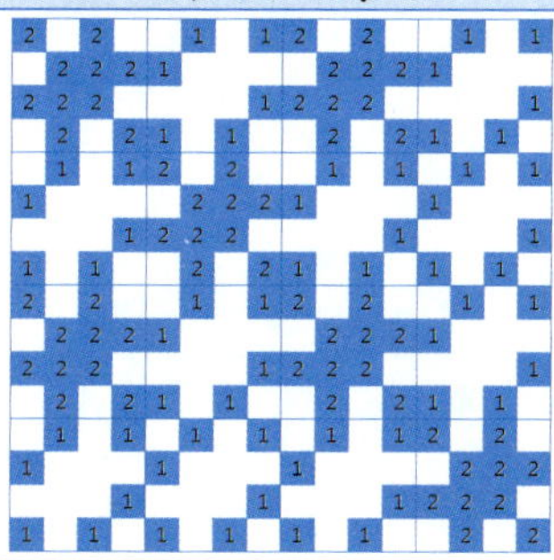 | 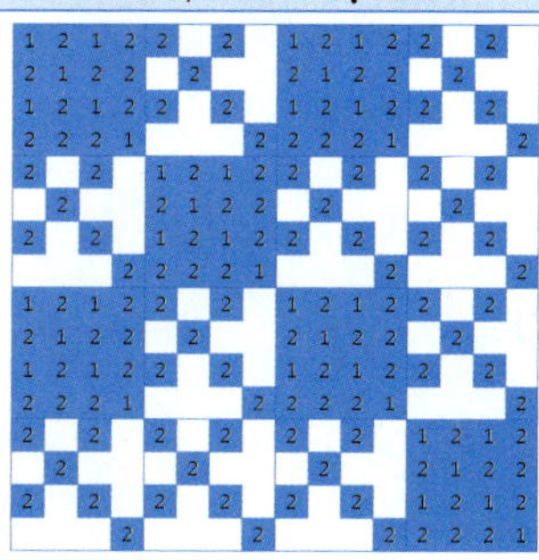 |

$F_3$는 패턴이 쉽게 파악되지 않고 어지럽게 널려져 있는 느낌이 든다. $fff$는 색이 칠해진 부분이 70.3%에 해당하여 오히려 색이 칠해지지 않은 부분이 반전되며 형태로 인지되어 대각선 대칭을 이루고 있다. $fgg$는 사선으로 움직이는 느낌이 있어 군대의 이동처럼 무거운 대상의 움직임을 볼 수 있다. $ggg$는 색칠하지 않은 흰 부분이 새떼가 오른쪽 아래 방향으로 이동하는 것처럼 보인다.

| $F_3$ : $\log_{64}2736 = 1.9$ | $fff$ : $\log_{64}2880 = 1.915$ | $ffg$ : |
|---|---|---|
| 2736/4096=0.668 | 2880/4096=0.703 | 0/4096=0 |
|  | 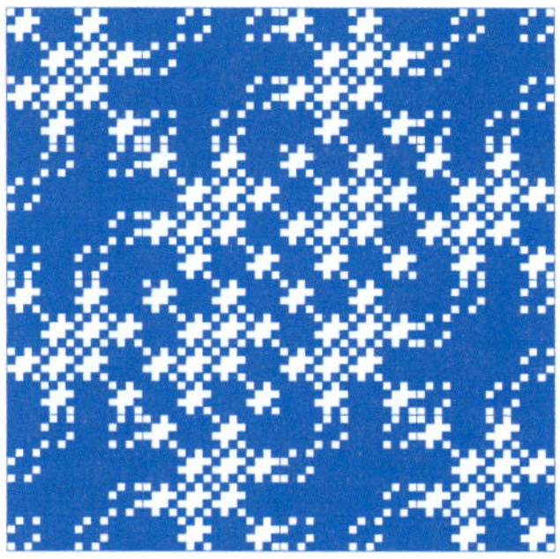 |  |
| $fgf$ : $\log_{64}2376 = 1.869$ | $fgg$ : $\log_{64}2376 = 1.869$ | $gff$ : $\log_{64}2376 = 1.869$ |
| 2376/4096=0.58 | 2376/4096=0.58 | 2376/4096=0.58 |
|  | 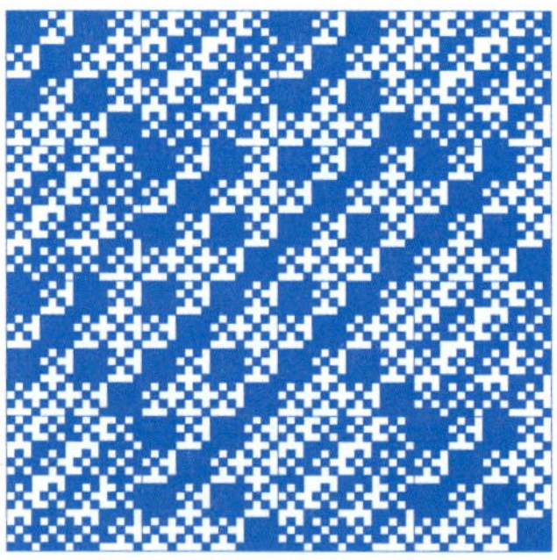 |  |
| $gfg$ : $\log_{64}2376 = 1.869$ | $ggf$ : $\log_{64}2376 = 1.869$ | $ggg$ : $\log_{64}2880 = 1.915$ |
| 2376/4096=0.58 | 2376/4096=0.58 | 2880/4096=0.703 |
| 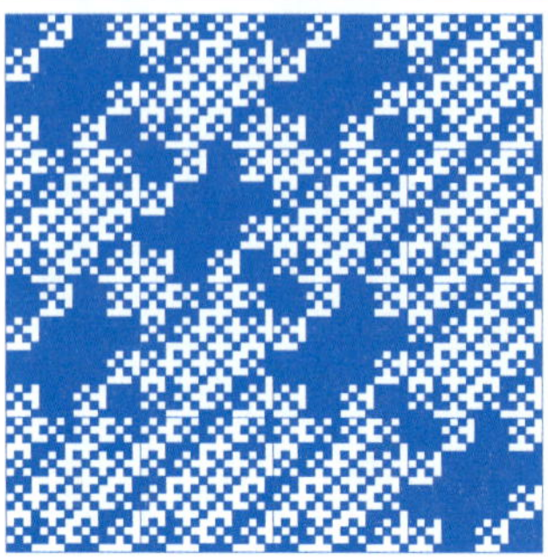 |  | 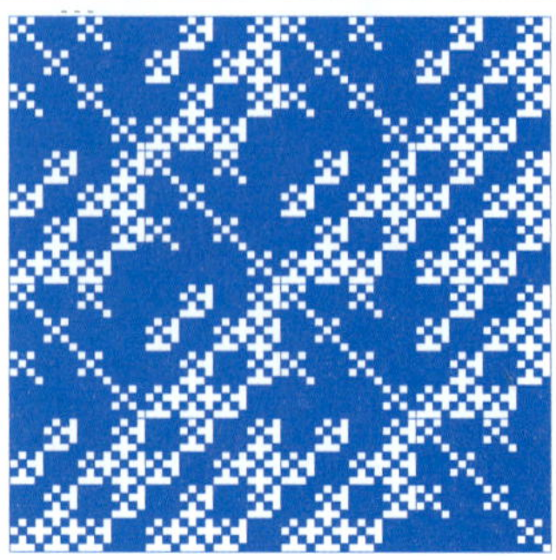 |

(5) 1단계 12개

$F_2$는 세 개의 패턴이 규칙성을 가지고 결합하여 만들어진 디자인으로 가운데가 중심으로 느껴지긴 하지만 그 느낌은 미약한 편으로 전체적으로 혼란스러운 분위기를 연출하고 있다.

$F_1 : \log_4 12 = 1.792$

12/16=0.75

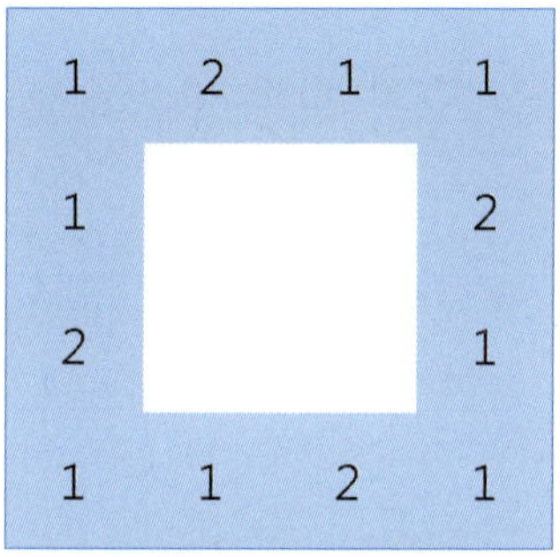


$f : \log_4 8 = 1.5$

8/16=0.5

$g : \log_4 4 = 1$

4/16=0.125

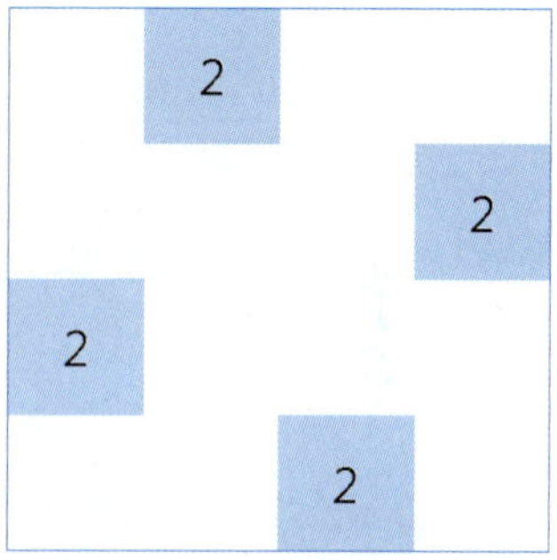


$F_2 : \log_{16} 176 = 1.865$

176/256=0.688

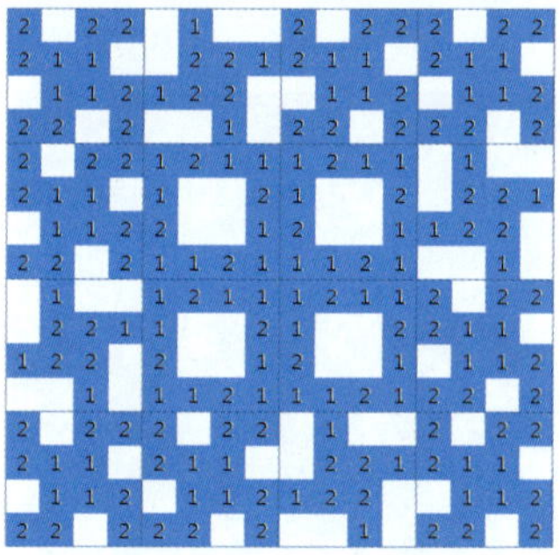

$ff : \log_{16} 192 = 1.896$

192/256=0.75

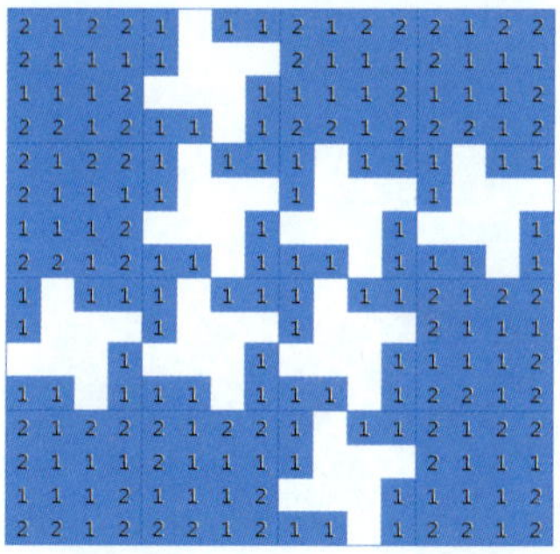

$fg : \log_{16} 128 = 1.75$

128/256=0.5

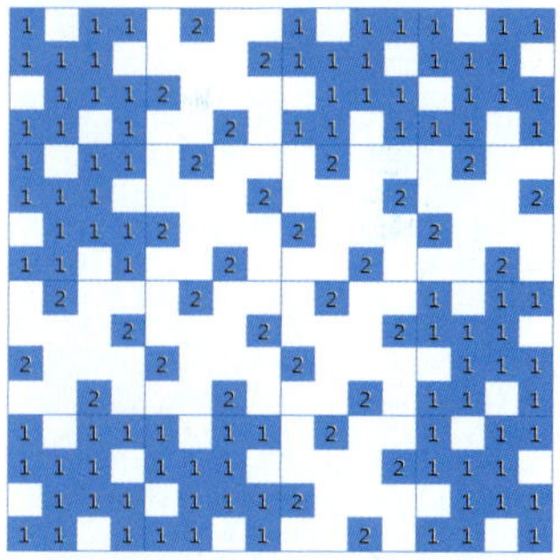

$gf : \log_{16} 128 = 1.75$

128/256=0.5

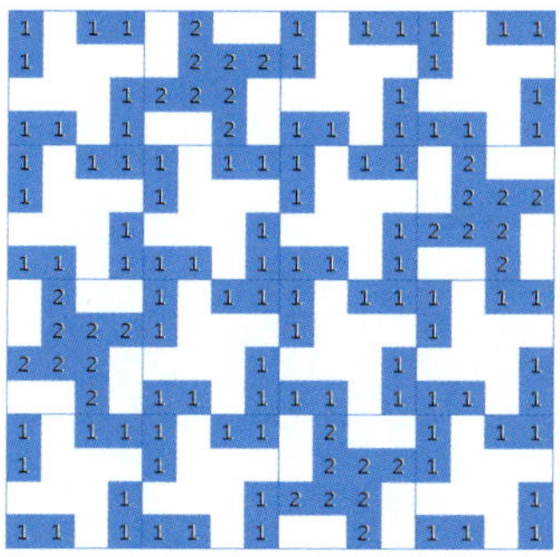

$gg : \log_{16} 112 = 1.702$

112/256=0.438

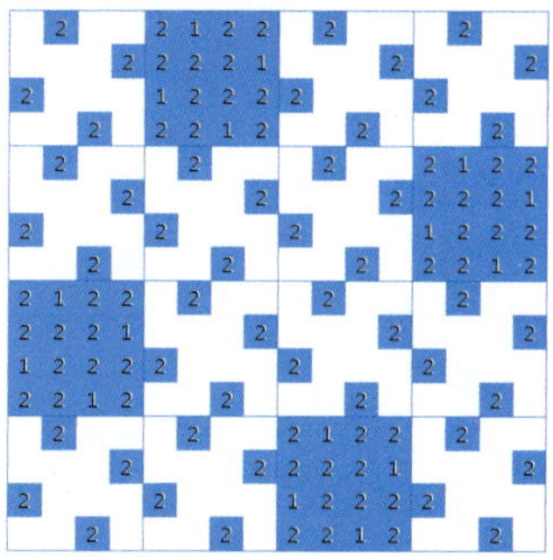

$F_3$는 극도로 복잡한 패턴을 지니고 있다. 시선을 집중시킬 만한 포인트가 없으며 어지럽고 패턴이 결합한 규칙성을 찾기 힘들다. $fff$, $fgg$, $gff$, $ggf$는 $F_3$와 마찬가지로 주인공 역할을 하는 형태를 찾아보기 힘들 정도로 각각의 패턴을 이루는 형태요소들이 불규칙적으로 산재해 있는 느낌이 든다. $gfg$는 폭격으로 연기가 피어오르는 살벌한 비행기들의 전쟁터처럼 분위기가 암울하다.

| $F_3:\log_{64}2688 = 1.899$ | $fff:\log_{64}3072 = 1.931$ | $ffg:$ |
|---|---|---|
| 2688/4096=0.656 | 3072/4096=0.75 | 0/4096=0 |
|  | 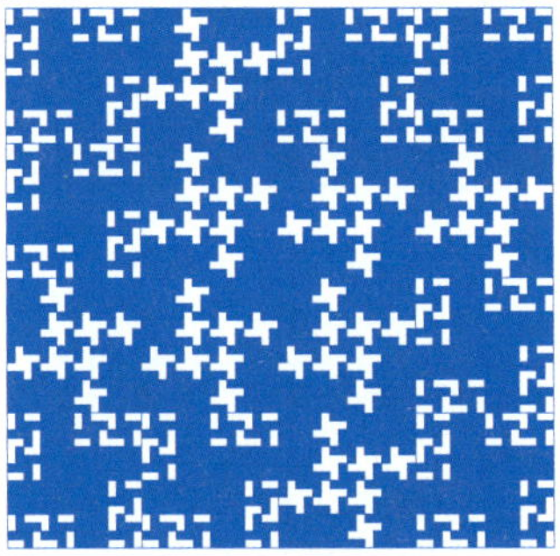 | 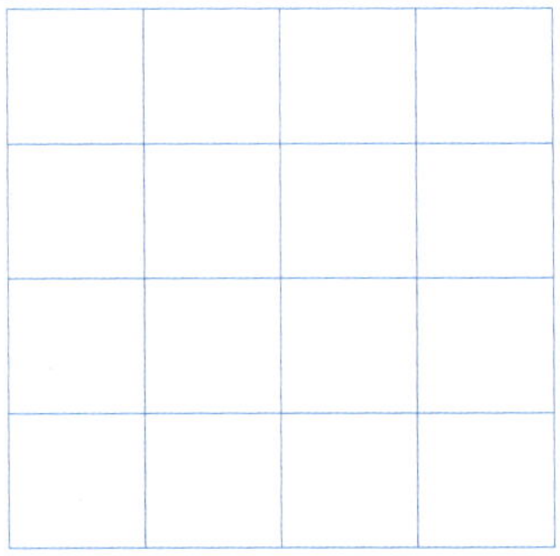 |
| $fgf:\log_{64}2816 = 1.91$ | $fgg:\log_{64}2176 = 1.848$ | $gff:\log_{64}2816 = 1.91$ |
| 2816/4096=0.688 | 2176/4096=0.531 | 2816/4096=0.688 |
|  | 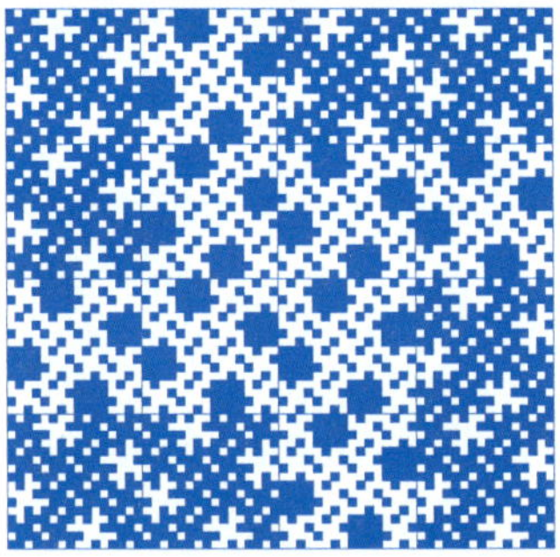 |  |
| $gfg:\log_{64}2176 = 1.848$ | $ggf:\log_{64}2176 = 1.848$ | $ggg:\log_{64}2304 = 1.862$ |
| 2176/4096=0.531 | 2176/4096=0.531 | 2304/4096=0.563 |
| 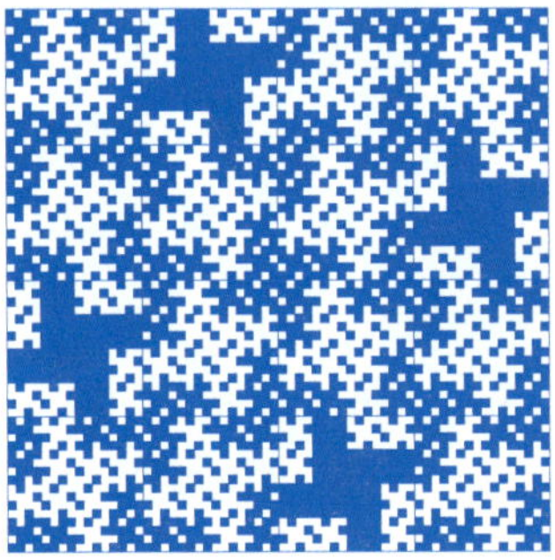 | 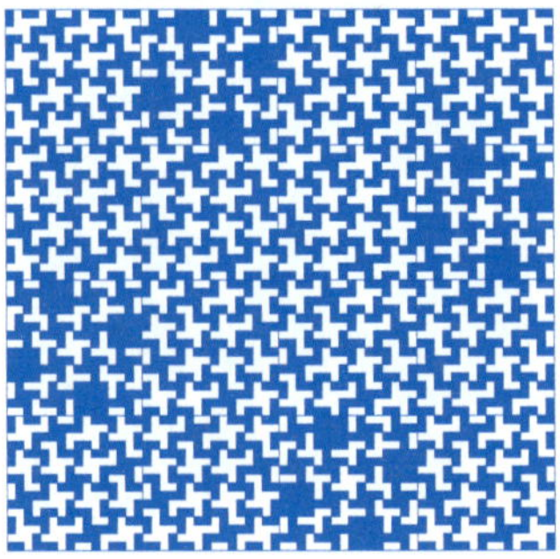 | 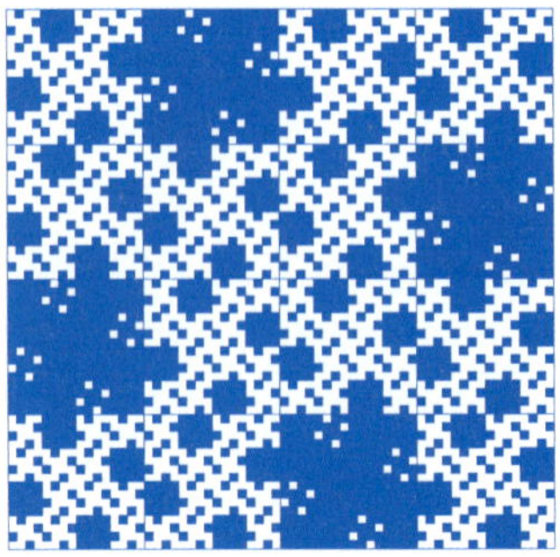 |

## 2. 세 개의 프랙탈로 분할

### (1) 1단계 12개

1단계의 프랙탈 $F_1$은 세 개의 프랙탈로 구성되고, 2단계의 프랙탈은 8개로 구성된다.

| $F_1 : \log_4 12 = 1.792$ | $f : \log_4 4 = 1$ | $g : \log_4 4 = 1$ | $h : \log_4 4 = 1$ |
|---|---|---|---|
| 12/16=0.75 | 4/16=0.125 | 4/16=0.125 | 4/16=0.125 |
|  |  | 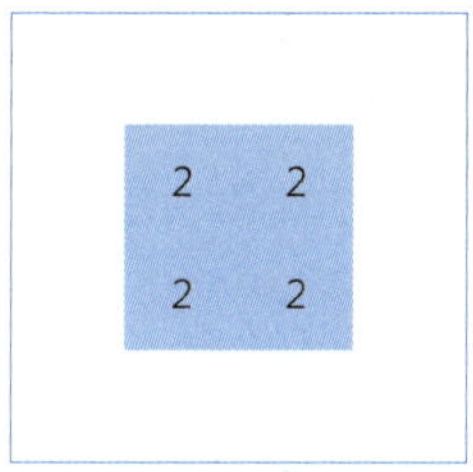 |  |
| $F_2 : \log_{16} 160 = 1.83$ | $ff : \log_{16} 112 = 1.702$ | $fg : \log_{16} 96 = 1.646$ | $fh : \log_{16} 64 = 1.5$ |
| 160/256=0.625 | 112/256=0.438 | 96/256=0.375 | 64/256=0.25 |
| 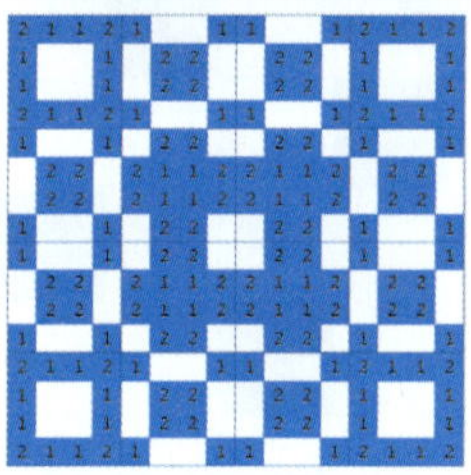 | 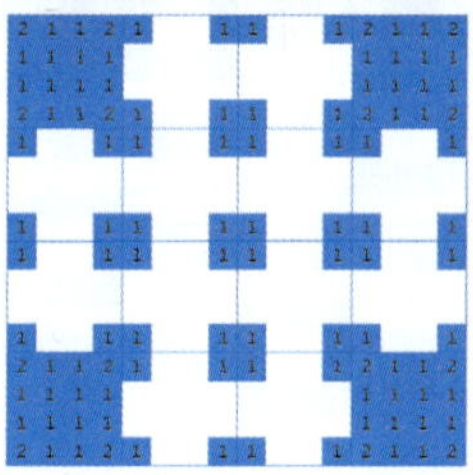 | 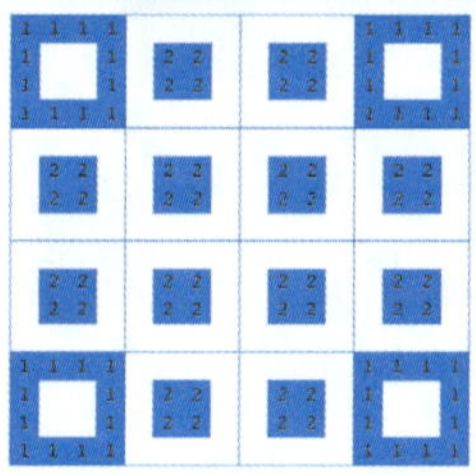 | 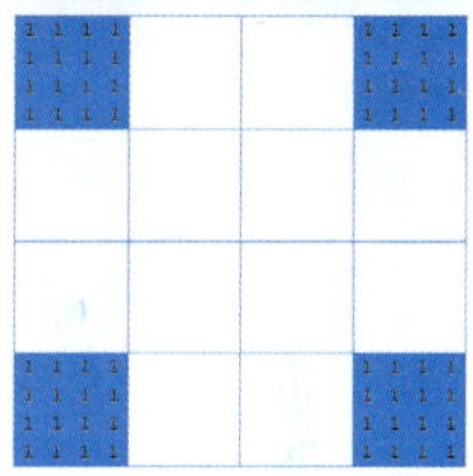 |
| | $gf : \log_{16} 96 = 1.646$ | $gg : \log_{16} 112 = 1.70$ | $gh : \log_{16} 64 = 1.5$ |
| | 96/256=0.375 | 112/256=0.438 | 64/256=0.25 |
| | 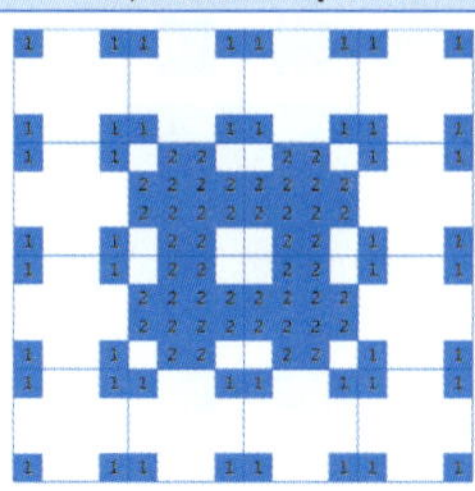 | 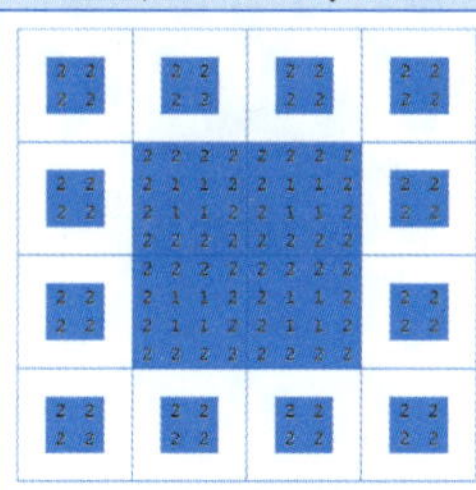 | 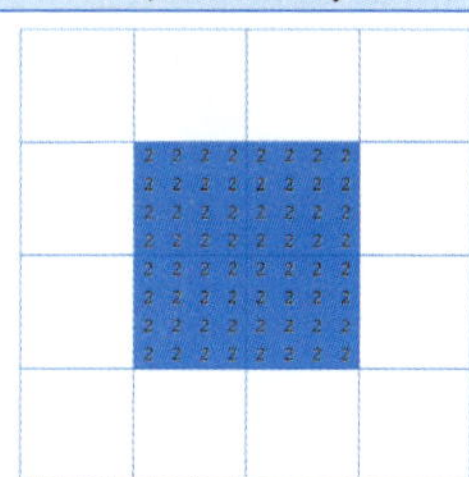 |
| | $hf : \log_{16} 64 = 1.5$ | $hg : \log_{16} 64 = 1.5$ | $hh :$ |
| | 64/256=0.25 | 64/256=0.25 | 0/256=0 |
| | 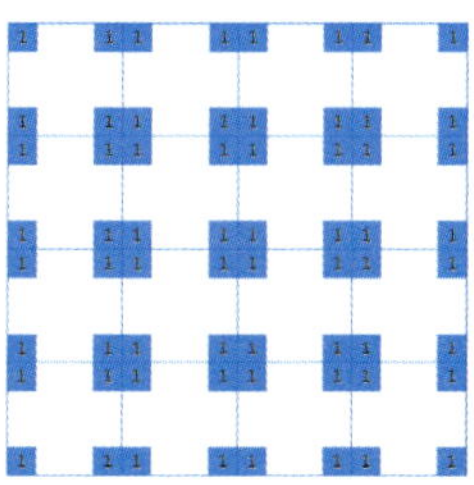 | 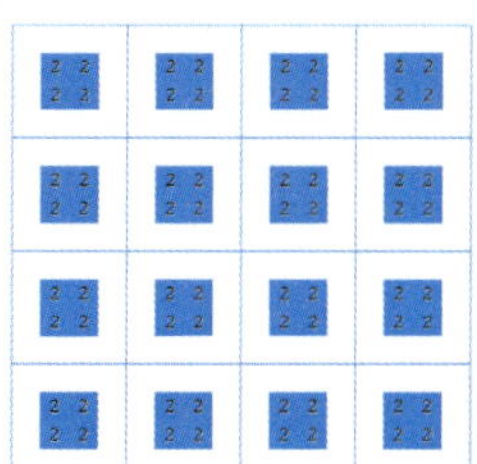 |  |

(2) 1단계 12개

$gf$는 가운데로 헤쳐모이고 있는 느낌으로 역동성과 집중감을 함께 가지고 있으며, 더불어 멀고 가까운 거리감이 느껴지면서 원근감도 함께 표현됐다고 할 수 있다.

| $F_1$ : $\log_4 12 = 1.792$ | $f$ : $\log_4 4 = 1$ | $g$ : $\log_4 4 = 1$ | $h$ : $\log_4 4 = 1$ |
|---|---|---|---|
| 12/16=0.75 | 4/16=0.125 | 4/16=0.125 | 4/16=0.125 |
|  |  | 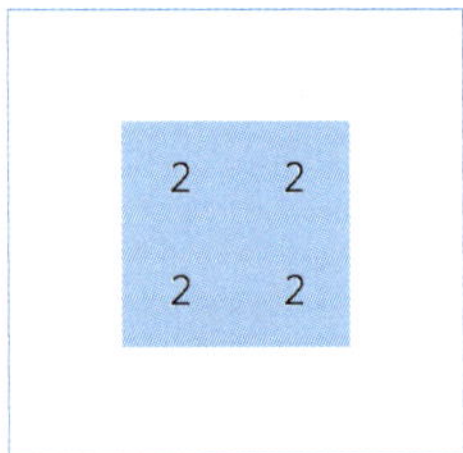 |  |
| $F_2$ : $\log_{16} 160 = 1.83$ | $ff$ : $\log_{16} 112 = 1.70$ | $fg$ : $\log_{16} 96 = 1.646$ | $fh$ : $\log_{16} 64 = 1.5$ |
| 160/256=0.625 | 112/256=0.438 | 96/256=0.375 | 64/256=0.25 |
| 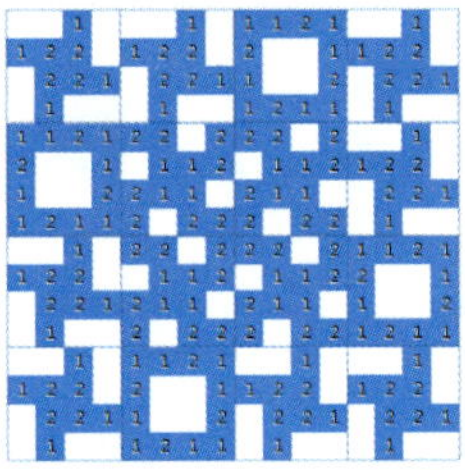 | 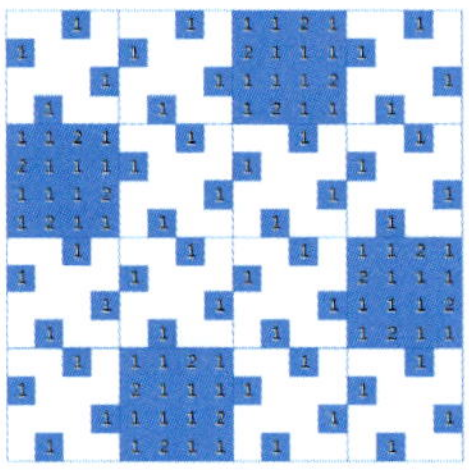 | 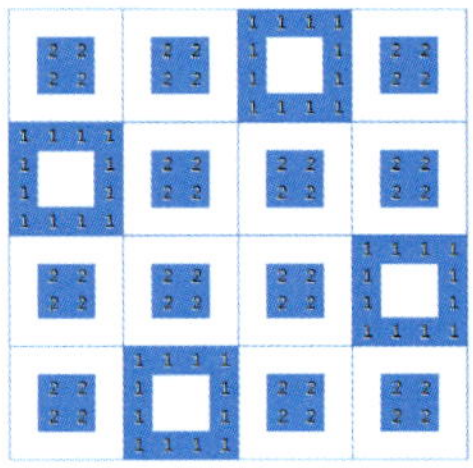 | 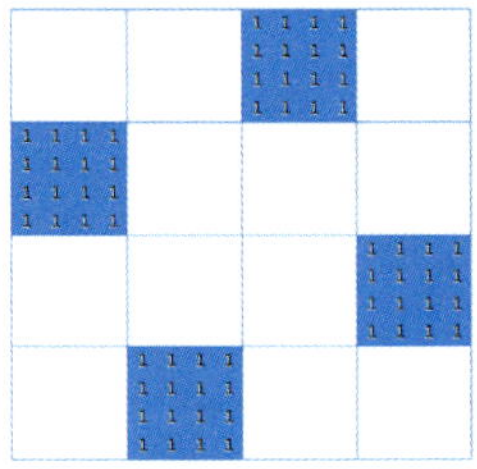 |
| | $gf$ : $\log_{16} 96 = 1.646$ | $gg$ : $\log_{16} 112 = 1.702$ | $gh$ : $\log_{16} 64 = 1.5$ |
| | 96/256=0.375 | 112/256=0.438 | 64/256=0.25 |
| | 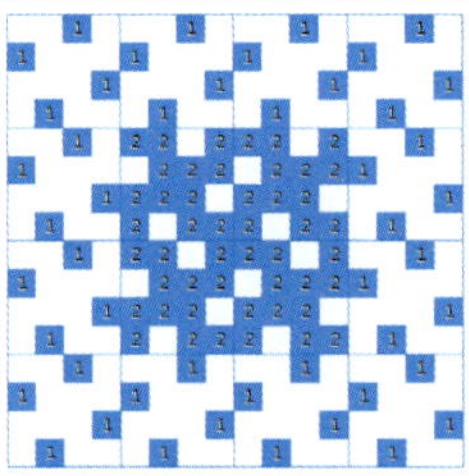 | 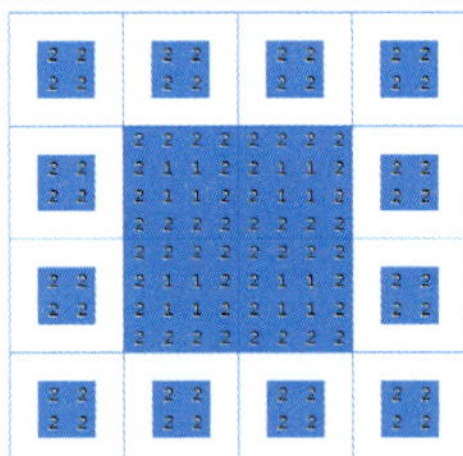 | 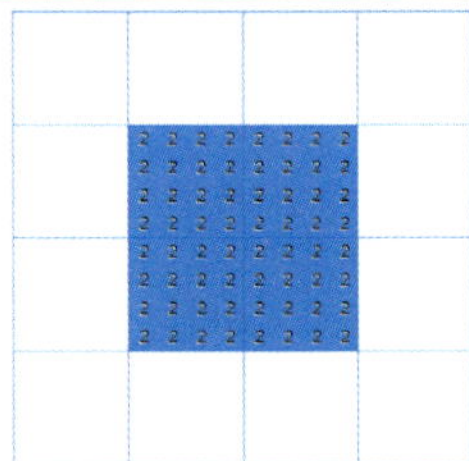 |
| | $hf$ : $\log_{16} 64 = 1.5$ | $hg$ : $\log_{16} 64 = 1.5$ | $hh$ : |
| | 64/256=0.25 | 64/256=0.25 | 0/256=0 |
| | 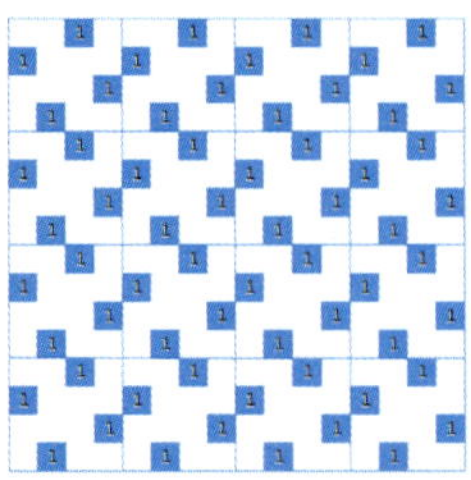 | 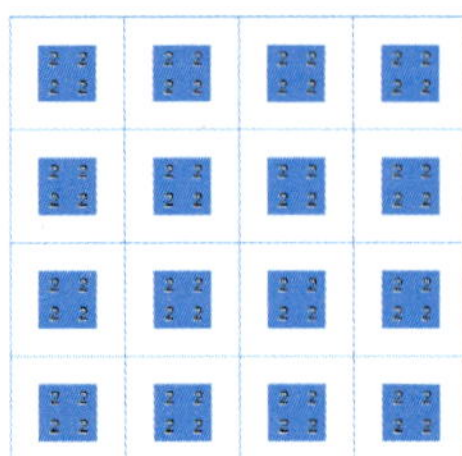 |  |

# 3 5×5 나눗셈 프랙탈 분할

## 1. 두 개의 프랙탈로 분할

### (1) 1단계 8개

$F_2$는 $F_1$, $f$, $g$ 세 개의 패턴이 $F_1$의 조형원리에 따라 결합되어 만들어진 디자인이다. $F_3$는 $F_2$가 세밀하고 정교한 형태로 진화한 느낌을 준다. 이슬람의 아라베스크 무늬를 연상시킨다.

| $F_1 = f \cup g : \log_5 8 = 1.292$ | $f : \log_5 4 = 0.861$ | $g : \log_5 4 = 0.861$ |
|---|---|---|
| 8/25=0.32 | 4/25=0.16 | 4/25=0.16 |

$F_1$:

| | | | | |
|---|---|---|---|---|
| 0 | 0 | 2 | 0 | 0 |
| 0 | 1 | 0 | 1 | 0 |
| 2 | 0 | 0 | 0 | 2 |
| 0 | 1 | 0 | 1 | 0 |
| 0 | 0 | 2 | 0 | 0 |

$f$:

| | | | | |
|---|---|---|---|---|
| 0 | 0 | 0 | 0 | 0 |
| 0 | 1 | 0 | 1 | 0 |
| 0 | 0 | 0 | 0 | 0 |
| 0 | 1 | 0 | 1 | 0 |
| 0 | 0 | 0 | 0 | 0 |

$g$:

| | | | | |
|---|---|---|---|---|
| 0 | 0 | 2 | 0 | 0 |
| 0 | 0 | 0 | 0 | 0 |
| 2 | 0 | 0 | 0 | 2 |
| 0 | 0 | 0 | 0 | 0 |
| 0 | 0 | 2 | 0 | 0 |

| $F_2 : \log_{25} 304 = 1.776$ | $ff : \log_{25} 184 = 1.62$ | $fg : \log_{25} 168 = 1.592$ |
|---|---|---|
| 304/625=0.486 | 184/625=0.294 | 168/625=0.269 |

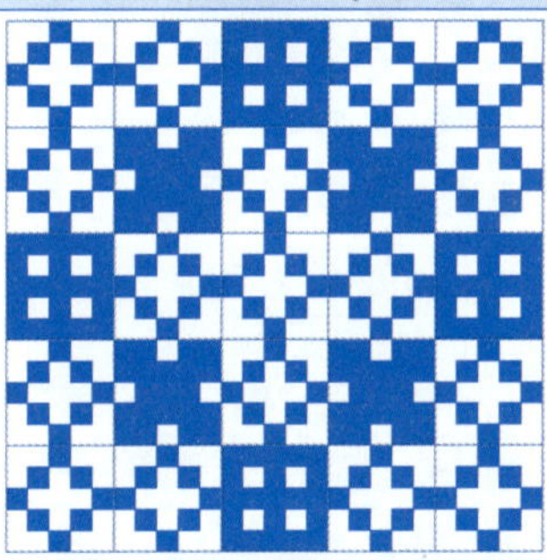

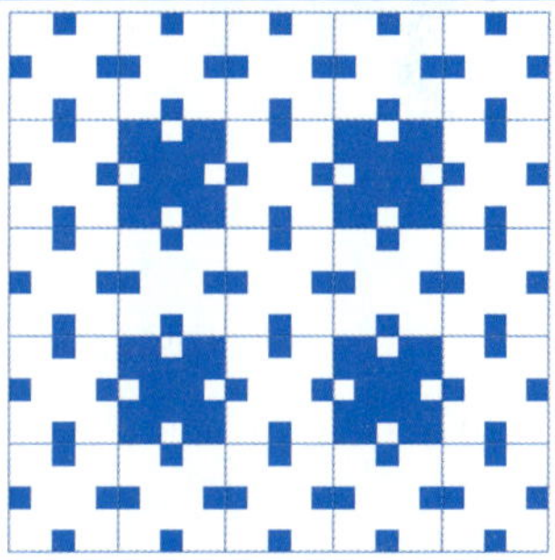

| $F_3 : \log_{125} 8592 = 1.885$ | $gf : \log_{25} 168 = 1.592$ | $gg : \log_{25} 184 = 1.62$ |
|---|---|---|
| 8592/15625=0.573 | 168/625=0.269 | 184/625=0.294 |

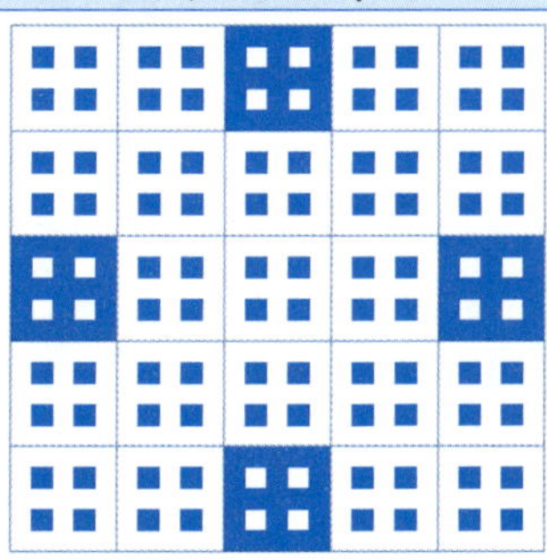

$fff$는 40.3%의 공간을 차지하고 있어 색을 칠한 부분과 칠하지 않은 부분은 균형을 이루면서 가운데 4개의 사각형을 강조하고 있다. $ffg$는 각 셀의 가장자리 부분이 창문 형태로 장식되어서 자칫 단조로울 뻔 했는데 큰 사각형 내부에 있는 반전된 색채의 장식과 형태상 일관성을 보이면서 전체적으로 어울리도록 만들어 주고 있다. $fgf$는 작은 점들과 반대되는 부분들이 어울려 균형을 이루고 있고, 전체적으로 깔끔한 느낌을 준다. $fgf$와 $fgg$는 큰 사각형 안쪽에 있는 흰색의 패턴이 바깥 부분과의 연결고리 역할을 하면서 전체적인 모습이 어색하지 않도록 연결시킨다.

| $fff: \log_{125} 6300 = 1.812$ | $ffg: \log_{125} 5692 = 1.791$ |
|---|---|
| 6300/15625=0.403 | 5692/15625=0.364 |
| 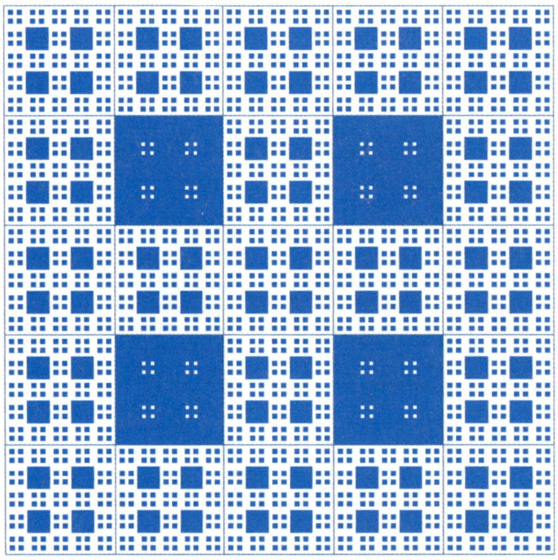 |  |
| $fgf: \log_{125} 5692 = 1.791$ | $fgg: \log_{125} 5692 = 1.791$ |
| 5692/15625=0.364 | 5692/15625=0.364 |
| 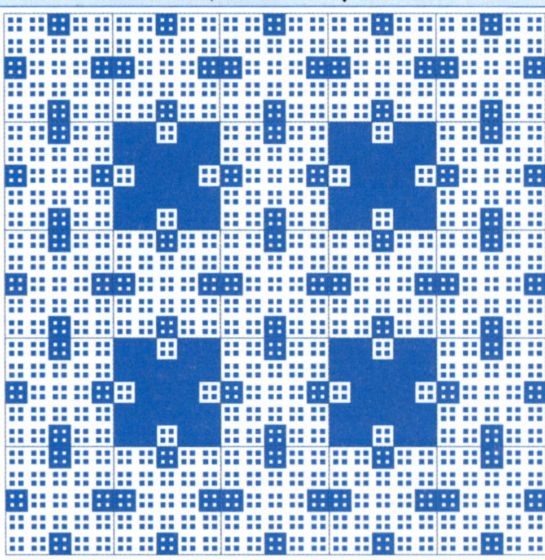 | 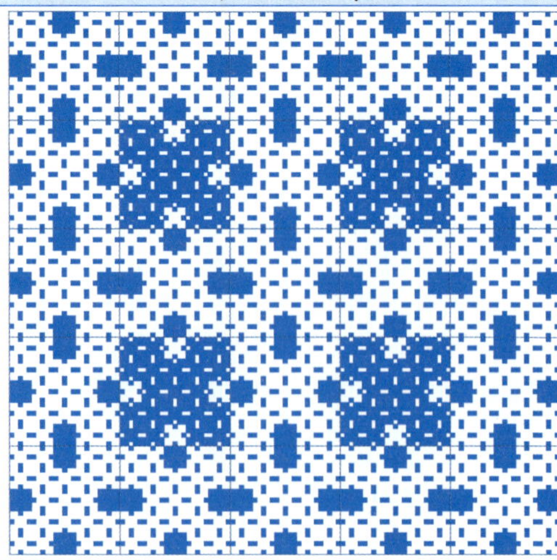 |

$gff$는 좌우대칭의 패턴을 이용하여 4개의 셀을 채우고 나머지 21개는 밝은 톤의 반전된 색채로 처리되어 배경으로 물러났다. 배경부분의 셀을 채우는 패턴은 네 개의 진한 사각형 내부에 있는 패턴과 색채만 반전이고 모양이 유사하여 형태상 전체의 이미지가 일관성을 이루며 잘 어울리고 있다. $ggg$는 2개의 패턴의 반복이지만 구성간의 연결성이 약해서 통일감이 없어 보이고, 배경부분의 작은 사각형들은 짚신벌레가 많이 꿈틀대며 움직이는 이미지를 느끼게 한다.

| $gff$: $\log_{125}5692 = 1.791$ | $gfg$: $\log_{125}5692 = 1.791$ |
|---|---|
| 5692/15625=0.364 | 5692/15625=0.364 |
| 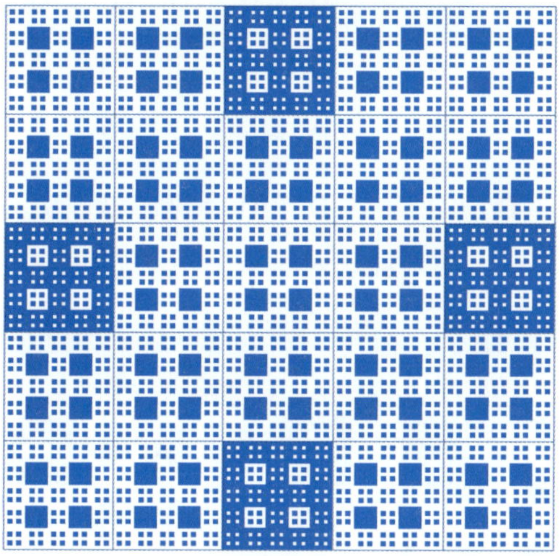 |  |
| $ggf$: $\log_{125}5692 = 1.791$ | $ggg$: $\log_{125}6300 = 1.812$ |
| 5692/15625=0.364 | 6300/15625=0.403 |
| 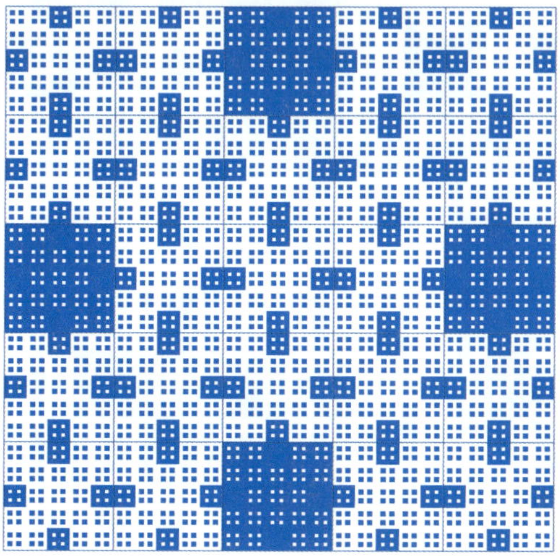 | 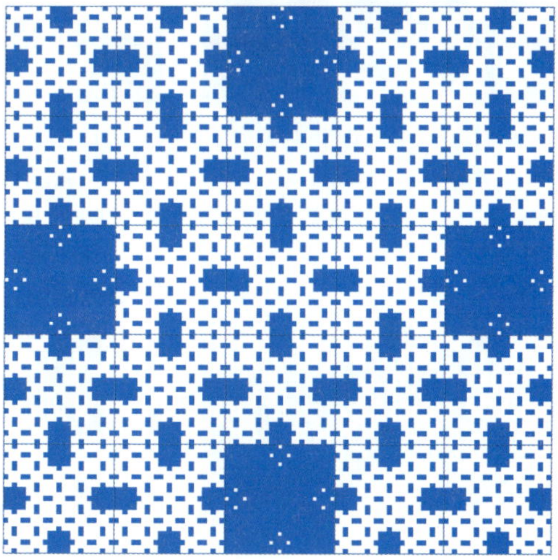 |

(2) 1단계 9개

$F_2$는 세 개의 패턴을 이용하여 반복하고 있다. 가운데 굵은 선이 무게감을 가지고 전체를 압도하고 있으며 네 모서리를 채우는 패턴은 시각적 균형을 유지하도록 배경과 반대되는 반전의 색채로 처리되었다. $F_3$는 $F_2$가 가늘고 정교해진 선으로 형태묘사 하면서 선으로 구성한 아름다움을 보여준다.

| $F_1 = f \cup g : \log_5 9 = 1.365$ | $f : \log_5 4 = 0.861$ | $g : \log_5 5 = 1$ |
|---|---|---|
| 9/25=0.32 | 4/25=0.16 | 5/25=0.2 |
| 1 0 0 0 1<br>0 0 2 0 0<br>0 2 2 2 0<br>0 0 2 0 0<br>1 0 0 0 1 | 1 0 0 0 1<br>0 0 0 0 0<br>0 0 0 0 0<br>0 0 0 0 0<br>1 0 0 0 1 | 0 0 0 0 0<br>0 0 2 0 0<br>0 2 2 2 0<br>0 0 2 0 0<br>0 0 0 0 0 |
| $F_2 : \log_{25} 329 = 1.801$ | $ff : \log_{25} 184 = 1.62$ | $fg : \log_{25} 185 = 1.622$ |
| 329/625=0.526 | 184/625=0.294 | 185/625=0.296 |
|  | 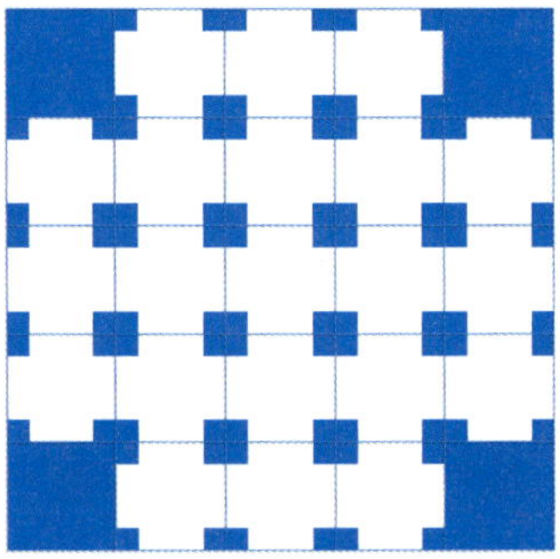 | 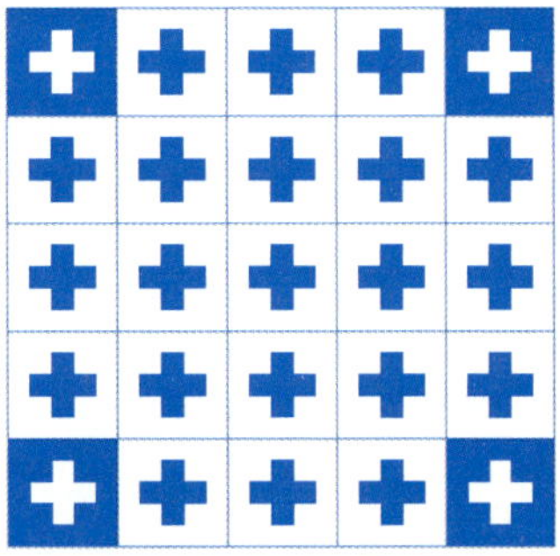 |
| $F_3 : \log_{125} 9420 = 1.895$ | $gf : \log_{25} 185 = 1.622$ | $gg : \log_{25} 225 = 1.683$ |
| 9420/15625=0.603 | 185/625=0.296 | 225/625=0.36 |
| 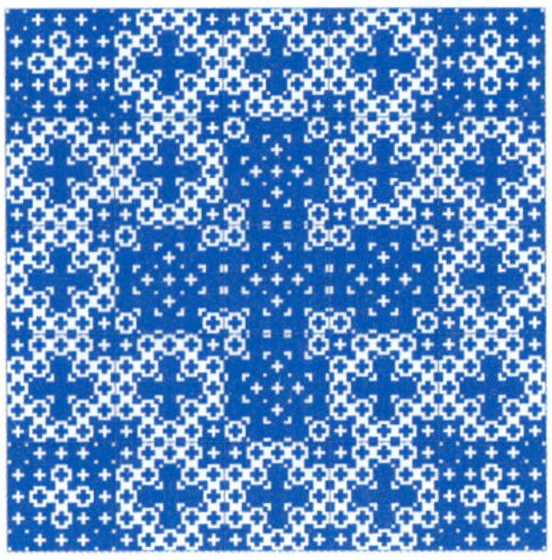 | 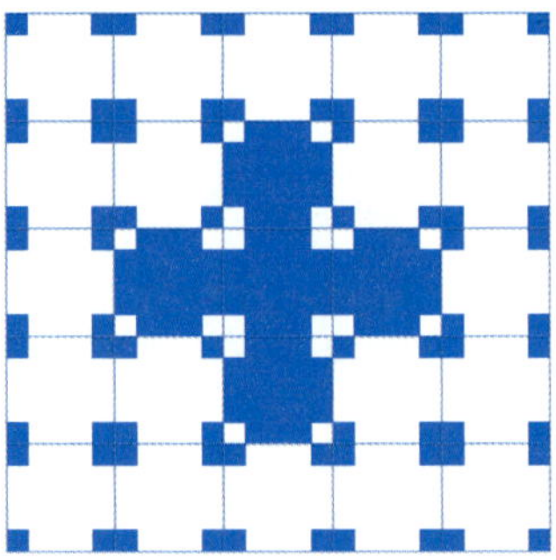 |  |

$ffg$는 두 개의 반복된 패턴이 중심 이미지를 만들고 나머지 모서리부분이 배경으로 물러나면서 주제를 돋보이게 한다. 셀 안에 있는 패턴의 모서리 부분이 패턴의 전체적인 모양을 곡선으로 느껴지게 만들고 있으며, 이들 각각의 결합으로 거대한 꽃무늬 디자인이 만들어졌다. 네 개의 프랙탈 디자인이 모두 모서리 부분과 나머지 부분이 서로 반전의 색채를 띠고 있어서 전체적인 이미지를 안정적으로 마무리가 된 느낌으로 만든다.

| $fff : \log_{125}6300 = 1.812$ | $ffg : \log_{125}5935 = 1.8$ |
|---|---|
| 6300/15625=0.403 | 5935/15625=0.38 |

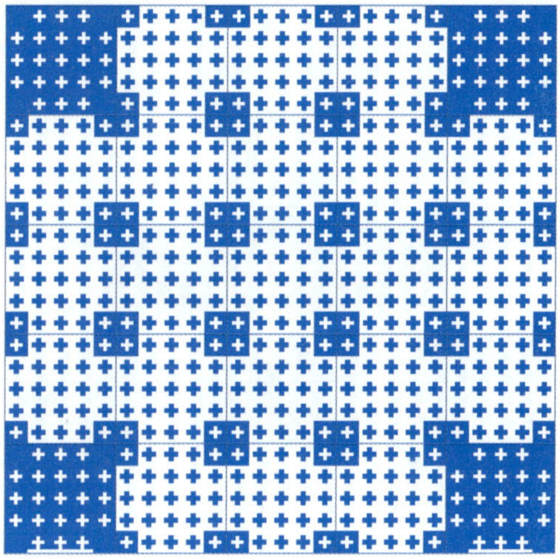

| $fgf : \log_{125}5965 = 1.801$ | $fgg : \log_{125}6425 = 1.816$ |
|---|---|
| 5965/15625=0.382 | 6425/15625=0.411 |

$gfg$는 가운데 색채가 강한 부분이 십자형을 이루며 전체를 강하게 지배하고 있다. 배경은 가운데와 서로 반전된 색채의 패턴으로 색채로 채워져서 주제와 배경의 분리가 확실해졌다. 그러나 두 가지 패턴이 모두 모서리를 강조하는 모양이기 때문에 전체적으로 어느 정도 일관성이 느껴진다. $ggf$, $ggg$는 각각 두 개의 디자인을 사용하고 있지만, 근본적으로 같은 모양의 십자형을 띠는 패턴을 사용하므로 전체적으로 잘 어울리며 통일감을 준다.

| $gff$ : $\log_{125}5965 = 1.801$ | $gfg$ : $\log_{125}6425 = 1.816$ |
|---|---|
| 5965/15625=0.382 | 6425/15625=0.411 |
|  |  |
| $ggf$ : $\log_{125}6425 = 1.816$ | $ggg$ : $\log_{125}7500 = 1.848$ |
| 6425/15625=0.411 | 7500/15625=0.48 |
|  |  |

(3) 1단계 12개

$F_2$는 3개의 패턴의 결합으로 만들어진 디자인이다. 색칠이 안 된 부분이 강한 형태로 떠오르며 중심을 수직과 수평으로 가르고 전체적인 분위기를 주도하고 있다. $ff$는 중심으로부터 뻗어나가는 확산의 이미지를 띠고 있으며 색칠 부분과 흰 부분의 대비가 강하여 힘찬 느낌을 만든다. $F_3$는 셀 안을 채우는 각각의 패턴에 색채가 너무 많은 부분을 차지하고 있어서 화면이 어두우며 게다가 반전되어 나타나는 흰 선이 너무 가늘고 복잡한 형태를 가지고 있기 때문에 전체적으로 난해하다.

| $F_1 = f \cup g : \log_5 12 = 1.544$ | $f : \log_5 8 = 1.292$ | $g : \log_5 4 = 0.861$ |
|---|---|---|
| 12/25=0.48 | 8/25=0.32 | 4/25=0.16 |

$F_1$:

| | | | | |
|---|---|---|---|---|
| 0 | 1 | 0 | 1 | 0 |
| 1 | 2 | 0 | 2 | 1 |
| 0 | 0 | 0 | 0 | 0 |
| 1 | 2 | 0 | 2 | 1 |
| 0 | 1 | 0 | 1 | 0 |

$f$:

| | | | | |
|---|---|---|---|---|
| 0 | 1 | 0 | 1 | 0 |
| 1 | 0 | 0 | 0 | 1 |
| 0 | 0 | 0 | 0 | 0 |
| 1 | 0 | 0 | 0 | 1 |
| 0 | 1 | 0 | 1 | 0 |

$g$:

| | | | | |
|---|---|---|---|---|
| 0 | 0 | 0 | 0 | 0 |
| 0 | 2 | 0 | 2 | 0 |
| 0 | 0 | 0 | 0 | 0 |
| 0 | 2 | 0 | 2 | 0 |
| 0 | 0 | 0 | 0 | 0 |

| $F_2 : \log_{25} 392 = 1.855$ | $ff : \log_{25} 336 = 1.807$ | $fg : \log_{25} 236 = 1.697$ |
|---|---|---|
| 392/625=0.627 | 336/625=0.538 | 236/625=0.378 |

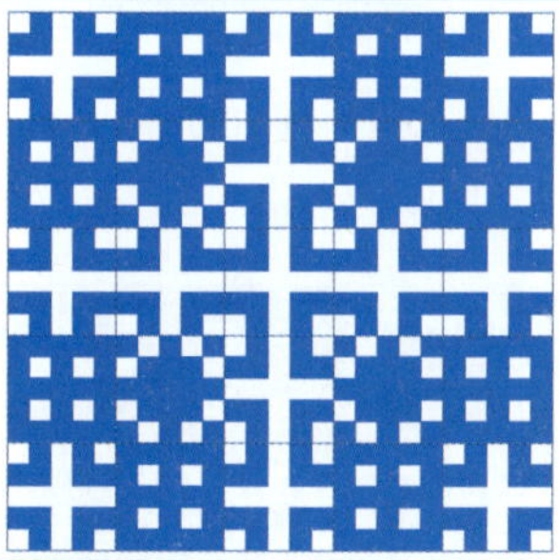

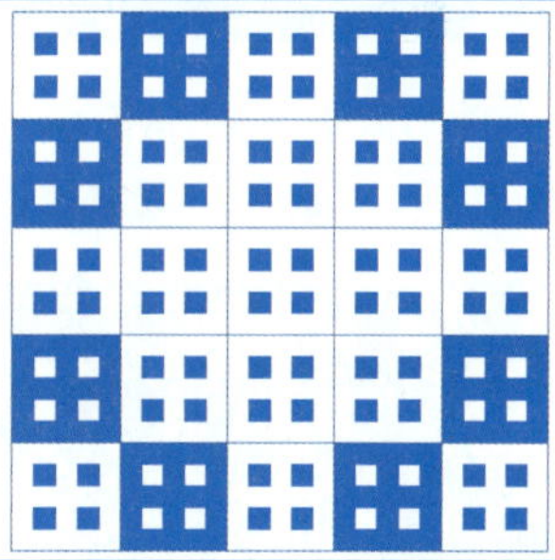

| $F_3 : \log_{125} 10356 = 1.915$ | $gf : \log_{25} 236 = 1.697$ | $gg : \log_{25} 225 = 1.683$ |
|---|---|---|
| 10356/15625=0.663 | 236/625=0.378 | 225/625=0.36 |

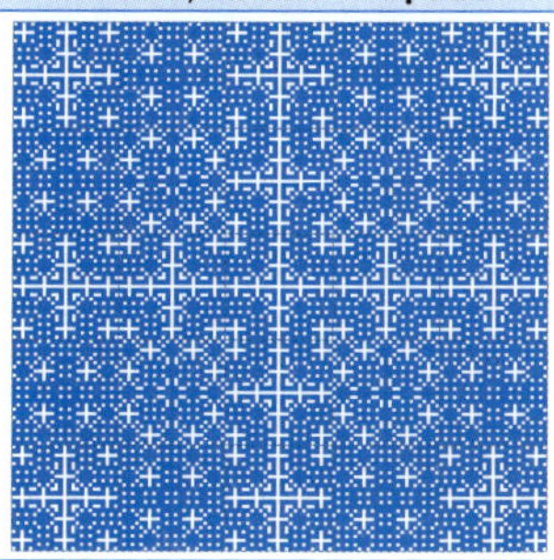

3단계 프랙탈 $fff$는 3가지 패턴의 결합으로 만들어진 디자인이다. 대각선이 강하게 느껴지며 섬세한 무늬가 전체적인 분위기를 부드럽고 우아하게 만들고 있다. $ffg$는 가을의 단풍처럼 울긋불긋한 분위기를 자아내기도 하고 추운 겨울날 성애가 낀 흐릿한 유리창을 연상시킨다. $fff$와 $ffg$ 모두 바깥으로 뻗어나가려는 확산의 이미지를 가지는데 비해 상대적으로 $ffg$와 $fgg$는 얌전하고 안정적인 모습으로 느껴진다.

| $fff:\log_{125}10200 = 1.912$ | $ffg:\log_{125}8438 = 1.872$ |
| --- | --- |
| 10200/15625=0.653 | 8438/15625=0.54 |
|  | 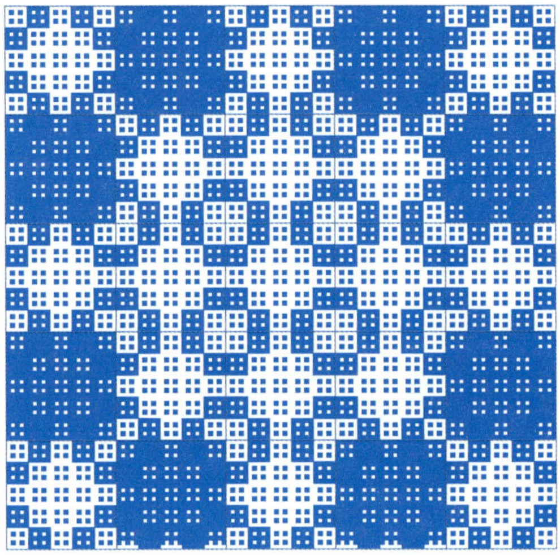 |
| $fgf:\log_{125}8648 = 1.873$ | $fgg:\log_{125}6784 = 1.827$ |
| 8648/15625=0.542 | 6784/15625=0.434 |
|  | 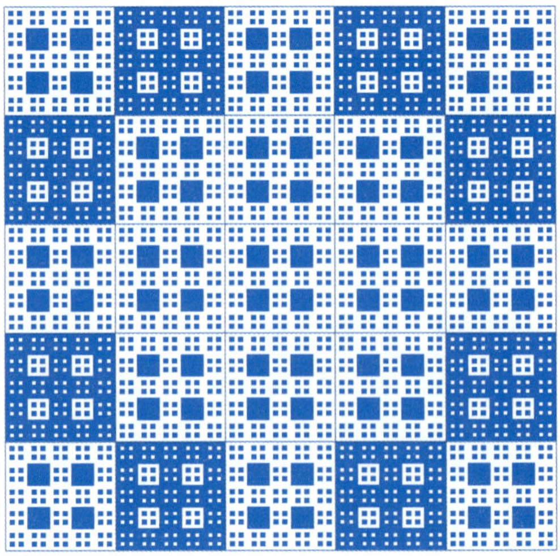 |

$gff$는 공간을 54.2%를 채우며 안정적인 구도와 그에 따른 명도 변화와 율동까지 느껴지며 평등하게 면적을 활용하면서 이미지 전달에도 성공하고 있다. $gfg$는 다양한 명도의 변화를 느끼게 하며 공간을 부드럽게 채우고 있다. 강한 부분과 약한 부분이 잘 어울려 시각적 균형을 이루고 있다. $ggf$는 예쁜 레이스 무늬의 손수건을 떠오르게 하는 디자인이다. $ggg$는 네 개의 색칠한 사각형이 지나치게 무거워 보일정도로 면적에 의한 명도대비가 강하게 느껴진다. 구조가 좌우대칭이므로 안정감을 기본으로 하며 딱딱하고 고지식해 보이는 등 단순함과 통일감을 느끼게 한다.

| $gff$:$\log_{125}8468 = 1.873$ | $gfg$:$\log_{125}6784 = 1.827$ |
|---|---|
| 8468/15625=0.542 | 6784/15625=0.434 |
|  | 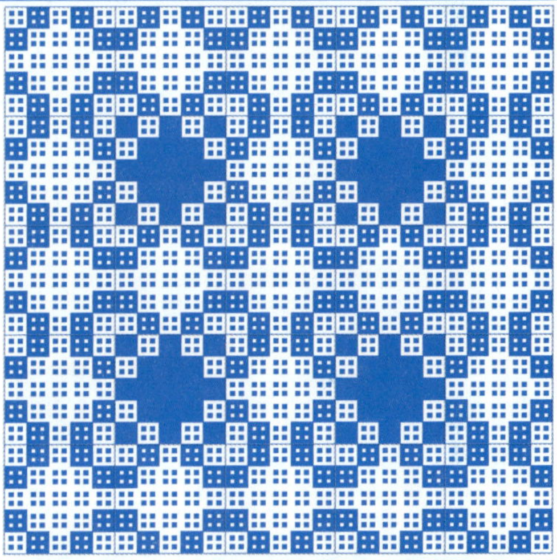 |
| $ggf$:$\log_{125}6784 = 1.827$ | $ggg$:$\log_{125}6300 = 1.812$ |
| 6784/15625=0.434 | 6300/15625=0.403 |
|  | 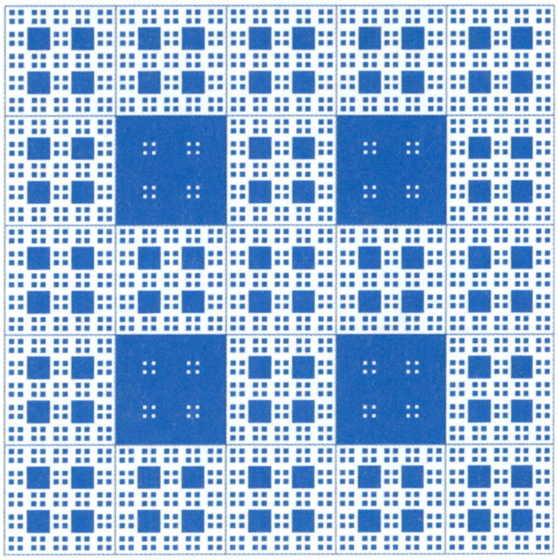 |

(4) 1단계 12개

$F_2$는 같은 굵기의 선으로 만든 3가지 패턴을 반복 · 결합하여 만든 디자인이다. 전체적으로 어지러운 느낌을 주고 있다. $F_3$는 반전된 선이 만들어내는 이미지가 너무 작고 가늘어서 패턴의 구별이 잘 안 되며 전체적인 형태를 파악하는 것은 난제에 가깝다.

| $F_1 = f \cup g : \log_5 12 = 1.544$ | $f : \log_5 8 = 1.292$ | $g : \log_5 4 = 0.861$ |
|---|---|---|
| 12/25=0.48 | 8/25=0.32 | 4/25=0.16 |

| 0 | 1 | 0 | 0 | 0 |
|---|---|---|---|---|
| 0 | 2 | 1 | 2 | 1 |
| 0 | 1 | 0 | 1 | 0 |
| 1 | 2 | 1 | 2 | 0 |
| 0 | 0 | 0 | 1 | 0 |

| 0 | 1 | 0 | 0 | 0 |
|---|---|---|---|---|
| 0 | 0 | 1 | 0 | 1 |
| 0 | 1 | 0 | 1 | 0 |
| 1 | 0 | 1 | 0 | 0 |
| 0 | 0 | 0 | 1 | 0 |

| 0 | 0 | 0 | 0 | 0 |
|---|---|---|---|---|
| 0 | 2 | 0 | 2 | 0 |
| 0 | 0 | 0 | 0 | 0 |
| 0 | 2 | 0 | 2 | 0 |
| 0 | 0 | 0 | 0 | 0 |

| $F_2 : \log_{25} 392 = 1.855$ | $ff : \log_{25} 336 = 1.807$ | $fg : \log_{25} 236 = 1.697$ |
|---|---|---|
| 392/625=0.627 | 336/625=0.538 | 236/625=0.378 |

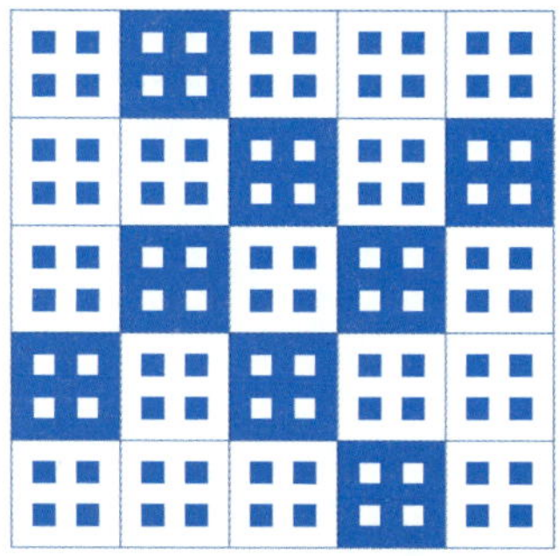

| $F_3 : \log_{125} 10356 = 1.915$ | $gf : \log_{25} 236 = 1.697$ | $gg : \log_{25} 184 = 1.62$ |
|---|---|---|
| 10356/15625=0.663 | 236/625=0.378 | 184/625=0.294 |

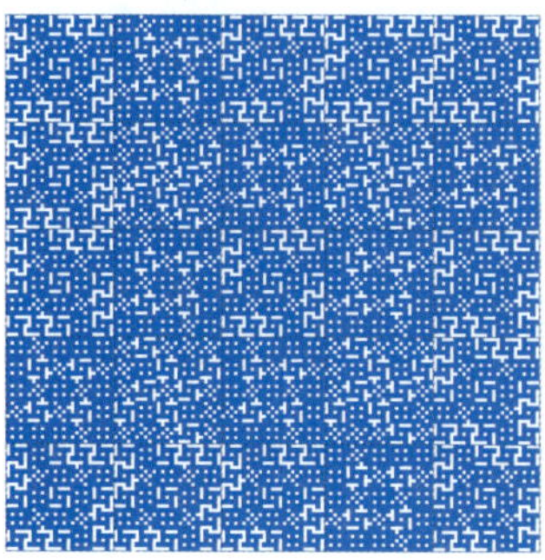
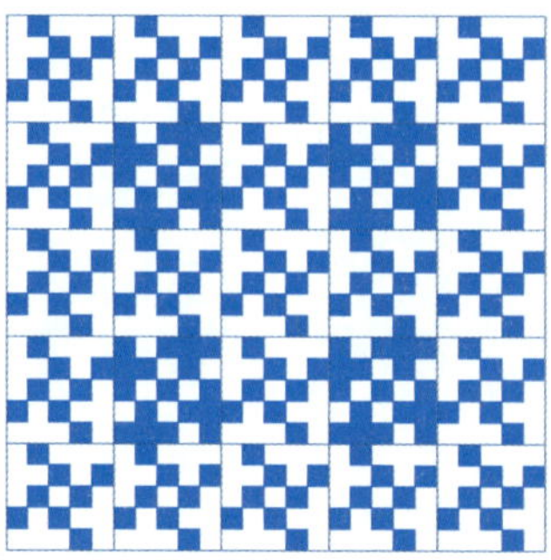

$fff$, $ffg$, $fgf$는 각각 두 가지 패턴의 반복이지만 패턴이 복잡하고 형태 상 일관성이 적어서 전체적으로 어지럽게 보인다. 특히 $fgf$는 색채의 면적대비가 강하게 느껴지고 있으며, 배경 부분에서 운동성이 느껴지지만 전체적으로 부자연스럽다. $fgg$는 두 패턴이 색채반전의 형태를 이룬 유사한 형태이기 때문에 통일감이 느껴지며 전체적으로 조화롭게 어울린다.

| $fff:\log_{125}10200 = 1.912$ | $ffg:\log_{125}8448 = 1.873$ |
|---|---|
| 10200/15625=0.653 | 8448/15625=0.541 |
| 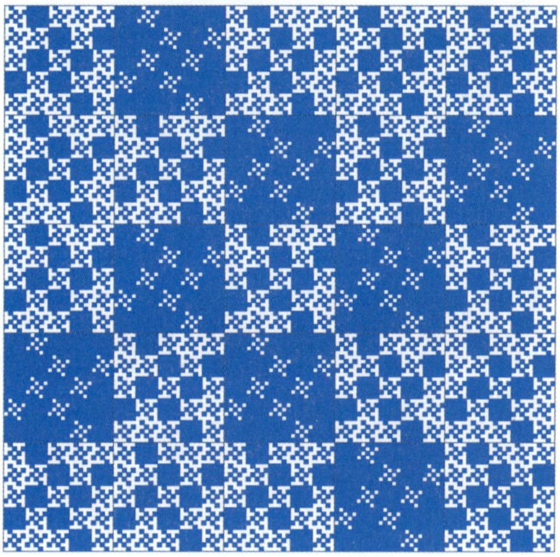 | 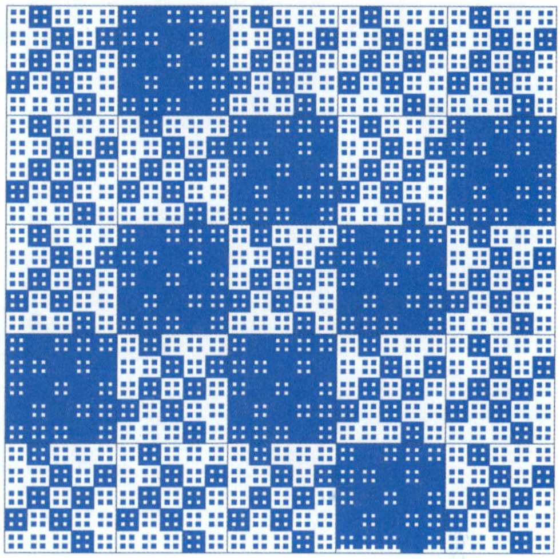 |
| $fgf:\log_{125}8648 = 1.873$ | $fgg:\log_{125}6784 = 1.827$ |
| 8648/15625=0.542 | 6784/15625=0.434 |
|  | 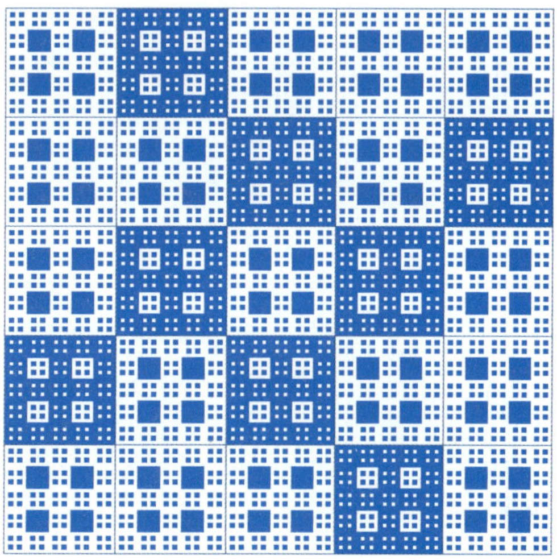 |

$gff$는 각각의 셀을 채우고 있는 패턴의 디자인이 모두 어지럽게 구성된 동적인 이미지을 띠고 있고, 두 패턴 사이에 서로 일관된 이미지가 없고 각각 상이한 이미지를 가져서 전체적으로 혼란스럽고 난해한 느낌을 준다. 게다가 강조되어야 할 네 개의 사각형은 누군가 손으로 문질러버린 듯 훼손된 느낌을 주고 있어서 불안한 느낌을 주고 있다.

| $gff$ : $\log_{125}8468 = 1.873$ | $gfg$ : $\log_{125}6784 = 1.827$ |
|---|---|
| 8468/15625=0.542 | 6784/15625=0.434 |
| 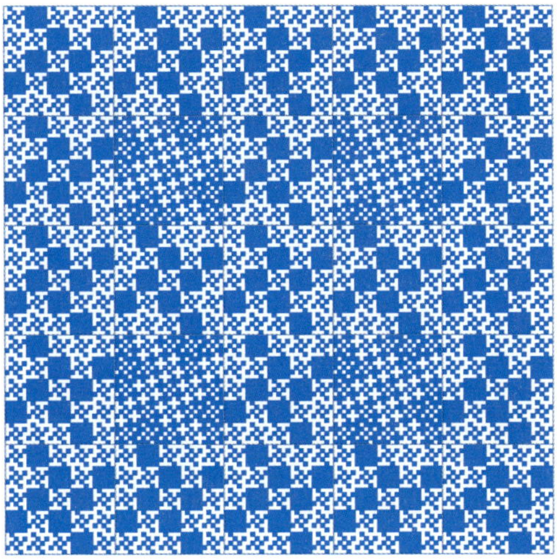 | 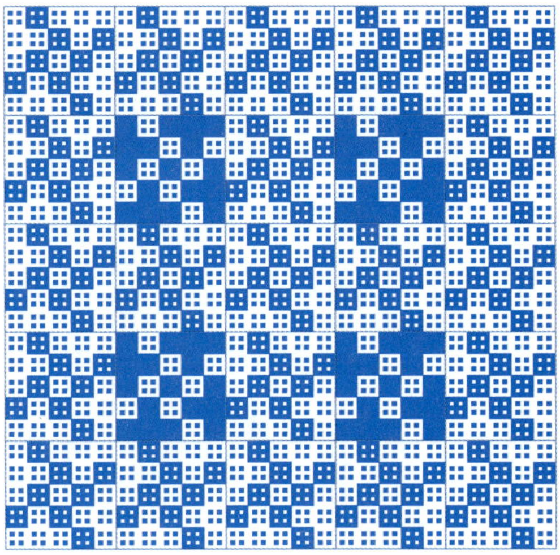 |
| $ggf$ : $\log_{125}6784 = 1.827$ | $ggg$ : $\log_{125}6300 = 1.812$ |
| 6784/15625=0.434 | 6300/15625=0.403 |
| 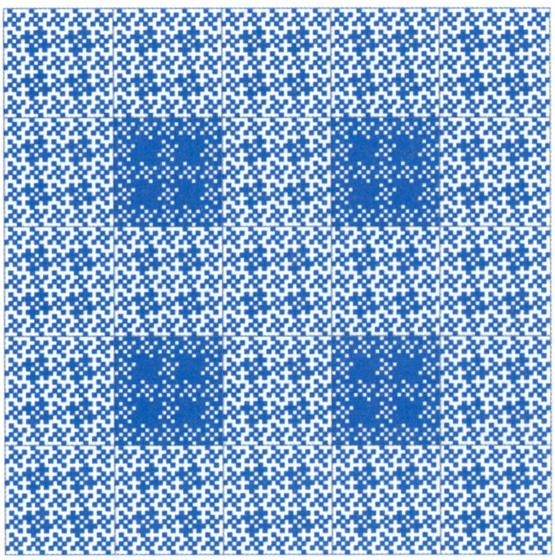 | 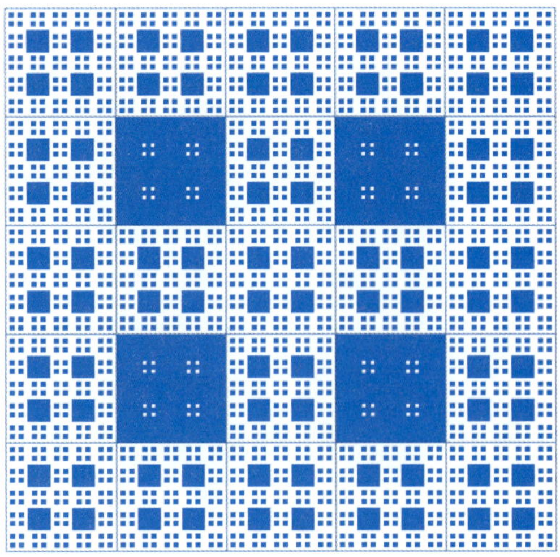 |

(5) 1단계 13개

$F_2$는 색칠된 곳이 면적의 67.3% 채우고 있어 자칫 지루할 수 있는 디자인이다. 색칠된 사각형 안쪽에 흰 무늬를 삽입한 패턴들이 전체적인 이미지에 변화를 가져와 시선을 가운데로 집중시키며 딱딱한 느낌의 밀도 높은 구성에 부드러운 이미지를 불러들이는 결과를 낳았다.

$F_1 = f \cup g : \log_5 13 = 1.594$

13/25=0.52

| | | | | |
|---|---|---|---|---|
| 0 | 0 | 1 | 0 | 0 |
| 0 | 1 | 2 | 1 | 0 |
| 1 | 2 | 1 | 2 | 1 |
| 0 | 1 | 2 | 1 | 0 |
| 0 | 0 | 1 | 0 | 0 |

$f : \log_5 9 = 1.365$

9/25=0.36

| | | | | |
|---|---|---|---|---|
| 0 | 0 | 1 | 0 | 0 |
| 0 | 1 | 0 | 1 | 0 |
| 1 | 0 | 1 | 0 | 1 |
| 0 | 1 | 0 | 1 | 0 |
| 0 | 0 | 1 | 0 | 0 |

$g : \log_5 4 = 0.861$

4/25=0.16

| | | | | |
|---|---|---|---|---|
| 0 | 0 | 0 | 0 | 0 |
| 0 | 0 | 2 | 0 | 0 |
| 0 | 2 | 0 | 2 | 0 |
| 0 | 0 | 2 | 0 | 0 |
| 0 | 0 | 0 | 0 | 0 |

$F_2 : \log_{25} 409 = 1.868$

409/625=0.654

$ff : \log_{25} 369 = 1.836$

369/625=0.59

$fg : \log_{25} 253 = 1.719$

253/625=0.405

$F_3 : \log_{125} 10512 = 1.918$

10512/15625=0.673

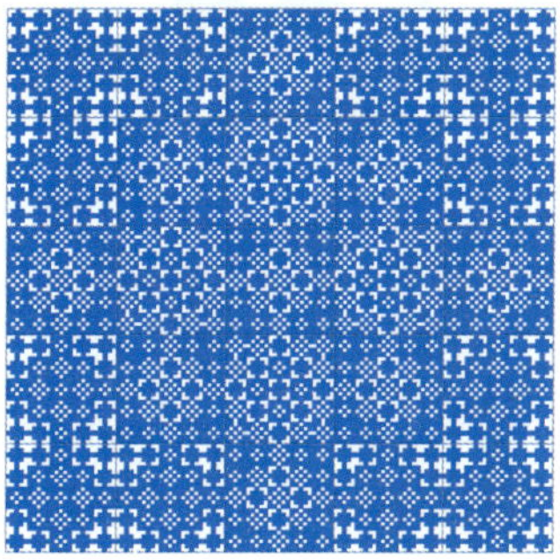

$gf : \log_{25} 253 = 1.719$

253/625=0.405

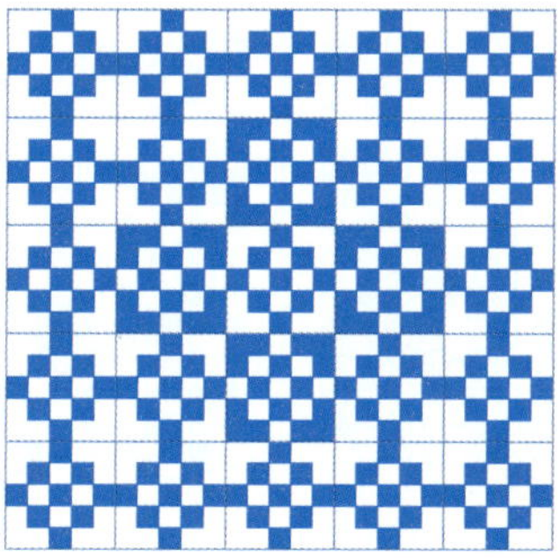

$gg : \log_{25} 184 = 1.62$

184/625=0.294

$fff$는 공간을 차지하는 비율이 69.1%이다. 두 개 도형의 반복이지만 채워진 밀도가 높아서 탁한 느낌을 준다. 균형감, 통일감이 있다. $ffg$, $fgf$, $fgg$는 색이 진한 사각형이 사선으로 배치된 느낌이 강하여 방향성이 느껴지는데 이는 면적의 크기에 따른 명도대비가 발생했기 때문이다. 특히 $fgg$는 색채만 반전으로 사용하였을 뿐 패턴의 모양은 같기 때문에 형태상의 통일감을 이루어 전체적으로 잘 어울린다.

$fff$ : $\log_{125}10800 = 1.924$

10800/15625=0.691

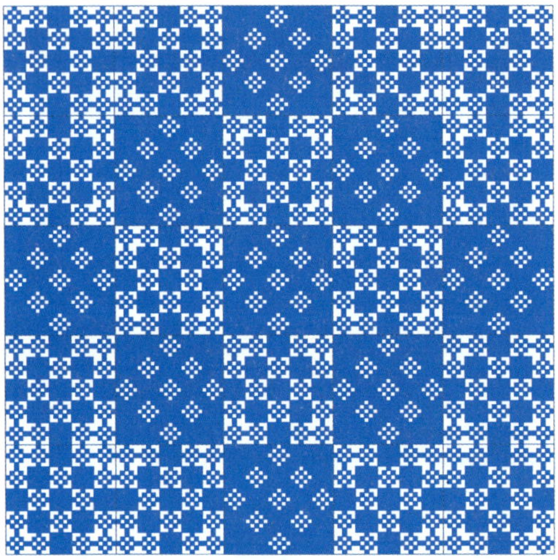

$ffg$ : $\log_{125}9077 = 1.888$

9077/15625=0.581

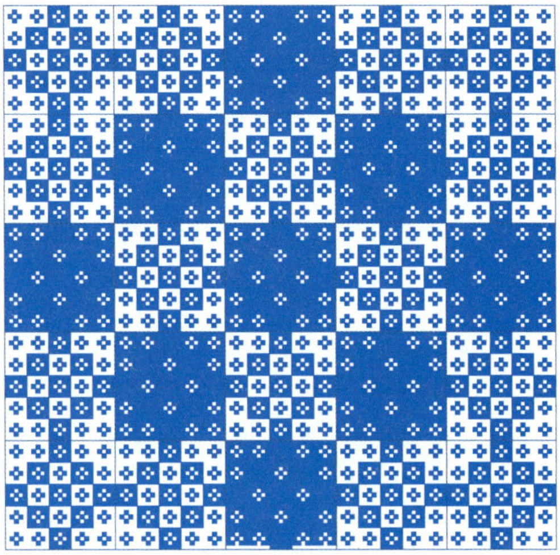

$fgf$ : $\log_{125}9097 = 1.888$

9097/15625=0.582

$fgg$ : $\log_{125}7057 = 1.835$

7057/15625=0.452

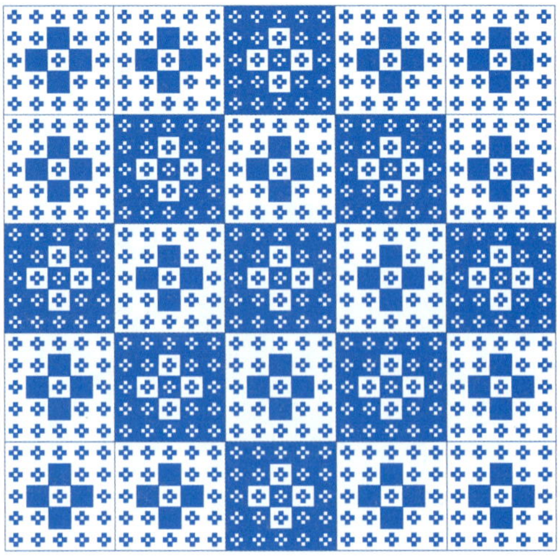

$gfg$는 두 개의 패턴을 사용하여 공간을 밀도 있게 구성하고 있다. 가운데 패턴이 이미지가 흐리고 불분명해 보여서 시선을 집중시키기에 다소 부족한 감이 있다. $gfg$는 하나의 패턴모양에 색채만 반전으로 사용한 경우이기 때문에 형태상 통일을 이루며 조화롭게 어울리고 있다. $ggg$는 가운데 네 개의 진한 사각형이 면적대비를 이루며 강조되고 있고 형태상으로는 일관된 십자형을 도입하여 통일감을 갖는다.

| $gff$ : $\log_{125}9097 = 1.888$ | $gfg$ : $\log_{125}7057 = 1.835$ |
|---|---|
| 9097/15625=0.582 | 7057/15625=0.452 |
| 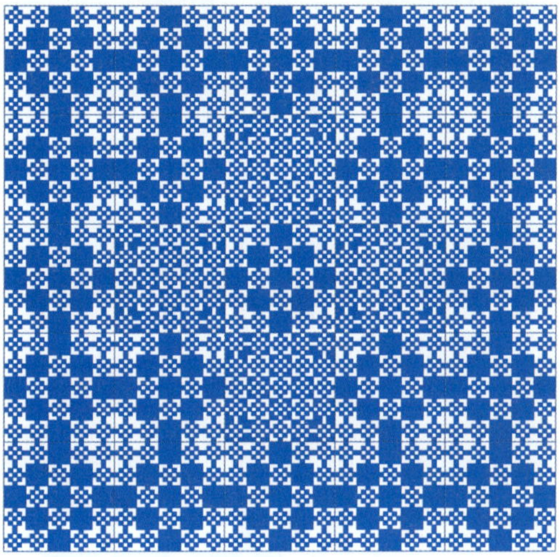 | 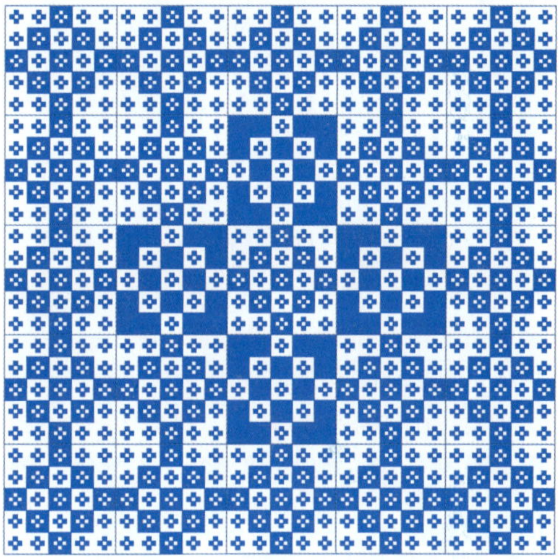 |
| $ggf$ : $\log_{125}7057 = 1.835$ | $ggg$ : $\log_{125}6300 = 1.812$ |
| 7057/15625=0.452 | 6300/15625=0.403 |
|  | 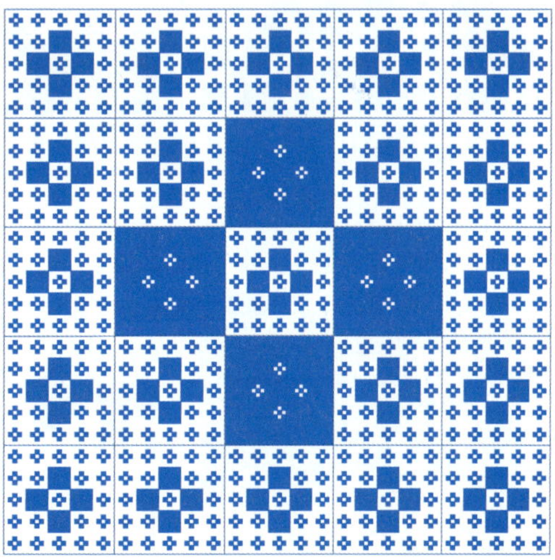 |

(6) 1단계 16개

$ff$는 색을 칠한 부분과 색을 칠하지 않은 부분의 대비가 강하다. $fg$는 가로 세로 선이 만나는 교차점에 변화의 요소를 더하여 단순한 선을 세련되게 구성되었다. 착시현상으로 선의 간격이 넓게 보이기도 하고 상대적으로 더 좁게 보이기도 하면서 선의 굵기에도 차이가 나는 것처럼 보인다.

$F_1 = f \cup g : \log_5 16 = 1.723$

16/25=0.52

| 1 | 0 | 2 | 1 | 1 |
|---|---|---|---|---|
| 1 | 0 | 2 | 0 | 0 |
| 2 | 2 | 0 | 2 | 2 |
| 0 | 0 | 2 | 0 | 1 |
| 1 | 1 | 2 | 0 | 1 |

$f : \log_5 8 = 1.292$

8/25=0.32

| 1 | 0 | 0 | 1 | 1 |
|---|---|---|---|---|
| 1 | 0 | 0 | 0 | 0 |
| 0 | 0 | 0 | 0 | 0 |
| 0 | 0 | 0 | 0 | 1 |
| 1 | 1 | 0 | 0 | 1 |

$g : \log_5 8 = 1.292$

8/25=0.32

| 0 | 0 | 2 | 0 | 0 |
|---|---|---|---|---|
| 0 | 0 | 2 | 0 | 0 |
| 2 | 2 | 0 | 2 | 2 |
| 0 | 0 | 2 | 0 | 0 |
| 0 | 0 | 2 | 0 | 0 |

$F_2 : \log_{25} 416 = 1.874$

416/625=0.666

$ff : \log_{25} 336 = 1.807$

336/625=0.538

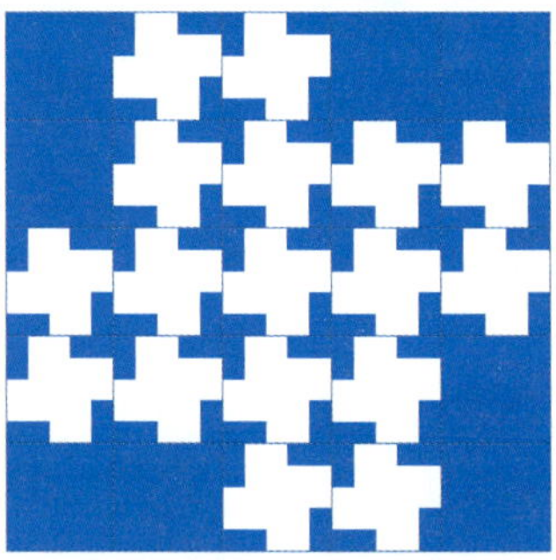

$fg : \log_{25} 272 = 1.742$

272/625=0.435

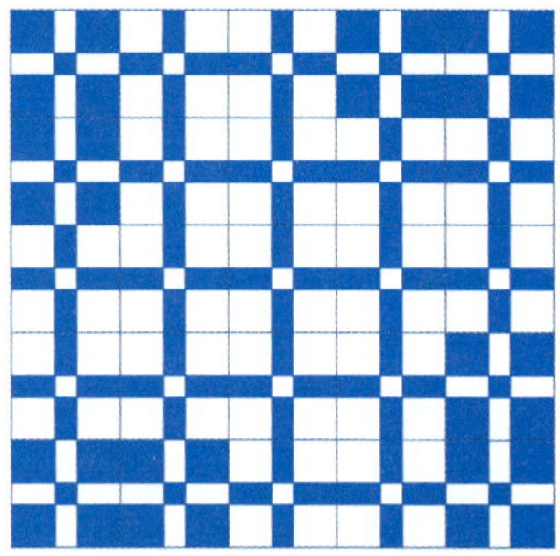

$F_3 : \log_{125} 10416 = 1.916$

10416/15625=0.667

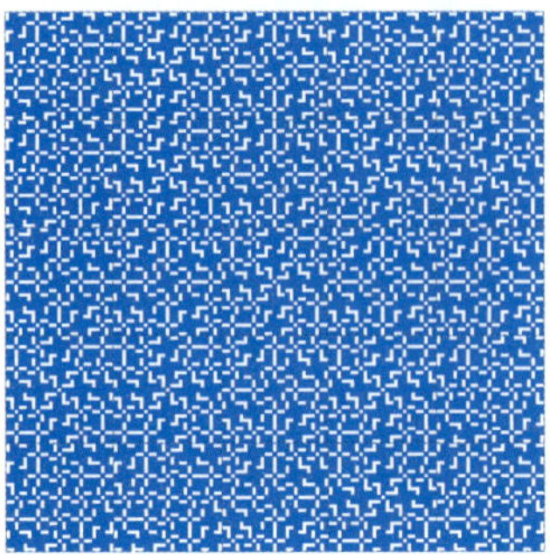

$gf : \log_{25} 272 = 1.742$

272/625=0.435

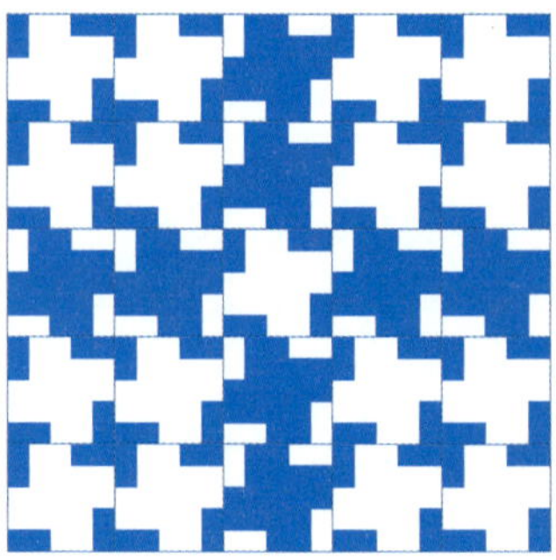

$gg : \log_{25} 336 = 1.807$

336/625=0.538

$fff$는 모서리 부분에 색을 칠하지 않는 부분이 희미해서 잘 보이지 않는다. 뚜렷하게 보이는 이미지는 배경이 되는 부분과의 대비가 강하게 느껴진다. $ffg$는 색칠한 부분의 넓이가 54.5%를 차지하고 있어 색칠하지 않는 부분이 반전되어 형태로 떠오르며 강조되고 있다. 가로 세로 선이 율동감 있게 구성되어 밝고 아름다운 느낌을 준다. $fgf$는 새끼줄이나 밧줄이 꼬여있는 이미지를 띠고 있다. $fgg$는 굵은 선과 가는 선의 대비로 구성하였으며, 중심의 굵고 진한색의 선이 부각되고 모서리 부분의 이미지가 흐려지는 느낌을 받는다.

| $fff$:$\log_{125}10200 = 1.912$ | $ffg$:$\log_{125}8509 = 1.874$ |
|---|---|
| 10200/15625=0.653 | 8509/15625=0.545 |
| 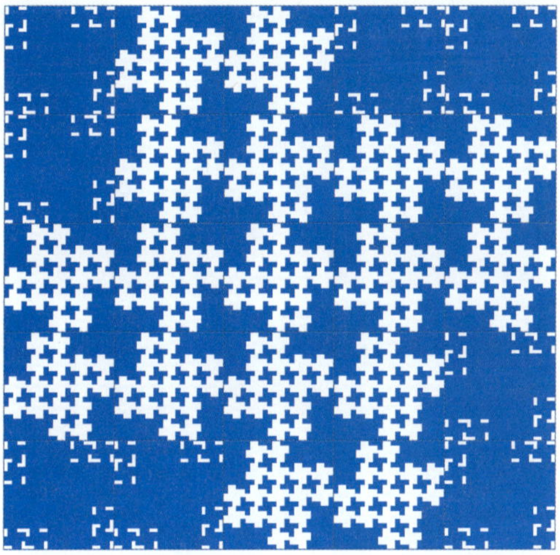 | 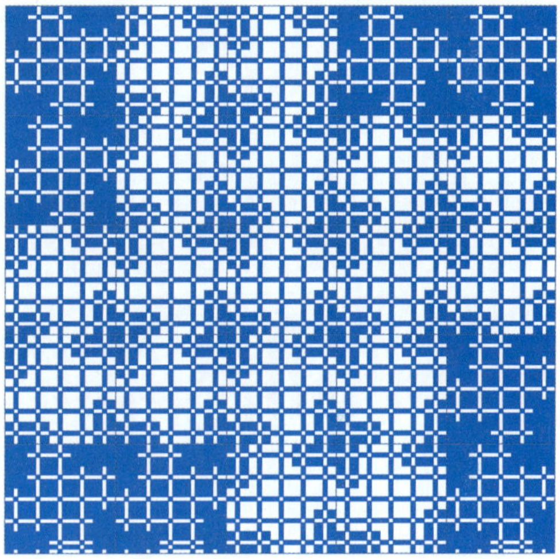 |
| $fgf$:$\log_{125}8536 = 1.875$ | $fgg$:$\log_{125}8536 = 1.875$ |
| 8536/15625=0.546 | 8536/15625=0.546 |
| 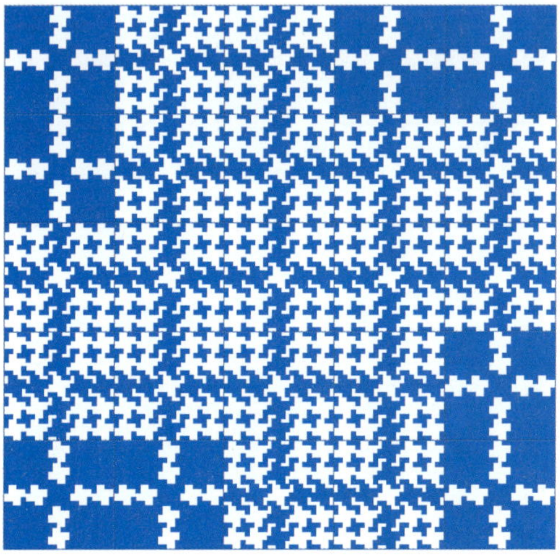 | 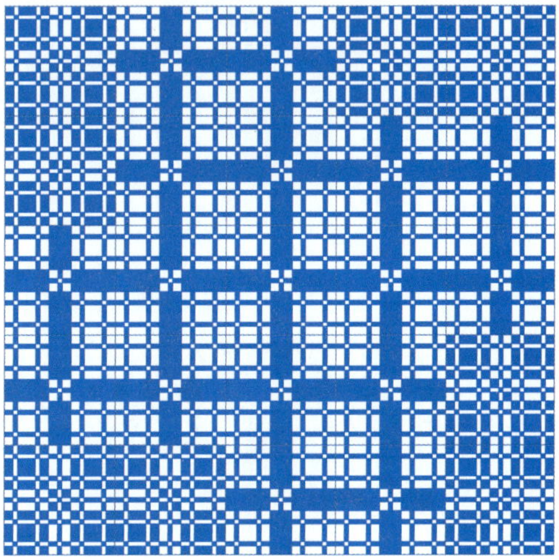 |

$gff$는 색을 칠한 부분이 전체적으로 연결되어 있지 않아서 혼란스러운 느낌을 주며, 두 개의 패턴이 잘 어울리지 않아 답답한 느낌이 든다. $gfg$는 강하게 색칠한 부분이 강조되고 있다. 주변의 선들의 모습이 세련되게 구성되어 있어 변화가 느껴진다. 자세히 보고 있으면 배경부분에 움직이 느껴지기도 한다. $ggg$는 좌우대칭으로 통일감과 안정감을 가지고 있다. 가는 선과 굵은 선의 대비를 통해 리듬을 갖게 한다. 가운데 세로선과 가로선에서 색을 칠하지 않는 부분이 활력소의 역할을 하며 분위기를 밝게 만들고 있다.

| $gff:\log_{125}8536 = 1.875$ | $gfg:\log_{125}8536 = 1.875$ |
|---|---|
| 8536/15625=0.546 | 8536/15625=0.546 |
| 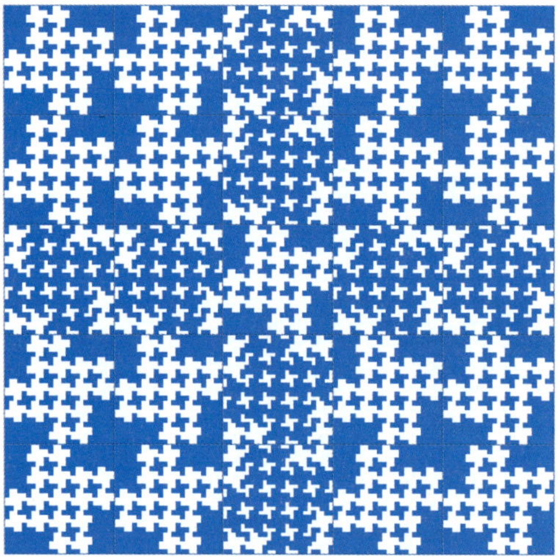 | 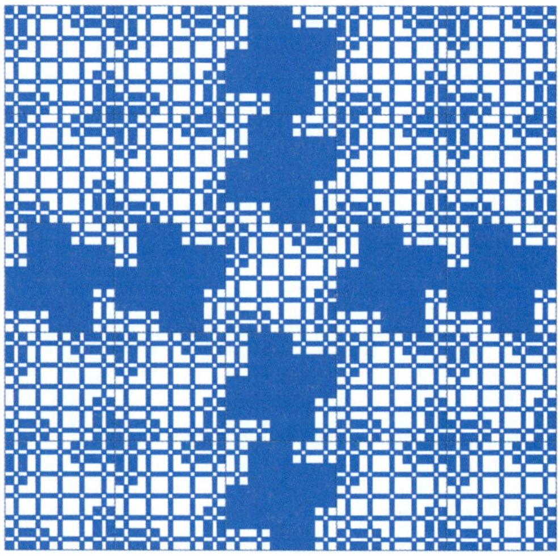 |
| $ggf:\log_{125}8536 = 1.875$ | $ggg:\log_{125}10200 = 1.912$ |
| 8536/15625=0.546 | 10200/15625=0.653 |
| 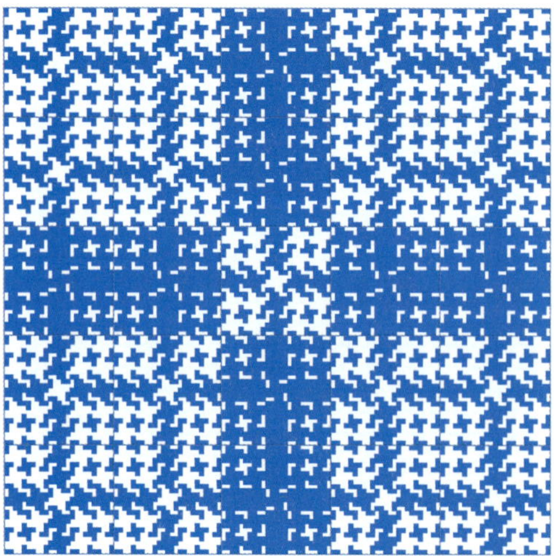 | 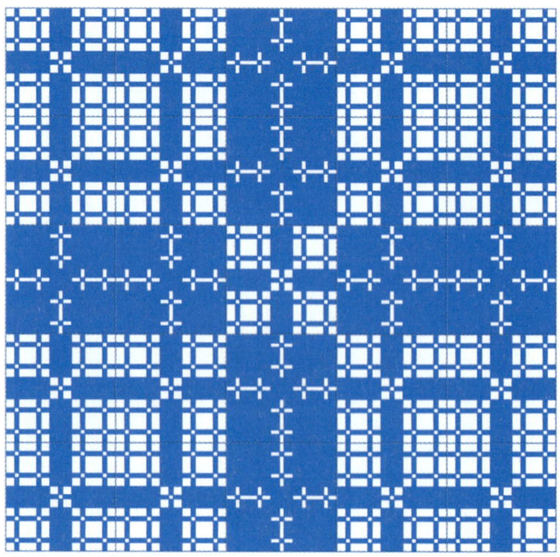 |

(7) 1단계 16개

$ff$는 두 개의 패턴으로 구성하고 있다. 색에서 강한 면적대비를 이루며 변화를 주고 있다. $fg$는 색을 칠한 부분과 칠하지 않는 부분이 서로 반전의 성격을 띠며 산만하지만 일관성을 보이며 전체적으로 조화를 이루고 있다. $gg$는 십자형을 기본으로 한 일관된 형태의 패턴을 사용하여 전체적으로 통일감을 가지며 단순하고 명쾌한 느낌을 주는 디자인이다.

| $F_1:\log_5 16 = 1.723$ | $f:\log_5 8 = 1.292$ | $g:\log_5 8 = 1.292$ |
|---|---|---|
| 16/25=0.52 | 8/25=0.32 | 8/25=0.32 |

| 2 | 1 | 0 | 1 | 2 |
|---|---|---|---|---|
| 1 | 0 | 2 | 0 | 1 |
| 0 | 2 | 0 | 2 | 0 |
| 1 | 0 | 2 | 0 | 1 |
| 2 | 1 | 0 | 1 | 2 |

| 0 | 1 | 0 | 1 | 0 |
|---|---|---|---|---|
| 1 | 0 | 0 | 0 | 1 |
| 0 | 0 | 0 | 0 | 0 |
| 1 | 0 | 0 | 0 | 1 |
| 0 | 1 | 0 | 1 | 0 |

| 2 | 0 | 0 | 0 | 2 |
|---|---|---|---|---|
| 0 | 0 | 2 | 0 | 0 |
| 0 | 2 | 0 | 2 | 0 |
| 0 | 0 | 2 | 0 | 0 |
| 2 | 0 | 0 | 0 | 2 |

| $F_2:\log_{25} 416 = 1.874$ | $ff:\log_{25} 336 = 1.807$ | $fg:\log_{25} 272 = 1.742$ |
|---|---|---|
| 416/625=0.666 | 336/625=0.538 | 272/625=0.435 |
|  |  |  |

| $F_3:\log_{125} 10416 = 1.916$ | $gf:\log_{25} 272 = 1.742$ | $gg:\log_{25} 336 = 1.807$ |
|---|---|---|
| 10416/15625=0.667 | 272/625=0.435 | 336/625=0.538 |
|  | 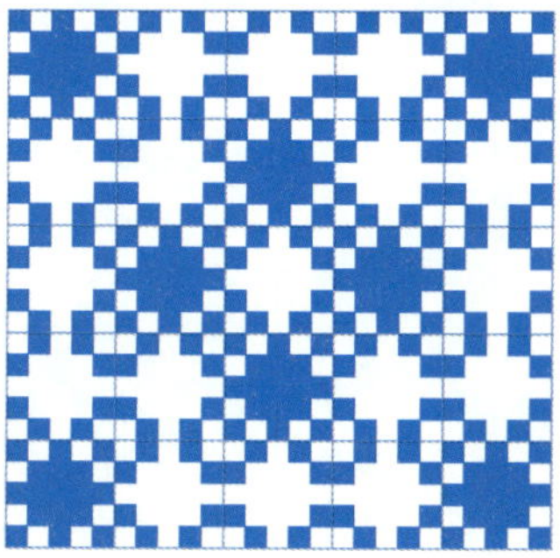 |  |

$fff$는 3개의 패턴으로 구성하고 있다. 가운데 큰 마름모를 네 모서리의 마름모가 보디가드처럼 견고하게 지지해 주고 있다. 각 패턴과 패턴의 결합 지점에서 새로운 무늬가 만들어지면서 전체적으로 부드럽고 우아한 이미지를 탄생시켰다. $ffg$는 테셀레이션(Tessellation)을 구성하고 있다. 테셀레이션은 쪽매맞춤이라고 하는데 평면 도형을 겹치지 않으면서 빈틈이 없게 모으는 것이다. 우리 주변에서 볼 수 있는 쪽매맞춤의 경우는 천정, 건물, 옷감, 융단, 벽지 등이 있다.

| $fff:\log_{125}10200 = 1.912$ | $ffg:\log_{125}6800 = 1.828$ |
|---|---|
| 10200/15625=0.653 | 6800/15625=0.435 |

| $fgf:\log_{125}8536 = 1.875$ | $fgg:\log_{125}7057 = 1.835$ |
|---|---|
| 8536/15625=0.546 | 7057/15625=0.452 |

$gff$는 색칠한 곳이 특정한 부분에 진하고 넓게 분포하지 않고 중심과 주변 모두 대체로 균등한 밀도로 채우고 있어서 전체적으로 대비가 강하지 않은 부드러운 이미지를 가지고 있다. 마름모 모양으로 통일감을 느끼게 하고, 세부적으로는 각 패턴들이 연결되는 지점에서 새로운 무늬를 생성하여 디자인에 화려함과 장식적인 느낌을 더하고 있다. $ggf$와 $ggg$는 십자형을 기본형으로 하여 각각 두 가지 패턴으로 구성되었다. $ggf$는 색이 진한 부분과 밝은 부분의 명도 대비가 강하지 않아서 전체적으로 부드러운 느낌을 주고, $ggg$는 선명한 무늬를 볼 수 있도록 면적대비에 의한 명도의 차이가 발생하여 이미지상 명쾌함과 부드러움을 모두 가지고 있다.

$gff:\log_{125}8536 = 1.875$

8536/15625=0.546

$gfg:\log_{125}8536 = 1.875$

8536/15625=0.546

$ggf:\log_{125}8536 = 1.875$

8536/15625=0.546

$ggg:\log_{125}10200 = 1.912$

10200/15625=0.653

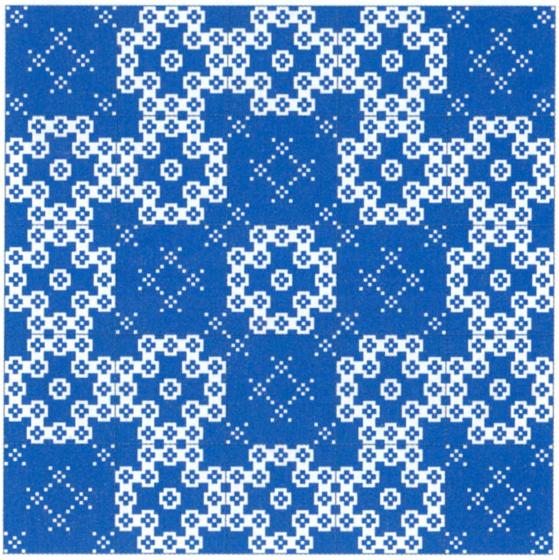

# 4 6×6 나눗셈 프랙탈 분할

## 1. 두 개의 프랙탈로 분할

### (1) 1단계 8개

| $F_1 = f \cup g : \log_6 8 = 1.161$ | $f : \log_6 4 = 0.774$ | $g : \log_6 4 = 0.774$ |
|---|---|---|
| 8/36=0.222 | 4/36=0.111 | 4/36=0.111 |

$F_1$:

| | | | | | |
|---|---|---|---|---|---|
| 0 | 0 | 0 | 0 | 0 | 0 |
| 0 | 0 | 2 | 0 | 0 | 0 |
| 0 | 0 | 1 | 1 | 2 | 0 |
| 0 | 2 | 1 | 1 | 0 | 0 |
| 0 | 0 | 0 | 2 | 0 | 0 |
| 0 | 0 | 0 | 0 | 0 | 0 |

$f$:

| | | | | | |
|---|---|---|---|---|---|
| 0 | 0 | 0 | 0 | 0 | 0 |
| 0 | 0 | 0 | 0 | 0 | 0 |
| 0 | 0 | 1 | 1 | 0 | 0 |
| 0 | 0 | 1 | 1 | 0 | 0 |
| 0 | 0 | 0 | 0 | 0 | 0 |
| 0 | 0 | 0 | 0 | 0 | 0 |

$g$:

| | | | | | |
|---|---|---|---|---|---|
| 0 | 0 | 0 | 0 | 0 | 0 |
| 0 | 0 | 2 | 0 | 0 | 0 |
| 0 | 0 | 0 | 0 | 2 | 0 |
| 0 | 2 | 0 | 0 | 0 | 0 |
| 0 | 0 | 0 | 2 | 0 | 0 |
| 0 | 0 | 0 | 0 | 0 | 0 |

| $F_2 : \log_{36} 480 = 1.723$ | $ff : \log_{36} 272 = 1.564$ | $fg : \log_{36} 256 = 1.547$ |
|---|---|---|
| 480/1296=0.37 | 272/1296=0.21 | 256/1296=0.198 |

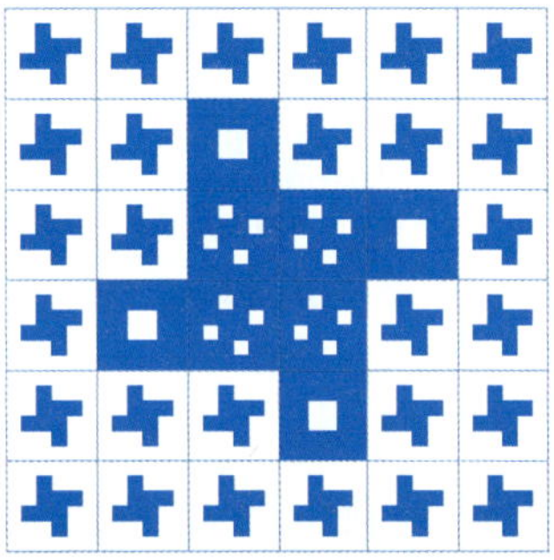

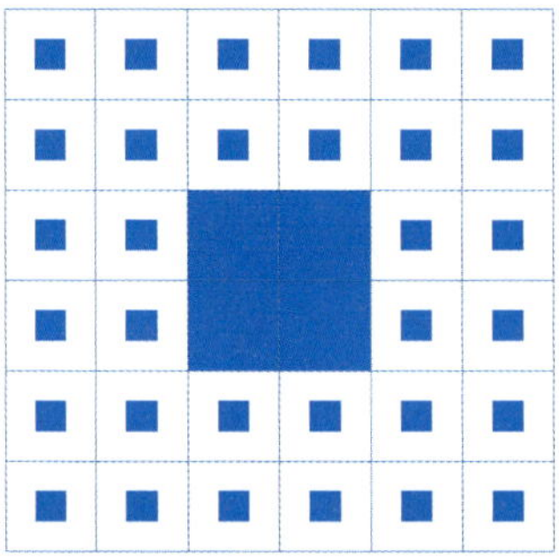

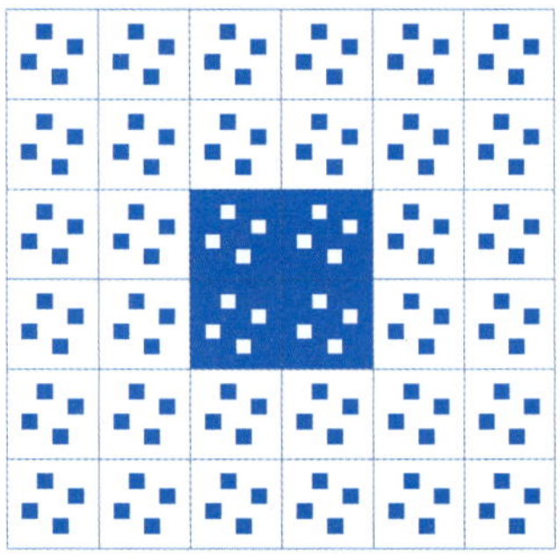

| $F_3 : \log_{216} 21888 = 1.859$ | $gf : \log_{36} 256 = 1.547$ | $gg : \log_{36} 272 = 1.564$ |
|---|---|---|
| 21888/46656=0.469 | 256/1296=0.198 | 272/1296=0.21 |

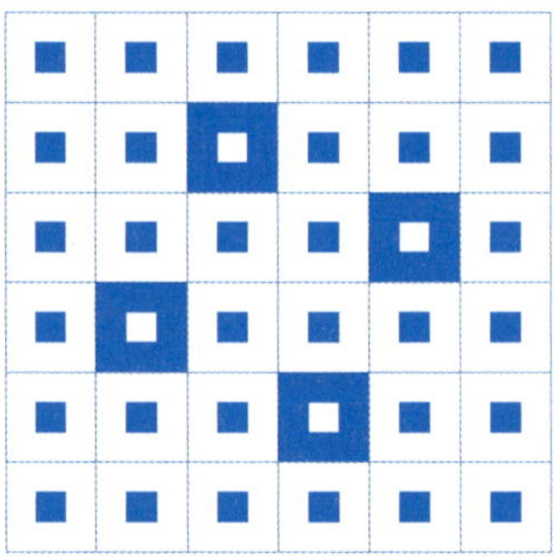

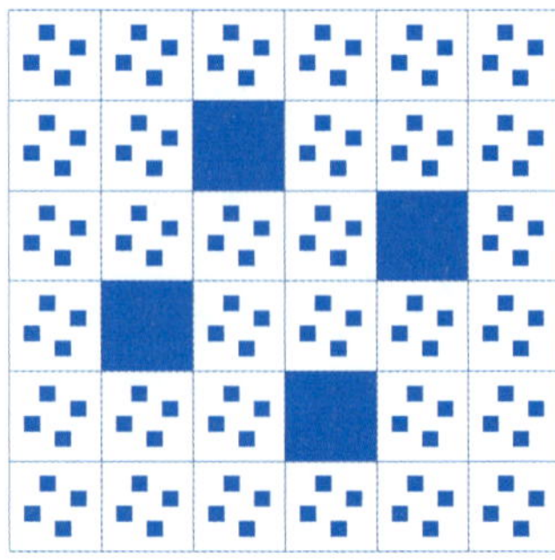

$fff$는 색을 칠한 부분이 공간을 29.6% 차지하고 있어 밝은 느낌을 준다. 2개의 패턴을 좌우대칭으로 반복하여 형태상 통일감을 이루었고, 면적대비가 강하게 느껴지며 시선을 가운데로 향하게 한다. $fgf$와 $fgg$는 배경부분 패턴의 내부에 있는 작은 정사각형들이 소소한 움직임을 느끼게 하여 전체적으로 가볍고 발랄한 분위기를 만들고 있다. 특히 $fgg$의 배경에서는 점으로 느껴지는 무늬들이 패턴의 연결을 통해 심리적인 선들이 흰색으로 나타나서 꿈틀거리는 느낌을 만들고 있다.

$fff:\log_{216}13824 = 1.774$

13824/46656=0.296

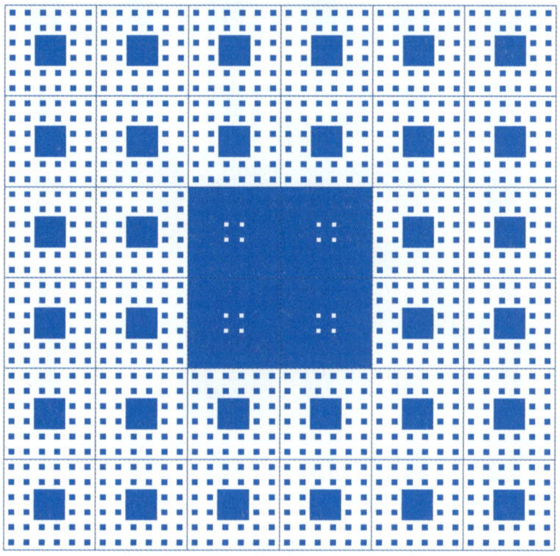

$ffg:\log_{216}12684 = 1.76$

12684/46656=0.276

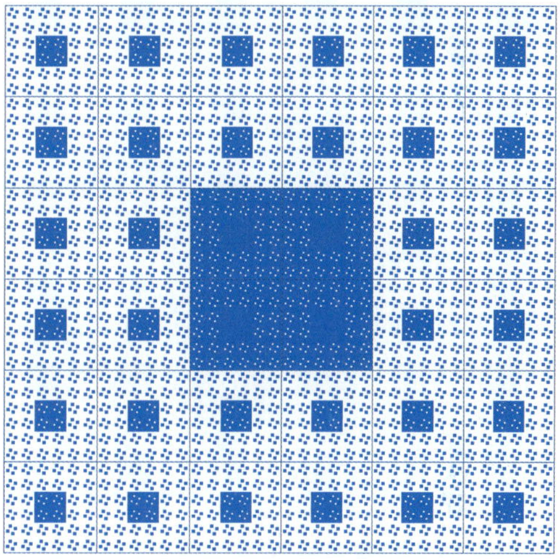

$fgf:\log_{216}12684 = 1.76$

12684/46656=0.276

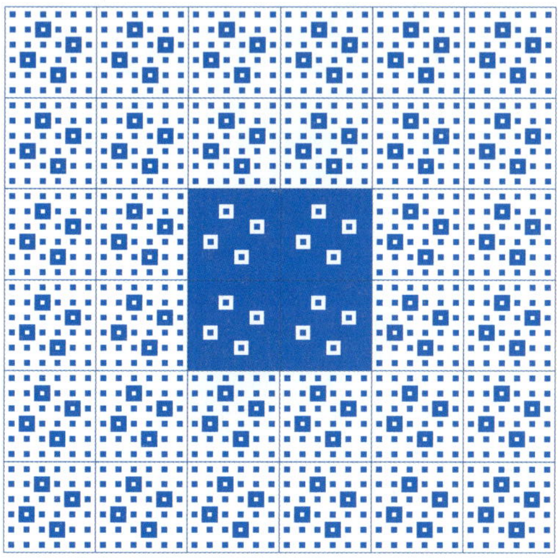

$fgg:\log_{216}12684 = 1.76$

12684/46656=0.276

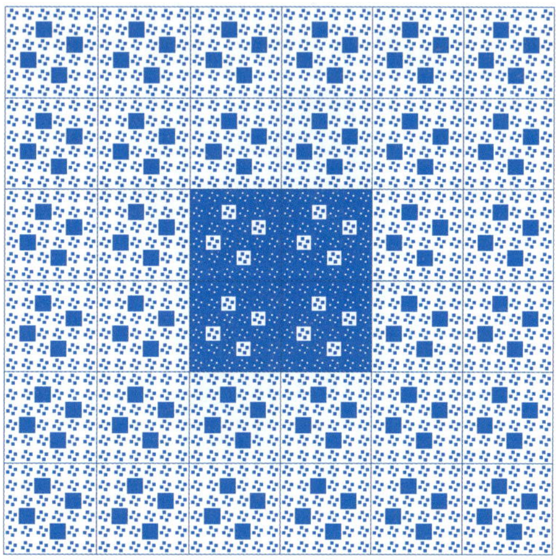

$gff$는 하나의 패턴에 반전된 색채의 사용으로 만들어진 두 개의 패턴을 사용하여 구성하고 있다. 주변부는 점들로 보이는 작은 사각형, 중간 크기 사각형, 한 칸을 채우고 있는 큰 사각형의 비율이 1：6：12와 중심적 역할을 하는 큰 사각형의 배치를 통해 디자인에 운동감을 주고 있다. $ggf$에서는 점으로 보이는 사각형을 포함하여 3종류의 정사각형을 볼 수 있다. 닮음비는 1：3：12이다. 전체적인 디자인의 분위기를 밝고 가벼운 느낌으로 만들어 준다.

| $gff:\log_{216}12684 = 1.76$ | $gfg:\log_{216}12684 = 1.76$ |
|---|---|
| 12684/46656=0.276 | 12684/46656=0.276 |
|  | 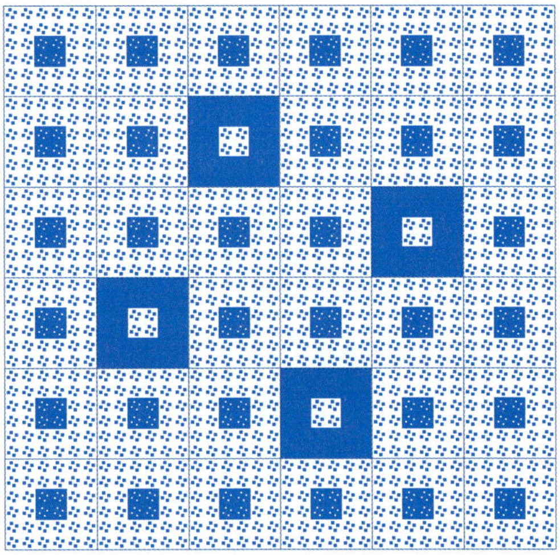 |
| $ggf:\log_{216}12684 = 1.76$ | $ggg:\log_{216}13824 = 1.774$ |
| 12684/46656=0.276 | 13824/46656=0.296 |
| 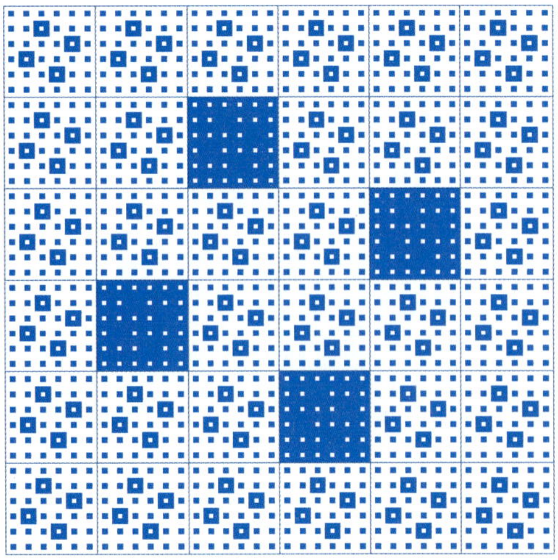 |  |

(2) 1단계 8개

$F_3$는 오밀조밀 크고 작은 원들의 모임으로 디자인 전체의 분위기를 부드럽게 만든다. 진하게 색칠된 부분이 무게 중심을 잡으며 시선을 집중시키고 있고, 맨 아래 배경으로 물러난 가장 작은 무늬는 각각의 패턴이 가진 색채 면적의 차이로 생기는 명도대비를 완화시키는 역할을 하고 있다.

$F_1 = f \cup g : \log_6 8 = 1.161$

8/36=0.222

| 0 | 0 | 0 | 0 | 0 | 0 |
|---|---|---|---|---|---|
| 0 | 0 | 1 | 2 | 0 | 0 |
| 0 | 2 | 0 | 0 | 1 | 0 |
| 0 | 1 | 0 | 0 | 2 | 0 |
| 0 | 0 | 2 | 1 | 0 | 0 |
| 0 | 0 | 0 | 0 | 0 | 0 |

$f : \log_6 4 = 0.774$

4/36=0.111

| 0 | 0 | 0 | 0 | 0 | 0 |
|---|---|---|---|---|---|
| 0 | 0 | 1 | 0 | 0 | 0 |
| 0 | 0 | 0 | 0 | 1 | 0 |
| 0 | 1 | 0 | 0 | 0 | 0 |
| 0 | 0 | 0 | 1 | 0 | 0 |
| 0 | 0 | 0 | 0 | 0 | 0 |

$g : \log_6 4 = 0.774$

4/36=0.111

| 0 | 0 | 0 | 0 | 0 | 0 |
|---|---|---|---|---|---|
| 0 | 0 | 0 | 2 | 0 | 0 |
| 0 | 2 | 0 | 0 | 0 | 0 |
| 0 | 0 | 0 | 0 | 2 | 0 |
| 0 | 0 | 2 | 0 | 0 | 0 |
| 0 | 0 | 0 | 0 | 0 | 0 |

$F_2 : \log_{36} 480 = 1.723$

480/1296=0.37

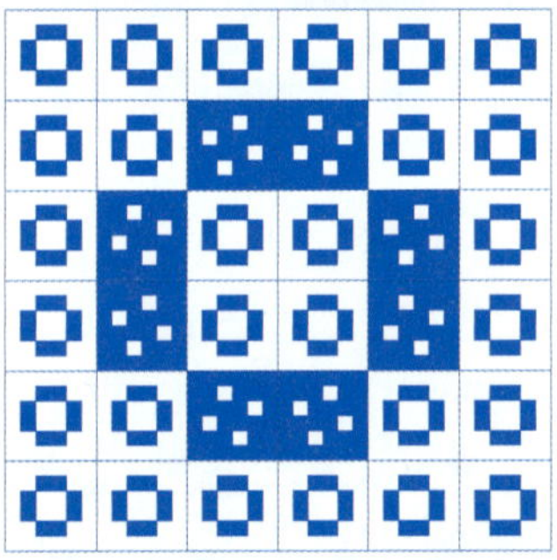

$ff : \log_{36} 272 = 1.564$

272/1296=0.21

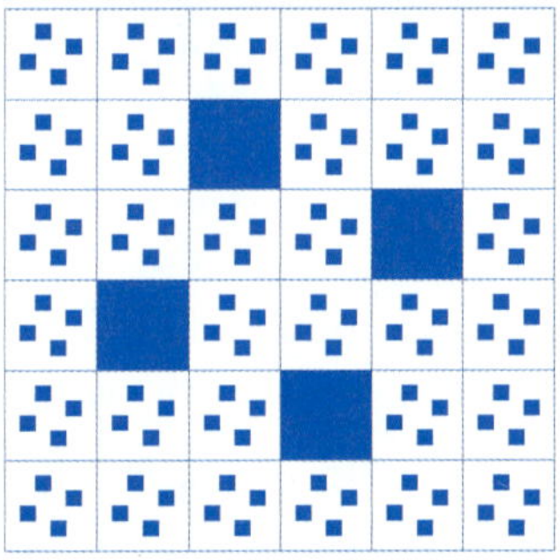

$fg : \log_{36} 256 = 1.547$

256/1296=0.198

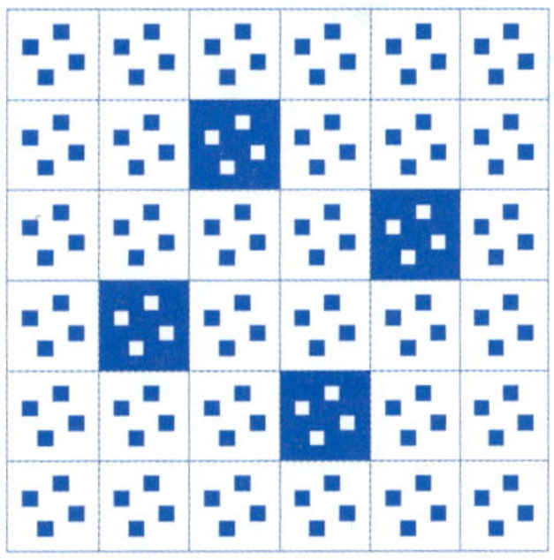

$F_3 : \log_{216} 21888 = 1.859$

21888/46656=0.469

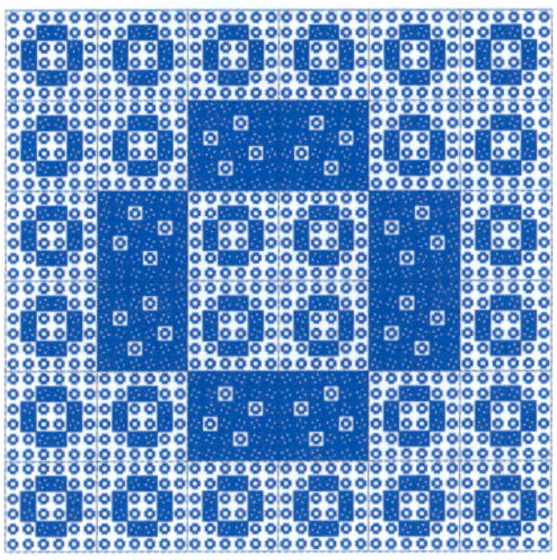

$gf : \log_{36} 256 = 1.547$

256/1296=0.198

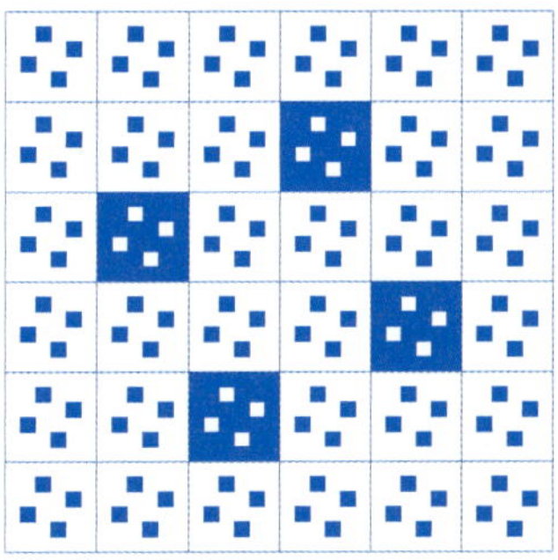

$gg : \log_{36} 272 = 1.564$

272/1296=0.21

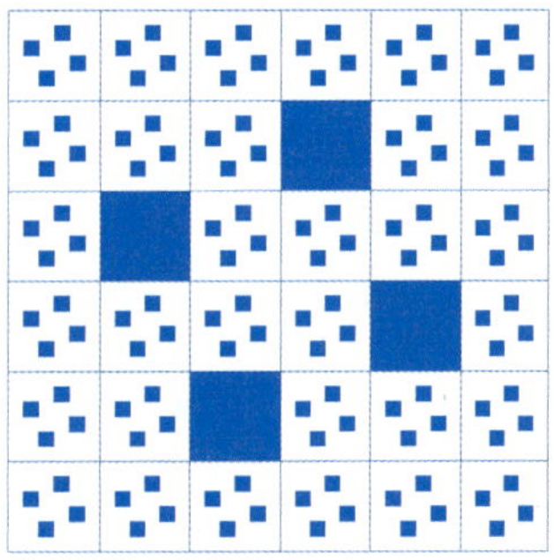

$fff$는 두 개의 패턴으로 구성되어 있다. 주변부의 한 칸의 패턴을 자세히 살펴보면 프랙탈 구조로 되어 있다. 작은 부분과 큰 부분의 닮음비는 1 : 6이다. 크기가 다른 세 가지 정사각형 각각의 닮음비를 생각해 보자. 제시된 4개의 3단계 프랙탈 도형은 좀 더 큰 이미지로 본다면 더 아름답게 느껴질 것이다. 작은 지면 때문에 프랙탈 도형이 주는 느낌을 제대로 느끼기 어렵다는 점이 아쉽다.

$fff: \log_{216} 13824 = 1.774$

13824/46656=0.296

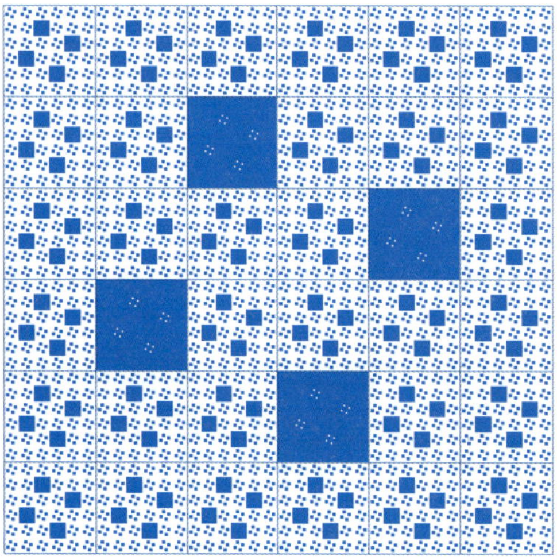

$ffg: \log_{216} 12684 = 1.76$

12684/46656=0.276

$fgf: \log_{216} 12684 = 1.76$

12684/46656=0.276

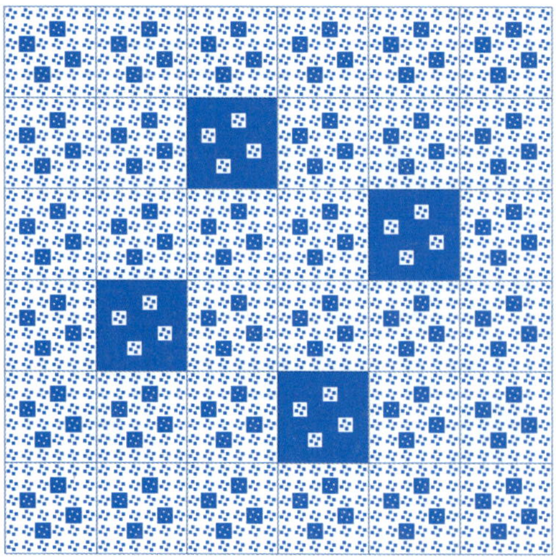

$fgg: \log_{216} 12684 = 1.76$

12684/46656=0.276

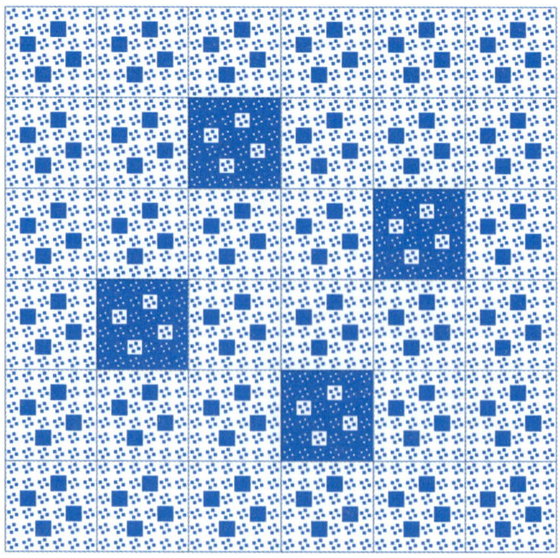

프랙탈 구조가 그래픽 디자인으로서 제대로 표현되려면 지금의 3배 정도 크기의 지면이 필요하다. 작은 공간에서 축소된 이미지를 보는 느낌과 적당한 크기로 제대로 표현된 이미지는 느낌 상 차이가 크다. 제시된 프랙탈 4개 모두 전체적으로 진부하고 답답해 보인다. 점들로 보이는 작은 것들이 정사각형임에도 불구하고 정사각형의 이미지를 나타내지 못하고 있어서 정확한 이미지의 전달이 모호한 편이지만 이 점들로 인하여 전체를 안정적으로 가라앉히는 동시에 색칠된 큰 사각형과 주변부가 어울리는 효과를 내며 화면의 조화를 이끌어 명랑한 분위기를 연출하고 있다.

| $gff:\log_{216}12684 = 1.76$ | $gfg:\log_{216}12684 = 1.76$ |
|---|---|
| 12684/46656=0.276 | 12684/46656=0.276 |
| 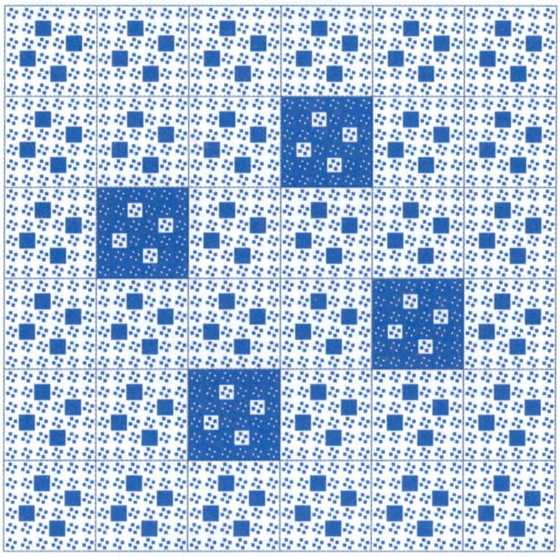 | 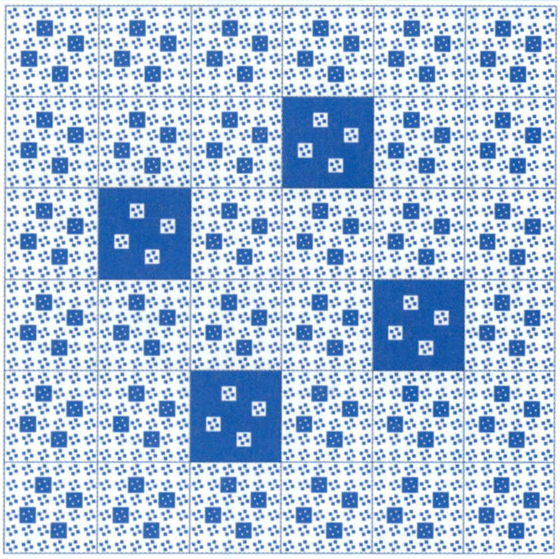 |
| $ggf:\log_{216}12684 = 1.76$ | $ggg:\log_{216}13824 = 1.774$ |
| 12684/46656=0.276 | 13824/46656=0.296 |
|  | 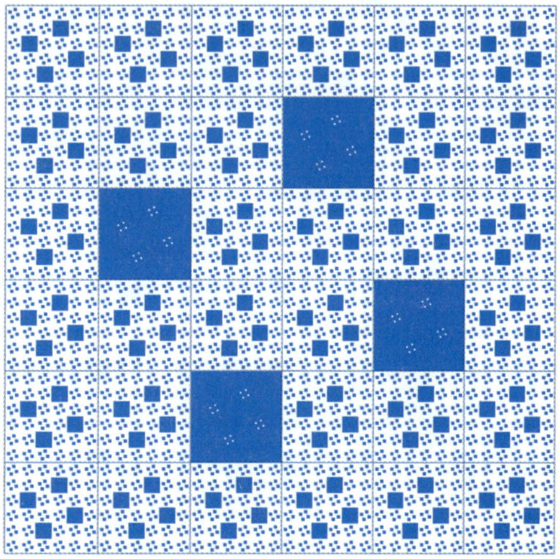 |

(3) 1단계 8개

$F_2$는 세 가지 패턴으로 구성되었다. 큰 사각형 네 개가 붙어서 무게 중심을 잡으며 시선을 가운데로 집중시키고, 그 주변부에 밝은 부분으로 느껴지는 패턴들과 네 모서리에 있는 패턴은 형태는 유사하면서 반전의 색채를 가지므로 네 모서리를 눌러주는 효과로 안정감을 갖도록 하는 동시에 바깥으로 뻗어나가려는 확산의 이미지도 함께 가지고 있다. 아울러 가운데가 볼록한 곡면으로 느껴지는 착시현상을 경험할 수도 있다.

<table>
<tr><td>$F_1 = f \cup g : \log_6 8 = 1.161$</td><td>$f : \log_6 4 = 0.774$</td><td>$g : \log_6 4 = 0.774$</td></tr>
<tr><td>8/36=0.222</td><td>4/36=0.111</td><td>4/36=0.111</td></tr>
<tr><td>2 0 0 0 0 2<br>0 0 0 0 0 0<br>0 0 1 1 0 0<br>0 0 1 1 0 0<br>0 0 0 0 0 0<br>2 0 0 0 0 2</td><td>0 0 0 0 0 0<br>0 0 0 0 0 0<br>0 0 1 1 0 0<br>0 0 1 1 0 0<br>0 0 0 0 0 0<br>0 0 0 0 0 0</td><td>2 0 0 0 0 2<br>0 0 0 0 0 0<br>0 0 0 0 0 0<br>0 0 0 0 0 0<br>0 0 0 0 0 0<br>2 0 0 0 0 2</td></tr>
<tr><td>$F_2 : \log_{36} 480 = 1.723$</td><td>$ff : \log_{36} 272 = 1.564$</td><td>$fg : \log_{36} 256 = 1.547$</td></tr>
<tr><td>480/1296=0.37</td><td>272/1296=0.21</td><td>256/1296=0.198</td></tr>
<tr><td>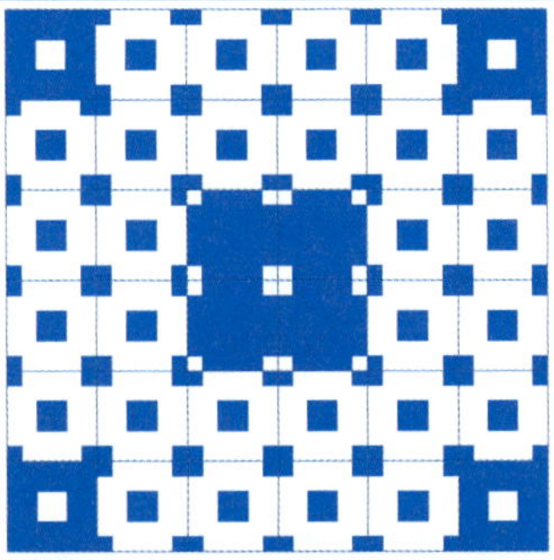</td><td>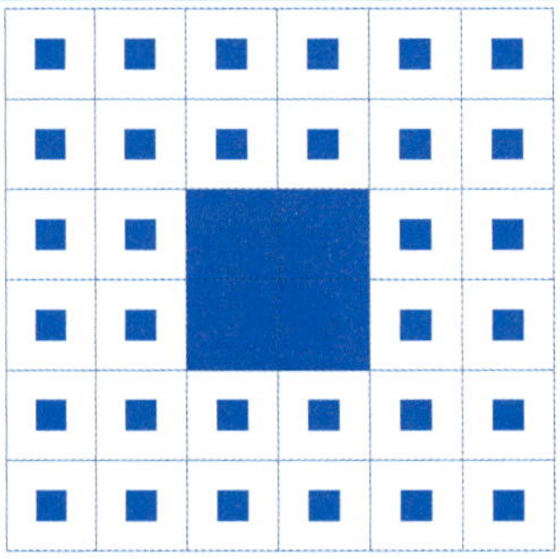</td><td>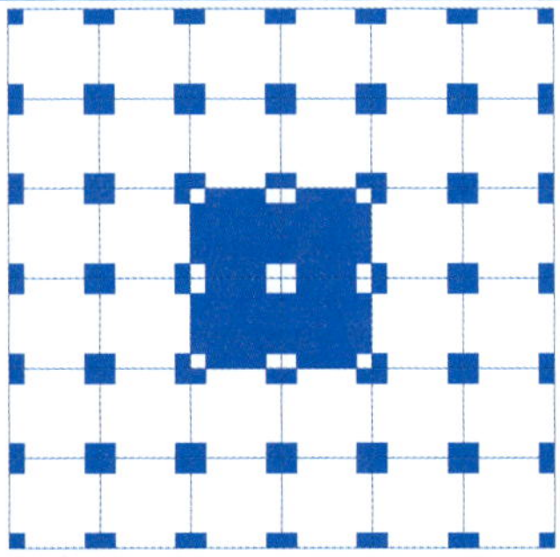</td></tr>
<tr><td>$F_3 : \log_{216} 21888 = 1.859$</td><td>$gf : \log_{36} 256 = 1.547$</td><td>$gg : \log_{36} 272 = 1.564$</td></tr>
<tr><td>21888/46656=0.469</td><td>256/1296=0.198</td><td>272/1296=0.21</td></tr>
<tr><td>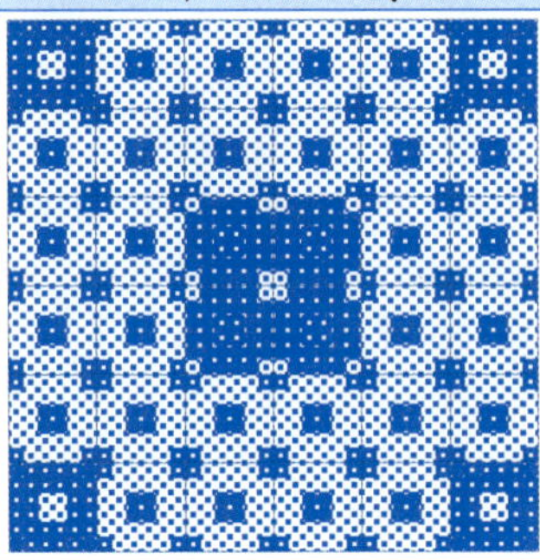</td><td>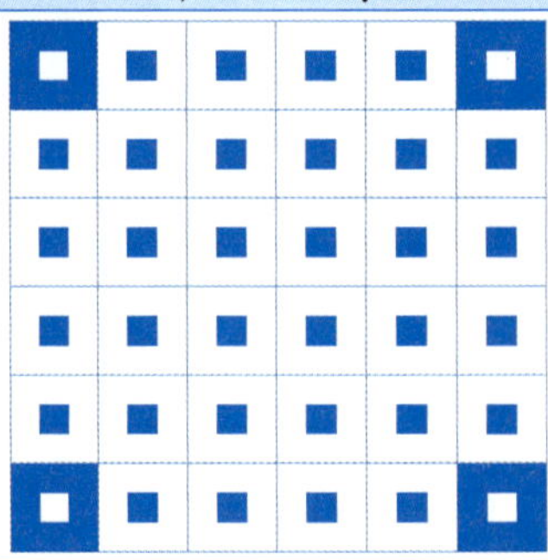</td><td>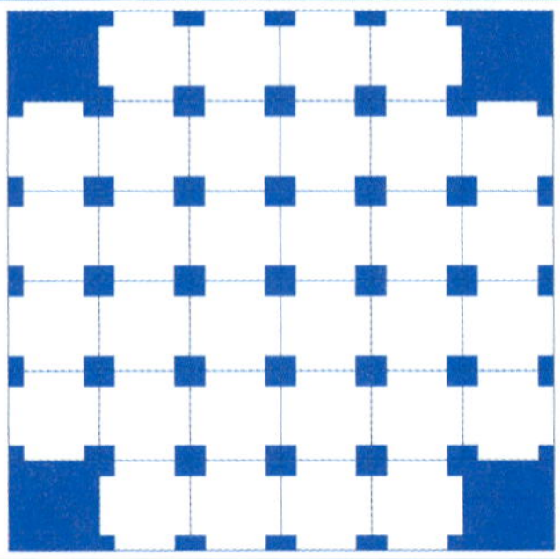</td></tr>
</table>

제시된 4개의 3단계 프랙탈을 비교해 보자. $fff$는 형태상 통일감을 이루어 안정감을 가지고 있다. $ffg$는 통일감도 있고 중간 크기의 사각형들이 가장자리에 붙어있는 더 작은 사각형 때문에 단순한 사각형이 아닌 핵반응이 일어나는 듯 팽창하는 구의 모습을 하고 있다. $fgf$와 $fgg$는 전체적인 디자인의 구조가 가운데를 중심으로 볼록한 곡면의 느낌으로 입체감이 느껴지고, 가운데 진한 사각형들은 본래의 사각형이 주는 딱딱한 느낌과 전혀 다른 형태인 원자핵 분열 직전의 이미지로 보이는 착시현상이 발생한 것이다. 그것은 마치 구의 내부에 에너지가 팽창할 대로 팽창하여 안에서 밖으로 뚫고 나오려는 에너지 운동 때문에 모양이 이글거리며 변하는 비정형체로 보인다.

| $fff:\log_{216}13824 = 1.774$ | $ffg:\log_{216}12684 = 1.76$ |
|---|---|
| 13824/46656=0.296 | 12684/46656=0.276 |
| 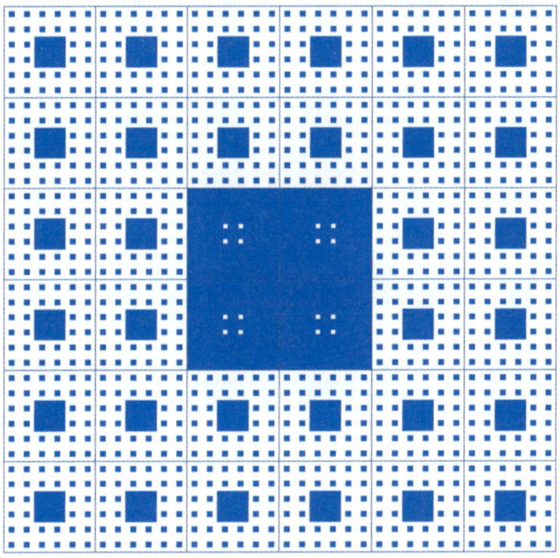 | 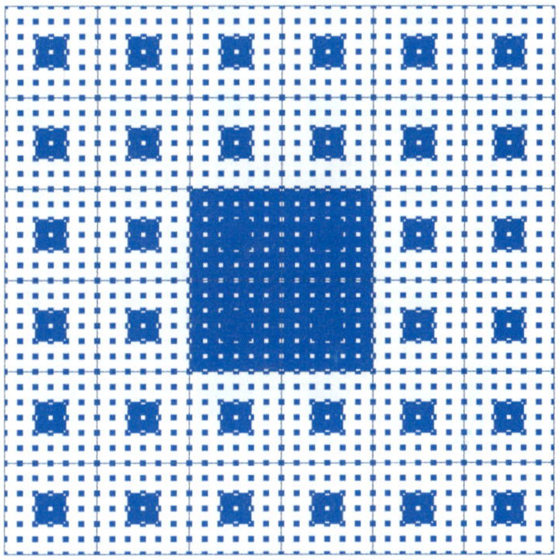 |
| $fgf:\log_{216}12684 = 1.76$ | $fgg:\log_{216}12684 = 1.76$ |
| 12684/46656=0.276 | 12684/46656=0.276 |
| 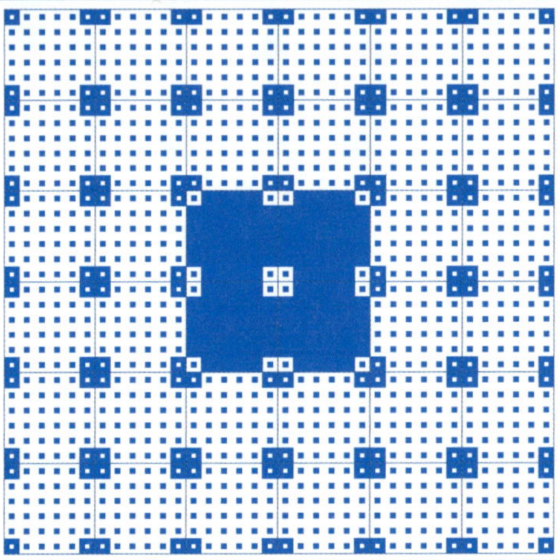 | 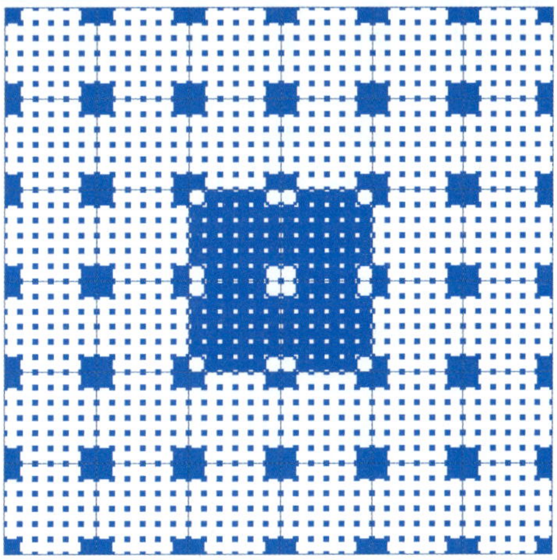 |

$gff$는 정사각형의 크기의 변화를 통해 안정감과 변화를 동시에 나타낸다. 대부분의 넓은 면적을 차지하고 있는 밝은 톤의 패턴은 단순해 보이면서 평안함을 준다. 모서리에 반전되게 색칠한 부분이 디자인 전체를 안전하게 지키고 있는 것처럼 견고하게 지탱해 준다. $gfg$는 밝은 톤의 패턴 안쪽에 있는 사각형은 가장자리에 붙어있는 더 작은 사각형들의 영향으로 딱딱한 직선으로 된 사각형이 아니라 핵반응과 유사한 형태로 팽창하는 구의 느낌을 준다.

| $gff:\log_{216}12684 = 1.76$ | $gfg:\log_{216}12684 = 1.76$ |
|---|---|
| 12684/46656=0.276 | 12684/46656=0.276 |
| 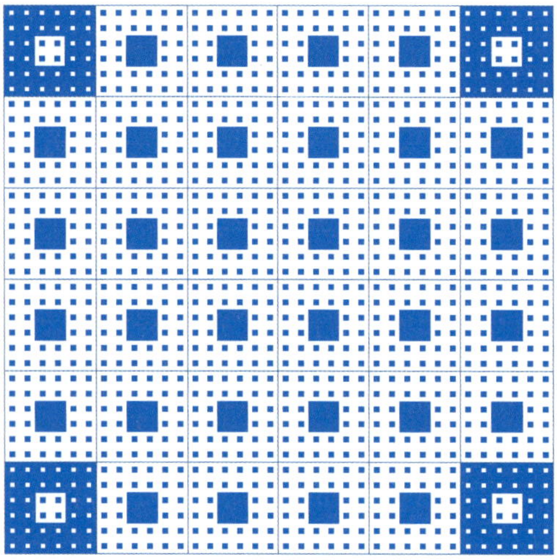 | 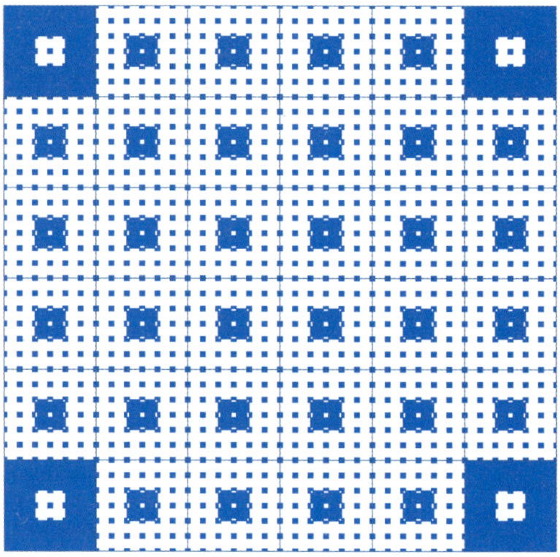 |
| $ggf:\log_{216}12684 = 1.76$ | $ggg:\log_{216}13824 = 1.774$ |
| 12684/46656=0.276 | 13824/46656=0.296 |
| 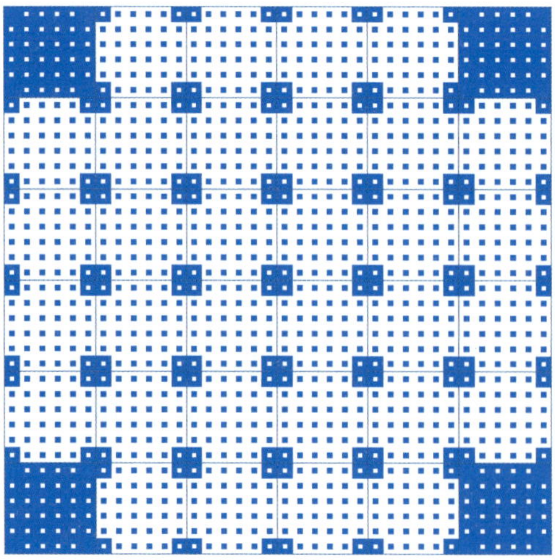 | 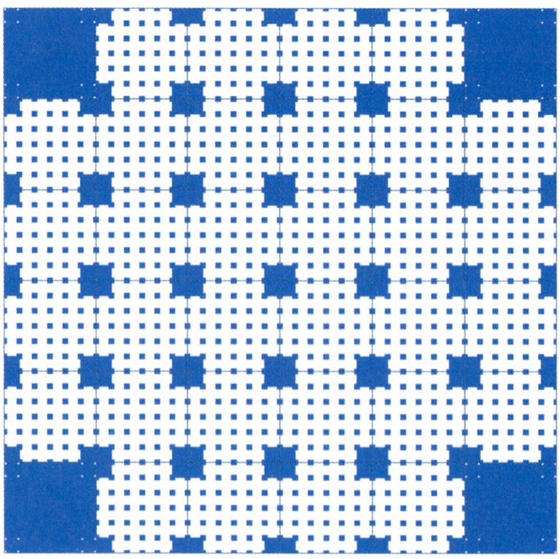 |

(4) 1단계 8개

$F_2$는 3개의 패턴을 반복 사용하여 구성하고 있다. 사선으로 보이는 점들의 연결은 일정한 규칙으로 놓여있지만 각각 연결되어 있지는 않기 때문에 견고함보다는 유동적인 이미지를 더 많이 가지고 있다. $ff$와 $gf$의 밝은 배경부분에 있는 패턴은 연결지점에서 작은 사각형 두 개가 대각선으로 연결되면서 마치 개미들이 움직이고 있는 모습으로 보이기도 한다.

| $F_1 = f \cup g : \log_6 8 = 1.161$ | $f : \log_6 4 = 0.774$ | $g : \log_6 4 = 0.774$ |
|---|---|---|
| 8/36=0.222 | 4/36=0.111 | 4/36=0.111 |

$F_1$:

| | | | | | |
|---|---|---|---|---|---|
| 0 | 0 | 1 | 0 | 0 | 0 |
| 0 | 2 | 0 | 0 | 2 | 0 |
| 0 | 0 | 0 | 0 | 0 | 1 |
| 1 | 0 | 0 | 0 | 0 | 0 |
| 0 | 2 | 0 | 0 | 2 | 0 |
| 0 | 0 | 0 | 1 | 0 | 0 |

$f$:

| | | | | | |
|---|---|---|---|---|---|
| 0 | 0 | 1 | 0 | 0 | 0 |
| 0 | 0 | 0 | 0 | 0 | 0 |
| 0 | 0 | 0 | 0 | 0 | 1 |
| 1 | 0 | 0 | 0 | 0 | 0 |
| 0 | 0 | 0 | 0 | 0 | 0 |
| 0 | 0 | 0 | 1 | 0 | 0 |

$g$:

| | | | | | |
|---|---|---|---|---|---|
| 0 | 0 | 0 | 0 | 0 | 0 |
| 0 | 2 | 0 | 0 | 2 | 0 |
| 0 | 0 | 0 | 0 | 0 | 0 |
| 0 | 0 | 0 | 0 | 0 | 0 |
| 0 | 2 | 0 | 0 | 2 | 0 |
| 0 | 0 | 0 | 0 | 0 | 0 |

| $F_2 : \log_{36} 480 = 1.723$ | $ff : \log_{36} 272 = 1.564$ | $fg : \log_{36} 256 = 1.547$ |
|---|---|---|
| 480/1296=0.37 | 272/1296=0.21 | 256/1296=0.198 |

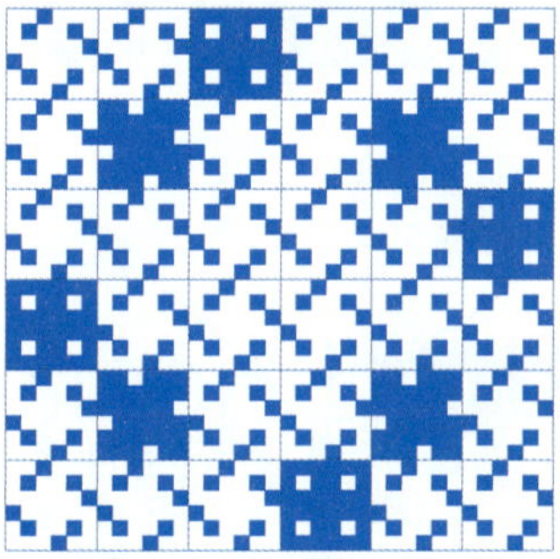

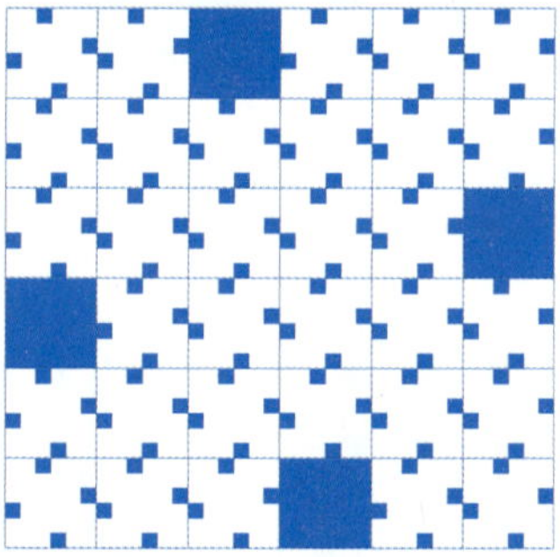

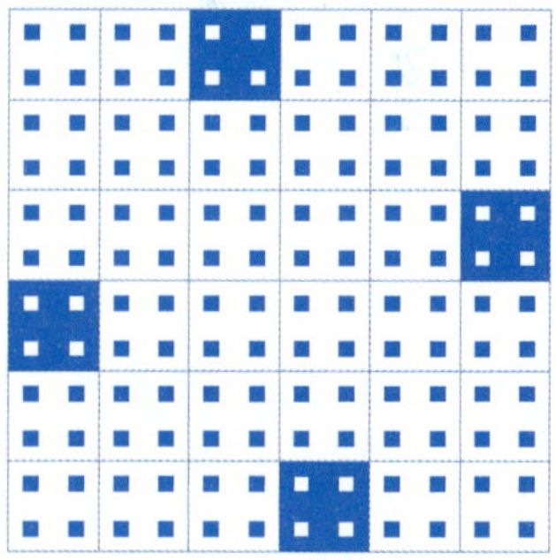

| $F_3 : \log_{216} 21888 = 1.859$ | $gf : \log_{36} 256 = 1.547$ | $gg : \log_{36} 272 = 1.564$ |
|---|---|---|
| 21888/46656=0.469 | 256/1296=0.198 | 272/1296=0.21 |

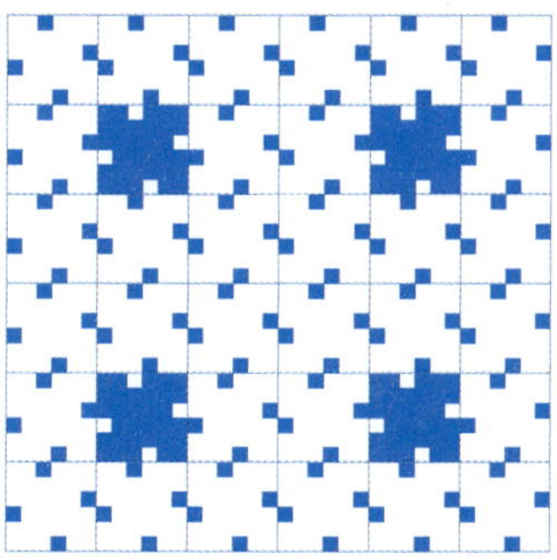

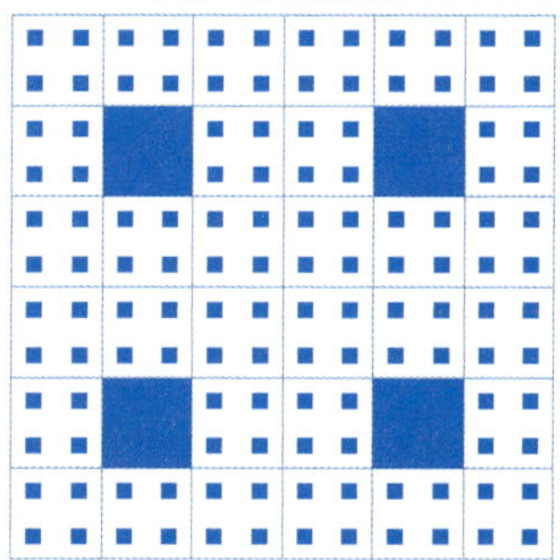

$fff$와 $ffg$는 밝은 배경부분을 채우고 있는 각 패턴들의 연결부분에서 중간 크기의 도형 두 개가 대각선 방향으로 연결되어 전체적으로 분위기는 밋밋한 느낌을 벗고 명랑한 분위기를 조성하고 있다. $ffg$는 지금보다 크게 확대해서 보면 좀 더 조형적인 아름다움을 느낄 수 있는 구조다. $fgf$는 밝은 톤의 배경부분의 패턴들이 일렁거리며 유동적인 느낌을 준다.

| $fff:\log_{216}13824 = 1.774$ | $ffg:\log_{216}12684 = 1.76$ |
|---|---|
| 13824/46656=0.296 | 12684/46656=0.276 |
| 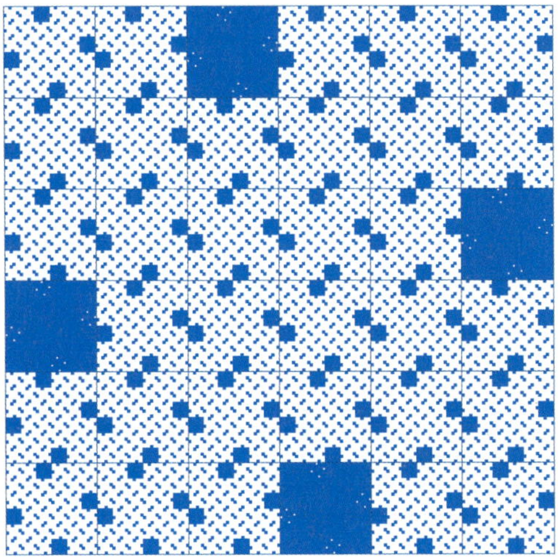 | 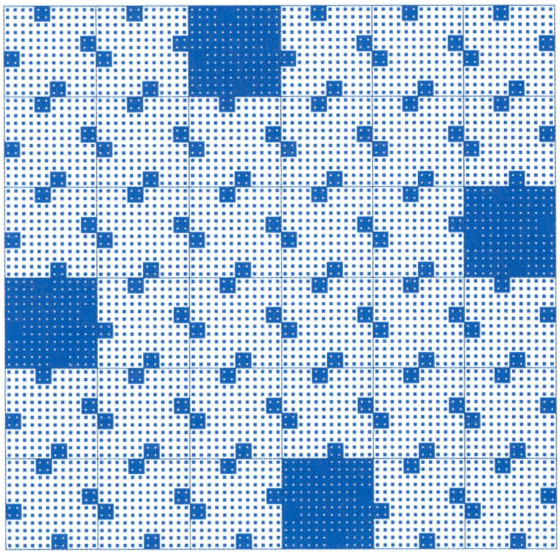 |

| $fgf:\log_{216}12684 = 1.76$ | $fgg:\log_{216}12684 = 1.76$ |
|---|---|
| 12684/46656=0.276 | 12684/46656=0.276 |
| 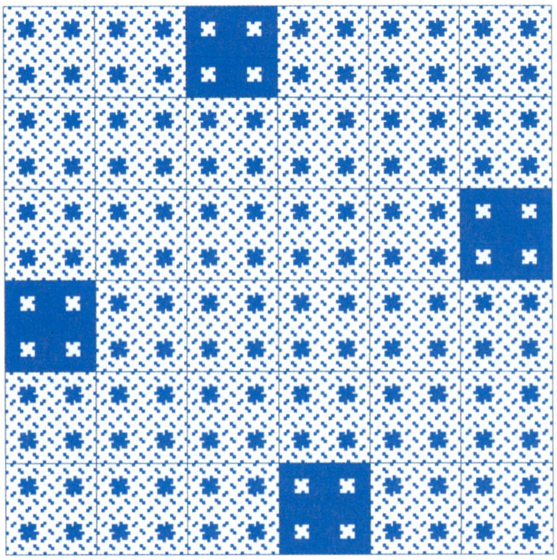 | 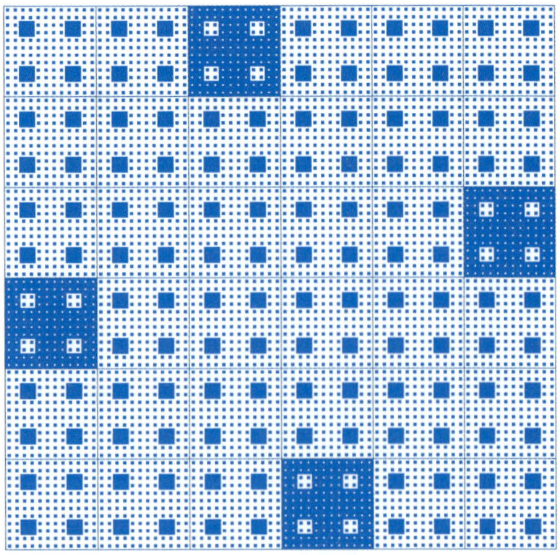 |

$gfg$는 확대해서 보면 좀 더 안정된 느낌을 얻을 수 있다. 가장 큰 패턴 4개가 중심을 잡고 시선을 끌고 있는데 그 형태는 어떤 액체의 얼룩자국처럼 퍼지고 번져나가는 이미지를 띠고 있다. 밝은 톤의 프랙탈 배경에 중간 크기의 사각형들이 주변에 어지럽게 나열되어 있다. 변화가 강조되어 전체적으로 산만하다. $ggg$는 단순한 반복을 통하여 통일감을 주고, 단순하여 지루하게 느낄 수 있다.

| $gff:\log_{216}12684 = 1.76$ | $gfg:\log_{216}12684 = 1.76$ |
|---|---|
| 12684/46656=0.276 | 12684/46656=0.276 |
|  | 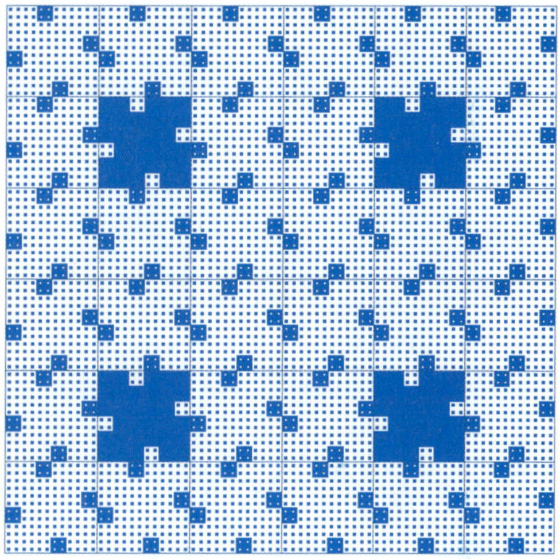 |
| $ggf:\log_{216}12684 = 1.76$ | $ggg:\log_{216}13824 = 1.774$ |
| 12684/46656=0.276 | 13824/46656=0.296 |
| 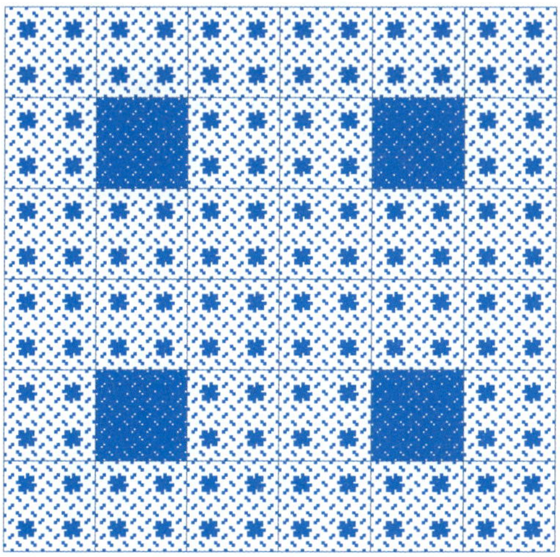 | 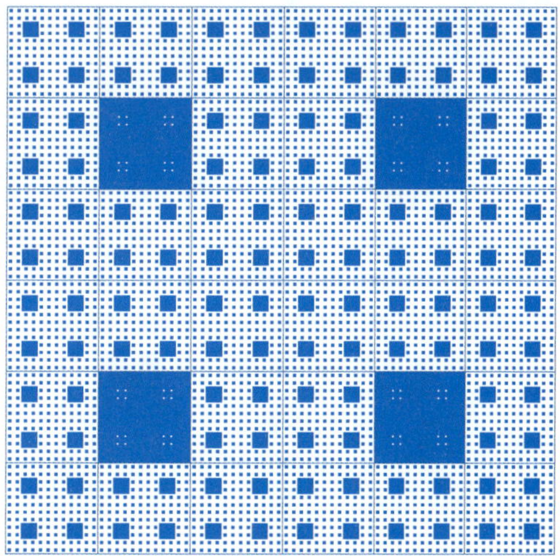 |

(5) 1단계 12개

$F_2$는 전체적인 형태는 명도차이에 의해서 생긴 둥근 원형으로 눈을 자극하고 있지만 명쾌한 느낌을 주지 못하고 불안감을 조성하는 이미지로 미스테리 공포영화를 보는 느낌처럼 시각적으로 불편함을 주고 있다. $fg$는 배경의 대부분을 $g$의 패턴과 결합하면서 자연스럽게 생긴 사선으로 채워져서 복잡한 가운데 운동감이 느껴지고 있다.

$F_1 = f \cup g : \log_6 12 = 1.387$

12/36=0.333

| | | | | | |
|---|---|---|---|---|---|
| 0 | 0 | 1 | 2 | 0 | 0 |
| 0 | 2 | 0 | 0 | 2 | 0 |
| 2 | 0 | 0 | 0 | 0 | 1 |
| 1 | 0 | 0 | 0 | 0 | 2 |
| 0 | 2 | 0 | 0 | 2 | 0 |
| 0 | 0 | 2 | 1 | 0 | 0 |

$f : \log_6 4 = 0.774$

4/36=0.111

| | | | | | |
|---|---|---|---|---|---|
| 0 | 0 | 1 | 0 | 0 | 0 |
| 0 | 0 | 0 | 0 | 0 | 0 |
| 0 | 0 | 0 | 0 | 0 | 1 |
| 1 | 0 | 0 | 0 | 0 | 0 |
| 0 | 0 | 0 | 0 | 0 | 0 |
| 0 | 0 | 0 | 1 | 0 | 0 |

$g : \log_6 8 = 1.161$

8/36=0.222

| | | | | | |
|---|---|---|---|---|---|
| 0 | 0 | 0 | 2 | 0 | 0 |
| 0 | 2 | 0 | 0 | 2 | 0 |
| 2 | 0 | 0 | 0 | 0 | 0 |
| 0 | 0 | 0 | 0 | 0 | 2 |
| 0 | 2 | 0 | 0 | 2 | 0 |
| 0 | 0 | 2 | 0 | 0 | 0 |

$F_2 : \log_{36} 656 = 1.81$

656/1296=0.506

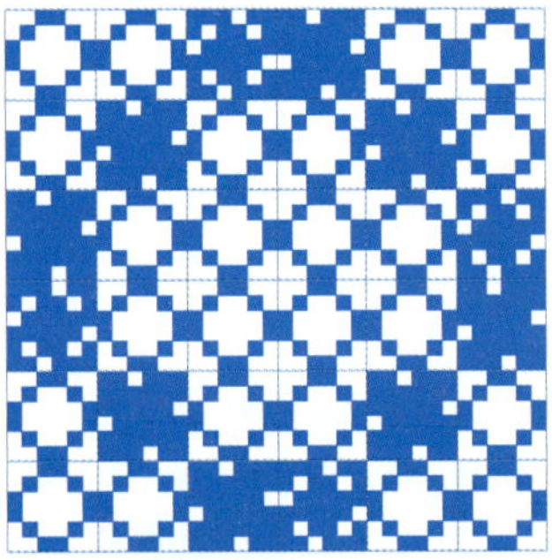

$ff : \log_{36} 272 = 1.564$

272/1296=0.21

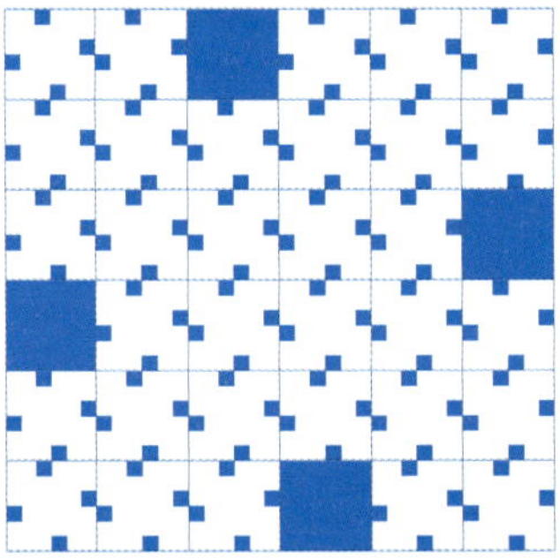

$fg : \log_{36} 368 = 1.649$

368/1296=0.284

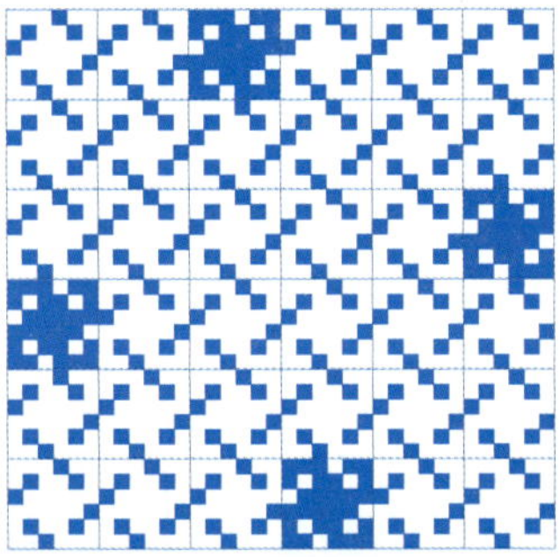

$F_3 : \log_{216} 27648 = 1.903$

27648/46656=0.593

$gf : \log_{36} 368 = 1.649$

368/1296=0.284

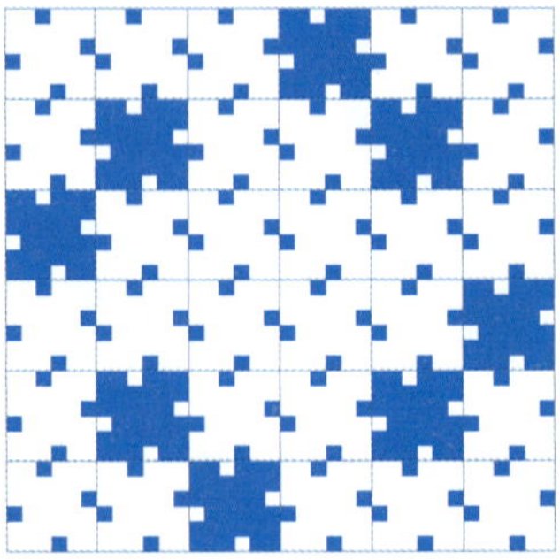

$gg : \log_{36} 512 = 1.741$

512/1296=0.395

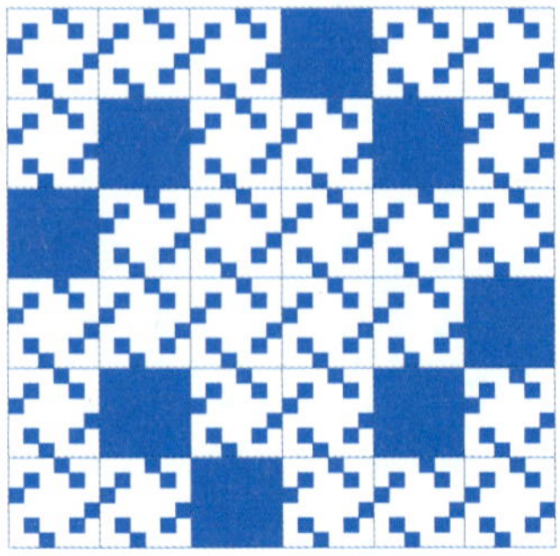

$ffg$는 $fff$의 위에 파란색의 투명한 셀로판지를 올려놓은 것처럼 전체적인 명도가 낮아지게 되고 $fff$보다 명도대비가 약해져서 전체적으로 답답한 느낌이 들기도 한다. 너무 촘촘하게 짜여진 그물망처럼 느껴져서 모기나 파리 같은 해충은 물론이고 바람마저 잘 통하지 않을 것 같은 인상을 주기 때문이다. $fgf$와 $fgg$의 관계도 마찬가지다.

| $fff:\log_{216}13824 = 1.774$ | $ffg:\log_{216}15936 = 1.8$ |
|---|---|
| 13824/46656=0.296 | 15936/46656=0.342 |

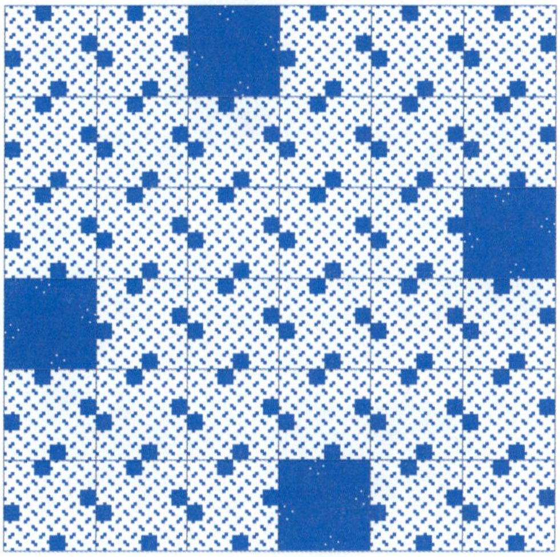

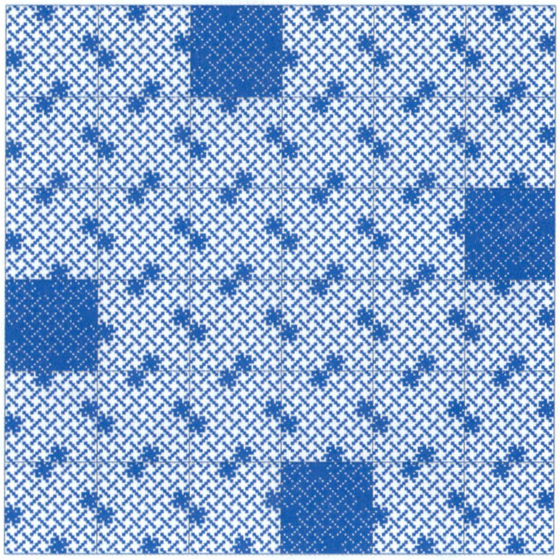

| $fgf:\log_{216}15936 = 1.8$ | $fgg:\log_{216}19786 = 1.84$ |
|---|---|
| 15936/46656=0.342 | 19786/46656=0.424 |

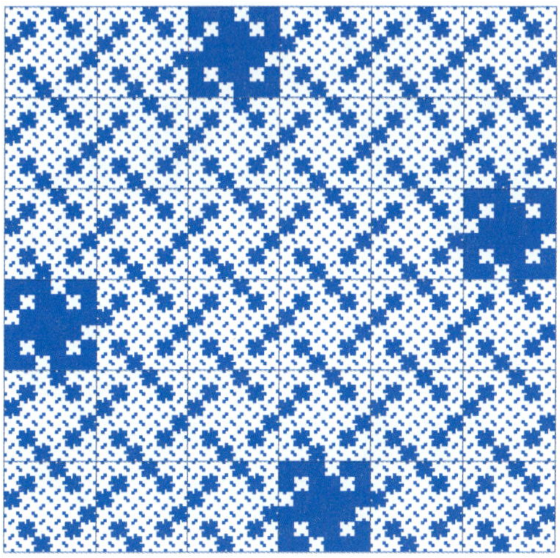

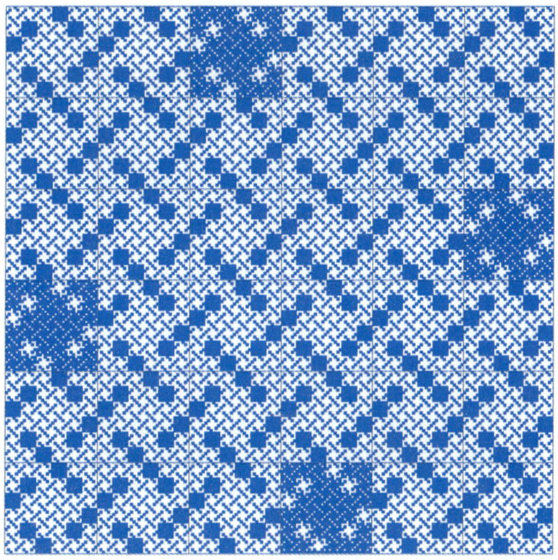

*gff*는 도형이 원을 그리면서 춤을 추는 모습으로 보이며 자유롭게 느껴진다. 크고 진하게 색칠된 패턴들은 인접한 패턴에 있는 작은 원들과 연결되면서 전체적으로 운동감이 더 강하게 느껴지고 이것은 전체의 이미지에 영향을 미쳐서 배경에 있는 작은 원들에게 운동감을 선사하고 있다. *gfg*는 움직이는 도형의 발걸음처럼 보인다. 공간을 섬세하게 채우고 있는 작은 선들이 공간의 밀도를 높이고 있지만 답답한 느낌을 주지는 않는다.

| $gff$ : $\log_{216}15936 = 1.8$ | $gfg$ : $\log_{216}19776 = 1.84$ |
|---|---|
| 15936/46656=0.342 | 19776/46656=0.424 |
|  |  |
| $ggf$ : $\log_{216}19776 = 1.84$ | $ggg$ : $\log_{216}24192 = 1.878$ |
| 19776/46656=0.424 | 24192/46656=0.519 |
| 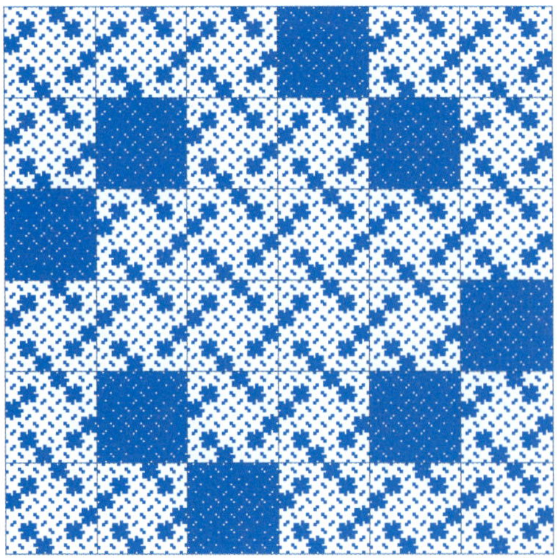 |  |

(6) 1단계 16개

$F_2$는 가로와 세로 선들의 교차와 결합으로 만들어진 구성이 세련된 느낌을 준다. 굵은 선의 느낌으로 통일감을 주며, 선들이 교차하는 부분에 색이 칠해지지 않아 변화의 미가 생성되어 단조롭고 지루한 느낌을 없애주고 명쾌하고 시원시원한 이미지를 느끼게 한다.

| $F_1 = f \cup g$ : $\log_6 16 = 1.547$ | $f$ : $\log_6 8 = 1.161$ | $g$ : $\log_6 8 = 1.161$ |
|---|---|---|
| 16/36=0.444 | 8/36=0.32 | 8/36=0.32 |

$F_1 = f \cup g$

| | | | | | |
|---|---|---|---|---|---|
| 0 | 0 | 2 | 2 | 0 | 0 |
| 0 | 0 | 1 | 1 | 0 | 0 |
| 2 | 1 | 0 | 0 | 1 | 2 |
| 2 | 1 | 0 | 0 | 1 | 2 |
| 0 | 0 | 1 | 1 | 0 | 0 |
| 0 | 0 | 2 | 2 | 0 | 0 |

$f$

| | | | | | |
|---|---|---|---|---|---|
| 0 | 0 | 0 | 0 | 0 | 0 |
| 0 | 0 | 1 | 1 | 0 | 0 |
| 0 | 1 | 0 | 0 | 1 | 0 |
| 0 | 1 | 0 | 0 | 1 | 0 |
| 0 | 0 | 1 | 1 | 0 | 0 |
| 0 | 0 | 0 | 0 | 0 | 0 |

$g$

| | | | | | |
|---|---|---|---|---|---|
| 0 | 0 | 2 | 2 | 0 | 0 |
| 0 | 0 | 0 | 0 | 0 | 0 |
| 2 | 0 | 0 | 0 | 0 | 2 |
| 2 | 0 | 0 | 0 | 0 | 2 |
| 0 | 0 | 0 | 0 | 0 | 0 |
| 0 | 0 | 2 | 2 | 0 | 0 |

| $F_2$ : $\log_{36} 768 = 1.854$ | $ff$ : $\log_{36} 512 = 1.741$ | $fg$ : $\log_{36} 448 = 1.704$ |
|---|---|---|
| 768/1296=0.593 | 512/1296=0.395 | 448/1296=0.346 |

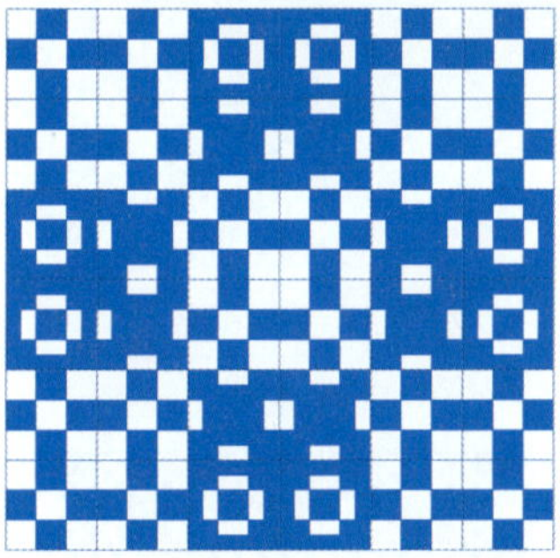
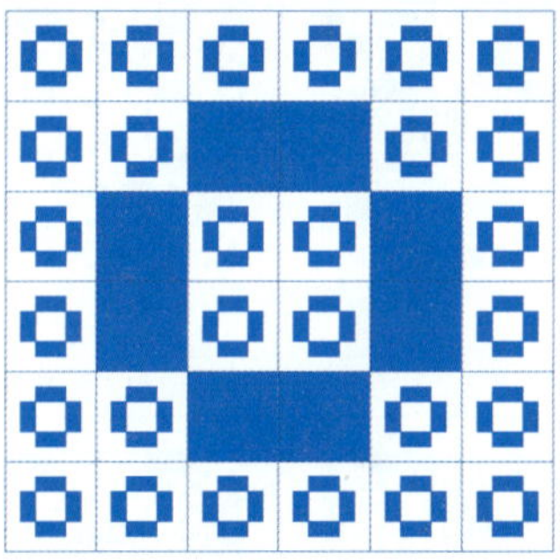

| $F_3$ : $\log_{216} 29952 = 1.918$ | $gf$ : $\log_{36} 448 = 1.704$ | $gg$ : $\log_{36} 512 = 1.741$ |
|---|---|---|
| 29952/46656=0.642 | 448/1296=0.346 | 512/1296=0.395 |

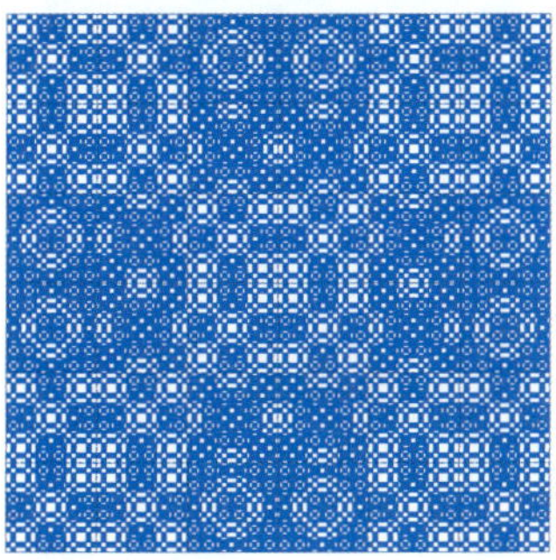
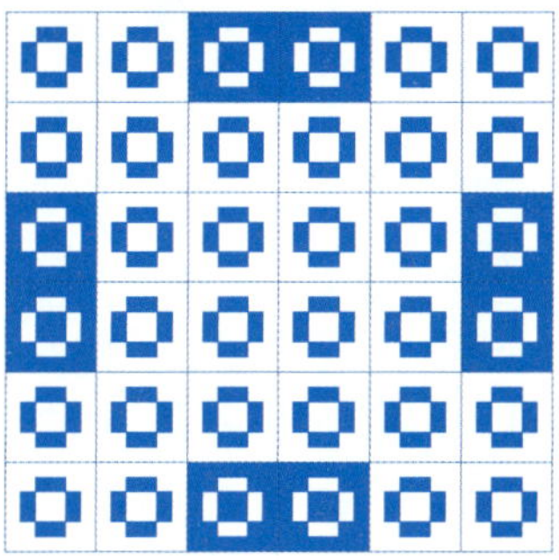
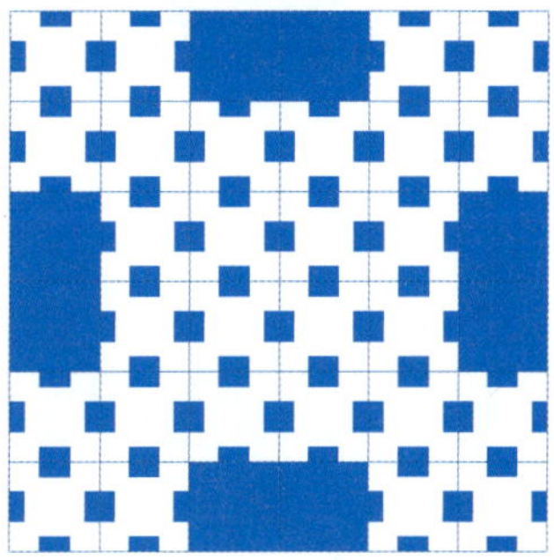

$fff$와 $ffg$은 중심과 주변이 조화롭게 어울리도록 적절한 명도의 차이를 보이며 형태의 구별 또한 용이해 보인다. $fff$는 중심부와 주변의 면적대비로 무게감이 강하게 느껴지고 있으며 배경에 있는 가장 작은 원들이 전체적인 분위기를 부드럽고 경쾌하게 만들어주고 있다. $ffg$는 약간의 어지러움이 느껴지는데 이것은 중심에 있는 색이 진한 패턴 내부에 명쾌하지 않은 명도 차이로 형태의 구분이 어려워서 시각적인 불편함을 느끼게 하고, 아울러 내부의 흰 점들과 배경에 있는 색점들이 시신경을 자극하여 어지러움을 느끼도록 만들고 있기 때문이다.

| $fff:\log_{216}24192=1.878$ | $ffg:\log_{216}21120=1.853$ |
|---|---|
| 24192/46656=0.519 | 21120/46656=0.453 |
| 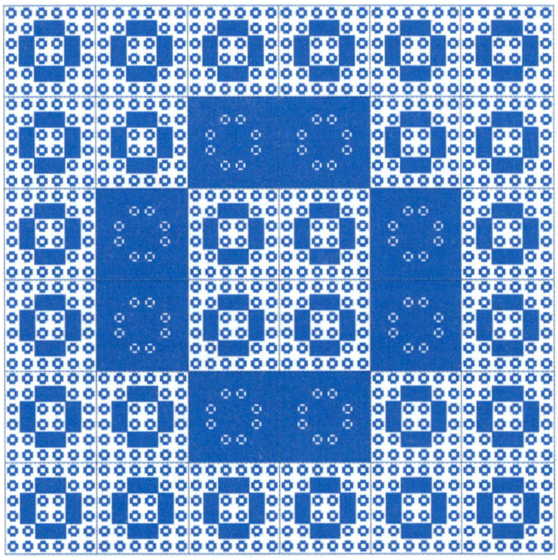 |  |
| $fgf:\log_{216}21120=1.853$ | $fgg:\log_{216}21120=1.853$ |
| 21120/46656=0.453 | 21120/46656=0.453 |
| 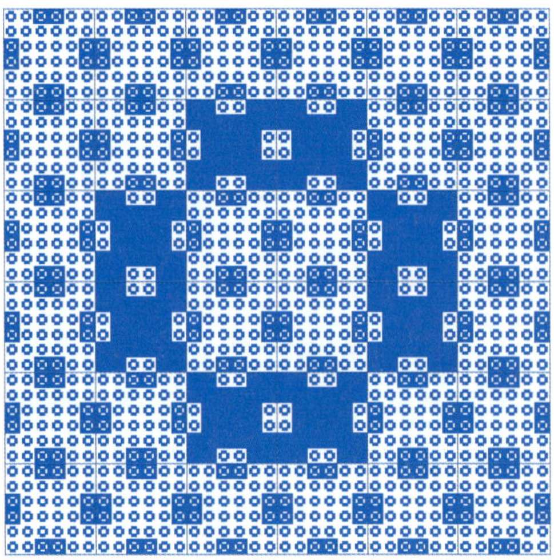 |  |

$gff$와 $ggf$는 도형의 명도차가 크지 않아 전체적으로 부드러운 느낌을 받는다. $gff$는 배경에 있는 작은 원처럼 보이는 부분들로 인해서 안정과 편안함을 느끼게 된다. $gfg$는 하늘에서 꽃밭을 내려다보는 느낌을 주고 그 정원에 있는 꽃들이 활짝 피어 있다. $ggf$는 울긋불긋한 꽃길로 볼 수 있고 가장자리에 진하게 색칠된 네 곳은 많은 꽃들이 빼곡이 모여 있는 이미지를 준다. $ggg$는 밝은 패턴으로 구성된 넓은 부분이 배경으로 가라앉기를 거부하며 바깥으로 팽창하면서 뻗어 나가려는 느낌을 주고 있다. $ggf$에서도 마찬가지 효과가 보인다. 배경이 주제가 되고 주제가 배경이 되기도 하는 게슈탈트 전환이 생긴 것이다.

| $gff:\log_{216}21120 = 1.853$ | $gfg:\log_{216}21120 = 1.853$ |
| --- | --- |
| 21120/46656=0.453 | 21120/46656=0.453 |
| 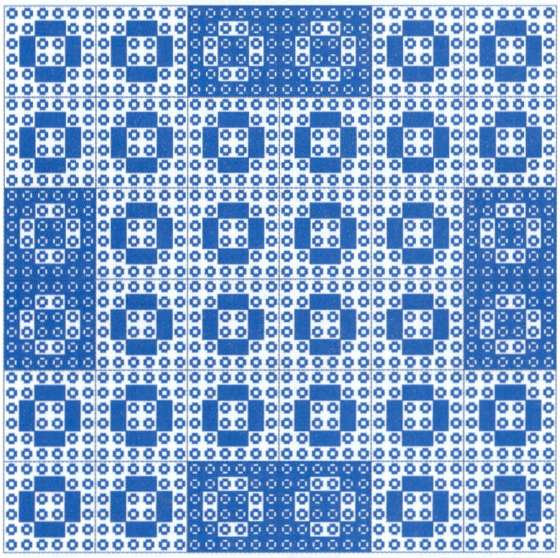 | 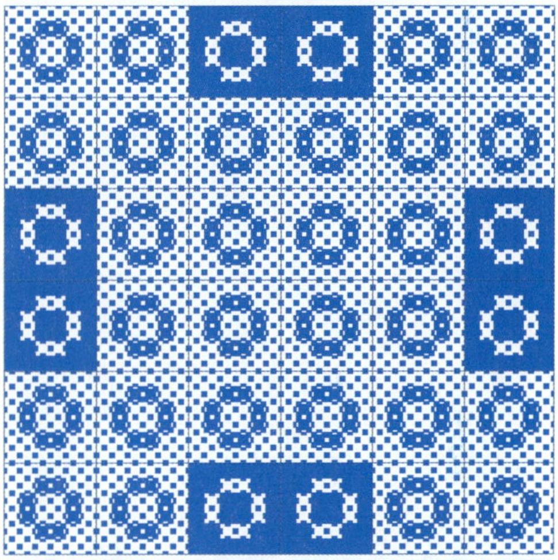 |
| $ggf:\log_{216}21120 = 1.853$ | $ggg:\log_{216}24192 = 1.878$ |
| 21120/46656=0.453 | 24192/46656=0.519 |
| 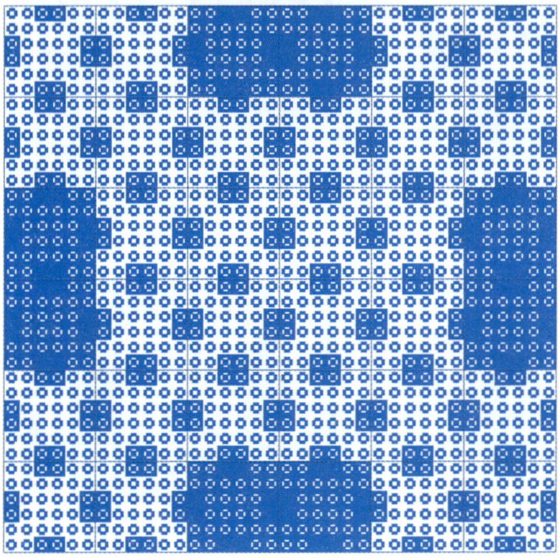 |  |

### (7) 1단계 16개

$F_2$는 명쾌한 명도대비 효과와 각각의 패턴들이 합성되면서 만든 조화로운 형태가 전체적인 디자인의 느낌을 산뜻하고 유쾌하게 만들었다. 가운데의 진한 부분이 시선을 집중시키고 있다. $fg$는 두 종류의 사각형으로 변화를 주고 있다. 각각의 패턴들은 반전된 색채의 사용으로 시각을 자극하여 눈을 어지럽게 만들고, 각각의 패턴들이 살아 움직이는 것처럼 커졌다가 작아졌다가 하는 느낌을 주면서 벽에 걸린 사진액자들이 일그러지는 모습으로 보이기도 하는 등 착시현상이 생긴다.

| $F_1 = f \cup g : \log_6 16 = 1.547$ | $f : \log_6 4 = 0.774$ | $g : \log_6 12 = 1.387$ |
|---|---|---|
| 16/36=0.64 | 4/36=0.16 | 12/36=0.48 |

| | | | | | |
|---|---|---|---|---|---|
| 1 | 0 | 2 | 2 | 0 | 1 |
| 0 | 2 | 0 | 0 | 2 | 0 |
| 2 | 0 | 0 | 0 | 0 | 2 |
| 2 | 0 | 0 | 0 | 0 | 2 |
| 0 | 2 | 0 | 0 | 2 | 0 |
| 1 | 0 | 2 | 2 | 0 | 1 |

| | | | | | |
|---|---|---|---|---|---|
| 1 | 0 | 0 | 0 | 0 | 1 |
| 0 | 0 | 0 | 0 | 0 | 0 |
| 0 | 0 | 0 | 0 | 0 | 0 |
| 0 | 0 | 0 | 0 | 0 | 0 |
| 0 | 0 | 0 | 0 | 0 | 0 |
| 1 | 0 | 0 | 0 | 0 | 1 |

| | | | | | |
|---|---|---|---|---|---|
| 0 | 0 | 2 | 2 | 0 | 0 |
| 0 | 2 | 0 | 0 | 2 | 0 |
| 2 | 0 | 0 | 0 | 0 | 2 |
| 2 | 0 | 0 | 0 | 0 | 2 |
| 0 | 2 | 0 | 0 | 2 | 0 |
| 0 | 0 | 2 | 2 | 0 | 0 |

| $F_2 : \log_{36} 848 = 1.882$ | $ff : \log_{36} 512 = 1.741$ | $fg : \log_{36} 528 = 1.749$ |
|---|---|---|
| 848/1296=0.654 | 512/1296=0.395 | 528/1296=0.407 |

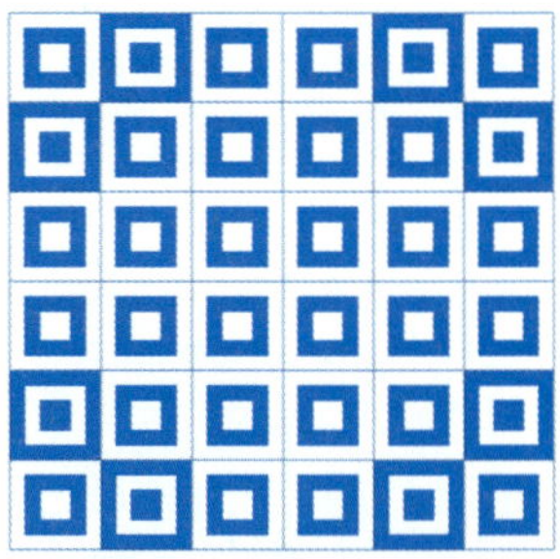

| $F_3 : \log_{216} 31104 = 1.925$ | $gf : \log_{36} 480 = 1.723$ | $gg : \log_{36} 720 = 1.836$ |
|---|---|---|
| 31104/46656=0.667 | 480/1296=0.37 | 720/1296=0.556 |

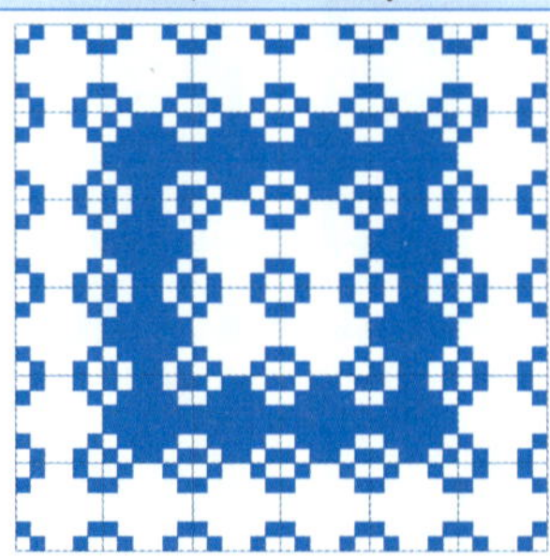

$ffg$는 두 가지 패턴으로 구성되었는데 각 패턴이 결합되는 지점에서 원모양이 만들어지며 전체적인 형태에 활력을 불어넣고 있다. $ffg$는 형태를 만드는 세부 선들이 너무 가늘어서 눈을 어지럽게 만든다. $fgf$는 반전의 색채로 구성된 두 패턴이 서로 연결을 해체해버리고 제각각 움직이고 싶어 몸부림치며 진동하는 느낌을 준다. 마치 진동의 떨림이 느껴지는 것 같다. 이런 느낌이 드는 이유는 패턴의 가장자리에 있는 작은 원들이 우표의 절취선처럼 분리를 의미하면서 동시에 떨림의 이미지를 띠고 있기 때문이다. 게다가 모서리부분의 진한 사각형들은 이미 소속을 벗어나 튀는 느낌을 주고 있다.

| $fff:\log_{216}24192 = 1.878$ | $ffg:\log_{216}22464 = 1.864$ |
|---|---|
| 24192/46656=0.519 | 22464/46656=0.481 |
| 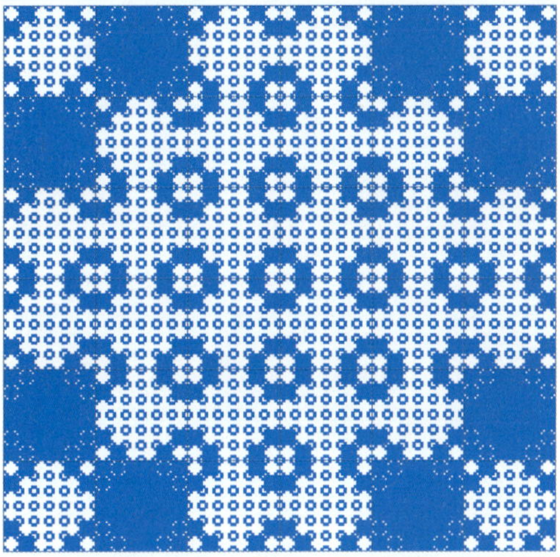 | 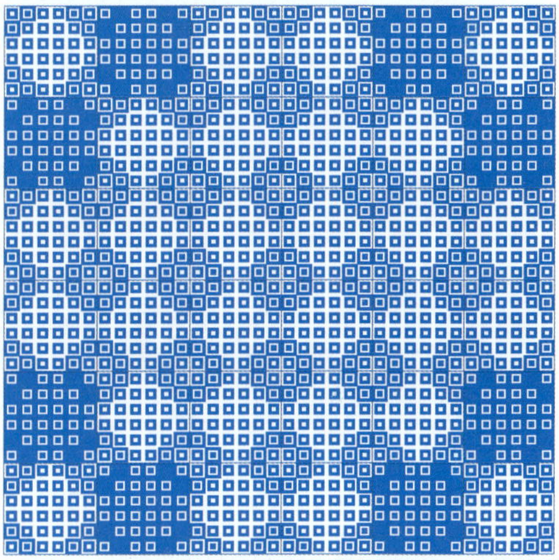 |
| $fgf:\log_{216}22464 = 1.864$ | $fgg:\log_{216}25920 = 1.891$ |
| 22464/46656=0.481 | 25920/46656=0.556 |
|  |  |

$gff$는 중심부분이 진한 색으로 강조되고 있으며, 색이 강하지 않은 부분과 대비되어 시원스러운 느낌을 만들고, 패턴과 패턴의 만남으로 생긴 마름모 형태의 흰 무늬가 전체적인 분위기를 부드럽게 만들면서 명도대비를 완화시키고 전체적인 디자인 구성에 변화와 안정감을 동시에 주고 있다. $gfg$는 섬세한 선으로 정교한 묘사를 통해 부드럽고 화려하며 럭셔리한 문양을 만들고 있다. $ggf$와 $ggg$는 형태상의 통일감을 이루며 안정적인 구조로 견고함을 구축하고 있다.

| $gff : \log_{216} 22464 = 1.864$ | $gfg : \log_{216} 25920 = 1.891$ |
| --- | --- |
| 22464/46656=0.481 | 25920/46656=0.556 |
|  |  |
| $ggf : \log_{216} 25920 = 1.891$ | $ggg : \log_{216} 31104 = 0.667$ |
| 25920/46656=0.556 | 31104/46656=0.667 |
|  | 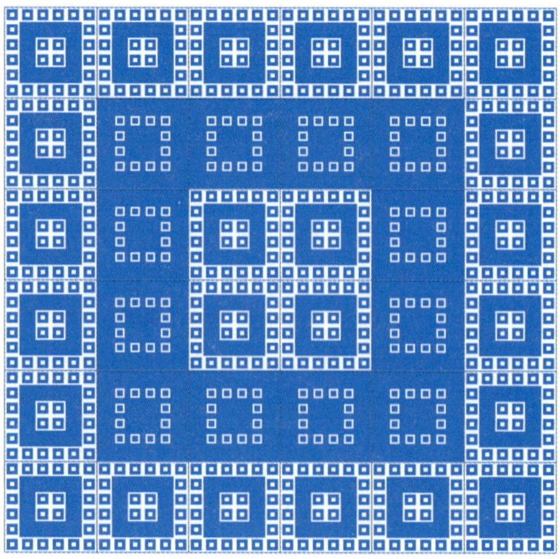 |

(8) 1단계 16개

$F_2$는 진하게 표현된 부분이 무게감을 느끼게 하며 시선을 안으로 집중시키고, 색이 반전되어 나타난 흰색 무늬를 돋보이게 만들고 있다. $fg$는 여러 패턴들이 연결되면서 새롭게 나타난 사선의 이미지가 움직임을 느끼게 한다.

| $F_1 = f \cup g : \log_6 16 = 1.547$ | $f : \log_6 4 = 0.774$ | $g : \log_6 12 = 1.387$ |
|---|---|---|
| 16/36=0.64 | 4/36=0.16 | 12/36=0.48 |

| 1 | 0 | 2 | 2 | 0 | 1 |
|---|---|---|---|---|---|
| 0 | 2 | 0 | 0 | 2 | 0 |
| 2 | 0 | 0 | 0 | 0 | 2 |
| 2 | 0 | 0 | 0 | 0 | 2 |
| 0 | 2 | 0 | 0 | 2 | 0 |
| 1 | 0 | 2 | 2 | 0 | 1 |

| 1 | 0 | 0 | 0 | 0 | 1 |
|---|---|---|---|---|---|
| 0 | 0 | 0 | 0 | 0 | 0 |
| 0 | 0 | 0 | 0 | 0 | 0 |
| 0 | 0 | 0 | 0 | 0 | 0 |
| 0 | 0 | 0 | 0 | 0 | 0 |
| 1 | 0 | 0 | 0 | 0 | 1 |

| 0 | 0 | 2 | 2 | 0 | 0 |
|---|---|---|---|---|---|
| 0 | 2 | 0 | 0 | 2 | 0 |
| 2 | 0 | 0 | 0 | 0 | 2 |
| 2 | 0 | 0 | 0 | 0 | 2 |
| 0 | 2 | 0 | 0 | 2 | 0 |
| 0 | 0 | 2 | 2 | 0 | 0 |

| $F_2 : \log_{36} 800 = 1.865$ | $ff : \log_{36} 272 = 1.564$ | $fg : \log_{36} 480 = 1.723$ |
|---|---|---|
| 800/1296=0.617 | 272/1296=0.21 | 480/1296=0.37 |

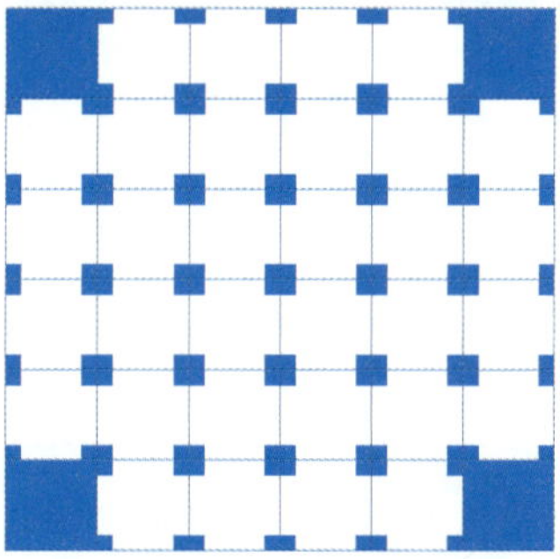
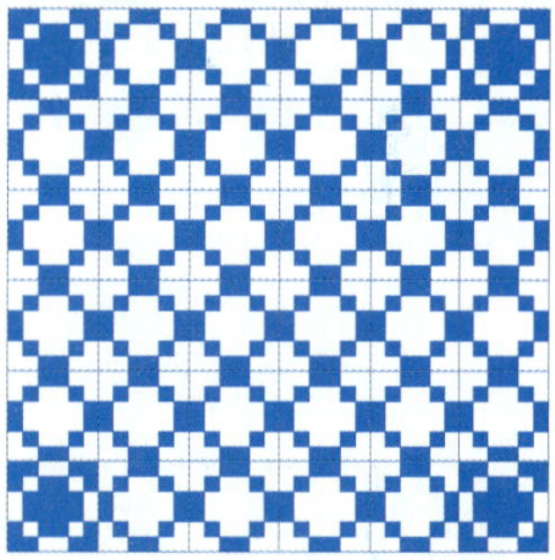

| $F_3 : \log_{216} 31104 = 1.925$ | $gf : \log_{36} 480 = 1.723$ | $gg : \log_{36} 720 = 1.836$ |
|---|---|---|
| 311046=0.667 | 480/1296=0.37 | 720/1296=0.556 |

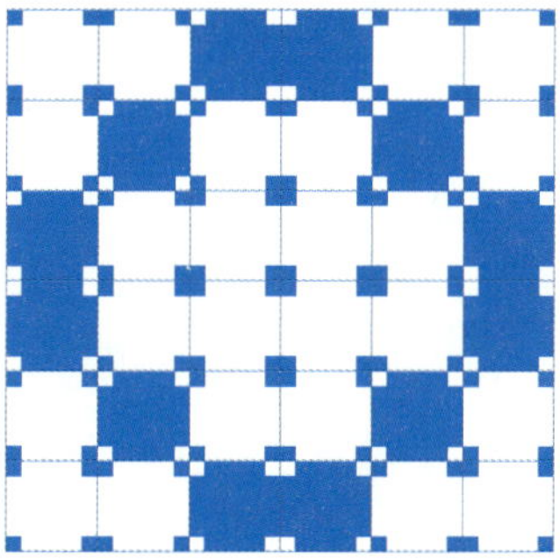

$ffg$는 그물망처럼 오밀조밀 촘촘한 구성을 하고 있다. 패턴과 패턴의 연결 지점에서 새롭게 생긴 둥근 형태가 디자인 전체에 활력을 더하고, 규칙적이며 반복적으로 패턴화하면서 통일감을 느끼게 한다. $fgg$는 대각선을 중심으로 펼쳐지는 모습이 웅장하다. 확대해서 본다면 지금보다 훨씬 강하고 견고한 느낌을 줄 것이다. $fgf$는 사찰에서 흔히 볼 수 있는 대웅전의 문살 장식을 떠올리게 한다. 그것은 꽃살이라고 하는데 문살에 꽃무늬를 조각하여 화려하게 채색한 것이다.

| $fff$ : $\log_{216}13824 = 1.774$ | $ffg$ : $\log_{216}19008 = 1.833$ |
|---|---|
| 13824/46656=0.296 | 19008/46656=0.407 |
| 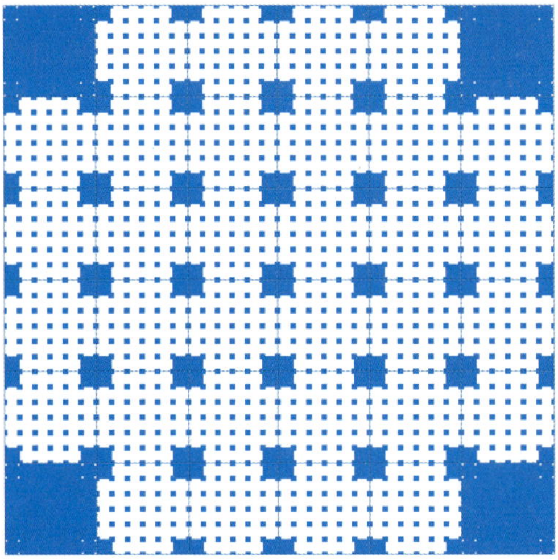 | 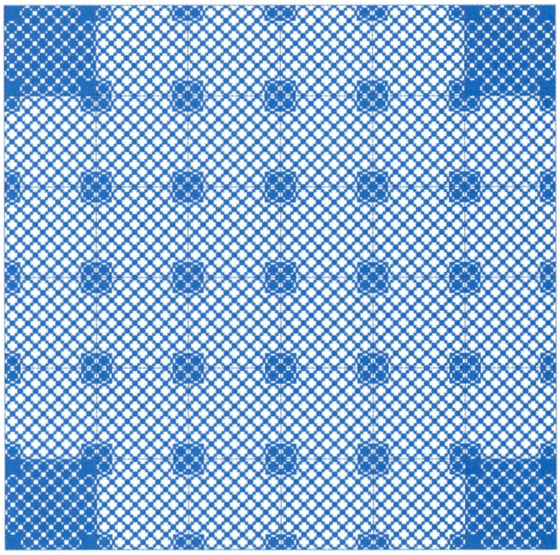 |
| $fgf$ : $\log_{216}19008 = 1.833$ | $fgg$ : $\log_{216}25952 = 1.891$ |
| 19008/46656=0.407 | 25952/46656=0.556 |
|  |  |

$gff$, $gfg$, $ggf$, $ggg$는 색이 진하게 표현 된 부분이 둥근 모양을 만들면서 바탕부분과 색채가 대비되어 시선을 집중시키고 있다. 각 패턴은 네 개의 모서리에 반전의 색채가 칠해져서 패턴들이 연결될 때 접변 부분에서 새로운 형태가 생성되어 변화가 생기며 전체적인 이미지가 단순하지 않도록 돕는다. 특히 $ggg$는 패턴들이 연결되면서 사선이 교차하는 무늬가 생겨서 디자인의 전체적인 구조를 복잡하게 구성하도록 하며 변화무쌍한 우주를 느끼게 한다.

$gff$: $\log_{216}19008 = 1.833$

19008/46656=0.407

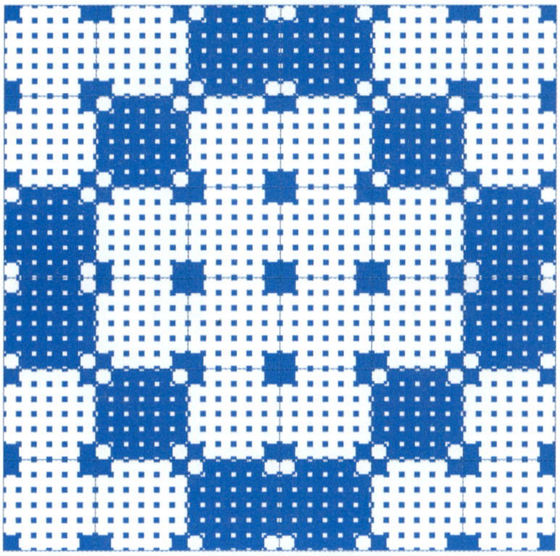

$gfg$: $\log_{216}25920 = 1.891$

25920/46656=0.556

$ggf$: $\log_{216}25920 = 1.891$

25920/46656=0.556

$ggg$: $\log_{216}31104 = 0.667$

31104/46656=0.667

# 5 7×7 나눗셈 프랙탈 분할

## 1. 세 개의 프랙탈로 분할

### (1) 1단계 25개

$F_2$는 3개의 패턴으로 구성하였으며, 굵은 가로선과 세로선이 연결되어 있어서 전체를 통일감 있는 구조로 안정감을 주고 있으며, 가운데 부분은 반전된 색채표현으로 변화의 미를 구축하였다.

$F_1 = f \cup g : \log_7 25 = 1.654$

25/49=0.51

| | | | | | | |
|---|---|---|---|---|---|---|
| 0 | 3 | 0 | 1 | 0 | 3 | 0 |
| 3 | 0 | 0 | 1 | 0 | 0 | 3 |
| 0 | 0 | 1 | 2 | 1 | 0 | 0 |
| 1 | 1 | 2 | 2 | 2 | 1 | 1 |
| 0 | 0 | 1 | 2 | 1 | 0 | 0 |
| 3 | 0 | 0 | 1 | 0 | 0 | 3 |
| 0 | 3 | 0 | 1 | 0 | 3 | 0 |

$f : \log_7 12 = 1.277$

12/36=0.245

| | | | | | | |
|---|---|---|---|---|---|---|
| 0 | 0 | 0 | 1 | 0 | 0 | 0 |
| 0 | 0 | 0 | 1 | 0 | 0 | 0 |
| 0 | 0 | 1 | 0 | 1 | 0 | 0 |
| 1 | 1 | 0 | 0 | 0 | 1 | 1 |
| 0 | 0 | 1 | 0 | 1 | 0 | 0 |
| 0 | 0 | 0 | 1 | 0 | 0 | 0 |
| 0 | 0 | 0 | 1 | 0 | 0 | 0 |

$g : \log_7 5 = 0.827$

5/36=0.102

| | | | | | | |
|---|---|---|---|---|---|---|
| 0 | 0 | 0 | 0 | 0 | 0 | 0 |
| 0 | 0 | 0 | 0 | 0 | 0 | 0 |
| 0 | 0 | 0 | 2 | 0 | 0 | 0 |
| 0 | 0 | 2 | 2 | 2 | 0 | 0 |
| 0 | 0 | 0 | 2 | 0 | 0 | 0 |
| 0 | 0 | 0 | 0 | 0 | 0 | 0 |
| 0 | 0 | 0 | 0 | 0 | 0 | 0 |

$h : \log_7 8 = 1.069$

8/49=0.163

| | | | | | | |
|---|---|---|---|---|---|---|
| 0 | 3 | 0 | 0 | 0 | 3 | 0 |
| 3 | 0 | 0 | 0 | 0 | 0 | 3 |
| 0 | 0 | 0 | 0 | 0 | 0 | 0 |
| 0 | 0 | 0 | 0 | 0 | 0 | 0 |
| 0 | 0 | 0 | 0 | 0 | 0 | 0 |
| 3 | 0 | 0 | 0 | 0 | 0 | 3 |
| 0 | 3 | 0 | 0 | 0 | 3 | 0 |

$F_2 : \log_{49} 1257 = 1.834$

1257/2401=0.524

$ff$는 가운데 진하고 굵은 선이 무게감을 형성하며 가운데로 시선을 집중시켜 주고, 배경에 있는 패턴무늬가 중심의 큰 이미지와 같은 구조를 가지며 형태상 일관성을 유지하면서 통일감을 부여하며 중심부를 지지해 주고 있다. 작은 무늬 패턴들이 연결되면서 색이 진한 부분의 부담감을 덜어주며 전체적으로 어울리도록 돕고 있다. 특히 배경에 있는 패턴들이 연결되면서 심리적으로 원이 만들어지며 잔상처럼 떠올랐다가 사라지기도 한다.

| $ff$:$\log_{49}1032 = 1.783$ | $fg$:$\log_{49}713 = 1.688$ | $fh$:$\log_{49}588 = 1.638$ |
|---|---|---|
| 1032/2401=0.43 | 713/2401=0.297 | 588/2401=0.245 |
|  |  |  |
| $gf$:$\log_{49}933 = 1.757$ | $gg$:$\log_{49}465 = 1.578$ | $gh$:$\log_{49}245 = 1.414$ |
| 933/2401=0.389 | 465/2401=0.194 | 245/2401=0.102 |
| 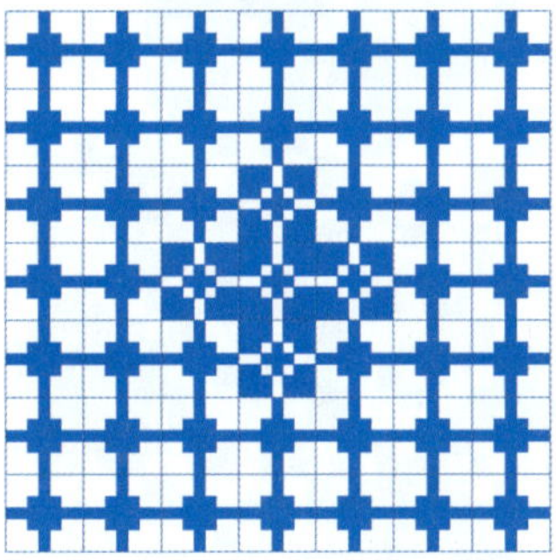 | 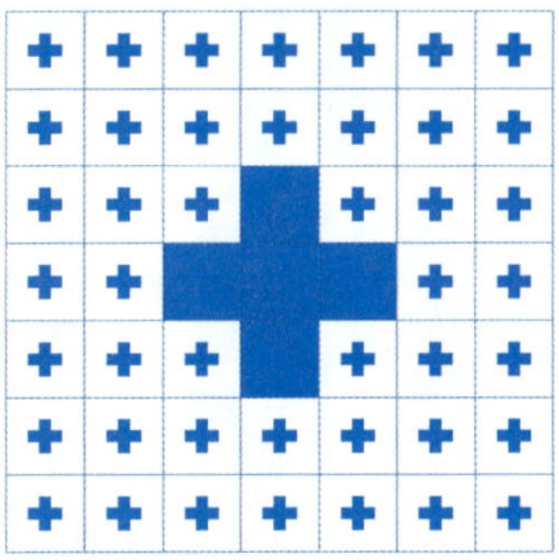 | 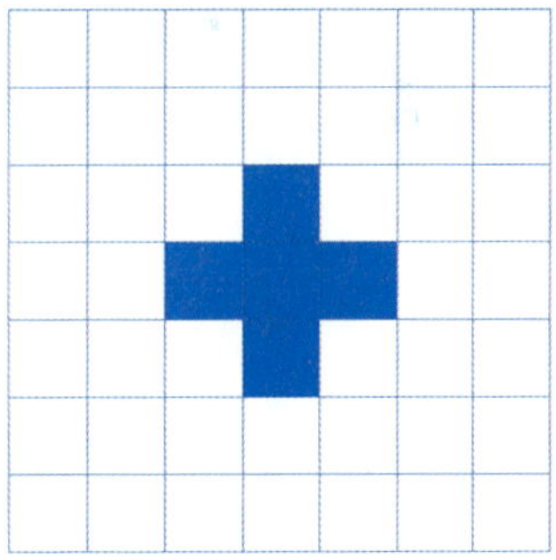 |
| $hf$:$\log_{49}588 = 1.638$ | $hg$:$\log_{49}245 = 1.414$ | $hh$: |
| 588/2401=0.245 | 245/2401=0.102 | 0/2401=0 |
| 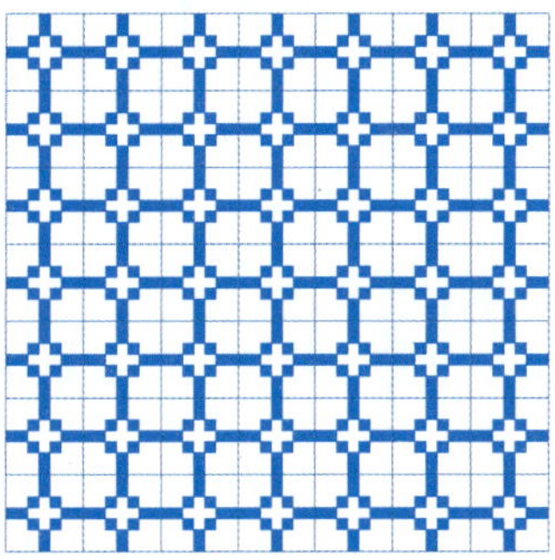 | 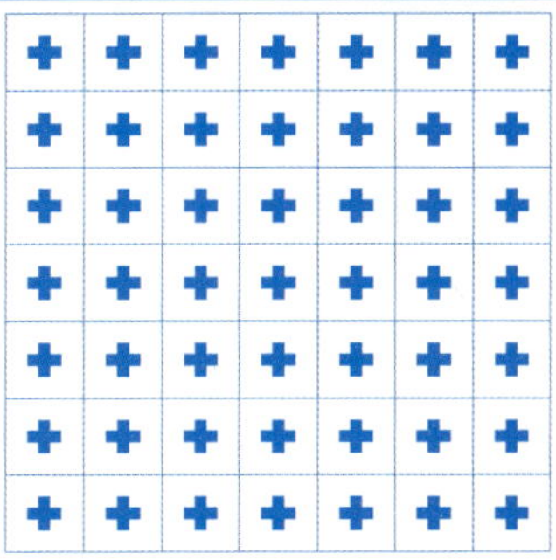 |  |

(2) 1단계 28개

$F_2$는 색이 강한 부분이 전체를 지탱하고 있으며, 중심에 있는 밝은 부분이 변화를 주도하고 있다. 색을 칠한 부분과 칠하지 않은 부분이 강한 대비를 이루고 있어 변화가 심하다.

$F_1 = f \cup g : \log_7 28 = 1.712$

28/49=0.571

| 3 | 2 | 1 | 0 | 1 | 2 | 3 |
|---|---|---|---|---|---|---|
| 2 | 3 | 0 | 0 | 0 | 3 | 2 |
| 1 | 0 | 0 | 1 | 0 | 0 | 1 |
| 0 | 0 | 1 | 0 | 1 | 0 | 0 |
| 1 | 0 | 0 | 1 | 0 | 0 | 1 |
| 2 | 3 | 0 | 0 | 0 | 3 | 2 |
| 3 | 2 | 1 | 0 | 1 | 2 | 3 |

$f : \log_7 12 = 1.069$

12/36=0.245

| 0 | 0 | 1 | 0 | 1 | 0 | 0 |
|---|---|---|---|---|---|---|
| 0 | 0 | 0 | 0 | 0 | 0 | 0 |
| 1 | 0 | 0 | 1 | 0 | 0 | 1 |
| 0 | 0 | 1 | 0 | 1 | 0 | 0 |
| 1 | 0 | 0 | 1 | 0 | 0 | 1 |
| 0 | 0 | 0 | 0 | 0 | 0 | 0 |
| 0 | 0 | 1 | 0 | 1 | 0 | 0 |

$g : \log_7 8 = 1.069$

8/36=0.163

| 0 | 2 | 0 | 0 | 0 | 2 | 0 |
|---|---|---|---|---|---|---|
| 2 | 0 | 0 | 0 | 0 | 0 | 2 |
| 0 | 0 | 0 | 0 | 0 | 0 | 0 |
| 0 | 0 | 0 | 0 | 0 | 0 | 0 |
| 0 | 0 | 0 | 0 | 0 | 0 | 0 |
| 2 | 0 | 0 | 0 | 0 | 0 | 2 |
| 0 | 2 | 0 | 0 | 0 | 2 | 0 |

$h : \log_7 8 = 1.069$

8/49=0.163

| 3 | 0 | 0 | 0 | 0 | 0 | 3 |
|---|---|---|---|---|---|---|
| 0 | 3 | 0 | 0 | 0 | 3 | 0 |
| 0 | 0 | 0 | 0 | 0 | 0 | 0 |
| 0 | 0 | 0 | 0 | 0 | 0 | 0 |
| 0 | 0 | 0 | 0 | 0 | 0 | 0 |
| 0 | 3 | 0 | 0 | 0 | 3 | 0 |
| 3 | 0 | 0 | 0 | 0 | 0 | 3 |

$F_2 : \log_{49} 1368 = 1.855$

1368/2401=0.57

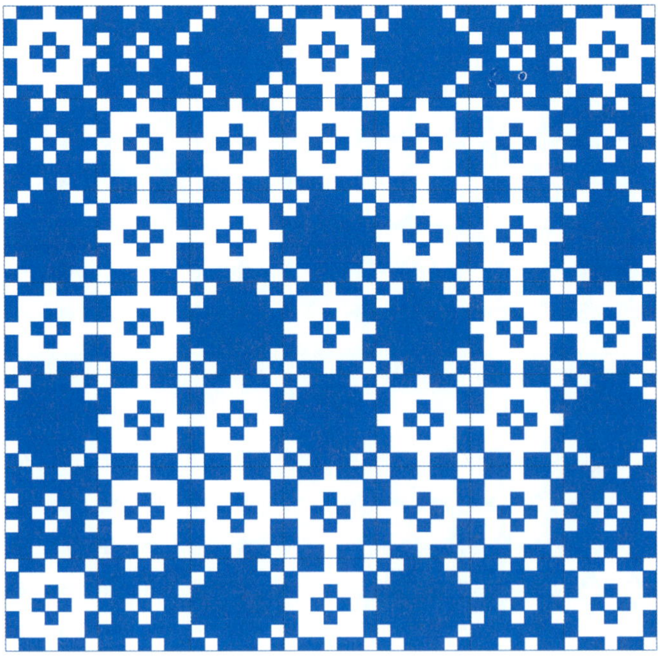

$fg$는 전자의 운동처럼 제자리에서 진동하는 모습을 연상시킨다. 색이 진한 부분 주변에 붙어있는 작은 사각형들이 사선으로 구성되어 작은 움직임을 느끼게 한다. $gf$는 꽃무늬가 있는 흰 사각형들이 원을 채우며 꽉 들어찬 구조로 견고하게 유기적으로 연결된 느낌을 준다. 배경은 반전된 색채의 사용으로 중심을 돋보이게 하며 전체를 아우르고 시각적인 안정감을 갖도록 돕는다.

| $ff$: $\log_{49}1032 = 1.783$ | $fg$: $\log_{49}788 = 1.714$ | $fh$: $\log_{49}588 = 1.638$ |
|---|---|---|
| 1032/2401=0.43 | 788/2401=0.328 | 588/2401=0.245 |
|  |  |  |
| $gf$: $\log_{49}1116 = 1.803$ | $gg$: $\log_{49}720 = 1.691$ | $gh$: $\log_{49}392 = 1.534$ |
| 1116/2401=0.465 | 720/2401=0.3 | 392/2401=0.163 |
| 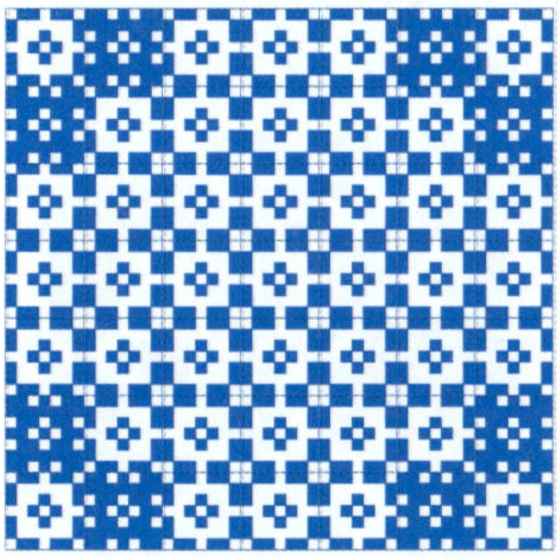 | 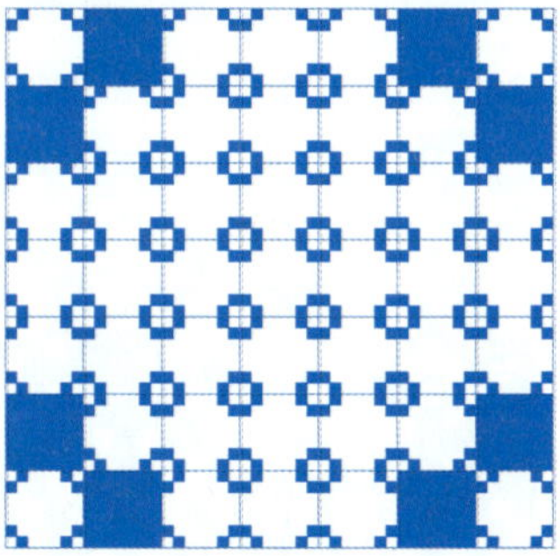 | 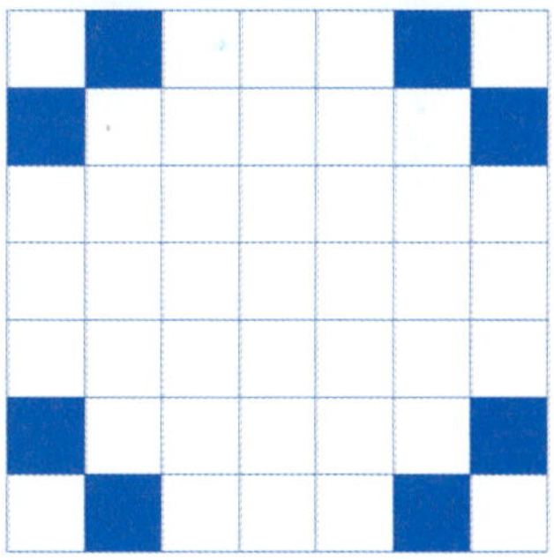 |
| $hf$: $\log_{49}588 = 1.638$ | $hg$: $\log_{49}392 = 1.534$ | $hh$: |
| 588/2401=0.245 | 392/2401=0.163 | 0/2401=0 |
| 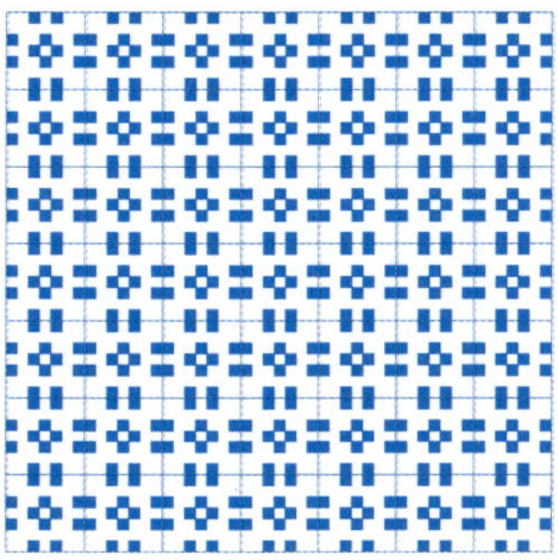 | 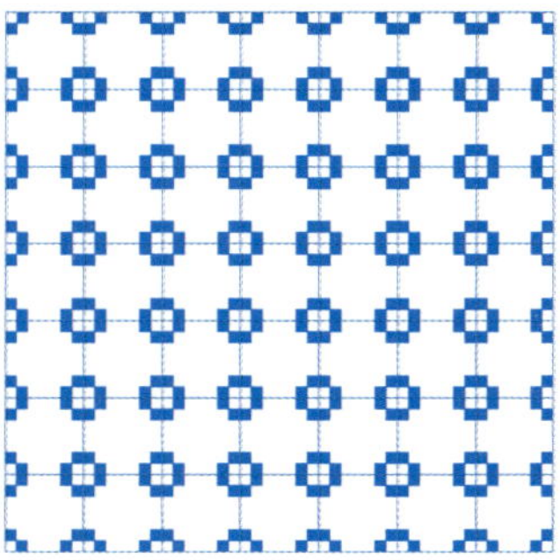 |  |

(3) 1단계 28개

$F_2$는 색을 칠한 부분과 칠하지 않은 부분이 강한 대비를 보인다. 각 패턴들이 연결될 때 색이 진한 부분이 심리적으로 굵은 사선의 느낌을 만들어 $f$의 구조인 마름모 형태를 구성한다. 마름모 안에 있는 패턴들은 사선으로 나열된 모습을 하고 있기 때문에 방향성이 느껴지기도 하지만 디자인이 전체적으로 뚜렷한 이미지를 보이고 있지 않기 때문에 어지러운 느낌이 지배적이다.

$F_1 = f \cup g : \log_7 32 = 1.781$

32/49=0.653

| 3 | 0 | 2 | 1 | 2 | 0 | 3 |
|---|---|---|---|---|---|---|
| 0 | 0 | 1 | 0 | 1 | 0 | 0 |
| 2 | 1 | 3 | 1 | 3 | 1 | 2 |
| 1 | 0 | 1 | 0 | 1 | 0 | 1 |
| 2 | 1 | 3 | 1 | 3 | 1 | 2 |
| 0 | 0 | 1 | 0 | 1 | 0 | 0 |
| 3 | 0 | 2 | 1 | 2 | 0 | 3 |

$f : \log_7 16 = 1.425$

16/36=0.327

| 0 | 0 | 0 | 1 | 0 | 0 | 0 |
|---|---|---|---|---|---|---|
| 0 | 0 | 1 | 0 | 1 | 0 | 0 |
| 0 | 1 | 0 | 1 | 0 | 1 | 0 |
| 1 | 0 | 1 | 0 | 1 | 0 | 1 |
| 0 | 1 | 0 | 1 | 0 | 1 | 0 |
| 0 | 0 | 1 | 0 | 1 | 0 | 0 |
| 0 | 0 | 0 | 1 | 0 | 0 | 0 |

$g : \log_7 8 = 1.069$

8/36=0.163

| 0 | 0 | 2 | 0 | 2 | 0 | 0 |
|---|---|---|---|---|---|---|
| 0 | 0 | 0 | 0 | 0 | 0 | 0 |
| 2 | 0 | 0 | 0 | 0 | 0 | 2 |
| 0 | 0 | 0 | 0 | 0 | 0 | 0 |
| 2 | 0 | 0 | 0 | 0 | 0 | 2 |
| 0 | 0 | 0 | 0 | 0 | 0 | 0 |
| 0 | 0 | 2 | 0 | 2 | 0 | 0 |

$h : \log_7 8 = 1.069$

8/36=0.163

| 3 | 0 | 0 | 0 | 0 | 0 | 3 |
|---|---|---|---|---|---|---|
| 0 | 0 | 0 | 0 | 0 | 0 | 0 |
| 0 | 0 | 3 | 0 | 3 | 0 | 0 |
| 0 | 0 | 0 | 0 | 0 | 0 | 0 |
| 0 | 0 | 3 | 0 | 3 | 0 | 0 |
| 0 | 0 | 0 | 0 | 0 | 0 | 0 |
| 3 | 0 | 0 | 0 | 0 | 0 | 3 |

$F_2 : \log_{49} 1520 = 1.833$

1520/2401=0.633

$ff$는 진한 색의 사각형들이 위로 떠오르고 $fh$의 모양을 한 패턴은 배경으로 가라앉았다. 중심 이미지로 떠오른 사각형들은 사선으로 연결되어 방향성을 가지며 운동성을 내포하고 있고, 배경과 어우러지면서 바깥을 향해 뻗어나가려는 확산의 이미지를 강하게 띠고 있어서 같은 크기의 다른 디자인에 비해 에너지가 느껴진다. $fg$는 서로 색채의 반전을 이루는 두 개의 패턴으로 구성되었고 결과적으로 색의 면적대비가 너무 심하여 중심에 있는 이미지만 부각되고 있다.

| $ff$:$\log_{49}1312 = 1.845$ | $fg$:$\log_{49}920 = 1.754$ | $fh$:$\log_{49}784 = 1.712$ |
|---|---|---|
| 1312/2401=0.546 | 920/2401=0.383 | 784/2401=0.327 |
|  |  |  |
| $gf$:$\log_{49}1248 = 1.832$ | $gg$:$\log_{49}720 = 1.691$ | $gh$:$\log_{49}392 = 1.534$ |
| 1248/2401=0.52 | 720/2401=0.3 | 392/2401=0.163 |
|  | 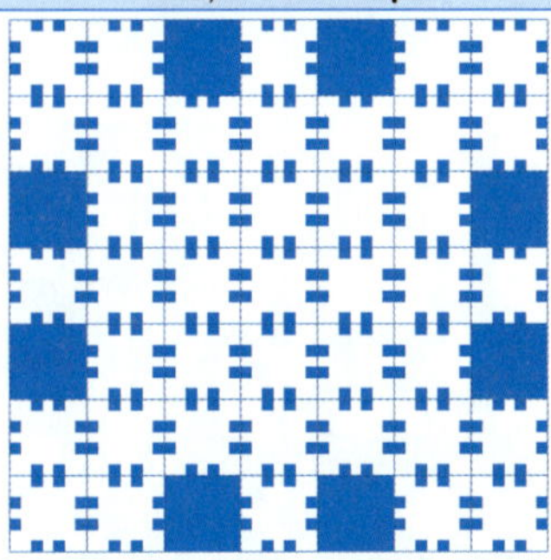 | 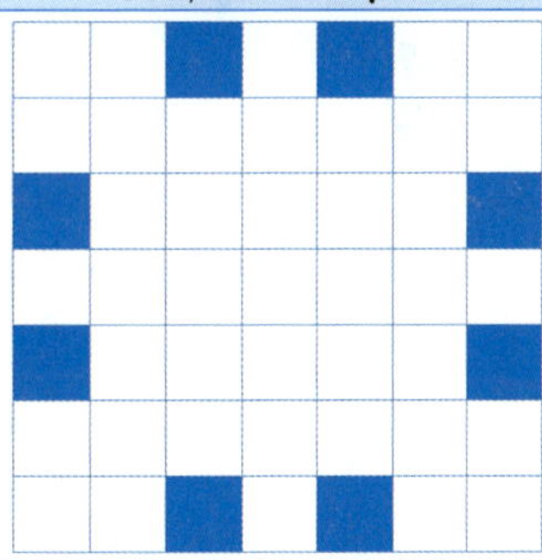 |
| $hf$:$\log_{49}784 = 1.712$ | $hg$:$\log_{49}392 = 1.534$ | $hh$: |
| 784/2401=0.327 | 392/2401=0.163 | 0/2401=0 |
|  | 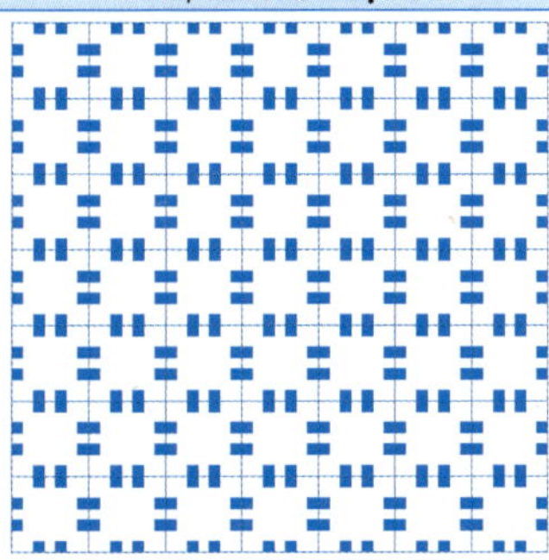 |  |

(4) 1단계 32개

$F_2$는 3개의 패턴으로 구성하여 변화를 주고 있다. 가운데의 가로와 세로 선이 직각으로 연결되어 시원스러운 느낌을 준다. 색이 짙게 칠해진 부분의 내부에 $g$의 모양이 패턴으로 표현되어 답답하지 않고 주변과 조화를 이루도록 돕고 있다. 가운데 9개 패턴 중에 모서리 부분은 $f$의 모양으로 변화를 주어 디자인이 전체적으로 평범하고 지루하지 않도록 만들고 있다.

$F_1 = f \cup g : \log_7 32 = 1.781$

32/49=0.653

| 3 | 0 | 1 | 0 | 1 | 0 | 3 |
|---|---|---|---|---|---|---|
| 0 | 3 | 1 | 2 | 1 | 3 | 0 |
| 1 | 1 | 2 | 0 | 2 | 1 | 1 |
| 0 | 2 | 0 | 0 | 0 | 2 | 0 |
| 1 | 1 | 2 | 0 | 2 | 1 | 1 |
| 0 | 3 | 1 | 2 | 1 | 3 | 0 |
| 3 | 0 | 1 | 0 | 1 | 0 | 3 |

$f : \log_7 16 = 1.425$

16/36=0.327

| 0 | 0 | 1 | 0 | 1 | 0 | 0 |
|---|---|---|---|---|---|---|
| 0 | 0 | 1 | 0 | 1 | 0 | 0 |
| 1 | 1 | 0 | 0 | 0 | 1 | 1 |
| 0 | 0 | 0 | 0 | 0 | 0 | 0 |
| 1 | 1 | 0 | 0 | 0 | 1 | 1 |
| 0 | 0 | 1 | 0 | 1 | 0 | 0 |
| 0 | 0 | 1 | 0 | 1 | 0 | 0 |

$g : \log_7 8 = 1.069$

8/36=0.163

| 0 | 0 | 0 | 0 | 0 | 0 | 0 |
|---|---|---|---|---|---|---|
| 0 | 0 | 0 | 2 | 0 | 0 | 0 |
| 0 | 0 | 2 | 0 | 2 | 0 | 0 |
| 0 | 2 | 0 | 0 | 0 | 2 | 0 |
| 0 | 0 | 2 | 0 | 2 | 0 | 0 |
| 0 | 0 | 0 | 2 | 0 | 0 | 0 |
| 0 | 0 | 0 | 0 | 0 | 0 | 0 |

$h : \log_7 8 = 1.069$

8/36=0.163

| 3 | 0 | 0 | 0 | 0 | 0 | 3 |
|---|---|---|---|---|---|---|
| 0 | 3 | 0 | 0 | 0 | 3 | 0 |
| 0 | 0 | 0 | 0 | 0 | 0 | 0 |
| 0 | 0 | 0 | 0 | 0 | 0 | 0 |
| 0 | 0 | 0 | 0 | 0 | 0 | 0 |
| 0 | 3 | 0 | 0 | 0 | 3 | 0 |
| 3 | 0 | 0 | 0 | 0 | 0 | 3 |

$F_2 : \log_{49} 1520 = 1.833$

1520/2401=0.633

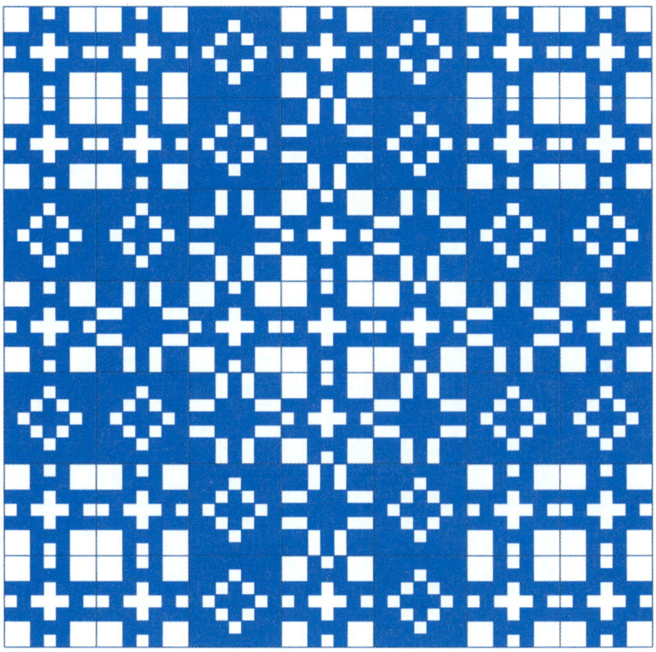

$ff$는 강조되고 있는 부분이 색이 진하고 굵어서 위압적인 느낌을 주지만, 배경에 있는 패턴들이 강조되는 부분과 같은 형태의 구조다. 가운데 부분에 여백을 만들면서 숨구멍의 역할을 하여 고지식하고 답답한 느낌이 들지 않도록 디자인 전체에 활력을 불어 넣으며 안정적인 느낌을 만든다. $gf$는 패턴들이 연결되면서 격자무늬를 만들어 전체의 구조가 빈틈이 없도록 구성되었고, 그 구조 위에 아른거리며 떠오르는 마름모 형태를 통해 미약하게나마 강조의 원리를 느끼게 된다.

$ff$: $\log_{49}1312 = 1.845$

1312/2401=0.546

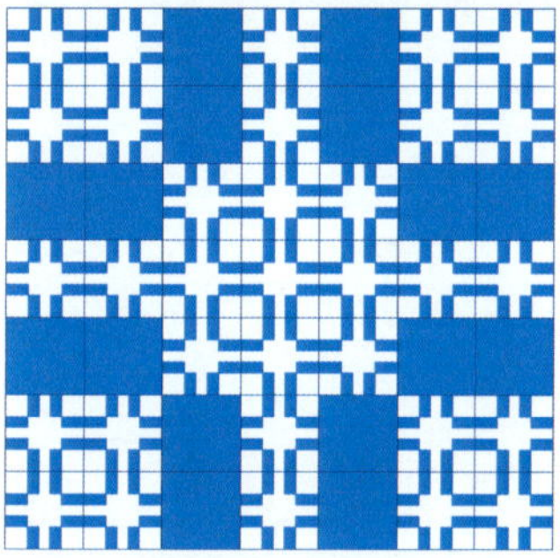

$fg$: $\log_{49}920 = 1.754$

920/2401=0.383

$fh$: $\log_{49}784 = 1.712$

784/2401=0.327

$gf$: $\log_{49}1248 = 1.832$

1248/2401=0.52

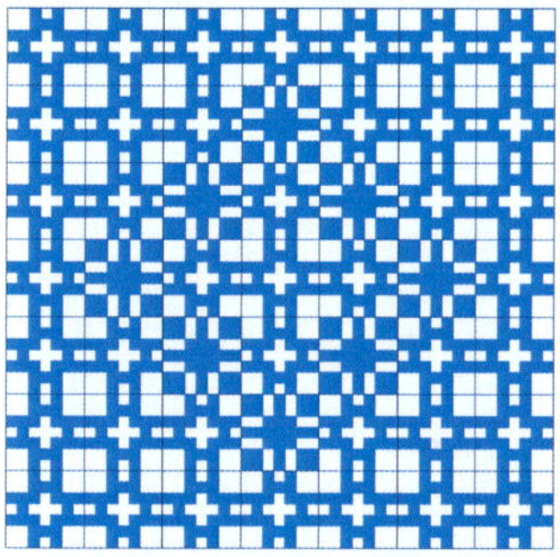

$gg$: $\log_{49}720 = 1.691$

720/2401=0.3

$gh$: $\log_{49}392 = 1.534$

392/2401=0.163

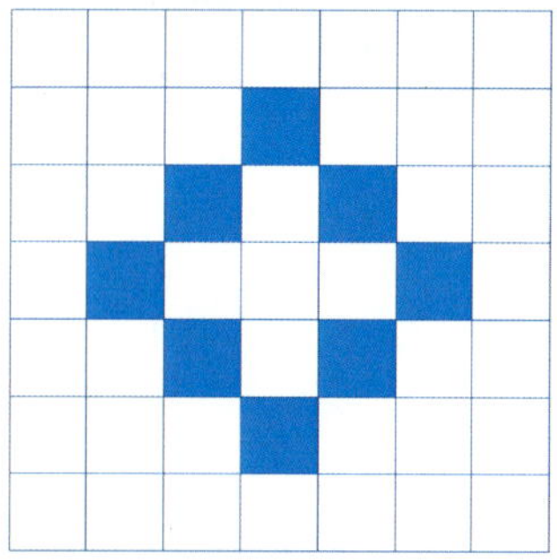

$hf$: $\log_{49}784 = 1.712$

784/2401=0.327

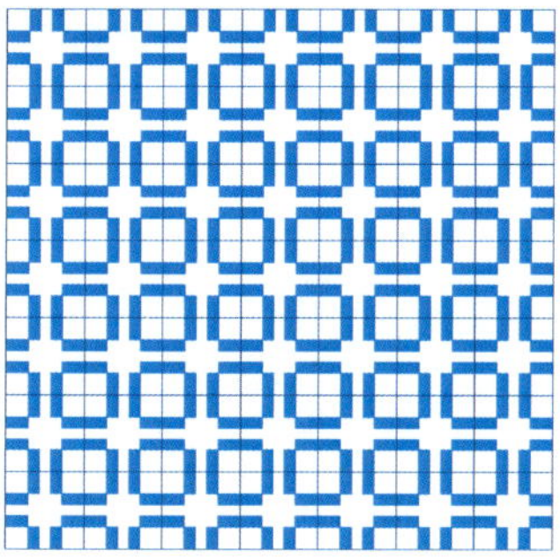

$hg$: $\log_{49}392 = 1.534$

392/2401=0.163

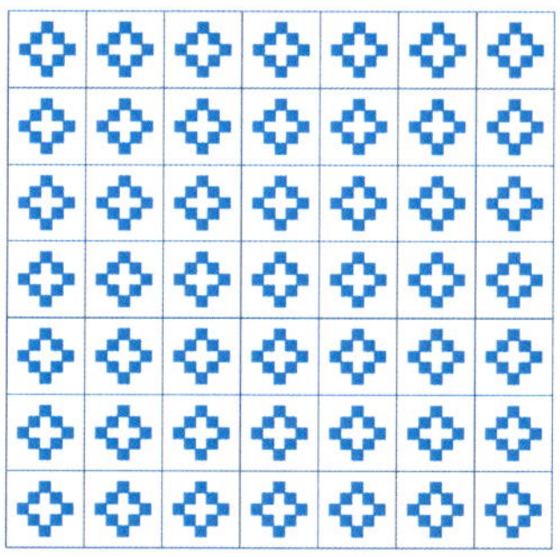

$hh$:

0/2401=0

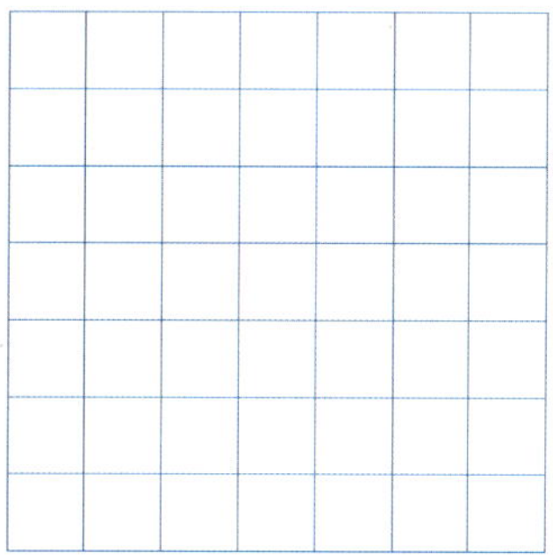

지은이

## 안대영

· 네이버 카페 프랙탈을 찾는 사람들(http://cafe.naver.com/chaosfractals)
· 한국교원대학교 수학교육 박사
· 충청북도 수석교사

· 저서 〈융합교육시리즈〉
① 프랙탈과 카오스
② 수학에서 느끼는 삶의 지혜
③ 프랙탈 디자인을 유혹하다
④ 수학의 본질은 디자인이다
⑤ 디자인을 사랑한 수학
⑥ 나는 프랙탈 디자이너
⑦ 프랙탈 디자인을 말하다

## 조경희

· 충북대학교 교육대학원 졸업
· 충북대학교 조형예술학과 출강
· 토석조각회 작품 다수 전시
· 현재 서울청담중학교 미술교사



**융합교육 시리즈 ⑦**
**프랙탈 디자인을 말하다**

2015년 7월 20일 초판 발행
2023년 8월 10일 초판 1쇄 발행

저 자 · 안대영 · 조경희
발행자 · 오판근
발행처 · 교우사

주 소 · 서울특별시 동대문구 약령시로 8 교우빌딩 2층
전 화 · 925-2861(代), 편집부 / 925-2825, 홈쇼핑 / 969-5762
팩 스 · 070-7966-8610

이메일 / kyowoo@kyowoo.co.kr
홈페이지 / http://www.kyowoo.co.kr
북스토어(쇼핑몰) / http://www.kyowoo.co.kr

등록 / 1994. 3. 24 제6-0256호

ISBN 979-11-251-0099-7 (04410)
979-11-251-0028-7 (세트)

값 25,000원